JN343769

두뇌, 살아있는 **생각**

두뇌, 살아있는 생각

노벨상의
장벽을
넘은 여성들

북스미아

힐데 프로솔트 만골트와 프리다 라브쉬트-로빈스에게
이 책을 바칩니다.

힐데 프로숄트 만골트(Hilde Proescholdt Mangold 1898~1924)의 생물학박사 논문은 지도 교수에게 노벨상을 안겨주었다. 만골트는 여러 조직과 기관의 초기 발달을 유도하는 화합물인 형성체(形成體 · organizer)의 성질과 위치를 밝혀내기 위해 중요한 실험을 했다. 그러나 만골트는 이 책에 나오는 많은 여성들과 마찬가지로 스스로 실험을 생각해 내거나 계획한 것은 아니었다. 그녀는 한스 슈페만의 지도 아래 연구를 진행하고 있었다.

1924년, 만골트의 부엌에서 가스 히터가 폭발하는 사고가 일어났다. 당시 한 아이의 어머니이자 형성체의 공동발견자였던 26살의 연구자, 힐데 프로숄트 만골트는 폭발사고로 인해 심한 화상을 입고 숨을 거두고 말았다. 그녀가 죽고 11년 뒤, 슈페만은 노벨상을 받았다.

프리다 라브쉬트-로빈스(Frieda Robscheit-Robbins 1893~1973)는 38년 동안 조지 H. 휘플의 연구 파트너였다. 그들은 공동 연구를 통해 치명적인 병이었던 빈혈증의 치료법을 개발했다. 하지만 1934년에 노벨 생리 · 의학상을 수상한 사람은 휘플뿐이었다. 노벨위원회는 "휘플의 실험은 훌륭하게 계획되었으며, 아주 정확하게 실행되었다. 그로 인해 실험의 결과를 온전히 신뢰할 수 있다"고 평가했다. 라브쉬트-로빈스는 휘플이 실험을 계획하고 실행하는 데 결정적인 도움을 주었다.

실제로 휘플에게 과학적 명성을 안겨 주었던 중요한 논문에는 라브쉬트-로빈스의 이름이 제1저자로 기록되어 있다. 일반적으로 제1저자는 논문의 내용에 가장 책임이 있는 사람을 뜻한다. 휘플은 노벨상을 수상하는 자리에서 23편의 과학 논문을 언급했는데, 그 중 10편이 라브쉬트-로빈스가 공동저자였다. 휘플은 라브쉬트-로빈스, 그리고 두 명의 여성 연구원과 함께 상금을 나누었다.

라브쉬트-로빈스는 독일에서 태어나 미국 시카고와 캘리포니아에서 공부를 하고 로체스터대학에서 박사학위를 받았다. 그녀는 1917년부터 로체스터의대에 몸담은 뒤, 1955년 은퇴하기까지 휘플과 함께 일했다. 38년 동안이나 대학에서 일했지만, 그녀는 여전히 병리학 조수이자 이등급 고용인이었다.

과학연구에 대해서 그녀는 이렇게 말했다. "여러분들이 과학적 이론의 진리를 알아내는 데는 대단한 집념과 결단력이 필요합니다. 16년, 아니 어쩌면 그보다 몇 곱절의 시간이 걸릴 지도 모르지요. 여러분이 결국 성공하더라도 대단한 평가는 받지 못할 수도 있습니다. 왜냐하면 그때까지의 실험이야말로 여러분이 관심가지는 유일한 일이 되어 있을 테니까요."

차 례

3장 새로운 세대의 여성 과학자들

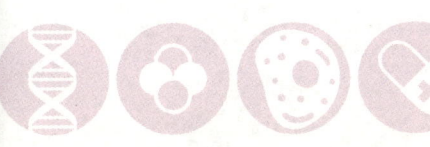

추천사

과학과 함께하는 삶

과학의 최고 브랜드로 개인과학자에게는 부와 명예를, 과학자의 국가에는 권위와 경쟁력을 안겨주는 노벨과학상이 제정된 지 한 세기가 넘었습니다. 지난 100년 동안 노벨상은 '원자' 라는 미시세계로 숨 가쁜 탐구를 가속시켜 나노기술의 신세계를 열었으며, DNA 이중 나선 구조의 발견을 격려함으로써 장수에 대한 인류의 오랜 꿈을 앞당기고 있습니다. 그런데 이 거대한 세계 변화와 함께 한 노벨과학상 수상자들 중 왜 여성의 비중은 고작 2퍼센트에 불과할까요?

『두뇌, 살아있는 생각』은 이러한 의문에 명쾌한 해답을 제시하고 있습니다. 퀴리부인부터 조슬린 벨 버넬에 이르는 15명의 여성 과학자들은 배움의 기회조차 허용되지 않던 사회문화적 차별 속에서도 '발견을 향한 열정' 으로 연구에 매진하여 눈부신 과학적 쾌거들을 이루어냈습니다. 시대가 부과하던 편견과 불친절에 당당히 맞서면서 물리학과 화학, 생물학과 의학의 역사를 새롭게 써내려갔습니다. 실제로 이들 여성들은 중국의 실험물리학자 우젠슝이 지적하듯이 “너무도 적은 숫자로 엄청나게 커다란 일”을 이뤄낸 것입니다.

이 책이 번역 · 출간된 오늘날은 인터넷의 발전으로 참여와 공유 그리고 개방의 정신이 사회 전반에 빠르게 투영되어 누구나 정보를 창출하고 유통에 참여하고 있습니다. 또한 사회적 약자에 대한 배려와 평등의 가치가 확대되면서 공개적 차별도 사라지고 있습니다. 더구나 미래학자들의 예측처럼 감성 · 소통 · 섬세함이라는 ‘여성성’이 새로운 가치로 급부상하고 있으며, 역사상으로 여성에게 가장 우호적인 여건이 조성되었습니다.

이러한 때에 세상에 소개되는 이 책을 통해 보다 많은 우리의 청소년들이 ‘자연탐구’를 향한 열정을 키우시길 바라며, 포기하고 싶은 절망의 어둠 속에서 어렵사리 희망의 길을 열어갔던 노벨상 여성 과학자들처럼 용기를 얻어 희망찬 대한민국 창조에 함께할 수 있기를 기대합니다.

대통령 정보과학 기술보좌관

김 선 화

생애 최고의 순간

노벨상 수상이 결정된 그 순간, 아마도 그 과학자는 생애 최고의 순간을 맞이한 것이 아닐까. 물론, 과학자들이 노벨상 하나만을 바라고 살지는 않는다. 그저 실험하고 연구하는 것이 가장 좋아하는 일이고 의미 있는 일이라고 믿고 열심히 하는 것일 뿐. 하지만 만약 그 상이 주어진다면, 그것은 자신이 수행한 연구 결과가 다른 동료 연구자들에 의해서도 옳다고 증명이 되었으며, 전 세계 과학계에 커다란 파급효과를 낸 것으로 당당히 입증된 것이니 이보다 더 큰 영광이 어디 있겠는가?

여성에게 과학이란 무엇인가? 과학은 논리적인 두뇌활동을 하는 인간이 할 수 있는 최고의 특권이다. 그런데 두뇌활동을 하는 이들은 오로지 남성뿐인 것처럼 생각하는 사람들이 많다. 여성은 합리적이고 논리적이라기보다 감성적이라고 옆으로 제쳐놓기 일쑤다. 그 편견들 속에서 온갖 눈총과 차별을 받으며 연구에 매진한 20세기의 여성 과학자들은 저마다 책 한 권을 쓰고도 남을 사연이 있으리라. 여성이 노벨상을 수상할 때 더 진한 감동이 오는 이유는 과학적 업적만이 아니라 그것을 이루기 위해 그들은 인간 승리를 함께 이뤄냈기 때문이다. 여성 과학자의 노벨상 수상은 한편 한편이 그들이 만들어 내는 휴먼 드라마다.

영국의 케임브리지 대학교의 31개 칼리지(College) 가운데는 남성 전유물이던 케임브리지에서 여성 교육을 전담했던 뉸햄 칼리지(Newnham College)가 있다. 그곳에서 가장 최근에 지어진 신식 기숙사를 비운의 과학자 로잘린드 프랭클린의 이름을 따 로잘린드 프랭클린관이라 명명했다. 프랭클린은 내게 특별한 존재다. 38세 꽃다운 나이에 명을 달리하여 세상이 그의 업적을 가로채고 폄하하여도 항변조차 할 수 없었던 그는 바로 내가 과학자이면서도 '여성' 임을 인식하고 여성 과학자로서 나의 책임감을 일깨운 인물이다.

DNA의 구조를 해석하고 단백질의 구조를 최초로 밝혀 분자생물학의 시대를 연 케임브리지의 MRC, 분자생물학연구소가 내가 공부하던 곳이다. 유전의 비밀을 풀어낸 프란시스 크릭은, 말하자면 내 선배이다. 하지만 DNA 이중 나선에 관한 왓슨과 크릭의 세기적 논문은 로잘린드 프랭클린의 데이터를 도용하여 작성한 것이다. 그 데이터에 대한 해석은 탁월했으니 크릭과 왓슨이 노벨상을 받을만 했다고 하여도, 프랭클린의 데이터를 가져가는 과정부터 모든 게 사실상 프랭클린이 노벨상을 도둑맞았다고 해도 지나치지 않다. 실제로 데이터 해석에조차도 아무런 공헌이 없었으나 프랭클린의 결정적 데이터를 '제공'하기만한 모리스 윌킨스도 나중에 노벨상을 받지 않았던가? 그 때 이미 프랭클린은 안타깝게도 유방암으로 죽고 없었다. 프랭클린이 빼앗긴 것은 노벨상만이 아니다. 제임스 왓슨은 그의 저서에서 프랭클린을 비하했으며 그래서 그는 과학자로서의 존경마저도 빼앗겼다. 이런 그를 아론 클럭을 비롯한 후배 과학자들이 재발견하여 로잘린드 프랭클린의 이름을 그녀가 당연히 있어야 할 곳에 다시 올려놓는 데 수십 년이 걸렸다. 이 책에는 이와 같이 여성이었기에 더 힘들었던, 그럼에도 좌절하지 않은 15명의 인생 이야기가 살아 있다.

이 책이 21세기 대한민국 사회에는 어떤 의미로 다가올 것인가? 서울대학교 생물학 강의실의 반을 차지하고 있는 것은 여학생들의 초롱초롱한 눈망울이다. 그들 중 대다수는 어릴 때 마리 퀴리의 전기를 읽고 과학자를 꿈꾸었으리라. 하지만, 아직도 현실의 벽은 대한민국 여성이 성공적인 과학자가 되는 데 호락호락하지 않다. 그래서 그들은 때론 차라리 자격증을 가진 의사가 되는 게 낫지 않을까하고 그들의 꿈을 접기도 한다. 하지만 의대에 가서도 차별은 여전하다. 어쩌면 더 하리라. 대학병원에 스태프로 남는 사람들 중 여성이 차치하는 비율은 국가인권위원회에서 관심이 있을 만큼 적다.

가치 있는 일들에 도전하고 결과를 얻어내는 것은 행복한 일이다. 여성이라고 이러한 행복이 차단된다면 그건 바람직한 사회는 아닐 터이다. 여성의 과학적 능력은 많은 음해에도 불구하고 결코 남성에 뒤쳐지지 않음이 입증되었다. 마리 스클로도프스카 퀴리의 능력은 동료 남성보다 훨씬 뛰어나 오히려 남성 과학자들이 그의 주변에 맴돌았다. 그래야 훌륭한 업적에 공저자로 이름을 올릴 수 있으니까 말이다. 격변의 시간이 있었고 우리의 선배 여성 과학자들의 눈물을 거름 삼아 지금 우리 현실은 훨씬 좋아졌다. 그럼에도 불구하고, 고난은 아직 끝나지 않았다.

생애 최고의 순간. 남이 가지 않은 길을 열고 자연에 존재하는 진리를 터득하게 되는 모든 순간이 과학자에게는 생애 최고의 기쁨이다. 라듐의 빛같이 번뜩이는 생애 최고의 순간을 꿈꾼다면, 그대들이여, 가시밭길이라도 개척해야 한다. 꿈을 가진 미래의 모든 과학자들, 특히 재능 있는 여성 과학자들과 동료가 될 수많은 남성들에게 추천하고 싶은 책이다.

서울대학교 생명과학부 교수
이 현 숙

●●● 감사의 글

이 책의 초판이 나온 뒤 열 번째 여성 과학자가 노벨상을 탔다. 크리스티안네 뉘슬라인-폴하르트는 파리 · 물고기 · 인간을 비롯한 다른 생물에서 태아가 어떻게 발달하는지를 설명하는데 끼친 공로로 1995년, 노벨 생리 · 의학상을 수상했다. 그녀의 수상으로 이 책의 증보판을 출간하게 되었다.

책에 소개된 열다섯 명의 여성들의 삶은 과학계에서 여성 차별이 어떻게 바뀌어가고 있는지를 보여준다. 예전에 유럽에서는 고등학교와 대학교에서 합법적으로 여학생을 받지 않아도 되는 법이 있었고, 미국에서는 대학에서 일하는 여성들을 배려하는 법 조항이 없을 때였다.

폴하르트에 대해 새로 추가한 내용으로 인해 이 책은 잘 마무리 되었다. 북아메리카와 유럽에서 여성들이 부딪쳤던 많은 문제들은 과학 연구와 직장 여성들에 대한 독일인의 편견 때문에 훨씬 나빠진 것이었다. 그러므로 폴하르트의 경험은 그녀의 조국인 독일을 넘어 먼 곳에 있는 많은 여성들의 삶에 빛이 될 수 있을 것이다.

동시에 그녀는 아주 어려운 문제를 제기했다. 과학계에 종사하고 있는 여성들에 대한 공개적인 차별이 줄어들면서, 우리는 점차 평등한 기회를 주는 시대에 접어들고 있는 듯하다. 그것이 사실이라면 과학계의 여성들의 미래는 그 기회를 어떻게 사용하는가에 달려 있다. 자신들의 미래는 스스로 하기 나름이지, 이제 다른 그 누구와도 상관이 없는 일이기 때문이다.

출간을 위해 조셀린 벨 버넬 · 도로시 크로푸트 호지킨 · 바바라 맥클린턱 · 리타 레비-몬탈치니 · 크리스티안네 뉘슬라인-폴하르트 · 우젠슝 · 로잘린드 앨로와 거트루드 엘리온 선생님들이 감사하게도 개인적인 인터뷰를 허락해 주었다.

책의 내용은 인물이 생존하고 있든, 사망했든 1차 · 2차 자료와 동료 · 학생 · 가족 · 친구 및 그 분야의 전문가를 포괄적으로 면담한 내용에 근거를 두고 있다. 그들의 협력은 과학계 선구자들이 더 많은 여성을 과학계로 끌어들이는 일이 얼마나 중요한가를 단적으로 보여주는 증언이다.

모든 과학적 설명은 비전문적이다. 하지만 그 어떤 것도 인위적으로 만들어냈거나 지어낸 것은 없다. 모든 인용문은 출간된 자료나 인터뷰에 근거하고 있다. 수많은 자료들이 여성 과학자들의 삶과 업적에 대해 새로운 사실을 보여주었다.

편집적인 부분과 과학적 문제에 대해 의미 있는 토의를 나누었던 F. 버트시에게 감사한다. 그리고 유용한 비평을 해준 루스 앤 버트시와 프레드릭 M. 버트시에게 감사한다. 또한 미시간주립대학의 도서관 직원들, 특히 중앙도서관의 참고문헌 부서와 물리학도서관의 다이앤 클라크는 큰 도움을 주었다. 나와 함께 일하다 은퇴한 줄리언 바흐와 수산 라비너, 복사를 담당한 편집원 카니 파킨슨과 캐롤 출판사의 관리자 도날드 데이비슨에게 각별한 감사를 표한다.

다이너마이트를 발명한 스웨덴의 알프레드 노벨은 그의 개인 재산으로 세계에서 제일 유명한 노벨상을 설립하고 1896년에 서거했다. 그의 유언에 따라 노벨재단은 해마다 평화 · 문학 부문과 물리 · 화학 · 생리학 · 의학 부문에서 이룬 발견에 따라 상을 수여한다. 1968년에는 경제학상이 추가되었다.

노벨상이 처음 설립되었을 때, 그것은 부(富)를 의미했다. 수상 금액은 무려 대학교수 일 년 연봉의 30배, 숙련된 건축 노동자 일 년 수입의 200배에 해당했다. 노벨상은 지난해의 새로운 발견이나 그 이전의 발견을 발전시켜 인류에게 가장 큰 공헌을 한 사람들에게 수여된다.

세계의 저명한 과학자들이 과학상을 받을 과학자들을 추천한다. 물리학상과 화학상 수상자는 스웨덴 왕립 과학 아카데미가 결정하고, 생리 · 의학상의 수상자는 스톡홀름의 카롤린스카 연구소에서 선정한다.

노벨상 수상자는 과학의 최상류 급에 해당하는 엘리트이자, 별 중의 별이라 할 수 있다. 그런데 1901년부터 약 500여 명의 남성이 과학 분야에서 노벨상을 받았음에 비해, 100여 년 동안 여성 수상자는 단지 열 명에 불과했다. 이는 전체 수상자의 2퍼센트밖에 되지 않는 숫자다.

이 책은 노벨상을 탔거나 노벨상을 거머쥔 연구에서 매우 중요한 역할을 했던 열다섯 명의 여성 과학자들의 삶과 업적을 설명하고 있다. 이들의 삶은 '역대 노벨상 수상자들 가운데 왜 이렇게 여성의 수가 적을까' 라는 질문에 대한 답을 제공해 줄 것이다.

●●●●● 발견에 대한 열정

"역사는 수많은 전기(傳記)의 정수이다."

– 토마스 칼라일

과학 분야에서 남성은 500명 이상이 노벨상을 받았는데, 여성 수상자들은 왜 고작 열 명밖에 되지 않는 걸까? 노벨상을 받은 여성의 비율은 전체 수상자의 규모에 비하면 단지 2퍼센트에 불과하다. 이 책에 소개된 열다섯 명의 여성은 노벨상 급의 과학자다. 흔히 볼 수 있는 평범한 연구원은 한 사람도 없다. 이들은 모두 과학 분야에서 이미 노벨상을 수상했거나, 노벨상을 받은 다른 사람의 연구에서 매우 중요한 역할을 한 과학자들이다.

이 여성들의 대다수는 어려움을 겪었다. 그들의 활동은 지하 실험실과 다락방 연구실에 한정되어 있었다. 가구 뒤에 숨어서 과학 강의를 듣기도 했다. 그들은 또한 수십 년 동안 대학에서 임금을 받지 못하고 자원봉사자로서 일하기도 했다. 1970년까지 미국에서도 과학 분야에서 여성들의 삶은 이와 비슷했다. 과학은 강하고, 엄격하고 합리적인 것이라 생각한 반면, 여성은 부드럽고 약하고 비합리적이라 여겨졌다. 그래서 여성 과학자들은 비정상적인 사람으로 정의되었다. 과학계에 종사하고 있는 여성에 대해 여성학적 관점에서 샌드라 하딩은 "여성은 최전선에서의 전투를 제외하고는, 다른 어떠한 사회적 활동에서보다도 과학 연구에서 철저하게 제외되었다"라고 결론지었다.

여성들이 장해물을 이겨내자 또 다른 방해물이 나타났다. 수학자였던 에미 뇌더 같은 개척자들은 대학에서 일하는 것이 합법적으로 금지되었다. 여학생들은 대학 교육을 위해 남학생들을 준비시키는 고등학교에서

조차 공부할 수 없었다. 1920년까지 유럽에 있는 여자고등학교는 여성들에게 있어 마지막 교육기관이었다. 대학의 교육을 받기 원하는 여성들은 별도로 선생님을 고용해 대학 입학 필수 과목인 수학 · 과학 · 라틴어 · 그리스어를 배워야 했다.

물리학자 리제 마이트너의 아버지는 그녀가 사범학교를 마칠 때까지 과외 선생님을 고용하기를 거부했다. 리타 레비-몬탈치니의 독재적인 아버지는 그녀가 학문적 교육을 받는 것을 스무 살 때까지 막았다. 나중에 그녀는 신경성장인자를 발견했는데, 이것은 알츠하이머병과 같은 퇴행성 질환에 중요한 역할을 한다고 알려져 있다. 마이트너와 레비-몬탈치니의 과학 경험은 남성들에 비해 십 년이나 늦게 시작되었다. 대학에 들어간 뒤에도 마리 퀴리 · 에미 뇌더 · 마이트너 같은 여성들은 긴 시간 동안 임금이나 아무런 지위 없이 일을 했다.

미국의 상황은 약간 달랐지만 여성들에게 어렵기는 마찬가지였다. 미국 대학은 여성을 학생으로는 받아들이기는 했지만, 연구원 자격으로 고용하는 것은 거부했다. 여성 과학자들은 여자대학교나 남녀공학인 대학교에서 가르쳐야 했으며, 연구활동은 허용되지 않았다. 미혼으로 남으리라 예상했던 여성 과학자들도 연구소를 이용하기 위해서는 결혼을 해야 했다. 1972년 연방 평등 기회 법령이 생기기 전까지는, 주(州)의 법과 대학 규정은 대학 직원의 부인을 고용하는 것을 금지하고 있었다. 이러한 규정은 여성 과학자들에게 치명적이었다. 요즘에도 미국 여성 물리학자들의 70퍼센트는 과학자와 결혼하고 있다. 그 결과 학계에서는 남편과 아내로 구성된 연구팀이 많이 생겨났는데, 남성은 임금 · 직업 안정성과 위신을 보장하고 여성은 대개 남성을 보조하는 역할에 머무르고 있다. 대학에서 결혼한 여성 연구자들의 문제를 다룬 기간은 상대적으로 아주 짧다.

탄수화물 대사, 효소, 효소 결핍으로 생기는 어린이의 병을 연구한 게르티 코리는 노벨상을 타기 전까지는 교수가 되지 못했다. 원자핵의 피층 구조 모델을 발전시킨 마리아 괴페르트 마이어는 북미의 가장 훌륭한 대학에서 수십 년 동안 자원봉사자로 일했다. 바바라 맥클린턱이 미국의 유전학회에 대표로 선출되었을 때도, 그녀는 대학에서 일자리를 구할 수가 없어 얼마 동안 연구를 그만 두어야 했다. 거트루드 엘리온은 화학 연구원이 되기 전까지 십 년 동안 비서가 되기 위해 공부했고, 일시적이고 하찮은 일들을 맡아야했다. 그 뒤 엘리온은 약을 만들기 위한 새로운 접근법을 고안하는 일을 도왔다.

가장 성공한 여성 과학자들이라 할지라도 조롱과 불친절을 당할 때가 있다. 제임스 왓슨의 베스트셀러 『이중 나선(The Double Helix)』에 '로시' 라고 묘사되어있는 로잘린드 프랭클린은 실험 연구의 선구자였다. 하지만 왓슨과 프란시스 크릭은 그녀의 허락을 구하거나 공로를 표하지 않은 채, 그녀의 실험 결과를 이용하여 DNA의 분자 구조를 설명했다. 그녀가 사망한 뒤에 그들은 노벨상을 탔다. 마리 퀴리의 딸인 이렌느 졸리오-퀴리는 제1차 세계대전 당시 청소년이었지만 여성 영웅이었다. 그러나 인공 방사능을 발견하여 노벨상을 탄 다음에 제2차 세계대전에서 소련을 지지하자 미국 언론은 그녀를 맹비난했다.

여성이 남성과 장기간 과학적 협력을 맺으면, 과학계는 남성이 그 팀의 지도자이고 여성은 보조하는 역할일 것이라고 추측했다. 의료 분야의 과학자들은 로잘린드 앨로의 남성 협력자가 방사 면역 검정(당뇨병 같은 호르몬 장애 치료에 획기적 변화를 가져온 매우 섬세한 검정법)을 발견하는 데 중요한 원동력이었을 것이라고 결론지었다. 하지만 파트너가 죽은 뒤 앨로는 그녀의 명성을 다시 세워야 했다.

여성들은 전문영역에서 일어나는 차별과 더불어 인종차별 · 종교차별을 받아야 했고, 가난 · 전쟁 · 약물 남용 · 장애와 병을 이겨내야 했다. 마리 퀴리 · 이렌느 졸리오-퀴리 · 도로시 호지킨 · 게르티 코리는 생명을 위협하는 병과 싸워가며 오랫동안 일했다. 제2차 세계대전은 리제 마이트너의 연구 성과를 앗아가 버렸다. 리타 레비-몬탈치니는 나치를 피해 침실에 숨어서 연구를 시작했다. 거트루드 엘리온은 대공황 때 학교를 다녔지만, 학위를 받지 못한 채 대학원을 그만 두었다. 기존의 반전성의 원리를 뒤집은 실험 물리학자 우젠슝 박사는 제2차 세계대전 뒤, 그녀의 조국인 중국이 미국의 동맹국이었음에도 불구하고 아시아인을 차별했던 상황 때문에 연구직을 구할 수가 없었다. 조슬린 벨 버넬은 펄서를 발견했을 때 대학원생이었는데 가정을 꾸리고 나서 시간제로 근무했다.

이처럼 많은 어려움에도 불구하고 이 여성들로 하여금 연구를 계속할 수 있도록 한 것은 무엇이었을까?

첫째, 그들은 과학을 매우 좋아했다. 이 여성들은 단지 연구에만 매몰되지 않고 그들의 인생을 누렸기에 성공할 수 있었다. 그들의 취미는 음악 감상과 연주에서부터 등산 · 독서 · 요리 · 종교 · 육아까지 다양했다. 하지만 그녀들의 삶을 온전히 빛나게 했던 것은 과학이었다. '즐거움' '기쁨' '만족' 같은 단어가 그들의 연설 속에 들어있다. 그들이 과학계에서 살아남은 것은 일을 천직으로 여기고 일과 사랑에 빠졌기 때문이었다.

과학이 그들을 신명나게 한 이유는, 20세기의 매우 중요한 과학적 발견을 하고 있었기 때문이다. 20세기에 제일 위대한 지적 성취는 진화 분야와 원자와 아원자 물리학 분야에서 일어났다. 여성 과학자들은 한 개체가 가진 특징이 어떻게 다음 세대로 전해지는지, 그리고 원자와 원자를 이루는 입자가 어떻게 반응하는지 설명하는데 도움을 주었다. 그녀들은 수학 · 생물 · 화학 · 천문학 · 물리 · 의학 분야에서 새로운 과학의 시대를 열었다.

나치가 통치하던 독일을 떠나 미국에 오기 전에 에미 뇌더는 새로운 수학 분야인 추상대수학(抽象代數學)을 개척했다. 바바라 맥클린턱은 젊은 여성으로서 유전학에 여러 번 혁명을 일으켰다. 하지만 분자생물학자들은 그녀의 전이 유전자 발견을 몇 십 년 동안 무시했다. 영국인 물리화학자 도로시 호지킨은 분자 구조를 이용하여 생물학적 기능을 설명하는 결정학 분야를 개척하여 페니실린, 비타민 B_{12}와 인슐린의 결정 구조를 해독하여 설명했다.

과학 분야에서 두 번의 노벨상을 받은 마리 퀴리는 연구의 초점을 원자핵을 연구하는데 필수적인 방사능에 맞추었고, 라듐을 발견하여 최초로 암 치료에 희망을 주었다. 리제 마이트너는 나치로부터 도망간 뒤 공식적으로 퇴직했지만, 원자핵이 분열될 수 있으며 그와 함께 엄청난 양의 에너지가 방출된다는 세기의 실험을 해독했다. 마이트너가 시작하고 설명한 핵분열 연구를 통해 독일인 동료가 노벨상을 받았다.

둘째, 이해심이 있는 부모와 친척의 영향이 컸다. 로잘린 앨로를 제외한 여성 과학자들은 전문직이나 학구적인 집안에서 자랐다. 그들의 아버지들은 건축학자 · 공학자 · 의사 · 치과의사 · 변호사 · 대학 교수와 같은 직업을 가지고 있었다. 유독 앨로의 아버지는 뉴욕의 이민자 동네에서 작은 지업상을 운영했다. 그 반면에 에미 뇌더의 아버지는 딸의 재능을 양성한 저명한 수학자였다. 마리아 괴페르트-마이어의 아버지는 딸에게 직업을 가지라고 격려했다. 마이어는 자신의 가족의 대를 이어 7대 교수가 되고 싶었다. 우젠슝의 아버지는 중국의 대표적인 양성평등주의자였다. 도로시 호지킨과 로잘린드 프랭클린은 어머니와 이모 · 고모로부터 재정적 도움을 받았다. 마리 퀴리 자매는 대학을 다니며 서로 도와주기로 약속했다. 그리고 마리 퀴리는 딸 이렌느 졸리오-퀴리를 도와주었다. 이에 비해 레비-몬탈치니와 로잘린드 프랭클린의 아버지는 딸의 목표를 격렬하게 반대했다. 바바라 맥클린턱 가족의 경우, 여성이 교수가 되는 것에 대해 어머니가 못마땅하게 생각했다.

셋째, 교육을 강조하는 종교적 가르침도 중요한 역할을 했다. 조슬린 벨 버넬은 퀘이커교도였다. 그 중에서도 세계적으로 위대한 과학자를 많이 배출한 퀘이커파의 프렌드 교회(Society of Friends) 일원이었다. 이곳의 여성 중에 절반은 유태계다. 유대인들이 학문과 이론적 사고에 전념하는 습관은 남성뿐만 아니라 과학계의 여성에게도 도움이 되고 있다. 미국 전체 인구의 단 3퍼센트가 유대인이다. 하지만 미국에서 자란 노벨상 수상자의 대략 27퍼센트가 유대인이다. 유대인이라는 사실이 여성에게는 특별히 도움이 되었다. 미국에서 태어나 교육 받은 세 명의 노벨 수상자 중 두 명이 유대인이었다. 반대로 가톨릭과 개신교인 미국인 중에는 과학 분야에서 노벨상을 받은 여성은 한 명에 불과했다. 그녀가 바로 바바라 맥클린턱이다.

넷째, 성공한 여성들 뒤에는 대부분 남성의 배려가 있었다. 노벨상을 받은 여성들 가운데 절반 이상이 결혼을 했고, 아이들을 키웠다. 한 명을 제외한 나머지 남편들은 상황에 따라 상당한 희생을 감수하며 아내의 과학 연구를 격려했다. 피에르 퀴리와 칼 코리는 아내의 직업을 위해서 유명한 연구실의 선망 받는 직위를 거절했다. 우젠슝과 그녀의 남편은 떨어져 살았다. 세 명의 저명한 남성 물리학자들은 도로시 호지킨을 포함한 영국 여성들이 결정학을 연구하는 것을 도와주었다. 수학자 데이비드 힐베르트와 물리학자 알베르트 아인슈타인은 에미 뇌더의 조언자였다. 조세프 마이어는 그의 아내 마리아 괴페르트 마이어보다 더 양성평등주의자였던 것으로 보인다. 거트루드 엘리온은 조지 히칭스와 수십 년 동안 연구 파트너로 일했고, 얠로 또한 솔로몬 버슨과 함께 연구했다. 불행하게도 조슬린 벨 버넬은 지도 교수가 그녀의 멘터가 되어주지 않아서 경력을 쌓기 위한 가르침을 거의 받지 못했다.

다섯째, 여성 과학자들을 위한 단체의 후원은 주요한 성과를 거두는데 크게 기여했다. 노벨상을 받은 미국 여성 과학자의 다수를 두 학교가 배출했다. 과학 분야에서 노벨상을 받은 여섯 명의 미국 여성 가운데, 네 명은 뉴욕시에 있는 헌터 대학이나 세인트루이스에 위치한 워싱턴 대학과 관련이 있었다. 거트루드 엘리온과 로잘린 얠로는 뉴욕의 여성 수재들이 무료로 다닐 수 있는 시립학교로 전성기를 누리던 헌터 대학의 학부생이었다. 거티 코리와 리타 레비-몬탈치니는 미주리주 세인트루이스 소재 워싱턴 대학교에서 수행한 연구로 노벨상을 받았다. 워싱턴 대학은 직업 여성을 대우하는 데 개방적인 것으로 알려졌다. 처음부터 이와 같은 지지를 받았다면 얼마나 많은 여성들이 성공할 수 있었을까? 여학교도 노벨상을 받은 여성을 배출하는데 도움이 되었다. 바바라 맥클린턱은 이 책에서 언급되는 여성들 중에 유일하게 여학교를 다니지 않은 인물이다.

마지막으로, 시대적 변화도 그들의 과학연구에 큰 영향을 주었다. 마리 퀴리 · 리제 마이트너 · 에미 뇌더와 같은 개척자들은 유럽 대학들이 여성에게 문을 열었을 때쯤 성년이 되어 있었다. 대부분의 여성들(15명 중에 8명)은 15살 안팎의 나이차가 난다. 15명 중에 11명은 1896년부터 1921년 사이에 태어났다. 참정권 운동이 북미와 유럽에서 일어나 제1차 여성운동이 시작된 때였다. 이 시기는 곧 그녀들의 성장기이기도 했다. 제1차 세계대전 당시에는 여성들이 남성의 일을 도맡아 했으며, 1920년대는 여성의 활동에 사회적 제약이 있었던 시기였다. 4명의 여성은 제2차 세계대전으로 빈 남성의 자리를 메웠다. 1960~70년대에 일어났던 제2차 여성운동이 노벨상에도 비슷한 영향을 주었을까?

그녀들이 맞섰던 엄청난 문제들과 그녀들이 이뤄낸 중요한 발견을 고려하면, 이 시기의 여성들에 대하여 진정으로 궁금하게 생각해야 할 점은 "왜 이렇게 조금이야?"가 아니다. 더 올바른 질문은 "어떻게 이렇게 많을 수 있지?"이다. 우젠슝이 여성 물리학자에 대해 지적한 것처럼 "그토록 적은 인원이 견딜 수 없는 상황 속에서 이와 같이 엄청나게 기여한 적은 없었다."

1장

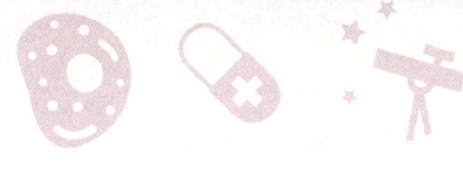

제1세대 선구자인 여성 과학자들

물리학자, 방사화학자

1 마리 스클로도프스카 퀴리

1867.11.7~1934.7.4

노벨 물리학상_1903
노벨 화학상_1911

마리 스클로도프스카 퀴리

Marie Sklodowska Curie

"남편 도둑! 이 외국 여성을 쫓아내라!" 큰소리와 야유가 마리 퀴리의 집에 울려 퍼졌다. 집에는 돌이 날아들었다. 모인 인파는 점점 늘어났고, 적대적으로 변하고 있었다. 집 안에서 마리 퀴리와 일곱 살짜리 둘째딸 에브는 하얗게 질린 얼굴로 조용히 몸을 움츠리고 있었다.

며칠 동안 파리의 신문은 한 폴란드 여성의 스캔들을 대서특필했다.

> '라듐의 정결한 여신'이 한 프랑스 여성의 남편을 훔쳤다. 퀴리는 부부의 집에 첩처럼 머물렀다. 라듐의 불이 한 과학자의 마음을 타오르게 했으나, 그의 부인과 아이는 지금 눈물을 흘리고 있다.

비난을 받은 퀴리의 애인은 기자 · 편집자들과 싸웠다. 프랑스 내각에서도 심의가 시작됐다. 파리 대학교는 퀴리에게 교수직을 사임하고 폴란드로 돌아가라고 권고했다. 이러한 위기 가운데 퀴리는 자살을 시도했다. 그녀가 두 번째 노벨상을 받은 것은 바로 이때였다.

당시에 마리 퀴리는 세계에서 제일 유명한 과학자였고, 모르는 사람이 없을 정도로 그녀의 이름은 일반화된 용어였다. 퀴리는 성인(聖人) 같은 대중의 아이콘이었으나, 비난의 대상이기도 했다.

프랑스의 첫 여성 교수였던 그녀는 전 세계 암환자들의 희망인 라듐을 발견했다. 퀴리는 과학계의 시선을 온통 방사능으로 돌려놓았다. 원자는 비활성 상태가 아니며, 분할이 가능하고, 단단한 고체가 아니라는 사실을 입증한 것도 물리학자 겸 화학자였던 퀴리였다. 더구나 그녀는 61년 동안 과학 분야에서 노벨상을 두 번이나 받은 유일한 과학자이기도 했다.

사적인 면에서 퀴리는 차분한 얼굴 뒤에 깊은 감정들을 숨기고 있었다. 여성으로서 단순한 가족생활과 연구실에서 일할 수 있는 자유를 원했던 그녀는 주위가 소란한 것과 사람들 입에 오르내리는 것이 싫었다. 사회적 명성과 함께 찾아온 대중의 부러움은 겨우 자리 잡아가던 그녀의 삶을 위협했다. 하지만 시간이 지나면서, 자신을 죽음까지 몰아갔던 열정을 자신의 마음속에만 품고 사는 것을 배웠고, 원치 않은 유명세는 과학 발전을 위해 사용했다.

미국에서 남북전쟁이 일어난 직후인 1867년, 퀴리는 폴란드 바르샤바에서 마리아 스클로도프스카라는 이름을 가지고 태어났다. 어릴 적엔 마냐라는 이름으로 불렸는데, 프랑스에서 공부하는 중에 불어식 표현인 '마리'로 바꾸었다. 그녀의 어린 시절은 몹시 불행했다. 러시아와 독일이 폴란드를 나누어 지배하면서 폴란드의 민족주의와 문화의 모든 흔적을 없애려고 했다. 프로이센의 수상 비스마르크는 이렇게 썼다.

> 슬픔에 잠겨 쓰러질 때까지 폴란드인들을 몰아 붙여라. 나 역시 그들의 처지에 대해 동정하고 있지만, 우리가 살아남기 위해서 할 수 있는 일은 그들을 처치하는 것뿐이다.

제정 폴란드에서 마리 퀴리는 감정을 드러내는 것이 위험할 수도 있다는 사실을 어린 나이에 배웠다.

마리의 부모는 모두 선생님이었다. 아버지 블라디슬라프는 고등학교에서 물리와 수학을 가르쳤다. 어머니 브로니슬라바 스클로도프스카는 8년 동안 다섯 명의 아이를 낳고 결핵을 앓으면서도 여자 아이들을 위한 사립학교의 전임 교사로 일했다. 그녀는 막내인 마리를 낳은 뒤 일을 그만 두었다. 현명하지 못한 투자와 과다한 의료비 지출로 인해 저축해 두었던 돈이 바닥나자, 퀴리의 가족은 어머니의 기숙학교에서 생활하게 되었다. 마리의 어머니는 학교의 관리자들이 아이의 울음소리를 들을 수 있는 허름한 곳에서 자녀들을 낳았다. 사적인 공간이 없었기에, 퀴리의 가족은 침묵과 자제가 몸에 배었다. 마리 역시 큰 소리를 내거나 소란을 피우지 못했다. 또래 어린 아이라면 자연스럽게 하는 장난이나 감정 표현도 못하며 자랐다.

스클로도프스카 가족은 절제와 확실한 신념을 지니고 사는 열정적인 가족이었다. 마리의 어머니는 굉장히 독실한 가톨릭교도였다. 온 가족은 열렬한 애국자였으며, 교육의 필요성을 인지하고 있었다. "나의 부모님은 교사라는 직업을 최고라고 여겼다"라고 마리는 회상했다. 마리의 부모는 아이들이 학교에 들어가기 전에 먼저 읽는 법을 배워야 한다고 생각했다. 마리가 네 살 되던 무렵, 언니 브로냐가 글자를 익히고 있었다. 참지 못하고 마리는 언니의 책을 집어들고는 소리 내어 읽기 시작했다. 가족들이 매우 흥분하여 마리를 지켜보자, 그녀는 울음을 터트리며 언니보다도 먼저 글자를 읽을 수 있다는 것을 미안해했다.

마리가 열한 살이 되었을 때, 큰언니가 발진티푸스로 세상을 떠났고, 어머니도 결핵으로 숨졌다. 병이 전염되는 것을 꺼렸던 어머니는 생전 막내인 마리를 쓰다듬어 주거나 뽀뽀조차 해주지 않았다. 어린 마리는 무관심의 이유도 모른 채 어머니를 우상화했다. 그러다 어머니가 죽었을 때, 마리는 깊은 슬픔에 잠겼고 신은 존재하지 않는다고 결론지었다.

마리는 정치적 위협과 억압이 짓누르는 사회 분위기 속에서 공부했다. 러시아인들은 폴란드의 학교를 경찰청처럼 운영했다. 폴란드어를 사용하면 선생님은 해고를 당했고, 학생들은 체벌을 받았다. 러시아인이 폴란드의 교직을 차지하면서, 마리의 아버지는 여기저기로 직장과 거처를 옮겨야 했다. 덩달아 가족들도 점점 작은 집으로 이사를 다녔다. 형편이 어려워지자 마리의 아버지는 하숙생들을 받았다. 비좁은 아파트가 사람으로 꽉 찼다. 마리는 식당의 소파에서 잠을 잤는데, 하숙생들의 아침식사 시간에 맞춰 방을 정돈하기 위해 일찍 일어나야 했다.

이런 어려움 속에서도 마리는 반에서 제일 우수한 학생이었다. 장학사가 확인하러 올 때 러시아어로 발표를 맡게 되었다. 겨우 열 살의 나이에 마리는 폴란드 학교가 폴란드 문화를 폴란드어로 가르치는 것이 아니라, 러시아 문화를 러시아어로 잘 가르치고 있는 것처럼 속이는 임무를 맡았다. 마리는 완벽하게 해냈지만, 긴장한 나머지 장학사가 학교를 떠나자 울음을 터뜨렸다. 그 뒤로 평생 동안 그녀는 대중 앞에서 연설하는 것을 불안해했다.

중학교에서도 러시아 교사들은 폴란드인 학생들을 적처럼 대했다. "그 당시의 분위기는 전체적으로 견딜 수가 없었다"고 그녀는 뒷날 증언했다. 학생들은 지속적인 감시의 눈 아래 있었다. 오빠 친구 중에 한 명은 정치적 활동을 했다고 사형되었다. 학교가 폴란드 민족주의와 저항의 중심지였다는 사실은 별로 놀라운 일이 아니다. 교육은 애국적 본분이었고 도덕적 의무였다.

폴란드 문화를 보존하는 책임은 폴란드의 군인에게 있는 것이 아니라, 마리 같은 젊은 폴란드 중산층 여성이 담당해야 할 몫이었다. 1863년, 폴란드의 마지막 반란이 실패했을 때, 실증주의자(Positivist)라는 바르샤바 지식인 모임은 힘으로는 러시아를 이길 수 없다고 주장했다. 실증주의자들은 여성의 자유와 교육을 위한 운동과 함께 과학교육과 연구, 유대인을 관용하는 것, 계급 차별의 폐지, 폴란드 가톨릭교회의 개혁, 농민들을 위한 교육을 이끌었다. 여성이 실증주의자 운동의 주력으로 나섰고 남몰래 플라잉대학을 설립했다. 그곳은 누구든 비밀리에 수업을 듣는 대신, 다른 것을 가르쳐야 하는 대학이었다. 마리는 "개인을 향상시키지 않고서 더 나은 세상을 만들 수 있다고 기대할 수 없다"고 설명했다. 실증주의자의 시 「일을 통한 증진」은 이렇게 선포한다.

> 하프의 선율은 당신을 위한 것이 아닙니다.
> 기병도 창도 화살도 당신을 위한 것이 아니지요.
> 지금 그대에게 필요한 것은 끊임없는 일,
> 곧 마음과 영혼의 양식을 얻는 것입니다.

마리 스클로도프스카의 배움과 과학을 향한 열정적인 헌신의 밑바탕에는 조국 폴란드의 독립이라는 꿈이 자리 잡고 있었다.

열다섯 살에 마리는 모든 과목에서 수석으로 졸업했다. 이것을 이루기까지 긴장은 엄청났다. 1883년에 그녀는 인생에서 여러 번 겪게 되는 신체적 쇠약을 이때 처음으로 경험하며 쓰러졌다. 그녀의 아버지는 시골에 사는 친척을 만나 여가를 가지며 일 년 동안 쉴 수 있도록 배려했다. 하루는 저녁 내내 춤을 춘 다음 그녀가 말했다. "앞으로 평생 동안 이렇게 재미있는 시간은 가지지 못할 것 같아."

일 년 동안 즐겁게 휴식을 취한 뒤, 마리는 자신과 언니 브로냐를 부양해야 했다. 당시 오빠는 바르샤바 대학의 학생이었지만 러시아 정부는 여성이 러시아 제국의 대학을 다니는 것을 금지했다. 그래서 마리는 브로냐와 약속을 했다. 자신이 먼저 일자리를 얻어 브로냐가 파리에서 의학 공부를 할 수 있도록 학비를 보내주고, 졸업한 뒤에는 브로냐가 자신의 학자금을 마련해 달라는 것이었다.

중산층 여성이 할 수 있는 일이란 많지 않았기 때문에, 마리는 1985년 8월부터 1891년 9월까지, 6년 동안 가정교사로 일했다. 그것은 부잣집의 하녀보다 약간 나은 일이었다. 처음 3년 반 동안 그녀는 바르샤바에서 97킬로미터 떨어진 곳에서 조라프스키 가족과 함께 살았다. 조라프스키 아이들 두 명을 매일 일곱 시간씩 가르치고, 남은 시간은 가정부처럼 일했다. 마리는 허락을 받아 그 지역 농민의 아이들에게도 읽기와 쓰기를 가르쳤는데, 그것은 불법이었기 때문에 적발된다면 심한 처벌을 감수해야 했다. 이렇게 일하고 남은 시간에 겨우 자신의 공부를 할 수 있었다. 마리를 도와주기 위해 아버지는 편지를 써서 수학을 가르쳤다. 조라프스키는 마리에게 사탕무 공장에 있는 기술 도서관을 이용할 수 있도록 허락해 주었다. 그 공장의 화학자가 스무 번 정도의 강의를 해주었다.

그 해 여름, 조라프스키의 장남이 방학을 보내기 위해 집으로 돌아왔다. 카지미에르는 잘 생겼고, 당당했을 뿐만 아니라 바르샤바 대학에서 수학을 공부하고 있는 학생이었다. 마리는 그와 사랑에 빠졌다. 카지미에르의 부모는 아들이 고작 가정교사와 결혼하려는 것을 못마땅하게 여기고 약혼을 허락하지 않았다. 그렇지만 마리는 조라프스키 가족과 2년 반을 더 생활해야 했다. 브로냐의 학업을 위해 파리에 돈을 계속 부쳐주어야 했기 때문이었다. 당시의 고통에 대해서 마리는 뒷날 이렇게 고백했다. "나는 섬세한 감정을 가지고 있었지만 가능한 감정을 많이 숨겨야 했다. 내가 다시 독립적으로 살 수 있고, 나만의 집을 가지게 된다면, 나는 삶의 반이라도 기꺼이 포기할 수 있었다." 마리는 스물네 살이 될 때까지 카지미에르와 결혼할 수 있다는 희망을 버리지 않았다.

1891년, 마리는 40루블이 든 핸드백과 큰 가방, 그리고 4등급 기차 칸에서 앉을 캠핑 의자를 가지고 파리를 향해 떠났다. 그녀는 프랑스에서 남은 생을 살 수 있었다. '마리 퀴리' 라는 프랑스 이름으로 유명해졌지만, 그녀는 조국 폴란드와 관련된 일에 늘 열중했다. 1905년, 폴란드 국민에게는 증오의 대상이었던 러시아 황제에 대한 반란을 돕기 위해 그녀는 돈을 기부했다.

폴란드인 유모를 고용하여 아이들에게 폴란드어를 가르치도록 하기도 했다. 제1차 세계대전이 끝나자, 그녀는 라듐 연구소를 세우기 위해 기금을 조성하고, 폴란드인 과학자를 훈련시켰다.

수십 년 뒤, 프랑스인들은 그들의 영웅인 마리 퀴리가 폴란드 혈통이라는 사실에 만족하지 못했다. 1967년, 마리의 100번째 생일을 기념하기 위해 준비 중이던 프랑스 공무원들은 그녀가 폴란드인처럼 보이지 않는 사진을 찾기 위해 노력했다. 그들은 오직 '마리 퀴리' 라는 프랑스 이름만을 사용하고 싶어 했다. 하지만 폴란드 정부와 마리의 프랑스 손자들의 요구 덕분에 기념 포스터에는 '마리 퀴리-스클로도프스카' 라고 기록되게 됐다.

폴란드인들에게 프랑스는 문화적 · 정치적 자유를 상징했다. 파리에서 학생들의 주거지였던 라틴 구역은 1890년대 유럽 지성의 중심이었다. 여성의 입학을 허용하는 몇 안 되는 유럽 대학 중의 하나였던 파리 대학교도 이곳에 있었다. 1만 2천 명의 남성과 소수의 여성이 그곳에서 강의를 들었다. 프랑스 문화는 후기 인상파의 그림, 베르디의 오페라, 에펠 타워, 바론 하우스만이 디자인한 넓은 길, 전기 가로등과 자동차에 이르기까지 나날이 발전하고 있었다. 정치적으로 프랑스는 우파의 귀족과 좌파의 노동자 가운데 위치하고 있었다. 프랑스의 문화는 빛났으나 그 이면에는 늘어나는 실업자 문제와 반유대주의 확대, 개신교도들에 대한 좋지 못한 평판 등의 사회적 문제가 복잡하게 얽혀 있었다. 더구나 프랑스는 과학 분야에서 보수적이었고 매우 뒤처져 있었다.

1891년 11월 5일, 파리대학교에 입학했을 때 마리는 학교에 다니지 않은 지 8년이나 된 상태였다. 마리의 불어 실력은 형편없었고, 다른 프랑스 고등학교 졸업생들에 비해 수학과 과학이 부족한 상태였다. 마리는 언니 브로냐와 함께 폴란드에서 온 망명자들이 모인 공동체 안에서 살 수도 있었지만,

그녀는 혼자 사는 길을 선택했다. 다른 학생들과 마찬가지로 가난했기 때문에, 마리는 6층에 있는 다락방을 임대하고는 빵과 달걀 · 과일 · 코코아를 조금씩 먹으며 생계를 유지했다.

그녀는 가족이 농담 삼아 부르는 '영웅적 시기' 동안 행복했다. 드디어 자신만의 사생활과 독립된 장소가 주어졌고, 하고 싶은 만큼 공부할 수도 있게 됐다. 다른 사람들이 음악을 좋아하는 것처럼 마리는 과학을 즐겼다. 과학이 주는 기쁨과 깊은 행복감 때문이었다. "어떤 관점에서 보면 그 시간이 고통스럽기도 하겠지만 나에게는 진정 매력적인 것이었다. 나에게 정말 소중한 자유와 독립을 주었기 때문이다"라고 그녀는 당시를 회상했다.

영웅적 시기는 2년 만에 끝났다. 1893년, 마리는 매년 600루블씩 폴란드의 연구비를 받게 되었다. 그녀는 물리에서 최고 점수를 받고 과에서 수석을 했다. 다음 해에도 수학에서 비슷한 점수를 받아 차석을 했다.

1894년, 마리 스클로도프스카는 피에르 퀴리를 만나게 된다. 피에르는 파리에 있는 공업 물리와 화학을 위한 시립대학의 연구소장이었다. 35살의 나이에 피에르는 벌써 압전성과 자성체에 대한 연구로 영향력 있는 물리학자였다. 피에르와 그의 형 자크 퀴리는 수정에 압력을 가할 때 생성되는 피에조 전기효과를 발견했다. 이러한 수정의 성질을 응용한 수정발진자는 오늘날에도 마이크로폰 · 방송용 전자 제품 · 스테레오 시스템과 손목시계 등에 사용되고 있다.

마리가 피에르를 처음 만났을 때 그의 모습은 프랑스풍 문에 비친 빛에 의해 낭만적인 실루엣을 나타내고 있었다. 적갈색 머리카락과 총명한 눈빛, 의젓한 웃음과 질박한 태도가 마리를 안심시켰다. 피에르는 마리에게서 슬라브인의 아름다움과 더불어 약간 곱슬곱슬한 금발머리 · 회색빛 눈 · 넓은 광대뼈와 이마를 보았다. 무엇보다 중요한 것은 물리에 대한 마리의 열정과 총명함이었다.

젊은 여성이 갖추어야 하는 예의를 무시하고, 마리는 피에르를 처음 만난 날 자신의 집 주소를 주었다. 외국인이자 학생이었던 마리는 그 시대의 중산 계급의 관습에서 벗어나 있었다. 마리는 사회적 관습이 그녀의 삶이나 일과 충돌하면 언제든 그것을 무시할 준비가 되어 있었다. 뒤에 마리는 피에르와 저녁식사를 했고 집으로 와서 차를 대접했다. 호의에 보답하기 위해 피에르는 가톨릭교회가 금지한 에밀 졸라의 새로운 책을 선물했다.

피에르 퀴리는 이상주의적 몽상가였다. 그는 프랑스 혁명에서 비롯된 공화주의와 교권 반대주의의 전통 아래서 자랐다. 학교생활에 적응하지 못한 그는 아버지와 형에게서 가르침을 받았다. 분명 피에르는 프랑스의 제도화된 과학 교육을 받은 사람은 아니었다. 그는 엘리트 학교인 에꼴 노르말을 다니지 않고서, 파리 사람들 가운데 재능 있는 노동자 계급을 위한 새로운 전문대학에서 가르치고 있었다. 그 곳에서 그는 유명한 전자기 실험을 하면서 날품팔이가 버는 정도의 임금을 받으며 생활했다. 피에르는 상을 받는 것에 관심이 없었지만, 뒷날 자신의 아내가 이룬 과학적 발견에 대해서는 충분한 인정을 받도록 배려해 주었다.

마리는 폴란드로 돌아가 물리를 가르치는 것을 꿈꿨다. 반면 피에르는 과학 연구를 위해 삶을 바치는 것에 대해 이야기했다. 그는 가난한 폴란드보다 여건이 좋은 프랑스에서 다양하고, 질 높은 연구를 할 수 있을 것이라고 충고했다. "삶에 대한 꿈을 만들고, 그 꿈을 현실로 이루는 것이 필요해요"라고 마리에게 편지를 쓰기도 했다. 피에르는 마리에게 청혼했으나 승낙을 받지 못했다. 차선책으로 피에르는 함께 아파트에서 살자고 제안했다. 그러다 결국 그는 최대의 희생을 감수했다. 프랑스에서 연구직을 그만두고 그녀와 함께 폴란드에 가서 살겠다고 고백한 것이다. 퀴리는 그제야 피에르의 진심을 알게 돼 청혼을 받아들였다.

마리와 그녀의 아버지는 피에르에게 교수직과 연구소에서 일할 수 있도록 박사 논문을 끝내라고 권유했다. 뒷날 온도와 자기장의 관계에 대한 피에르의 논문은 퀴리의 법칙이라고 세상에 알려지게 되었다. 위대한 영국인 물리학자 윌리엄 톰슨 켈빈에게서 받은 추천서와 그의 논문으로 인해 피에르 퀴리는 교수가 됐고, 매년 6천 프랑의 만족할 만한 수입을 얻을 수 있었다.

마리와 피에르는 1895년에 예물반지나 목사님의 주례도 없이 결혼식을 올렸다. 친척 한 명이 자전거 두 대를 살 수 있는 돈을 주어, 마리는 치마와 검정색 모자를 쓰고 피에르와 처음으로 자전거 여행을 가게 된다.

마리 퀴리는 여자고등학교에서 가르치기 위하여 교사 자격증을 받으려고 열심히 공부했다. 1896년 8월, 그녀는 임용고시에서 수석을 차지했다. 제련업계에서 강철의 전자기 특성을 연구할 수 있도록 후원도 받게 됐다.

주위 사람들의 도움을 일절 받지 않고서 마리는 방 3개짜리 아파트를 꾸려나갔다. 아파트에는 커튼이나 카펫 외에도 다른 불필요한 가구를 들여놓지 않았다. 그녀는 집을 꾸미는 데에는 신경을 쓰지 않았지만, 정원과 창문 밖으로 보이는 풍경에는 무척이나 관심이 많았다. 그녀는 자신에 대한 자부심이 매우 강했고, 집안일처럼 재미없는 일에 시간을 낭비하는 것을 좋아하지 않았다.

마리와 피에르는 비슷한 계층의 다른 사람들이라면 으레 신경 쓰는 격식 차린 사회적 모임에 나가기 위해 시간을 낭비하지 않았다. 대신 그들은 친척들과 함께 소박하게 어울렸으며, 주말 오후에는 친구들과 학생들을 집으로 초대해 간단한 파티를 즐겼다. 교수들은 정부에 고용된 사람들이었기 때문에, 퀴리 부부와 함께 어울리는 사람들은 공통적으로 국내 정치에 많은 관심을 가지고 있었다. 퀴리 부부의 가장 친한 친구들은 화학자 앙드레 드비에르느, 저명한 물리학자 장 페랭과 그의 아내 알랭, 또 다른 물리학자 폴 랑즈뱅 등이었다.

마리 퀴리는 과학 다음으로 가정의 일을 우선순위로 두었지만 정치적 논쟁에 대해서도 많은 관심이 있었고, 개인적인 분명한 의견을 가지고 있었다. 퀴리 부부와 친구들은 좌파였고, 교권 개입을 반대하는 공화주의자였다. 그들은 정부가 교육과 과학 연구를 위해 더 투자해야 한다고 생각했다. 반면, 가톨릭 집단은 과학을 도덕적으로 퇴폐한 것이라 여겼다. 퀴리 부부와 친구들은 과학을 통해 병을 예방하고, 발달된 농업 기술을 개발하며, 전차를 움직이고, 거리를 환하게 밝히는 가로등을 설치하여 사람들의 삶을 풍요롭게 할 수 있으리라 생각했다. 과학은 도덕적 · 물리적 진보를 가져올 수 있다고 믿었던 것이다.

퀴리 부부가 결혼한 뒤 2년이 지나고, 마리의 서른 번째 생일이 오기 한 달 전, 귀여운 첫째 딸 이렌느가 태어났다. 피에르의 아버지는 퀴리 부부와 함께 살면서 일하는 마리를 위해 손녀 이렌느를 돌보아 주었다. 프랑스에 일하는 기혼 여성은 흔하지 않았지만, 피에르와 시아버지는 계속 공부하기를 원하는 마리를 전폭적으로 지지했다. 마리는 유럽에서 박사과정을 밟고 있는 두 명의 여자 중 한 명이었다. 공부하는 대학원생이자, 한 아이의 어머니였던 마리는 세 권의 공책을 썼다. 육아일기와 연구 일지, 가계부가 그 공책의 용도였다. 그녀는 이렌느가 첫 발을 내디뎠을 때의 기쁨을 마치 과학적 연구결과와 고기의 가격을 쓰는 것처럼 아주 자세하게 기록했다.

이렌느가 태어난 지 3개월이 되었을 때, 마리는 대학원 논문을 쓰기 위해 연구 과제를 찾고 있었다. 무엇을 연구할 것인지 결정을 내리는 일은 쉽지 않았다. 20세기 초, 물리학자들은 물리학에 관한한 모든 것이 다 발견되었다고 믿고 있었다. 저명한 독일인 물리학자는 이렇게 발표했다. "물리학에서 앞으로 이뤄져야 할 것은 조금 더 정확한 측정뿐이다."

하지만 마리 퀴리의 논문은 물리학계를 깜짝 놀라게 한다. 무엇보다도 중요했던 그녀의 발견은 원자 속의 강력한 힘에 대한 지적이었다. 물리학자들은 20세기 내내 그 힘을 탐구하게 된다.

1896년 앙리 베크렐이 우라늄에서 방사능을 발견했을 때, 단지 소수의 과학자만이 그것에 관심을 가졌다. 일 년 전 발견된 X선이 신문에 보도되면서 모든 관심이 그쪽에 쏠려 있었기 때문이었다. 방광(放光) 현상은 원자의 무겁고 불안정한 핵이 깨지면서 엄청난 양의 에너지가 양성자와 중성자, 전자, 혹은 순수 에너지를 가진 감마선으로 배출될 때 일어난다. 얄궂게도 당시 유행하던 X선은 이보다 훨씬 약한 것이었다. X선은 원자를 둘러싸고 있는 전자구름에서 생긴다. 마리 퀴리는 방광의 원인은 몰랐지만, 도서관에서 책을 읽는 것보다 실험실에서 연구하며 성과를 낼 수 있는 독자적인 분야에서 일하고 싶었다. 베크렐의 방광을 논문 주제로 정한 그녀를 위해 피에르 퀴리는 자신의 대학에 일할 수 있는 공간을 마련해 주었다.

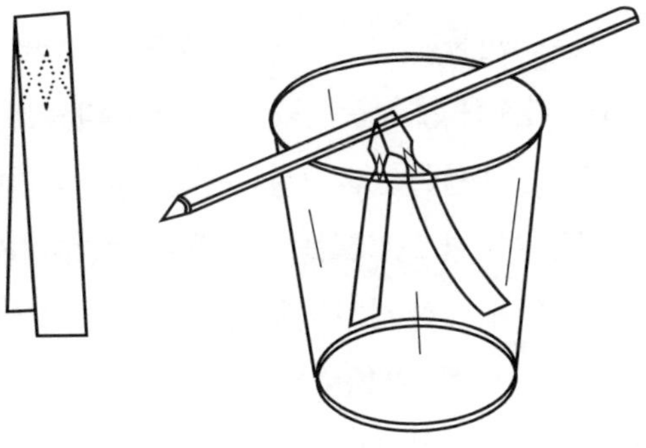

검전기

마리 퀴리가 방사성이 있는 물질을 찾아내기 위해 썼던 검전기를 간단하게 만들려면, 먼저 알루미늄 호일을 그림처럼 잘라 접는다. 그것을 연필에 붙이고 유리잔에 넣어 바람에 흔들리지 않도록 한다. 금속 펜을 문지르거나 풍선을 양모에 문질러 정전기를 생성한 다음 한 쪽 호일에 가까이 댄다. 그러면 호일 조각이 서로 벌어지게 되는데, 정전기가 없어지면 호일은 원래대로 붙는다.

베크렐은 우라늄 원소에서 방출된 방사능은 사진 건판을 감광하여 검게 변하게 할 수 있고, 심지어 건판을 무거운 판자로 싸놓아도 감광시킬 수 있다는 것을 보여주었다. 그는 또한 우라늄이 주위 공기에 미량의 전기를 통하게 한다는 것도 발견했다. 마리는 이온화라고 불리는 이 현상을 다른 물질에서 방사능을 찾는데 사용할 수 있다는 사실을 깨달았다. 마리는 기존에 알려진 모든 원소를 가지고 체계적인 연구를 해보기로 결정한다. 우선 그녀는 피에르가 발명한 압전기기(壓電氣器)을 이용하여 작은 전하를 측정하기로 했다. 연구를 시작한 지 얼마 되지 않아 그녀는 토륨이라는 원소가 우라늄과 같은 강한 힘을 생성한다는 사실을 발견했다.

다음에 마리는 다른 우라늄과 토륨 화합물(우라늄 또는 토륨과 다른 원소가 합성되어 만들어진 물질)이 생성하는 전류의 힘을 측정하기로 결정했다. 실험 결과 그녀는 간단하지만 전혀 기대 밖의 현상을 발견했다. 방사능의 힘은 전적으로 화학물 속에 있는 우라늄이나 토륨의 양에만 결정된다는 것이었다.

같은 원소의 다른 화합물은 굳기 · 색 · 용해도 등의 몇 개의 공통된 화학적 · 물리적 성질을 가지는 게 보통이다. 순수한 우라늄은 무겁고 광택이 있는 금속이지만, 그것의 화합물은 외관상 다른 모습을 보인다. 화합물에 따라서 검정색 · 초록색 · 투명한 노란색을 나타낼 수 있다. 하지만 이 세 가지 화합물은 모두 우라늄 양에 따라 방사능을 방출한다. 마리는 이러한 사실을 통해서 방사성은 원자가 어떠한 분자구조를 이루고 있는지는 상관없다고 유추했다. 방사능은 원래부터 원자로부터 생성되는 것이다. 이 단순하지만 깜짝 놀랄만한 발견은 마리 퀴리의 가장 중요한 과학적 공헌이 된다.

마리 퀴리는 노벨상을 받은 물리학자 에밀리오 세그레가 언급한대로 천재적인 역량이 있었다. 그녀는 연구를 우라늄과 토륨, 그리고 이 원소들의 간단한 화합물뿐만 아니라 두 원소를 가진 자연광석까지 넓혔다. 박물관 표본을 실험해 본 결과, 마리는 역청 우라늄광과 휘동광은 함유하고 있는 우라늄이나 토륨 양에 비해서 예상한 수치보다 서너 배 더 많은 방사성이 있는 것을 발견했다. 그렇다면 무엇이 더 많은 양의 방사능을 생성하는 것일까? 그녀는 두 암석에 지금까지 알려지지 않은 새로운 방사성 원소가 있다고 생각했다. 그리고 그녀는 방사능(radioactivity)이라는 새로운 단어를 만들어냈다.

1898년 4월, 마리 퀴리는 토륨에 방사성이 있고, 새로운 방사성 원소가 광석 안에 있다는 발견을 기사에 썼다. 하지만 불행히도 두 달 전, 독일인이 토륨의 방사성을 발견했다. 하지만 그는 방사성의 원인이 원자에 있다는 것을 알아내지는 못했다. 또한 그는 광석에 새로운 방사성 원소가 있다는 사실도 모르고 있었다.

흥미를 느낀 피에르 퀴리는 자신의 소중한 수정 연구를 그만두고 마리의 방사능 연구에 참가했다. 그 뒤 피에르는 다시 수정 연구로 돌아가지 않았다.

새로운 원소를 발견하기 위해 퀴리 부부가 아는 유일한 실마리는 방사성뿐이었다. 역청 우라늄광을 세밀하게 나눈 뒤, 그들은 비스무트나 바륨을 지닌 화합물에서 강한 방사성이 나타남을 발견했다. 그 화합물을 다시 구성 요소로 나누기 시작했다. 비스무트 화합물을 진공에서 가열하자 방사성이 있는 원소는 시험관의 차가운 부분으로 침전됐다. 새로 발견된 물질은 우라늄보다 400배나 강력한 방사성을 지니고 있었다. 마리는 자신의 조국을 기리는 뜻에서 그 물질의 이름을 폴로늄이라고 명명했다. 마리 퀴리는 새로운 방사성 원소를 발견한 것뿐만 아니라 물리학의 새로운 분야를 열었다. 방사능은 원자의 내부를 탐구하는 근본적인 방법이 되었기 때문이다.

1898년 말, 폴로늄을 가려낸 후 마리 퀴리는 더 강력한 원소를 발견하게 된다. 이 원소의 이름을 라듐이라고 붙였다. 세 번째 방사능 원소 악티늄은 앙드레 드비에르느가 역청 우라늄광에서 발견했다. 그는 수줍고 헌신적인 화학자로 마리 퀴리를 깊이 사랑했던 것으로 알려져 있다.

1898년 7월과 8월에 퀴리 부부가 새로운 두 원소 폴로늄과 라듐의 발견했다는 소식이 실렸다. 이러한 발견을 통해 프랑스 과학 아카데미로부터 3만 8천 프랑크를 상으로 받았다.

논리적으로 다음 차례는 원소를 분리시키는 것이었다. 퀴리 부부는 소량의 라듐 염을 추출하려면 몇 톤의 광석을 정화해야 한다는 것을 계산을 통해 알고 있었다. 학교 안에서 이런 일을 할 만한 적당한 장소는 아무도 사용하지 않는 해부실이었다. 그 판잣집은 여름엔 숨 막힐 듯 더웠고, 겨울에는 사지가 꽁꽁 얼 만큼 추웠다. 거기엔 유독가스를 없애는 환기 장치도 없고, 천장에는 커다란 구멍이 뚫려 있었다. 독일의 현대적인 연구실에 익숙한 한 화학자는 "마구간과 감자 저장소 사이에 있는 곳이었는데 거기에 화학 실험기구가 놓인 작업대가 없었다면, 실험실이란 말을 농담으로 여겼을 것이다." 라고 표현했다. 그 무너질 듯한 창고는 마리 퀴리 신화의 상징이 되었다.

퀴리 부부의 공책을 세세하게 연구한 손녀이자 핵물리학자인 헬렌 랑즈뱅-졸리오에 의하면 퀴리 부부는 물리와 화학 연구를 진행하기 위해 다른 여러 학문을 활용했다는 사실을 알 수 있다. 마리 퀴리는 실험에 대한 토론을 지휘하고, 연구가 원활하게 이뤄지도록 하는 팀의 지도자이자 원동력이었다. 피에르는 거기에 과학적 논리를 더했다. 마리는 힘든 육체적 노동도 마다하지 않았는데, 그런 일은 평범한 기술자도 할 수 있는 단순한 일이라는 것을 본인도 잘 알고 있었다. "어떤 때는 나만큼 무거운 길고 큰 쇠막대기로 부글부글 끓는 큰 덩어리를 온종일 섞어야 했다"라고 푸념하기도 했다. 겨울이면 그녀는 폐렴이나 다른 심각한 병을 앓았다. 몇 달씩 병을 달고 살기도 했다. 뒷날 그녀는 이렇게 고백했다.

> 더 나은 여건의 연구실에 있었다면 보다 많은 발견을 했을 것이고, 우리의 건강도 나빠지지 않았을는지 모른다. 하지만 그 보잘것없는 오래된 창고에서 우리는 오로지 연구에만 신경을 쓰며, 최고로 기쁜 시간을 보냈다.

마리는 자신의 목표를 이뤘다. 꾸밈없는 가족과 함께 자신이 흥미를 느끼는 일에 매진했다. 그녀는 친척들에게 피에르에 대해서 이렇게 말했다. "그는 내가 처음 만났을 때 생각했던 것보다 훨씬 더 좋은 사람이었다. 그만의 특성에 대한 감탄은 계속 커져만 간다."

라듐 염을 역청 우라늄광에서 추출하면서 퀴리 부부의 건강은 매우 나빠졌다. 방사성이 있는 물질을 다루는 것뿐만 아니라 그들은 매일 라듐에서 나오는 라돈 가스를 마시고 있었다. 허름한 창고에서 그들은 오랜 시간을 보냈다. 연구실에서 마리는 음식을 만들기까지 했다. 그들의 연구 성과를 매일매일 기록한 공책은 100년이 지난 오늘날에도 위험할 정도로 방사성이 강하다. 마리 퀴리는 자신들이 이뤄낸 업적에 대해 제대로 장비를 갖춘 연구실이 있었다면 1년이면 할 수 있었을 것이고, 방사능에 노출되는 양도 줄었을 것이라는 말을 남기기도 했다.

마리 퀴리는 자신보다 환경이 좋지 못한 사람들을 위해 시간을 할애하는 일에도 열정을 쏟았다. 일주일에 두 번씩 세브르에 있는 교원 양성소에 가서 여성들을 위해 강의를 했다. 1903년 그녀는 긴 자전거 여행 뒤 유산을 했다. 다음해에 건강한 둘째 아이 에브 데니스 퀴리를 낳았다. 피에르는 친구에게 마리는 "특별히 어디가 아픈 것은 아니지만 항상 피곤해 한다"고 말했다.

사실 피에르는 더 힘든 상황이었다. 마리가 침대 곁에 라듐 염을 두는 것을 좋아했지만, 피에르는 친구들에게 보여주기 위해 시험관에 그것을 항상 넣어서 가지고 다녔다. 그는 자신의 팔에 직접 의학 실험을 해보이며 라듐에 의한 화상이 몇 개월이 지나야 낫는다는 것을 보여주기도 했다. 피에르가 자주 지적한 것처럼 라듐은 우라늄보다 100만 배나 더 방사성이 강하다. 퀴리 부부는 연구실에서 밤을 지새우며 요정의 빛처럼 환하게 빛나는 시험관을 쳐다보는 것을 좋아했다.

피에르는 마리의 동의를 얻어 광석에서 라듐 염을 추출하는 과정에 대해 특허권 신청을 하지 않겠다는 중대한 결정을 내렸다. 당시 많은 과학자들처럼 퀴리 부부도 과학 연구에는 사심이 없어야 한다고 생각했다. 연구 그 자체가 중요한 것이지, 그로 인한 어떤 물질적 보상을 바라지 않았다. 퀴리 부부는 제대로 된 연구실이 없어서 힘들어하면서도, 특허권 신청을 포기함으로써 몇 백만 달러를 받을 수 있는 기회를 스스로 거부했다. 1902년 9월, 퀴리 부부는 수 톤의 역청 우라늄에서 100밀리그램의 라듐 염화물을 분리해 내는데 성공했다. 마리는 라듐의 원자량이 226임을 확인했다.

라듐은 인류가 발견한 원소 가운데 산소 다음으로 중요한 것이었다. 푸르게 빛나는 라듐은 전기로 대전한 입자를 내뿜는다. 동전 크기의 라듐 덩어리는 천 년 동안 매일 500칼로리의 열을 생성한다. 명백하게 뭔가 중요한 현상이 라듐 원자 내부에서 일어나고 있는 것이다. 1897년에 전자가 발견되기 전까지 물리학자들은 원자가 단단하고 안정적이어서 변화할 수 없다고 생각하고 있었다. 하지만 라듐은 원자 안에 어떤 강한 힘이 있다는 증거를 보여주었다. 그 힘은 열을 내뿜고, 계속 빛을 낼 수 있을 만큼 강한 것이었다. 어니스트 러더포드는 실험을 통해 방사성이 있는 물질의 원자는 한 원소를 다른 것으로 바꿀 수 있다는 사실을 보여주었다. 어떠한 과학자보다 마리 퀴리는 동료들로 하여금 원자 안의 보이지 않는 작은 세계에 관심을 가지도록 독려했다. 결국 과학자들은 원자의 정의를 바꾸고 새로운 자연의 힘을 인정할 수밖에 없었다.

퀴리 부부의 연구 성과에 대해 명예로운 상이 한꺼번에 쏟아지기 시작했다. 피에르 퀴리의 가장 열정적인 팬이었던 영국인들은, 1903년 6월 런던에 있는 저명한 영국 왕립 과학연구소에서 연설을 해달라고 부탁했다. 그때 피에르는 심한 관절염에 시달리고 있었다. 그의 다리는 때론 심하게 떨려 침대에서 일어날 수도 없는 상태였다. 영국 왕립 과학연구소에서 연설이 있는 날 밤, 피에르는 상처로 가득한 손가락으로 겨우 옷을 입었다. 청중은 피에르가 매우 아프고 힘이 없어 보인다고 생각했다. 연설 도중 피에르는 라듐과 방사능의 특징을 설명하다가 실수로 그만 라듐을 조금 쏟았다. 50년이 지난 뒤에도 그 집회장은 정화되어야 할 정도로 라듐의 방사능은 대단한 것이었다.

마리 퀴리는 연구에 매진하느라 논문을 선보일 시간이 없었지만, 1903년 6월에 드디어 성과를 발표했다. 그녀의 논문을 점검한 위원회는 '방사능 물질에 관한 연구'가 박사 논문으로 이루어진 과학적 기여 중에서 단연 최고라는 찬사를 보냈다. 그날 밤 퀴리 부부는 친구들 — 폴 랑즈뱅, 장 페랭과 그의 아내, 어니스트 러더포드와 함께 축하 행사를 가졌다. 사상 최고의 위대한 실험 물리학자 중 한 명인 러더포드는 방사능에 대해 "연구하기에 멋진 과제이다. 하지만 그것을 가지고 놀 제대로 된 연구실이 없다는 것은 불쾌한 일이다"라고 말하여 마리를 즐겁게 했다.

6월의 저녁은 따뜻했다. 저녁 11시쯤에 퀴리 부부와 친구들은 정원으로 나갔다. 어둠 속에서 피에르는 주머니를 뒤져 라듐 시험관을 꺼내들었다. 밝은 빛을 발하는 시험관을 보자 모두가 조용해졌다. 러더포드는 피에르가 손의 껍질이 벗겨지고 염증이 난 상태로 간신히 시험관을 부여잡고 있는 모습을 발견했다. 의사는 피에르의 상태를 류머티즘이라고 진단하고 약한 신경흥분제를 처방했다.

1903년 프랑스 과학 학술원은 앙리 베크렐과 피에르 퀴리의 방사능 연구의 공로를 인정하여 노벨 물리학상을 공동으로 수상하도록 추천했다. 거기에 마리 퀴리는 포함되지 않았다. 그런데 운 좋게 추천 위원회의 권위 있는 스웨덴 물리학자 중에 마그너스 고스타 미타그-레플러라는 여성 과학자를 열정적으로 지지하는 사람이 있었다. 미타그-레플러는 편지를 써서 오직 피에르만이 상을 받을 자격이 있다고 했다.

피에르는 자신이 연구해 왔던 자기장 연구에 노벨상이 수여되는 것과 방사능 연구 분야는 다르다고 생각했다. 그는 자신이 상을 받는 것보다도 아내가 일을 한 만큼 명예를 받을 수 있기를 바랐다. 그래서 그는 미타그-레플러에게 "제가 상을 받을 사람으로 거론되고 있는 것이 사실이라면, 저는 퀴리 부인과 함께 방사능 물질에 대한 연구로 거론되고 싶습니다"라고 답변했다. 그리고 폴로늄과 라듐을 발견한 그녀의 역할을 지적했다. "우리가 함께 거론된다면 더 예술적으로 만족스럽지 않겠습니까?"

그러나 문제가 있었다. 마리 퀴리가 1903년에 수상자로 추천되지 않았다는 점이었다. 마리는 1902년에는 이미 두 부문에 추천을 받고 있었는데, 그중 하나의 추천이 1903년에도 여전히 유효하다고 인정되어 마침내 남편 피에르 퀴리와 베크렐과 함께 공동으로 물리학상 수상자로 추천되었다.

스웨덴 왕립 과학 위원회가 퀴리 부부의 추천에 대해 논의하기 위해 모였을 때 그들에게 수여되는 상의 의미가 조금 바뀌었다는 사실은 뒤늦게 알려지게 된다. 원래대로라면 퀴리 부부는 '자연적인 방사능 원소의 발견' 으로 노벨 물리학상을 받아야 했다. 하지만 화학자들이 이의를 제기했다. 그들은 퀴리 부부가 라듐의 발견으로 두 번째 노벨상을 받을 수 있는 길을 열어두고 싶었던 것이다. 라듐처럼 보기 드문 물질의 발견은 노벨 화학상을 받을 만한 일이라고 주장했다. 왕립 과학 위원회는 퀴리 부부에게 '앙리 베크렐 교수가 발견한 방사능 현상의 공동 연구' 의 공로만을 인정하여 우선적으로 1903년도에는 물리학상을 주기로 결정했다.

라듐의 발견에 대한 시상은 조금 더 기다려야했다. 1980년에 노벨 문서보관소가 1903년도 논쟁의 기록을 열기 전까지, 많은 과학자들은 마리 퀴리가 1911년에 받은 두 번째 노벨상은 첫 번째 수상보다는 그다지 중요하지 않은 연구에 대한 상이라 여겨 부당하다고 생각했다.

퀴리 부부는 시상식에 나가기에는 너무 아팠다. 피에르가 의례적 연설을 하고 상금을 받으러 가기 18개월 전이었다.

마리 퀴리의 노벨 물리학상 수상은 그녀 자신과 과학 분야의 노벨상 수상자들에게도 큰 인기를 안겨 주었다. 그때까지 언론은 과학상에는 별로 신경을 쓰지 않고 있었다. 문학상과 평화상은 폭넓은 취재를 받았지만 물리 · 화학 · 생리 · 의학 분야는 대중이 이해하기 너무 힘들다고 판단했던 것이다. 하지만 마리 퀴리로 인해 과학상이 대중의 주목을 받으며 인기를 얻게 되자 언론이 이를 무시할 수 없게 되었다.

대중은 마리 퀴리의 라듐 발견에 매혹되었다. 그 원소의 발견으로 인한 공로로는 아직 상을 받지도 않은 상태였는데도 그랬다. 방사능은 이해하기 복잡했지만 라듐은 단순하고 매력적이었다. 그것은 일단 무엇보다 비쌌고, 암을 치료할 수 있다고 생각됐으며, 원소를 다른 것으로 바꾸는 힘이 있고, 엄청난 에너지를 공급할 수 있는 마법 같은 것이었다. 이제 마리 퀴리의 생애는 과학을 위한 사심 없는 열정과 인도주의적 이익을 상징하게 됐다. 그녀는 또한 불가능을 가능케 한 승리의 전형이었다. 프랑스에 있었던 마리의 판잣집 실험실은 그때까지 정부가 과학 연구를 얼마나 등한시했는가를 잘 보여주었다. 퀴리 부부가 그들의 발견에 대해 특허를 신청하지 않았다는 사실과 프랑스 과학 재단의 무관심도 한몫하면서 퀴리에 대한 신화는 더욱 부풀려졌다.

1903년 말, 마리 퀴리는 사람들의 식탁에서 자주 거론되었고, 세계에서 가장 유명한 과학자가 됐다. 그녀가 라듐을 발견한 뒤 주조 식자기 · 전보 · 전화기 같은 발명품이 나왔다. 이런 발명품을 통해 인기 있는 잡지와 부수가 많은 신문이 대중에게 선보일 수 있었다. 기자들은 퀴리 부부의 집 앞 계단에서 기다리며 단독 회견을 요청했다. 이런 기자들의 요구에 답해줄 비서나 방사능의 기본에 대해서 설명해주는 홍보관 없이 모든 일을 퀴리 부부가 직접 처리해야 했다. "1년 동안 나는 일을 하지 못했고 나만의 시간을 가지지도 못했다. 보다시피 우리는 시간을 낭비하는 것을 막는 방법을 생각해내지 못했지만 꼭 찾아야 한다. 그것은 지적으로 생사가 달린 문제이다"라고 피에르 퀴리는 1905년 7월에 불평을 토로했다.

부부는 피곤에 지쳐 있었다. 피에르는 다음과 같이 말했다. "우리는 예전에 위대한 일을 했던 것처럼 지금도 해낼 수 있을 거라는 꿈을 더 이상 꿀 수가 없다. 연구에 관해서 나는 현재 아무것도 못하고 있다. 반면에 나의 아내는 매우 활동적인 삶을 살고 있다. 아이들과 세브르에 있는 학교와 연구실을 다니면서. 현재 그녀는 일 분도 쉬지 않고 내가 연구실에서 보내는 것보다 더 많은 시간을 규칙적으로 연구실에서 보내고 있다."

마리와 피에르는 연구실의 불충분한 여건을 싫어했다. 프랑스에 있는 연구실로 가는 길은 일류 대학의 교수직을 따내는 것이었다. 1898년에서 1904년까지 퀴리 부부는 36개의 연구 논문을 발표하고, 노벨상을 탔으며, 스위스에 있는 제네바대학교로부터 받은 매력적인 제안을 거절했다. 하지만 피에르는 1904년에 파리 대학의 하나인 소르본에서 연구실을 주겠다고 하자 그곳의 교수가 되었다. 같은 때에 마리는 세브르의 여성 교원 양성소의 교수가 됐다. 소르본에 피에르의 연구실이 완성되면 그 곳의 감독자가 될 것이라는 말도 들었다. 하지만 1906년에도 학교는 연구실을 짓지 않았다. 피에르는 레지옹 도뇌르 훈장을 받게 되었는데 그때도 "저는 이러한 치장이 필요하다고 전혀 생각하지 않습니다. 하지만 연구실은 절실히 필요합니다" 라고 말하며 상 받기를 거부했다. 하지만 그는 평생토록 제대로 된 연구실을 갖지 못했다.

1906년 4월 19일 목요일, 피에르는 파리에서 한 출판업자를 만나러 가는 길에 물리학자들과 점심을 먹으러 갔다. 비가 내려 우산을 펼치면서 혼잡한 거리를 건너려고 마차 앞으로 걸어갔다. 운전수가 급히 말고삐를 당겼지만 마차는 피에르의 머리를 짓밟았다. 그의 두개골이 파열됐다. 마리 퀴리의 연구를 가능하게 했던 피에르 퀴리는 48세에 숨을 거두었다. 부부가 결혼하지 11년 되던 해였다.

마리는 이렌느에게 아버지가 돌아가셨다고 말해주고서 피에르의 시체를 거실에 안치하는 일을 도왔다. 대중 앞에서는 슬픔을 감추며 문상객을 차분하게 대면했다. 하지만 마리는 마음 깊은 곳에서 흘러나오는 슬픔으로 회색 공책을 가득 채웠다. 피에르가 죽고 난 뒤, 마리는 그에게 여러 편의 사랑 편지를 썼다.

> 당신의 불쌍한 머리는 얼마나 큰 고통을 느꼈을까요. 내가 두 손으로 늘 어루만졌던 그 머리… 토요일 오전, 우리는 당신을 관에 옮겼는데 난 그때 당신의 머리를 잡고 있었어요. 우리는 당신의 차가운 얼굴에 마지막으로 키스했지요. 그 다음에 정원에서 빙카 몇 송이와 모범생으로 보인다며 당신이 좋아했던 내 사진도 함께 관 위에 올려놓았어요. 그 사진은 꼭 당신과 함께 무덤에 가야했어요.

마리는 처음엔 좌절한 듯 보였다. 하지만 2주 뒤, 그녀는 연구실에 편지를 썼다. 동료들이 기부금을 모으고 홀로 남은 그녀를 위해 연금을 마련하는 일을 도와주겠다고 했지만 완강히 거부했다. 그녀는 언제까지나 한 명의 과학자로 생각되고 싶었다. 무력한 과부로 인식되고 싶지 않았다. 대학은 주저하다가 그녀에게 1906년 5월 1일부터 조교수로 임명하여 매년 1만 프랑씩 주겠다고 제안했다. 그것이 마리에겐 첫 대학 임금이었다. 마리 퀴리는 소르본느대학교의 650년 역사상 첫 여성 교수가 됐다.

1906년 11월 5일, 소르본느 대학교에 마리 퀴리가 입학한 뒤 15년 째 되는 해, 그녀는 물리학 강당에서 처음으로 강의를 했다. 여전히 대중 앞에서 말하는 것은 떨리는 일이었다. 강당은 교실보다는 극장 같아 보였다. 정장을 입고 화려한 모자를 쓴 신여성들이 앞줄에 앉아 있었다. 후대를 위해 기록을 남길 속기사도 있었다. 단순히 신문 기자들이 아닌 신문 편집장들도 그녀의 말을 필기하며 들었다. 그들이 그녀의 강의에서 무엇을 이해했는지는 알 수 없다. 한 사람은 "장엄한 이마가 먼저 우리의 시선을 끌었다. 우리 앞에 서 있는 건 그냥 여자가 아니라 두뇌, 살아있는 생각이었다"라고 적고 있다.

열렬한 박수가 5분 동안 계속됐고 마리 퀴리는 남편이 놓고 간 것부터 시작했다.

최근 10년 동안 물리학에서 있었던 발전을 생각하면 사람들은 놀랄 수 밖에 없어요…

대중은 한 여인의 감정에 복받친 연극과 멜로드라마를 원했는지 모르지만, 그런 것은 그녀가 의도한 바가 아니었다. 오히려 마리는 자신의 감정을 숨기기 위해 태연하게 행동해 왔다. 다른 사람과 대화할 때에 가급적 피에르에 대해서 말하지 않았고, 시간이 지난 뒤에도 그녀는 딸들과도 남편에 대해서 말하는 것을 힘들어했다. 그녀는 오로지 회색 공책 속에 그에 대한 개인적인 생각을 적을 뿐이었다. 노트에는 이렇게 적혀 있다.

나의 사랑스러운 피에르, 금련화가 피어나고 산사나무 꽃과 붓꽃이 피기 시작했어요.당신이 이것을 볼 수 있다면 모두 좋아했을 거예요. 사람들이 당신의 대학교수 자리를 나에게 주었어요. 어떤 우둔한 사람들이 그것을 축하해주기도 했답니다.

1908년 가을, 피에르의 논문을 수정하는 동안 마리는 일반 물리학의 정교수가 되었다. 피에르가 사망한지 몇 달 뒤, 마리 퀴리는 한 가지 과학적 문제에 대면하게 된다. 1906년 8월, 윌리엄 톰슨 켈빈 경은 런던의 「타임즈」의 편집원에게 라듐이 원소가 아니라는 부정확한 사실을 썼다. 그는 라듐은 납과 헬륨의 화합물이라고 했다. 켈빈의 편지는 논쟁을 일으키며 과학계에서 마리 퀴리의 위치를 위협했다. 켈빈은 당대 가장 중요한 과학자 중 한 명으로, 애당초 피에르 퀴리의 지지자였다. 예전에 피에르를 고용해야 한다고 시립학교를 설득했던 사람도 다름 아닌 켈빈이었다. 그랬기 때문에 켈빈이 라듐 원소에 대해 의심을 갖는 것은 마리로서는 큰 충격이었다.

더구나 마리 퀴리는 그가 틀렸다는 사실을 당장 증명해 보일 수가 없었다. 1902년, 그녀는 라듐 염화물을 추출하는 데에는 성공했지만, 순수한 라듐을 생성한 것은 아니었다. 자신의 발견을 입증하기 위해 그녀는 라듐 염을 순수화시키는 4년간의 프로젝트를 시작했다. 엄청난 끈기와 도전정신으로 그녀는 마침내 아주 소량이지만 순수한 라듐을 생성해냈다. 결국 그녀는 라듐이 원소라는 사실을 입증했다.

라듐을 순수화시키는 과정에서 그녀는 홀어머니로서 새로운 삶도 함께 시작했다. 피에르의 아버지는 1910년에 세상을 뜰 때까지 마리 옆에서 이렌느와 에브를 정성을 다해 돌보아 주었다. 피에르에 대한 추억에서만 묻혀 살아갈 수는 없었기 때문에 그녀는 우선 가족을 파리 교외로 거처를 옮겼다. 그 다음에 파리 중심부의 큰 아파트로 다시 옮겼다. 그녀는 프랑스의 엄격한 교육 과정을 좋아하지 않았기 때문에 어린 이렌느와 딸의 친구들을 위해서 조합식 학교를 조직했다. 마리와 함께 소르본느에 사는 부모들이 아이들을 가르쳤다.

아이들이 결핵에 걸릴까봐 걱정이 된 마리는 아이들에게 실외 운동을 하도록 했다. 그녀는 아이들이 체조 · 수영 · 뱃놀이 · 승마 · 스키뿐만 아니라 바느질과 요리도 배울 수 있도록 했다. 1920년대에 그녀는 휴양을 위해 많은 소르본느 교수들이 여름을 보내는 라쿠에스트의 브레톤 낚시 마을에 별장을 지었다. 그녀는 따뜻한 물에서 수영하는 것을 즐겼기 때문에 리비에라에 자신을 위한 집도 지었다.

과학자로서 경외심을 불러일으키는 단호함에도 불구하고, 마리는 딸들에게는 소심하고 상처를 쉽게 받는 여성으로 인식되었다. 에브가 숙녀가 되었을 때, 마리는 딸들의 사회생활을 최소한으로 줄이고 있었다. 마리는 큰 모임을 대할 때면 육체적으로 고통스러워했지만, 수업을 할 때는 전혀 다른 사람 같았다.

마리 퀴리는 자신이 20세기의 유명인사이기 때문에 발생하는 문제들을 잘 이해하지 못했다. 피에르 퀴리가 죽은 지 4년 뒤인 1911년, 그녀는 두 가지 불행한 실수로 인해 스캔들에 휩싸이게 된다.

우선, 그녀는 다른 평범한 교수들처럼 유명 프랑스 과학 아카데미의 선거에 나갈 수 있을 것이라고 예상했다. 마리는 세계적으로 자신이 유명한 이유 중의 하나가 소르본의 첫 여성 교수였기 때문이라는 사실을 잊고 있었다. 아카데미의 일원이 되면 그녀는 아카데미의 모임에서 연구를 발표할 수 있고, 프랑스에서 제일 명성이 있는 과학 출판물인 아카데미의 저널에 무료로 논문을 게재할 수도 있으리라 생각했다. 그녀의 연구팀을 돕기 위한 방편으로 마리는 과학 아카데미 선거에 출마하겠다고 발표했다. 은퇴할 날이 얼마 안 남은 66세의 독실한 가톨릭 남성 한 명은 벌써 선거에 출마를 선언한 상태였다.

퀴리가 참여하자 아카데미 선거의 양상은 급격히 바뀌었다. 그것은 더 이상 저명한 학자들 사이의 조용한 경쟁이 아니었다. 진보주의자 · 여권주의자와 교권에 반대하는 사람들, 외국인 여성의 출마를 반대하는 국수주의적인 가톨릭과 반유대주의자 사이에서 아카데미 선거는 세상을 떠들썩하게 하는 신문의 선전물이 되고 말았다.

1911년 1월 23일, 마리는 투표 결과 한 표 차이로 졌다. 그 소식을 연구실에서 전화로 받았지만, 그녀는 실망을 숨긴 채 한마디 말도 없이 일을 계속했다. 실험용 작업대 밑에 축하를 위해 꽃다발을 숨기고 있던 조수들도 아무 말을 하지 않았다. 그 뒤 마리는 다시는 아카데미의 회원 자격을 얻으려고 하지 않았다. 십 년 동안 아카데미의 저널에 글을 싣는 것도 거절했다. 아카데미는 68년 후인 1979년까지 여성을 거부했다.

퀴리의 두 번째 실수는 훨씬 더 파멸적이었다. 이번에도 그녀는 자신의 위치에 있는 여성에게 지니는 적대감을 과소평가했다. 그녀는 43살의 과부 교수였지만, 유부남과 사적인 관계는 가질 수 있을 것이라고 생각했다.

폴 랑즈뱅은 천부적인 재능을 가진 영향력 있는 물리학자로 피에르 퀴리의 학생이자 친구였다. 랑즈뱅과 마리는 양자론과 아인슈타인의 상대성 원리의 중요성을 처음 인식한 프랑스의 과학자에 속했다. 당시 대다수의 프랑스 과학자들은 그 원리들을 독일적이며 반프랑스적이라고 생각하고 있었다.

랑즈뱅은 마리 퀴리보다 5살 아래의 여성들에게 인기가 많은 잘생긴 남성이었다. 아름다운 갈색 눈과 긴 수염을 가진 랑즈뱅은 국군 장병으로 오해받는 것을 즐겼다. 그의 결혼생활은 몇 년 동안 마치 전쟁터와 같았다. 랑즈뱅이 아내와 친척들은 그가 연구직을 그만 두고, 산업계에서 임금이 높은 직업을 가지길 원했다. 하지만 퀴리와 그녀의 동료들은 그를 연구를 위해 계속 잡아두고 싶었다.

랑즈뱅이 퀴리의 연구실에서 10분 거리인 루 두 방퀴에에 두 개의 방을 임대한 뒤로 마리는 그를 매일 만났다. 그녀는 근처 가게에서 식료품을 사서 아파트에서 둘만의 점심을 준비했다. 이웃들은 나중에 신문에 그들이 "연인처럼 행동했다"고 전했다.

그 해, 폴 랑즈뱅의 책상과 서랍을 누군가가 뒤졌다. 랑즈뱅 부인과 그녀의 매부는 편지 몇 통을 손에 넣었다. 신기하게도 모든 편지에는 날짜가 적혀 있지 않았다. 이상한 것은 일부 편지는 마리 퀴리가 랑즈뱅에게 보낸 것이었고 나머지 것들은 랑즈뱅이 마리 퀴리에게 쓴 것이었다. 그런데 왜 그 편지가 모두 랑즈뱅의 책상 서랍에서 나왔는지는 설명되지 않았다. 어쩌면 그 편지들은 진짜가 아닐 수도 있다. 랑즈뱅 부인이 죽은 뒤로 그녀의 아들이 편지를 다 태워버려서 발견된 편지가 과연 진품이었는지는 지금도 알 길이 없다. 퀴리의 친구들은 누군가 그 편지들을 조합하여 랑즈뱅과 퀴리를 엮어서 몰아세우려 했다고 말했다.

좋지 않은 소문이 여름 내내 나돌았다. 10월 26일에 랑즈뱅 부인은 법적 별거를 하기 위해 소송 절차를 밟기 시작했다. 며칠 뒤, 마리와 랑즈뱅이 브뤼셀에서 물리학 회의에 참여할 때 「르 저널」이 '사랑에 관한 이야기. 퀴리 부인과 랑즈뱅 교수'라는 이야기를 터뜨렸다. 11월 말, 극도로 외국인을 싫어하는 반유대주의적 타블로이드판 신문은 법적 절차를 위해 법원에 제출된 편지의 일부를 게재하기도 했다.

오늘날의 관점에서 보아도 랑즈뱅에게 아내가 다시 임신하기 전에 떠나라고 쓴 편지 내용을 사랑의 고백이라고 볼 수는 없다. 그 편지는 수치스런 것이라기보다는 경솔한 처사였던 셈이다. 현대 사회에서는 두 불행한 사람이 새로운 사랑과 교제 대상을 찾았다는 것에 기뻐할 수도 있다. 마리 퀴리가 남성 교수였다면, 아마도 20세기 초 사람들이라도 인정했을 것이다. 1900년대에 프랑스에 혼외정사는 흔했고, 낙태의사들이 신문에 광고를 실었고, 프랑스에서 태어난 아이들의 4분의 1이 사생아였다. 소르본느 대학에서조차 남성 교수들의 혼외정사를 눈감아 주었다.

하지만 우파 언론에게 있어, 마리는 프랑스 여인의 남편을 훔친 폴란드 여자일 뿐이었다. 마리와 과학은 부도덕적하고 반프랑스적이며 아마도 유대적이라고 생각되었던 것 같다. 두 사람의 관계는 파리대학교와 프랑스 정부를 혼란스럽게 했다. 마리는 절친한 친구들이 아니었다면 프랑스를 떠나 폴란드로 돌아갔을지도 모른다. 폴 랑즈뱅과 그의 아내가 마리 퀴리를 언급하지 않고, 1911년 12월 9일에 법정 밖에서 화해를 한 뒤로 스캔들은 줄어들었다.

1911년 11월 4일, 마리 퀴리가 노벨 재단에서 두 번째 노벨상을 받을 것이라는 편지를 받았을 때는, 퀴리를 둘러싼 언론의 선정적 보도가 극에 달했을 무렵이었다. 그 상은 노벨 위원회가 1903년에 첫 번째 상에서 라듐을 발견한 공로를 제외하여 가능하게 된 것이었다. 피에르가 세상을 떠난 뒤였기 때문에 마리는 홀로 상을 받게 되었다.

두 번째 상을 받은 시점이 한참 마리가 스캔들에 연류된 시점이었던 것은 우연이 아니었는 지도 모른다. 그것은 스웨덴 물리학자이자 노벨위원회에서 영향력 있는 스반테 아레니우스가 의도한 것이었다. 아레니우스는 점점 커지고 있던 마리 퀴리의 스캔들에 대한 소문을 듣고, 마리의 편에 서서 지지하는 사람이 있다는 것을 보여주기 위해 그런 것일 수도 있다. 퀴리는 1911년에 두 개의 추천을 받았는데, 그중 하나가 아레니우스로부터 받은 것이었다.

파리를 뒤로한 채 마리와 딸 이렌느 졸리오-퀴리는 노벨 화학상을 받기 위해 스톡홀름으로 급히 여행을 떠났다. 마리는 그곳에서 연설을 통해 자신이 발견에 기여한 것이 무엇이고, 피에르가 한 것은 무엇인지 정확히 말했다.

파리에 돌아오는 길에 마리는 기절을 했다. 그녀는 사립요양원으로 실려갔을 때 가명을 사용했다. 자신이 스캔들을 통해 퀴리 가문의 이름에 먹칠을 했다고 생각해 가명을 쓰는 것을 고집했다. 이렌느에게 소식을 보낼 때도 그랬다. 일 년이 지난 뒤에야 마리는 다시 일하기 시작했다.

당시 사회적 분위기에 따른다면, 퀴리와 랑즈뱅은 그 관계가 어떠하든 끝을 내야만 했다. 랑즈뱅은 아내에게 돌아갔다. 놀랍게도 뒷날 마리 퀴리의 손녀와 폴 랑즈뱅의 손자는 조부모의 관계에 대해서 아무것도 모른 채 결혼을 했다. 랑즈뱅의 부인은 결혼식에 참석하고선 말문이 막혔다.

마리의 손녀인 헬렌 랑즈뱅-졸리오는 "두 분 사이에 어떠한 관계가 있었다고 80퍼센트 이상 확신하지만, 그 때는 많은 것이 달랐다. 어쩌면 그 아파트는 단순히 일을 위한 곳이었는지도 모른다. 할머니에게는 집으로부터 벗어날 탈출구가 필요했을 수도 있고, 두 분에게 사무실이 필요했는지도 모르는 일이다"고 말했다. 많은 사람들도 둘 사이에 관계가 있었다고 추측하지만 그 누구도 마리 퀴리가 무엇을 원했는지 확신하지는 못한다.

마리 퀴리는 감정을 숨기게 되면서 말이 없어졌다. 그녀는 라듐의 정결한 여신에게 로맨스는 너무 위험한 것이라는 걸 배웠다. 1913년 여름이 되어서야 그녀는 다시 기운을 회복했다. 물리학 연구소 건축을 감독하면서, 두 딸과 오래된 친구 앨버트 아인슈타인, 아인슈타인의 아들과 더불어 여행을 떠났다.

1914년 8월, 제1차 세계대전이 터지자 마리 퀴리는 활동을 재개할 준비가 돼 있었다. 프랑스의 의학 단체들의 의견과 달리 그녀는 X선이 최전방 병원에서 유산탄에 맞은 병사들과 뼈가 부러진 상처를 진단 · 처방하는데 매우 유용하게 사용할 수 있다고 생각했다. 보르도의 은행 창고에 값을 매길 수 없이 귀중한 라듐을 숨긴 채, 파리에 돌아와 마리는 이동이 가능한 X선 장비를 가지고 봉사 활동을 계획하기 시작했다.

전쟁이 시작된 지 열흘 뒤, 그녀는 국방장관에게 이 일을 시작할 수 있도록 허가를 요청했다. 8월과 9월, 그녀는 파리에 있는 여러 연구실을 방문하며 부유한 여성들에게 장비와 자동차와 운영 자금을 요청했다. '쁘띠 퀴리'라고 불린 그녀의 첫 차는 1914년 11월, 전투에 투입될 준비가 됐다. 전쟁이 끝날 무렵 마리는 프랑스와 벨기에 전쟁터에 200개의 X선 부서를 열어 딸 이렌느를 포함한 150명의 여성 기술자를 훈련시켰다. 그녀의 X선 부서는 도합 백만 명이 넘는 군인을 치료했다.

X선 봉사를 운영하는 것과 더불어 퀴리는 라듐에서 새어 나오는 라돈 가스를 모으기 시작했다. 그녀는 작은 시험관에 가스를 모아 암 종양을 치료하는데 사용하도록 세계 유수의 병원에 보냈다. 매번 라돈 가스를 다룬 뒤, 48시간 동안 그녀는 기진맥진했다. 이 일을 하면서 마리는 다른 어떤 사람보다도 방사능에 가장 많이 노출되었다.

프랑스 정부는 마리 퀴리가 전쟁 중에 이뤄낸 노력들을 공식적으로 인정하지 않았다. 그녀의 애국심도 1911년의 스캔들 때문에 빛이 바랬다. 그렇지만 마리는 전쟁 중 경험으로 교훈을 배웠다. 어떻게 자금을 모으고, 공무원들을 상대하며 큰 프로젝트를 수행할 수 있는 지를 배운 것이다. 또한 그녀는 퀴리라는 이름과 명예를 좋은 일에 사용할 수 있다는 것도 깨닫게 됐다.

마리 퀴리는 남은 인생을 방사능 연구를 위한 프랑스 연구소를 만드는데 주력했다. 독일 · 영국 · 덴마크에는 벌써 과학자들이 공통된 문제를 가지고 함께 일할 수 있는 물리학 연구소가 설립되어 있었다. 과학자들의 공동 연구는 매우 성공적임이 증명되었다. 프랑스 생물학자들은 파리의 파스퇴르 연구소에서 공부할 수 있었지만, 프랑스 물리학 교수들은 여전히 혼자 일하거나 기껏해야 두세 명의 학생들과 연구를 병행하고 있을 뿐이었다.

제1차 세계대전이 일어나기 전, 퀴리는 파리 대학과 파스퇴르 연구소의 대표자들과 과학자들이 함께 방사능에 관한 기초적인 연구를 하고, 의사들이 그 연구를 바탕으로 의학적 문제를 해결할 수 있는 연구소를 설립하자는 의견을 내놓고 있었다. 연구소를 위한 건물은 전쟁이 일어나기 직전에 완공됐다.

제1차 세계대전이 끝난 뒤, 라듐 연구소가 개방되었을 때 마리 퀴리는 50세가 넘었다. 그녀는 육체적으로 병약했으며, 정신적으로도 많이 지쳐있었다. 그녀의 연구소는 건물과 장비가 조금 있었을 뿐, 타자기조차 없는 상태였다. 전후(戰後)의 인플레이션으로 프랑스 경제는 힘들었다. 마리 퀴리는 공무원 · 기업가 · 자선가로부터 경제적 도움을 얻어 내기가 어려웠다. 경제 상황이 좋을 때조차 아무도 과학연구를 후원해 주지 않았다.

퀴리와 동료들은 프랑스 대중에게 과학연구에 투자하지 않는 나라는 후퇴하게 된다는 점을 알리기 위해 노력했다. 하지만 불행하게도 프랑스는 루이스 파스퇴르와 마리 퀴리처럼 다락방과 판잣집에서 고군분투하고 자신을 희생하는 가난한 과학자들의 모습을 더 좋아했다. 프랑스에 과학연구 기반을 조성하려는 동료들의 노력을 지지하면서, 마리는 공무원을 설득하는 일에 발벗고 나섰다. 또한 과학적 발견이 연구의 재정을 마련하는데 도움이 될 수 있다는 것을 인식한 그녀는 특허를 신청하는 과학자들에 대한 생각도 바꾸었다.

과학에 대한 인식 변화는 장기간에 걸쳐 이룰 수 있는 일인데 반해, 연구소는 당장 돈이 필요했다. 1920년에 한 친구가 마리에게 미국의 손꼽히는 기자인 미시 멜로니를 만나보라고 권유했다. 멜로니는 키가 작고 허약한 사람이었다. 그녀는 어릴 적 사고로 절뚝거렸고 결핵을 앓고 있었다. 여성으로는 처음으로 미국 상원의회 신문 기자석에 자리를 확보했고 미국에서 큰 여성 잡지 중의 하나인 「딜리니에이터(*Delineator*)」의 편집장이었다.

싼 가구가 놓인 작은 연구소에서 멜로니는 퀴리를 만나기 위해 기다렸다. "문이 열리자 검정색 원피스를 입은 창백하고 왜소한 여성이 내가 세상에서 지금까지 보지 못했던 가장 슬픈 표정을 짓고 서 있었다. 퀴리 여사의 마디진 손은 거칠었다. 나는 그녀가 불안할 때 손가락 끝을 엄지 손가락의 살과 비비는 습관이 있다는 것을 알 게 됐다. 나는 나중에야 그녀가 라듐 때문에 손가락 감각이 없다는 사실을 알게 됐다." 성인 같은 퀴리와 얼굴을 맞대자 말이 빠른 멜로니 기자도 말문이 막혔다. 대화를 시작하기 위해 마리는 미국의 연구자들은 50그램 정도의 라듐을 가지고 있다고 설명했다.

"프랑스에는 얼마나 있나요?"라고 멜로니가 물었다.

"제 연구소엔 1그램도 채 없습니다."

"당신이 계속 연구를 하려면 이 세계에 있는 모든 라듐이 필요할 거예요. 누군가 당신을 도와주어야 해요."라고 멜로니는 선언했다.

"누가요?"라고 힘없이 퀴리가 물었다.

멜로니는 확신에 찬 목소리로 약속했다. "미국의 여성들이지요." 퀴리는 멜로니가 무언가 할 수 있으리라고 기대하지는 않았지만 이 미국인이 진실한 사람이라고 생각했다.

멜로니는 정말 해냈다. 그녀는 세계 모금 활동 캠페인 중 가장 큰 규모 중 하나로 손꼽힐 역사적 행사를 준비했다. 우선 그녀는 랑즈뱅 스캔들에 대해서 한 단어도 인쇄하지 않겠다는 약속을 뉴욕시에 있는 모든 신문 편집장들에게서 받아냈다. 놀랍게도 선정주의적인 보도로 이름난 「허스트」 신문의 편집장도 멜로니에게 가지고 있던 랑즈뱅 파일을 내놓았다. 다음으로 멜로니는 부유한 여성과 의사로 구성된 모금 활동 위원회를 조직했고 십만 달러를 모아서 퀴리에게 1그램의 라듐을 살 수 있게 해주었다. 그녀는 미국 곳곳을 참석하는 순회 계획과, 스무 개 대학에서 마리 퀴리가 명예 학위를 받도록 도왔으며, 워렌 하딩 대통령과의 백악관 만찬까지 주선했다.

이 대규모 행사는 상당한 장관이어서 일부 프랑스인들도 기부에 참여했다. 물론 그들은 대부분 유대인 자선가들이었다. 멜로니는 소수의 미국 여성 과학자를 알고 있었으나, 다른 여성 과학자들까지 돕는 것보다 마리 퀴리에게 도움을 주는 선에서 캠페인을 마무리 지었다.

사실 다른 여성 과학자들이 따라 할 수 없는 불가능한 기준을 세운 마리 퀴리는 다른 여성 과학자들의 식업상의 발전을 더 어렵게 했는지도 모른다. 대학에서는 모든 남성 과학자가 앨버트 아인슈타인처럼 될 것이라고 기대하지 않았지만, 여성 과학자들은 마리 퀴리와 계속 비교되었고, 그녀처럼 되기를 강요당했다.

마리와 두 딸이 뉴욕 시의 부두에 도착했을 때, 환호하는 군중들이 음악대의 연주에 맞춰 깃발을 흔들고 색종이 조각을 날리면서 퀴리의 가족을 환대했다. 열광적인 신문 기자들로부터 엄청난 질문공세를 받았다. 이렌느와 에브는 자신의 어머니가 그렇게 유명한지 몰랐다. 마리의 두 딸은 "왼쪽으로 머리를 돌려주세요" "오른쪽으로 머리를 돌려주세요"라고 소리 지르는 기자들을 보고 얼떨떨했다. 이렌느와 에브는 어머니를 그저 조용한 교수라고만 여기고 있었던 것이다. 이와 같은 환대를 받는 유명인사는 그녀들이 전혀 모르는 사람 같았다.

마리 퀴리는 홍보 활동은 성공적이었다. 그녀의 검정색 복장과 자기를 내세우지 않는 모습은 사심 없는 과학자의 표본이었다. 「사이언티픽 아메리칸」이 극찬한 것처럼 그녀는 "겸손하고, 평범하며 단정한 복장이지만 여성스러움과 어머니다움이 외관으로부터 드러났다… 그녀는 인류에게 도움을 주는 과학적 지식의 발전을 위해 일하는 꾸밈없는 퀴리 부인"으로 남아있다.

3주간 지속된 여행으로 인해 마리를 기진맥진했다. 하지만 1929년 멜로니가 주선한 두 번째 모금행사를 위해 그녀는 또 다시 미국을 방문했다. 이번에는 조국 폴란드에게 안겨줄 1그램의 라듐을 살 수 있는 기금을 모을 수 있었다. 멜로니는 마리의 친한 친구이자 믿을 수 있는 사람이 되었다. 마리의 두 번째 모금행사는 1929년에 발생한 주가 대폭락 3일 전에 마무리됐다.

마리 퀴리의 명성은 프랑스에 국제적 연구 센터를 세우는데 도움이 됐다. 그녀는 방사능 물질이 자연 붕괴하는 과정을 알아내는 연구를 계속하기는 했지만, 남은 인생을 연구소를 준비하고 관리하고 기부금을 조성하는 일에 주력했다. 그녀의 노력 덕분에 라듐 연구소는 세계에서 핵 연구를 선도하는 곳 중의 하나로 자리 잡았다. 그 곳에서 마가릿 페레이는 새로운 방사능 원소인 프란슘을 발견했고 살로몬 로젠블럼은 알파선을 분석했고 이렌느 퀴리와 남편 프레데릭 졸리오-퀴리는 인공 방사능을 발견했다. 퀴리는 매년 특정한 수의 연구직을 외국인과 여성에게 남겨두었다. 1933년 연구소의 약 40명의 과학자 중에서 17명이 외국인이었다.

마리는 물리학의 국제화에도 힘을 쏟았다. 조국 폴란드에 라듐 연구소를 세우는 일을 도왔고, 국제적 출판 기준을 마련하는 것과, 학생들을 위한 장학 기금 설립을 위해 국제 연맹(League of Nations) 위원회와 함께 일했다. 또한 라듐 단위의 국제적 기준을 세우고, 세계의 연구자들을 위해서 라듐과 라돈을 기증하는 일에도 앞장섰다.

미국에서 있었던 두 번의 기금 조성 행사 사이에, 마리는 4번의 백내장 수술을 받았다. 백내장은 방사능에 의한 후유증의 하나였다. 한 때 시력이 급속히 나빠져 글자를 6센티미터로 인쇄한 강의 내용도 볼 수 없었다. 이렌느가 출근과 퇴근 시간에 맞춰서 어머니를 곁에서 인도해 주어야 할 정도였다. 마리는 안과의사에게 자신의 상태를 숨기려고 했다.

1920년대 중반부터 라듐의 위험성을 나타내는 증거가 속속 발견됐다. 1924년, 뉴욕의 한 치과의사는 시계 앞면에 라듐을 칠하던 젊은 여성이 붓끝을 혀로 핥아서 암에 걸린 것을 발견했다. 마리와 함께 연구하던 사람들 중에 여러 명이 빈혈증과 백혈병으로 죽었다. 마리 자신도 빈혈 · 이명 · 만성 피곤과 같은 증상이 있었다. 안타깝게도 연구소에서는 라듐으로 인한 건강 문제에 대한 자각을 하지 못하고 있었다. 연구소의 규칙은 오로지 물 · 가스 · 전기를 절약하는 것, 연구실 내 금연과 야외에 있는 동안에 신선한 공기를 깊이 들이 마시라는 것 정도였다. 연구실에서 건강 문제에 대해 관심을 크게 기울이지 못한 이유 중 하나는 마리 퀴리가 너무 강했기 때문이었다. 신선한 공기를 마시고, 바다에서 수영을 즐기는 일과 등산을 하며 땀을 흘리는 활동을 통해 마리는 자신의 건강을 회복시켰다. 연구원들이 죽었을 때, 마리는 신선한 공기를 자주 마시지 않은 탓이라고 생각했다.

그녀는 건강을 위협하는 일에는 신경 쓰지 않았지만, 물리학 분야에서 이뤄진 새로운 발견에 대해서는 완전히 꿰뚫고 있었다. 세상을 뜨기 일 년 전, 마리는 한 회의에 참석해 딸과 사위의 발표 내용에 대해 올바르게 지적하는 모습을 보이기도 했다.

인생의 황혼기에 마리는 사생활을 가지기 위해 마지막 노력을 했다. 그 동안의 기록을 정리하면서 개인적인 편지를 대부분 불태웠다. 하지만 피에르가 보낸 사랑편지와 학창 시절에 받은 편지, 그리고 피에르가 죽고난 뒤부터 쓴 일기는 그대로 남겨두었다. 이 증거물들은 마리 퀴리와 피에르 퀴리의 사랑이 얼마나 깊었는지를 보여준다. 랑즈뱅과 관련된 것은 아무것도 남아있지 않다.

마리는 연구소의 안정된 정착을 위해 노력했다. 자신의 연구를 도왔던 데비에르느와 이렌느가 각각 후임 책임자로 일할 수 있도록 했다. 세상을 뜨기 일 년 전, 마리는 사랑하는 딸 이렌느와 사위 프레데릭 졸리오가 인공 방사능을 발견하는 것을 보았다. 그들의 성취로 인해 더 이상 연구소에 자연산 방사능 원소를 쌓아둘 필요가 없어졌다. 이렌느는 노벨상을 받았다.

67세의 나이에도 마리 퀴리는 여전히 지적 호기심이 가득했고, 과학적 탐험을 하려는 생각에 사로잡혀 있었다. 그녀는 이런 말을 남겼다.

> 저는 과학이 위대한 아름다움을 지녔다고 생각하는 사람 중에 하나입니다. 연구소에서 자신의 분야를 개척하는 사람들은 그저 단순한 기술자가 아닙니다. 그들은 자신에게 감명을 주는 자연 현상을 대할 때면, 마치 요정이야기에 흠뻑 빠진 천진난만한 어린 아이와 같으니까요.

죽기 몇 주 전, 마리는 몽블랑 산에 혼자 올라가서 산 너머로 석양이 지는 것을 바라보았다.

1934년 7월 4일, 마리 퀴리는 프랑스 알프스 산에 있는 요양원에서, 딸 이브가 지켜보는 가운데 백혈병으로 목숨을 거뒀다. 죽음은 서서히 다가왔고, 그녀의 강한 심장은 모든 희망이 사라질 때까지 힘차게 뛰었다. 마지막 이틀 동안, 그녀는 가족에게조차 아무 말도 건네지 않았다. 에브에 의하면 마지막 순간까지 마리의 정신은 물리학 실험에 대한 이런 저런 생각으로 가득차 있었을 것이라고 했다. 임종의 순간, 드디어 마리 스클로도프스카 퀴리에게서 과학을 뺀 모든 것이 사라졌다.

2

핵물리학자

리제 마이트너

1878. 11. 7~1968. 10. 27

리제 마이트너

Lise Meitner

개인 출입구를 통해 리제 마이트너는 지하 연구실로 들어갔다. 예전에 목공소였던 연구실은 베를린의 화학 연구소에 있는 방 중에서 유일하게 그녀가 출입할 수 있는 공간이었다. 청소부를 제외하고는 그 어떤 여성도, 위층에서 남자들과 함께 있지 못했다. 화학 연구소 내에 있는 화장실도 사용할 수 없었기 때문에, 마이트너는 길 건너편에 있는 식당 화장실에 가야 했다.

1907년부터 1909년까지 2년 동안, 마이트너는 위층에서 눈치 채지 않도록 조심하며, 지하실에서 방사능 실험을 했다. 조용하고 내성적이었던 그녀는, 화학 강의가 너무 듣고 싶은 나머지 위층에 있는 계단식 강당에 몰래 들어가 좌석 밑에 숨어서 강의를 듣기도 했다.

10년 뒤, 마이트너는 베를린의 방사능 물리학 분과의 담당자가 됐다. 그녀는 20년 동안 그 곳의 지도자였고, 1920년대와 30년대 — 물리학의 황금시대를 열었다. 뒤에 마이트너는 나치의 학대를 피해 독일을 비밀리에 떠나 망명 생활을 하게 된다. 60세에 그녀는 원자의 핵이 쪼개지면서 엄청난 양의 에너지를 방출한다는 사실을 해독했다. 애초에 계획하고, 시도하고, 결과를 해석한 핵분열 실험을 가지고 그녀의 연구 파트너가 노벨상을 받았다.

마이트너는 1878년에 8명의 아이들 중에 셋째로 태어났다. 그녀의 조부모는 유대인이었으나 변호사였던 아버지 필립 마이트너는 불가지론자(不可知論者)였다. 아버지는 8명의 자녀들에게 과학을 배우도록 독려했고, 그 중에서 두 명의 딸과 아들 한 명이 대학에서 학위를 받았다. 재능 있는 피아니스트였던 어머니 헤드비히 스코브란 마이트너는 아이들에게 음악을 가르쳤다. 마이트너의 큰 언니는 피아니스트 겸 작곡가가 됐다.

음악과 물리학은 어린 마이트너에게 가장 큰 흥밋거리였다. 기름이 떠 있는 무지개 빛깔의 아름다운 물웅덩이를 보면서, 그녀는 왜 웅덩이에 이런 여러 가지 색깔이 가득한 것일까라는 의문을 가지게 됐다. 이런 궁금증에 대한 답을 구하는 것은 마이트너에게 무척이나 흥미로운 일이었다. 어린 마이트너는 그런 환상적인 현상의 원인을 자연을 탐구해 발견할 수 있다고는 생각하지 못했다. 하지만 열심히 공부하다 보면 언젠가 자연의 법칙에 대해서 이해할 수 있을 거라는 사실은 확신했다.

어린 나이에 미래에 대해 생각하면서, 리제는 항상 똑같은 소원을 빌었다. "내 인생이 의미 있는 것이라면, 삶은 그리 평탄하지 않아도 상관없어." 이런 순진한 소원은 그녀의 인생에서 몇 번이나 현실이 된다.

9년 동안 마이트너는 교육을 받기 위해 애썼다. 그녀는 1892년부터 1901년까지의 기간을 '잃어버린 시간'이라고 불렀다. 마이트너는 그 시간 때문에 자신의 삶이 불리해졌다고 생각했다. 오스트리아 빈의 교육 환경은 여자아이의 경우 14살까지만 교육을 받을 수 있었다. 마이트너는 그때까지 산수 · 불어 · 종교 · 교육학을 조금씩 배웠을 뿐이었다. 당시 사회에서는 이 정도의 교육이면 여성들이 가정을 꾸리고, 자녀를 키우며 남편과 대화하는데 문제가 없다고 생각했다. 오스트리아의 법에 의해, 여학생들은 그 이상의 교육을 받을 수 없었다. 여학생은 남학생들이 대학 진학을 위해 들어가는 고등학교에 들어갈 수 없었다.

마이트너는 심지어 과학자들도 여성이 교육 받는 것을 반대하고 있다는 사실을 알게 됐다. 그녀는 『생리적으로 저능한 여성』이라는 책을 쓴 유명한 생리의학자와, 여권 신장이 가족을 파괴한다고 생각한 의사 때문에 매우 불쾌했다. 1899년에 비로소 여학생들이 고등학교에 다닐 수 있게 됐지만, 마이트너에게는 너무 늦은 시점이었다.

마이트너가 결혼에 관심을 보이지 않자, 아버지는 어떻게 남편 없이 삶을 꾸려나가려는지 걱정스레 물었다. 그녀는 물리학을 공부하고 싶다고 답했다. X선과 방사능이 각각 1895년과 1896년에 발견됐고, 마이트너는 수학과 과학에 큰 관심이 있었다. 시대적 상황을 고려한다면 사실상 그녀의 바람은 비현실적인 것이었다. 당시에는 남성들조차 물리학자가 되기 어려웠다. 산업계는 물리학 전공자를 고용하지 않았고, 대학에서조차 물리학을 죽은 학문이라고 생각했다. 독일의 표준국 국장은 "물리학이 앞으로 이뤄야 할 것은 조금 더 정확한 측정뿐이다"라는 말을 남겼다.

헝가리 전체에 물리학 교수라고는 고작 서너 명에 불과했다. 가끔 자리가 나더라도 여성에게 돌아가는 일은 거의 없었다. 노벨상을 받은 물리학자 제임스 플랑크는 이렇게 말했다. "그 때 물리학을 공부하는 사람은 오로지 물리를 해야 한다고 생각한 사람뿐이었다. 다른 것에서는 행복을 찾지 못할 정도로 물리에 빠져 있었기에 가능한 일이었다."

마이트너의 아버지는 딸이 자립할 수 있도록, 앞으로 3년간 공부해 불어 교사 자격증을 취득하라고 조언해 주었다. 그래야만 대학 입학시험을 준비할 수 있도록 가정교사를 고용해 주겠다고 했다. 그 때, 마이트너는 21살이었다.

마이트너는 라틴어와 그리스어를 포함해, 남들이 보통 8년 정도 걸리는 공부를 2년 만에 끝마쳤다. 공부를 하다가 잠시 쉬고 있는 마이트너를 보면, 어린 동생들은 "리제 언니는 시험에 떨어질 거야. 지금 쉬고 있잖아!"하고 놀려댔다.

운 좋게도, 마이트너의 가정교사는 수학과 물리학을 흥미롭게 가르치는 재능이 있는 사람이었다. 대부분의 가정교사들은 실험 기구의 그림을 가지고 가르칠 뿐이었지만, 마이트너의 가정교사는 학생들에게 실제 물리학 연구소를 견학하게 해 주었다. 마이트너는 실험실을 방문했을 때 깜짝 놀랐다. 몇몇 기구들이 머릿속으로 상상하던 것과 매우 다른 모양이었기 때문이었다.

대학 입학시험을 치른 14명의 학생 가운데 단 4명만이 시험에 통과했는데, 리제 마이트너도 거기에 속해 있었다. 여성들이 대학에 진학할 수 있도록 법이 개정되어, 1901년에 마이트너는 23살이 되기 몇 달 전에 비엔나대학교에 입학했다. 그녀의 '잃어버린 시간' 이 끝나는 순간이었다.

당시 사회에서 여성 대학생들은 '별종' 이라고 생각됐다. 마이트너는 수줍음이 많았지만, 음악과 물리학 수업만큼은 적극적으로 참여했다. 비엔나 오페라하우스의 가장 저렴한 좌석이라도 그녀에겐 천국과 같았다. 마이트너는 악보를 보면서 감상하기를 좋아했다.

루트비히 볼츠만은 그녀의 또 다른 구원자였다. 볼츠만의 이론 수업은 닭장 같은 황폐한 건물에서 이뤄졌다. '여기에 불이 나면 몇 명밖에 살아남지 못할 거야' 라는 생각이 들 정도였다. 볼츠만은 감성적이고 열정이 넘치는 교수였다. 과학에 대해서 그는 개인적인 의견을 표현하는 일이 많았다. 물리학은 진실을 찾기 위한 싸움이라는 생각을 그녀에게 전해준 사람도 바로 볼츠만이었다. 1905년, 마이트너는 비엔나에서 두 번째로 물리학 박사학위를 받은 여성이 됐다. 그녀의 논문은 이물질(異物質)간의 열전도에 관한 것이었다.

마이트너는 선생님이 되어 자신의 삶을 책임질 수 있다는 것을 보여주기 위해, 한동안 여자 고등학교에서 학생들을 가르쳤다. 여가시간을 아껴 틈틈이 대학에서 물리를 공부했다. 그러다 마이트너는 1898년 퀴리 부부의 라듐 발견에 관한 신문 기사에 매혹되어 본격적으로 방사능에 대해 연구하기 시작했다.

자연 방사능의 발견과 함께 라듐이 폴로늄으로, 그리고 다시 납으로 변한다는 엄청난 사실의 발견은, 한 원소의 원자가 분열해 다른 원소가 될 수 있다는 증거를 과학자들에게 시사해 주었다. 그때까지 대부분의 물리학자들은 원자를 단단하고 갈라질 수 없는 작은 덩어리라고 생각하고 있었다. 과학자들은 원자 주위를 맴도는 전자들 중에 몇 개를 인위적으로 분리해 낼 수는 있지만, 누구도 원자의 심장과 같은 핵을 나눌 수 있으리라고는 꿈조차 꾸지 못하고 있었다. 그녀는 처음에 그 분야를 전공할 생각이 없었다. 하지만 2년 동안 마이트너는 두 편의 논문을 썼다. 물리학자들은 젊을 때 최고의 성과를 낸다는 속설이 있지만, 마이트너는 27살이 되어서야 방사능을 공부하기 시작했다.

몇몇의 소수 여성 과학자들이 방사능을 전공했다. 마이트너와 마리 퀴리뿐만 아니라 오슬로에 엘렌 스레디쉬, 비엔나에 엘리자베스 로나와 베르타 칼릭, 파리에 이렌느 졸리오-퀴리와 마가릿 페레이가 있었다. 1930년대 초반에 물리학분야에서 방사능이 발견됐다. 비교적 그 분야에서 여성 과학자들은 남성 과학자들과 경쟁이 심하지 않았다. 1932년, 중성자가 발견되자 핵물리학은 물리학 분야 가운데 가장 흥미로운 분야가 됐다. 여성 과학자들이 단연 이 분야의 전문가로 떠올랐다.

비엔나에서 박사학위를 취득한 뒤, 마이트너는 방사능 물질로부터 자연적으로 방사된 알파 입자가 물질을 살짝 빗나간다는 사실을 단순하지만 독창적인 방법으로 보여주었다. 마이트너는 오스트리아와 헝가리가 역청 우라늄광을 지원해 준 것에 보답하는 의미로 퀴리 부부가 대학에 기증한 라듐을 이용하여 실험을 했다. 어니스트 러더포드와 한스 가이거는 1909년에 원자가 핵을 가지고 있다는 사실을 증명했다. 유명한 황금 호일 실험을 준비하면서 그들도 마이트너와 유사한 실험을 하고 있었다.

마이트너는 비록 혼자 일하는 초보 물리학자였지만, 중요한 발견을 앞두고 있었다. 그녀는 물리학 분야에서 네 번째로 노벨상을 받은 영국인 존 W. 스트러트와 레이레이 경(卿)의 광학 실험을 설명하고, 그 실험에 근거하여 여러 가능성을 내놓았다.

이러한 성공을 통해 마이트너는 부모님께 유학을 가게 해달라고 여쭈어볼 용기를 냈다. 1지망이었던 마리 퀴리로부터 거절당하자, 막스 플랑크는 마이트너가 베를린에 있는 대학에 다닐 수 있게 해주었다. 프로이센의 대학은 여성들에게 아직 학위를 주지 않을 때였지만, 그녀는 청강을 할 수 있었다. 그녀의 용기에 놀란 아버지는 생활비를 지원하기로 동의했다. 그녀는 29살에 잠시 집을 떠난다고 생각했으나 결국에는 베를린에서 31년간 머무르게 된다.

마이트너는 늘 독일이 자신을 오스트리아의 '과학적 망각' 으로부터 구해냈다고 생각했다. 1933년 나치가 독일 정권을 차지하기까지 독일은 세계 과학의 중심이었다. 독일은 가난한 후진국에서 시작해 대학과 공업학교에 투자하면서 진보된 국가로 거듭났다. 잘 훈련되고 교육받은 노동력이야말로 독일이 가진 유일한 자원이었다. 베를린은 막스 플랑크 · 알베르트 아인슈타인 · 막스 폰 라우에 같은 노벨상을 받은 물리학자를 배출했다. 플랑크의 선견지명 덕분에 베를린에 있는 물리학자들은 원자의 존재와 아인슈타인의 특별한 상대성 원리를 다른 곳의 과학자들보다 훨씬 먼저 인정했다.

1907년, 마이트너가 베를린에 도착한 뒤, 플랑크에게 자신을 소개했다. 플랑크는 오만하게 물었다.

"당신은 이미 박사 아닙니까! 뭘 더 원하는 거죠?"

"저는 물리학에 대해 좀 더 실제적인 이해를 얻고 싶습니다."

마이트너는 짧은 대화를 통해 플랑크가 여성 과학자를 인정하지 않는다는 사실을 쉽게 알 수 있었다. 1897년, 플랑크는 여학생들에게 그의 수업을 청강하도록 해준 일이 있었다. 그 뒤 그는 이런 말을 남겼다. "분명 좋은 경험이긴 했어요. 하지만 전 그것은 예외적인 경우였다고 생각합니다. 자연이 여성에게 부여한 역할은 어머니와 아내의 역할이 전부입니다. 자연법칙은 어떠한 상황에서도 무시할 수 없어요. 자연을 거스르는 날에는, 지금 논쟁이 되고 있는 여러 가지 문제가 후대에 그대로 나타날 겁니다."

플랑크는 볼츠만처럼 대단한 열정과 역동적인 아이디어를 가지고 있는 사람은 아니었지만, 마이트너는 그의 양자론에 깊은 감명을 받았다. 플랑크는 원자가 에너지를 특정한 단위 — 그가 양자라고 부르는 단위로 흡수하고 방출한다고 추측했다. 그녀는 이러한 플랑크의 이론이 물질의 특성을 이해하는데 많은 가능성을 제공한다고 생각했다. 플랑크를 알게 되면서 마이트너는 그를 존경하게 됐다. 마이트너는 플랑크에 대해 "보기 드물게 정직하고 천진난만할 정도로 솔직하다"는 말을 남기기도 했으며, 그가 방에 들어오면 분위기가 나아지는 것 같다고 말했다.

마이트너는 플랑크의 강좌를 들으면서, 연구를 계속할 수 있는 방안을 찾고 있었다. 러더포드와 함께 방사능을 연구했던 젊은 독일 화학자 오토 한도 그때 마침 물리학을 공부하는 협력자를 찾고 있었다. 한은 격식을 따지지 않는 매력적인 사람이었다. 잠깐 만난 사람조차 오랫동안 그를 알고 지낸 사이처럼 느끼게 할 정도로 푸근한 사람이었다. 한은 특히 매력적인 여성과 같이 있는 것을 좋아했다. 마이트너는 수줍음이 많았지만, 한에게는 궁금한 점을 거리낌 없이 이야기 할 수 있을 것 같았다. 한은 에밀 피셔 교수의 화학 연구소에서 일하고 있었는데, 불행하게도 피셔는 자신의 건물에 여성이 들어오는 것을 좋아하지 않았다. 한은 러더포드의 협조를 얻어 마이트너가 연구소에서 일할 수 있도록 피셔를 설득했다. 피셔는 마이트너에게 지하의 목공소를 개조한 곳에서 연구할 수는 있지만, 남성들이 연구하는 곳에는 절대로 들어오지 못한다는 조건을 달았다. 마이트너는 그 제안에 동의했다. 그녀는 평생토록 방사능을 공부했지만, 피셔의 지하 연구실에 그리 오래 머무르지는 않았다.

마이트너는 강당에 숨어서 강의를 듣거나, 습한 지하실에서 일하는 것은 괘념하지 않았다. 그녀의 불만은 위층에서 연구하는 한의 실험을 보지 않고는 방사능 연구를 제대로 할 수 없다는 것이었다. 하지만 이런 악조건에도 불구하고, 마이트너와 한은 협력한 첫 해에 세 편의 논문을 발표했다. 이듬해에는 6편의 논문을 썼다. 1908년에 프로이센 정부는 여성에게 대학을 개방했는데, 그제야 피셔는 마이트너에게 건물을 자유롭게 출입할 수 있도록 허락하고, 화장실도 마련해 주었다. 뒷날 피셔는 마이트너를 가장 배려하는 후원자 가운데 한 명이 됐다.

하지만 여전히 다른 사람들은 마이트너에 대해 편견을 가지고 있었다. 그녀와 한이 같이 길을 걷고 있으면, 피셔의 젊은 남자 조수들은 "좋은 날입니다. 한 선생님"이라고 인사하며, 보란 듯이 마이트너를 무시했다. 한 백과사전 편집자가 마이트너의 논문을 읽고 너무 좋아서 '마이트너 씨'에게 원고를 부탁한 적이 있다. 그런데 막상 편집자가 '마이트너 씨'가 '마이트너 양'이라는 사실을 알게 되자, 여성이 쓴 것을 출판한다는 것은 꿈도 꿀 수 없다는 내용의 편지를 보내왔다.

마이트너와 한은 모든 것이 달랐다. 그녀는 마른 체형에 키가 작았다. 반면 한은 훤칠하고 체격이 좋았다. 마이트너가 수줍음이 많은데 비해, 한은 활발한 성격의 소유자였다. 그녀는 세련된 재치가 있었고, 한은 가벼운 농담을 즐겼다. 한은 베토벤 바이올린 협주곡의 마지막 악장을 휘파람으로 약간 다르게 부는 것을 좋아했다. 누가 물어보면 그가 오히려 되물었다. "원래 음악이 이렇지 않나요?"

마이트너와 한은 이야기를 좋아했다. 한이 언제 어디서나 얘기를 늘어놓는데 반해, 마이트너는 가까운 친구들에게만 이야기를 꺼냈다. '한(Hahn)'은 독일어로 수탉이라는 뜻이었기 때문에 그의 이야기는 '수탉 이야기' 라고 불렸다. 그는 젊고 예쁜 여성들과 이야기 나누는 것을 좋아했고, 다양한 방법으로 그들을 칭찬해서 기분 좋게 만들곤 했다. 한은 유대인들과도 잘 어울렸다. 나중에 나치즘에 불만을 표하기도 했지만, 기본적으로 보수적이며 민족주의적 성향을 가진 사람이었다. 한은 카이저 빌헬름 좋아했는데, 그는 여권주의자가 아니었다.

과학을 대하는 태도에 있어서도, 마이트너와 한은 서로 달랐다. 한은 직관적인 사람이어서, 정확히 알지 못하고 논리적으로 설명할 수 없어도 일을 추진하는 경우가 많았다. 그는 지금하고 있는 일이 언젠가는 다 필요한 일이라고 생각했다. 반면, 마이트너는 사색가다운 성향을 가지고 있어서, 조직적이고 논리적으로 따지고 고민했다. 그녀는 언제나 왜 그러한 결과가 나왔는지 원인과 과정을 살폈다. 한은 새로운 원소를 발견하는 일에 관심을 가지고 연구도 그쪽으로 하기를 원했다. 반면에 마이트너는 다양한 원소들이 방출하는 방사능을 이해하는데 관심을 기울였다.

마이트너와 한은 방사능 물질이 분열하기 전에 실험을 하기 위해서 필요한 보호 장갑을 착용하지 않을 때가 많았다. 두 사람 모두 전치 몇 주의 화상을 입기도 했지만, 아주 심각한 부상을 당하지는 않았다. 방사능 연구를 위한 표본을 준비해놓고 1킬로미터를 뛰어서 길 건너편 물리학 연구소에 자석을 빌리러 갔던 일도 있었다고 마이트너는 회고했다. 한은 몇 개월 동안 마이트너의 방사능 연구를 위해 화학적으로 정화된 물질을 만드는데 많은 시간을 투자했다. 마이트너 역시 한을 위해 지루하고 복잡한 계산과 해석을 해야 했다. 연구하는 동안 무료한 시간을 즐겁게 보내기 위해, 그들은 독일 민요와 마이트너가 좋아하는 브람스의 가곡을 곧잘 부르곤 했다.

사실 마이트너는 팀의 동등한 구성원은 아니었다. 마이트너는 지하 실험실에서 혼자 일하고 있는 동안 방사성의 특징을 가진 토륨이 '토륨 D'라는 물질로 자연 붕괴하는 것을 발견했다. 저명한 교수는 마이트너에게 연구 결과를 혼자 발표하라고 조언했고, 한도 동의했다. 하지만 그녀는 논문을 자신과 한의 공동 연구로 발표했다. "한은 당시에 저보다 훨씬 잘 알려져 있었어요. 그렇다고 나쁜 의도로 공동 명의로 발표한 것은 아니었어요. 단지 생각이 조금 짧았던 거죠"라고 나중에 마이트너는 설명했다. 어니스트 러더포드가 연구소를 방문했을 때, 한은 그를 마이트너가 연구하고 있는 지하 실험실로 안내했다. 러더포드는 그녀를 보고 "난 지금껏 당신이 남자인줄 알았어요"라고 놀라움을 표현했다. 러더포드와 한이 방사능에 대해서 얘기하는 동안, 마이트너는 러더포드 부인과 크리스마스 선물을 구입하는 일에 대해서 이야기를 나누어야 했다. 마이트너는 러더포드 부인에 대해서 "그녀는 베를린에 있는 모든 사람이 영어로 이야기하기를 기대하더군요"라는 말을 제외하고는 자신의 감정을 더 이상 드러내지 않았다.

러더포드는 마이트너가 기여한 공로를 무시하는 쪽으로 마음이 기울었지만, 한은 함께 연구한 그녀가 학문적 · 과학적 명예를 받는 것은 마땅하다고 주장했다. 과학자로서 마이트너의 초창기 시절에 한의 끊임없는 지지와 격려가 없었다면, 그녀는 성공하지 못했을 것이다. 하지만 대중 앞에서는 한이 우선적인 조명을 받았다. 연설하는데 미숙했던 마이트너는, 한이 사람들 앞에서 자신들의 공동 연구 성과에 대해 발표하기를 원했다. 마이트너와 한은 같은 나이였지만, 마이트너는 소극적이고 내향적이었고, 경력으로도 한보다 십 년이 뒤늦은 상태였다. 마이트너는 무급연구원에 불과했으나, 한은 교수라는 자격도 갖추고 있었다.

마이트너의 친구들은 왜 한과 마이트너가 결혼하지 않는지 궁금해 했다. 마이트너에게 물어보면 그녀는 우아하게 대답했다. "난 그럴 시간이 없었어." 하지만 다른 이유가 있었다. 한에 대해 잘 아는 마인츠대학교의 권터 헤르만 교수는 "리제는 한이 결혼할 만한 상대는 아니었어요"라고 설명해 주었다. 급료를 많이 받지 못하는 과학자들은 연구를 위한 자금을 마련하기 위해서라도 가능한 부유한 여성과 결혼하려고 했다. 경제적 사정이 넉넉하지 못했던 한은 아름답고 부유한 사교계 명사와 결혼했다. 하지만 여성 과학자를 아내로 맞이하려는 사람은 거의 없었다.

마이트너는 한과의 관계를 올바르게 유지하기 위해 노력했다. 거의 10년 동안이나 마이트너는 한을 호칭할 때 "한 씨"라고 존중해 불렀다. 이러한 마이트너에 대해 한은 "연구실 밖에서 우리는 오해를 살만한 관계를 가지지 않았다. 리제 마이트너는 엄격하고 정숙한 양육을 받은 여성으로 조용하고 숫기가 없었다. 나는 프란츠 피셔와 거의 매일 점심을 먹고, 수요일마다 그와 함께 카페에 갔다. 하지만 나는 공식적인 자리를 제외하고는 마이트너와는 식사도 같이 하지 않았다. 또 우리는 같이 길을 걷지도 않았다. 함께 물리학회에 참석한 것을 제외하면, 우리는 언제나 목공소에서 만났을 뿐이었다. 일반적으로 우리는 저녁 8시까지 일했는데, 둘 중 한 명은 살라미(날고기에 열을 가하지 않고 소금이나 향료 따위를 쳐서 차게 말려 만든 이탈리아식 소시지. 샐러드나 샌드위치를 만들 때 쓴다)나 치즈를 사러 가게가 문을 닫기 전에 다녀와야 했다. 우리는 남은 음식을 함께 먹은 적도 없다. 마이트너는 늘 혼자서 집에 갔고, 나 또한 그랬다. 꽤 거리를 두긴 했지만 우리는 정말 친한 친구 사이였다."

마이트너는 지하실에서 5년 동안 일했다. 그때 독일 산업계는 카이저빌헬름의 이름을 붙인 과학 연구소 중에 하나를 처음 설립했다. 뒷날 정부의 지원을 받게 되면서, 제2차 세계대전 뒤부터는 이곳을 막스플랑크 연구소라고 부르게 됐다. 에밀 피셔 덕분에 한과 마이트너는 1912년 베를린에 설립된 카이저빌헬름 화학 연구소로 옮겨올 수 있었다. 그 곳에는 연구소를 후원하는 기업가들이 여럿 있었다. 그 덕분에 마이트너는 정부가 지원하는 대학에서 일했던 에미 뇌터가 겪었던 차별에서 보호될 수 있었다.

같은 해에 마이트너에게는 좋은 일이 또 있었다. 그녀의 오랜 친구인 막스 플랑크가 그녀에게 조교직을 준 것이었다. 그때까지 마이트너는 무급으로 일하는 방문 연구원 자격이었다. 하지만 마이트너는 이제 프로이센의 첫 여성 연구 조교로서, 학생들이 제출한 과제에 점수를 매기고, 플랑크의 세미나를 계획하는 일도 하면서 적은 봉급이나마 받을 수 있게 됐다. 그 일자리는 매우 좋은 것이어서 그녀에 대한 여러 가지 편견을 대부분 잠재울 수 있었다. 마이트너는 자신감이 생겼다.

1911년, 마이트너는 아버지의 사망 때문에 더 이상 가족으로부터 생활비를 지원 받지 못하게 됐다. 마이트너의 조교 수당은 그녀 혼자 생활하기에도 너무 적은 금액이었다. 항상 검소하게 지냈지만, 그녀는 검은 식빵과 커피 이상의 식사를 하기 어려웠다. 그나마 마이트너는 적게 먹고, 채식주의자에 가까운 사람이었다. 프라하 대학교에서 나중에 교수 자리가 보장되는 조교수 자리를 제안 받은 뒤에야 겨우 카이저빌헬름 재단은 그녀에게 임금을 주기로 결정했다.

제1차 세계대전 중에 마이트너는 프랑스의 마리 퀴리와 이렌느 졸리오-퀴리처럼 X선 간호사로 일하며 최전방에 있는 오스트리아 육군 병원에서 2년을 보냈다. 한이 독가스 연구를 위해 징집된 뒤였다. 1917년 베를린으로 돌아온 마이트너는 전쟁이 일어나기 전에 하고 있었던 복잡한 연구에 다시 몰두했다. 그것은 악티늄의 모(母) 원소를 찾는 연구였다. 전쟁이 끝날 때쯤, 마이트너는 플랑크의 도움을 받아 프로트악티늄을 발견할 수 있었다. 프로트악티늄은 악티늄으로 서서히 붕괴하는 물질로, 역청 우라늄광에서 발견한 방사성 원소였다. 1917년에 마이트너는 연구소에서 방사능 분과의 책임자가 됐다. 그때 처음으로 아파트를 임대할 수 있는 돈을 벌었다.

신기하게도 마이트너에게 있어 가장 유명한 두 개의 발견인 프로트악티늄과 핵분열에 대한 해석은 오토 한이나 마이트너 두 사람 가운데 한 명이 자리를 비운 사이에 이뤄졌다. 두 경우 모두 각자가 기여한 부분은 충분히 자료로 남겼다. 프로트악티늄 프로젝트는 두 개의 독립된 연구로 진행됐는데, 하나는 미국에서 다른 하나는 독일에서 진행됐다. 결과적으로 프로트악티늄의 발견은 마이트너의 성과라는 것이 기정사실이다. 한은 멀리서 화학실험 진행에 대해 중요한 조언을 해주었을 뿐이었다. 한은 이 연구의 제1저자로 기록됐는데, 그것은 그가 연구의 주된 책임을 가지고 있다는 것을 의미했다. 어쩌면 두 사람은 각자의 기여도에 상관없이 화학 논문을 발표할 때는 한을 제1저자로 표기하고, 물리학 논문은 마이트너가 제1저자로 표기하기로 약속했는지도 모른다. 하지만 핵분열에 대한 연구 성과와 아울러 제2차 세계대전 이후에는 상황이 많이 달라졌다.

물리학자들과의 교우관계와 우정, 청소년 시절 마이트너에게 힘이 됐던 음악은 1920년대와 1930년대 초반까지 그녀를 성숙하게 해주었고, 또한 그녀에게 자신감을 북돋워주었다. 마이트너는 불평등한 교육제도와 사람들의 편견 때문에 소외되어 있었기 때문에, 물리학 분야의 동료들을 보물처럼 생각하고 아꼈다. 마이트너와 교류하고 있던 사람들은 당대 최고의 위대한 물리학자들이었다. 막스 플랑크 · 알베르트 아인슈타인 · 제임스 프랑크 · 닐스 보어 · 막스 보른 · 에어빈 슈뢰딩거 · 막스 폰 라우에를 비롯한 사람들이 포함돼 있었다. 그녀의 몇 안 되는 여성 친구들 중에는 플랑크 부인과 식물생리학자 엘리자베스 슐리만도 있었다. 마이트너는 이들에 대해 다음과 같이 회고했다.

> 그들은 정말 좋은 사람들이었어요. 모두가 서로를 도와줄 준비가 되어 있었죠. 그들은 다른 사람의 성공을 진심으로 환영했어요. 그렇게 친근하게 맞아주는 동료가 있다는 사실이 저에게 무엇을 의미했는지 쉽게 이해하실 수 있을 거예요.

마이트너가 처음으로 위대한 덴마크의 이론 물리학자 닐스 보어를 만났을 때 그들은 폭넓은 주제에 대해 이야기를 나눴다. 그녀는 두 세대에 걸친 물리학자들 가운데 보어를 가장 영향력 있는 과학자라고 생각했다. 하지만 그는 때로 이해하기 힘든 면도 있었다. 1920년에 마이트너와 다른 젊은 물리학자들은 그녀의 연구소에서 '중요 인물이 없는' 회의를 열었다. '중요 인물'이란 나이 많은 교수들을 의미했는데, 그들은 젊은 과학자들이 나서서 질문을 하지 못하게 하는 사람들이었다. 42살의 나이에도 마이트너는 여전히 '젊은' 과학자에 속했다. 마이트너는 고령의 교수를 일일이 찾아다니며 보어와 함께 대화할 수 있는 자리에 그들이 초대되지 못한 이유에 대해 설명해야 했다. 이와 관련된 일화가 있다. 제1차 세계대전이 끝난 뒤라 독일에는 먹을거리가 귀했다. 중요 인물 가운데 한 명이 "토론이 끝나면 자넬 저녁 식사에 초대하겠네. 그러니 나를 그 회의에 끼워줄 수 있겠나?"고 제안했다. 젊은 과학자 마이트너는 "그건 별개의 문제입니다"라고 대답했다.

마이트너는 교우관계를 만들고 유지하는 재능이 있었다. 제1차 세계대전 중 독일인들은 "사태가 심각하지만 희망이 없는 것은 아니다"라고 생각했다. 하지만 그녀는 역으로 "희망은 없지만, 그리 심각하지는 않다"고 생각했다.

마이트너는 이와 같이 일을 사적으로 해결하지 않고, 심각한 문제를 가볍게 풀어내는 매력이 있었다. 그녀는 물리학계에서 사랑과 존경을 받았다. 에밀리오 세그레는 마이트너를 '온화한 리제'라고 불렀다. 마이트너는 모든 것에 관심이 있었다. 유머를 즐기고, 놀림을 당해도 대수롭지 않게 넘겼다. 닐스 보어는 유명한 물리학자를 패러디하는 풍자극을 좋아했는데, 마이트너도 유명한 사람들과 앞줄에 앉아서 함께 즐거운 시간을 가졌다.

하루는 마이트너와 한이 연구실에서 차를 마시고 있는데, 노벨상을 받은 구스타브 헤르츠가 갑자기 뛰어 들어왔다. 차를 마시지 않겠다며 그는 급히 술을 달라고 요구했다. 한 학생이 선반에서 순도 100퍼센트의 알코올을 꺼내주자, 마이트너가 깜짝 놀라 소리쳤다. "헤르츠, 마시면 안 돼요! 그건 완전 독이예요!" 마이트너의 경고에도 아랑곳 않고 그는 한 잔 가득 따라 들이켰다. 헤르츠가 미리 학생에게 알코올 병에 물을 넣어두라고 지시해놓고 마이트너를 놀라게 한 것이었다.

음악은 마이트너의 교우관계에 중요한 부분을 차지했다. 연구소에는 합창단이 있었는데, 마이트너와 동료들은 정기적으로 플랑크나 프랑크의 집에 모여 노래연습을 했다. 아인슈타인이 바이올린을 켰고, 마이트너가 브람스의 노래를 가르쳤다. 그녀는 스스로 뛰어난 피아니스트라고 생각하지 않았지만, 조카이자 물리학자인 오토 로버트 프리슈와 함께 피아노를 연주했다. 답례로 그녀는 베를린에서 열린 브람스의 교향곡과 실내악을 그에게 관람하게 해주었다.

제1차 세계대전에서 독일이 패한 뒤, 카이저 황제가 물러나고 첫 공화정이 들어섰다. 거의 모든 독일 학계가 바이마르 공화국에 불만을 나타냈지만, 공화국은 독일 여성의 지위를 많이 개선했다. 처음으로 마이트너는 베를린의 한 대학에서 강의를 할 수 있게 됐다. 1922년 그녀의 취임 연설 제목은 '우주물리학에서 방사능의 의미(The Significance of Radioactivity for Cosmic Processes)' 였는데, 언론은 그것을 '화장물리학(Cosmetic Processes)' 이라고 보도했다. 1926년, 48세에 마이트너는 독일의 첫 여성 물리학 교수가 됐다. 1991년 독일 대학 교수 가운데 여성의 비율이 3퍼센트에 불과했다는 사실을 생각한다면, 마이트너의 승진은 대단히 주목할 만한 일이었다.

한과 마이트너는 1920년대와 30년대에 노벨상 후보로 여러 번 추천됐다. 제1차 세계대전이 끝나고 얼마 안 된 1920년에 마이트너와 한의 과학적 협력관계는 끝난 상태였다. 프로트악티늄 연구는 물리학자와 화학자의 공동연구가 필요한 분야였지만, 일단 그 붕괴 과정을 설명한 뒤에는 마이트너와 한은 각자의 연구 분야로 돌아가 있었다. 이게파르벤(I.G. Farben) 회사의 재정적 도움으로 마이트너는 프랑스 파리에 있는 마리 퀴리의 라듐 연구소와 영국 케임브리지에 있는 러더포드의 캐번디시 연구소에 버금가는 부서를 설립했다. 그곳은 곧 세계에서 제일가는 실험 물리학 연구소로 발전했다.

핵분열의 발견 뒤에 한과 마이트너가 계속 함께 연구를 했다는 소문이 돌았다. 하지만 1920년대와 30년대에는 누구도 두 사람을 한 팀이라 생각하지 않았다. 그리고 두 사람에 대한 평가도 엇갈렸다. "마이트너는 물리학의 황금기 동안에 위대한 물리학자였다. 방사화학은 그 때 흥미로운 분야가 아니었다"고 하이델베르크대학교의 에메리터스 피터 브릭스 교수는 평가했다. 귄터 헤르만 역시 "마이트너는 한보다 훨씬 유명했다. 1920년대 베를린 연구소의 명예도 마이트너 덕분이었다. 한의 평판은 초기에 마이트너와 함께한 자연 상태의 방사성 감쇠사슬에 대한 연구와 그의 성격에서 비롯된 것이었다. 그녀는 매년 노벨상 후보로 거론되는 사람 중 하나였다"고 말했다. 아인슈타인은 마이트너를 "우리의 퀴리 부인"이라고 부르곤 했다. 그는 마이트너의 역량을 마리 퀴리보다 더 높게 평가했다. "한과 마이트너는 친한 친구였지만, 그들이 대화를 할 때는 마이트너가 한보다 위에 있었다. 그녀는 정말 대단한 과학자였다"고 본 대학의 1989년 노벨상 수상자와 막스플랑크 연구소의 전 소장이었던 볼프강 파울은 덧붙였다. 볼프강 파울의 이름은 오스트리아 출생 노벨상 수상자로 이론물리학의 거장이었던 볼프강 파울리와 아주 비슷한데, 두 사람 모두 마이트너의 절친한 동료였다.

한과 마이트너가 함께 연구하던 시절, 그녀는 둘의 관계를 분명하게 했다. 마이트너는 연장자처럼 행동하며 그를 '동생' 이라 부르거나 한의 이름을 빗대어 지은 '한첸(수탉)' 이라고 불렀다. 그가 물리학에 대해서 뭔가 말을 하려고 하면 그녀는 "조용히 있어요, 한첸. 당신은 물리학을 모르잖아요"라고 말하곤 했다. 그들의 관계에서 이 부분은 절대 바뀌지 않았다. 그들이 여든

살 가까이 되었을 때, 마이트너는 마인츠에서 시상대에 오르면서 "오토, 등을 곧게 펴요. 그렇지 않으면 저 사람들이 우리를 늙었다고 생각할 거예요"라고 귓속말을 했다.

마이트너는 연구소를 견실하게 운영했다. "그녀는 절대 주눅 들지 않았습니다. 그녀는 매우 존경 받는 여성이었어요. 소극적이지 않았고, 연구소를 잘 이끌어나갔죠. 한은 매우 예의 바르고 착했지만, 연구소의 규칙과는 잘 맞지 않았어요. 반면 마이트너는 강철과 같이 강인했죠."라고 폴은 회상했다.

당시 연구실 복도에는 리제 마이트너가 직접 사인까지 해서 "금연! (서명) 오토 한, 리제 마이트너"라고 써 붙여 놓았다. 그런데 장난치기 좋아하는 사람들이 그녀의 이름을 리제(Lise)에서 라이즈(Lies)라고 고쳐서 뜻을 바꿔 버렸다. "오토 한. 마이트너를 읽어라!"("Otto Hahn, lies Meitner", 독일어로 lies는 '읽다'란 뜻을 가진 동사 lesen의 명령형이다)

마이트너는 모두가 열심히 일하기를 원했다. 젊은 물리학자 한 명이 담배를 피는 동안 자동으로 자료가 수집되도록 실험을 조작해 두었다. 마이트너는 이를 두고 엄하게 꾸중했다. "이건 일하는 게 아닙니다. 당신이 직접 그 일을 해야 하니까요."

연구소가 방사능에 오염이 되지 않도록, 마이트너는 모든 문 옆에 휴지를 두어 손잡이를 만질 때마다 사용하게 했다. 강의실과 도서관에는 색깔이 다른 의자를 비치해 두고서, 약한 방사능 물질을 다루는 직원들과 강한 방사능 물질을 다루는 이들을 구분했다. 그녀의 노력은 성과를 거뒀다. 비엔나와 파리의 연구소에는 방사능 오염 문제가 있었지만, 마이트너의 실험실은 25년 동안 한 번도 그런 문제가 발생하지 않았다. 이렇게 철저하게 통제하지 않았더라면, 핵분열 실험에서 측정된 정교한 수치들이 방사능 오염 때문에 쓸모없게 되었을 지도 모른다.

오랜 시간이 지나, 강한 방사능으로부터 어떻게 건강을 지키며 일을 했냐는 질문을 받았을 때, 마이트너는 "아, 우리는 손을 자주 씻었지요"라고 대답했다. 한은 "그게 습관이 돼서 그런지 나는 지금도 손을 자주 씻어요"라고 덧붙였다.

매주 수요일이면, 마이트너와 베를린 연구소의 40명 정도 되는 물리학자들이 토론회를 위해 모였다. 이 토론회의 앞자리는 아주 유명했다. 그 곳에 앉은 사람은 거의가 노벨상 수상자였다. 마이트너도 그 자리에 앉아 있었다. "그녀가 그 자리에 앉는 것은 당연했어요"라고 폴은 회상했다. "그 토론회는 제 인생에 있어서 최고의 행사였지요. 우리는 당대의 위대한 인물들이 각자의 문젯거리 때문에 얼마나 고뇌했는지 볼 수 있었습니다… 대다수가 양자론을 다룬 이유는 우리가 그 토론회에 참석했기 때문입니다." 노벨상 수상자 제임스 프랑크도 그 때를 기억하며 말했다. 마이트너에게도 그 토론회는 중요했다.

> 언제나 새로운 결과가 그 곳에서 소개되고 다뤄졌어요. 베를린에서 처음 지내는 동안 들었던 천문학 · 물리학 · 화학 강의가 생각납니다. 거기서 접했던 지식과 배움은 정말 대단한 것이었죠.

물리학의 발전에 대해 마이트너는 "내 인생의 마법 같은 음악적 반주"라고 표현했다. 그녀가 아인슈타인의 강의를 처음 들었을 때, 아인슈타인은 에너지가 물질에 포함되어 있다고 했다. 유명한 방정식 $E=mc^2$에 의해, 방출되는 에너지는 질량과 관계가 있다고 설명했다. 이 두 가지 사실은 마이트너에게 굉장히 새롭고 놀라운 것이었다. 몇 십 년이 지난 뒤에도 마이트너는 그 강의의 세세한 부분을 모두 기억하고 있었다.

제1차 세계대전과 제2차 세계대전 사이 마이트너가 한과 떨어져서 연구하고 있는 동안 그녀는 핵물리학의 거의 모든 실험 문제를 다루고 있었다. 그녀는 언제나 그 분야의 선두였다. 하지만 그녀는 운이 없었는지 매우 풀기 힘든 어려운 문제를 다루고 있었다. 그것은 우젠슝와 다른 과학자들이 1950년대에 이르러서야 해결할 수 있었던 난제였다.

그 문제는 자연 방사능 물질에서 나오는 전자 유출과 관련이 있었다. 어떻게 방사능 핵이 그렇게 많은 양의 에너지를 가진 전자를 배출하는지, 그 작은 핵 안에 엄청난 에너지가 존재했다는 것이 가능한 일인가? (뒤에, 전자는 붕괴하는 순간에 생성된다는 것이 밝혀졌다) 이 문제는 너무 어려웠기 때문에 마이트너의 친구는 그것을 새로운 종류의 세금과 같다고 비유했다. 즉 다루지 않는 편이 더 낫다는 의미였다. 다른 사람들은 물리학 책에 이 문제를 다룰 때마다 두개골 밑에 대퇴골을 X자 형태로 그려 넣었다. 그만큼 이 문제는 어렵고, 다루기 힘들었다.

마이트너가 이룬 연구의 일부는 1931년 볼프강 파울리가 중성미자에 대한 예측을 한 실험의 배경이 됐다. 파울리는 마이트너와 다른 동료들에게 편지로 자신의 이론을 밝히면서 "방사능적인 여성과 신사들에게"라는 호칭을 사용했다. 그의 가설에 따르면 핵은 붕괴되면서 두 입자 — 전자와 뒷날 중성미자라고 이름 붙은 아주 가볍고 거의 발견하기 어려운 중성적 입자를 방출한다. 파울리는 마이트너에게 그것을 찾아보라고 도전했는데, 그것 또한 1950년대까지 불가능한 과제였다.

마이트너는 1934년에 그녀의 인생에 있어서 가장 중요한 실험을 시작했다. 4년 동안 그녀는 엔리코 페르미 · 어니스트 러더포드, 그리고 특히 이렌느 졸리오-퀴리와 경쟁을 했다. 마이트너 자신은 깨닫지 못했지만, 그녀는 아돌프 히틀러와도 시간을 두고 경쟁하고 있었다. 1933년 히틀러가 처음 세력을 얻었을 때 그는 아리아 사람이 아닌 이들은 대학에서 해고하기 시작했다. 처음엔 마이트너는 안전했다. 오스트리아인이어서 독일의 반유대적인 법에 해당되지 않았고, 카이저 빌헬름 연구소는 나치의 지나친 행위를 견제하는 세력 있는 사업가들에 의해 보도되고 있었기 때문이었다. 그녀는 당분간 계속 연구에 집중할 수 있었다.

로마에서 페르미는 중원소에 중성자로 충격을 가했고 원소의 핵이 중성자를 흡수하여 더 무거운 원소로 바뀌기를 기대했다. 그는 특히 자연적 원소 중에 제일 무거운 우라늄의 핵이 중성자를 흡수하여 더 무거운 방사성원소 복합체로 바뀌기를 기대했다. 하지만 중성자의 충돌은 너무나 다양한 방사능 종류를 만들어내서 각각의 원소를 구분하는 것조차 힘들었다. 페르미는 자신이 우라늄보다 무거운 새로운 초(超)우라늄 원소를 발견했다고 생각했다. 그의 '발견'은 핵물리학자와 화학자들로 하여금 우라늄보다 더 무거운 원소를 찾게 했다.

마이트너도 이 일에 매혹되어 한에게 다시 함께 연구를 시작하자고 제안했다. 그들이 각자 떨어져 연구하던 12년 동안, 한은 물리학에서 손을 떼고 있었다. 마이트너는 새롭고 굉장히 무거운 원소를 구별할 수 있는 전문적인 방사화학자가 필요했다. 원소들을 구별해 내는 것은 매우 힘든 일이었는데, 이번에 시작하려는 실험은 특히 더 어려웠다. 1934년, 마이트너는 한을 몇 주 동안 설득해 결국 함께 연구를 시작하게 됐다.

그들은 우선 우라늄에 중성자로 충격을 가하는 것으로 연구를 시작했다. 그들은 우라늄이 배출한 입자를 살펴보았다. 1937년 말, 한과 마이트너는 그들이 적어도 아홉 가지의 다른 방사성 물질을 발견했다고 생각했다. 파리에서 이렌느 졸리오-퀴리도 다른 방사성 물질을 발견했다고 전해왔다.

작은 시료(시험 · 검사 · 분석에 사용하는 물질)를 구분하는 일을 돕도록, 한이 젊은 분석화학자 프리츠 슈트라스만을 데리고 왔다. 굉장한 재능을 가진 슈트라스만은 연구실의 예술가였다. 그가 일을 할 때면, 사람들이 그를 쳐다보기 위해 모여들었다. 그는 히틀러가 통치하는 독일에서는 취직할 수 없었다. 그가 어떤 나치 단체에도 가입하기를 거부했기 때문이었다. 전쟁 중에 슈트라스만과 그의 가족은 아파트에 유대인 한 명을 숨겨준 일이 있었다.

슈트라스만은 사후에 예루살렘의 홀로코스트 기념관에 예우되었다.

슈트라스만 외에 두 명의 여성이 합류하면서 마이트너의 팀이 완성되었다. 미주리 주의 세인트루이스에서 온 미국인 클라라 리에베는 학사 학위를 스미스대학에서, 박사 학위는 런던에서 받았다. 그녀는 뒤에 결혼을 하고 과학을 그만 두었다. 독일인 이름가르트 보네는 팀의 기술자였다. 마이트너 팀은 그 문제를 푸는 세계 모든 팀 중에서 가장 경험 있는 사람들의 모임이었다.

슈트라스만과 한은 마이트너를 팀의 실질적인 지도자라고 생각했다. "물리학의 서로 다른 모든 문제와 계산을 가지고 한은 마이트너에게 상담을 했어요"라고 슈트라스만의 학생이자 친구였던 권터 헤르만이 말했다. "4년 동안 리제 마이트너의 지도는 이해하기 쉬웠습니다… 그녀는 팀원들이 어떤 분야에 합류하고, 다음에 무엇을 해야 할지 결정했습니다. 물론 실수할 때도 있었어요." 마이트너는 문제를 정의하는 것뿐 아니라 어떻게 풀어내야 할지 논리적으로 생각했고, 믿을만한 답을 얻을 때까지 일하도록 독려했다.

세계적인 연구소에서 치열한 경쟁이 진행되고 있었다. 놀랍게도 이탈리아 · 프랑스 · 독일의 연구팀은 4년 동안 우라늄 원자를 연구하면서도 자신들이 하고 있는 연구의 의미를 전혀 모르고 있었다. 페르미 · 이렌느 졸리오-퀴리 · 마이트너 · 한 · 슈트라스만은 모두 공통으로 우라늄 핵분열을 연구하고 있었다. 그러나 당시에 그 누구도 그것을 파악하지 못했다. 단지 그들은 우라늄 원자가 중성자를 흡수하여 초우라늄 원소나 다른 무거운 원소로 바뀌는 것이라고 생각할 뿐이었다.

어떻게 세계를 이끄는 수재들이 그런 실수를 하고 있었을까? 우선 그들은 분열을 찾는 것이 목적이 아니었다. 그들은 전혀 다른 결과물인 초우라늄 원소를 찾고 있었다. 그것은 우라늄이 중성자의 충격으로 방사성을 가진 것으로, 약간 바뀐 것이라고 생각했다. 그들은 원자가 천천히 단계적으로 한 개나 최고 두 개의 양자를 잃으면서 바뀔 수 있다는 것을 알고 있었다. 하지만 누구도 원자에 충격을 가해 비슷한 두 개의 중형의 원자로 나눌 수 있을 것이라고 생각하지 못했다. 그들은 큰 원자의 발견을 기대했기 때문에 큰 입자만 찾았을 뿐, 누구도 충돌에서 나온 입자가 중형의 원소인지 확인하지 않았다. 핵분열은 아무도 기대하지 않았던 곳에서 촉발된 엄청난 발견의 전형적인 예에 속했다.

화학자로서 한은 새로운 초우라늄 원소를 연구하게 되어 무척 기뻤다. "한에게는 일련의 실험이 마치 나무를 흔들 때마다 새로운 사과가 떨어지는 것처럼 새로운 원소가 쏟아지는 것이었다"고 마이트너의 조카 프리쉬는 회상했다. 반면에 마이트너 같은 물리학자는 당황하고 좌절했다. 실험은 갈수록 설명하기 힘들었다. 한과 슈트라스만은 그들의 연구 결과를 "의심할 나위 없는… 논의의 여지가 없는… 확실한… 더 이상 의심할 바 없이… 더 논의가 필요하지 않는…"등의 용어를 사용하여 화학 학술 잡지에 실었다. 그런데 마이트너는 물리학 잡지에 초우라늄 원소에 대해 "현재 핵 구조에 대한 생각과 일치시키기가 매우 어려우며… 어쩌면 다른 곳에서 설명을 찾아야 할지도 모른다"고 표현했다.

문제는 거의 해결되고 있었다. 1936년, 슈트라스만은 야밤에 연구실에 남아 곰곰이 생각하다가 바륨처럼 보이는 중형의 원자들을 발견했다. "당신의 연구를 확신하나요?"라고 마이트너가 물었다. 슈트라스만은 자신도 확신할 수 없다고 인정했다. 단호하지만 친절하게 마이트너는 그의 결과를 유보했다. 그때 그들이 실험을 다시 했다면 문제를 훨씬 빨리 해결해서 마이트너가 더 많은 영예를 얻었을 지도 모른다. 한편, 파리에서 이렌느 졸리오-퀴리는 입자들이 중형 크기의 란탄늄처럼 보이는 것을 찾아내자 한이 그 성과를 깔보기도 했다.

베를린의 화학자 이다 노닥은 논리적으로 우라늄 핵이 두 개의 중형의 조각으로 나뉠 수 있다는 의견을 내놓았지만 아무도 신경 쓰지 않았다. 노닥의 제안은 그녀가 여성이기 때문에 무시된 것일까? 그렇지는 않았다. 그녀를 무시한 사람 중에는 리제 마이트너 · 이렌느 졸리오-퀴리 · 마리아 괴페르트 마이어도 있었다. 이다 노닥 자신과 그녀의 남편 발터도 그 의견을 심각하게 생각하지 않았다. 만일 그들이 조금이라도 그런 생각이 들었다면, 간단한 실험을 통해서 그것을 입증했을 것이다. 노닥의 생각은 억지스런 면이 있었다. 더불어 노닥 부부의 과학적 평판이 위태로웠던 점도 한몫했다. 전에 그들은 존재하지도 않는 원소를 '발견' 한 사실이 있었던 것이다.

연구를 진행하는 동안 마이트너는 히틀러와의 싸움에서 지고 있었다. 나치의 여성관에 따르면, 여성을 위한 과학 훈련은 수치스럽고 우스꽝스러운 것이었다. 그 당시 '독일 물리학' 은 아인슈타인의 상대성 이론과 양자론을 포함한 '유대인의 물리학' 보다 훨씬 뛰어난 것으로 생각되었다. 유대계였던 마이트너는 그녀가 사랑하는 모든 것 — 수요일 토론회에 참석하는 것, 회의에 참여하는 것, 논문을 쓰는 일과 강의를 하는 것이 금지되었다. 한이 외부 강의를 할 때, 마이트너와 함께 진행하는 일에 대해 이야기 하면서도 그녀의 이름을 거론할 수 없었다. 마이트너라는 이름은 학계에서 서서히 사라지고 있었다. 유대인들이 눈에 띄지 않게 생활하는 것이 안전했던 때에 칼 프리드리히 폰 바이츠제커가 마이트너의 조수 가운데 한 명이 됐다. 바이츠제커의 아버지는 국무부 장관이었다.

유대인에게 물리학 연구 금지령을 내리자, 관련 분야의 공식 세미나의 내용은 따분하기 그지없었다. 그래서 마이트너의 조수이자 나중에 노벨상을 받게 되는 분자 생물학자 막스 델브룩은 어머니의 집에서 비밀 모임을 계획하여 물리학과 생물에 대해서 함께 토론을 했다. 독일 과학자들은 나치가 통치하던 때인 1934년, 유대인 화학자로서 노벨상을 받은 프리츠 하버의 추도식에 맞춰 공개적으로 시위를 했다. 교수들은 공무원이었기 때문에 시위에 참여하는 것은 금지된 행위였다. 자립을 위해 베를린에 있는 대학을 사직한 한은 추도식에서 조서를 읽었다. 마이트너 · 슈트라스만 · 델브룩도 그 자리에 있었다. 이들 외엔 두 명의 교수가 참석했고, 오지 못한 많은 교수들이 자신의 아내를 대신 시위에 보냈다.

대부분의 유대인들처럼 마이트너는 독일에 머무르고 싶었다. 그녀는 괴롭힘을 당하기에는 자신의 가치가 높다고 생각하고 있었다. 연구소의 고용인에 대해서 그녀는 "우리들은 서로를 신임하고 있었기 때문에 강한 연대감이 있었다. 직원들의 정치적 신념은 다 달랐으나 우리들은 별다른 어려움 없이 연구를 계속할 수 있었다. 시대의 정치적 상황을 고려해볼 때, 그것은 참으로 보기 드문 일이었다"고 평가했다. 막스 플랑크도 가능한 마이트너가 연구소에 오래 있기를 바랐다. 1935년, 닐스 보어는 마이트너가 독일을 떠나 코펜하겐에서 일 년을 보낼 수 있는 보조금을 록펠러 재단을 통해 마련해 주었다. 하지만 플랑크의 부탁으로 그녀는 보어의 제안을 거절했다.

마이트너와 한은 정치에 대해서 자주 다퉜다. 마이트너는 한이 나치즘을 공개적으로 비판하는 자리에 서야 한다고 생각했다. "우리 유대인들이 계속 잠 못 이루는 밤을 보낸다면 독일 역시 더 이상 좋아지지 않을 거예요"라고 그녀는 자주 말하곤 했다.

마이트너가 독일에 머무는 동안 해외에서 일을 찾는 것은 점점 어려워졌다. 같은 시각에 연구소는 마이트너를 해고하라는 압박을 받고 있었다. 한은 중간에 끼어 있었다. 유대인인 마이트너와 반나치주의자인 한이 이끄는 연구소는 정치적으로 신뢰할 수 없는 곳이라 생각됐다. 한은 관리자의 자리를 빼앗기는 것을 걱정하고 있었다. 1938년 3월 12일, 독일군이 오스트리아를 향해 진군하면서 마이트너의 자리는 하룻밤에 뒤바뀌었다. 오스트리아는 더 이상 존재하지 않았고 그녀의 여권은 의미가 없어졌다. 법적으로 마이트너는 유대인 혈통의 독일 시민이 됐다.

"유대인은 연구소를 위험하게 합니다… 그녀를 해고해야 합니다"라고 연구소의 나치들은 한에게 충고했다. 그는 뒷날 "그때 난 용기를 잃었어요"라고 고백했다. 한은 영향력 있는 정치가와 마이트너의 사직에 대해 깊이 논의했다. 결과적으로 "한은 나에게 더 이상 연구소에 나오지 말라고 했다"고 마이트너는 성내며 일기에 적었다. 며칠 뒤, 정치가가 마음을 바꾸자 한은 마이트너에게 전화를 했다. 그녀는 한이 연구소와 그의 일자리를 자신의 삶보다 우선순위로 생각한다는 것에 충격을 받았다. 한은 "그녀도 자신이 연구소를 위험하게 한다는 것을 알고 있었을 겁니다. 전 리제가 언젠가는 자리를 포기할 수밖에 없다는 것을 알고 있었으리라 생각해요"라고 설명했다.

마이트너의 역량에 감탄하고 있던 카이저 빌헬름 연구소장은 교육부장관에게 마이트너가 스웨덴 · 덴마크 · 스위스 같은 중립국으로 갈 수 있도록 부탁했다. 마이트너는 윗선에 자신의 상황을 전달하는 것으로 인해 체포될 수도 있다고 생각해 호텔로 숙소를 옮겼다. 장관의 대답은 냉담했다. "유명한 유대인들이 해외를 다니며 독일 과학의 대표로 인식되거나 그들이 독일에서 겪었던 일로 인해 독일을 반대하는 속마음을 드러낼 수도 있으므로, 바람직하지 않습니다."

마이트너의 동료 막스 폰 라우에는 비밀경찰 대장 하인리히 히믈러로부터 귀띔을 받았다. 유대인을 비롯한 어떤 대학원 졸업생도 독일을 떠날 수 없게 될 것이라는 통지였다. 마이트너는 일자리도 없이 독일에 머물러야 했다.

마지막 순간에 해외에 있는 친구들이 마이트너의 탈출을 도왔다. 네덜란드와 스위스에 있는 동료들이 마이트너를 초대했고, 덴마크에 있는 보어도 그녀에게 세미나를 열고 회의에 참석하여 독일을 공식적으로 떠날 수 있도록 도왔다. 네덜란드 친구들은 마이트너가 비자나 여권 없이 입국할 수 있도록 네덜란드 정부를 설득하는데 성공했다. 더크 코스터 교수는 곧 베를린에 도착할 것이라는 전보를 보냈다. 마이트너도 그와 함께 떠나려는 생각을 갖고 있었다. 그날 밤, 의심을 피하기 위해 마이트너는 사무실에서 밤늦게까지 논문을 검토하다가, 한과 다른 동료들이 보는 앞에서 휴식을 취하러 가는 것처럼 숙소로 돌아왔다. 그녀는 급히 여름 원피스 몇 벌과 십 마르크, 두 개의 작은 여행 가방만을 챙겼다. 그밖에 모든 소유물과 논문은 놓고 갔다. 한은 비상사태를 대비해 어머니의 다이아몬드 반지를 그녀에게 건네주었다. 1938년 7월 13일, 마이트너는 베를린을 떠났다. 그녀의 나이는 59세였고 독일에서 31년을 살았다.

코스터는 베를린의 기차역에서 마이트너를 만나 함께 기차를 탔다. 역에 정차할 때마다 독일 경찰은 호적증명서를 확인했다. 승객 중에 몇 명은 체포되어 기차에서 내리기도 했다. 한 나치 군인이 더 이상 소용없는 마이트너의 오스트리아 여권을 10분 동안 살펴보더니 한 마디 말도 없이 되돌려 주었다. 조금 뒤 마이트너는 네덜란드의 조용한 시골 읍을 지나고 있었다. 그녀는 코펜하겐 연구소에 자리를 제안한 닐스 보어가 있는 덴마크로 이동했다. 거기서 일하고 있는 조카 프리슈에게 폐가 될 것을 염려해 보어 곁에 오래 머무르지 않았다.

마이트너는 공식적으로 카이저 빌헬름 연구소를 퇴직한 뒤, 노벨상을 받은 스웨덴 물리학자 마네 시그반의 제의를 받아들여 스톡홀름에 있는 물리학 연구소(현재 마네 시그반 연구소)에서 일하게 됐다. 그 곳은 베를린과 가까워 독일의 상황이 좋아질 경우 다시 돌아갈 수 있었다. 시그반은 유럽에서 최초로 싸이클로트론(원형 입자가속기)을 만들어 냈다. 그녀는 그것을 이용해 실험을 계속할 수 있을 것이라 생각했다. 마이트너가 스웨덴에 도착하자 한 친구는 "긴장된 표정을 한 근심어린 여성처럼 보였다"고 표현했다. 스웨덴에서 그녀를 기다리고 있는 일에 대해 알았다면 아마도 마이트너는 코펜하겐에 그대로 머물렀을 것이다. 스웨덴은 그녀에게 국외 추방을 의미했다. 그것은 연구자로서의 삶도 파괴했다.

뒷날 마이트너는 베를린에 너무 오래 머무른 것을 후회했다. 그녀는 한에게 "내가 그곳에 머무는 것으로 난 히틀러주의를 암묵적으로 지지한 셈이 됐어요"라고 썼다. 그렇지만 마이트너는 예전의 삶이 그리웠다. 스웨덴은 어둡고, 언어도 낯설었다. 그녀가 호텔에 지내는 동안 가족은 여전히 오스트리아에 거주하고 있었다. 한은 마이트너에게 논문과 소유물을 보내주는데 어려움을 겪고 있었다. 베를린에서 그녀는 한 부서의 지도자였지만, 이곳 스톡홀름에서는 시그반이 모든 것을 책임지고 있었다. 더구나 그는 기계를 이용해 실험하는 것보다 기계를 만드는 일을 더 좋아했다.

수많은 고통을 겪으며 수십 년간 쌓아온 그녀의 자신감이 산산이 무너졌다. 1938년의 가을, 그녀는 한에게 "나에겐 과학 실험 기구가 하나도 없어요. 나에게 그것은 무엇보다 힘든 일이에요. 그렇다고 마음이 상하지는 않았어요. 그저 지금 이 상황 때문에 인생에 목적이 없는 것 같고 너무 외로워요… 일에 대한 생각은 전혀 하지 않아요. 실험을 할 기구가 없고, 이 건물 안에는 네 명의 젊은 물리학자와 관료적인 규칙뿐이에요. 시그반에 대해서 그녀는 "핵물리학에 대한 관심이 없고, 독립적인 사람이 곁에 있는 것을 좋아하지 않는 것 같아요… 나는 습관적으로 미소를 짓지만, 진정한 삶이 없는 태엽인형 같아요"라고 설명했다.

마이트너는 그 뒤에 무슨 일이 있었는지 설명하기를 거부했다. 그러나 편지와 실험일지를 맞춰보면 무슨 일이 생겼는지 추측할 수 있다. 있다. 요즘 공동 연구자들은 서로 다른 연구소에서 일하더라도 전화 · 팩스 · 컴퓨터와 우편으로 공동 연구를 쉽게 진행할 수 있지만, 1938년에 장거리 연구는 쉽지 않았다. 그래도 마이트너는 베를린에 있는 연구팀의 일원이었다. 물리학 문제는 무엇이든 마이트너에게 물어보는 것은 한의 오래된 습관이어서 그들은 하루걸러 한통씩 편지를 주고받았다. 베를린에서 스톡홀름으로 보내는 편지는 다음 날이면 배달되었다. 슈트라스만은 나중에 이렇게 말했다. "리제 마이트너가 발견에 직접 관여하지 않았다는 것이 무슨 상관있습니까? 그녀는 우리 팀의 실질적 지도자였고, 연구원 가운데 한 명이었어요. 그녀가 '핵분열 발견'을 한 당시에 함께 있지 않았지만 말이죠."

한과 슈트라스만은 이렌느 졸리오-퀴리의 최근 논문을 읽고 우라늄만큼 무거운 라듐 원소의 충돌 잔해를 살펴보기로 했다. 그들이 잔해를 발견했을 때 마이트너는 반박할 수 없는 증거를 찾기 위해 더 자세한 정보를 요구했다. 그들의 연구 결과가 초우라늄 원소가 아닌 다른 것을 생성한다면 4년 동안 한 연구가 수포로 돌아가기 때문이었다.

베를린에서 한은 다른 압박을 받고 있었다. 그의 아내는 정신병 증세를 보이고 있었고, 마이트너의 연금이나 가구들도 정리하지 못하고 있는 상태였다. 마이트너와의 공동 연구를 비밀로 유지하기 위해 한은 연구팀을 연구소로부터 분리시켰다. 연구소에서는 누구도 한과 마이트너의 공동 연구에 대해서 알지 못했다. 1938년 11월 9일, 독일의 나치 단원들은 유대인 교회를 불태우고, 2만 7천 명의 유대인 남성을 잡아갔으며, 경찰들이 보는 앞에서 유대인을 살해하기도 했다. 며칠 뒤, 한은 마이트너와 보어를 만나 의논하기 위해 몰래 코펜하겐에 갔다. 마이트너는 한에게 실험 결과를 다시 확인해 보라고 강조했다. "운 좋게도 마이트너의 의견과 판단은 베를린에 있는 우리에게 매우 중요했습니다. 우리는 당장 대조 실험을 시작했지요"라고 슈트라스만은 말했다. 마침내 마이트너 덕분에 그들은 굉장한 발견을 하게 된다.

우라늄에 중성자를 충돌시켜 라듐과 성질이 비슷한 중형의 원자를 생성한 것이다. 1938년 12월 19일 밤, 한은 마이트너에게 편지를 쓰느라고 늦게까지 연구소에 있었다. "우라늄은 몇 개의 입자를 잃은 것이 아니었어요"라고 한은 편지에 썼다. 우라늄은 바륨과 비슷한, 어쩌면 같은 중형의 원자로 바뀐 것이었다. 하지만 한은 무슨 일이 일어난 것인지 이해하지 못했다. 그는 마이트너에게 설명을 해달라고 간절히 부탁했다.

리제에게

지금은 거의 밤 11시가 되었습니다. 내가 집에 들어가도록 슈트라스만이 12시 15분 전에 돌아오겠죠.

… 라듐 동위 원소에 대해서 궁금한 점이 있어서 우리는 당신에게 먼저 묻고 싶어요. 세 동위 원소의 반감기는 이제 명확히 알게 되었답니다. 바륨을 제외하면, 다른 원소들은 구분 할 수가 있어요. 모든 반응이 일치합니다… '라듐 동위 원소'는 바륨처럼 움직여요… 당신이라면 멋진 설명을 할 수 있겠죠. 우리는 그것이 바륨으로 붕괴할 수는 없다는 것을 알고 있어요… 빠른 답장 부탁해요.

이틀 뒤, 마이트너는 답장을 보냈다.

오토에게,

실험 결과가 매우 헷갈리는군요. 느린 중성자가 바륨으로 진행하는 과정이라… 하지만 우리는 핵물리학에서 예상치 못한 일을 많이 겪었지요. 좀 더 고민해보지 않고서 불가능하다고 말할 수 없지요."

한은 마이트너의 답장을 받고 한편으로는 안심했지만, 이렌느 졸리오-퀴리에게 뒤쳐질까봐 걱정이 됐다. 한과 슈트라스만은 실험 결과를 12월 22일에 독일 논문지로 발송했다. 한은 마이트너에게도 복사본을 보냈다. 그 논문은 1939년 1월 6일 인쇄되었다.

그들의 연구 결과는 호기심을 끌기엔 충분 했지만, 완전하지 않았다. 화학자로서 한과 슈트라스만은 우라늄이 바륨으로 바뀌었다고 결론지었다. "물리학자들과 연관된 연구를 하고 있는 핵화학자로서 우리는 핵물리학의 이전 경험을 뒤집는 다음 단계로 나아갔다고 단정할 수 없다. 정상적이지 않은 연속된 결과에 의해 잘못된 결론에 도달했는지도 모른다."

역사상 중요한 발견이 이렇게 간접적으로 얘기된 적은 흔치 않다. 한과 슈트라스만이 발견한 것을 그들 자신은 이해하고 있는지를 궁금하게 생각하는 사람들도 많았다. 논문이 너무 급하게 작성되다보니 라듐에 대한 예전 글에 새로운 일부 사실만을 접목한 것일 수도 있었다.

새해에 마이트너와 프리슈는 스웨덴 서부의 작은 피서지에서 친구들과 함께 휴일을 즐기기로 약속을 했다. 그 만남은 프리슈의 인생에서 가장 중요한 순간이 됐다. 12월 30일, 프리슈가 아침식사를 하러 마이트너를 찾아왔다. 그녀는 한에게서 온 편지를 보며 뭔가 골똘히 생각하고 있었다. 마이트너는 흥분한 채 무척이나 동요하고 있었다. 한이 수행한 바륨에 대한 실험은 완전히 새로운 과학적 길을 열었고, 그들이 과거에 예견했던 결과가 틀렸다는 것을 보여주고 있었다.

"모든 게 잘못됐군요." 프리슈가 물었다.

마이트너는 머리를 흔들며 대답했다. "아니, 한은 훌륭한 화학자야. 난 이 결과가 맞다고 확신해. 하지만 이게 도대체 무슨 뜻일까? 어떻게 우라늄의 핵에서 바륨의 핵을 얻을 수 있지?"

프리슈는 스키를 타고 싶었다. 마이트너는 스키를 가져 오지 않았기 때문에 프리슈가 스키를 타는 동안 옆에서 함께 걷겠다고 제안했다. 마이트너는 운동 삼아 매일 몇 킬로미터씩 걸었기 때문에, 프리슈 곁에서 걷는 것은 힘들지 않았다. 그녀는 걷는 동안 한이 우라늄 충돌에서 찾은 입자들이 바륨과 구분할 수 없는 것이라고 설명했다.

단순한 이론가라면 한을 믿지 않을 수도 있지만 마이트너는 실험주의자였다. 게다가 그녀는 핵 이론을 잘 이해했고 핵 구조에 관한한 전문가였다. 질량 · 에너지 · 원자 번호 등에 대해 그녀는 깊이 이해하고 있었고, 실험실이 아닌 바깥에서도 어림셈을 할 수 있었다.

그녀는 우라늄이 92개의 양자를 가지고 있고, 바륨은 56개의 양자를 가지고 있다는 사실을 생각했다. '어떻게 우라늄이 36개의 양자를 한 번에 잃어버렸을까? 중성자가 양자 한 두 개를 떼어낼 수는 있겠지만, 어떻게 36개를 분리할 수가 있지? 우라늄 핵이 두 개로 조각나거나 나뉠 수 있을까? 아냐, 중성자를 조각칼처럼 사용할 수는 없어.' 당시 과학적 상식으로는 핵이 두 개로 잘릴 수 있는 물체가 아니었다. 그것은 물방울과 비슷한 것이었다.

마이트너와 프리슈는 잠깐 멈춰 서서 서로를 쳐다보았다. 어쩌면 핵이 타원 모양으로 당겨져 중간이 얇아졌는지 모른다. 중간이 충분히 얇아지면 물방울처럼 두 개로 나뉠 수도 있다.

처음에 그들은 표면 장력이 방울을 결합시키고 있다고 생각했다. 하지만 92개의 양자는 서로 반발하여 우라늄 핵을 전기적으로 불안정하게 만드는 경향이 있다. 어쩌면 표면 장력이 약할 수도 있다. 마이트너와 프리슈는 쓰러진 나무 위에 앉아서 연필과 종이를 꺼낸 뒤 계산을 하기 시작했다.

숫자는 맞아 들었다. 우라늄 핵은 물로 가득 찬 얇은 겉면을 가진 큰 풍선이나 흔들거리는 큰 젤리처럼 행동한다. 중성자로부터 충격을 받았을 때 핵은 두 개로 나뉜다. 다른 방법으로 56개의 양자를 가진 바륨과 36개를 가진 크립톤으로 나뉠 수 있다. 아니면 37개의 양자를 가진 루비듐과 55개를 가진 세슘으로 나뉠 수도 있다. 이처럼 핵은 양자의 합이 92가 되는 두 개의 다른 중형의 원자 쌍으로 나뉠 수가 있다. 이것이 바로 마이트너 · 한 · 이렌느 졸리오-퀴리가 서로 다른 아주 많은 핵을 발견한 이유였다. 그 어떤 것도 초우라늄 원소가 아니었다. 그들이 발견한 것은 모두 우라늄의 반 정도의 크기인 보통 원소였던 것이다.

재빨리 계산을 마친 마이트너는 우라늄 핵이 나뉠 때 TNT 폭발의 2천만 배인 2억 전자볼트를 방출한다는 것을 발견했다. 그녀는 몹시 놀랐다. 사상 처음으로 실험에 들어간 에너지보다 더 많은 양의 에너지가 나온 것이다. 공식적으로 은퇴한 60세의 마이트너가 세기의 위대한 발견 중의 하나를 설명한 것이다.

프리슈는 그 다음날 코펜하겐으로 돌아가서 미국으로 갈 채비를 하던 보어에게 그 사실을 알려 주었다. 이마를 치며 보어는 "오, 우리는 정말 바보 같았어!"라고 소리 질렀다. 마이트너와 프리시가 논문지에 그들의 결과를 보낼 때까지 아무 말도 하지 않겠다고 약속하고 보어는 서둘러 코펜하겐을 떠났다. 하지만 그는 너무 흥분한 나머지 배에 타고 있던 동료 과학자에게 그 사실을 들려주고서 비밀을 지켜야 한다는 말을 하는 것을 깜빡 했다. 배가 부두에 닿자마자 핵분열의 발견 소식이 미국 전역에 퍼졌다.

보어는 마이트너와 프리슈의 발견에 대해 인정받게 해주려고 했으나, 그들의 논문은 한과 슈트라스만의 논문보다 몇 주 뒤에 세상에 나왔다. 한이 간접적으로 발견한 것을 프리슈가 처음으로 실험을 통해 확인했지만, 마이트너와 프리슈의 과학적 기여는 그만 가려지고 말았다. 그나마 프리슈의 이름은 과학 분야에 연관되어 남기는 했다. 세포 분열의 생물학적 과정에 포함되는 핵분열이 그의 이름을 따서 지어진 것이다.

마이트너는 지난 4년 동안 실험한 결과를 의심해봐야 한다고 생각했다. 1939년 1월 1일, 이른 시각에 마이트너는 한과 슈트라스만에게 축하하려고 편지를 썼다. "당신들은 나보다 훨씬 좋은 위치에 있어요. 당신과 슈트라스만은 직접 발견을 했지만, 나는 그 몇 년간의 잘못을 밝혀야하는 입장이군요. 내가 다시 뭔가를 시작하기에는 좋지 않군요."

이틀 뒤, 그녀는 "날 믿어줘요. 비록 내가 여기서 아무것도 가진 게 없지만, 이런 경이적인 발견을 해서 매우 기뻐요… 사람들은 세 사람이 있을 때는 제대로 된 연구를 못 하더니, 한 명이 없어지니까 결과를 내놓았다고 말하겠죠… 난 점점 용기를 잃어가고 있어요. 이 유쾌하지 않은 편지를 용서해줘요. 그동안 난 상황이 얼마나 나쁜지에 대해서 쓴 적이 한 번도 없어요. 가끔 난 무엇을 하며 살아야 하는지 모르겠어요. 이곳으로 이주한 사람들이 모두 나처럼 느끼겠지만, 그래도 정말 힘들어요"라고 솔직한 심경을 고백했다.

실제 마이트너가 걱정하던 일이 현실로 나타났다. 한 달도 채 되지 않아 한은 물리학이 발견을 늦추었으나 화학으로 모든 문제를 해결했다고 주장했다. 그는 이렇게 말했다. "저에게 우라늄 연구(핵분열의 발견)는 천국에서 온 선물이었습니다."

제2차 세계대전 중에 마이트너는 스웨덴에 있었기 때문에 핵분열 발견을 위한 실험을 계속할 수 없었다. 그녀는 연합군의 원자 폭탄 연구에 참여해 달라는 제의도 거부했다. 반면, 한은 독일에서 연구를 계속했고, 나치를 좋아하지 않는다고 하면서도 원자로 위원회에서 일했다. 한과 슈트라스만, 그리고 몇 명의 학생들은 분열의 결과물을 연구하며 전쟁 중에도 결과를 발표했다. 연구소에서 슈트라스만은 멍청이인척 연기하며 무기연구에 자신이 쓸모없다고 생각되길 바랐다.

전쟁이 끝나기도 전에 노벨 위원회는 1944년 노벨 화학상을 오토 한에게만 주기로 비밀리에 투표했다. 그런데 몇 명의 화학자와 물리학자는 한에게 노벨상이 수여되는 것에 이의를 제기했다. 그들은 마이트너가 노벨상을 받아야 한다는 것에 대해서는 실질적으로 동의했다. 그녀가 실험을 시작했고 프리슈와 함께 과정을 설명했다. 마이트너 덕분에 프리슈는 한의 간접적 증거를 실험으로 확인할 수 있었다. 권터 헤르만 같은 의견을 가진 사람들은 슈트라스만이 한과 화학상을 공동 수상해야 한다고 생각했다. 그리고 독일인 작가 레네이트 페일 같은 여권주의자는 한이 과연 상을 받을만한지 의심을 가졌다. 1983년에 그녀는 "리제 마이트너의 평생의 과학적 성과로 인해 오토 한이 노벨상을 수상하게 됐다"고 불만을 토로했다.

마이트너가 노벨상을 받지 못한 데는 여러 이유가 있었지만, 많은 과학자들은 가장 큰 이유가 마네 시그반 때문이라고 생각한다. 시그반을 포함한 스웨덴의 실험 물리학자들이 초창기에 노벨 물리학상을 관리했다. 그들은 시그반이 마이트너에게 줄 상을 거부했다고 믿고 있다.

시기적인 문제도 있었다. 스웨덴은 1939년에 과학적 침체를 겪고 있었다. 노벨위원회 회원들은 5년 동안 세계적 발견을 접하지 못하고 있었다. 그때는 일본에 원자 폭탄이 떨어지기 전이었다. "1944년에 핵분열이 그렇게 중요한 것인지 공식적으로 알려지지 않았고, 화학자들은 (초우라늄 원소에 대한) 페르미의 발견을 뒤집을 만한 한의 연구에 관심이 쏠려있었다. 만약에 분열이 중요하다는 사실이 알려져 있었거나, 노벨상이 전쟁이 끝난 뒤에 수여됐다면, 마이트너가 포함되어야 한다는 것은 명확했을 것이다. 위대한 실험이 이해되기까지는 적어도 몇 년은 걸린다. 핵분열에 대한 실험은 1939년에 일어났다. 프랑스 · 영국 · 미국에서 이뤄진 많은 핵 연구는 바로 군사기밀로 취급 되어 일반인에게는 잘 알려지지 않았다. 마이트너는 한이 화학상을 받은 같은 해에 물리학상을 받아야 마땅했다. 왜냐하면 그녀는 신뢰할 만한 자료를 가지고 일주일 안에 이론을 바꾸었기 때문이다"고 볼프강 파울은 강조했다.

1945년 8월 6일, 스웨덴에서 친구들과 휴식을 취하고 있다가 마이트너는 원자 폭탄 — 우라늄 원자의 분열을 이용해 만든 — 이 히로시마에 떨어졌다는 소식을 라디오 뉴스를 통해 들었다. 마이트너는 바로 유명인사가 됐다. 며칠 뒤, 엘리노어 루즈벨트와 함께한 방송에서 마이트너는 "이 발견이 전쟁 중에 일어난 것은 불운한 사고입니다"라고 말했다. 「새터데이 이브닝 포스트(*Saturday Evening Post*)」와의 인터뷰에서 그녀는 "저는 죽음을 불러오는 무기를 생각하면서 원자를 분열시킨 것이 아닙니다. 전쟁 전문가들이 이 발견을 이용한 것에 대해 저희 과학자 탓을 하시면 안 됩니다"라고 강조했다.

마이트너가 언론의 집중 관심을 받는 것에 심통이 난 한은 원자폭탄이 떨어진 며칠 뒤 보도 관계자에게 그녀가 핵분열 연구에 기여한 것이 없다는 발표를 했다. 그는 "마이트너 교수가 독일에 있었을 때, 우리는 우라늄 분열에 대한 토론은 하지 않았습니다. 그것은 불가능하다고 생각했으니까요. 우라늄을 중성자로 충돌시킬 때 생성되는 화학 원소에 대한 광범위한 조사를 통해 저와 슈트라스만은 1938년 말에 우라늄이 두 개로 분열된다는 결론을 내릴 수밖에 없었습니다"라고 말했다. 시간이 흘러도 한은 생각을 바꾸지 않았다.

마이트너는 공개적으로나 개인적으로나 노벨상을 받지 못한 것에 대해 불평하지 않았다. 하지만 그녀는 독일 친구들, 특히 한이 전쟁 중에 한 이기적인 행위에 대해 공개적으로 사과하지 않는 것에 대해서는 침묵하지 않았다. "저는 그들의 복종으로 인해서 독일이 어떤 운명에 처해졌는지 이해하지 못하고 있다고 생각해요. 그들은 독일이 일으킨 범죄에 책임이 있다는 것을 더더욱 이해하지 못하고 있지요… 독일에서 가장 지적이고 저명하다는 사람들이 그것을 이해하지 못하고, 어떻게라도 그 책임을 보상하려는 마음이 없다면, 어떻게 세계가 새로운 독일을 믿을 수 있을까요?"

마이트너는 강제 수용소에 대한 첫 라디오 소식을 들었을 때 울면서 잠을 이룰 수가 없었다. 마이트너는 한에게 편지로 불만을 토로했다.

> 당신은 나치 독일을 위해 일하면서 한 번도 저항을 시도하지도 않았어요. 당신의 양심을 위해 개인적으로 한두 명을 도와주기는 했지만, 죄 없는 수많은 사람들이 살해되도록 내버려 두었고, 그것을 시정하기 위해 한 번이라도 항의하는 목소리를 낸 적이 없어요. 당신이 해야 할 올바른 일은, 당신이 복종함으로써 일어난 일에 대해 부분적으로 책임이 있으며 잘못된 것을 고쳐야 할 의무가 있다는 것을 공개적으로 인정하는 것이랍니다. 결과적으로, 당신은 독일을 배신했어요. 전쟁이 가망 없다는 것을 알고서도 독일의 무의미한 파괴를 반대하지도 않았지요… 당신은 세계가 독일을 동정하기를 기대할 수 없어요.

그녀는 1946년 12월, 한이 노벨상을 받기 위해 스톡홀름에 올 때까지 계속 한과 싸웠다. 공개 인터뷰에서 한은 마이트너의 이름을 한 번도 언급하지 않았다. 그는 노벨 시상식 연설에서도 화학으로만 문제를 해결했다고 강조했다. 독일에 세계의 도움이 필요하다는 것을 강조하면서, 나치가 독일을 전쟁 전과 전쟁 중에 희생시켰고, 지금 연합군이 전쟁 뒤에 독일을 희생시키고 있다고 선언했다.

마이트너는 한이 그녀와 함께 했던 30년에 대해 언급하지 않은 것에 대해 마음 아파했다. "한은 독일인이 공정한 대우를 받지 못하고 있다고 확신하고 과거를 억압하고 있어요. 나는 그 억압된 과거에 포함되어 있지요."

한이 원자폭탄과 관련해 독일인의 책임을 거부하자, 마이트너는 독일이 다른 가혹한 일들을 했다고 회상시켜 주었다. 그러나 한은 대답을 하지 않았다. 독일 과학자들이 히틀러를 지지했다고 마이트너는 비난했다. 과학 아카데미와 독일 물리학회는 아인슈타인을 유대인이라는 이유로 추방했다. 히틀러의 반유대주의를 반대하는 뜻에서 프랑크는 사직했고 과학자들은 프랑크가 제3제국을 고의로 방해한다는 청원서에 서명했다. 과학 회의에서 '유대인의 수학'은 비난받았다. 한은 "과거를 있는 힘을 다해 묻으려 했다. 그가 나치를 진심으로 싫어하고 증오했음에도 불구하고… 그는 강한 성격을 가지고 있지 않았고, 생각이 그다지 깊은 사람이 아니기 때문에 자신을 속였다"라고 마이트너는 단언했다.

1947년 마이트너는 독일로 돌아와서 막스플랑크 연구소라는 이름으로 바뀐 그녀의 옛 연구소를 지도해 달라는 슈트라스만의 제안을 거절하고 마인츠로 이사를 갔다. "독일인들은 아직도 무슨 일이 일어났는지 이해하지 못하고 있어요. 자신들에게 일어나지 않은 모든 잔학한 행위는 모두 잊어버렸어요. 저는 그런 곳에서 숨을 쉴 수 없을 것 같아요"라고 그녀는 적고 있다.

전쟁이 끝나고 한은 존경할 만한 사람으로 알려졌다. 연합군이 신임하는 몇 안 되는 독일 과학자 가운데 하나였던 그는 막스플랑크재단의 회장이 됐다. 한은 독일 메달 · 건물 · 동전 · 우표에 얼굴과 이름이 수록될 정도로 유명해졌다. 마이트너와 슈트라스만은 한과 점점 멀어졌다. 막스플랑크재단이 마이트너를 한보다 못한 동료로 소개하자 그녀는 한에게 "나의 과학적 과거도 뺏을 생각인가요?"라고 다그쳤다. 뮌헨의 독일 박물관에는 분열 실험을 위해 그녀가 제작했던 실험기구가 전시되어 있다. 그것은 오토 한의 것이라고 잘못 기록되어 있다. 미국의 화학자 루스 사임이 1989년, 박물관에서 열렸던 역사학자들의 집회에서 공개적으로 불만을 표하기 전까지 박물관은 마이트너를 팀의 일원으로 포함시키지도 않고 있었다.

그녀에 대한 평가가 사라졌지만, 마이트너는 한과 친구로 지냈다. 그들은 사상적으로 다른 부분이 있었지만, 마치 피가 섞인 남매 같았다. 마이트너는 회의에 참석하거나 상을 받기 위해 독일에 몇 번 가기도 했다.

마이트너는 스웨덴에서 22년을 사는 동안 간간이 일도 하고, 친척을 보기 위해 미국을 방문했다. 75살의 나이에 물리학 회의에 참석하러 갔다가, 미끄러운 계단에서 넘어졌는데, 그녀는 아무 일도 없다는 듯 일어나 하던 얘기를 계속 했다. 마이트너는 81살 때까지 연구를 계속하고 등산을 즐겼다. 1960년, 그녀는 은퇴를 한 뒤 조카 곁에 있기 위에 영국의 케임브리지로 이사했다. 그 때까지 그녀는 어림잡아 150여 편의 논문을 발표했다. 미국 원자력 위원회는 1966년 엔리코 페르미 상을 핵분열 팀이었던 한 · 마이트너 · 슈트라스만에게 공동으로 수여했다. 미국인이 아닌 사람이 그 상을 받은 것은 처음이었고, 여성에게 수여되는 것도 처음 있는 일이었다.

90번째 생일이 되기 며칠 전, 리제 마이트너는 조용히 숨을 거뒀다. 노벨상에 대해 언급하지 않았던 그녀는 케임브리지 대학에 편지와 논문을 남겨 두었다. 그녀는 자신의 얘기도 들릴 수 있도록 한 것이다.

마이트너의 사후에 독일의 담스타드의 물리학자들이 비스무트와 철의 동위 원소를 가지고 우주에서 제일 무거운 원자번호 109번의 초우라늄을 만들었다. 1992년 물리학자들은 새로운 원소를 리제 마이트너를 기리는 마음에서 마이트너륨이라고 명명했다.

담스타드 팀을 지도하는 물리학자 피터 암브루스터는 이렇게 평가했다.

"리제 마이트너는 핵분열의 물리적인 이해를 위해 중요한 업적을 남긴 사람으로 기억돼야 합니다. 그녀를 금세기의 가장 중요한 여성 과학자로 존중하는 것은 마땅합니다."

3

수학자

에미 뇌더

1882. 3. 23~1935. 4. 14

에미 뇌더

Emmy Noether

1934년, 나치 돌격대(SA · Sturmabteilung)의 제복을 입은 에른스트 위트가 한 유대인 아파트의 문을 두드렸다. 키가 작고 통통한 여인이 조심스럽게 문을 열어 주었다. 에미 뇌더는 환한 웃음을 지으며 문 밖에 서 있는 젊은 나치 대원을 집 안으로 안내한 뒤, 비밀 수학 수업을 시작했다. 그 나치 대원은 뇌더가 가장 아끼는 학생 가운데 한 명이었다.

마리 퀴리와 알베르트 아인슈타인이 대중들의 사랑을 받으며 활동하고 있을 무렵, 에미 뇌더는 학계에 잘 알려져 있지 않은 인물이었다. 독일에서 여성이 학위를 합법적으로 취득할 수 있게 된 것은 뇌더가 대학을 졸업한 뒤의 일이었다. 프로이센 정부는 뇌더에게 교수 자격을 허락하지 않았다. 어쩔 수 없이 뇌더는 다른 수학자의 이름을 빌어 강의를 해야 했다. 논문 출판도 친구를 통해서 할 수밖에 없었다. 그녀는 유명한 독일 수학 저널을 발행하는 익명의 편집자로도 활동했다. 나치에 의해서 해고된 뒤, 뇌더는 자신의 아파트에서 비밀리에 불법적으로 수학 세미나를 열었다. 그녀가 독일을 떠났을 때, 추상대수학(抽象代數學)에서 세계 최고의 권위를 가지고 있던 학교도 없어지게 됐다. 제2차 세계대전 중에 독일 수학자들은 유대인이었던 에미 뇌더의 학술적 업적을 그녀의 이름조차 거론하지 않은 채 불법적으로 이용했다. 그녀는 마치 이 세상에 존재하지도 않는 사람 취급을 받았다.

뇌더는 관대하고 강인했으며, 쾌활하고 생기발랄했다. 그녀는 마치 여자로 태어난 알베르트 아인슈타인 같은 존재였다. 그녀는 외모에 전혀 신경을 쓰지 않았으며, 당시 여성들이 당연하게 생각하던 관습도 무시했다. 뇌더는 과체중이었지만 열정이 넘쳤다. 최신 유행에 별로 신경 쓰지 않았고, 사람을 편안하게 하는 매력을 가진 정이 많은 여성이었다. 뇌더와 같은 시대를 살았던 사람은 "막 구워낸 빵처럼 따뜻하다… 그녀에게서는 포용력과 편안함, 따뜻한 힘을 느낄 수 있다"고 뇌더를 평가했다. 사실 수학 분야에서 그녀의 영향력은 여전히 대단하다. 뇌더는 현대 수학에서 가장 활발하게 연구되고 있는 분야 가운데 하나인 추상대수학의 창시자였다. 새로운 수학의 선구자로서 그녀는 미국의 거의 모든 학생들에게 영향을 주었다.

아말리 에미 뇌더는 1882년 3월 23일, 바이에른 주 에를랑겐에서 유복한 유대인 가족의 네 남매 중 장녀로 태어났다. 어머니 이다 아말리아 카우프만은 도매상을 하는 부유한 가정에서 자랐다. 아버지 막스 뇌더는 철강 수입상을 하는 넉넉한 가정에서 자랐다.

어렸을 때 앓았던 소아마비 때문에 몸이 불편했던 막스는 가업을 잇는 대신 3대에 걸쳐 이어지는 뇌더 수학 가문의 첫 세대가 됐다. 유명한 대수기하학자였던 막스 뇌더는 독일에 있던 약 200명의 유대계 교수 가운데 한 사람이었다. 대학과 기술학교를 확장하기 시작한 독일은 19세기 중반부터 유대인들도 학교를 다닐 수 있도록 허용했다. 배움과 추상적 사고를 중요시하는 유대의 전통은 유대인들에게 상당한 도움이 됐다. 그들은 독일 인구의 단 1퍼센트도 채 안 되었지만, 대학생 비율의 70~80퍼센트를 차지했다. 하지만 반유대주의가 유럽 전역에 퍼지고 있는 상황이어서, 실제로 유대인 학생 가운데 대학에서 교수가 된 사람은 그리 많지 않았다. 1901년에 취리히 대학의 교수들조차 “알베르트 아인슈타인은 유대인이다. 그들은 뻔뻔하고, 상인들이나 갖고 있는 사고방식을 가지고 있으며, 매우 불쾌한 성격의 소유자들이다”고 불평을 늘어놓았다.

아버지의 지위 덕분에 에미 뇌더는 따뜻한 가정의 울타리 안에서 자랄 수 있었다. 그녀의 수학적 관심은 어릴 때부터 남달랐다. 막스는 에를랑겐에서 46년간 교수로 재임했다. 그의 아들 프리츠는 저명한 응용 수학자가 되었고, 다른 아들은 화학을 공부했다. 막스 뇌더의 친한 친구였던 막스 고르단은 독특한 개성으로 유명한 에를랑겐의 수학자였다. 고르단은 걸으면서 수학에 대해 얘기하는 것을 좋아했다. 그는 팔을 힘차게 흔들며 복잡한 계산을 중얼거리곤 했다.

막스 뇌더 또한 독특한 개성을 가진 사람이었다. 그는 구두쇠 같은 면이 있었다. 아들의 우표 수집을 위해 우표를 사줄만한 여력이 있는 친척을 가르쳤고, 자녀들 가운데 한 명이 버스를 무료로 탈 수 있는 나이가 넘었다는 것을 알고는 아예 가족 나들이를 취소해 버리기도 했다.

뇌더는 평범하고 꾸밈없는 아이였다. 파티에서 숫자 놀이를 할 때 뇌더는 누구보다 먼저 정답을 말하는 아이였다. 하지만 뇌더의 부모는 아이에게 특별 교육이 필요하다고 생각하지는 않았다. 오히려 식구들은 주로 그녀의 외모와 성격에 관한 이야기를 화제로 올렸다. 뇌더는 똑똑하고 다정하며 사랑스러운 아이였다. 어릴 시절, 뇌더는 약간 혀 짧은 발음을 했지만, 나이가 들면서 파티와 춤추기를 좋아하는 평범한 여자 아이로 변했다.

뇌더가 수학과 교육에 몰두해 있을 때, 독일 법은 그녀의 교육열을 만족시켜 주지 못했다. 중산층 소녀들을 위한 독일 학교는 교양을 배우는 수준에 불과했다. 14살이나 15살이 될 때까지 소녀들은 산수 · 불어 · 영어 · 가사 ·

교육학 · 육아 · 종교를 조금씩 배울 뿐이었다. 독일에는 소녀들을 위한 입시 준비 고등학교가 1920년대 후반까지 없었다. 주에 따라서 법이 약간씩 다르긴 했지만, 뇌더가 28살 되던 1910년까지 대부분의 독일 대학은 여성에게 개방되어 있지 않았다. 그때 미국 여성들은 자유롭게 대학을 다닐 수 있게 된지 반세기가 지난 때였다.

정치적인 부분에서도 독일 여성은 미국 · 영국 · 프랑스의 여성에 비해서 정당한 지위를 보장받지 못했다. 독일 여성은 집회를 열 수 없고, 정치가 논의되는 공회에 참석할 수 없었으며, 대중에게 연설을 할 수 있는 권리도 없었다. 뇌더가 26살이 되던 1908년까지 여성은 정당에 가입조차 할 수 없었다. 하지만 여성 교육에 관한 제약도 조금씩 풀리기 시작했다. 뇌더는 독일의 법이 변하기를 기다리는데 인생의 많은 시간을 허비했다. 불행히도 1933년에 히틀러의 반유대적인 법안으로 인해 역사의 시간은 다시 거꾸로 가는 듯했다.

여성에게 주어진 최소한의 교육 기회를 놓치지 않고, 뇌더는 여학교의 언어 강사가 되기 위해 공부했다. 3년 동안 뇌더는 남자 고등학교보다 등급이 낮은 교원 양성 프로그램에 참가했다. 하지만 18살이 되던 해에 뇌더는 전혀 다른 방향으로 인생의 전환점을 만든다. 그녀는 학교 선생님이 되지 않고, 에를랑겐 대학에서 청강을 하며 공부하는데 2년의 시간을 보냈다.

뇌더가 청강을 시작했을 때, 독일 여성은 대학에서 학점을 인정받지 못하고, 학위도 받지 못하던 때였다. 하지만 교수의 허락 아래 강의를 들을 수는 있었다. 이것도 상당한 변화였다. 과거 독일에서 여성이 수업을 듣기 위해서는 교육부 장관의 허락이 필요했다. 물론 교수들도 개인적인 성향에 따라서 여성이 자신의 강의를 듣는 것을 허락할 수도, 거부할 수도 있었다. 대부분의 교수들은 빠르게 진행되는 도시화 · 산업화의 물결 속에서 자신들이 독일의 전통 문화를 보호하는 사람들이라고 생각했다. 한 역사학 교수는 이렇게 말했다. "여성들의 요구에 우리 대학이 항복하는 것은… 도덕적 결함을 드러내는 것이다." 1895년의 조사에 따르면 독일 교수들 가운데 대다수가 대학 교육은 여성에게 어울리지 않으며, 여성들이 대학 교육을 받기에는 지적인 능력이 부족하다고 생각하고 있었다. 뇌더가 에를랑겐에서 공부를 시작하기 2년 전, 대학의 이사회가 여학생의 존재는 "학구적 상황을 전복시킬 것이다"고 선언하기도 했다.

1900년에서 1903년까지 에를랑겐 대학에서 1천 명의 남학생과 함께 공부했던 여학생은 단 두 명뿐이었는데, 그 가운데 한 명이 바로 뇌더였다. 여학교에서 교육하기를 꿈꾸었던 뇌더는 외국어 수업을 많이 신청했다. 하지만 처음에 들었던 수학 수업이 그녀의 계획을 완전 바꿔버렸다. 1903년 7월까지 2년 넘게 청강하며 공부를 하던 뇌더는 바이에른에 있는 대학의 입학시험을 통과했다.

이왕 시작한 공부를 위해 뇌더는 과감하게 집을 떠났다. 21살의 나이에 뇌더는 고향에 있는 대학이 아니라, 청강생 자격으로 괴팅겐 대학교에 들어갔다. 뇌더는 본격적으로 수학을 공부하려고 마음먹었다. 괴팅겐은 독일에서 아주 좋은 수학과를 가지고 있었다. 그곳에는 여성들의 고등 교육을 열렬히 지지하는 저명한 수학자 펠릭스 클라인이 학교를 관리하고 있었다. 그는 뇌더 아버지의 친한 친구이기도 했다. 하지만 뇌더는 괴팅겐에서 건강상의 문제로 한 학기밖에 공부를 하지 못했다. 뇌더는 여성들이 학위를 받을 수 있게 허용한 에를랑겐 대학으로 옮겼다. 학교에는 총 5명의 여학생이 있었다. 3명은 학위를 받기 위해 공부를 하고 있었고, 2명은 청강을 하는 중이었다. 전국적으로는 80명의 여학생이 대학에서 교육을 받고 있었다.

에를랑겐에서 뇌더는 아버지 막스 뇌더와 아버지의 친구인 막스 고르단에게 수학을 배웠다. 논문을 지도한 고르단은 강의에서 기본적인 개념조차 정의하지 않는 특이한 사람이었다. 그는 20쪽 분량의 수식으로 가득한 논문을 쓰기도 했는데, 그의 친구들이 중간 중간 말을 집어넣어 주었다. 그렇지만 고르단은 '불변식론(不變式論)의 제왕' 이었다.

고르단에게 영감을 받은 뇌더는 계산과 수학적 표현이 가득한 「3원 4차형식의 불변식의 완전계」라는 훌륭한 학위 논문을 썼다. 솔직함과 유머 감각을 가진 그녀는 자신의 논문을 '허풍' '쓸모없는 것' '공식의 정글' 이라 불렀다. 하지만 그 논문은 에를랑겐의 심사위원을 놀라게 했다. 1907년 12월 13일, 불과 25살의 나이에 뇌더는 큰 영예를 받게 됐다. 뇌더는 고르단이 '수학이 아닌 이론' 이라고 부른, 새로운 수학적 방법을 개발했다. 그래도 뇌더는 고르단을 존경했고 자신의 자습실에 그의 초상화를 걸어 두었다.

뇌더는 그 뒤 8년을 대학에서 임금을 받지 못하고, 직위도 없이 집에서 생활했다. 뇌더의 아버지가 건강이 악화돼 휠체어를 타게 되자, 그녀는 차츰 아버지의 일을 돕기 시작했다. 그 무렵 오늘날 고전으로 생각하는 6편의 고르단 논문을 출판했다. 뇌더는 대학원생을 지도하고, 국제 수학 단체에 가입하고, 해외에서 연설을 하면서 차츰 국제적 평판을 쌓았다. 뇌더는 모임과 연구회에서 격의 없이 수학에 관해 이야기하는 것을 좋아했다. 1913년 — 뇌더가 31살 되던 해 — 그녀는 에를랑겐에서 아버지를 대신하여 강의를 했다.

뇌더는 아버지를 닮은 점이 있었다. 하루는 친척이 방문했다. 뇌더가 부엌을 확인하더니 남아 있는 오리고기로 모두가 나눠 먹기에 충분하다고 말했다. 기겁을 한 손님들은 알아서 외식을 하겠다고 했다.

아버지의 절약심과 사교적 만남을 그리 중요하게 생각하지 않는 막스 고르단의 성격은 뇌더가 자립을 하는데 여러모로 도움이 됐다.

뇌더는 자신의 수학 경력을 쌓기까지 꽤 오랜 시간이 걸렸다. 이전의 성과는 예기치 않게 환상적이었지만, 그것은 다른 사람의 생각에 의존한 것이었다. 그때까지 뇌더는 막스 뇌더의 딸로 알려져 있을 뿐이었다. 하지만 뒷날 그들의 관계는 역전된다. 막스가 '에미 뇌더의 아버지' 로 알려지게 된 것이다.

수학자 · 화가 · 건축가 · 음악가 · 무용수 · 작가 · 물리학자를 포함하여 20세기 초의 지식인은 모두 추상적 개념에 매혹되어 있었다. 현실에서 특별하고 구체적인 진리를 발견하기 원하는 이들은 항상 원칙을 찾았다. 칼 프리드리히 가우스 이후 가장 위대한 수학자로 평가되는 데이비드 힐베르트는 괴팅겐의 유명한 추상수학자였다. 에를랑겐에서 뇌더는 그의 방법을 대수학에서 응용하기 시작했다. 1913년에서 1914년까지 뇌더와 그의 아버지는 괴팅겐에 있는 힐베르트와 클라인을 만나 막스 고르단의 공식적인 부고를 쓰기 위해 꽤 오래 머물렀다. 뇌더의 재능을 알아본 힐베르트와 클라인은 자신들의 연구에 합류하라고 뇌더를 초대했다. 1916년, 그녀는 괴팅겐으로 옮겼고 그 곳에서 18년 동안 지냈다.

힐베르트와 클라인은 알베르트 아인슈타인과 함께 상대성 이론에 적합한 수학 공식을 연구하고 있었다. 아인슈타인은 자신의 연구와 관련된 수학이 얼마나 어려울지 과소평가했고, 힐베르트는 원자와 상대성 이론에 깊은 관심을 갖고 있었다. 그는 "물리학이 물리학자에게 너무 어려운 일이라고" 생각하고 있었다. 고르단의 훈련 덕분에 뇌더 또한 불변식의 권위자가 됐다. 불변식은 상대성 이론에서도 중요한 부분이었다. 상대성은 관측자가 다른 곳에 있거나 다른 속도로 움직일 때 그 현상을 관찰함으로써 무엇이 바뀌고, 무엇이 바뀌지 않는 지를 연구하기 때문에 불변식과 연관된 부분이 있었다.

뇌더는 독일에서 아주 자유롭게 살았다. 뇌더의 삼촌들이 미혼인 조카를 위해 저금을 들어 주었는데, 뇌더는 그 돈을 옷값으로 쓰지 않았다. 뇌더가 괴팅겐으로 이사했을 때, 그곳에 살고 있던 한 소년은 그녀를 시골의 조그만 교회 목사라고 착각했다. 30대 중반인 뇌더는 거의 발목까지 오는 검은색 코트에 끈이 있는 가방을 철도 건설 노동자처럼 비스듬히 메고 있었다. 그녀의 짧은 머리는 10년 뒤에나 유행하게 된 스타일이었다. 소년은 뇌더의 모자를 남자들이 쓰는 것이라고 생각했다. 정교함과 세밀함이 여성의 옷 · 태도 · 말투를 지배했던 시대였기 때문에 뇌더의 차림새는 시골 소년을 놀라게 했다. 그녀는 여성스러운 패션 감각보다는 편리하고 실용적인 옷차림을 중요하게 생각했다.

괴팅겐에서 뇌더는 힐베르트의 팀이 아인슈타인을 위해 매우 힘든 계산을 하고 있으며 "누구도 그것이 무엇을 의미하는지 이해하지 못한다"고 농담하듯 집으로 편지를 써 보냈다. 그러나 마침내 뇌더는 아인슈타인의 상대성 원리의 개념에 맞는 정교한 공식을 생각해냈다. 아인슈타인은 힐베르트에게 이렇게 말했다. "뇌더 양이 계속적으로 내 연구를 위해 충고를 해주고 있다는 것은 알고 있지요? 그녀 때문에 내가 이 분야에 능력이 있다는 것을 당신이 알게 됐다고 생각합니다." 뇌더의 아버지 막스는 기뻐하며 이렇게 썼다. "매일 뇌더의 능력이 커지는 것을 보며, 나는 점점 더 큰 만족을 느끼고 있어요."

힐베르트와 클라인은 에미 뇌더가 괴팅겐에서 교수 자리를 받을 자격이 있다고 생각했다. 뇌더가 대학에서 가장 젊은 교수가 되기까지, 4년 동안 세 번의 시도를 했고, 독일 혁명과 알베르트 아인슈타인의 중재가 주요하게 작용했다. 하지만 뇌더는 임금을 받지 못했다. 가장 큰 걸림돌은 여성이 대학 강사를 할 수 없다는 1908년의 프로이센 법이었다. 독일 대학에서 강의하려면 학자들은 '훈련' 이라는 과정을 통해서 형식적인 강의와 교수진의 승낙을 받아야 했다. 뇌더는 괴팅겐에서 처음으로 교수직 임용을 시도한 여성이었다.

뒤이어 몇 달 동안 논쟁이 계속 되었고, 교수들은 결국 하나의 결론에 도달했다. 그들은 교육부의 방침과 같이 여성은 대학 강사가 될 수 없다고 생각했다. 한 교수는 "여성의 뇌는 수학적인 창의성을 발휘하는데 적합하지 않다"고 말했다. 하지만 그들은 뇌더를 위해서 예외를 만들고 싶었다. 한 천문학자는 독일의 전쟁을 위해 강한 아들들을 키워내야 할 여성의 애국적 의무를 못하게 하는 일이라고 비난했다. 다른 한쪽에서는 정치나 사회적 문제에 따를 것이 아니라 오로지 학술적 우수함만이 교수 직책을 정하는 데 필요한 기준이라고 외쳤다. 대표적인 교수가 바로 힐베르트였다.

1915년 11월 9일에 뇌더가 강의를 했을 때 대학가의 모든 사람들이 보러 왔다. "심지어 지리학자도 들으러 왔는데, 강의가 너무 추상적이라고 생각하는 것 같았어요. 반면 교수단은 수학자가 헛것을 파는 것이 아니라는 점을 확인시키고 싶어 해요"라고 뇌더는 집으로 편지를 보냈다.

교수단을 만났을 때, 수학자들은 뇌더를 가장 낮은 교수 자리인 객원 강사로 고용하고 싶다고 말했다. 다른 과의 교수들이 항의했다. "어떻게 여성이 객원 강사가 될 수 있죠? 객원 강사라는 직책은 차후에 그녀가 교수가 될 수도 있고, 대학 이사회의 회원이 될 수도 있다는 얘기가 됩니다. 여성이 위원회에 들어올 수 있습니까?" 위원회는 대학의 규칙을 만드는 조직이었다.

제1차 세계대전에서 싸우고 있는 독일 군인들을 언급하면서 불평하는 교수도 있었다. "지금 전쟁에 나가있는 학생들이 대학에 돌아왔을 때, 여성의 발밑에서 배워야 한다는 것을 알면 어떤 생각을 하겠습니까?"

하지만 힐베르트는 다음과 같이 반박했다. "신사 여러분, 강사를 채용하는데 후보자의 성별이 문제가 된다고 생각하지 않습니다. 위원회는 대학의 문제이지, 공중목욕탕은 아니지 않습니까?" 당시 괴팅겐에는 수영장도 남자용, 여자용으로 나뉘어 있었다.

결국 교수단은 프로이센의 종교 · 교육부 장관에게 예외를 인정해 주기를 호소했다. 부서는 승인을 거부했지만 타협안을 제시했다. 뇌더는 힐베르트의 조수로서 강의는 할 수 있으나, 교수단의 일원이 될 수는 없다는 조건이었다. 그 뒤 3년 동안 힐버트는 뇌더의 강의를 자신의 이름 아래 등록했다. 그리하여 1916년부터 1917년 대학 목록에는 "수학 · 물리학 세미나. 불변식 이론: 힐베르트 교수, 조수 뇌더 양, 월요일 오후 4~6시, 무료 강의"라고 적혀있었다.

2년 뒤, 프랑크푸르트의 새로운 대학은 교수직을 권유하며 뇌더에게 괴팅겐대학에서 나오라고 유혹했다. 프랑크푸르트 대학은 주(州)의 시설이 아니었고, 여성 강사를 금하는 정부의 법령으로부터 제외되어 있었다. 뇌더는 그곳으로 옮기고 싶었다. 하지만 보물 같은 동료를 잃을 수도 있다고 걱정하는 괴팅겐의 수학자들은 1917년에 다시 교육부에 요청을 했다. 6일 후, 답변이 왔다. "그녀가 프랑크푸르트에 살 것을 두려워할 필요가 없다. 왜냐하면 괴팅겐 · 프랑크푸르트뿐 아니라 어느 곳에서도 그녀는 강사가 될 수 없기 때문이다."

제1차 세계대전에서 패망한 독일의 시기적 상황과 알베르트 아인슈타인의 명성이 아우러져 1919년, 뇌더가 강사가 될 가능성은 갑자기 높아졌다. 아인슈타인은 1918년 12월, 펠릭스 클라인에게 편지를 보냈다.

> 뇌더 양이 발견한 새로운 연구 결과를 읽고 난 뒤, 나는 그녀가 공식적으로 강의를 할 수 없다는 처사는 심히 불공평하다고 생각합니다. 저는 교육부에 다시 항의할 필요가 있다고 생각합니다. 당신이 동참하지 않는다면, 저 혼자서라도 하겠습니다. 하지만 지금 저는 한 달 동안 떠나 있어야 하니, 제가 돌아올 때까지 답변을 주시기 바랍니다. 만일 제가 돌아오기 전에 필요하다면 저의 서명을 넣으셔도 됩니다.

그때 독일은 전쟁에 졌고, 황제는 추방됐다. 사회주의자들은 여성에게 투표권을 주었고, 여성이 의회에 참여하기 시작했다. 사회주의자들은 수십 년 동안 유럽에서 여성들의 권리를 신장시킨 선구자였다. 뇌더 역시 1919년에서 1922년까지 두 개의 사회주의 정당에 속해 있었다.

다음 달 클라인은 프로이센 교육부에 정치적 상황이 바뀐 것을 지적하며 뇌더를 교수단에 포함시키는 것이 가능한지 물었다. 관료들은 5월까지 끌다가, 결국 허락했다. 몇 주 안에 대학은 필요한 절차를 마무리 지었고, 뇌더는 객원 강사가 됐다. 뇌더는 몹시 기뻤다. 박사 학위를 받은 지 13년 만인 39

살의 나이에, 뇌더는 자신의 이름으로 합법적인 강의를 할 수 있게 된 것이다. 여전히 무임금이었지만, 그녀는 가을부터 강의를 시작할 수 있었다.

괴팅겐의 빠른 수속을 위해 뇌더는 두 번째 훈련 강의를 했다. 이 강의에는 뇌더의 가장 유명하면서도 가장 알려지지 않은 성취이기도 한 '뇌더의 정리'가 포함돼 있었다. 뇌더에 대해서 알지 못하는 물리학자들은 뇌더의 정리를 광범위하게 사용했지만, 수학자들은 그 이름을 한 번도 들어본 적이 없었다. 이 논리적인 원리는 양자물리학의 초석이 됐다. 20세기의 가장 지적인 성취 가운데 하나인 양자물리학은 원자 · 핵 · 소립자의 움직임을 설명한다. 뇌더의 정리는 에너지 · 운동량 · 각운동량 등의 보존에 관한 기본적인 법칙을 증명한다. 결과적으로 물리학 법칙은 시간과 장소로부터 독립적이다. 법칙은 지금이나 천년 뒤에나 진실이고, 어디서 일어나든지 같은 결과를 내는 것이다. 아인슈타인은 힐베르트에게 이렇게 썼다. "어제 저는 뇌더 양에게서 불변식에 대한 매우 흥미 있는 논문을 받았어요. 불변식을 그렇게 일반적인 관점에서 볼 수 있다는 것이 신기했어요. 괴팅겐의 늙은이들이 그녀에게서 한 가지라도 배웠더라면, 손해를 보지는 않았을 거예요. 뇌더는 자신이 무엇을 하고 있는지 명확히 알고 있어요."

양자이론은 20세기 물리학과 과학에 굉장한 영향을 끼쳤다. 그것은 우주의 모든 물질에 해당되는 이론이기 때문에 그 효과는 널리 퍼졌다. 이에 비해 아인슈타인의 상대성 원리는 알려진 바에 비해 물리학이나 과학에 오히려 적은 영향을 주었다. 상대성은 오직 극단적인 상황에서만 볼 수 있다. 그럼에도 불구하고 1921년에 노벨상 수상자는 아인슈타인이었다. 노벨상에 물리학 분야는 있지만, 수학 분야는 없었기 때문에 힐베르트 · 클라인 · 뇌더는 아인슈타인의 이론에 버금가는 수학 분야의 결과물을 내고도 노벨상을 받지 못했다. 뇌더는 양자이론의 개발에 기여한 공로도 컸지만, 그것 역시 노벨상과 관련이 없었다. 상을 받은 사람들은 물리학자인 베르너 하이젠베르크 · 디랙 · 에르빈 슈뢰딩거였다.

뇌더는 강의를 바탕으로 한 논문을 직접 출판할 수 없었다. 괴팅겐의 수학자들을 위한 수학과 건물, 사무실이나 예산은 몇 년 후에나 생겨났고, 괴팅겐의 왕립 과학원은 지역 과학자들을 위한 만남의 장소와 값싼 출판사의 역할을 했다. 과학원이 뇌더의 입회를 거부하자, 클라인이 그녀의 논문을 대신 인쇄해주었다. 하루는 과학원에서 힐베르트가 제안했다. "이제 이 과학원에 진정한 재능이 있는 사람을 뽑기 시작할 때가 왔습니다." 잠시 생각에 잠겨 있다가 그가 덧붙였다. "자, 우리는 과거 몇 년 동안 진정 재능이 있는 사람을 몇 명이나 뽑았습니까? 아무도 없습니다." 여성이자 유대인이요, 평화주의자에 사회주의적 민주주의자였던 뇌더는 지역적 기호에는 맞지 않게 극단적이었다.

특별교수는 비공식적이지만 뛰어난 교수라는 의미로, 1922년에 뇌더에게 부여된 명예로운 직위였다. 뇌더는 임금이나 장려금과 같은 보상이나 어떤 특권도 없는 자원(自願) 교수였다. 어떤 이는 그런 우스꽝스러움을 비웃으며 "비범한 교수는 평범한 것에 대해 모르고, 평범한 교수는 비범한 것을 모른다"고 말했다. 정부는 마침내 뇌더를 위한 특별 예외를 두었다. 보통 객원강사는 교수가 되기 전에 6년을 기다려야 했으나, 프로이센 교육부는 그녀가 처음으로 강의를 신청했던 1915년부터 그녀에게 영예를 주기로 했다.

뇌더가 과대망상에 빠질까 염려되었는지 프로이센의 과학미술부 장관은 그녀의 지위에 대해 자세히 설명해 주었다. "이 명칭이 당신의 법적 지위의 변화를 나타내는 것은 아닙니다. 특히 객원 교수로서의 지위와 교수단과 당신의 관계에는 아무런 변화가 없습니다. 당신은 공식적 지위에 걸맞은 임금도 받을 수 없습니다." 뇌더는 괴팅겐의 2명의 여성과 235명의 남성으로 이루어진 교수단의 일원이 됐다. 마리아 괴페르트 마이어의 물리학자 친구 헤르타 스포너가 또 다른 한 명의 여성 특별교수였다.

괴팅겐은 뇌더에게 정교수직을 주지 않았다. 그녀는 한 달에 250마르크에 불과한 적은 임금을 받았는데, 혼자 생활하기에도 충분하지 않았다. 독일의 한 전기 작가는 뇌더가 받는 봉급을 '구호금'이라고 표현했다. 그녀는 1920년대에 괴팅겐에서 가장 적은 임금을 받는 교수였다. 더구나 뇌더는 공무원 제도로부터 보호받지 못했고, 국민 보험 혜택이나 연금도 받을 수 없었다. 오히려 그녀의 임금은 매년 정부의 재검토 대상이었다. 전쟁 뒤 인플레이션이 그녀의 상속 재산을 앗아갔고, 1921년에 아버지가 돌아가시자 그녀는 심각한 재정적 궁핍에 빠졌다. 그럼에도 불구하고 뇌더는 자신이 임금을 받게 되자 축하할 만한 일이라고 생각해 친구의 권유에 따라 새 옷을 구입하기도 했다.

뇌더는 1920년대에 대수학을 완전히 새로운 방향으로 바꾸는데 영향을 주었을 뿐 아니라, 전혀 새로운 개념으로 수학에 접근하는 것을 가능하게 했다. 그녀는 수학의 중요한 분야인 추상대수학의 선구자였고 군(群)론, 환(環)이론, 군의 일반화와 정수론을 다루었다. 군의 일반화는 물리학자에게도 큰 도움이 됐다.

뇌더의 가장 중요한 논문인 「가환환(可換環)의 이데알론(論)(Theory of Ideals in Rings)」이 1921년에 출판됐다. 여기서 그녀는 웅장하고 추상적인 구성을 고려하여 오직 개념만을 비교하고 대조하여 생각했다. 식 · 숫자 · 물리학적 예와 계산은 사라졌다. 그것은 마치 건물을 거론하지도 않고서 크기 · 견고함 · 이용 가능성 등 건물의 특징을 묘사하고 비교하는 것과 같은 방법이었다. 숫자와 식은 수학적 원리와 증명을 이해하는 데 방해가 되는 것 같았다.

"그녀는 사람들이 알지 못했던 것들 사이에서 연관성을 보았어요. 그녀는 다른 이들이 보기에 전혀 다른 생각을 통일된 방식으로 설명할 수 있었어요. 그녀는 심층적인 유사성을 보았습니다"라고 텍사스 대학의 대수학자 마르타 스미스가 설명했다.

"그녀의 팀은 놀랄 만큼 생산적이었어요. 많은 수의 현상을 가지고 통괄하는 원리를 발견한 것은 처음이었습니다… 그들은 대수학 · 기하학 · 선형대

수학과 면을 공부하는 위상기하학과 관련된 문제들의 각각의 특징을 벗겨냈어요"라고 미시간 주립 대학의 대수학자 리차드 필립스가 말해 주었다.

오늘날 뇌더의 창의성은 수학자들 가운데 세계적으로 알려져 있지만, 처음 그녀의 방법은 많은 논쟁을 일으켰다. 뇌더가 브레슬라우에 있는 남동생 프리츠를 방문했을 때, 둘은 몇 시간 동안 수학이 응용적이어야 하는지 추상적이어야 하는지에 대해 논의했다. 프리츠는 응용수학 교수였다. 그는 수학이 물리적인 세계를 설명할 수 있어야 한다고 생각했다. 반면 뇌더는 수학이 "그 자체의 재미와 지적 흥미를 위해서" 발전되어야 한다고 주장했다. "오늘날 그녀의 수학이 얼마나 실제적으로 도움이 되는지 안다면, 아마 뇌더는 아마도 무덤 속에서도 편히 잠들지 못할 것입니다"라고 프리츠의 장남 헤르만 뇌더가 말했다.

뇌더는 휴일, 크리스마스와 부활절을 발트 해의 해안선이나 체코의 스키장에서 프리츠네 가족과 함께 보냈다. 차를 마시면서 그들은 정교한 수학 문제를 맞히는 놀이를 했다. 부활절에 뇌더는 아이들을 위해 무교병(누룩을 넣지 않고 만든 빵)을 가져왔고 남자아이들은 버터와 잼을 곁들여 먹었다. 프리츠의 아내는 가톨릭이어서 두 아들은 유대인의 관습에 대해 전혀 알지 못했다. "우리는 무교병이 무엇이고 무엇 때문에 먹는 것인지 몰랐어요. 제가 받은 교육은 유대인의 배경과 전혀 상관이 없었죠."라고 헤르만 뇌더가 말했다.

브레슬라우에 있는 뇌더의 남동생 주위에는 여성 과학자가 몇 명 있었지만, 뇌더는 괴팅겐에서 유일한 여성 과학자였다. 힘 있고 솔직한 그녀는 그곳에서 남자 취급을 받았다. 암탉 주위에 몰려드는 병아리들처럼 뇌더의 주위에 모인 학생들을 '뇌더의 꼬마들'이라 불렀다. 그레테 헤르만은 여성이었지만 그녀 역시 이렇게 불렸다. 뇌더는 '꼬마들'을 불평등으로부터 보호했다. "그녀의 모성애적 감정이 온통 그들을 향해 있었지요"라고 러시아의 위상기하학자 알렉산드로프는 회상했다.

뇌더의 외양 · 옷 · 몸무게 등에 관한 이야기들은 수도 없이 많았다. 여성 대학 교수가 20세기 초에 얼마나 많은 호기심을 불러 일으켰는지를 잘 보여 준다. 남자들은 그녀를 장난으로 '괴팅겐의 삼겹살' 이라고 불렀는데 몸무게가 많이 나가는 것을 빗댄 표현이었다. 반면에 알렉산드로프와 유명한 수학자 헤르만 바일 같이 좋은 친구들은 그녀를 "뇌더 씨"라고 불렀다. 바일은 그 별명을 "성(性)의 장벽을 무너뜨린 창의적인 사상가를 존경하는 마음"으로 붙였다.

오늘날 뇌더의 별명이 약간 동성애의 뉘앙스를 풍긴다고 생각할지도 모르지만 그 때는 그렇지 않았다. 그것은 어디까지나 칭찬이었고, 뇌더가 공적이며 여성이 가진 연약함을 드러내지 않고 활달한 면을 강조하는 것일 뿐이었다. "1920년대 여성의 지위를 고려해볼 때, 뇌더가 동성애적인 모습을 조금이라도 보였다면 바로 사회적 지탄의 대상이 되었을 것이다. 1920년대의 독일은 매우 직설적으로 말하는 분위기였다. 1930년대처럼 얌전빼는 법이 없을 때였다. 약간이라도 이상한 모습이 보였다면 거리낌 없이 이야기가 나왔을 텐데, 뇌더를 둘러싼 소문은 한 번도 없었다"고 유럽 역사가인 에밀리아나 파스카 뇌더가 강조했다.

그렇지만 뇌더에 대한 성적인 부분에 대해 논의가 전혀 없었던 것은 아니다. 1935년, 뇌더의 장례식에서 추도문을 읽은 바일도 이에 대해 언급한 적이 있다. 바일은 그녀가 무성이라고 생각했다. "뇌더는 수학적 재능만이 발달한 사람이었습니다. 여성스러움이 적었지요. 인간적 삶의 중요한 부분들이 그녀 안에서는 자라나지 못했는데, 저는 그 중에서 성욕도 포함되어 있다고 생각합니다."

뇌더는 자신이 소유한 것을 '뇌더의 꼬마들' 과 함께 나누었다. 뇌더는 자신의 작은 아파트를 좌파 학생들의 공부방으로 내어 주었고, 자신이 러시아를 방문하는 동안 가난한 이스라엘 사람 제이콥 레비츠키가 집을 사용하도록 빌려주었다. 괴팅겐이나 인디아에서 레비츠키에게 일을 찾아주려고 노력한 그녀에 대해 레비츠키는 "놀랄 만큼 일을 잘하고 호감이 갑니다… 특별히 유대인이라서 불쾌한 것은 전혀 없었죠"라고 묘사했다.

허영심이 없는 그녀는 소유물을 나눈 것처럼 자신의 생각도 솔직하게 학생들과 나누었다. 그리고 학생들이 공부를 열심히 하도록 장려했다. 그녀는 도합 44편의 논문을 출판했는데, 뇌더의 아이디어를 다른 사람들의 논문에서도 볼 수 있었다. 뇌너가 사연스럽게 말한 것이 동료들 중 한 명에게는 중요한 실마리가 되기도 했다. "베르덴의 『현대 대수학』 제2권에 있는 내용들 가운데 상당 부분이 뇌더의 생각입니다"라고 바일이 말했다. 그녀가 베르덴보다 문제를 먼저 해결했지만, 뇌더는 그가 출판하도록 허락해 주었다. 베르덴 역시 "뇌더는 항상 우리 논문의 초록(중요한 부분만을 뽑아서 적은 요약문)을 써주었다. 또한 우리가 명확하게 이해하지 못한 중요한 부분들을 생각하고 지적해 주었다"고 인정했다.

뇌더는 소풍 같은 일에도 열정을 보였다. 바일은 "춥고 더럽고 축축한 괴팅겐의 거리를" 걸으며 세미나 뒤에 나누었던 긴 대화를 기억했다. 대학가 주변을 걷던 에밀 아르틴이 다시 설명해달라고 계속 조르며 뇌더를 힘들게 했다. 뇌더는 그가 이해할 수 있게 천천히 말했다. 히틀러가 권력을 잡은 1934년에 에밀 아르틴의 아내 나타샤도 뇌더와 함께 전철을 타고 동행했다. 수학 이야기에 빠져 있던 뇌더는 나치 독일에서는 자칫 오해를 살 수 있는 수학적 용어를 늘어놓았다. 전철에 탄 승객들을 흥분시켰고, 나타샤 아르틴 역시 겁에 질린 채 들어야 했던 내용은 이데알론(Idealtheorie) · 이데알(Ideal) · 군(Gruppe)과 같은 수학적 개념이었다.

뇌더는 소박한 삶을 꾸려나갔다. "그녀는 돈이 별로 없었지만 상관하지 않았어요"라고 헤르만 뇌더가 설명했다. 뇌더는 막내 남동생이 1928년에 요양소에서 사망하기 전까지 돈을 꾸준히 부쳐주었다. 조카들의 교육을 위해 저축을 하기도 했다. 뇌더는 자취방에서 살았는데, 마르크스주의에 심취한 유대인 여자와 함께 식사하기를 거부하는 자취생들 때문에 쫓겨나기도 했다. 그 뒤 뇌더는 꼭대기 층에 있는 조그만 방을 빌렸다. 그녀와 수학자 리차드 쿠랑의 아내 니나 쿠랑은 '남자만 출입' 이라는 표지판을 무시하고, 라이네강 공용 수영장에서 날씨가 좋든 나쁘든 수영을 즐겼다. 점심시간에 교수들은 수영을 즐기다가, 스낵바에서 쇠고기와 돼지고기가 섞인 소시지와 롤빵을 먹었다. 하지만 뇌더는 싸구려 식당에서 늘 같은 자리, 같은 시간에 똑같은 저녁을 먹었다. 일요일이면 뇌더는 학생들을 위해 저녁을 만들고, 그들과 함께 산책을 다녔다. 또한 '수학적인 옥수수 푸딩' 이라 이름붙인 후식을 만들어 먹으며, 즐거운 시간을 보냈다. 학생들은 괴팅겐에서 높은 보수를 받는 교수의 부인이 하인들을 시켜 만든 음식에 익숙해 있었다. 그렇지만 빠듯한 재정과 한정된 자유 시간에, 집안일에는 도통 관심이 없는 뇌더가 먹을 것을 대접한다는 사실이 학생들에게는 그리 놀랄만한 일은 아닌 듯했다.

뇌더의 사생활에 대한 재미있는 일화가 있다. 그녀는 맵시 있는 주부처럼 말짱한 우산을 가지고 다니지 않았다. 날씨가 좋을 때는 우산을 고치는 것을 까맣게 잊고 있다가, 비가 내리면 고장 난 우산을 보고 그때서야 고쳐야겠다고 생각했기 때문이다. 물론 비가 개면 뇌더는 우산에 대해서는 까맣게 잊어버렸다.

괴팅겐에서 교수들의 사회적 교류는 주로 파티 위주로 움직였는데, 사실 그것을 계획하는 사람들은 아내들이었다. 뇌더는 공식적인 모임보다 학생들을 위한 파티와 수학을 위한 다과회를 열어서, 단 음식과 차나 포도주를 접대하는 것으로 자신의 몫을 다했다. 모임은 편안하고 안정되어 있었다. 학생들은 물론 힐베르트 · 에드문트 란다우 · 리차드 브라우어 · 바일 같은 저명한 수학자들도 함께 어울리는 자리였다. 그녀의 거실에서 형식주의자 힐베르트와 직관주의자 브라우어의 화해가 이뤄지기도 했다. 처음에 모인 사람들은 알렉산드로프가 두 사람이 싫어하는 대화를 끌어내자 초조하게 지켜보았다. 하지만 대립하던 힐베르트와 브라우어는 적어도 뇌더의 집에 있는 동안만큼은 절친한 친구가 됐다.

수학에 있어 불필요한 것을 제거한 것처럼 뇌더는 불필요한 관습에서 벗어나 있었다. 알렉산드로프는 허식이나 위선이 없는 모습과 쾌활함과 수수함, 삶에 꼭 필요하지 않은 것을 버릴 줄 아는 뇌더에 대해 늘 감탄했다. 하지만 모든 동료들이 뇌더를 칭찬만 한 것은 아니었다. 어떤 이는 뇌더의 목소리가 부드럽지도 우아하지도 않다고 불평을 쏟았다. 뇌더의 목소리는 "시끄럽고 불쾌했으며" "활기찬 여자 세탁부 같다"고 생각하는 사람도 많았다. 다른 이들은 "옷을 늘 헐렁하게 입는다"고 뇌더를 질책했다. 역사학자인 로버트 P. 크리스와 찰스 C. 맨은 이런 말을 남겼다. "뇌더가 남자였다면 그녀의 모습, 몸가짐과 교실에서 행동하는 방식은 남성에게서 자주 볼 수 있는 하나의 매력으로 그냥 쉽게 받아들여졌을 것이다."

바일은 뇌더가 자유로움을 좋아해서 기이한 행동을 보였다고 기억했다. 바일은 뇌더의 모습과 특징에 대해 많은 이야기를 해주었다. 그가 보기에 뇌더는 오만하다고 느낄 수 있는 행동을 많이 했다. "뇌더를 처음 만난 사람들이나, 그녀의 창의적 사고에 익숙하지 않은 사람들은, 뭔가 이상함을 느끼고 수근거렸다. 뇌더는 작은 키에 비해 체격이 좋았고, 남자처럼 우렁찬 목소리를 가지고 있었다. 그녀를 상대로 말할 기회를 얻는 것은 쉽지 않았다… 유아용 침대를 사용하는 뇌더에게 하나님의 은총이 있었다고 말하기는 쉽지 않은 일이다… 그녀는 하나님이 손으로 빚은 조화로운 형태의 찰흙이라기보다 생명을 부여받은 원시적인 암석 덩어리에 가까웠다."

"그녀는 몸무게가 많이 나갔어요"라고 그녀의 조카 헤르만 뇌더가 동의하며 말했다. 하지만 정작 뇌더는 신경 쓰지 않았다. "먹지 않으면 난 수학을 할 수 없어요"라고 뇌더가 말했다. "물론, 그녀에겐 수학이 제일 중요한 것이었어요." 뇌더의 조카도 뇌더가 그런 문제에 별로 신경을 쓰지 않았다고 회상했다.

그녀의 열정은 가르치는 것으로 이어졌다. 친구에게 그녀는 편지를 썼다. "이번 겨울에는 학생들과 내가 좋아하는 강의를 할 거야." 그녀는 언제나 완성된 이론을 학생들에게 전달하려고 하지 않았다. 뇌더는 자신이 연구하고 있는 분야에 대해 얘기하며 학생들과 교류했다. 뇌더의 블라우스는 활달하게 움직이는 그녀의 몸짓 때문에 늘 흐트러졌다. 단정한 모습의 뇌더를 보기는 쉽지 않은 일이었다. 머리핀도 금방 헐렁해졌다. 여기저기서 머리카락이 불쑥 솟아올랐다. 놀란 여학생들이 2시간의 강의가 끝나고 쉬는 시간에 선생님의 매무새를 고쳐주려고 했지만, 그 사이에도 뇌더는 다른 학생들과 이야기를 주고받느라 바빴기 때문에 쉽지 않은 일이었다. 뇌더는 대부분의 강의를 "단정하지 못한 상태"에서 진행했다.

그녀의 강의에 참석하는 학생은 그리 많지 않았다. 충실한 제자 다섯에서 열 명 정도가 전부였다. 그녀의 연구는 처음 접하는 사람들에겐 이해하기 쉽지 않은 내용이었다. 똑똑한 학생만이 끝까지 남았다. 보통 정기적으로 모임에 참석하는 사람들은 앞좌석에 앉았고, 방문객은 뒤편에 앉았다. 새로 왔다가 가버리는 사람들을 보며 학생들이 의기양양하게 말했다. "적은 또 패배했다. 그들은 완전히 제거됐다!" 하루는 100명이 넘는 학생이 자신을 기다리고 있다는 것을 알고서 매우 놀란 뇌더는 학생들에게 이렇게 말했다. "아무래도 여러분은 강의실을 잘못 찾아 온 것 같네요."

국경일에도 그녀는 쉬지 않았다. 학교가 문을 닫으면, 뇌더는 학생들을 커피숍으로 데리고 가면서 수학에 대해 이야기를 나눴다.

독일의 가장 유능한 젊은 수학자들이 뇌더 밑에서 공부했고, 1920년대와 30년대에는 외국인들도 수업을 듣기 위해 찾아왔다. 그녀는 다른 나라의 수재들에게 관심이 많았다. 하루는 네덜란드 학생이 그녀의 수업을 들으러 오자, "아, 또 외국인이군! 난 외국인 밖에 받지 않지요"라고 농담섞인 말을 하기도 했다.

뇌더의 학생은 일곱 명의 공식 대학원생과 열세 명의 비공식 대학원생이었다. 나중에 이들 대다수가 저명한 수학자가 됐다. 뇌더의 학생들은 그레테 헤르만 · 하인리히 그렐 · 베르너 베버 · 제이콥 레비츠키 · 막스 듀링 · 한스 피팅 · 오토 쉴링이었다. 듀링은 뇌더가 이루지 못했던 괴팅겐 대학교의 교수가 됐다. 헬무트 하세는 정수론의 표준 참고문헌을 남겼고, 레비츠키는 현대 환이론의 창시자 가운데 한 사람이 됐다. 피팅과 위트는 군론과 기하학의 기초를 다졌다. 뇌더의 생각을 상세히 설명한 베르덴의 책은 매우 중요했다. "그의 신선하고 열정적인 해설은 수학계에 충격을 주었다. 특히 나처럼 30살 미만인 수학자들이 많이 놀랐다"고 1930년대를 선도한 미국 수학자 가렛 버크호프가 말했다. 베르덴의 책은 추상대수학의 기초가 되어, 뇌더를 유명 인사로 만들었다.

1950년대 버크호프와 손더스 맥 레인은 베르덴의 책을 대학 학부생의 교과서로 삼았다. 러시아인들이 스푸트니크 위성을 쏘아 올리면서 미국을 놀라게 했을 때, 버크호-맥 레인의 책이 교과서로 채택됐다. 수학에 대한 추상적인 접근은 초등학교부터 대학원까지 미국 수학 교육의 모습을 뒤바꾸었다. "그것의 영향력은 말로 표현하기 힘들다"고 리차드 필립스가 말했다. 뇌더의 수학적 접근 방법은 '새로운 수학'이라고 불리며, 미국의 거의 모든 학생들에게 영향을 주었다.

수학에 대한 열정 외에도 뇌더는 정치, 특히 러시아에 대해 관심이 있었다. 귀족적인 계급과 독재적 국가 사회주의를 반대하는 러시아 혁명은 1920년대와 30년대의 진보적인 서양인이라면 관심을 가질만한 문제였다. 뇌더는 1924년부터 25년까지 모스크바의 한적한 기숙사에 살면서 대학과 지역 기관에서 수학을 가르쳤다. 모스크바 수학 단체의 회장인 알렉산드로프는 그녀에게 큰 빚을 졌다. 뇌더의 추천으로 그와 하인즈 호프는 군론을 조합적 위상기하학에 접목하여 대수학적 위상기하학으로 변화시켰다.

학교에 뇌더의 명성이 전해지자, 바일은 뇌더에게 제대로 된 교수직을 주기 위해 다시 캠페인을 벌였다. "나는 수학자로서 다방면에 우수한 그녀보다 높은 자리에 있다는 것이 부끄러웠다. 진정으로 나는 정부로부터 그녀에게 더 나은 자리를 주려고 노력했다"고 바일은 회상했다. "1930년부터 33년까지 제가 괴팅겐에서 보낸 시간 동안 과학적 연구 프로그램을 통해 나온 성과들과, 많은 학생들에게 끼치는 영향력을 봤을 때, 의심할 바 없이 그녀는 모든 수학적 활동의 중심에 있었습니다." 그 때 뇌더식 환 · 뇌더식 정의 · 뇌더식 문제 · 뇌더식 모듈 · 뇌더식 설계 · 뇌더식 공간 · 뇌더식 인수 체계 등과 같은 뇌더의 이름에서 유래한 각종 개념들이 생겨났다.

1971년, 캘리포니아 공과 대학의 첫 여성 교수가 된 젊은 체코 수학자 올가 타우스키는 1930년에 한 수학 회의에서 뇌더를 만났다. "제가 말을 끝내자마자, 그분은 벌떡 일어나 제가 이해할 수 없는 긴 논평을 했어요. 헬무트 하세가 이해를 하고 긴 답변을 하면서, 두 사람 사이에 학술적 교류가 이뤄졌지요. 저는 그분이 제 강의에 대해 말하는 것을 엿들었어요. 그분은 매우 다정했어요. 점심시간이 됐을 때 저는 그분의 왼쪽에 앉았어요… 그분은 오른쪽에 앉은 남자분과 앞에 앉은 사람들과 수학 얘기를 하느라 무척 바빴어요. 점심을 먹으면서 격렬한 손짓을 하는 바람에 음식 부스러기가 떨어졌어요. 그분은 한손으로 설명을 하고, 또 한손으로 치마를 털어내느라 무척 바빴어요. 하지만 개의치 않고 즐거운 시간을 보냈어요."

뇌더와 타우스키가 다시 만났을 때, 뇌더는 타우스키의 졸업논문 지도교수를 비난했다. 타우스키는 지도교수의 편을 들며 거세게 항의했다. 독일 학생들은 교수의 말을 반박하면 안 되는 것이 불문율이었기에 타우스키는 자신이 잘못했다는 것을 깨달았다. "그분은 몹시 차분했고 저에게 전혀 화가 나지 않았다는 것을 확실히 느낄 수 있었어요. 저는 그때서야 그분이 다른 사람의 비난을 꺼림칙하게 생각하지 않는 분이라는 것을 알았어요."

1932년은 뇌더가 수학자로서 국제적으로 인정받은 해였다. 그녀는 500마르크의 상금을 탔고, 스위스의 취리히에서 열리는 국제 수학자회의 총회에서 연설한 최초의 여성이 됐다. 타우스키의 제안을 받아들여 그녀는 대수학자가 아닌 이들도 이해할 수 있는 쉬운 예로 연설을 시작했다. 그녀의 연설에 칭찬이 쏟아졌다. 취리히는 뇌더의 생각을 전적으로 인정했다고 알렉산드로프가 말했다. "그녀의 성과는 모든 곳에서 찬양받았다."

하지만 괴팅겐의 많은 학자들이 뇌더와 그녀의 연구를 인정하지 않았다. 뇌더는 친절하지만 가끔 생각 없이 솔직할 때가 있있다. 그녀의 사랑은 사람들을 짜증나게 했고 타우스키는 정교수가 그녀에 대해 험하게 말하는 것을 들었다. 지역 신문은 뇌더가 아닌 다른 수학자들의 생일은 축하했지만, 1933년 뇌더의 50번째 생일은 무시하고 넘어갔다. 이런 무례함에 대해서 뇌더는 장난스럽게 넘겨버렸다. "쉰이라는 나이가 아직 젊다는 뜻이었겠죠."

당시 수학자들은 독일의 다른 분야와 마찬가지로 정치적인 입장으로 변화하고 있었다. 히틀러가 힘을 갖는 것에 대해 비판하는 학자들은 소수에 불과했다. "대다수의 학자들은 바이마르 정부를 냉담하게 바라보고 있었다. 그들은 독일 정부에 충성을 다할 준비는 되어있었지만, 사회적 민주주의자들에게는 그렇게 할 뜻이 없었다. 그들은 의회 정치를 야비하고 당파적이라고 생각했다"고 한 역사학자는 평가했다. 뇌더의 지도를 받은 대학원생이었던 베르너 베버는 에드문트 란다우 교수가 유대인이라는 이유로 배척했다. 란다우 교수의 조수 베버가 강의실 앞에 서 있었고, 70명의 학생 중에 한 명도 들어오지 않았다. "아리아인 학생들은 아리아인의 수학을 원하지, 유대인의 수학을 원하지 않는다"고 학생들은 란다우 교수에게 불만을 토로했다. 나치즘은 독일 대학생들 사이에서 인기가 있었다. 많은 학생들이 돌격대원의 갈색 셔츠와 만자 십자장을 달고 수업을 들었다. 히틀러는 나치스돌격대(SA)에게 '거리에서의 자유'를 주어, 정치적 이념을 어디서나 강행할 수 있도록 허가했다.

열렬한 평화주의자였던 에미 뇌더는 정치에는 관여하지 않았다. 하지만 과학의 나치화는 무시하기 힘들 정도가 됐다. 유명한 '브라우어-하세-뇌더

정의' 는 두 명의 친구 — 한 사람은 나치, 다른 한 사람은 유대인 — 가 관여되어 논문을 가지고 충돌했다. 몇 년 후 나치 당 회원을 신청한 하세는 리차드 브라우어에게 수학 백과사전에 글을 쓰라고 제안했다. 그런데 백과사전의 출판인이 브라우어가 유대인이라는 이유로 돈 주기를 거절하자, 하세는 동료를 위해 참견하는 일을 회피해 버렸다.

히틀러가 군복을 입고 타오르는 러시아의 마을 앞에 서 있는 그림에 대해 뇌더의 동생 프리츠가 불평을 했는데, 이를 두고 프리츠의 학생들은 되려 그를 비난했다. 나치는 프리츠의 학생 가운데 한 명을 암살했는데, 그 학생이 진보적인 사회민주주의자들이 입는 회색 코트를 입고 있었기 때문이었다. 프리츠가 그 남학생의 장례식에서 비판어린 말을 했을 때, 브레슬라우의 나치들은 뇌더의 동생이 정치적으로 위험하다고 판단했다.

취리히의 국제회의에서 뇌더가 성공적인 연설을 마친 몇 달 뒤, 히틀러는 독일의 수상이 됐다. 그는 유대인들이 "과학적 · 지적 · 정치적 · 경제적 삶에서 모든 중요한 자리를 잡고 있다" 고 비난했다. 유대인들의 '악마적 힘' 을 무력화하기 위해 그는 유대인 교수들을 해고시키기 시작했다.

5월 초, 프로이센 과학부에서 유대인 혈통을 가진 교수들의 기록을 인쇄했는데, 괴팅겐 대학교에는 여섯 명이 있었다. 물론 뇌더도 거기에 포함돼 있었다. 며칠 안에 그들은 해고되어, 대학에서 강의하는 것이 금지됐다. 그러나 유대인 학자를 해고한 괴팅겐 대학은 큰 타격을 입었다. 괴팅겐의 수학 · 물리학 연구소의 많은 선구적인 과학자들이 유대인이었다. 제임스 프랑크 · 막스 보른 · 리차드 쿠란트가 거기에 속해 있었다. 뒤에 괴팅겐을 떠난 이들 중에는 헤르타 스포너 · 에드워드 텔러 · 란다우 · 바일(그의 아내가 유대인이었다)과 뇌더가 있었다.

뇌더의 학생 가운데 열네 명은 아리안이었는데, 그들은 뇌더의 수학이 '아리안적 사고' 를 표현한다고 주장하며 뇌더가 다시 복귀할 수 있도록 교육부에 항소했다. 다른 사람들도 참여했다. "뇌더를 위해서 발송된 진정서만큼 정부에 열정적으로 건의된 사례는 없었을 것이다. 그 때 우리는 진심으로 싸웠다. 최악의 상황을 피할 수 있을 것이라는 희망이 있었기 때문이다"고 바일은 회상했다.

먼저 해고된 여섯 명의 교수 가운데 왜 뇌더가 속해 있었을까? 나치는 반여권주의적이었다. 『나의 투쟁』에서 히틀러는 "여성의 자유에 대한 메시지는 오직 유대인적인 지성으로부터 발견된 것이며, 그 내용도 같은 정신에서 비롯된다"라고 썼다. 히틀러의 선전 담당자로서 조세프 괴벨스는 "여성의 목적은 아름다워지는 것과 이 땅에 아이들을 낳는 것이다"라고 했다.

대학에 남겨진 기록에 따르면 뇌더가 해고된 이유는 그녀가 여성이어서가 아니라 유대인이자 정치적으로 진보적인 사람이었기 때문이었다. 대학의 행정국장인 발렌티너는 뇌더가 좋은 나치가 되기에는 너무 사회주의적이며 좌파적이라고 생각했다. 해고에 관한 공식적 입장도 뇌더의 유대적 배경을 이유로 적고 있다.

여느 때와 같이 뇌더는 침착하게 행동했다. 그녀는 바일과 함께 독일 수학자 구제 기금을 만들었고, 자신의 아파트에서 강의를 시작했다. "그녀는 괴팅겐과 조국이 자신에게 한 짓에 대해서 나쁜 감정을 품지 않았다. 그녀는 정치적 의견의 차이 때문에 우정을 깨지도 않았다"고 바일은 말했다. 그녀가 특히 좋아했던 학생 에른스트 위트는 나치스돌격대 제복을 입고 정기적으로 아파트의 세미나에 참석했다. 만약 뇌더가 조금이라도 불안했다면 그녀는 비밀 모임을 위트에게 숨겼을 것이다. 나치에 가입한 하세가 보낸 편지에는 이렇게 대답했다. "따뜻하고 정이 넘치는 편지, 너무 고마워요! 나는 다른 사람들과는 달리 이 상황이 두렵지 않아요. 나에겐 작은 유산이 있으니 잠시 쉬면서 돌아가는 상황을 볼 수 있겠죠(어차피 저는 연금은 받을 수 없으니까요)."

1933년 불안하고 정신없었던 여름에 바일은 뇌더 덕분에 힘을 얻었다. "뇌더의 용기와 솔직함, 운명에 대해 개의치 않는 마음가짐과 평화를 구하는 정신은 미움과 비열함, 슬픔과 비애 가운데 있는 사람들에게 도덕적 위안이 됐다… 그녀는 악의가 없었다. 그녀는 악을 믿지 않았고, 악이 사람들을 움직이고 있다는 생각을 하지 않았다."

나치는 "불과 몇 주 만에 오랫동안 공들여 이룬 것들을 완전히 파괴해 버렸다"고 알렉산드로프가 말했다. 나치로부터 새로 부임한 교육부장관이 힐베르트에게 물어보았다. "유대인으로부터 해방된 괴팅겐의 수학과는 어떤가요?" 수학의 노장은 잠깐 생각을 하다가 대답했다. "수학과요? 이제 더 이상 괴팅겐에 수학과는 없다고 봐야죠."

뇌더의 친구들은 진보적인 유대인이자, 평화를 사랑하는 여성 수학자를 위해 해외에서도 일거리을 찾기 시작했다. 1930년대에는 유대인이면 남자든 여자든 일자리를 갖기 어려웠다. 뇌더의 제1지망은 모스크바대학이었지만 그 곳의 관료들은 너무 느렸다. 바일은 아인슈타인이 갔던 프린스턴 뉴저지에 위치한 고등 학술 연구소가 그녀에게 재정적인 지원을 하도록 요청했다. 한 저명한 수학자는 록펠러재단 측에 71세의 힐베르트 교수를 제외하면 "뇌더 양은 의심할 나위 없이 독일에서 가장 중요한 선생님이다"라고 알려주기도 했다.

옥스퍼드 대학의 여자대학인 서머빌과 필라델피아 교외에 있는 작은 여자대학인 브린마워는 1933년부터 34년까지 뇌더를 돕기 위해 록펠러 재단과 경쟁을 했다. 브린마워 대학은 에드워드 R. 머로의 추방된 독일 학자들을 돕는 비상위원회로부터 2천불을 지원받아 전체 4천불을 급료로 제안했다. 옥스퍼드는 단지 24파운드를 제안했지만 브린마워가 뇌더에게 적당한 곳이 아니라는 확신이 있었다. 뇌더는 마지막 순간까지 러시아로 갈지, 옥스퍼드에 남을 지를 결정하지 못했다. 그러다 결국은 브린마워에서 임시로 1년 동안 자리를 맡기로 결정했다.

"브린마워에서는 꼭 모자를 써야 해"라고 친구들이 알려 주었다. 1933년 가을, 뇌더는 학교에 가면서 전통적인 모자를 사서 썼다. 뇌더를 초청한 아나 펠 휠러를 보고서 뇌더가 큰소리로 말했다. "당신은 모자를 쓰고 있지 않군요." 즉시 뇌더는 모자를 벗어 차 뒤로 던져버렸다.

아나 펠 휠러와 에미 뇌더는 친한 친구가 됐다. 휠러는 우아한 여성으로, 두 번이나 남편을 잃은 수학자였다. 휠러는 괴팅겐에서 수학을 공부했기 때문에, 독일 수학의 분위기를 잘 이해하고 있었다. 그녀는 또한 미국에서 가장 유명한 여성 수학자였다. 래드클리프 대학과 네브라스카, 아이오와와 시카고 대학에서 학위를 받은 선형대수학자이기도 했다.

"휠러 부인과 뇌더 교수님은 아주 멋진 관계였어요. 두 분 모두 혼자서 수학을 공부했지요. 뇌더 교수님은 휠러 부인이 훌륭하다고 생각했어요. 여러 문제를상담하고, 휠러 부인이 원하는 대로 하고 싶어 했어요"라고 뇌더의 유일한 미국인 대학원생 루스 스토퍼 맥키가 말했다. 해외에서 친구들이 오면 뇌더는 휠러 부인에게 그들을 소개한 뒤 좋은 시간을 보냈다.

브린마워에서 휠러 부인은 세 명의 대학원생들이 뇌더와 공부할 수 있도록 장학금을 준비했다. "지금까지 한 것보다 훨씬 열심히 공부해라… 뇌더 선생님에게 불친절한 말을 절대 하지 말라고 하셨다. 휠러 부인은 사람들이 뇌더 선생님에 대해 틀린 말을 할까봐 걱정하셨다. 우리는 뇌더 선생님을 배려하기 위해 매우 조심스러웠다"고 맥키는 말했다.

브린마워 학생들은 뇌더가 남자답다기보다는 실용적인 사람이라고 생각했다. 그녀는 베레모를 쓰고 편한 신사용 단화를 신었다고 맥키는 기억했다. 뇌더는 난소 종양이 있어서, 어깨부터 헐렁하게 내려오는 어두운 치마를 즐겨 입고 허리에는 벨트를 둘렀다. 그녀는 세 개의 장신구 — 시계, 머리핀과 목걸이 — 를 사용했고 매우 두꺼운 안경을 꼈다.

브린마워 학생들은 뇌더의 강의를 들으며 큰 감명을 받았다. 학생들은 지금껏 한 번도 추상대수학을 접해보지 않았기 때문에, 뇌더는 베르덴의 『현대 대수학』의 1권에서 일부를 숙제로 내주었다. 하루나 이틀 뒤 그녀가 강의실에 잠깐 들려 학생들에게 어떠냐고 물었다.

“음, 저는 독일어로 된 개념을 어떻게 번역해야 하는지 알기 위해 고생하고 있어요”

“번역하려고 하지 마. 그냥 독일어로 이해해.”

“우리는 독일 용어를 그대로 받아들였고, 그 뒤에 개념을 생각했어요. 우리는 영어 단어를 배우는 대신 영어와 독일어를 이상하게 섞어가며 수학에 대해서 선생님과 대화했어요. 지금 와서 생각해보니 뇌더 선생님은 늘 우리의 입장에서 생각하셨던 것 같아요. 선생님도 마치 그 정의들을 처음 접한 것 같이 생각하셨거든요. 그분은 정말 훌륭한 선생님이에요! 나는 선생님이 학생들과 서로 동등하다는 느낌을 주신 것을 절대 잊을 수가 없을 거예요. 그분은 늘 우리에게 관심을 가지셨죠.”

뇌더의 임금은 미국의 기준에 따르면 높은 편이 아니었지만 그녀는 스스로 풍족하다고 생각했고, 임금의 절반은 언제나 조카들을 위해 저축했다.

맥키는 “그분의 생각과 일에 관한 방식은 그분의 삶과 일치했어요. 선생님은 불필요한 것은 과감하게 정리하고, 늘 현재를 중요하게 생각하셨죠”라고 뇌더에 대해 평가했다.

에미 뇌더는 낙천적인 성격으로 브린마워에 금방 적응했다. 그 곳에 적응하기 위해 뇌더는 자취집의 주인에게 학생들과 휠러 부인을 위해 차를 준비해달라고 자주 부탁했다. “그녀의 생활은 검소했지만 편안했어요. 힉스 부인은 다정하고 생각이 깊은 사람이어서 뇌더 선생님의 옷과 소지품을 잘 챙겨줬지요. 뇌더 선생님이 멋진 다과회를 준비하면, 휠러 부인은 차를 따르는 명예로운 손님이었어요”라고 맥키는 회상했다. 날씨가 좋은 날이면 뇌더는 마당에 앉아서 눈을 감고 생각에 잠기곤 했는데, 자취집의 여주인은 뇌더가 자고 있다고 생각했다.

브린마워에서 2년째 되던 해에 뇌더는 여학생들과 근처 시골로 도보 여행을 갔다. 그녀는 걷는 도중 길 한 가운데 서서 수학 개념에 대해 영어와 독어를 섞어서 얘기했다. 학생들은 어미 닭처럼 뇌더를 길 가장자리로 끌어내느라 애를 써야 했다.

1934년 여름, 뇌더는 독일에 있는 집을 정리하고 브린마워로 자신의 책상을 보낸 뒤, 동생 프리츠와 그의 가족에게 작별 인사를 하기 위해 괴팅겐으로 들어갔다. 망명자들을 돕기 위해 만들어진 스위스 단체는 시베리아의 톰스크에 뇌더의 일자리를 찾아 주었다. 대부분의 동료들이 자신을 피하는 것을 보고, 뇌더는 앞으로 오랫동안 집에 돌아오지 못하리라는 생각이 들었다.

그 해 가을, 뇌더는 브린마워로 올가 타우스키를 초청했다. 뇌더의 상황이 좋지 않다는 것을 타우스키는 바로 알아차렸다. 독일 정치는 빠르게 퇴보하고 있었고, 뇌더는 여성으로서는 고령인 50대에 고향을 떠나야 했다. 이듬해에 무슨 일을 할지 계획조차 없었다. 뇌더는 브린마워의 학부생들을 가르치고 싶지 않았지만, 다른 일자리를 찾기가 쉽지 않았다. 가끔 뇌더는 타우스키가 자신보다 더 빨리 일을 찾을까 걱정했다. 그때 뇌더는 병을 앓고 있었다.

겨울에 뇌더는 우울하지는 않았지만 기분이 늘 가라앉아 있었다. 타우스키는 뇌더가 어떻게 반응할지 예상할 수가 없었다. 한 예로 뇌더는 타우스키가 스카프를 앞쪽에 묶은 것을 좋아하지 않았다. 브린마워 학생들은 뒤쪽에 스카프를 맸다. 뇌더는 타우스키에게 베를린의 마부처럼 보인다고 말해 주었다.

뇌더가 안정적인 직장을 찾기는 매우 어려웠다. 독일에는 많은 유대인이 있었지만, 그들을 고용하려는 곳은 어디에도 없었다. 그나마 미국에 있어 안전했던 뇌더는 독일에 있는 친구들이 속히 안정된 직장을 얻기를 바랐다.

그녀는 수학 친구들과 교류를 계속했다. 프린스턴 대학의 레프셰츠는 "그녀가 유대인이 아니고, 남성이었다면, 그리고 진보적인 정치적 의견들을 내세우지만 않았더라면 독일에서 최상의 교수직을 맡을 수 있었을 것이다…

그녀는 이곳으로 망명한 우수한 독일 수학자인데, 그녀를 위해서 아무것도 하지 못한다면 그것은 진정한 치욕일 것이다." 매사추세츠 공과대학의 노버트 위너는 "그녀는 현재 열 명 또는 열두 명의 뛰어난 수학자 중 한 사람이다… 모든 독일 망명자들 중에서, 이 나라든 다른 곳이든, 뇌더 양의 사례는 의심할 바 없이 우선순위로 다뤄야 한다"라고 적었다.

학부교육을 중요시하는 브린마워가 뇌더를 위한 곳이 되지 못한다는 사실은 명확했다. 그녀는 더 우수한 학생들이 필요했다. 버크호프는 "학부생 교육을 위해서라면 그녀는 아마 브린마워에 필요하지 않을 겁니다"라고 썼다. 휠러 부인은 후에 맥키에게 "우리는 그녀를 어떻게 대해야 하는지 몰랐다"고 고백했다.

록펠러 재단의 베르너 베버는 브린마워의 총장에게 편지를 보냈다. "이 나라에서 뇌더가 평범한 교육을 하는 것은 불가능합니다. 그녀는 학부 교육을 할 생각이 없으며, 언어를 익히는 일도 별 진전이 없으며, 오로지 수학 연구에만 관심이 쏠려있습니다… 브린마워에 정착하는 것은 전혀 희망이 없지만, 프린스턴 연구소에서 수학에 몰두할 수 있도록 조치하는 것이 가장 이상적인 방법입니다."

1935년 4월, 브린마워에 뇌더가 2년간 더 머무를 수 있는 후원금의 4분의 3 정도가 다양한 곳에서 모금됐다. 영구직은 아니었지만 더 나은 직위도 제안 받았다. 명확하지 않지만 그녀를 고등 학술 연구소로 보내려는 계획도 나왔다. 드디어 계획이 성사되었을 때, 불행히도 뇌더는 수술을 받으러 병원에 가야했다.

뇌더는 양성의 유섬유종 때문에 독일에서 수술을 받은 적이 있었다. 그녀는 자신을 강한 사람이라고 생각했기 때문에 수술에 대해서 걱정하지 않았다. 오히려 수술을 하면 훨씬 날씬해질 것이라 기대하고 있었다. 뇌더는 당장 수술하기를 권하는 자취집 주인의 주치의와 상의했다. 병원으로 떠나기 전, 뇌더는 혹시 모르는 안 좋은 결과를 염려해서 자신의 소지품을 친구들에게 나누어 줄 수 있도록 일일이 기록을 남겼다. 수학 친구들에게는 책을, 돈과 가재도구는 힉스 부인과 집주인에게, 또 약간의 돈은 한 수학자의 과부에게 "그녀의 아이들이 돈을 충분히 벌어 문제가 없을 때까지" 전달하라는 내용도 남겼다. 뇌더는 프린스턴의 친구에게 모국에서는 한 번도 높게 평가 받지 못했지만, "브린마워와 프린스턴에서 인정받았던, 근 1년 반의 시절이 인생에서 가장 행복한 시간이었다"는 말을 남겼다.

고혈압이 있었기 때문에 의사들은 뇌더가 수술 뒤에 완전히 회복하는 것은 힘들다고 생각했다. 어린 호박만한 크기의 난소 종양을 떼어내고서, 의사들은 수술이 길어지지 않도록 두 개의 작은 종양은 그대로 두었다. 뇌더의 요구대로 의사들은 뇌더의 맹장도 떼어냈다.

삼 일 동안 뇌더는 회복기를 가졌다. 그런데 4일째 갑자기 의식을 잃었고, 체온이 43도까지 올랐다. 필라델피아의 의사들은 발작이라고 판단했지만, 수술 뒤 감염이라고 보는 편이 맞았다. 1930년대 미국 병원은 의료 수준의 차이가 컸다. 만약 뇌더가 당시 미국에서 제일 좋은 병원 가운데 하나였던 펜실베이니아 대학에서 수술을 받았더라면, 결과는 달라졌을 것이다. 가장 왕성한 창의력을 가졌던 에미 뇌더는 1935년 4월 14일, 조국의 학교에서 추방당한 채, 가족과 고향에서 멀리 떨어진 곳에서 숨을 거뒀다.

뇌더가 오랫동안 편집했지만 자신의 이름을 넣지 않았던 독일의 간행물 「수학 연보(*Mathematische Annalen*)」에 에미 뇌더의 사망 소식이 게재됐다. 아인슈타인은 「뉴욕 타임즈(*The New York Times*)」에 편지를 썼다. 1935년 5월 4일에 인쇄된 편지에는 "뇌더 양은 여성을 위한 고등 교육이 시작된 이래, 가장 창의적이고 중요한 수학 천재였다"고 표현했다. (바일이 이 편지를 썼는데, 편집자가 마땅찮게 여기고 "바일이 누구야? 아인슈타인의 서명을 받아 기사로 만들자"라고 했다는 설이 있기도 하다.)

뇌더가 죽고 2년이 지난 1937년에 남동생 프리츠가 시베리아에서 체포되어 모스크바의 수용소에 보내졌다. 바일과 아인슈타인이 그의 석방을 위해 노력했으나 실패했다. 독일인들이 수용소를 점령하기 한 달 전, 프리츠는 간첩죄로 처형당했다. 바일과 아인슈타인은 프리츠의 자녀인 고트프리에드와 헤르만을 미국으로 데리고 오는데 성공했다. 1989년, 소련 대통령 미하일 고르바초프는 프리츠가 부당하게 처형당했다고 선언했다.

1970년대에 오스트리아의 수학 교사인 어거스트 딕이 쓴 위인전이 뇌더에 대한 관심을 일으켰다. 브린마워에 그녀의 유해가 있었다. 1982년, 뇌더 탄생 100주년을 기념하기 위해 여성 수학 단체가 토론회를 개최했다. 그녀의 유해는 도서관의 조용하고 외진 벽돌 길 밑에 안장됐다. 이듬해에 예일 대학의 나단 제이콥슨이 편집한 에미 뇌더의 논문 모음집이 발간됐다. 책에서 프랑스 수학자 장 디에두오네는 "에미 뇌더는 사상 최고의 여성 수학자다. 20세기 위대한 수학자들 가운데 한 명인 것을 감안하면, 그녀의 논문 모음집의 출판은 너무 늦은 감이 있다"고 소개했다.

같은 해, 에를랑겐 시는 신축학교를 뇌더에게 헌정하고, 에미 뇌더 김나지움(대학 예비 교육 기관)이라고 명명했다. 헌정식에서 뇌더의 조카 고트프리에드는 자신의 고모가 얼마나 힘들게 교육을 받았는지에 대해서 회고하면서 새로 생긴 공학 대학 예비 교육 기관에 대해서 이렇게 말했다. "에미 고모도 좋아하시고, 인정하실 거라 생각합니다."

2장

제2세대 여성 과학자들

생화학자

4 게르티 래드니츠 코리

1896. 8. 15~1957. 10. 26

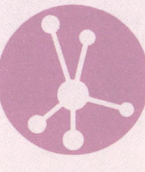

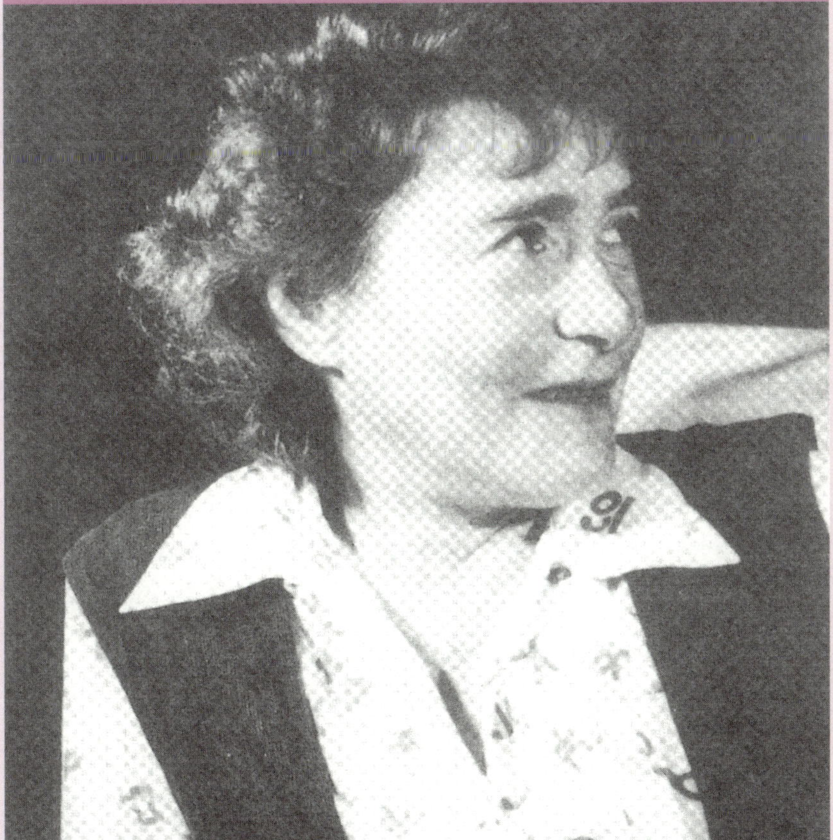

노벨 화학상_1947

게르티 래드니츠 코리

Gerty Radnitz Cori

게르티 코리의 남편 칼은 미국의 한 대학교로부터 꿈에 그리던 일을 제안 받았다. 하지만 그 일을 맡으면 아내와 함께 연구할 수가 없었기 때문에 칼은 결국 그 제안을 거절했다. 칼을 고용하려던 대학 관계자는 체코 출신의 여자가 남편의 미래를 망치려 한다고 경고했다. "부부가 함께 일하는 것은 미국식이 아니랍니다."

게르티는 혼자 남아서 울음을 터뜨렸다. 칼은 아내를 위로하며 1920년대에 부부가 함께 일하는 것을 미국식이 아니라고 여기는 그들의 생각이 잘못된 것일 뿐이라고 얘기해 주었다. 로체스터 대학은 게르티 코리를 거부하는 바람에 뛰어난 과학자를 영입할 기회를 놓치고 말았다. 그녀는 과학 분야에서 노벨상을 받은 최초의 미국 여성이 됐기 때문이다. 그녀 이전에 노벨상을 받은 여성은 마리 퀴리와 그녀의 딸 이렌느 졸리오-퀴리밖에 없었다.

35년 동안 코리 부부는 밀접한 협력을 하며 공동으로 연구를 진행해왔다. 코리 부부는 연구를 위해 늘 세심하고 깊이 있는 이야기를 나눴다. 칼이 사람이 이야기를 시작하면, 게르티가 결론을 내렸다. 친구들이 코리 부부의 이야기를 들을 때면, 마치 한 사람의 두뇌에서 생각이 나오는 것 같은 느낌을 받았다.

코리 부부는 세포가 어떻게 음식을 에너지로 전환하는지에 대한 이해의 토대를 다졌다. '코리 회로'는 고등학교 과정에서 빠지지 않을 정도로 중요한 과학의 기본적인 지식이 됐다. 그래서 1920년대에 이러한 생각을 해냈다는 것이 얼마나 혁명적인 것인지를 오히려 간과하기 쉽다. 코리 부부는 근육이 당을 이용하여 에너지를 만들어내고, 간과 근육이 잉여 에너지를 나중에 사용할 수 있도록 저장해 둔다는 사실을 처음으로 설명했다.

그들은 이보다 훨씬 중요한 발견도 해냈다. 코리 부부가 연구를 하던 당시에는 세포의 작용을 촉진하고, 성장시키고, 재생산 하도록 돕는 단백질 구성체인 효소에 대해 알려진 사실이 거의 없었다. 코리 부부는 몸을 움직이는 에너지원인 당을 우리 몸이 저장하도록 전환하는 효소를 발견하고 정제해냈다. 그들은 효소와 호르몬 연구의 개혁자였다. 코리 부부의 연구는 당뇨병을 이해하는 데도 중요한 역할을 했다. 게르티 코리는 효소 결핍으로 생기는 병과 유전병에 대한 연구를 시작했다. 코리 부부의 연구는 과학자와 의학자들이 생화학적 과정을 이해하는 것이 얼마나 중요한지를 보여주었다.

지금도 코리 부부의 영향력은 여전하다. 뛰어난 생물학자들을 훈련시킨 결과 연구실에서 자신들을 포함하여 8명의 노벨상 수상자가 배출됐다.

게르티 코리의 어린 시절에 대해서는 알려진 바가 거의 없다. 게르티 테레사 래드니츠는 1896년 8월 15일, 오스트리아-헝가리 제국에 속해 있던 체코 프라하에서 유복한 유대인 가정에서 태어났다. 아버지 오토 래드니츠는 여러 개의 첨채당(사탕무로 만든 설탕) 정제소를 관리하는 사업가 겸 화학자였다. 큰 딸이었던 게르티는 열 살 때까지 집에서 과외를 받았다. 그 뒤 여학교에서 사회생활에 필요한 교양을 쌓았다. 소아과 교수였던 삼촌은 게르티에게 의대로 진학하라고 권했다. 공식적으로 여성들은 프라하의 칼 페르디난드 대학에 다닐 수 있었지만, 그마저도 소수의 여성들만이 누릴 수 있는 특권에 속했다. 당시 여학교에서는 라틴어 · 수학 · 물리학 · 화학을 가르치지 않았다. 하지만 대학입학을 위해서는 필수적으로 배워야하는 과목들이었다. 게르티는 의대에 진학하기 위해, 8년 과정의 라틴어를 배우고 5년 과정의 수학 · 물리학 · 화학을 배워야 했다.

열여섯 살이 되던 해 여름, 티롤(오스트리아 서부에 있는 주)에서 가족과 함께 휴식을 취하던 게르티는 라틴어를 가르쳐 줄 고등학교 선생님을 만났다. 여름이 끝날 때쯤, 게르티는 3년 동안 라틴어를 공부한 학생과 비슷한 수준에 도달했다. 이듬해 말에는 대학 입학시험 준비를 끝냈다. 뒷날 게르티는 대학 입학시험이 자신이 본 시험 중에서 제일 어려웠다는 말을 남겼다. 1914년, 게르티는 18살에 프라하에 있는 독일 대학 분교에서 의과에 진학했다.

게르티는 대학에 들어간 첫 해에, 평생 동안 애정을 쏟은 생화학과, 남편이 될 칼 코리를 만나게 된다. 그녀는 처음 접한 순간부터 생화학에 끌렸다. 과학은 인류를 도울 수 있는 하나의 방법이었고, 그 중에서도 생화학은 화학적 원리를 생물학 분야에 응용하는 새로운 시도였다. 게르티는 해부학 시간에 칼 코리를 처음 만났다. 칼은 훤칠한 키에 미남이었으며, 금발머리에 파란 눈을 가진 매력적인 청년이었다. 게르티는 불그스름한 갈색 머리카락에 갈색 눈을 가진 예쁜 학생이었다. 칼은 소극적이었지만, 게르티는 쾌활하고 민첩하며 총명했다. 게르티는 칼보다 이해력이 좋았고, 더 적극적이었기 때문에 공적인 자리에서 그녀는 칼을 압도했다. 칼은 게르티가 유대인이라는 사실에 신경 쓰지 않았다. 칼은 항구 도시 트리에스테에서 해양 연구소를 운영하는 아버지 밑에서 자랐다. 그는 당시 만연해있던 반유대주의의 영향을 받지 않았다.

칼은 게르티와 사랑에 빠졌다. 그는 게르티를 “매력있고 지성과 유머를 겸비한 야외활동을 좋아하는 젊은 여성”이라고 생각했다. 과학적 데이터에서 규칙성을 찾아내기를 좋아하는 게르티는 과학자가 되기를 꿈꿨다. 두 사람은 의과 대학에서 함께 공부했고, 방학이 되면 등산과 스키를 즐겼다. 칼은 제1차 세계대전 중, 오스트리아 군대의 위생병으로 징집됐다.

전장에서 돌아온 뒤, 칼은 의대에서 공부를 계속하며 게르티와 사랑을 키워갔다. 칼과 게르티는 피의 구성 요소에 대해 공동으로 연구하여, 그 결과를 첫 협력 논문으로 내놓았다. 의대를 졸업한 뒤 게르티는 가톨릭으로 개종했다. 칼과 성당에서 결혼하기 위해서였다. 칼의 가족은 게르티의 유대계 배경이 칼의 미래에 영향을 줄 것이라 생각해 결혼에 반대했다.

칼과 게르티가 결혼한 1920년대 동유럽은 전쟁과 기아(饑餓) 문제로 큰 혼란을 겪고 있었다. 승리한 연합군이 오스트리아와 헝가리를 해체하면서 수많은 사람들이 국경을 따라 이리저리로 옮겨 다녀야 했다. 어느 날 밤, 칼과 친구들은 노동자처럼 차려입고 연구소에서 비밀스럽게 장비를 떼어내어 체코에서 헝가리로 옮겨가야 했다. 연구소 설립자가 헝가리인이었기 때문이었다. 체코에서 기초 연구 분야는 우선권이 낮았고, 의학자가 연구원보다 더 필요한 상태였다. 비엔나에서도 연구 기회는 많지 않았다. 칼은 아버지가 보내주는 실험용 개구리 덕분에 대학에서 연구를 원활하게 할 수 있는 유일한 의사였다.

게르티와 칼은 1921년의 대부분의 시간을 각자 다른 도시에서 살아야 했다. 게르티는 비엔나의 캐롤리넨 소아과 병원에서 일했다. 거기서 그녀는 크레틴병을 공부하고 몇 편의 관련 논문을 발표했다. 오늘날 그 병은 선천성 갑상선 기능저하증이라고 알려져 있다.

일을 한 대가로 그녀는 먹을거리를 제공받았다. 당시 병원의 의학자들은 아이들을 위해 무료로 음식물을 지급받는 것에 반대하고 있었다. 음식물은 미국의 구호 단체에서 지급되는 것이었기 때문이었다. 결국 음식을 제대로 먹지 못한 게르티는 안구 건조증을 앓게 됐다. 이 병은 비타민 A가 부족해 걸리는 것으로 알려져 있다. 게르티는 프라하의 부모님 집에서 충분한 영양식을 섭취해 병을 치료할 수 있었다.

그라츠 대학교는 칼이 유대인이 아니라는 것이 확인되면 일자리를 제공하겠다고 했다. 반유대주의가 점점 팽창하는 것을 감지한 칼은 유럽에 또 다시 전쟁이 일어날 것이라는 사실을 예감했다.

코리 부부는 한적한 길로 산책을 나가거나, 비엔나의 훌륭한 미술관을 방문하는 것으로 마음의 평안을 찾았다. 게르티는 이런 말을 남겼다.

> 예술과 과학은 인간의 지성이 만들어 낸 최고의 영광이다. 나는 그 둘 사이에 충돌이 있다고 보지 않는다. 예술과 과학은 역사 속에서 함께 번영했다… 절망적이고 의문이 드는 순간, 수 세기에 걸친 인간의 위대한 성과에 대해서 생각하는 것이 나에게 큰 도움이 됐다. 인간의 비열함과 어리석음은, 그 순간 하찮은 문제일 뿐이었다.

코리 부부는 어떠한 희생이 따르더라도 유럽을 떠나기로 결정했다. 그들은 자바의 주민들과 함께 5년간 일할 수 있도록 네덜란드 정부에 요청했다. 그들이 결과를 통보 받기 전, 미국 뉴욕 주 버팔로 시에 있는 암 연구소장이 칼에게 일자리를 제안했다. 악성 질환 연구를 위해 설립된 연구소는 X선과 라듐 방사능으로 환자들을 치료했다. 지금 이 연구소는 '로스웰 파크 암연구소(Roswell Park Memorial Institute)' 라는 이름으로 널리 알려져 있다.

그 당시 화학 분야는 독일이 세계를 주도하고 있었기 때문에, 연구소장은 독일에서 훈련받은 생화학자를 초빙하기 원했다. 하지만 제1차 세계대전 이후 미국에는 반독일적인 풍조가 퍼져있었다. 결국 연구소장은 차선책으로 오스트리아인을 고용하기로 결정했다. 교수들은 칼의 역량을 높이 평가했다. 그는 3천 달러의 연봉을 받게 됐다. 1922년, 칼이 먼저 버팔로를 향해 출발했다. 게르티는 칼을 보조하는 병리학자의 직위로 6개월 뒤에 합류했다. 버팔로의 암 연구소에서 코리 부부는 9년간 함께 일하면서 과학적 명성을 쌓았고 미국 시민권도 얻었다.

"당시 미국에서 생화학 분야가 발전할 수 있으리라고는 누구도 예상치 못한 일이었다"고 그들은 회상했다. 실험실에서 맡은 일이 많지 않았고, 통제도 심하지 않았기 때문에 두 사람은 자유롭게 연구하고 그 결과를 출판할 수 있었다. 게르티는 미국에서 지낸 첫 2년 동안 X선이 피부와 기관의 신진대사에 미치는 영향을 연구했다.

한번은 연구소에 학문적인 사기가 있었다. 연구소의 새로운 관리자가 코리 부부의 논문을 읽거나 이해하려는 노력도 하지 않은 채, 자신의 이름을 논문에 올렸다. 이에 코리 부부는 비밀리에 관리자의 이름을 논문에서 삭제하고 부부의 이름으로 학술지에 제출하는 방법으로 대응했다. 새로운 관리자는 기생충이 암을 일으킨다고 생각했다. 매달 그는 직원들을 모아 놓고 질책하는 일이 많았다. "신사 여러분, 암의 원인이나 치료법을 찾는 것은 우리의 의무입니다. 해답은 바로 정맥 안에 있어요." 게르티는 조용히 듣고만 있지 않았다. 그녀는 병원 환자들의 변에서 기생충을 찾지 못했다고 관리자에게 항의했다. 화가 난 관리자는 잠자코 연구실에 머물러 있지 않거나, 칼과 공동으로 연구하는 일을 그만두지 않으면 해고하겠다고 경고했다. 게르티는 잠시 동안 복종하는 듯했다. 하지만 다른 사람들이 보지 않을 때, 그녀는 현미경을 꺼내 와서 연구 슬라이드를 보며 연구를 시작했다. 파문이 지나가기를 기다렸다가 코리 부부는 다시 공동의 연구를 시작했다. 그들은 어떠한 일이 있더라고 협력하리라 굳게 결심했다.

게르티와 칼은 우리 몸이 어떻게 에너지를 이동시키는지에 대해 관심이 있었다. 식사를 한 뒤 운동을 하기까지 우리 몸이 어떻게 에너지를 보관했다가 지속적으로 공급하는지에 대해 알려진 내용이 거의 없었다. 19세기에 한 프랑스 생리학자가 간과 근육이 녹말과 같은 물질을 포함하고 있다는 사실을 알아냈다. 그는 '설탕 제조자' 라는 의미로 그것을 글리코겐이라고 불렀다. 하지만 그는 한 분자의 글리코겐이 몇 백 개의 포도당 분자가 화학적으로 결합된 것이라는 사실은 알지 못했다. 에너지가 필요하면 우리 몸은 글리코겐을 분해하여 당 분자로 만드는 것이다.

1920년대 내내, 코리 부부는 동물 실험을 통해 소량의 당과 글리코겐, 그리고 그 변환과정을 조절하는 호르몬을 측정했다. 측정과정과 측정값의 정확성이야말로 이 연구의 특징이었다. 게르티 코리의 위인전을 쓴 버지니아 대학교의 조세프 라르너는 "양적 분석 방법론의 발전에 공헌을 한 사람은 의심할 여지없이 게르티였다"고 평가한다.

1929년, 6년 동안의 연구 끝에 드디어 코리 부부는 포유동물이 운동을 위해서 어떻게 에너지를 얻는지 설명할 수 있게 됐다. 그들은 남은 일생을 이 연구를 더 심층적으로 탐구하는데 바쳤다. 코리 부부의 이론에 의하면 에너지는 근육에서 간으로, 간에서 다시 근육으로 움직이는 흐름을 가지고 있다. 예를 들어 사람이 전력 질주를 하기 시작하면 근육에서 글리코겐이 당 — 정확히 말하자면 포도당 — 으로 바뀐다. 근육은 당으로 거의 모든 에너지를 만들어 내지만 조금은 유산(lactic acid)의 형태로 남겨둔다. 몸은 에너지를 보관하기 위해서 여러 단계를 거쳐 유산을 다시 글리코겐으로 바꾼다. 우선, 유산은 근육에서 간으로 운송된다. 간은 유산을 다시 당으로 변환시키기 위해 운동선수는 호흡을 하여 산소를 공급한다. 당이 근육으로 다시 옮겨지고 나면, 저장을 위해 글리코겐으로 바뀐다. 코리 부부는 그들의 이론을 '탄수화물의 순환' 이라고 불렀다. 다른 사람들은 그것을 '코리 회로' 라고 불렀다.

코리 회로는 당뇨병 치료에도 중요한 영향을 주었다. 1921년에 인슐린이 발견되었지만, 인체가 인슐린과 당을 어떻게 이용하는지에 대해서 알려진 내용은 거의 없었다. 하지만 코리 회로 덕분에 생의학자는 우리 몸이 운동 ·

음식 · 혈당의 균형을 어떻게 유지하는지 알게 됐다. 코리 부부는 코리 회로 덕분에 유명해졌다. 그런데 뒷날 그들은 코리 회로와 연관 있는 효소, 회로에 영향을 미치는 호르몬, 효소의 결핍이나 손상에 의해서 발생하는 유전병에 대한 연구 때문에 생화학자들 사이에서 더 큰 존경을 받게 된다.

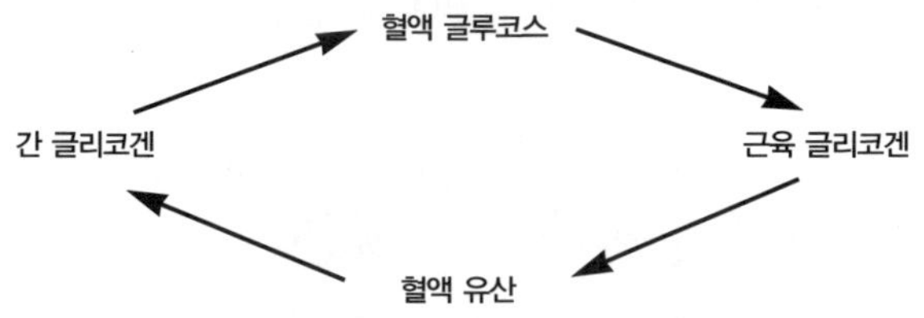

코리 회로

코리 부부는 포유동물의 근육 운동을 위해 에너지가 어떻게 근육에서 간으로 이동하고, 다시 간에서 근육으로 돌아가는지를 설명했다.

연구소에서 보낸 시간은 아주 생산적이었다. 코리 부부는 그곳에서 50편의 논문을 썼다. 누가 연구의 중심적인 역할을 했는가에 따라 어떤 논문에는 칼이 제1저자로, 또 다른 논문에는 게르티가 제1저자로 기재했다. 이 외에도 게르티는 혼자서 11편의 논문을 썼고, 칼 역시 30편의 논문을 썼다.

코리 부부는 연구소에서 가장 왕성한 결과를 냈다. 게르티 같이 독립적인 여성과 일하다보면 자칫 충돌이 일어날 수도 있었다. 하지만 칼과 코리는 서로에게 잘 적응했으며, 애정이 깊은 이상적인 연구팀이 됐다. 지나치게 경쟁하지 않으며, 상대방의 연구를 신뢰했다. 연구소의 한 동료가 열광하며 "이번에 게르티가 준비한 세미나, 정말 훌륭하지 않았나요?"라고 칼에게 물었다. 그러자 그가 대답했다. "그거야 당연하지."

코리 부부는 각자가 가진 재능으로 서로의 능력을 보완했다. "칼은 연구실에서 천재는 아니었어요"라고 코리 부부의 연구실에서 일했던 워싱턴 의과대학의 윌리엄 더파데이가 지적했다. "칼은 공상가였죠. 반면에 게르티는 연구실의 천재답게 온갖 종류의 일에 관심을 가지고 있었죠. 그녀는 새로운 정보를 엄청나게 빨리 해치웠어요. 그들은 모든 일을 함께 토론했어요. 게르티는 폭넓고 깊이 있는 독서를 했어요. 그 때문인지 게르티는 칼에게 사고의 실마리를 던져주는 일이 많았어요. 칼의 생각 가운데 많은 부분이 게르티의 영향을 받은 것이었어요." 게르티는 사소한 단서도 놓치지 않았고, 다른 과학 분야의 성과를 많이 참조했다. 그 덕분에 연구에서 늘 중요한 역할을 맡았다. 게르티의 독서습관은 문제를 해결하는 새로운 접근법을 제시하는데 도움이 됐다. 칼의 장점에 대해서 더파데이는 이렇게 말했다. "그는 개별적인 정보를 개념화하는 일을 했어요."

코리 부부는 혼자보다 팀으로 일할 때 더 강했다. 게르티는 동기를 부여하는 일을 도맡았다. 연구를 진행하는 동안 게르티는 긴장을 유지했지만, 칼은 약간 느슨한 편이었다. 게르티가 없었다면 칼은 한 팀으로서 그 정도의 성취를 이루지 못했을지도 모른다. 칼의 직관적인 재능과 정보를 찾아내고 분석하는 게르티의 능력이 조화를 이루었기 때문에 코리 부부는 꾸준한 과학적 발견을 할 수 있었다.

집에서 쉬는 동안 코리 부부는 기분 전환을 위해 독서를 했다. 그들은 주로 저녁 시간에 소리 내어 미국 문학작품을 읽었다. 칼은 고고학이나 시 · 예술 분야의 책을 선호한 반면, 게르티는 주로 위인전과 역사물을 탐독했다. 그들은 한적한 곳에 나가 산책하기를 좋아했다. 때로는 수영을 하거나 높은 산을 등반하기도 했다.

버팔로에 있는 연구소에서는 주로 암 연구에 집중했기 때문에, 코리 부부는 시간이 지날수록 탄수화물 대사에 관한 자신들의 연구를 정당화하기 힘들었다. 결국 그들은 함께 연구소를 떠나기로 결심했다. 이 무렵 두 사람 가운데 먼저 대학에서 제의를 받은 사람은 칼이었다. 코넬 대학과 토론토 대학이 칼에게 자리를 제안했다. 토론토 대학은 1921년에 프레드릭 반팅과 찰스

베스트가 인슐린을 발견한 곳이기도 했다. 게르티 역시 대학에서 연구하기를 원하고 있었으나 두 대학은 자리를 제안하지 않았다. 칼은 이 때문에 코넬 대학과 토론토 대학의 제안을 거절했다. 로체스터 의과대학은 세 가지 조건을 내세우며 칼을 고용하고 싶다고 제의했다. 언어 수업을 듣고, 인슐린에 관한 연구를 중지하고, 게르티와 공동 연구하는 것을 그만두어야 한다는 조건이었다. 칼은 언어 수업은 들을 수 있지만, 인슐린 연구와 게르티와 함께 진행하는 연구는 그만둘 수 없다고 단언하며 로체스터 대학의 제안을 거절했다. 로체스터 대학을 마지막으로 방문한 날, 게르티는 대학 관계자에게 부부가 함께 일하는 것은 미국식이 아니라는 말을 들었다.

사실 남편과 아내가 공동 연구팀을 이루는 것이 그리 이상한 일은 아니었다. 식물학 · 유전학 · 화학 이외에도 다른 과학 분야에서 함께 연구하는 과학 커플들이 있었다. 교수 직위를 가진 남편들은 지위가 낮고 임금을 적게 받는 아내들과 수십 년 동안 함께 일하기도 했다. 일부 남자 과학자들은 평생을 여성 과학자와 협력하기도 했는데, 이런 경우 여성 과학자들은 일할 수 있는 특권을 준 남성 과학자들에게 매우 헌신적이었다. 여성은 대체로 낮은 직급의 강사 · 보조 연구원이었으나 남성 파트너는 종신 재직이 보장된 교수였다. 여성들은 남성 협력자와 좋은 관계를 유지해야 안정된 자리를 보장받을 수 있었다. 이혼 문제가 발생하거나, 남성 협력자들이 불만을 가질 경우 여성이 해고되는 일은 다반사였다.

부부가 같은 부서나 대학에서 일하는 것을 법으로 금지하기도 했다. 법 조항은 남성보다도 여성에게 차별적으로 이용되는 경우가 많았다. 물론 아내가 남편의 연구실에서 무임금으로 보조하는 것을 금하지는 않았다. 사실상 대학 내에 존재하는 대부분의 규제들은 여성이 일을 통해 인정받고 정식적인 지위를 갖는 것을 금하는 것이었다. 칼의 노력에도 불구하고 두 사람이 함께 일을 찾기는 쉽지 않았다.

1931년, 워싱턴 대학은 칼에게 약리학장의 자리를 제안하면서 여성 과학자들을 함께 고용했다. 게르티도 일자리를 갖게 됐다. 의과 대학은 게르티에게 연구원 조수직을 제안했다. 그녀의 임금은 칼이 받는 임금의 20퍼센트에 불과했지만, 다른 대학들보다는 훨씬 나은 조건이었다. 게르티는 자신의 경력을 인정받기 원했다. 워싱턴 대학의 학장은 칼에게 대학교의 교수진이 그의 능력을 확인하도록 세미나를 부탁했다.

코리 부부는 무더운 날씨 속에서 세인트루이스에 도착했다. 칼은 호텔 침대에 누워서 선풍기를 틀어 놓고 제인 오스틴의 소설을 읽으며 더위를 식히려 했다. 게르티는 워싱턴 대학의 일자리 제안으로 몹시 흥분한 상태였다. 그녀는 칼이 연설문을 다듬기를 원했다. 칼은 강의를 위해 그리 많은 노력을 기울이지는 않았지만 좋은 평가를 받았다. 해부학자 한 명을 제외한 모든 교수가 칼의 임용에 찬성했다. 해부학자의 연구실을 방문한 칼은 책상 위에 흩어져 있는 뼈 가운데 하나를 별생각 없이 만지작거렸다. 칼이 해양 생물학자의 아들인 것을 알지 못한 교수는 그에게 그 뼈가 무엇인지 아느냐고 질문을 했다. “네, 이것은 고래의 내이(內耳)군요”라고 칼이 주저하지 않고 대답했다. 그렇게 해부학 시험을 통과한 뒤, 칼의 임용을 반대하는 사람은 아무도 없었다. 35세의 나이에 칼은 정교수가 됐고, 게르티는 연구 보조원이 됐다. 그녀는 13년간 연구를 보조했다. 칼은 종신 재직이 보장돼 있어서 아주 심각한 이유가 아니면 해고될 염려가 없었다.

워싱턴 대학의 약리학 연구소의 시설은 무척 낡았다. 실험 기자재도 부족했고, 연구원들은 그나마 있는 것을 순서를 기다려서 사용해야 했다. 실험 기술자나 청소부도 없었다. 오늘날 화학자들은 실험에 필요한 화합물을 주문해서 살 수 있지만, 코리 부부는 필요한 것을 정밀한 측량과 합성을 통해 만들어 사용해야 했다. 자동화된 기기나 냉난방 장치도 없는 열악한 시설에서 그들은 연구를 계속했다.

화학물의 질과 밀도를 지키기 위해 게르티는 화합물을 어떻게 만들고 보관해야 하는 지에 대해서 고민하고 빈틈없이 관리했다. 실험실에 새로 들어온 사람은 게르티의 지도 아래 기본적인 절차와 섬세한 기술을 다시 배워야 했다. 그렇게 하는 동안 연구실의 모든 사람들은 새로운 체계에 서서히 익숙해졌다.

쉼 없이 담배를 피우고 연구실 작업대에 재를 털기도 하면서 게르티는 연구실에 활력을 불어넣었다. 그녀는 뭔가를 읽다가 새로운 사실을 알게 되면 칼에게 알려주기 위해 바로 뛰어갔다. 게르티는 넘치는 호기심과 연구에 대한 열의를 가지고 있었고, 누구도 따를 수 없는 추진력으로 연구에 박차를 가했다. 한 번은 시료가 잘못 표기되어 실험을 처음부터 다시 해야 하는 문제가 발생했다. "하루를 허비했어!"라고 그녀는 안타까워했다. 게르티에겐 하루하루가 중요했다. 결과를 내지 못하면 하루를 잃어버리는 것과 마찬가지였다. 당시에 대부분의 생물학자와 의학자들은 생화학 분야가 자신들과는 연관이 없다고 생각했다. 반면 코리 부부는 사람의 몸에서 일어나는 화학 과정을 정확하게 측정할 수 있다면 생물이나 의학과 같은 분야에서 혁명을 일으킬 것이라고 생각했다. 따라서 완벽하지 않은 실험과 결과를 그냥 넘어갈 수는 없는 일이었다.

어느 날 오후, 독일 논문집에 중요한 발견이 게재됐다. 대학원생 제인 파크가 급히 논문을 가져오기 위해 도서관으로 달려갔다. 코리 부부는 당장 논문을 보고 싶었다. 논문은 대여가 되지 않았다. 복사기도 없을 때였기에 파크는 논문을 영어로 번역하고 일일이 적어서 코리 부부에게 전달했다. 코리 부부는 미묘한 뉘앙스와 세세한 정보도 놓치고 싶지 않았다. 그들은 원문으로 된 논문을 보고 싶어 했다. 파크는 독어로 다시 옮겨 적기 위해 마을을 가로질러 도서관으로 달려갔다. 중간에 시간을 허비하지 말고 곧바로 돌아오라는 지시도 받았다. 파크는 반더빌트 대학의 교수가 된 이후에 "코리 부부와 함께한 모든 실험은 한 치의 오차도 허용하지 않는 완벽하고 인상적인 경험이었다"고 회상했다.

세인트루이스에 도착하기 전에 코리 부부는 동물 실험을 통해 탄수화물 대사를 연구했다. 살아 있는 생물체를 다루는 일은 그들의 연구에 많은 변수가 생기게 하여 불확실한 결과를 가져왔다. "사람들은 어떤 일이 일어나고 있는지 추측할 수밖에 없었지요." 칼이 실험에 대해 언급했다. 코리 부부는 먼저 근육 조직을 연구하기로 결정했다. 게르티가 설명했다. "하나의 세포 속에는 너무 많은 과정들이 동시에 진행되고 있어서, 그것을 각각의 단계로 밝혀내는 것은 불가능한 일이었다." 코리 부부는 개구리의 근육을 잘게 잘라 차가운 증류수에 적신 뒤 용해되는 성분을 추출했다.

41살의 게르티는 임신한 채 세인트루이스의 기록적인 무더위 속에서 중요한 연구를 하고 있었다. 연구실에 냉방장치가 없었기 때문에 1936년 8월 내내 연구실의 온도는 38도를 웃돌았다. 무더운 날씨 속에서 코리 부부는 사람의 몸이 어떻게 글리코겐을 당으로 분해하는지 설명하기 위한 연구를 하고 있었다. 그들은 개구리 근육의 추출물을 조사하다가 새로운 포도당 화합물인 글루코즈-1-인산(glucose-1-phosphate)을 발견했다. 그것은 코리 에스테르(Cori ester)라고도 부른다. 코리 부부는 마침내 글리코겐이 당으로 분해되기까지 세 단계를 거치며, 각각의 단계마다 아주 적은 양의 에너지가 필요하다는 사실을 발견했다. 코리 에스테르는 그 단계 중의 하나였다.

게르티는 조산원에 가기 전 마지막 순간까지 에스테르를 연구했다. 아들 톰 칼 코리를 낳고 3일 뒤, 게르티는 연구에 복귀했다. 톰은 교양 있는 유럽인이 아니라 야구에 열광하는 전형적인 미국 소년이 됐다. 칼과 게르티는 톰이 과학자가 되기를 바랐다. 뒷날 톰은 화학을 전공해 박사 학위를 받고, 시그마-알드리히(Sigma-Aldrich)라는 회사의 회장이 됐다. 그곳은 예전에 코리 부부가 손수 만들어 사용해야 했던 실험용 화합물을 취급하는 회사였다.

게르티와 칼은 평일이면 하루 종일 일했고, 토요일엔 반나절만 일했다. 코리 부부는 저녁이나 주말에는 집에서 쉬면서, 가능한 일과 관련된 이야기는 하지 않으려고 했다. 그들은 보통 주말에 스케이트를 타고 수영을 하거나 테니스를 치고 음악회에 참석했다. 연구실에서 13킬로미터쯤 떨어진 교외로 나가 숲에서 지내는 날도 있었다. 그들은 가끔 정원에서 파티를 열어 화가·음악인·소설가·경영인·과학자 동료들을 초대하기도 했다. 파티에는 미혼인 남녀 과학자들이 항상 포함됐다. 코리 부부는 여름이면 이탈리아를 방문하거나 콜로라도와 알프스로 여행을 가기도 했다.

1938년과 1939년 사이에 게르티는 효소학으로 연구 방향을 바꾸었다. 효소는 몸에서 일어나는 거의 모든 화학 반응을 관장한다고 알려져 있지만, 그 외에 어떤 역할을 하는지에 대해서는 알려진 내용이 없었다. 게르티의 전기를 쓴 조세프 라르너에 의하면 코리 부부가 효소학으로 연구 분야를 바꾸게 된 결정적인 이유를 제공한 사람이 바로 자신이라고 했다. 1938년과 1939년에 코리 부부가 발표한 10편의 논문 중에서 그녀는 7편의 논문에 주요한 공헌을 했다. 칼은 2편의 주요 저자였으며, 다른 동료가 한 편을 썼다.

얼마 뒤 코리 부부는 글리코겐을 코리 에스테르로 분해하는 효소인 포스포릴라아제(phosphorylase)를 발견했다. 포스포릴라아제는 글리코겐 당 분자의 결합을 끊는다. 코리 부부가 포스포릴라아제를 발견한 것은 탄수화물 대사를 처음으로 분자 수준에서 연구하게 됐다는 것을 의미한다. 1942년에 단백질을 연구하는 화학자 아르다 그린이 코리 부부의 연구실에서 포스포릴라아제를 결정화시켜 연구에 사용할 수 있도록 제공해주었다.

1939년, 코리 부부가 시험관에서 글리코겐을 만들자 온 생물학계가 흥분했다. 토론토에서 열린 국제회의에서 칼은 시험관에 코리 에스테르와 다른 몇 개의 화합물을 포스포릴라아제와 함께 넣고 실온에서 10분 동안 놓아두었다. 그는 시험관의 화합물이 탄수화물로 변했다는 것을 입증해 보였다. 칼은 결과를 모든 사람들이 확인할 수 있도록 시험관을 청중에게 돌려가며 보게 해 주었다. 40년 뒤, 토론토의 같은 호텔에서 열린 기념회의에서도 칼 코리의 극적인 사건은 여전히 사람들 입에 오르내렸다. 생리학자들은 몇 년 동안 큰 분자는 오직 세포 안에서만 만들어 질 수 있다고 생각해왔다. 그런데 코리 부부는 시험관 안에서 큰 분자를 만들어내어 처음으로 생물 공학을 선보였다. 칼은 조심스레 말했다. "생화학 분야에서 가장 흥분되는 일이었다… 그것과 비교할 수 있는 시기는 1960년대에 세포의 유전자를 탐구하는 일이 가능해졌던 때 외에는 없었다."

노벨상 수상자인 효소학자 아서 콘버그는 20세기 의학을 '탐구자들의 유산' 이라고 불렀다. 20세기 초에 과학자들은 미생물과 비타민을 탐구했다. 20세기 중반, 효소를 탐구하는 과학자들이 유전자와 신경 세포를 이해하기 위한 기초를 세웠다. 코리 부부는 효소 탐구의 선구자였다.

게르티와 칼은 한 효소를 발견한 뒤 잇따른 발견을 통해 글리코겐이 당으로 변화하는 것과 그 반대의 변화 과정에 다양한 종류의 효소가 연관되어 있다는 것을 발견했다. 드디어 코리 부부는 살아있는 세포로부터 완전히 분리되고 정제된 효소를 연구하기 시작했다. 그들은 먼저 효소의 분자 구조와 기능을 탐구함으로써 그것이 어떻게 화학 반응을 일으키는지 알아내기 위해 노력했다. 그들의 연구는 당뇨병과 다른 유전병의 치료에도 응용할 수 있었다. 코리 부부는 생화학적 발견을 통해 생물학적 현상과 의학적 현상을 설명할 수 있다는 것을 처음으로 증명한 개혁자가 되었다. 동시에 그들은 생화학을 현대 분자생물학으로 다가가게 한 장본인이기도 했다.

게르티는 과학계를 이끄는 선구자였지만 워싱턴 대학에서는 여전히 지위가 낮은 연구 조수일 뿐이었다. 그녀와 동료 여성 과학자들의 신분이 향상된 것은 제2차 세계대전이 일어난 뒤에나 가능했다. 칼이 국방 연구를 하고 있었을 때, 게르티는 인력 부족으로 연구실을 이끌어 나가기가 힘들었다. 대학의 입장에서는 처음으로 여성 과학자들의 필요성을 절감하게 된 순간이었다. 대학은 아르다 그린을 계속 잡아두기 위해서라도 그녀에게 교수 자리를 줄 수밖에 없었다. 그린의 승진으로 게르티 역시 같은 대우를 받게 되었는지도 모른다. 어쨌든 1944년에 게르티는 조교수로 승진을 했다.

전쟁이 끝난 뒤 하버드 대학과 뉴욕시의 록펠러재단은 칼과 게르티에게 교수직을 제안했다. 하버드 대학은 록펠러재단이 그들을 채용하려 한다는 사실을 모른 채, 록펠러재단 측에 당당하게 코리 부부가 매사추세츠로 온다고 알려주었다. 록펠러재단의 제안은 아주 매력적이었다. 그에 대응하기 위해 워싱턴 대학은 칼 코리에게 또 다른 제안을 했다. 더 좋은 건물에서 확장된 생화학과를 맡을 수 있게 해주고, 게르티 코리를 정교수로 승진시키겠다는 제안이었다. 코리 부부는 워싱턴 대학의 제안을 받아들였다.

1947년, 코리 부부의 연구실은 효소 연구에 있어서 가장 활동적인 중심지였다. 그 곳은 학교라기보다는 연구소나 학자들을 위한 곳이었다. 코리 부부는 소수의 대학원생을 받았는데, 전 세계의 연구자들이 코리 부부와 함께 일하고 싶다며 모여들었다. 코리 부부를 포함해 연구실에 있었던 사람들 중에 8명이 노벨상을 받았다. 미국의 아서 콘버그 · 얼 W. 서더랜드 · 에드윈 G. 크렙, 스페인의 세베로 오초아, 벨기에의 크리스티앙 R. 드 두브와 아르헨티나의 루이스 르루아가 그들이다.

"그들의 연구는 정통의 생화학이었다. 효소를 분리해내고 그것의 특징을 연구하는 일이었다. 그 효소들은 이제 생화학을 전공하는 학생들에게는 너무 익숙한 것이 되어 그 중요성이 잊히고 있다. 하지만 많은 효소가 게르티 코리의 연구실에서 발견되고 결정화된 사실은 변함없다"고 코리 연구실의 숙련된 연구자 데이비드 브라운이 말했다.

1940년대 후반에서 1950년대 초반 사이에 엄청난 발견이 쏟아졌다. 칼은 걱정이 됐다. "좀 불안하지만 그냥 받아들이는 수밖에 없어요." 게르티는 세부적인 사항에 신경 쓰기 이전에 전체적인 밑그림을 그렸다. 그녀는 중요한 실험을 한 뒤, 그 결과에 따라 정밀한 계획을 세웠다. 때로 그녀는 흥분해 펄쩍펄쩍 뛰기도 했다.

게르티는 늘 연구실을 뛰어다녔다. 당시 칼은 직접적인 연구에서 물러나 하위 연구자들을 관리하고 논문 쓰는 일을 진행하고 있었다. 반면에 게르티는 매일 같이 연구소에서 실무를 담당했다. 그녀는 실험을 하거나 연구를 하지 않을 때는 논문을 읽었다. 게르티는 워싱턴 대학의 사서들에게 논문집이 도착하자마자 즉시 자신에게 보내달라고 부탁했다. 게르티는 실험을 하는 틈틈이 논문을 읽고 곧 도서관에 돌려주었다.

코리 부부의 삶은 게르티의 실험실과 칼의 연구실 사이 60여 미터 길이의 복도에서 이뤄졌다고 해도 과언이 아니다. 새로운 정보를 알릴 때 게르티는 칼의 연구실 사이에 있는 몇 개의 문을 지나기 전부터 그의 이름을 불러댔다. "칼리! 칼리!" 한 동료가 놀랄만한 발견을 해도 그녀는 기뻐서 소리를 지르며 복도를 달려왔다.

게르티는 세인트루이스에 있는 사립 도서관인 머캔타일 도서관에서 매주 5권에서 7권 정도의 책을 그녀의 연구실로 배달하도록 주문했다. 금요일에 그녀는 책을 다 읽고 다음 주에 읽을 책을 주문했다. 게르티는 정치이론부터 사회학 · 미술 · 문학에 이르기까지 어떤 주제에 대해서도 폭넓은 대화를 나눌 수 있었다. 동료들은 그녀가 가진 지식의 폭과 이해의 깊이에 놀랐다. 게르티는 "제가 과학을 통해 어떠한 공헌을 할 수 있었던 것은 유럽에서 받은 교육과 더불어 미국의 자유와 기회 덕분이었다고 생각해요"라고 답해 주었다.

코리 부부는 과학 이외의 다른 분야에 대한 책도 깊이 있게 읽었다. 그들은 노벨상을 받기 위해 스톡홀름에 가는 길에 혁명에 대한 논문을 쓴 젊은 사회학자와 대화를 나누기도 했다. 1947년, 게르티 코리는 DNA가 유전의 화학적 기초임을 보여준 오스왈드 애버리의 논문을 읽었다. 그녀는 또각또

각 구두 소리를 내며 콘버그에 달려갔다. "당신은 이것을 꼭 읽어야 해요. 이건 매우 중요해요." 콘버그는 게르티가 캘리포니아 공과 대학의 유명한 분자 생물학 모임보다 5년이나 앞서 DNA의 중요성을 알고 있었다고 술회했다.

코리 부부의 함께하는 점심은 음식보다 대화로 더 유명했다. 그들의 점심 식사는 매일 열리는 한 시간짜리 강의였다. 강연은 저명한 방문객의 연구 발표부터 코리 부부가 읽은 최근의 책에 대한 내용에 이르기까지 다양했다. 칼은 5개 국어를 구사했다. 그는 시를 쓰고, 첼로를 연주했다. 칼은 포도주를 맛보면 생산지를 맞힐 수 있을 정도의 애호가였다.

평소에 게르티는 상냥했지만 외부의 연구자가 자신들보다 앞서가는 것은 좋아하지 않았다. 코리 부부의 친구 루이스 르루아가 아르헨티나에서 새로운 효소를 발견했을 때, 게르티는 그와 비슷한 연구를 하고 있던 젊은 동료의 연구소로 달려갔다. 그녀는 "그걸 놓쳤어요! 놓쳤어요!"라고 하면서 불편한 심기를 드러냈다. 하루는 콘버그가 연구실에 앉아 있는데, 게르티가 논문집을 흔들며 갑자기 들어와서는 "우리는 당했어요"라고 크게 소리쳤다. 콘버그가 논문을 살펴보니 별다른 문제는 아니었다.

"전업 주부나 단순한 배우자가 그런 성격을 가지면 비정상이라고 생각하겠지만, 게르티의 행동들은 연구를 위해 필요하기도 했어요"라고 콘버그가 강조했다. 칼은 게르티에 대해 이렇게 말했다. "그녀는 여러 방면에서 사려 깊고, 자상하고 관대했어요. 하지만 그녀가 과학이 아닌 다른 일을 했다면 오히려 인정받기 힘들었을 겁니다."

현재 펜실베이니아 대학의 명예 교수 겸 학술원 회원인 밀드레드 콘은 칼의 말에 동의하며 이렇게 말했다. "어떤 사람들은 그녀와 잘 맞지 않았어요. 그녀는 친절하고 사려 깊은 사람이었지만 단도직입적이었어요. 게르티는 때론 관대한 태도를 취하지 않았어요… 그녀는 비평을 할 때 매우 날카로웠거든요. 게르티는 높은 기준을 가지고 있었고, 일에 관련된 것이면 곧잘 흥분하기도 했지요"

게르티 코리는 열정적인 여성이었다. 또한 친절하고 부드러우면서도 매섭고 변덕스러웠다. 젊은 연구원이 수도꼭지를 잠그는 것을 깜박해서 물이 바닥났을 때, 그녀는 아주 심하게 야단쳤다. "이제 망했어. 완전히 망했어! 넌 책임감도 없니?" 현재 시애틀의 워싱턴 주립 대학 교수인 에드윈 크렙은 자신의 실수로 인해 연구원으로서의 삶이 끝난 것 같았다. 하지만 저명한 생물학자 빅터 햄버거는 옆에서 그 상황을 지켜보며 재미있어 했다. 나중에 햄버거는 크렙을 위로하며 말했다. "내 말 잘 듣게. 이 일에 대해 게르티가 좀 심했다는 생각이 들긴 할 거야. 하지만 이 일로 게르티가 사과를 하지는 않을 걸세. 대신, 아침에 오면 문을 살짝 열고 얼굴을 내밀며 이렇게 말하겠지. '일은 어때요?' 자넨 그것을 사과로 받아들이면 돼."

크렙은 신경이 쓰였다. "하지만 그분은 오늘 제가 일하는 동안 한 번도 들여다보지 않았는걸요?" 하지만 다음날 아침, 게르티의 구두소리가 복도에서부터 들려왔다. 잠시 뒤 문을 열고 게르티가 얼굴을 내밀었다. "일은 어때요?"

몇 년 뒤, 제인 파크도 비슷한 경험을 했다. 파크는 게르티의 냉장고에 유리병을 몇 개 저장해 두었다. 파크가 그것을 옮기는 것을 보고서 게르티는 파크가 자신의 것도 가져갔다고 생각해서 물었다. 파크가 게르티에게 대답했다. "코리 부인, 저는 지금 이러고 있을 시간이 없어요. 제 어머니는 병원에 계시고, 몹시 편찮으시답니다. 지금 말씀하신 것은 그렇게 중요한 일이 아니니 절 좀 내버려 두시죠." 게르티는 말없이 구두소리를 내며 자리를 떠났다. 다음날, 파크의 어머니께서 돌아가신 뒤에 게르티는 유감을 전하기 위해 파크의 실험실에 얼굴을 내밀었다. 게르티가 사과하는 방식은 이런 것이었다. 게르티는 실험을 위한 용매들이 어떻게 다뤄지고 있는지 알아야했다. 그렇지 않으면 누구의 실험 결과도 믿을 수가 없다는 것을 파크도 잘 알고 있었다. 연구실 결과물의 신뢰도가 달린 문제였기 때문에 게르티는 어느 것 하나도 소홀하게 지나칠 수 없었다.

게르티는 과학적 기준에 관한 한 적당히 타협하기를 거부했다. "게르티는 당신의 생각이 논리적이지 않으면 바로 반론을 제시할 거예요. 그녀의 기준은 꽤 높았어요. 하지만 전 그것이 훌륭하다고 생각했죠"라고 현재 마이애미 주립 대학의 교무처장인 루이스 글래이저가 말했다. 글래이저는 대학원생일 때 최근 논문을 요약하고 논의하는 코리 부부의 금요일 오후 논문 클럽에서 강연을 한 적이 있었다. 그곳에는 게르티 코리보다 먼저 방을 떠나서는 안 된다는 불문율이 있었다. 글래이저는 긴장한 나머지 50분짜리 강연을 30분 만에 끝내버렸다. 아서 콘버그도 남은 시간 동안 해설을 하려고 노력했지만, 그 역시 10분 뒤에 포기했다. 게르티는 남은 10분 동안 글래이저에게 전문가는 한 시간 동안 강연을 할 줄 알아야 한다는 것을 알려주기 위해 이야기를 시작했다. "모두 그냥 앉아서 허공을 쳐다볼 뿐이었어요"라고 글래이저는 그날을 기억했다.

하루는 글래이저가 강연을 하기로 되어 있었다. 게르티가 글래이저와 함께 세미나실로 들어가다가 무엇에 대해 얘기할 계획이냐고 질문을 던졌다. 강연할 내용을 설명해 주자 게르티가 말했다. "그건 좀 지루할 것 같은데."

"전 그날 들어가서 준비된 강연을 했어요. 달리 제가 뭘 할 수 있었겠어요?"라고 글래이저가 웃으며 말했다. "하지만 그분의 말씀은 늘 옳았어요. 어떤 점에서 그분은 좀 매정하기도 해요. 누구에게든 할 말은 하시니까요. 대상이 노벨상 수상자이거나 대학원생이거나 가리지를 않으셨죠. 그게 전 늘 대단하다고 생각했고, 지금도 그래요. 만일 힘없고 많이 모르는 대학원생만 혼내는 것이었다면 받아들이기가 힘들었겠지만, 그분은 누구에게나 그러셨거든요."

게르티가 실험 재료의 청결함을 강조하는 것을 생각하면, 1940년대 중반 인슐린에 관한 논문 때문에 그녀가 얼마나 큰 노력을 해야 했는지 상상할 수 있다. 코리 부부가 논문을 발표하자, 실험 결과에 대해 거짓이라 생각하거나 꾸며낸 것이라 여기는 사람들이 있었다. 그 논문의 대부분의 실험은 코리 부부가 아닌 다른 연구원들이 수행한 것이었다. 게르티는 실험을 직접 하기 위해 칼과 함께 거의 1년 동안 실험실에서 살았다. 그녀는 이 논문의 공저자도 아니었지만 책임을 느끼고 있었다. 칼은 실험에 참여하지는 않았지만 공저자였다.

코리 부부의 학문적 청렴에 대한 고집은 반유대주의와 성차별 속에서 오히려 빛났다. 그들은 학문적 발견을 원했지만, 연구실 내에서 누가 그것을 먼저 발견하는지는 전혀 상관하지 않았다. 1950년대 다수의 미국 대학처럼 세인트루이스도 유대인이 일하기 좋은 조건은 아니었다. 하지만 코리가 속한 연구실은 유대인에 대한 장벽을 없애기 시작했다. 코리 부부가 여성과 유대인을 고용할 때도 다른 워싱턴 대학의 학과는 후보자의 아내가 유대인이라는 이유로 그를 고용하지 않고 있었다.

게르티 코리는 특히 여성 연구자들에게 호의적이었다. 1946년에 밀드레드 콘이 실험실에 들어왔을 때, 게르티는 일하는 어머니를 지지한다는 것을 확실히 했다. "전 당신이 저보다 더 행복하다고 생각해요. 당신은 딸과 아들이 있지만 난 아들밖에 없거든요." 콘이 그 때를 회고하며 말했다. "그 말을 듣는 순간 저는 그녀를 사랑하게 됐지요."

바바라 일링워스 브라운의 보모가 일을 그만 두자 게르티는 자신의 가정부에게 그 일을 돕도록 배려했다. "게르티는 폭발하기 쉬운 열정적인 여성이었지만, 매우 상냥하고 친절했어요"라고 콘이 말했다. 게르티는 뉴질랜드에서 온 젊은 비서의 건강이 나빠졌을 때, 누구보다 먼저 적절한 치료를 받을 수 있게 도왔다. 도움이 필요한 젊은이들이 있으면 아무도 모르게 슬쩍 돈을 넣어주거나, 연구소를 방문한 사람들을 안내하는 일에도 앞장섰다. 게르티는 콘이 일류 미국 생물화학자 협회의 회원이 아니라는 사실을 알고서는 콘을 추천해, 그 해에 회원이 될 수 있도록 해주었다. 콘이 다른 대학에서 첫 강연을 해달라는 초청을 받았을 때, 게르티는 마치 어머니처럼 흥분했다. "그분은 여성들이 일하면서 겪게 되는 여러 가지 문제들에 대해 잘 알고 있었어요"라고 콘이 말했다.

게르티 코리는 언제나 남성과 동등하게 경쟁했다. 그녀는 수수한 정장을 입고 일을 했다. 게르티처럼 수수하게 옷을 입는 연구실의 여성들은 누가 제일 옷을 못 입는지 대회도 열었다. 게르티 코리가 단연 1등을 차지했다. "그녀는 허영심이 많은 여성이 아니었어요"라고 파크가 평가했다.

당시 워싱턴 대학은 여성들이 일하기에 좋은 곳이었다. 1950년대에 법이 개정되어 다른 학과에서 일하는 것이면 부부라도 같은 대학에서 일할 수 있게 됐다. 법이 개정되었을 때, 총장은 게르티에게 사적으로 이 규정이 그녀에게 적용되는 것은 아니라고 적어 보냈다. 게르티는 규칙은 언제나 어기라고 있는 것이라고 생각하며 대수롭지 않게 넘겼다.

게르티는 학문적으로 차별을 경험한 여성이었다. 그녀가 처음 워싱턴 대학에 왔을 때 대학 본부는 그녀를 칼의 조수라고 생각했다. 칼 코리는 생화학 분야에서 우뚝 솟은 존재였다. 매년 그는 탄수화물 대사에 대한 연구를 계속 하고 싶다는 편지를 써서 엘리 릴리 회사에서 꽤 많은 연구비를 받았다. 그는 상을 연이어 받았는데, 대부분 혼자 받았다. 칼은 영국 왕립 학술원에도 선출되었다. 1946년, 칼은 알버트 래스커 기초의학 연구상을 받았다. 미국화학협회 같은 단체는 칼을 존경했지만 게르티는 노벨상을 수상한 뒤에도 좋은 평가를 받지 못했다.

1944년, 워싱턴 대학 학장은 게르티에게 록펠러재단 연구비 지원서에 첨부할 '코리의 연구'에 대한 보고서를 준비해 달라고 부탁했다. 게르티는 보고서에 칼 코리와 게르티 코리에 대한 공동의 연구 성과를 올렸다. 학장은 보고서를 고치지 않고 그대로 전달했다. 하지만 록펠러재단에서 누군가 보고서의 내용에서 게르티를 빼버렸다.

1946년, 칼은 새로운 생화학과의 과장이 됐다. 그는 1947년 7월 1일에 게르티를 정교수로 승진시켰다. 16년이 지난 뒤에야 게르티는 능력에 맞는 종신 재직을 보장받았고 합당한 지위와 임금을 받게 됐다.

1947년 게르티에게 가장 나쁜 일과 좋은 일이 거의 동시에 일어났다. 그해 여름 코리 부부는 록키 산맥으로 한 달간 여행을 떠났다. 등산 중에 게르티는 의식을 잃고 말았다. 스노우매스는 콜로라도 주의 아스펜에 있는 2천4백6십7미터의 봉우리였다. 의학자인 코리 부부는 헤모글로빈에 문제가 있을 것이라고 생각하고 높은 산에 올랐기 때문에 증상이 나빠진 것이라 생각했다. 세인트루이스에 돌아와서 게르티는 의사의 진단을 받았지만 왜 그런 현상이 일어났는지 알아낼 수는 없었다.

몇 주 뒤, 10월 24일에 코리 부부는 공동으로 노벨상을 받게 됐다는 사실을 알았다. 그들은 글리코겐을 당으로 변화시키고, 그것을 다시 글리코겐으로 바꾸는 효소를 발견한 공로를 인정받아 상을 받았다. 노벨 위원회는 "시험관 안에서 글리코겐을 형성한 것은 현대 생화학에서 의심할 나위 없이 가장 훌륭한 성과입니다"라고 선언했다.

발표가 난 다음날 아침, 기자들은 코리 부부가 평소처럼 일을 하자 믿을 수 없다는 듯 학과를 어슬렁거렸다. 부부는 오전 8시부터 9시까지 연구 강의에 참석하기로 계획했는데, 그 누구도 그들이 그곳에 가는 것을 막을 수 없었다. 게르티는 상을 받은 것에 대해서 현실적인 입장을 밝혔다. 그녀는 이렇게 말했다. "기초 연구에 대한 사람들의 인식은 그다지 높지 않습니다. 하지만 상을 받으면 연구의 우수성이 입증되고 관심도 받게 되지요. 하지만 그것은 연구에 대한 관심이라기보다는 상 그 자체에

국한된 것일 뿐이랍니다."

코리 부부가 스톡홀름에 떠나기 몇 주 전 게르티를 진료한 의사는 절망적인 결과를 알려주었다. 게르티는 알 수 없는 치명적인 빈혈증을 앓고 있었다. 그녀의 몸은 적혈구를 만들어 내지 못하고, 골수는 섬유성 조직으로 천천히 변이되고 있었다. 이유는 아무도 알 수 없었다. 공식적인 진단 결과는 특발성 골수 형성 장애였다. 이것은 피를 만들어 내는 골수가 알 수 없는 이유로 제 기능을 하지 못한다는 것을 의미했다. 게르티는 남은 인생 동안 수혈에 의존해야 했다. 노벨상 수상으로 그동안 인정을 받기 위해 고생한 보람을 얻었기 때문에, 게르티는 계속 일하기 위해 병과 싸워야 했다.

라르너는 게르티의 병이 1920년대에 버팔로에서 연구하던 시절 X선에 노출된 결과라고 생각했다. 지나친 양의 방사능 노출은 골수 섬유증을 일으킨다고 알려져 있다.

비극적인 소식에도 불구하고 게르티와 칼은 아무 일도 없다는 듯 노벨상 시상식 참가 계획을 계속 진행했다. 가는 길에 그들은 유럽의 여러 나라를 방문했다. 코리 부부는 수상 소감도 나누어 말했다. 축하연에서는 칼이 연설을 했다. 게르티를 바라보며 그는 노벨 위원회에게 감사를 표했다. "이 상을 제 아내와 함께 받았다는 사실이 저에게 깊은 만족감을 줍니다. 우리의 협력 관계는 프라하 대학에서 의과대학 학생이었던 30년 전부터 시작되었고, 지금도 유지되고 있습니다. 우리의 노력은 서로를 보완하는 일이었습니다. 둘 중 누구 하나가 없었다면 이러한 결과를 이루어 내지 못했을 것입니다."

집에 돌아와 그들은 포스포릴라아제 연구를 함께한 여러 동료들과 상금을 나눴다. 그 동료에는 시드니 코로위크, 아르다 그린과 게르하르트 슈미트가 포함되어 있었다. 코로위크는 코리 부부와 여러 논문을 발표했다. 코리 부부의 이름 사이에 자신의 이름이 포함된 것을 두고 "코리 샌드위치 속에 있는 고기"라고 우스갯소리를 하기도 했다. 코리 부부를 위해 포스포릴라아제를 결정화시켰던 그린은 상금으로 중국식 깔개를 샀다. 슈미트는 차를 사고 그것을 자신의 노벨상이라고 불렀다.

그 뒤 10년 동안 게르티 코리는 수혈을 받으며 칼의 보살핌 속에서 연구를 진행할 수 있었다. 칼은 그녀의 헤모글로빈 수치를 지속적으로 확인하면서 관리해주었다. 게르티의 연구실 안에는 얇은 깔개가 있는 군용 접이침대가 있었지만, 그녀는 대부분의 시간을 쉬지 않고 과학 논문집을 읽으며 보냈다. 게르티와 칼은 세계 각지를 다니며 치료법을 수소문했지만 효과가 없었다. 1950년대의 수혈은 전혈(全血)로 이뤄졌기 때문에 항체반응이 일어나 매번 수혈 때마다 아프고 열이 났다. 칼은 게르티를 위한 실험적 조치로 그녀의 비장을 절제했다. 게르티의 간이 너무 커지는 바람에 마치 임신한 것처럼 보였다. 하지만 이 수술로 게르티는 몇 년 동안 살면서 일을 더 할 수 있게 됐다.

게르티는 병에 걸린 것을 개의치 않았다. 10년 동안 딱 한 번 콘에게만 비관적인 말을 했다. "있잖아, 밀드레드. 이런 병이 너에게 일어난다면 차라리 1톤짜리 벽돌이 떨어지는 편이 나을 거야." 하지만 평소에 그녀는 파티에 참석해서 "내가 죽었다는 소문을 종식시키기 위해" 왔다고 우스갯소리를 하기도 했다.

게르티 코리는 연구를 계속 했다. 그녀는 노벨상을 받은 뒤 칼보다 8년 늦게 미국과학학회의 위원이 되었다. 해리 S. 트루먼 대통령은 그녀를 새로 만들어진 미국립과학재단(NSF) 의장으로 임명했다. 그녀는 매번 워싱턴으로 가는 프로펠러 항공기를 타기 전에 엄청난 수혈을 받으며 두 번의 임기를 지냈다. 다른 환자들이라면 침대에 보냈을 시간을 게르티는 회의에 참석하며 지냈다. 연방 정부가 과학 연구를 지원하기로 했고 관리 지침서가 세워졌기 때문에 그 회의는 무엇보다 중요했다.

게르티 코리는 하버드 대학의 총장인 제임스 B. 코난트의 제의를 무효화하는데 도움을 주었다. 코난트는 NSF가 동물 실험을 하는 석사 연구원을 지원하는 것을 원하지 않았다. 그는 오직 박사학위를 가진 연구원만이 동물 연구를 수행할 수 있다고 주장했다. 게르티는 그의 의견에 반대하며 석사학위만 가지고 있는 자신도 노벨상을 받았다는 것을 예로 들었다. 결국 코난트의 제의는 충분한 지지를 받지 못해 무효가 됐다. 다른 NSF 이사회에서 그녀는 재단의 전무이사를 추궁했다. 게르티는 박사학위를 취득한 뒤 연구를 하고 있던 동료가 NSF 연구비를 받지 못하자 몹시 화가 났다. "우리는 사람들을 선택하는데 좀처럼 실수를 하지 않습니다"라고 이사가 제기했다. "그렇다면 이번에 실수를 하신 거군요"라고 게르티가 반박했다. 결국 젊은 연구원은 연구비를 받게 됐다.

게르티는 강철 같은 의지력으로 병과 싸우며 가장 중요한 연구를 해냈다. 처음에 조세프 라르너와 내기를 한 것이 계기가 됐다. 라르너는 글리코겐병이라는 아이들의 병에 대해 생각하고 있었다. 아이들은 조직, 특히 간에 비정상적일 정도로 많은 양의 글리코겐을 저장하고 있었다. 그들은 이것을 일종의 병이라고 생각했다. 라르너는 이러한 현상이 특정한 효소가 부족하기 때문에 일어나는 것이라고 생각했다. 반면 게르티는 어떤 효소가 없기 때문에 발생한다고 생각했다. 결과는 둘 다 맞는 것으로 나타났다. 라르너가 생각했던 부족한 효소는 한 종류의 병이 일어나게 했고 게르티가 생각한 결핍 효소는 다른 병을 일으켰다. 게르티는 새로운 발견에 신이 났다. 그녀는 위아래 층을 뛰어다니며 소리를 질렀다. "이것은 분자에 의한 병이에요!" 그때까지 분자에 의해서 발병하는 것으로 알려진 증상은 라이너스 폴링이 발견한 겸상 적혈구 빈혈증이 유일했다.

게르티는 남은 일생을 글리코겐병을 알아내기 위해 헌신했다. 결국 게르티는 네 가지의 다른 병이 특정한 효소 때문에 발생한다는 사실을 증명해냈다. 오늘날 10개 혹은 그 이상의 글리코겐병이 알려져 있는데, 그 중 몇 가지는 여전히 치명적이다. 게르티의 연구는 유전병 연구 분야를 개척했다. "유전병 연구는 이제 많이 성장했다. 하지만 게르티의 혁명적인 연구 성과가 없었다면, 이런 일은 불가능했을 것이다. 간 조직의 일부를 채취해 무엇이 잘못되었는지, 왜 그러한 증상을 가지게 됐는지 알아낼 수 있게 된 것도 생화학과 질병에 대한 이해의 폭을 넓히는데 크게 기여한 중요한 발견이었다"고 글래이저는 게르티의 업적을 평가했다.

분자생물학이라는 분야가 개척된 지도 얼마 안 된 때에 게르티의 새로운 발견은 큰 의미가 있는 것이었다. 그것은 비길 데 없는 과학적 성취라고 동료 헤르만 캐클라가 선언했다. 게르티의 일은 비엔나에서 애초에 어린이 의학에 관심을 가졌던 시간으로 되돌아간 것이었다.

병세가 악화되면서 게르티는 화를 많이 내며 고통을 호소했다. 점점 그녀에게서 쾌활함이 사라졌다. 변덕스럽고 감정이 격해지는 경향이 강해졌다. 칼이 간호사를 고용하면 게르티는 그들을 해고했다. "게르티는 칼이 자신을 돌보아 주기를 원했어요. 그들은 정말 다정했어요… 놀랄 정도로 가까웠지요."

게르티는 1955년 과학 회의에 참석하기 위해 런던을 방문했다. 그녀는 관광을 하던 중에 길에서 쓰러졌고, 휴식을 위해 친구 집으로 옮겨졌다.

1957년 여름, 게르티 코리는 어린이가 앓는 글리코겐병에 대한 마지막 논문을 출판했다. 죽기 한 달 전, 게르티는 집에 누워있었다. 칼은 집안일을 챙기고 그녀를 돌보느라 바빴다. 수십 년 동안 매주 5권의 어려운 책을 읽어왔던 게르티가 추리 소설을 읽고 있었다. "난 이제 더 이상 심각한 것을 읽을 수 없어요."

1957년 10월 26일, 게르티 코리는 61세의 나이에 칼 옆에서 숨을 거두었다. 세계의 저명한 과학자들이 그녀의 장례식에 참석했다. 아르헨티나에서는 후세이가, 스페인에서는 오초아가 참석했다. 오초아는 게르티를 "영적인 깊이가 있고 수수하고 친절하며 자연과 예술을 사랑한 사람"이라고 기억했다. 게르티가 남긴 과학과 진실과 인류를 향한 사랑의 메시지가 교회에 조용히 울려 퍼졌다.

> 지적 청렴, 용기와 친절함은 제가 중요하게 생각하는 미덕 가운데 하나입니다. 저는 정직함을 가장 중요하게 생각했는데, 시간이 지나면서 친절함이 더욱 중요해졌습니다. 자신의 일을 사랑하고 그 일에 헌신하는 것은 행복의 기본입니다. 오랜 기간의 연구 뒤에 자연의 비밀이 갑자기 벗겨지면서 예전에는 어둡고 혼란스럽게 보이던 것이 분명하게 아름다운 빛과 같이 보일 때가 있습니다. 그때가 바로 우리 같은 연구원의 삶에서 잊을 수 없는 순간이지요.

후기

칼 코리는 1966년 워싱턴 의과대학을 퇴임하고 하버드 대학과 매사추세츠 종합병원에서 일했다. 칼이 재혼했을 때, 그의 친구들은 무척 기뻐했다. 칼의 과학적 성취는 게르티와 공동으로 연구하던 시절만큼 훌륭하진 않았지만, 그는 1984년에 88세의 나이로 죽기 전까지 연구를 계속했다. 칼은 병으로 누워 있을 때한 방문객에게 이렇게 말했다. "당신도 알다시피, 게르티야말로 진정한 영웅이었어요."

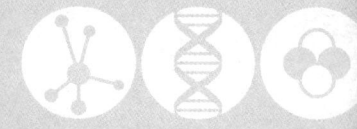

5

방사화학자

이렌느 졸리오-퀴리

1897.9.12~1956.3.17

노벨 화학상_1935

이렌느 졸리오-퀴리

Irene Joliot-Curie

벨기에의 한 군의관이 부상당한 젊은 병사의 다리를 유심히 살펴보고 있었다. 유산탄의 파편을 찾으려 애를 쓰고 있던 군의관은 18살 앳된 소녀 이렌느 졸리오-퀴리의 진지한 눈을 바라보았다. 이렌느는 침착하게 다리를 비춘 X선을 가리켰다. 그녀는 군의관에게 다른 각도에서 환자의 다리를 진찰해야 한다고 지적했다. 이렌느의 충고를 따른 군의관은 바로 파편을 찾을 수 있었다.

제1차 세계대전 중 이렌느는 최전방에 있는 영국-벨기에 야전 병원에서 일하고 있었다. 그녀는 병원 직원들에게 X선을 이용해 몸속에 박힌 총탄이나 포탄 파편을 확인하거나 병사들의 골절 상태를 진단하는 방법을 교육하고 있었다. 이렌느에게 무엇보다 어려웠던 것은 X선 장비를 이용해 환자를 살릴 수 있다는 사실을 군의관에게 납득시키는 일이었다.

이렌느는 평화로운 시절에 배운 첨단 기술을 위험한 전쟁터에서 가르쳐야 했다. 벨기에 출신의 한 군의관은 이렌느가 가르친 사람들 가운데 최악이었다. 그는 기본적인 기하학 지식이 없었다. X선 장비를 고치기 위해 이렌느가 다른 야전 병원으로 가 있는 동안, 그녀는 어머니에게 그 군의관이 다른 장비도 고장내버릴 것이라고 말했다.

이렌느의 어머니인 물리학자 마리 퀴리는 어린 딸이 최전방에서 일하고 있었지만 전혀 걱정하지 않았다. "어머니는 저를 믿으셨어요"라고 이렌느는 회상했다. 마리 퀴리의 생각은 옳았다.

이렌느는 X선 장비를 설치하기 위해 아미앵으로 이동했다. 아미앵을 관할하고 있던 담당자는 적어도 보름 동안은 장비를 풀 수 없다고 말했다. 그곳은 폭격으로 인해 대혼란에 빠져있는 상태였다. 얼마 뒤 이렌느는 부사관과 의대생의 도움을 받아 침착하게 기차에 실려 있던 짐을 내리고, 급히 장비를 설치했다. 이렌느는 X선으로부터 몸을 보호하기 위해 장갑을 끼고 나무로 만든 차단막 뒤에 섰다. 그녀는 X선 장비를 이용해 부상자들을 한 사람씩 검사하기 시작했다. 수술이 필요한 중환자는 이렌느의 도움을 받아 군의관들이 바로 집도했다. 뒷날 이렌느는 당시를 회상하며 자신이 "순간의 작은 어려움들을 이겨냈다"고 표현했다. 그녀는 대포 소리가 들리는 전장에서 18번째 생일을 홀로 보내야 했다.

최전방에 오기 전 이렌느는 150명의 여성 기술자들에게 X선 장비를 프랑스의 전기 시스템에 적합하게 맞추는 방법과 환자의 상처 위치를 수학적으로 계산하는 방법을 교육했다. 남은 시간에 이렌느는 수학과 물리 시험을 준비했고 박사 논문도 쓰기 시작했다.

이렌느는 어린 나이에 전장에서 막중한 임무를 수행하면서 엄청난 양의 방사능에 노출됐다. 그 때문에 그녀는 백혈병으로 일찍 죽게 됐다. 하지만 이렌느는 전쟁 체험을 통해 평생 전쟁을 싫어하게 되었으며, 어머니와 더욱 돈독한 관계를 맺었다. 그녀는 제1차 세계대전이라는 참혹한 전쟁터에서 차분함과 냉정함을 배웠다. 그것은 평생토록 그녀의 삶에 도움이 됐다. 이렌느는 건강을 위협하는 결핵과 20년 동안 싸워야 했지만, 훌륭한 화학자로 이름을 남겼다.

1897년 9월 12일, 이렌느 퀴리는 노벨상을 수상한 퀴리 부부의 장녀로 태어났다. 어머니 마리 퀴리는 출산예정보다 한 달 일찍 이렌느를 낳았다. 마리는 딸을 '어린 여왕'이나 '야생아'라고 불렀다. 그녀는 아이의 성장과정을 실험일지를 적는 것처럼 신중히 기록했다. 11개월째 "이렌느가 '고맙습니다'라는 글을 썼다. 신나게 기어다니고 옹알이도 잘 한다"라고 적었다. 아이의 돌 무렵, 마리는 시골에 여행을 갔다. "왼쪽 아래 7번째 치아가 생겼다… 우리는 아이를 씻기려고 강에 데리고 갔다. 저녁이면 아이를 돌보느라 바쁘다… 올해 우리는 극장이나 연주회에 간 적이 없다." 그래도 퀴리 부부는 평온한 삶에 만족했다.

이렌느가 태어난 지 몇 주 뒤, 할머니가 사망했다. 연구에 바쁜 퀴리 부부 때문에 아이를 돌보는 일은 할아버지의 몫이었다. 마리는 이렌느가 어릴 때 폴로늄과 라듐을 발견했다. 마리는 허름한 헛간 같은 연구실에서 라듐염을 정제해 세상을 놀라게 했다. 이렌느는 할아버지 외젠의 보살핌 속에서 자연과 시를 좋아하고 진보적인 정치에 대해서도 관심을 갖게 됐다. 할아버지와 어머니는 아이가 자유롭게 자리기를 바랐다. 손님에게 인사를 제대로 하지 않아도 크게 나무라지 않았다. 대신 친구들과 마음껏 어울려 놀기를 원했다. 나이에 비해서 키가 크고 운동도 잘하는 이렌느 역시 밖에서 놀 때 가장 행복했다.

뒷날 이렌느는 이렇게 말했다. "전 어린 시절부터 할아버지의 영향을 많이 받았어요. 정치적 · 종교적 성향도 어머니보다는 할아버지를 닮았죠." 정치적으로 이렌느는 교권(敎權)을 반대하는 공화주의자였다. 그녀는 보수적인 프랑스 귀족 정치와 가톨릭교의 세력에 반대 입장을 분명히 했다. 어머니보다 더 반교권주의자였다. 그녀는 할아버지를 닮아 종교적인 관심이 별로 없었다. "전 할아버지처럼 생각해요." 그녀는 평생 교회에 들어가 본 적이 없었다. 미술작품을 보기 위해 들어간 적도 없었다. “저는 참된 믿음을 존중해요. 그런데 제 아이는 저와 다른 생각을 한다는 것이 뜻밖이었어요”라고 마리 퀴리는 적고 있다.

아버지 피에르 퀴리처럼 이렌느는 말수가 적고 신중하게 생각하는 편이었다. 하루는 공룡과 매머드가 어떻게 다른지 궁금해 할아버지에게 물어보기도 했다. ‘할아버지는 연세가 많으시니까 본 적이 있으실 거야.’ 보기 흉하게 늙은 노파를 그린 렘브란트의 그림을 보면서 눈물을 흘렸다. “어머나, 연세 드신 할머니가 너무 안됐다!”

이렌느는 아이같이 수줍음이 많았지만 때로 냉담한 모습도 보였다. 차를 마시기 위해 학생들을 데리고 오는 날이면, 부끄러워하며 어머니 치마폭에 숨어 있다가 조심스럽게 말했다. “여러분들은 저를 꼭 기억해 주셔야 해요.” 반면 이렌느는 바닷가에서 만난 어머니의 친구에게 불쑥 이렇게 말하기도 했다. “전 아줌마를 몰라요.”

1903년, 퀴리 부부가 노벨상을 받았을 때 기자들이 집을 방문했다. 한참 동안 이렌느와 실랑이를 벌이다가 집에 퀴리 부부가 없다는 것을 알게 된 기자가 물었다. “부모님은 어디 계시니?” 고양이와 놀고 있던 6살배기 아이는 퉁명스럽게 대답했다. “연구실이요.” 그 때부터 이렌느는 언론을 달갑지 않게 생각하게 됐다.

이렌느가 7살 때 동생 에브 데니스 퀴리가 태어났다. 16개월 뒤, 아버지 피에르 퀴리가 마차에 치여 사망했다. 마리가 방으로 들어와 아버지의 사망 소식을 전할 때도 이렌느는 신나게 놀고 있었다.

“이렌느는 너무 어려서 이 상황을 이해하지 못해”라고 마리 퀴리는 혼잣말을 했다. 마리가 자녀들에게 피에르에 대해서 얘기하기까지는 많은 시간이 흘러야 했다.

홀어머니로서 두 딸 아이의 유일한 버팀목이었던 마리 퀴리는 아이들에게 요리와 뜨개질, 바느질 하는 법을 가르쳤다. 그녀는 다른 부모들이 일반적으로 잘 가르치지 않는 기술을 딸들에게 가르쳤다. 수학 · 수영 · 자전거 · 스케이트 · 스키 · 승마 · 등산 등을 가르쳤고 체조도 연습하게 했다. 상쾌한 공기를 마시는 것은 마리의 결핵을 치료하는데 도움이 됐다. 그녀는 아이들의 건강에 각별한 주의를 기울였다. 또한 마리는 폴란드 출신의 가정교사를 두어 아이들에게 폴란드어를 교육했다.

이렌느와 에브는 정반대의 관심과 성격을 가지고 있었다. 이렌느는 소극적이고 사회성이 부족했다. 마리는 이렌느의 어린 시절을 돌아보며 "머리는 아버지를 타고났다. 동생만큼 활달하지는 않았지만 놀라운 추리력을 지니고 있었다. 이렌느가 과학을 좋아하게 되리라는 것을 쉽게 알 수 있었다"고 말했다. 이렌느는 금발에 회색 눈을 가진 키가 큰 소녀가 됐다. 자주 웃는 아이는 아니었지만 예쁜 웃음은 사람들을 즐겁게 했다. 그녀는 어머니를 우상화했다. 이렌느의 전기를 쓴 한 전기 작가는 그처럼 진지한 아이는 요즘 같으면 정신치료 대상이라고 적기도 했다.

반면에 에브는 매력적이고 수다스러웠다. 천부적 재능을 지닌 피아노 연주자겸 작가인 에브는 과학에는 관심이 없었다. 퀴리가(家)는 아주 다정다감한 가족은 아니었지만 마리 퀴리는 자녀들에게 따뜻하고 자상한 어머니였다.

이렌느가 죽은 뒤, 30년 동안 이렌느와 마리가 주고받은 편지 꾸러미를 찾아냈다. 이 편지들을 통해 모녀의 관계를 알 수 있다. 합리적인 여성이었던 퀴리 모녀는 실속 · 정보 · 사실과 세부사항에 관심이 많았다. 그들의 편지는 잘 정리되어 있었고 요점을 알기 쉽게 쓰여 있었다. 쓸 데 없는 말이나 험담은 없었다. 그들은 다정하고 애정이 깊었으며 서로를 존중했다. 시간이 지나면서 모녀 관계는 깊은 우정으로 발전했다.

이렌느는 가정교사나 친척과 휴가를 보낼 때나 어머니가 출장을 갔을 때 자주 편지를 보냈다. 수학에 관해서 묻는 편지에는 대수학 문제와 풀이가 자주 발견된다. 그녀는 좀처럼 부탁하는 내용이나 푸념은 적지 않았다.

1909년 8월, 11살이었던 이렌느가 어머니에게 편지를 보내 질문을 했다.

> 1)도착하는 정확한 날짜를 알고 싶어요. 2)자크 삼촌이 곧 오실까요? 3)야자나무가 잘 크고 있는지 알려주세요. 칠레소나무에 대해서도 얘기해주시고 야자나무에 잎이 새로 났는지도요… 10개의 질문을 보냈어요. 답장하실 때 모든 질문에 대답해주세요. 사랑해요. 이렌느.

마리는 융통성 없는 프랑스 교육 시스템을 비판했다. 그녀는 피에르의 자택 학습(홈스쿨링)에 영향을 받아 프랑스 국립고등학교의 긴 수업시간, 빈약한 조명과 난방 장치, 기계적이고 반복적인 가르침, 정성이 없는 점심과 체육 활동, 미술 재료와 실험 기자재의 부족 등에 대해 비판했다. 그녀는 아이들이 자유롭게 스스로 많이 생각하고, 많이 놀아야 한다고 주장했다. 교육 예산만으로 나라를 평가한다면 프랑스는 많이 부족하다고 생각하고 있었다.

이렌느가 공립학교에서 보내는 시간을 줄이기 위해 마리는 사립 조합학교를 세웠다. 여섯 명의 교수들이 자녀들 보내 총 10명의 아이들이 참여했다. 교수들은 일주일에 한 번씩 수업을 담당하기로 했다. 물리학자 장 페렝과 폴 랑즈뱅은 물리화학과 수학을 가르쳤고, 마리는 실험물리학을 가르쳤다. 문학 · 미술 · 자연과학 · 영어 · 독어와 같은 과목도 이런 식으로 아이들의 부모가 담당해 가르쳤다. 여행을 하던 이렌느는 원래 폴란드어였던 베스트셀러 『주여, 어디로 가시나이까(*Quo Vadis*)』를 불어로 번역해 친구들을 즐겁게 했다. 조합학교는 2년 반밖에 지속되지 못했지만 이렌느는 이때 만난 친구들과 평생 동안 교류했다.

마리는 조합학교가 없어진 뒤 이렌느에게 직접 수학을 가르쳤다. 한번은 이렌느가 공상에 잠겨 수업에 집중하지 않았다. 마리는 그날따라 조바심을 내며 이렌느의 공책을 창문 밖 정원으로 던져버렸다. 그녀는 조용히 계단을 내려가 공책을 가져온 뒤 어머니의 질문에 답했다.

이렌느는 그리스어와 라틴어 대신 현대 언어를 가르치는 사립 여학교에 다녔다. 마리와 피에르는 프랑스 공립학교에서 강조하는 고(古)어를 배우는 것은 시간 낭비라고 생각했다. 이렌느는 불어 · 영어 · 독어로 된 7권의 책을 한 번에 읽기도 했다. 학교 수업의 부족함을 보완하기 위해 직접 학교 친구들을 대상으로 임신과 분만의 생물학적 세부사항에 대한 강의를 하기도 했다.

1910년 이렌느가 13살 되던 해에 할아버지 외젠 퀴리는 일 년 동안 힘들게 투병을 하다가 숨을 거두었다. 이렌느는 사춘기라는 불안한 시기와 감당하기 벅찬 가족의 어려움을 혼자 극복해야 했다. 그녀는 편지에서 불안한 심정을 그대로 드러냈다. "어머니가 오면 너무나 행복할 거예요. 저는 지금 누군가를 꼭 껴안고 싶거든요." 1911년 여름에 폴란드의 친척을 방문한 뒤 마리에게 또 편지를 보냈다. "제가 어머니를 얼마나 사랑하는지 아시죠? 빨리 오셨으면 좋겠어요. 언제 오시는지 알려주세요. 지금 당장 보고 싶어요." 그녀는 젊은 연인을 바라보는 것처럼 어머니의 사진을 보면서 "예쁜 어머니가 지금 내 곁에 계셔서 볼 수 있다면" 자신의 휴가가 훨씬 좋았을 것이라고 한숨을 쉬었다. 마리 퀴리는 이렌느의 우상이었고 친구이자 안식처였다.

1911년 초에 명망 있는 프랑스 과학 학술원 자리에 마리 퀴리가 추천된 일로 가톨릭 우파와 퀴리를 지지하는 반교권주의 좌파 사이에서 분쟁이 일어났다. 같은 해에 더 비극적인 일이 일어났다. 이렌느가 체육 수업을 듣고 있을 때 한 친구가 신문을 보여주었다. "사랑이야기 — 퀴리 부인과 랑즈뱅 교수." 어머니와 이렌느의 전 수학 선생님 사이에 일어난 불륜에 대한 기사였다. 이렌느는 하얗게 질려 정신을 잃었다. 어머니에게 간 그녀는 겁에 질려 울면서 소리쳤다. "전 엄마를 떠나기 싫어요. 엄마와 함께 있고 싶어요."

1911년 11월 8일, 스캔들에 대한 비난이 절정에 달했을 때 마리 퀴리는 두 번째 노벨상 수상 소식을 들었다. 마리는 쓰러지기 직전이었지만 이렌느를 데리고 스웨덴에 가서 노벨상 수상 연설을 했다. 이렌느는 처음으로 과학계에서 어머니가 가진 명성을 체험했다.

프랑스에 돌아온 마리는 쓰러졌고 신장 감염으로 건강이 심각하게 나빠졌다. 이때 그녀는 자살을 생각하기도 했다. 거의 1년 동안 그녀는 은둔 생활을 했다. 딸들에게도 모습을 보이지 않았다. 그동안 폴란드인 가정교사와 이모가 이렌느와 에브를 돌보았다. 피에르 퀴리의 이름과 가문의 명예를 더럽혔다고 흥분한 마리는 딸들에게 편지를 쓸 때도 마리 퀴리라는 이름을 사용하기 못하게 했다. 이렌느는 힘든 시간을 보내야 했다.

위기를 겪은 이렌느는 사람들을 불신하게 되었지만 어머니와의 유대관계는 더욱 돈독해졌다. 이렌느는 양면성을 지닌 여성이 됐다. 공공장소에서 이렌느는 냉담하고 무뚝뚝했다. 반면 가족과 친구들과 있을 때 그녀는 다정다감했다.

이렌느는 15번째 생일을 브리타니 북쪽에 있는 라쿠에스트라는 작은 마을에서 보냈다. "시골은 포근하고 아름다워요. 바닷가 끝에 큰 돌이 있는데 우리는 성이라고 불러요. 우리 모두 각자의 성이 있어요"라고 어머니에게 편지를 보냈다. 이렌느는 해마다 그곳을 방문했다. 소르본느의 교수들이 발견한 그 마을을 언론은 "과학 요새" "소르본느 바닷가"라고 불렀다. 라쿠에스트는 이렌느가 경계를 푸는 안식처가 됐다. 가끔 그녀는 그곳에서 이틀을 보내기 위해 길고 지루한 기차 여행을 하기도 했다. 하지만 그곳에 도착하면 이렌느는 금방 활기를 되찾았다.

1914년 여름, 유럽에 제1차 세계대전이 임박했을 때 마리는 이렌느와 에브, 그리고 두 명의 폴란드인 하녀와 함께 라쿠에스트를 찾았다. 마리는 8월에 다시 합류하기로 딸들과 약속했다. 이렌느는 수학을 공부하다가 어머니에게 편지를 썼다. "멋진 일이에요! 저는 수열에 대해서 조금씩 이해하기 시작했어요… 이곳의 날씨는 굉장히 좋답니다. 이렌느."

바로 다음 날 이렌느는 또 편지를 썼다. "저는 테일러 공식이 정말 싫어요. 하지만 미분은 재미있어요. 역함수는 사랑스러워요."

전쟁을 피할 수 없게 되자 마리 퀴리는 이렌느에게 편지를 썼다. “상황이 나빠지고 있단다… 우리는 도움이 될 수 있는 방법을 찾아야 해.” 9월에 마리는 여전히 파리에 있었다. 독일군은 벨기에를 공격한 뒤 프랑스 수도로 진군하고 있었다. 다급한 전쟁 상황에서도 마리는 “파리는 침착하고 굳건함을 보이고 있단다”라고 이렌느를 안심시켰다.

어떤 사람이 이렌느 자매와 하녀들이 폴란드어로 얘기하는 것을 듣고 그들을 간첩으로 몰아세웠다. 시장이 중재를 해서 일은 마무리 됐지만, 이 사건은 이렌느에게 우파 언론이 그녀의 어머니를 폴란드인이라고 공격했던 끔찍한 기억을 되살렸다.

> 우리 가운데 군인은 한 명도 없는데 말이에요… 그들은 내가 독일 간첩이라고 했어요… 겁먹지는 않았지만 저는 매우 당황했어요. 나는 본토박이 프랑스인이고 무엇보다도 프랑스를 사랑하는데 그들이 나를 외국인으로 생각한다는 것이 슬퍼요. 그걸 생각하면 눈물이 나요… 왈치아와 조치아와 함께 있는 것보다는 에브와 단둘이 있는 게 백 배 나을 것 같아요.

이렌느는 빨리 파리로 돌아가게 해달라고 간청했다. 마리는 조금만 기다리라고 했다. 마리는 전쟁이 일어난 지 한 달도 되지 않은 1914년 9월 6일에 편지를 보냈다. “지금 네가 프랑스를 위해 일할 수 없다면, 나라의 미래를 위해서 일하렴. 전쟁이 끝나면 많은 사람들이 이 땅에서 사라질 거란다. 그들을 대신하는 것은 네가 꼭 해야 될 일이야. 그러니 물리학과 수학 공부를 열심히 하거라.”

몇 주 뒤에 파리에 돌아온 이렌느는 어머니가 새로운 라듐연구소로 이사하는 것을 돕기 위해 승객용 마차를 불렀다. 그녀는 군병원에 X선 장비를 설치하고 그것을 사용할 직원을 훈련하는 일을 시작했다.

전쟁이 끝나고 이렌느는 라듐 연구소에서 어머니의 조수가 됐다. 그녀는 연구를 하면서 큰 감동을 받았다. 밝게 빛나는 결정을 볼 때 그녀는 아이처럼 기쁨을 느꼈다고 고백했다. 어둠에서 방사능 물질이 빛나는 것을 보면서 그녀는 자신이 모험을 좋아하는 탐구자처럼 생각됐다고 말했다. 그녀는 오직 즐거움을 위해서 일했을 뿐 경쟁과 성공은 중요하지 않았다. 이렌느는 마리와 같은 수준의 과학적 성취를 이룰 수 있으리라고 생각하지 않았다.

이렌느는 어머니를 보호하고 돌보는 남편의 역할까지 도맡았다. "저는 어머니보다 아버지와 더 비슷했어요. 아마도 그것이 우리가 잘 맞았던 이유 중의 하나가 아닌가 생각합니다." 매일 아침 이렌느는 일찍 일어나 마리를 위해 아침을 준비했다. 그들은 시 · 연극 · 책에 대해 이야기를 나누고 연구실의 일이 어떻게 돌아가고 있는지에 대해서도 의견을 나눴다.

이렌느에게 편지를 보낼 때 마리는 이렇게 적었다. "얘야. 네가 알고 있는 것처럼 너는 나에게 좋은 친구란다. 네가 나의 삶을 더 편하고 아름답게 만드는구나. 네가 기뻐할 모습을 생각하면 난 더 많은 용기를 가지고 일하게 된단다."

에브는 언니에 대해 이렇게 말했다. "조용하고 언제나 재미있었어요. 저는 언니가 나쁜 얘기를 하는 것을 듣지 못했어요. 언니는 단 한 번도 거짓말을 하지 않았던 것 같아요. 늘 언니는 보이는 그대로였죠. 물론 장점과 단점을 모두 가지고 있었지만, 우리를 만족시키기 위해 일부러 꾸미지는 않았어요." 이렌느는 자신의 과학적 재능을 알았지만 거만하지 않았다. 이렌느는 이렇게 설명했다. "명예는 외부에서 오는 것이죠. 우리와는 아무 상관없어요."

이렌느는 체육에 빠져있었다. 그녀는 무도회에서 아침 8시까지 춤추고 기록을 세웠다고 어머니에게 자랑하며 말했다. 그녀는 친구와 여름마다 산으로 배낭여행을 하며 사진을 찍었다. 이렌느는 혼자서 세느강에서 수영을 즐기기도 했다. 1920년대에는 등산 · 스키 · 수영은 남성들의 운동이라고 생각되던 때였다.

연구실에서 이렌느는 동료들에게 독특한 존재였다. 그녀의 침착함과 물리 · 수학에 대한 지식은 스물다섯의 연구원이 가진 것이라고는 믿기 어려웠다. 무뚝뚝한 성격에 사람들과 잘 어울리지 않는 그녀는 당시 여성들과는 확연히 달랐다. "그녀는 사실대로 말할 뿐만 아니라 무엇이든 분석하려고 했다"고 동료가 말했다. 마리 퀴리의 딸이라는 특권적인 위치를 부러워하는 동료들은 연구실에서 그녀를 '왕관을 쓴 공주' 라고 불렀다.

1921년에 마리 퀴리가 1그램의 라듐을 위해 미국으로 모금활동을 위해 갔던 여행은 일상에서 벗어난 즐거운 경험이었다. 에브는 새로운 의상을 사서 기자들을 놀라게 했다. 평소 헐렁한 치마와 면 스타킹을 신는 이렌느는 때로 어머니를 대신해 연설을 하기도 했다. 그랜드캐니언(미국 애리조나 주 북서부의 고원지대가 콜로라도 강에 침식되어 생긴 거대한 협곡) 아래로 조랑말을 타고 가는 것은 즐거운 경험이었다. 이렌느는 숙소로 너구리를 데리고 와서 같이 자기도 했다.

1925년, 이렌느 퀴리는 헐렁한 검은색 치마를 입고 논문을 발표하기 위해 소르본느 대학에 당당히 걸어 들어갔다. 마리 퀴리의 딸을 보기 위해 수많은 사람들이 강당으로 몰려들었다. 이렌느를 위해 마리는 집에 있었다.

1898년에 마리가 발견한 폴로늄은 1930년대 중반까지 과학 연구에 놀랄만큼 큰 도움이 됐다. 그때까지 원자핵에 대해서 공부할 수 있는 유일한 방법은 자연적인 방사성 원소의 방사능으로 충격을 가하는 것이었다. 물리학자들은 방사성이 있는 라듐이나 폴로늄의 샘플을 방사성이 없는 물질 옆에 두고 측정할 만한 흥미 있는 입자를 찾아보았다. 폴로늄은 이와 같은 연구에 큰 도움이 됐다. 그 이유는 폴로늄이 한 종류의 방사능만 방출하기 때문이었다. 폴로늄에서 방출된 입자는 아주 빠르게 움직여 헬륨 원자의 핵에 충돌했다. 이렌느는 1920년대에 몇 안 되는 방사능 전문가 가운데 한 명이었고 어머니가 지휘하는 라듐 연구소는 그 분야를 연구하는 연구소 중 하나였다. 이렌느는 소르본느에서 심사를 받게 될 논문이 중요한 과학적 기여를 할 것이라고 확신하고 있었다. 그녀는 논문에 "마리 퀴리에게, 딸이자 학생 드림"이라고 헌정했다.

이렌느는 논문 심사관에게 축하를 받고 라듐 연구소로 돌아왔다. 그녀의 학위는 세계적인 뉴스였다. 뉴욕타임스도 대대적인 보도를 했다. 한 프랑스 여성 기자는 과학자란 직업이 여성에게 너무 고생스럽지 않느냐는 질문을 했다. 이렌느 퀴리가 이렇게 대답했다. "전혀요. 저는 남성과 여성의 과학적 능력은 같다고 믿습니다… 하지만 여성 과학자는 통속적인 책임을 포기해야 하지요."

"그럼 가족에 대한 책임은요?"

"그것이 연구에 부담을 주지 않는 조건이라면 상관없습니다… 제 인생에 있어서 최고의 관심은 과학이니까요."

라듐 때문에 여러 번 화상을 입었지만 이렌느는 연구가 산업에 비해서는 위험이 적다고 말했다. "우리는 이제 자신을 보호하는 방법을 더 잘 알게 되었어요."

마리는 연구소 일을 위해 한 젊은 육군 장교를 만났다. 프레데릭 졸리오는 연구 훈련을 받은 경험은 없었지만 잘생기고 활발하며 유쾌했다. 더 중요한 것은 마리 퀴리의 오래된 애인 폴 랑즈뱅이 그를 추천했다는 점이었다. 졸리오는 다음 날부터 일을 시작했다.

연구실에서 졸리오를 소개하는 것은 순탄치 않았다. 마리의 동료는 젊은 청년에게 연구실 안내를 해준 뒤 더 이상 방사능에 대해서 알 것은 없다고 말했다. "자넨 이미 모든 것을 알았네." 이렌느 퀴리 역시 냉정하게 대했다. 인사만 건넨 다음 그녀는 졸리오에게 무엇을 해야 하는지 빠르고 정확히 알려주었다.

졸리오와 이렌느는 "모든 것에서 반대"였다고 딸 엘렌느 랑즈뱅-졸리오가 회고했다. 졸리오는 사업을 운영하는 대가족 출신이었다. 그는 다양한 분야에 관심이 있었다. 사냥에서부터 낚시, 그림 그리기와 피아노 연주도 즐겼다. 그는 매력적인 사람이었다. 여성들에게 인기가 많은 사교적인 사람이었다.

"아버지는 대인관계를 무척 중요하게 생각했습니다. 누군가 문제가 있으면 바로 알아차렸고 다른 사람들 역시 자신을 이해해주기를 바랐죠. 반면 어머니는 사람들에게 전혀 관심이 없었어요. 아버지는 만나는 사람과 악수를 하지 않으면 걱정을 했어요. 아마 어머니는 눈치도 못 채셨을 거예요. 아버지는 사람들과 유대가 깊은 반면에, 어머니는 그런 것을 귀찮게 여기셨지요. 그분은 늘 생각할 시간이 필요했고, 하고 싶은 일만 하셨어요"라고 엘렌느가 말했다.

하지만 이렌느 퀴리는 자신이 졸리오와 상당히 비슷한 점도 많다는 것을 깨달았다. 그들은 야외 활동을 즐겼고 전쟁을 반대하는 좌파였다. 젊은 졸리오는 퀴리 부부를 존경하고 있었다. 잡지에 실린 그들의 초상화를 오려서 연구실에 걸어두기도 했다. 졸리오의 사회성은 이렌느가 부드럽고 다정한 사람이 되는데 도움이 됐다. 무엇보다 중요한 것은 그들이 과학을 사랑하고 서로의 능력을 깊이 존경한다는 것이었다. 그들은 남은 생애 동안 같은 길을 가는 동료로 가장 생산적인 일을 함께 했다.

졸리오는 이렌느에 대해 이렇게 평가했다. "전 다른 사람들이 얼음 같다고 생각하는 사람이 무척 예민하고 낭만적이며 비범한 소녀라는 사실을 발견했어요. 그녀는 여러 면에서 장인어른의 닮은꼴이라 할 수 있지요. 전 그분에 대해서 많이 읽었고, 주위에서 들은 이야기도 많아서 잘 알 수 있어요. 이렌느가 그분처럼 순수하고 유머가 있고 겸손하다는 것을 재발견했어요."

어느 날 아침, 이렌느는 어머니의 방에 간단한 식사와 새 소식을 가지고 들어갔다. 28살에 이렌느는 약혼을 했다. 1926년 10월, 졸리오와 이렌느는 결혼을 한 뒤 마리의 아파트에서 점심을 먹고 바로 일을 하러 돌아갔다. 그날 밤 졸리오와 이렌느는 각자의 어머니 집에서 잠을 잤다. 다음날 마리 퀴리는 회의를 위해 코펜하겐으로 떠났다. 졸리오가 마리 퀴리의 아파트로 이사를 왔다. 그 뒤 젊은 부부는 마리 퀴리의 아파트에서 함께 살았다. 주변에 많은 과학자들이 살고 있어서 그곳은 소르본느 바닷가 건물이라고 불렸다.

마리 퀴리는 이렌느가 결혼한 뒤 한동안 까다로운 장모였다. 졸리오는 이렌느보다 두 살이 어렸다. 마리는 이 결혼이 얼마나 갈지 몰라서 결혼 협약을 하라고 했다. 또한 마리는 이렌느의 연구를 위해 연구실의 라듐을 사용할 수 있도록 허락했다. 연구소에 저명한 방문객이 찾아오면 마리는 졸리오를 빼고 연구원을 소개했다. 그렇지 않으면 졸리오를 "이렌느와 결혼한 남자"라고 소개했다.

결국 마리 퀴리는 딸의 결혼 생활을 인정하고 적응했다. 졸리오와 이렌느는 일주일에 며칠씩 마리와 점심을 먹었다. 이렌느는 부드러워진 관계에 대해 이렇게 말했다. "어머니와 남편은 굉장한 열정으로 얘기를 나눴어요. 전 한 마디도 할 수 없었어요." 마리 퀴리를 이긴 것은 프레드였다. "그 남자는 불꽃같아"라고 마리가 자랑스럽게 말했다.

프레데릭 졸리오는 처음에 아내에게 가려져 있었다. 이렌느는 그가 연구실에서 일하기 전부터 자리를 잡고 있었고, 성공의 공로도 인정받았다. 졸리오의 서명에도 불안정한 그의 지위에 대한 마음이 드러났다. 이렌느는 과학 논문에 "이렌느 퀴리"라고 서명했지만 그는 "P. 졸리오"라고만 적었다. 하지만 그들은 사회적인 관점에서는 모두 졸리오였다. 이렌느는 자신이 뭐라고 불리는지 상관하지 않았지만 프레드는 신경을 썼다. 그의 친구들은 그가 '졸리오' 로 남아야 한다고 생각했다. 졸리오는 저명한 논문에는 졸리오?퀴리라고 썼다. 영국의 식자들은 이 부부를 "졸리-퀴리오스(Jolly-Curios)"라고 부르기도 했다. 졸리오는 성을 졸리오-퀴리로 바꾸어 그가 죽은 뒤에도 그 성이 사용되게 할지에 대해 고민했다.

졸리오는 자신이 프랑스를 이끌 과학 지도자 가운데 한 명이라고 전혀 느끼지 못했다. 그는 라쿠에스트에서 휴가를 보내는 과학자들보다는 어부들과 더 편하게 지냈다. 결혼하고 10년 뒤 그가 동료에게 물었다. "왜 사람들은 이렇게 비열하지? 왜 그들은 내가 아내를 사랑하지 않고 내가 일을 위해 결혼했다고 말하는 걸까? 난 아내를 사랑해. 난 그녀를 정말 사랑한다고!" 우발적인 애정이라는 소문에도 불구하고 졸리오와 이렌느는 행복하고 안정적인 결혼 생활을 유지했다.

이렌느는 엘렌느와 피에르를 낳아 드디어 꿈꾸던 연구와 가정을 모두 가지게 됐다. 엘렌느가 태어난 뒤 이렌느는 친구에게 말했다. "내가 아이를 낳지 않았다면 그렇게 놀라운 경험을 해보지 못한 내 자신을 용서하지 못했을 거야." 프레드가 윌슨 안개상자(과포화상태인 증기를 채운 상자 속으로 전하를 띤 고에너지 입자가 통과하면 그 길을 따라 액체 방울이 생기게 한 장치)를 "세상에서 제일 아름다운 현상"이라고 불렀을 때, 이렌느는 그를 타일렀다. "맞아요, 여보. 이 아이들이 없었다면 그것이 세계에서 제일 아름다운 현상이었을 거예요." 이렌느는 여성으로서 자신의 역할을 일과 아이들이라고 단정하는 여권주의자였다. 집에서 이렌느는 전형적인 아내와 어머니였다. 1927년에 의사들은 이렌느가 결핵에 걸렸으니 휴식을 취하고 더 이상 아이를 낳아서는 안 된다고 말했다. 그런데 그녀는 바로 일을 시작했고, 1932년에 피에르를 낳았다. 그 결과 그녀는 20년 동안 결핵으로 고생해야 했다.

아이들의 출생과 이렌느의 병원비 지출로 인해 가정은 어려움에 빠졌다. 졸리오는 당분간 연구를 그만두고 기업에서 일하려고 했다. 파시즘의 영향으로 프랑스 정부는 과학 연구에 관심을 갖게 됐다. 졸리오는 정부의 보조를 받아 이렌느와 함께 연구를 시작했다. 그때부터 졸리오-퀴리 부부는 과학 연구를 위한 정부의 지원을 얻기 위해 끊임없이 활동했다.

졸리오와 이렌느는 좋은 팀을 이뤘다. 졸리오는 물리학자로 알려졌지만 그의 박사 논문은 순수 화학이었다. 이렌느는 화학자로 여겨지지만 그녀의 논문은 순수 물리학 분야였다. 졸리오는 민첩하고도 다각도로 생각했고 이렌느는 차분히 사고했으며 확신을 가지고 논리적인 결론을 구했다. 두 사람은 함께 성공을 엮어냈다.

졸리오-퀴리 부부는 세계에서 가장 많은 폴로늄을 생성했다. 폴로늄 준비로 그들은 전문 방사화학자가 되었지만 그 일은 매우 위험한 것이었다. 폴로늄은 매우 유독하다. 인간의 몸은 그것을 폐, 비장과 간에 저장한다. 졸리오-퀴리 부부는 위험에 대해 걱정하기는커녕 일에만 몰두해 있었다. 마리 퀴리의 방법을 따라서 그들은 방사능 물질을 입-피펫으로 옮겨서 폴로늄을 관으로 빨아들여 측정하고 다른 곳으로 옮겼다.

1930년대 초, 외국인 물리학자들은 졸리오-퀴리 부부가 무엇을 하고 있는지 알기 위해 처음으로 프랑스 과학 논문집을 읽었다. 그들은 영국의 어니스트 러더퍼드, 베를린 카이저 빌헬름 연구소의 리제 마이트너와 코펜하겐의 닐스 보어와 같은 소수의 핵물리학자들과 경쟁하고 있는 중이었다. 새로운 발견을 할 때마다 더 많은 물리학자들이 이 분야에 합세했고 졸리오?퀴리 부부는 더욱 박차를 가해 몇 주마다 한 번씩 보고서를 출판했다.

당시 물리학자들은 원자의 핵이 양성자와 중성자로 구성되어 있다는 사실을 몰랐다. 그들은 원자핵이 양자와 음자로 이뤄졌다고 생각했다. 중성자는 아직 발견되지 않은 상태였기 때문에, 많은 문제와 모순점이 해결되지 않은 채 남아있었다. 오스트리아에서 태어난 노벨상 수상자 볼프강 파울리는 그 어려움에 대해 이렇게 말했다. "때로 물리학은 정말 절 당혹스럽게 해요. 그것은 너무 힘든 일이지요. 차라리 제가 코미디언처럼 물리학에 대해서 전혀 모르는 사람이었으면 좋겠어요."

아들 피에르를 임신하고 있을 때 이렌느는 발터 보테라는 독일 물리학자가 쓴 논문을 통해 난제를 해결하는 첫 걸음을 내딛었다. 뒷날 노벨상을 받은 보테는 가벼운 강철 같은 금속인 베릴륨을 방사성 폴로늄에서 얻은 입자로 충격을 가했다. 놀랍게도 베릴륨에서 아주 강한 힘으로 광선을 배출해 2센티미터나 되는 납을 뚫을 수 있었다. 그때 보테는 새로운 종류의 감마선을 발견했다고 생각했다.

새로운 광선을 연구하기 위해 졸리오-퀴리 부부는 폴로늄이 방출하는 알파 입자들을 소량의 베릴륨 옆에 두었다. 논문의 결과처럼 베릴륨은 납을 꿰뚫는 강한 광선을 방출했다. 다음에 졸리오-퀴리 부부는 같은 자리에 다른 원소를 놓는 시도를 계속했다. 광선이 양자가 풍부한 파라핀에 충격을 가하자 파라핀에서 광속의 10분의 1에 이르는 속도로 강한 양자가 방출됐다. 무엇이 양자를 그토록 빠른 속도로 방출되게 했을까?

졸리오-퀴리 부부는 그것을 X선의 힘을 가진 빛의 속도로 움직이는 감마선이라고 부정확하게 결론내렸다. 그들은 1932년 1월에 연구 결과를 출판했다. 어니스트 러더포드는 졸리오-퀴리 부부가 감마선이 엄청난 양의 에너지를 가진 양자를 움직이는 요인이라고 주장한 것을 보더니 폭발하듯 말했다. "믿을 수 없어!" 감마선은 질량이 없으므로 무거운 입자를 그토록 빨리 움직이도록 할 수 없다. 제임스 채드윅은 리제 마이트너와 다른 이들에게서 얻은 폴로늄으로 러더포드의 연구실에서 다시 졸리오-퀴리와 같은 실험을 해서 중성자를 발견했다. 드디어 물리학자들은 핵의 중요 구성원인 양자와 중성자를 이해하게 됐다. 핵 안에서 이렇게 크고 중성을 띠는 입자가 있다는 사실을 발견함으로써 핵물리학이라는 새로운 과학 분야가 본격적으로 시작되었다.

졸리오-퀴리 부부는 중성자를 실험적으로 어렴풋이 감지했지만, 그들의 실험 결과를 제대로 이해하지 못했던 것이다. 채드윅은 중성자를 발견한 공로로 노벨상을 받았다. 불행하게도 졸리오-퀴리 부부가 안타깝게 상을 놓친 일은 또 있었다. 이렌느는 노벨상을 받을 세 번의 기회를 더 가지게 된다.

위대한 이탈리안 물리학자 엔리코 페르미는 중성자가 핵을 조사하는 훌륭한 연구 도구가 될 것이라는 사실을 바로 인식했다. 양자와 전자와는 달리 중성자는 전하가 없기 때문에 원자를 둘러싸고 있는 음성의 전자구름에 반발하지 않는다. 그리고 빠르게 움직이는 중성자가 핵을 뚫고 지나가면 그것은 양자를 방출할 충분한 에너지를 갖는다.

1932년 초 페르미를 선두로 하여 졸리오-퀴리 부부는 졸리오가 가장 좋아하는 도구를 가지고 중성자를 연구하기로 했다. 윌슨 안개상자를 사용해 아원자입자를 연구하는 것은 제트기 뒤로 생기는 비행운(飛行雲)을 살피고 연구하는 것과 비슷했다. 안개상자는 충돌로 생긴 입자의 진로를 작은 물방울이 응결하는 흔적을 통해 간접적으로 확인할 수 있도록 한 장치였다. 중요한 것은 이 기구는 추후 조사를 위해 사진으로 남길 수 있다는 점이었다.

중성자로 실험을 하던 졸리오-퀴리 부부는 전자만한 입자들의 흔적이 이상하게 비정상적으로 움직이는 것을 보았다. 흔적은 원자만한 크기의 양성을 띤 입자가 그린 것처럼 보였다. 두 가지 설명이 가능했다. 정상적인 전자가 벽을 통해 안개상자에 들어와 중성자를 위한 길을 만들었거나, 아니면 반물질의 존재를 증명하는 양전자일 수도 있었다. 불행하게도 졸리오-퀴리 팀의 추측은 틀렸다. 미국의 앤더슨이 몇 개월 후 같은 실험을 했고 바르게 결과를 해석해 노벨상을 받았다. 그 입자는 양전자였다. 다시 한 번 졸리오-퀴리 팀은 중요한 발견을 위한 실험적 증거를 생성했지만 그것을 제대로 해석하지 못했다. 하지만 그 실험을 통한 공로를 인정받아 이렌느는 앤더슨과 함께 노벨상에 추천됐다(엘렌느 랑즈뱅-졸리오에 의하면 알프스 산의 절벽 옆 실험실에서 일하다가 졸리오-퀴리 부부가 양전자를 알아보지 못했다는 이야기는 사실이 아니다. 그곳의 실험실에는 큰 자석이 달린 윌슨 안개상자가 없었다).

그해 말 졸리오-퀴리 부부는 얇은 알루미늄 호일 옆에 폴로늄을 두고 수소 핵이 터져 나오기를 기대했다. 그러나 대신 중성자와 양전자가 검출됐다. 그 때 과학계는 이렌느의 파트너가 재능 있는 물리학자임을 인식했다. 부부는 폴로늄 실험에 대한 보고를 위해 벨기에에서 일주일 동안 열리는 저명한 솔베이 회의에 초청됐다. 마리 퀴리와 리제 마이트너를 포함한 거의 모든 핵 물리학자가 1933년 10월 회의에 참석했다. 40명의 참석자 중에 20명이 과거에 노벨상을 받았거나 앞으로 받게 되는 사람들이었다.

졸리오-퀴리 부부가 중성자와 양전자가 알루미늄 호일에서 분출했다고 설명하자 리제 마이트너는 그녀가 같은 실험을 했으나 "한 개의 중성자"도 발견할 수 없었다고 단호하게 말했다. 마이트너는 너무나 유명한 실험주의자여서 젊은 프랑스 부부를 믿는 사람은 거의 없었다. "회의 참석한 뒤 우리는 많이 낙담했어요. 하지만 닐스 보어 교수가 제 아내와 저를 옆으로 데리고 가서 우리의 결과를 중요하게 생각한다고 말해주었어요. 얼마 뒤 파울리도 같은 격려를 해주었지요"라고 졸리오가 고백했다.

1934년 파리로 돌아와 그들은 다시 실험을 했고 같은 결과를 냈다. 처음에 그들은 알루미늄 핵이 폴로늄의 알파 입자의 충격을 받을 때 일제히 중성자와 양전자를 분출한다고 추측했다. 추측을 확인하기 위해 졸리오는 폴로늄으로부터 알루미늄을 떼어냈고 가이거 계수관(방사능 측정기)으로 측정했다. 예상대로 중성자는 알루미늄으로부터 나오지 않았다. 그는 알루미늄이 폴로늄으로부터 멀리 떨어져 있음에도 불구하고 양전자들이 호일에서 나오는 것에 매우 놀랐다. 이것은 폴로늄과 알파 입자의 충격과는 상관없는 어떤 일이 알루미늄 핵 안에서 일어나고 있다는 것을 의미했다.

졸리오는 이렌느의 연구실로 뛰어가 그녀를 데리고 왔다. 그가 알루미늄을 다시 폴로늄에서 떼어내고 양전자를 가이거 계수관으로 측정하자 기계는 딸깍, 딸깍, 딸깍하며 몇 분이 걸려 점점 진정됐다. 그들은 그 소리가 무엇인지 알았다. 그것은 방사능을 뜻했다.

알루미늄 핵은 폴로늄으로부터 알파 입자를 흡수하여 중성자를 방출하고 그 과정에서 짧은 순간 동안 더 무거운 원소인 인으로 변한 것이다. 인의 핵은 너무나 불안정하여 그것은 금방 양전자를 내뿜고 다시 안정된 형태인 규소(실리콘)로 바뀌었다. 졸리오-퀴리 부부는 자연 상태에서 안정되어 있는 원소가 인공적으로 방사능을 띄도록 유도한 것이다.

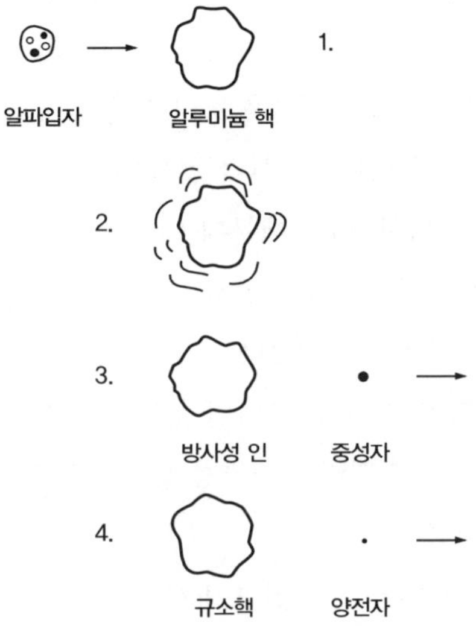

인공 방사능

1. 알루미늄 핵이 알파 입자로부터 충격을 받는다.
2. 알파 입자가 알루미늄 핵으로 들어간다.
3. 중성자가 방출된 뒤, 핵은 방사성을 가진 인이 된다.
4. 몇 분 뒤 양전자가 분출되고 핵은 규소로 변한다.

당장 그들은 알루미늄이 실제로 규소가 되는 도중에 인이 되었다는 것을 화학적으로 입증할 방법을 찾기 시작했다. 그들은 적은 양의 인밖에 없었고 그것의 반이 3분 30초 사이에 자연 붕괴했다. 하지만 이렌느는 적절한 3분짜리 화학 실험을 개발해 냈다. 졸리오는 아이처럼 기뻐하며 연구소의 지하를 폴짝폴짝 뛰어다녔다. 중성자에 대해서 그들은 이해하지 못하고 있었다. 양전자를 보고도 이해하지 못했었다. 그러나 인공 방사능을 발견하고서야 드디어 알게 됐다. 그들의 예전 보고서는 정확했다. 리제 마이트너가 틀린 것이었다.

이렌느는 어머니를 모시고 왔고, 졸리오는 은사이자 마리의 전 애인인 폴 랑즈뱅을 초대했다. 둘은 조용히 시범을 지켜보고, 몇 개의 질문을 한 다음에 자리를 떠났다. 졸리오는 자신의 우상 마리 퀴리와 그가 존경하는 선생님인 랑즈뱅 앞에서 인공 방사능 시범을 보인 것을 자랑스러워했다.

인공적으로 방사능 물질을 고립시킨 것을 졸리오는 작은 시험관에 조금 넣어 마리 퀴리에게 주었다. 라듐 때문에 화상을 입은 손으로 그것을 받아들고 마리 퀴리는 가이거 계수관에 측정해보았다. 딸깍, 딸깍, 딸깍 소리가 들리자 마리의 얼굴은 기쁨으로 빛났다. 그녀는 이 소리가 딸과 사위가 받을 노벨상을 뜻한다는 것을 알았다. 그녀의 삶에서 마지막으로 큰 만족감을 맛본 날이었다. 얼마 뒤 마리 퀴리는 백혈병으로 숨을 거두었다.

졸리오-퀴리 부부는 1934년에 인공 방사능으로 노벨 물리학상 후보에 올랐다. 1935년에 그들은 화학상을 받았다. 그때 이렌느는 37살이었다. 수상 소식을 들었을 때 그녀는 어렸을 때 있었던 기자들에 대한 두려움이 되살아났다. 당장 백화점으로 달려가서 식탁에 씌울 방수포를 샀다. 언론에 대한 그녀의 예감은 적중했다. 그들이 받은 노벨상은 졸리오의 재능덕분으로 그녀의 역할은 단지 거든 것뿐이라는 게 일반적인 평가였다.

이 부부의 노벨상 수상으로 퀴리 가족은 총 3개의 노벨상을 수상하게 됐다. 뒷날 에브의 남편인 외교관 앙리 라부이가 1965년 국제 연합 어린이를 위한 비상준비금으로 노벨 평화상을 받자 퀴리 가족은 총 4개의 노벨상을 갖게 됐다.

젊은 부부를 위한 연구소의 모임에서 이렌느가 말했다. “우리 가족은 명예에 익숙해져 있어요." 그것은 자랑이 아니고 사실을 이야기한 객관적인 말이었다. 그럼에도 불구하고 스톡홀름 시상식장에서 트럼펫 소리가 들리고 그들을 축하하기 위해 관현악단이 드뷔시를 연주 할 때 이렌느와 졸리오는 기쁨을 감추지 못했다. 그들이 일을 공평하게 나누어서 했다는 것을 강조하기 위해 노벨상 수상 연설에서 이렌느는 물리학적 부분을, 프레드는 화학부분을 전달했다. 한 독일인 수상자가 나지식 경례를 하며 연설을 마치는 바람에 행사장 분위기가 어두워졌다. 이렌느는 시상식이 지루하다고 느꼈다. 스웨덴의 왕이 그녀를 찾았을 때 졸리오는 구석에서 책을 읽고 있는 이렌느를 발견했다.

노벨상을 받은 뒤, 졸리오와 이렌느의 연구팀은 더 이상 공동 연구를 진행하지 못했다. 이렌느는 정계에 진출했고 건강이 많이 악화됐다. 노벨상 덕분에 졸리오는 프랑스에서 제일 저명한 연구 센터인 꼴레주 드 프랑스(College de France — 프랑스의 최고 석학들이 교수진으로 있는 시민 대학 또는 개방 대학)로부터 일을 제의받았다. 졸리오는 이렌느 없이도 일을 해낼 수 있다는 사실을 보이기 위해, 그리고 앞으로 핵을 연구하기 위해서는 가속 장치가 필요했기 때문에 그 일을 수락했다. 그곳에는 그가 사이클로트론을 만들 수 있는 자리가 있었다. 직장을 옮기면서 그는 이렌느와 과학적 동맹을 끝냈다. 그 때부터 그는 관리, 가속 장치의 설계, 프랑스의 과학을 위한 기금 모금 활동에 주력했다. 이렌느는 파리 대학의 교수가 되었고, 라듐 연구소에서 연구 개발 부장으로 계속 일했다. 졸리오-퀴리 부부는 프랑스의 핵 과학 분야를 주도했다. 이 모든 명성에도 불구하고 이렌느는 연구실에서 개방적인 환경을 유지했다.

자신의 명성을 이용하여 이렌느 퀴리는 여러 여권 단체에 참여했다. "저는 여성이 자기 자신을 여성으로서의 역할로부터 사적이나 공적으로 관계를 끊을 수 있다고 생각하지 않아요"라고 그녀가 말했다. 파시스트들은 여성이 집에 있기를 원했으나, 이렌느는 많은 여성들이 미혼이거나 혼자 살거나 가족의 수입이 부족하기 때문에 밖에서 일을 할 수밖에 없다고 지적했다.

파시스트가 유럽 전역에서 힘을 얻자 그녀는 정치에 참여했다. 인민 전선은 1936년에 생긴 프랑스 중도파에 속하는 온건주의자, 사회주의자와 공산주의자로 구성된 반파시스트 모임이었다. 전선은 이렌느에게 과학 연구를 위한 국무 장관이 되어달라고 부탁했다. 그녀는 "여성의 가장 귀중한 권리인 교육과, 경험으로 자격을 얻은 직업에서 남성과 동등한 입장에서 일할 수 있도록" 발전시키고 싶었다. 그녀는 프랑스의 첫 여성 각료 가운데 한 명이었다. 그러나 이렌느는 투표를 할 수 없었다. 프랑스 여성들은 1945년까지 투표권이 없었다. 사전 조정으로 그녀는 3개월 후에 사임했고 친구에게 자리를 넘겨주었다.

이렌느 퀴리는 가장 외교 수완이 없는 정치가였다. 프랑스 상용 편지에 쓰이던 전형적인 미사여구를 전혀 사용하지 않았으며, 수신인에게 "깊은 경의"나 "깊은 존경"을 표하지도 않았다. 그녀는 시간을 낭비하는 것을 몹시 싫어했다. 모임이 주제를 벗어날 때 그녀는 일어나서 짐을 챙겨 떠났다. 회의장에 일찍 도착했을 때 이렌느는 계단에 앉아서 일을 했다. 무례한 수위가 그녀를 쫓아내려고 했다.

"이봐요, 나가요! 우리는 장관들을 기다리고 있어요."

"내가 그들 중 한 명이랍니다."

인민 전선이 파시스트 반군과 싸우는 스페인 정부를 도와주기를 거부하자 졸리오-퀴리 부부는 믿음을 잃었다. 프랑스 공산당이 과학 연구를 위한 더 많은 기금을 요구한 1938년의 모임에서 이렌느와 졸리오는 강당의 가장 잘 보이는 자리에 앉았다.

졸리오는 1930년대 후반, 정치에 깊이 참여했다. 이렌느는 결핵이 악화되어 점점 방관자가 됐다. 1934년부터 그녀는 한 해의 몇 주나 몇 개월을 보통 알프스 산에서 휴식을 취했다. 파리에서는 집에 누워서 일했다. 제1차 세계대전 중에 X선에 노출되었던 것과 연구실에서 폴로늄을 다뤘던 것이 세균에 대한 그녀의 면역력을 약화시켰다. 이렌느의 병세는 제2차 세계대전 중 점점 악화되었다.

1938년에 이렌느는 두 번째 노벨상을 놓쳤다. 1930년대 후반 물리학자들은 중성자로 우라늄에 충격을 가했을 때 어떤 일이 일어나는지를 알아내기 위해 노력하고 있었다. 엔리코 페르미는 우라늄 핵이 중성자를 흡수하고 우라늄과 더 무거운 인공적인 원소가 되었다는 생각을 바탕으로 실험을 했다. 엔리코의 실험 뒤 이렌느는 경쟁자인 베를린의 리제 마이트너와 오토 한의 후속 실험에 대해서도 읽었다.

페르미처럼 그들은 우라늄에 중성자로 충격을 가한 뒤 나타나는 입자가 무엇인지 알아내려고 했다. 이렌느는 그들의 결과에 동의하지 않았다. 꼴레주 데 프랑스에 있는 졸리오와 함께 이렌느는 젊은 유고슬라비아 물리학자 폴 사비치와 함께 일했다. 원소 중의 하나에 주의를 기울인 그들은 그것이 란탄과 비슷하다는 결론을 내렸다. 하지만 다른 과학자들처럼 그들은 원소가 란탄이 될 수는 없다고 생각했다. 란탄 원자는 우라늄 원자보다 가벼웠다. 실험에서 과학자들은 우라늄이 중성자를 흡수하여 더 무거운 원소가 될 것이라 생각하고 있었다.

이렌느 퀴리가 결론을 내렸을 때 한과 마이트너는 쉽사리 믿지 못했다. 한과 졸리오는 로마에서 회의 참석차 만났고 한은 졸리오를 살짝 옆으로 끌고 갔다. "우리끼리만 압시다. 당신 아내가 여성이기 때문에 내가 이 자리에서 비판하지 않는 겁니다. 하지만 그녀는 틀렸어요. 우리가 그것을 증명해 낼 겁니다"라고 한이 졸리오에게 말했다.

이렌느는 한의 반응을 듣고 다시 실험을 했다. 하지만 똑같은 결과가 나왔다. 한은 이렌느가 "어머니의 오래된 방법"으로 시간을 낭비하고 있다고 불평했다. 한은 이렌느의 새로운 원자를 퀴리 부부의 이상한 호기심이 담겨 있다는 의미로 '퀴리오섬' 이라고 불렀다.

젊은 화학자 프리츠 슈트라스만은 한과 마이트너에게 이렌느의 실험 결과를 심각하게 받아들이라고 충고했다. 그제야 한은 마리 퀴리의 "오래된 방법"을 가지고 다시 실험을 했다. 그리고 그들도 이렌느 퀴리와 같은 결과를 얻었다. 그들은 재실험을 통해 우라늄보다 가벼운 바륨을 찾아냈다. 당황한 그들은 리제 마이트너에게 해석을 부탁했다. 그녀는 유대인이었고 나치 독일을 떠나 중립국인 스웨덴에 가 있었다. 조카와 실험에 대한 이야기를 나누던 마이트너는 우라늄이 두 개의 작은 덩어리로 나뉘어졌다는 것을 알게 됐다. 조카는 그것을 분열이라고 불렀다. 마이트너가 해석해 준 실험을 통해 한은 노벨상을 받았다. 한과 슈트라스만에게는 운 좋게도 실험 결과를 해석해 줄 리제 마이트너가 있었으나 이렌느는 그렇지 못했다.

이렌느가 한과 슈트라스만의 논문을 읽을 때, 그녀는 졸리오가 그녀와 함께 일하고 있지 않은 것에 대해 화를 냈다. 그녀는 감정이 폭발했다. "정말, 우리는 너무 바보 같았어!" 또다시 그녀는 중대한 발견을 놓쳤다. 그녀는 물리학에 알려진 모든 법칙을 거스르는 증거물을 찾았지만 어떤 법칙이 틀렸는지 알아낼 수 없었다. 전문 방사화학자들인 한과 슈트라스만도 같은 상태였지만 리제 마이트너에게 도움을 받았다. 이렌느는 혼자서 연구를 해야했고 마이트너처럼 상담할 사람이 없었다. 누군가에게 도움을 받았다면 한·슈트라스만·마이트너 팀을 쉽게 이길 수 있었을 것이다. 그랬다면 이렌느는 어머니처럼 노벨상을 두 번 받았을 것이다. 졸리오와 이렌느는 실험을 함께 하지 않은 것을 두고두고 후회했다.

핵분열에 열광한 졸리오는 그것을 연구하기 위해 서둘렀다. 그와 그의 팀은 연쇄반응이 엄청난 양의 에너지를 분출한다는 것을 계산을 통해 보여주었다. 하지만 그는 독일과의 전쟁을 끝낼 수 있을 정도로 원자폭탄을 빨리 만들 수는 없다고 생각했다. 대신 그는 핵분열을 프랑스의 에너지 문제의 해결책으로 보았다. 1939년 프랑스는 엄청난 양의 석유와 석탄을 수입하고 있었다. 오늘날 프랑스는 80퍼센트의 에너지를 원자력에서 얻고 다른 유럽 국가에게 에너지를 수출하고 있다. 이것은 모두 졸리오 덕분이다.

또 다른 전쟁을 걱정하던 졸리오는 1940년에 유럽대륙에서 영국과 미국으로 많은 양의 우라늄과 중수를 보내는 일을 도왔다. 중수는 중수소가 풍부한 물로 영국-캐나다 원자핵 프로그램의 기초가 됐다. 국외기자가 된 에브 퀴리와 달리 졸리오-퀴리 부부는 프랑스에 남았다. 연합군은 프레데릭 졸리오가 프랑스를 떠나도록 설득했지만 그의 연세 드신 어머니가 파리에 계셨고 이렌느도 요양원에 있었다. 더구나 졸리오는 독일이 몇 십년동안 점령을 한다면 누군가 남아서 프랑스의 전통을 지켜야 한다고 생각했다.

전쟁으로 인해 음식과 연료가 부족해지자 이렌느의 결핵은 날로 악화되었다. 그녀의 얼굴은 깊은 주름 때문에 40대 중반으로 보였다. 여행을 가면 그녀는 너무 힘이 빠진 나머지 사람들에게 둘러 싸인 채 여 그냥 바닥에 누워서 잠들기도 했다. 그렇지만 이렌느는 평소 관심을 가지고 있던 여성 문제에 관한 일을 계속했다.

1940년 9월, 독일군이 졸리오의 연구실을 점령했다. 그들은 중수를 요구했다. 졸리오는 영국으로 가는 배에 실려 있었으나 그 배가 가라앉았다고 둘러댔다. 독일군은 졸리오의 친구이자 학생인 볼프강 겐트너에게 일을 맡겼다. 그날 밤 강한 반나치주의자 겐트너는 학생 식당에서 졸리오를 만났다. 그들은 함께 독일군으로부터 연구실을 보호할 계획을 세웠다.

1940년 졸리오는 레지스탕스에 가입해 프랑스의 모든 레지스탕스 중에서도 제일 크고 호전적인 집단을 이끌게 됐다. 게슈타포(Geheime Staatspolizei · 비밀국가경찰, SS(Schutzstaffel · 나치스친위대)와 더불어 체제강화를 위해 만든 국가권력기구)가 폴 랑즈뱅의 사위를 포함한 친한 친구 여러 명을 죽이자 졸리오는 프랑스에서 가장 활동적인 반파시스트 단체였던 공산당에 가입했다. "전 애국자이기 때문에 공산주의자가 되었습니다" 라고 그는 회고했다. 그것은 처형을 당할 수도 있는 매우 위험한 선택이었다. 결국 그의 공산당 활동의 그의 이력을 망쳤다.

전쟁이 끝날 무렵 졸리오는 지하 운동을 하며 이렌느와 아이들이 프랑스에서 빠져나갈 수 있도록 레지스탕스를 통해 계획했다. 이렌느는 딸이 학사학위시험을 마칠 때까지 나라를 떠나는 것을 거부했다. 엘렌느는 시험을 국경선 옆 작은 마을에서 비밀리에 치뤘고 1944년 6월 6일, 이렌느와 두 딸은 쥐라 산맥을 타고 스위스로 들어갔다.

전쟁이 끝난 뒤 졸리오는 프랑스의 영웅이 됐다. 그는 프랑스 정부의 과학기금 기관과 프랑스 원자력 위원회의 수석이 됐다. 하지만 졸리오와 정부는 대립 관계에 있었다. 그는 원자력이 평화적인 목적으로만 사용되어야 한다고 고집했으나 프랑스와 미국 정부는 폭탄을 만들 계획을 가지고 있었다. 미국에서 매카시즘(극단적인 반공주의 열풍)이 거세질수록 미국 정부는 프랑스 정부에게 졸리오를 해고하라는 압박을 가했다.

이렌느는 공산당에 동감했지만 가입하지는 않았다. 사회주의자와 공산주의자들은 항상 유럽 여권주의의 가장 큰 지지자들이었다. 이렌느는 조직에 가입하기에는 너무 자유로운 여성이었다. 퀴리라는 이름의 상징적인 위치 때문에 특정한 당에 가입하는 것은 불가능하다고 그녀는 딸에게 말하기도 했다. 반면에 그녀는 무언가를 믿으면 솔직하게 말했다. 소련의 교정 노동 수용소 관리국(Gulag)의 잔인한 실태를 서술한 책에 반대하여 법정에서 증언한 사람도 이렌느였다. 그녀는 자신이 소련을 방문한 적이 있으며 그러한 상황은 존재하지 않는다고 했다. "어머니의 그런 행동은 그것이 사실이라고 생각하지 않았기 때문이에요. 어머니는 보지 못한 것은 이해하지 못했어요" 라고 엘렌느가 말했다.

전쟁이 끝난 뒤 마리 퀴리의 친구인 미시 멜로니가 스트렙토마이신(페니실린 이후에 개발된 최초의 항균제, 결핵치료에 탁월한 효과가 있었다)을 이렌느에게 보냈다. 1940년대 후반과 1950년대 초반에 이렌느의 건강은 아주 나아졌다. 연구를 계속하고 연구소를 관리하는 일 외에도 그녀는 핵무기 금지와 여권 신장을 위한 국제회의에 참석했다. 원자폭탄은 졸리오-퀴리 부부를 소름끼치게 했다. 그것은 그들의 연구에 바탕을 둔 것이었고 그들은 폭탄 투하로 폐허가 된 일본에 부분적으로 책임을 느꼈다.

졸리오-퀴리 부부는 말년에 그들의 공산주의적 경향 때문에 인기가 없었다. 1950년에 프랑스 정부는 졸리오를 프랑스 원자력 위원회 수석에서 해고했다. 퀴리 가족의 반 세기동안 계속된 프랑스 핵물리학의 시대가 끝났다. 졸리오는 여생을 평화 단체에서 일하며 보냈다. 원자력 위원회에서 이렌느의 지위는 1951년까지 갱신되지 않았다. 이렌느가 뒷날 물리학 회의를 위해 스톡홀름에 도착했을 때 호텔들은 방을 내주지 않았다. 영국이 비자 발급을 거부했다. 노벨상을 받은 경력에도 불구하고 미국 화학 단체는 이렌느의 회원 가입신청을 거부했다.

졸리오와 달리 이렌느는 계속해서 연구실에서 일했다. 그녀는 파리의 남쪽에 있는 오르세이의 새로운 핵연구 센터를 허가받았다. 그녀가 사망한 뒤 그곳은 라듐 연구소를 대신했다. 1950년대 중반, 그녀는 졸리오의 건강을 걱정했다. 그는 방사능 때문에 간염을 심하게 앓았다. 이렌느는 자신의 건강에 대해서는 전혀 걱정하지 않았고 1956년 1월까지도 매일 연구실에서 일했다.

2월에 그녀는 홀로 알프스 산에 있는 별장에 갔다. 갑자기 통증을 느낀 그녀는 파리로 가는 기차를 탔고 라듐 연구소에 있는 병원에 입원했다. 의사들은 백혈병이라고 진단했다. 그녀는 소꿉친구 페렝에게 말했다. "난 죽음이 두렵지 않아. 난 너무 신나는 삶을 살았잖아!"

그녀는 끝까지 과학에 대한 믿음을 유지했다. 마지막 해에 그녀는 이렇게 적었다. "과학은 인간의 삶을 증진시키고 고통을 줄일 수 있는 모든 발전의 기초다." 1956년 3월 17일, 그녀는 58세로 숨을 거두었다. 프랑스 정부는 그녀를 위해 국장을 준비했다. 이렌느의 가족은 장례식에서 군사적인 부분과 종교적인 부분을 빼달라고 부탁했다.

졸리오와 이렌느 부부는 30년 동안 함께 살면서 일했다. 그녀가 사망하고 2년 뒤 졸리오도 병으로 죽었다. 그의 장례도 국장으로 치러졌다. 퀴리가의 학자들 중 마리 퀴리만이 60세를 넘겼다.

6

유전학자

바바라 맥클린턱

1902.6.16~1992.9.2

노벨 생리 · 의학상_1983

바바라 맥클린턱

Barbara McClintock

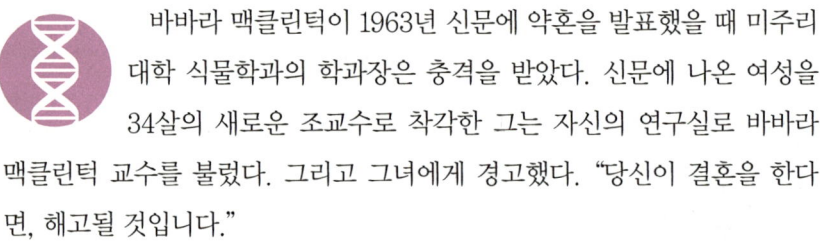

바바라 맥클린턱이 1963년 신문에 약혼을 발표했을 때 미주리 대학 식물학과의 학과장은 충격을 받았다. 신문에 나온 여성을 34살의 새로운 조교수로 착각한 그는 자신의 연구실로 바바라 맥클린턱 교수를 불렀다. 그리고 그녀에게 경고했다. "당신이 결혼을 한다면, 해고될 것입니다."

맥클린턱은 뒷날 미주리 대학에 대해 "지독했어, 지독했어, 지독했어"라고 불평했다. "여성을 위한 환경이 믿을 수 없을 만큼 좋지 않았어요."

결국 어느날 맥클린턱은 학과장의 연구실에 당당하게 걸어 들어가 자신이 대학의 종신직 교직원이 될 수 있는지 딱 잘라 물었다. 학과장은 고개를 저었다. 그는 맥클린턱에게 지도 교수가 학교를 떠나면 아마도 그녀를 해고할 것이라고 말했다.

맥클린턱은 당장 무보수의 휴가를 가서 다시는 돌아오지 않겠다고 대답했다. 그리고 포드사의 자동차 모델 에이(Model A)에 짐을 싣고 아무런 미련 없이 떠나버렸다. 기상 캐스터를 꿈꾸기도 했던 그녀는 이젠 어떤 일도 갖고 싶지 않다고 생각했다. 그녀가 마음을 정리하기까지 많은 시간이 걸렸다.

맥클린턱은 일을 그만 두었을 때 미국 과학의 정상에 있었다. 그녀는 옥수수 유전학 분야에 혁명을 일으켰다. 그녀가 초기에 진행한 실험 중의 하나는 20세기의 가장 중요한 생물 실험에서 높은 순위에 든다. 그녀는 미국 유전학회의 부회장이었고 회장이 되려고 했다. 그녀는 뒷날 노벨상을 받게 되는 연구를 진행한다. 하지만 이미 그녀는 유명한 대학에서 명예 학위를 받았고 당시 미국에서 가장 높은 과학적 명예로 여겨지던 학술원에 곧 선출될 상황이었다.

맥클린턱은 전임으로 연구하고 싶어 하는 열정적인 여성이었다. 높은 자리에 친구들이 많이 있었지만, 그녀는 종신직 교직원이 아니었다. 미국에서 대학은 과학 연구의 주 후원자였는데 연구직은 남성들이 독점하다시피 했다. 그래서 학계를 떠나겠다는 맥클린턱의 결정은 그녀에게 가장 중요한 유전학을 포기한다는 뜻이나 마찬가지였다.

맥클린턱은 자유롭고 자주적으로 살고 싶었다. 그녀는 1902년 6월 16일에 코네티컷주의 하트포드에서 토마스 헨리 맥클린턱 박사와 사라 핸디의 세 딸 중 막내로 태어났다. "제 부모님은 훌륭한 분이었어요"라고 맥클린턱은 회상했다. "전 그 가족에 맞지 않았지만 그 안에 있어서 행복했어요. 저는 특이한 구성원이었지요."

맥클린턱 박사와 부인은 남자아이를 희망했고 벤자민이라는 이름까지 골라놨었다. "제 어머니는 비난을 받았어요. 제대로 된 것(아들)을 낳지 못한 게 잘못이었죠"라고 맥클린턱은 차갑게 말했다. 맥클린턱 부인과 바바라는 서운한 감정을 숨길 수 없었다. 바바라는 어머니가 딸을 낳아 실망한 것을 알았고 맥클린턱 부인도 그 사실을 바바라가 벌써 눈치채고 있다는 것을 알고 있었다.

두 사람은 조심스럽게 어느 정도 거리를 유지했다. 바바라가 아기였을 때 어머니는 그녀를 바닥의 베개 위에 놓고 장난감을 주었다. 바바라는 혼자서 잘 놀았다. 맥클린턱이 태어난 지 4개월 뒤, 부모는 딸의 이름이 너무 얌전하다고 생각했다. 그래서 그들은 엘레노어라는 이름을 바바라로 바꾸었는데 그것이 더 남자답고 강하게 느껴졌기 때문이었다.

바바라가 두 살 되던 해에 가족이 그도록 기다리던 남자아이가 태어났다. 바바라의 어머니는 4명의 작은 아이들을 돌보는 것이 힘에 부쳤다. 메이플라워 호를 타고 온 이민자의 후손이었던 맥클린턱 부인은 동종요법 의사와 결혼하기 위해 아버지의 뜻을 거스르기 전까지는 부유하게 살았다. 맥클린턱의 어머니는 더 많은 시간을 아들과 보내고, 자신과 바바라 사이의 긴장을 해소하기 위해 정기적으로 바바라를 이모와 이모부와 함께 지내도록 시골 매사추세츠에 보냈다.

이모부는 말이 끄는 짐마차로 생선을 팔았는데, 바바라는 그와 함께 다니는 것을 즐겼다. 맥클린턱은 이모부에게 기계를 고치는 법과 자연에 대한 사랑을 배웠다. 집에 돌아온 뒤에도 그녀는 여전히 어머니의 포옹과 키스를 거절했다. "전 칭찬을 받지 못했지만 가혹한 대우를 받지도 않았어요"라고 맥클린턱이 그 사실을 인정했다.

바바라의 아버지는 여자에게 정해진 형식적인 속박으로부터 자유롭워지도록 바바라를 남자처럼 키웠다. 맥클린턱이 4살되던 해에 아버지는 바바라에게 권투장갑을 선물했다. "대부분의 여자 아이들은 저처럼 놀지 않았어요. 그래서 저는 여자 친구들이 별로 없었지요"라고 맥클린턱이 말했다.

"전 운동 하는 것, 스케이트 · 롤러스케이트와 자전거 타는 것을 좋아했고 공을 던지고 받는 그 리듬을 즐겼어요. 그건 정말 즐거운 일이죠."

"부모님은 제가 하고 싶은 것이라면 여성의 사회적 관습에 맞지 않더라도 인정해주셨어요. 그들은 그 누구도 저를 방해하지 못하게했어요"라고 맥클린턱이 설명했다. 이웃이 바바라에게 "여성다운" 것을 가르치려고 하자 맥클린턱의 어머니는 그 가정주부에게 자기 일이나 신경 쓰라고 단호하게 말했다. 바바라가 선생님이 "감정적으로 싫다고" 생각하자 그녀의 아버지는 학교에 보내지 않고 집에 무르게 해주었다.

동네 남자 친구들과 야구를 하는 것이 맥클린턱을 남자답게 만들지는 않았다. 한번은 그녀의 팀 동료들은 여자 포수가 있는 것이 창피해 원정 경기에 그녀가 참여하는 것을 원하지 않았다. 상대팀은 그것을 개의치 않았다. 오히려 그들의 팀에 합류하라고 권했다. 집에 가는 길에 동네 친구들은 그녀를 배신자라고 비난했다. 심사숙고 한 뒤 맥클린턱은 나름대로 결론을 내렸다. 그 결과로 바바라는 친구들과 어울리기보다 독서를 하거나 무엇인가 골똘히 생각하는 시간이 많아졌다.

바바라는 자라면서 자유와 기회에 대해 큰 관심을 갖게 됐다. 8살 때 맥클린턱 가족은 뉴욕 주 브룩크린시의 시골 동네인 플랫부시(Flatbush)로 이사갔다. 전화기와 전신 덕분에 작은 동네에도 최근 세계 소식이 빠르게 전달됐다. "그곳엔 변화가 있었어요. 모든 것이 바뀌고 있었어요" 바바라는 세상을 이해할 준비가 됐다. 맥클린턱이 처음으로 자유의 여신상이 약 46미터 높이라는 사실을 알게 됐을 때 자신감을 갖게 됐다. "다른 것은 문제가 안 돼! 난 무엇이든 할 수 있어!"

"제가 사춘기에 접어들었을 때 제 어머니는 어떻게 해야 할지 모르셨어요." 바바라는 코넬 대학에 다니고 싶었지만 맥클린턱 부인은 고등 교육이 그녀의 딸들을 "이상하게" 만들고 결혼할 수도 없게 할 것이라 생각했다. 그녀는 바바라의 큰 언니가 대학에 들어가려는 것을 말렸다. "그렇지만 제 아버지는 의학 박사였어요. 아버지는 제가 대학원 연구까지 하게 될 거라고 처음부터 느끼셨죠. 그는 제가 의학 박사가 되는 것을 원하지 않으셨어요. 제가 아주 나쁜 대우를 받을 거라 생각하신 거죠. 여성들은 너무나 비열한 대우를 받았어요. 하지만 아버지는 제게 충고했지만 강요하지는 않으셨어요. 아버지는 저를 지지했어요. 제가 잘 해낼 것이라고 굳게 믿으셨지요."

바바라가 제1차 세계대전 중에 고등학교를 졸업했을 때, 불행히도 아버지는 전장에 나가 있었다. 혼자 결정을 내려야 했던 맥클린턱 부인은 대학에 진학하려는 딸을 말렸다. 그래서 대신 바바라는 직업소개소 시험관으로 취직하였고 저녁과 주말에는 공공 도서관에서 열심히 공부를 했다.

1919년, 프랑스에서 돌아온 아버지는 바바라가 코넬로 가려는 계획을 지지했다. 며칠 만에 그녀는 코넬 농업대학에 입학했고 학비는 무료였다. 맥클린턱은 이에 대해 평생 아버지에게 감사했고 이렇게 강조해서 얘기했다. "전 제가 무엇을 하고 싶은지 알았어요. 그것은 아주 명확했고 아버지의 강력한 지지가 있었기 때문이었죠. 어머니는 저를 저지하는 데 문제가 없었다면 그렇게 했겠죠." 자녀들이 다 성장한 뒤, 맥클린턱 부인은 코넬 대학에서 미술과 논술 강좌를 들었다. 그제서야 그녀는 대학 교육이 바바라에게 어떤 의미였는지 이해하게 됐다. 하지만 그것은 너무 늦은 발견이었다. 바바라는 대학을 다닌 맥클린턱가의 유일한 자녀였다.

대학 생활은 처음부터 끝까지 즐거웠다. 때로 그녀는 연구에 너무 빠져서 아무것도 기억하지 못하기도 했다. 맥클린턱은 152센티미터를 조금 넘는 키에 41킬로그램의 몸무게로 남들보다 왜소했지만 아이처럼 해맑은 웃음을 가졌고 즐거운 이야기를 좋아했다. 연구실에서 사진을 사진을 찍을 기회가 있었다. 사진사가 한참을 준비하고 셔터를 눌렀을 때, 맥클린턱은 현미경 덮개를 머리 위에 쓰고 장난기 가득한 모습이 담겼다. 잠을 자다가 꿈이 너무 웃겨서 웃으면서 일어난 적도 있었다. 그녀는 1학년 여학생들을 대표하는 회장이었고, 재즈 그룹을 만들어 온 동네에 돌아다니며 연주했지만 시간이 많이 들어 연구에 방해가 되자 그만두었다.

맥클린턱은 담배를피고 단발머리를 하고 사전 연구를 위해서 니커 바지와 넓은 반바지를 즐겨 입는 현대 여성이었다. 단발머리는 1921년부터 최신 유행이었다. 당시 여성에겐 트렌드의 상징이었고 니커 바지는 1920년대에 오늘날의 청바지처럼 남성과 여성에게는 필수 아이템이었지만 그녀가 어울리는 친구들은 전위적이었다. 유대인과 이방인 사이의 사회적 차이는 엄청 컸지만 맥클린턱은 이디시(Yiddish, 유대어의 일종) 말을 공부할 정도로 유대인 여성 친구가 많았다.

발랄함과 남다른 집중력과 열의를 가진 맥클린턱은 주위의 주목을 받았다. 졸업을 할 때인 1923년에 그녀는 이미 대학원의 연구에 깊게 빠져 있었다. 당시 다른 많은 젊은 미국인 여성도 그러했다. 1920년대에 미국의 모든 대학원생의 30퍼센트에서 40퍼센트 정도가 여성이었다. 더구나 당시 미국에서 수여된 이학과 공학 박사 학위의 약 12퍼센트가 여성의 것이었다. 많은 학생들이 생물학을 공부했고 거의 5명 중에 1명은 식물학자였다. 그들의 상당수는 유전학을 전공했다. 그 외의 사람들은 수학이 많이 필요하지 않은 동물학과 심리학을 공부했다.

연구직을 구하는 일보다는 과학 교육을 받는 것이 훨씬 쉬웠다. 기업 · 정부와 대부분의 대학은 여성을 고용하는 것을 거부했다. 대부분의 여성 과학자들은 가르쳐야 할 시간은 많지만 연구할 시간은 부족한 여자대학에서 가르쳤다. 미국의 여성 과학자 중 오직 4퍼센트만이 남녀공학 대학에 고용되었다. 그렇게 고용된 이들은 주로 가정과 체육 과목에 집중되어 있었고 그들의 위치는 조수 · 강사나 조교와 같은 낮은 자리였다.

유전학은 완전히 열린 분야였다. 맥클린턱과 유전학은 함께 태어나고 자랐다. 완두를 이용한 그레고 멘델의 유전 연구는 맥클린턱이 태어나기 2년 전인 1900년에 재발견되었다. 1920년대에 유전학은 미국이 처음으로 세계적인 수준에 이른 과학이었고, 생물 분야 가운데 가장 추상적인 학문이었다. 맥클린턱이 1923년에 대학원에 입학했을 때 많은 생물학자들은 아직 멘델의 유전학을 받아들이지 않았다. 유전자라는 단어는 소개되었지만 그것은 아직 명백한 정의나 현실성을 갖지 못한 상태였다. 그것은 그저 추상적인 개념에 지나지 않았고 특성이 한 대에서 후대로 전해지는 방법을 설명한 논의의 여지가 있는 이론이었다. 토머스 헌트 모건이 표현한 것처럼 유전학자들은 이렇게 추측했다. "달걀 안에 무언가가 있어 달걀 밖으로 형질이 표현된다."

염색체는 세포의 핵 안에 있는 것으로 유전학적 성분을 갖고 있다고 알려져 있었다. 세포가 분열하기 전에 그것의 염색체 수는 2배가 된다. 절반은 세포의 한쪽 끝으로 가고 남은 한쪽은 반대 방향으로 움직인다. 세포가 분열할 때 염색체도 각각 나뉘게 되는데, 염색체는 서로 똑같은 완전한 복사본이다. 그 안에는 같은 양의 유전학적 요소를 갖고 있다. 유전학자들은 종마다 서로 다른 염색체 수를 가지고 있어서 금붕어는 94개, 사람은 46개, 옥수수는 10개 임을 알았다. DNA가 유전학의 화학적 기본이라는 발견은 몇 십 년이 지난 미래에 일어날 일이었다.

맥클린턱이 연구를 시작할 때 초파리와 옥수수는 유전학을 선도할 연구 수단이 되기 위해 우열을 겨루고 있었다. 컬럼비아 대학에서 초파리를 공부하던 모르간은 파리의 물리적 특징의 많은 부분이 사람의 빨간 머리와 주근깨처럼 하나로 뭉쳐서 유전된다는 것을 보여주었다. 그는 분간하기 쉬운 특징인 길고 짧은 날개의 길이, 회색과 검은 몸체와 같은 색깔 등을 염색체 변화와 연관시켰다. 연계된 특징은 같은 염색체에 있는 유전자와 일치했다. 특징이 같이 유전되거나 따로 되는 경우의 수에 따라서 모건과 그의 동료들은 초파리의 유전자의 염색체에 반응하는 위치를 표시했다.

코넬 대학의 유전학자들은 옥수수를 연구했다. 옥수수는 경제적으로 중요한 곡물이었다. 또한 그것은 이상적인 연구 수단이기도 했다. 다양한 색의 옥수수 씨는 연구자가 구별하기 쉬운 형질이었다. 유전학 변화는 옥수수속 씨처럼 평범했다. 더욱이 옥수수는 자가 수정이 가능하기 때문에 근친 교배를 통해 자료를 만들 수 있었다. 옥수수는 수꽃과 암꽃을 모두 생성한다. 암꽃은 옥수수 알에 난세포를 가지고 있다. 수꽃은 줄기 꼭대기의 술에서 피어서 꽃가루로 알려진 정자를 지니고 있다.

옥수수
옥수수는 숫꽃과 암꽃 둘 다 핀다.

봄에 심은 옥수수가 7월에 다 자라면 코넬 대학의 유전학자들은 밤낮으로 일주일 내내 교배를 관리하기 위해 일했다. 바람이 꽃가루를 날려 서로 다른 옥수수가 수정이 되도록 한다. 거기서 화분 립에 싹이 터서 수염 아래 긴 화분관(phallic tube)에서 자라 정자를 옥수수 속 밑에 있는 난자에 접하도록 한다. 정자와 난자는 결합하여 새로운 세대의 씨앗이 된다.

통제되지 않은 수정을 막기 위해 유전학자들은 알과 술을 종이로 막고 꽃가루를 손으로 직접 옮긴다. 식물을 자가 수정하고 신종 변종을 동종 교배하기 위해 하나의 꽃가루를 다른 모든 옥수수 꽃에 옮겨주기도 했다.

실험 대상으로서 옥수수가 갖고 있는 매력에도 불구하고 코넬 대학의 유전학자들은 아직 그 염색체에 대해 공부하지 않았다. 어떤 염색체가 어떤 유전적 특징을 갖고 있는지 알아낼 방법을 몰랐기 때문이었다. 코넬 대학의 지도부는 여성이 그들 부서에 있는 것을 거부했다. 식물학 부서에 있던 맥클린턱은 연구를 위한 환경을 스스로 개발해야 했다.

맥클린턱은 옥수수가 가지고 있는 열 개의 염색체를 현미경을 이용하면 구분할 수 있다는 사실을 발견했다. 다음에 그녀는 눈에 보이는 특징을 지닌 집단의 염색체를 구별하기 시작했다. 이렇게 해서 표현되는 형질을 확률적으로 기록했다. 모건이 초파리를 이용해 알아낸 유전자의 위치를 맥클린턱은 옥수수를 통해 알아낼 수 있었다.

처음엔 그녀의 코넬 대학 동료 그 누구도 그녀의 연구를 이해하지 못했다. 그 후에 모건과 함께 박사학위를 받은 마커스 로즈가 코넬에 왔다. 로즈는 당장 맥클린턱의 재능을 간파했다. "이럴 수가. 그건 너무 당연한 거였죠. 그녀는 정말 특별했어요"라고 그가 말했다. 그는 바로 맥클린턱에게 물었다. "제가 참여해도 되겠습니까?" 그리고 앞으로 오랜 시간 동안 그녀의 지지자, 동역자가 될 로즈는 맥클린턱이 수행하고 있는 연구의 중요성을 코넬 대학에 설명했다.

그때부터 맥클린턱은 박사학위를 가지고 있는 교수들과 젊은 남성들이 모인 작은 집단의 지도자가 됐다. "아직 박사학위나 석사학위도 받지 않은 젊은 여자가 제공한 자극에 둘러 쌓여 학위를 가진 이들이 그녀 뒤를 쫓아다녔다는 것은 정말 굉장한 일이었죠"라고 미네소타 주립 대학에서 교수가 된 에른스트 아베가 말했다. "레스터 샤프라는 저명한 유전학자에게 그녀가 실험에 대해 알려주고 있었어요. 연구에 빠져 있는 그녀는 매우 귀여웠죠"라고 아베가 웃으며 말했다. 맥클린턱은 연구원을 선택하기 위해 장래가 기대되는 대학원생의 면접을 보기도 했다. 그 이유는 다른 누구보다도 그녀가 이 분야를 가장 많이 알고 있기 때문이었다. 1920년대 후반에서 1930년대 초기에 샤프는 그의 권위 있는 교과서인 『세포학 개론』에서 유전학계에 맥클린턱의 연구를 널리 전했다. “샤프의 교과서는 그녀가 인정받는데 매우 중요한 역할을 했지요”라고 아베가 강조했다.

맥클린턱은 “염색체를 가지고 아주 강력한 연구를 했다. 염색체를 이용한 연구는 세포유전학을 1920년대 후반부터 1930년대 초기에 중요한 학문으로 자리 잡게 했다… 그것은 젊은이들이 모인 작은 집단이었다. 나이가 많은 사람들은 가입할 수 없었고 이해하지 못했다. 젊은이들은 열정적으로 일했기 때문에 연구는 활기를 띠었다. 그들은 모든 것을 논의했고 이것이나 저것, 또는 다른 것을 보여주기 위해서 무엇을 할 수 있을지 계속 생각했다.” 이 그룹 가운데 두 명의 연구원인 맥클린턱과 조지 비들은 후에 노벨상을 받게 된다. 비들은 “하나의 유전자, 하나의 효소” 가설로 노벨상을 받았다. 맥클린턱의 지도에 따라 코넬 대학의 옥수수 연구는 황금기에 접어들었다.

맥클린턱은 연구에 대한 열정과 집중력이 남달라 다른 이들보다 훨씬 앞서 나갔다. 문제를 풀기 위해 그녀는 최선을 다해 몇 주 동안 밤낮을 가리지 않고 일했다. 가뭄이 왔을 때 그녀는 언덕 꼭대기까지 배수관을 깔아서 옥수수를 보호했다. 뜨거운 햇볕 아래 서서 얼굴에 땀이 흘러내리는 와중에도 옥수수밭에 물을 대기 바빴다. 홍수가 일어났을 때는 자동차 전조등을 비추어 떠내려간 옥수수를 밤새도록 다시 심었다. 맥클린턱은 비들의 실험 결과를 그보다 더 빨리 해석해 비들을 놀라게 했다. 그는 저명한 유전학자이자 학장이었던 롤린스 에머슨에게 불평을 했다. “설명해 줄 사람이 주위에 있다는 것에 감사해야 한다고 그에게 말해주었다”라고 맥클린턱이 냉담하게 논평했다. “실험은 놀이처럼 문제를 푸는 것이었어요. 그것이 즐거웠죠.”

1927년에 25살의 나이에 맥클린턱은 박사학위를 받았고 식물학 강사가 됐다. 몇 년 동안 그녀는 옥수수 염색체에 관한 9편의 논문을 발표했다. 로즈는 각각의 논문이 유전학의 획기적인 사건이라고 생각하며 그녀가 노벨상을 받을만하다고 이미 생각하고 있었다.

그 동안에 맥클린턱의 어머니는 딸이 일을 그만두고 결혼하기를 희망하고 있었다. "휴가 때 집에 갈 때마다 어머니는 제가 다시 돌아가지 않도록 설득하려 노력했어요. 제가 교수가 된다는 것이 어머니에게는 두려운 일이었죠." 하지만 맥클린턱은 자신이 친밀하고 감성적인 관계를 갖기에는 너무 독립적이라고 생각했다. 드디어 그녀는 신뢰할 만한 남성을 찾았다. 그는 그녀의 학부 화학 강사였던 아서 셔번이었다. 하지만 그녀는 "결혼은 재앙일 거야. 남자들은 별로 강하지 않아… 난 내가 지배적인 사람이라는 것을 알았어. 난 그들이 내게 의지하길 원한다는 것을 알고 있어… 그들은 결단력이 없어. 그들은 다정하고 친절할 수 있지만 난 내가 매우 완고한 사람이 되리라는 것과 나 때문에 그들이 고생스러운 삶을 살게 될 것이라는 것을 알았어." 결국 그녀는 셔번에게 "연락하지 말라"고 말했다.

결혼을 하는 대신, 그녀는 "철저하게 자기 관리를 하고 연구를 체계적이고 조직적으로 구성하는" 삶을 꾸려나갔다고 전기 작가 에블린 폭스 켈러가 표현했다. 맥클린턱은 사각형의 작은 옹이에 실험 결과를 정리하여 옥수수속에 깔끔하게 표시해두고 표에는 전후 참조를 해두었다. 그녀는 매일 5시에 테니스를 치러 나갔고 어두워지기 전에 친구인 에스더 파커 박사의 작은 집에 저녁을 먹으러 갈 수 있도록 시간을 짰다. 의사인 파커 박사는 제 1차 세계대전 동안 미국 프렌드 교도 봉사위원회(American Friends Service Committee)의 구급차 운전사였다. 그녀의 집은 맥클린턱의 집에서 멀리 떨어져 있었다.

1929년 해리엣 크레이튼은 웨슬리 대학을 졸업하고 식물학 대학원생으로 코넬 대학에 왔다. 만난 지 몇 분도 안돼서 맥클린턱은 크레이튼의 학업계획을 작성했고 그녀를 알맞은 과정과 지도교수에게 인도했다. 강사들은 전문적으로 대학원생을 지도하기에 너무 낮은 수준이었지만 실제로 그 일은 맥클린턱이 담당하고 있었다. 맥클린턱은 크레이튼에게 제일 좋은 연구 프로젝트를 논문 주제로 주었다. 1920년 후반에 염색체가 새로운 물리학적 특징의 조합을 생성하는 유전학적 정보를 지니고 있고 그 정보를 바꾼다는 성황 증거는 있었지만 확실한 증거는 없었다. 맥클린턱도 확실한 증거를 원했다.

그녀는 보통 말랑말랑하고 보라색인 옥수수 속을 생산하여 그 안에 쉽게 구분할 수 있는 9번째 염색체를 가지고 특별한 옥수수 품종을 길러냈다. 현미경을 통해 그녀는 9번째 염색체 한쪽 끝에 기다란 끝과 다른 쪽 끝에 쉽게 염료를 빨아들이는 혹을 보았다. 수학적 분석에 의하면 기다란 끝은 식물이 말랑말랑한 옥수수 속을 만들어 낼지를 정하는 염색체 부근에 자리잡고 있었다. 그녀는 혹 주위 부분은 보라색 색소를 공급하는 역할을 한다고 생각했다.

봄에 크레이튼과 맥클린턱은 말랑말랑한 보라색 옥수수속을 가진 품종을 심었다. 7월에 그녀들은 옥수수의 수염을 같은 품종이지만 말랑말랑하지도 않고 보라색이지도 않은 옥수수 속을 가진 정반대 특징을 지닌 옥수수의 꽃가루와 수정시켰다.

교차

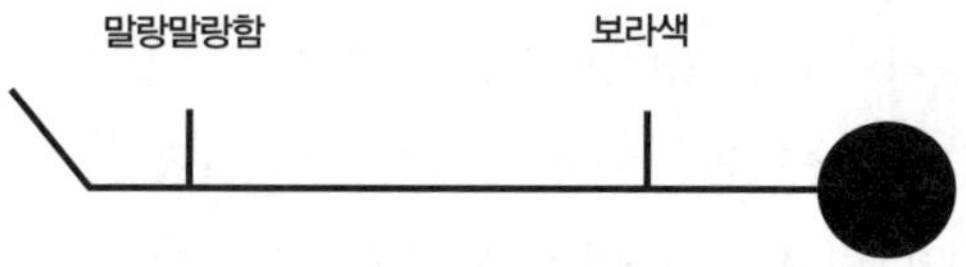

순서 1. 바바라 맥클린턱은 옥수수를 특별히 길러서 말랑말랑하고 보라색인 옥수수속을 많이 생성했다. 원인을 가진 염색체는 길다란 끝과 혹이 있었다.

그 해 가을, 맥클린턱과 크레이튼이 옥수수를 재배했을 때 어떤 것들은 원래대로 말랑말랑하고 보라색인 옥수수속이 있었지만 다른 옥수수속은 정반대로 말랑말랑하지 않고 보라색도 아니었다. 하지만 어떤 옥수수 알은 달랐다. 그것들은 하나의 특성만 물려받은 것이었다. 그래서 그것들은 말랑말랑하고 보라색이 아니거나 말랑말랑하지 않고 보라색이었다. 맥클린턱과 크레이튼이 새로운 옥수수 속의 염색체를 현미경 아래에서 관찰했을 때, 그것의 구조가 현저하게 바뀐 것을 볼 수 있었다. 9번째 염색체의 물리학적 조각들, 속이나 기다란 끝이 자리를 바꾼 것이다. 모체 식물의 모든 긴 염색체가 혹을 가지고 있었던 반면에 그녀들은 이제 조합을 찾은 것이다. 혹이 없는 길다란 염색체와 혹이 있지만 길지 않은 염색체를 발견했다.

맥클린턱과 크레이튼은 물리적 특징을 지닌 유전자가 염색체에 있다는 것을 증명했다. 그녀들은 염색체 부문을 교환하면 생물학적 세계에 존재하는 놀라운 형태를 만들어내는데 도움이 된다는 첫 물리학적 증거를 만들어 낸 것이다. 맥클린턱은 논문에 엄청난 양의 증거 자료를 포함하여 발표하는 것을 좋아했다. 오늘날이라면 그녀의 논문 한 편은 여러 개의 다른 소논문이 될 수 있을 것이다. 그녀는 자료를 출판하기 전에 두번째 작물이 자라기를 기다리고 있었다. 마침 토마스 헌트 모건이 방문해 실험에 대해서 들었다. 그는 당장 그녀들이 논문을 출판하도록 권유했다. 흥분한 그는 2주 안에 중요한 논문이 도착할 것이라고 논문집 편집원에게 편지까지 보냈다. 모건 덕분에 맥클린턱의 논문은 1931년 8월에 게재됐다. 몇 개월 뒤 독일인 유전학자 커트 슈테른이 초파리를 이용하여 비슷한 자료를 출판했다. 맥클린턱이 다른 작물을 기다렸다면 슈테른이 먼저 발표를 했을 것이다.

그 논문으로 맥클린턱은 명성을 얻게 된다. "의문의 여지 없이 이것은 현대 생물학의 진정으로 위대한 실험 가운데 하나이다"라고 『생물학의 위대한 실험』이라는 책을 쓴 모데카이 가브리엘과 세이무어 포겔은 말한다. 「유전학의 고전 논문」의 편집원이었던 제임스 피터스는 이렇게 적었다. “이 논문은 실험유전학의 역사적 사건이라고 지칭하지만 그 이상의 의미가 있다. 이 실험은 실험유전학의 기본적인 토대가 됐다.” 그리고 그는 충고했다. “이 논문은 이해하기 쉬운 논문이 아니다. 논문 안에는 기억해야 할 사실이 많이 있고 그것을 하나라도 이해하지 못하는 것은 이해하는데 치명적이다. 하지만 이 논문을 숙지함으로써 독자는 생물과 관련하여 씨름해야 하는 거의 모든 문제를 해결 할 수 있다는 강한 영감을 받을 수 있을 것이다.” 시카고 대학의 미생물학자 제임스 샤피로는 「뉴 사이언티스트」라는 잡지에 그 실험은 그것 자체로 노벨상을 받아야 했다고 말했다.

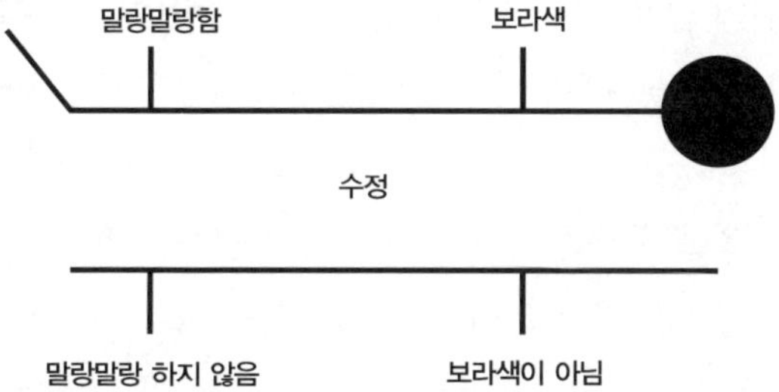

교차

순서 2. 바바라 맥클린턱은 말랑말랑하고 보라색인 옥수수속을 말랑말랑하지 않고 보라색이 아닌 옥수수속을 가진 식물의 꽃가루를 이용하여 수정했다.

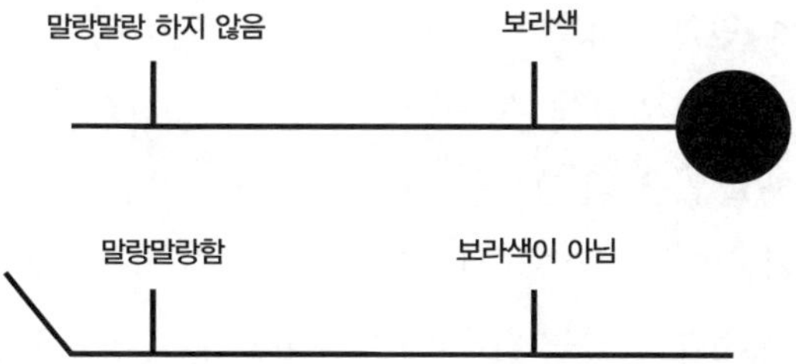

교차

순서 3. 형질이 바뀐 옥수수속이 만들어 졌다.

마커스 로즈가 맥클린턱에게 어떻게 현미경만으로 그렇게 많은 것을 알아냈는지 물었다.

> 음, 그러니까 말이죠, 전 세포를 볼 때 그 안으로 들어가서 주위를 살펴요. 다른 어떤 것도 의식할 필요가 없어요… 열중하면 작은 것도 크게 보이죠… 다른 것은 상관없어요. 깊이 생각하면 사람들이 보지 못하는 것도 보게 되는데, 그것은 다른 사람들이 각 부분을 신경써서 천천히 집중적으로 보지 않았기 때문이지요… 이것이 바로 집중의 효력이죠. 전 화가들도 비슷한 경험을 한다고 확신해요.

많은 과학자들은 발견의 전율이 과학에만 있는 것이라고 믿는다. 하지만 맥클린턱은 공학자 · 역사학자 · 작가같이 "열정적으로 생각하고 하나의 문제를 풀어나가기 위해 많은 양의 정보를 통합하는 사람"이라면 그들도 느낄 것이라고 주장했다. "전율은 무언가에 열정적으로 집중할 때 찾아옵니다."

맥클린턱은 이제 코넬 대학을 떠나야 할 때라는 것을 알았다. 학장인 에머슨은 그녀의 열정적인 지지자 가운데 한 명이었지만, 그는 여성에게 영구적 인직 교수 자리를 주는 것에 강하게 반대하는 교수진보다 우위에 설 수는 없었다.

5년간 1931년부터 1936년까지 맥클린턱은 그녀의 사랑스러운 모델 A 포드를 타고 여행을 다녔다. 전문지식으로 그녀는 최고였지만 직업적인 측면에서 보면 가장 밑바닥에 있었다. 친구들이 그녀에게 종신직 교수 자리를 구해주기 위해 노력하고 있을 때 그녀는 여러 대학에서 연구를 할 수 있는 특별 연구원에 선정되었다. 특별 연구원은 남성들이 교수직을 얻는 매우 중요한 디딤돌이었다. 하지만 그것을 받은 여성들에게 단지 그것은 임시변통일 뿐이었다. 그럼에도 불구하고 맥클린턱은 국가 조사 위원회, 록펠러 재단과 존 시몬 구겐하임 기념 재단에서 받은 연구보조비로 코넬 대학, 캘리포니아 공과 대학과 미주리 대학에서 연구할 수 있어서 기뻤다. 그녀는 이렇게 고백했다. “전 아침에 실험실에 가기만을 기다렸어요. 전 잠자는 것도 그냥 싫었어요.”

몇 년이 지난 뒤 맥클린턱은 미국 여자 대학생 협회에서 한 연설에서 그 특별 연구원 지위가 그녀에게 어떤 뜻이었는지 설명했다.

> 젊은 사람에게 특별 연구원이 되는 기회는 아주 중요합니다. 특별 연구원이 공부와 연구를 할 수 있도록 허락된 자유는 그 어떤 것으로도 앗아갈 수 없습니다. 특별 연구원은 한 사람의 에너지가 가장 크고, 새로운 분야를 시작하고 새로운 기술을 이용할 용기와 능력이 최대치일 때 허락되니까요.

1920년대 유전학의 발전에서 가장 위대한 것 가운데 X선이 돌연변이의 수를 엄청난 속도로 증가시킨다는 발견이 있다. 예를 들어 초파리에게 X선을 쬐면 돌연변이가 1천5백나 더 생긴다는 것을 의미한다. 자연발생적인 돌연변이를 기다리는 것 대신 과학자들은 이제 돌연변이를 마음대로 조작할 수 있게 됐다. 루이스 스태들러는 미주리 대학에 X선으로 유도한 돌연변이를 공부하기 위해 유전학 센터를 짓기 위한 록펠러 보조금을 가지고 있었다. 스태들러는 X선으로 조사한 꽃가루의 옥수수속을 들판에 심고 이것에 어떻게 돌연변이가 일어났는지 맥클린턱에게 알아내 달라고 부탁했다.

스태들러의 의뢰를 검토한 맥클린턱은 X선이 식물의 염색체를 깨뜨리고 손상시켜 끝을 닳게 한다는 사실을 발견했다. 그녀는 염색체가 손상된 부분을 스스로 고치는 것을 신기하게 보았다. 닳은 끝은 다른 손상된 염색체들의 끝과 융합했다. 그녀는 어떤 손상된 염색체는 고리와 함께 융합하는 것을 발견했다. 두 조각은 세포 분열에서 수선된 염색체가 양 끝으로 당겨져 염색체가 다시 끊어지는 방법으로 융합했다. 염색체가 끊기고 다시 수리하고 다시 끊기면서 끝은 점점 많은 양의 유전자 자료를 잃는다. 그녀는 이것을 파손·

융합 · 교차 싸이클이라고 불렀다.

많은 과학자들은 고리 염색체를 발견한 것으로 만족했겠지만 맥클린턱은 언제나 옥수수가 자연 전체적으로 제공하는 단서에 관심이 있었다. 그녀는 자신의 연구를 다른 종의 유전적 형질과 관련된 광범위한 질문들과 연관시키려고 노력했다. 고리 염색체를 발견했을 때 그녀는 당장 손상된 염색체의 닳은 끝이 어떻게 서로를 찾고 수리하는지 질문했다. 유전적인 과정이 응급 수리도 포함한다면 그것은 정보를 인식하고 처리할 수 있을 것이다. 그녀는 이렇게 지적했다. “결론은 세포가 염색체의 손상된 끝의 핵의 존재를 느낄 수 있고 그 끝을 모아서 융합하는 장치를 활성화 하는 것으로 보인다… 끊어진 끝을 알아내고 그것들을 서로에게 가도록 지휘하고 융합하여 두 개의 DNA가 맞도록 하는 세포의 능력은 세포 안에서 어떤 일이 일어나고 있는지 보여주는 세포의 민감성이 표현된 예이다.”

맥클린턱의 통찰력은 1950년대 DNA 수리 과정을 연구하기 시작한 에블린 위트킨과 같은 다른 과학자들보다 15년 정도 앞섰다. 맥클린턱은 염색체를 안정된 유전자로 이루어진 강한 줄로 목걸이와 같은 유전체에 진주처럼 이루어진 것처럼 보이는 일반적인 그림이라는 것을 이미 알고 있었다. 그녀는 유전적 과정을 신호에 반응하고, 정보를 처리하고 세포의 안과 밖에서 신호를 받고 해석하는 것으로 생각하기 시작했다. 그녀는 많은 과학자들이 연구하는 것과는 다르게 개념적인 제한 없이 자연을 새롭게 보았다고 그녀가 은퇴하기 전까지 루트거 대학에서 유전학의 바바라 맥클린턱 교수로 불렸던 위트킨이 말했다. 결국 맥클린턱의 편견이 없는 접근은 여전히 안정적인 염색체를 믿고 있었던 사람들과 정면으로 충돌했다.

맥클린턱이 1931년에 캘리포니아 공과대학으로 옮겼을 때 그녀는 남자 학교에서 박사 후 과정 연구원이 된 첫 여성이었다. 맥클린턱은 자신의 특별 연구원 지위를 위해 직접 돈을 냈음에도 캘리포니아 공과대학의 이사진에 그녀가 오는 것을 허락받아야 했다. 그녀가 처음 온 날, 한 동료가 그녀를 데리고 대학의 품위 있는 교수클럽에 점심을 먹으러 갔다. 그녀가 식당의 빈 탁자로 걸어갈 때 모든 사람들이 먹는 것을 멈추고 소년 같은 체구, 헝클어진 머리와 실용적인 옷을 입은 30세 여성을 쳐다보았다. 록펠러 재단의 워렌 위버에게 그녀는 "여자보다는 남자"같아 보였나.

주목받는 것에 놀란 맥클린턱은 물었다. "나한테 무슨 문제 있어요?"

"아, 모든 사람들이 이사진의 회의에 대해 들었는데 그들이 당신을 검토한대요"라고 그녀의 접대인이 힘차게 답했다.

캘리포니아 공과 대학의 관습은 특별 연구원 지위를 얻은 방문 연구자들을 교수 클럽에 자동적으로 가입할 수 있게 하는 것이었지만 맥클린턱은 그 건물 안에 들어갈 수 없었다. 그녀 또한 정치적으로 진보적인 화학자로 두 개의 노벨상을 탄 라이너스 폴링의 실험실이 아닌 다른 곳에는 가지 않았다. 하지만 과학적으로 캘리포니아 공과 대학에 그녀가 방문한 것은 생산적인 일이었다. 두 번의 여름이 지난 후, 그녀는 인형성부위를 발견했다. 인형성부위의 유전체는 리보솜을 만들도록 돕는 세포의 공장과 같은 인이 생성되는데 도움이 된다. 대학에서는 그녀를 정규직으로 고용하지 않았지만 그녀는 그 곳에 고용된 다른 남성들을 도와 주었다. 코넬 대학의 오래된 친구 중의 하나인 찰스 번햄이 캘리포니아 공과대학의 세포학 기술 수업에 무엇을 가르쳐야 할지 질문했을 때 그녀는 그를 위해서 수업 개요를 생각해 주었다. 그 해는 1971년으로 캘리포니아 공과 대학이 에미 뇌더의 피후견인이자 첫 여성 교수로 올가 타우스키 토드를 고용한 해였다.

구겐하임 특별 연구원 지위를 이용하여 맥클린턱은 1933년에 독일을 방문했다. 그 해는 히틀러가 수상이 되어서 독일 대학에서 유대인들이 해고되던 때였다. 과학 실험실은 혼란에 빠졌고 그녀가 거주하던 기숙사에는 자신과 말없이 식사를 하던 중국인 신사 말고는 아무도 없었다. 외로움, 유전학의 정치화, 유대인 학살은 그녀를 놀라게 했다. 12월에 그녀는 코넬로 돌아왔다.

맥클린턱은 좋지 않은 시기에 돌아왔다. 대공황은 악화되었고 대학은 예산 절감을 하고 있었다. 대학은 순수한 연구자를 줄일 수밖에 없었다. 코넬 대학의 워렌 위버는 이렇게 보았다. "식물학부는 그녀를 복직시키고 싶어하지 않았는데 가장 큰 이유는 그녀의 관심은 오로지 연구에만 있으며 그녀가 다른 곳에서 알맞은 자리를 얻으면 이타카(Ithaca)를 떠날 것이라는 것을 알고 있었기 때문이다. 또한 그녀는 학부생을 가르치는 교사로서는 그리 성공적이지 않았다. 식물학부는 재능있는 사람보다 업무를 잘 보는 사람이 필요했다."

하지만 친구들이 록펠러 재단과 맥클린턱이 코넬 대학에서 2년 더 있을 수 있도록 매년 1천8백 달러를 지원하도록 중재했다. 모건은 재단에 이렇게 적어 보냈다.

> 그녀는 매우 전문적이며 그녀의 천재적인 재능은 옥수수 유전학의 세포학 부문에만 제한되어 있으나 그녀는 이 한정된 분야에서만은 세계에서 가장 훌륭한 사람임이 분명하다.

그 금액은 맥클린턱이 지금까지 받은 것 중 가장 많은 액수였다. 그녀에 대해서 얘기한 모건은 "자신이 남성이었다면 더 자유로운 과학적 기회를 가질 수 있다는 확신 때문에 그녀가 세계에 화를 낸다"고 생각했다. 하지만 맥클린턱은 그녀가 화를 낸 적이 없다고 했다. "무언가를 하고 싶다면 그 대가를 치루어야 하고 그것을 심각하게 받아들여서는 안돼요. 난 절대 걱정하지 않았어요. 내가 남자들과 동등하게 경쟁할 수 없었기에 시도조차 하지 않았어요."

맥클린턱이 코넬 대학을 떠났을 때 그곳의 옥수수 유전학 황금기는 끝이 났다. 그녀에게 종신직을 구해주기 위한 노력한 뒤로 많은 시간이 지났을 때 친구들은 미주리 대학에서 루이스 스태들러와 1936년부터 일할 수 있도록 자리를 마련했다. 그녀는 비슷한 조건의 남성의 지위와 임금보다는 훨씬 밑인 조교수였지만 그것이 그녀의 첫 교수직이었다. 떠도는 시간은 끝이 났다. 아니, 그녀는 이렇게 생각했다.

몇 년 동안 맥클린턱은 겨울에는 미주리주의 컬럼비아에서 연구했고 여름에는 코넬에서 옥수수을 키웠다. 매년 겨우 몇 천개의 식물을 길렀지만 그것들은 매우 엄선된 것이라서 버릴 것이 없었다. "전 각각의 식물을 잘 알고 싶어서 제가 필요할 것들과 왜 필요할지, 또 각각의 경우마다 몇 개의 표본이 필요할지를 조심스럽게 정리했어요. 그것을 다룰 수 있어야 했죠. 비슷하게 기록이 잘못된 것도 없었어요. 전 비논리적이고 이치에 맞지 않는 것이 나타나는 것을 원치 않았고 제가 하면 알 수 있어요. 왜냐하면 제 기억력이 어디를 볼지 가르쳐 주고… 어디서 잘못을 찾을지 가르쳐 줄 테니까요."

가우처 대학의 학부생으로서 맥클린턱의 논문을 읽은 헬렌 크루스는 1938년 여름에 이타카를 방문했다. 그녀는 소극적으로 보이는 젊은 남자에게 맥클린턱의 연구실을 찾는 방법을 물었는데 그는 이렇게 답했다. "흠, 그녀는 옥상 밑에 있어요. 그리고 누구도 보고싶어 하지 않아요." 그는 그래도 크루스를 데리고 올라갔다. 맥클린턱은 눈 위를 덮은 녹색의 불투명한 챙모자를 쓰고 손에 필터 홀더에 끼어진 담배를 들고 문으로 왔다. "뭘 원하는 거죠?"하고 그녀가 다그쳤다. 크루스가 돌아봤지만 그녀의 안내인은 사라져 버렸다. 크루스가 자기소개를 하자 맥클린턱이 대답했다. "당신이 온다는 것을 들었어요. 난 당신을 기다리고 있었죠. 집에 가서 점심이나 먹어요."

그 집은 파커 박사의 집이었다. 현관에 도착했을 때 맥클린턱은 그녀들의 발목에 벼룩 방충제를 뿌렸는데 그 이유는 파커가 큰 적갈색의 새 사냥개 세

마리를 키웠기 때문이다. "우리는 파커 박사와 훌륭한 점심을 먹었어요. 그녀는 아름답고 활기 있는 사람이었어요. 전 아마 1주일 정도 있었을 거에요."라고 크루스가 말했다. 몇 주 뒤, 맥클린턱은 매사추세츠주의 우즈 홀에서 있는 유전학계의 모임에 크루스를 초대했다. "저는 50센트가 없었지만 그녀가 제가 갈 비용을 다 내주겠다고 하며 누군가 그녀와 함께 갔으면 좋겠다고 했어요"라고 크루스가 말했다. "전 즐거운 시간을 보냈어요."

크루스의 방문 뒤에 그녀는 미주리 대학에서 대학원 공부를 시작했다. 그곳에서 크루스는 맥클린턱의 자리가 앞날이 불투명한 것뿐 아니라 파란만장한 위치에 놓여 있는 것을 보고 놀랐다. 선생님으로서 맥클린턱은 열정적이며 영감을 주고 많은 생각을 갖고 있었지만 말이 너무 빨라서 그녀를 따라잡는 것이 힘들었다. 그녀는 알맞은 장비가 있어야 한다고 주장했고 대학은 그녀의 실험 수업을 위해 새로운 현미경을 제공했다. 그녀는 그것을 어느 늦은 금요일 저녁에 설치했는데 각각의 현미경에 슬라이드를 놓고 그것들에 빛과 렌즈를 조심스럽게 바꾸어 각각 실연의 중요한 특징을 강조하려고 했다. 다음 날 아침, 학생들은 밭에 가서 수분 시키러 가는 길에 그 실연을 자세히 보지 않고 지나갔다. 맥클린턱은 상처를 받았다. 크루스와 함께 점심을 먹으러 가면서 맥클린턱은 울음을 터뜨렸다. "그녀는 모든 것을 너무 진지하게 받아 들였어요"라고 크루스는 생각했다.

여느 때처럼 맥클린턱은 다른 사람들보다 앞서 있었다. 하루는 그녀가 크루스의 현미경을 잠깐 들여다보았는데 크루스가 자신의 재료를 가지고 찾은 것보다 더 많이 발견했다. 크루스는 현미경의 빛과 렌즈를 제대로 바꾸지 않았고 맥클린턱은 문을 세게 닫으며 실험실을 나갔다. "그곳에서 살아남으려면 당신은 꽤 강인한 성격이 필요해요"라고 크루스는 말했다.

맥클린턱은 넓은 3층 연구실에서 "여왕벌"처럼 모두를 휘어잡았고 "모두가 그녀를 무서워했다"고 크루스가 말했다. 형식적으로 크루스는 맥클린턱의 대학원생이 아니었기 때문에 긴장하는 일은 거의 없었다. 하지만 맥클린턱의 험한 입담은 대학원생 중의 한 명이 너무 놀라 그는 그녀가 온실 앞으로 들어오면 뒤로 빠져나갔다. 다른 젊은 학생 한명은 버클리로 도망을 가기노 했나.

록펠러 재단은 스태들러와 맥클린턱을 미주리의 유전학 센터의 지도자로 생각했지만 대학 관계자들은 맥클린턱이 말썽쟁이라고 생각했고 그녀가 떠나길 바랐다. 모든 사람이 야외 조사를 할 때 니커 바지를 입는 것과 달리 맥클린턱은 항상 평범한 바지를 입었다. 그녀는 학생들이 캠퍼스 소등 시간인 오후11시를 넘어서도 실험실서 공부를 하도록 해주었다. 어느 일요일에 그녀는 열쇠를 놓고 나와서 1층 창문을 이용해 실험실에 들어가 주위 사람들을 놀라게 했다.

맥클린턱은 승산이 없는 상황에 놓여 있었다. 교수진 모임에 참석하지 못하는 그녀는 어떤 과에도 속하지 못했다. 권위자들은 그녀의 연구에 필요한 것들을 충족해 주지 않았다. 그녀는 가을마다 대신할 강사들을 준비하여서 코넬에 있는 자신의 식물을 수확하려고 했지만 대학 본부는 허락하지 않았다. 같은 시간에 그녀는 다른 일을 구할 수 없었다. 그녀는 남성 동료들을 예일, 하버드와 같은 곳에 추천해야 했는데 "그런 일은 내 경험상, 나에게 딱 맞는 것"이었을 거라고 했지만 그러한 자리에 그녀는 후보가 될 수 없었다.

맥클린턱은 덫에서 빠져나올 방법을 찾았다. 잭의 래치 식당에 점심을 먹으러 가는 길에 그녀는 연방 기상학자들과 대화를 나누기 위해 우체국에 멈추었다. 그녀는 그들에게 예측하는 새로운 방법을 가르쳐 주려고 했다. 미주리 대학이 더 참을 수가 없어지면서 그녀는 기상 캐스터가 되는 생각을 장난삼아 했다. 결국 1941년에 그녀는 앞으로 영구적인 자리에 승진이 될 지 미주리의 학장에게 물었다. "스태들러가 떠나면 당신은 아마 해고가 될 겁니다"라고 학장이 대답했다.

"저는 휴가를 내겠어요. 그리고 돌아오지 않겠어요"라고 맥클린턱이 날카롭게 말했다.

"당신이 그렇게 말할 것이라고 생각했어요" 그의 유일한 답변이었다.

"난 그곳에 남아 있을 이유가 없었어요. 일을 위해서는 좋았지만 그것은 참아내기 힘들었어요… 저는 일을 원하지 않았어요. 대학에 돌아가지 않겠다고 정했어요. 전 그냥 그 모든 일을 그만두었어요"라고 맥클린턱은 회고했다. 그녀는 경력에 대해 상관하지 않았지만 옥수수는 걱정했다. 당시 컬럼비아 대학에 있던 마커스 로즈에게 그녀는 그가 그의 식물을 어디서 키우는지 물었다. "콜드 스프링 하버"가 답변이었다.

콜드 스프링 하버는 1890년에 롱 아일랜드에 다윈의 진화론 연구를 위한 여름 센터로 설립되었다. 1941년, 워싱턴의 카네기 재단의 도움으로 소수의 연구원이 그곳에서 1년 동안 일했다. 여름에 해리엣 크레이튼 · 마커스 로즈 · 막스 델브뤼크과 살바도르 루리아와 같은 유전학자들이 많으면 60명 정도 그 곳에 머물렀다. 오늘날 콜드 스프링 하버는 연방 보조금과 개인 보조금으로 운영되는 기초 생물학 연구를 위한 큰 개인 연구 센터이다.

맥클린턱은 여름에 콜드 스프링 하버에서 옥수수를 심을 수 있도록 초대를 받았다. 가을에 그녀는 날씨가 추워질때까지 여름 별장에 있었고 마커스 로즈는 그녀에게 그의 뉴욕 아파트의 빈 방을 빌려주었다. 마침내 친구였던 밀리슬라브 데메레츠는 연구실의 유전학 담당자가 되었고 그녀에게 임시직을 제의했다.

카네기 재단에서 영구적인 자리를 얻기 전에 그녀는 워싱턴 디씨에 가서 재단장 바네바 부시와 면접을 봐야했다. 데메레츠는 맥클린턱에 워싱턴 디씨에 가라고 잔소리를 했지만 그녀는 여행을 자꾸 미루었다. 결국 그는 그녀보고 비행기를 타라고 지시했다.

그녀가 고용됐는지 해고됐는지 상관하지 않던 맥클린턱은 부시를 보러 가며 “어떤 근심으로부터도 자유로웠어요. 그리고 그 결과로 우리는 좋은 대화를 나누었는데 그 이유는 내가 그의 생각이 무엇일지 상관하지 않았기 때문이죠. 내가 직업을 가질 수 있을 것이라는 생각을 하기까지 3년이나 4년이 걸렸고 그것은 직업이 없는 것과 마찬가지라는 것도 말이죠. 전 완전한 자유를 가지고 있었어요… 전 제가 하고 싶은 것을 할 수 있었고 전혀 비판을 받지 않았어요. 그것은 정말 완벽했어요. 당신은 더 좋은 일을 언급할 수 없었어요. 그것은 정말 아무 일도 없는 것 같았죠.”

미주리에서 불운하게 시작된 10년은 콜드 스프링 하버에서 멋지게 끝났다. 그곳은 바바라 맥클린턱에게 맞는 곳이었다. 모두가 청바지를 입었고 일주일에 70시간이나 80시간을 일했다. 가르치는 것은 필수가 아니었고 연구에 제한도 없었다. 카네기재단의 지원 덕분에 맥클린턱은 콜드 스프링 하버의 수시로 변화하는 어떠한 행정으로부터도 자유롭고 독립적이었다.

맥클린턱은 전과 달리 방해를 받지 않아 안정된 연구를 진행할 수 있었다. 그녀는 자료를 분석하는 조용한 겨울, 방문객과 옥수수 재배로 꽉 찬 바쁜 여름을 번갈아가며 지냈다. 옥수수 밭과 더불어 그녀는 롱 아일랜드 해협에서 아주 가까운 거리에 넓은 연구실이 있었다. 일주일 내내 그녀는 이른 아침부터 늦은 저녁까지 여러 책상을 붙여 만들어진 넓은 곳에서 일했다. 작은 방에 그녀는 말린 옥수수 속을 저장했고 각각의 것을 조심스럽게 표시하고 전후 참조하여 동료가 특정한 품종의 씨앗을 달라고 했을 때 그것의 혈통을 설명할 수 있게 만들었다. 친구들과 교류할 때도 그들은 연구실에서 만났다.

길 건너 그녀는 차고를 개조한 냉기 도는 두 방 짜리 임시숙소를 가지고 있었다. 그녀의 실질적인 집은 연구실이었다. 그래서 그녀의 아파트에는 전화기가 없었다. 연구실 직원들이 밤 동안의 비상 소식을 그녀에게 전달했다.

아파트는 그녀의 일처럼 매우 정돈되어 있었다. 옷장의 모든 옷걸이는 같은 방향을 보고 있었고 한 개도 서로 맞닿아있지 않았다. 리넨 옷장의 각각의 장은 비닐봉지에 둘러 쌓여 있었고 크기 별로 구별되어 있었다. "그녀는 효율성이라는 말에 완전히 빠졌다" 크루스는 방문 후 이렇게 느꼈다.

맥클린턱은 좋은 장비를 좋아했다. 그녀는 연구실 식당에서 거의 모든 식사를 했지만 보라색, 초록색과 빨간색 불빛이 있는 환상적인 전자레인지와 리버웨어사의 밑바닥에 동판을 댄 냄비 세트를 샀다. 그녀는 차에도 신경을 써서 바퀴도 정기적으로 교환했다. 또한 자신의 현미경을 분해했다가 다시 조립했다. 그녀는 전기 선풍기나 옥수수 포를 치우기 위해 사용하는 탁상용 진공 청소기 같이 마음에 드는 기계가 있으면 각각 3개씩 구입했다.

콜드 스프링 하버에서의 삶은 맥클린턱의 장점이자 약점이 되었다. 카네기재단의 도움으로 인해 그녀는 인기 없는 연구도 방해 없이 할 수 있었다. 하지만 과학계에 그녀의 연구를 널리 알려줄 동료가 없었다. 처음으로 맥클린턱은 자신의 연구를 직접 설명해야 했다.

그녀는 콜드 스프링 하버에서 보낸 초기 시절에 국제적 명성의 혜택을 얻기 시작했다. 1944년에 그녀는 미국 유전학 사회의 첫 여성 회장으로 당선됐다. 같은 해에 그녀는 81년 동안 겨우 두 명의 다른 여성을 허락한 일류 학술원에 초대됐다. 이러한 명예로운 소식을 들었을 때 놀랍게도 그녀는 피눈물을 흘렸다. 남자였다면 그러한 명예에 감사했을 것이라고 그녀는 말했다. 하지만 여성으로서 그녀는 갇혀 있는 느낌이 들었다. 그녀는 지루해지면 언제나 유전학을 그만 두고 싶었다. 이제 그녀는 절대 그것을 그만 둘 수 없었다. "여자의 의무 때문에 그것은 너무 힘들었어요"라고 그녀가 설명했다. "전 그들이 실망하게 할 수 없었죠." 그녀는 친구에게 이렇게 글을 썼다. "유대인, 여자와 흑인들은 차별에 익숙해서 많은 것을 바라지 않아. 여권주의자는 아니지만 난 유대인 · 여자 · 흑인 등에게 비논리적인 장애가 깨졌을 때 언제나 감사해. 그것은 우리 모두를 도와주지."

세계2차 대전은 전례 없이 많은 여성들이 일하게 했다. 그 결과로서 맥클린턱은 활기차고 자신이 생겨서 1947년에는 "지금처럼 여성에게 기회가 좋은 적은 없었다. 이러한 기회는 앞으로 더 나아질 것이고 속도는 더 빨라질 것이다. 기회의 제한은 … 꾸준히 없어지고 있다"라고 선언했다.

부러짐
동족 번식과 자가 수정의 긴 역사를 가진 식물은 희한하게 쌍 얼룩이 있는 잎을 생성했다.

콜드 스프링 하버에서 그녀의 옥수수 식물을 부러진 염색체 문제로 도전한 맥클린턱은 결과에 매혹되었다. 1944년에서 1945년 겨울에 그녀는 자가 수정된 옥수수속을 온실에 심었다. 잎이 폈을 때 그녀는 놀랐다. 잎에는 신기한 색깔의 얼룩이 있었다. 게다가 그 얼룩은 쌍으로 나타났다. 예를 들어 한 식물의 잎은 비슷한 크기의 두개의 흰색 얼룩이 양옆에 있었다. 한 얼룩은 정교하고 많은 초록색 층을 포함하고 있었는데 이것과 서로 보완되는 쌍 얼룩은 겨우 몇 개의 초록색 잎을 갖고 있었다. 맥클린턱이 생각하기에는 전혀 기대하지 않았던 놀랄 정도로 눈에 띄는 결과였다. 염색체를 부러뜨리고 고치고 다시 부러뜨렸던 기간이 식물의 유전학 시스템을 결정적 단계에 이르게 했다. 세포가 나뉠 때마다 염색체가 부러졌고 몇 개의 유전자가 없어졌다.

상보성의 얼룩이 나란히 있어서 맥클린턱은 식물 세포가 나뉘면서 이상한 일이 일어났다는 것을 알아차렸다. "한 세포가 다른 세포가 잃어버린 것을 얻었다"라고 그녀는 혼잣말을 했다. "나는 그것이 무엇인지 알아내기 위해 연구하기 시작했어요." 결국 그녀는 염색체가 부러지면 합쳐진 염색체가 다시 부러지고 그 부분 중의 하나가 유전적인 물질을 얻을 때 다른 부분은 잃어버릴 수 있다는 것을 알아냈다.

맥클린턱은 자신이 옥수수에게만 있는 현상이 아닌 기초적인 유전학 현상을 발견했다는 것을 알았다. 과학자들이 유전자가 DNA를 구성한다는 것을 알기 훨씬 전에 그녀는 다음 질문을 했다. 유전자는 어떻게 관리되는가?

식물과 모체의 염색체를 현미경으로 관찰하면서 그녀는 염색체의 부분이 자리를 바꾸었다는 것을 유추했다. 6년 동안의 힘든 연구 후에 그녀는 유전자가 염색체에 고정된 위치에 있어야 하는 것이 아니라는 것을 증명해 낸다. 그녀는 유전자가 염색체 줄에 안정된 진주처럼 나열된 것이 아니라고 결론을 내리게 된다. 대신 그것들은 세포가 발달하는 동안 움직이고 작동되었다가 작동되지 않는 것을 반복할 수 있다.

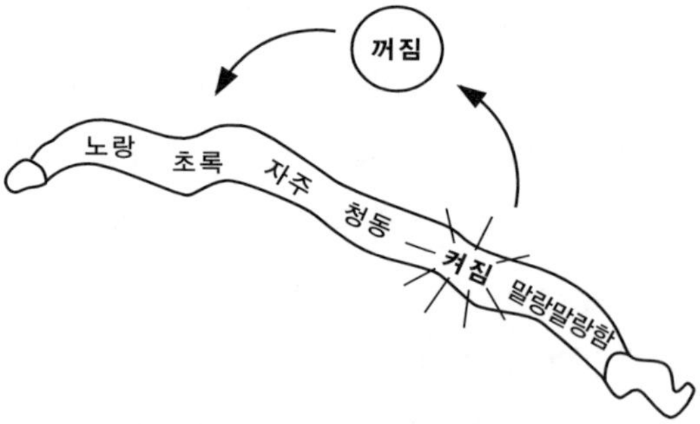

유전자 활성제는 전원 유전자를 염색체의 한 부분에서 다른 부분으로 움직여 유전자를 껐다 켠다.

마침내 맥클린턱은 두개의 새로운 유전학 요소를 설명하고 묘사한다. 첫째는 제어하는 요소인 색이나 크기 같은 물리학적 특징을 표현하는 유전자를 켰다 껐다 하는 전원이다. 두번째는 염색체의 한 부분에서 다른 부분으로 껐다 켜지는 전원을 돌아가게 하는 활성제이다. 오늘날 맥클린턱의 발견은 유전자 전위라고 불리워지며 움직이는 염색체 부분은 전이 인자, 트랜스포슨(transposon)이나 '점핑' 유전자로 불린다.

그리하여 활성제 유전자는 전원 유전자를 끄면 색소 유전자 옆에 두어 색이 나타나지 않게 할 수 있다. 꺼지는 유전자가 식물의 성장 초기에 염색체 유전자 옆에서 꺼지게 하면 식물의 일부분이 줄이 있거나 색으로 점이 생긴다. 활성제가 전원 유전자를 키면 염색체 유전자는 일을 다시 시작한다.

결과적으로 유전자만 불안정한 것이 아니라 돌연변이의 영향도 그러하다. 유전학자들은 돌연변이 된 유전자가 죽었고 재활성화 할 수 없을 것이라 추측했다. 하지만 맥클린턱은 환경적 조건이 어떤 돌연변이를 되돌려 놓을 수 있으며 유전자도 다시 킬 수 있다는 것을 보여주었다. 그녀의 실험들은 예전의 안정적인 돌연변이와 유전자는 움직일 수 없다는 고정된 시선에서 유전학을 근본적으로 다시 바라보게 하는 유동적인 그림을 보여주었다.

전이 인자의 발견에 의한 응용 가능성은 발견 그 자체보다 맥클린턱을 더욱 매혹시켰다. 그녀는 당장 전이 인자가 자연이 생성하는 믿을 수 없는 많은 종류의 생물체를 설명하도록 도와주는 기본적인 현상이라는 것을 알았다. 1951년 그녀는 이렇게 말했다. "같은 메커니즘이 식물과 동물에서 관찰되고 있는 많은 수의 돌연변이 발생의 원인이 될 수 있습니다." 유명한 1955년의 발언에서 맥클린턱은 "제어하는 요소들이 다른 생물체에서도 발견되지 않는다면 신기할 것"이라고 예언했다.

6년 동안 맥클린턱은 증거, 자료가 적힌 카드, 도표, 서류 정리용 캐비닛과 책꽂이에 자료를 모았다. 그녀는 너무 흥분하여 연구실에서 자주 에블린 위트킨을 불러 최근의 발견을 보여주었다. "그것은 정말 멋진 것이었어요. 그녀는 엄청난 기쁨을 느꼈죠"라고 위트킨이 기억했다. "그녀는 자신이 보고 있는 것이 무엇인지에 대한 확신이 있었고 증거는 충분히 설득력 있었어요."

맥클린턱이 전이 인자를 공부하고 있을 때 유전학 세계는 바뀌고 있었다. 화학자와 물리학자가 유전의 물리학적 기초를 알아내기 위한 사냥에 합세했다. 콜드 스프링 하버 여름학교에서 훈련받은 그들은 생물학적 문제에 물리학 원리를 응용했다. 새로운 분자 생물학자들은 흥분하며 결정학자 · 생화학자 · 박테리아 전문가 · 화학자와 맥클린턱을 포함한 유전학자가 이룬 예전 연구를 무시했다. 분자 생물학자들의 소프트볼 경기는 그들이 무시하는 상징이 되었다. DNA 구조를 공동 발견한 제임스 왓슨이 말하기를 소프트볼은 맥클린턱의 옥수수 들판에서 "너무 자주" 마무리 됐다.

1951년 중요한 콜드 스프링 하버 회의에서 한 시간짜리 강의를 한 맥클린턱은 선두적인 과학자들 앞에서 그녀의 발견을 발표했다. 발표는 길고 복잡했고 통계와 증명으로 난해했다. 발표가 끝났을 때 침묵이 흘렀다고 위트킨은 기억했다. "그것은 실패 같았어요"라고 해리엣 크레이튼이 회상했다. 맥클린턱은 마치 자신이 "안정적인 염색체와 부딪힌 것" 같았다.

분자 생물학을 배우기 위해 애쓰는 과학자들은 단순한 것을 원했다. 그들은 유기적이고 움직이고 바뀌고 복잡하게 관리된 유전적 시스템을 좋아하지 않았다. 그들은 곤혹, 불만과 심지어 적개심을 나타냈다. "전 당신이 하는 것에 대해서 아무 것도 듣고 싶지 않아요. 당신은 흥미로울지 모르지만 전 그것이 미친 것이라고 생각해요"라고 한 생물학자가 그녀에게 말했다. 저명한 분자 생물학자는 그녀를 이렇게 불렀다. "오랜 기간 동안 콜드 스프링 하버에서 죽치고 있는 나이 든 할머니."

맥클린턱은 마음이 상하고 실망했다. 그녀는 1953년에 출판된 긴 논문에 그녀의 연구를 요약했다. 옥수수 유전학자들은 자료를 이해하고 인정했지만 그녀는 과학계에 널리 자신 연구의 중요성을 인식되기를 원했다. 하지만 그녀의 분야 밖에서는 오직 3명의 과학자만 그녀의 논문의 복사본을 요청했다. 맥클린턱은 출판이 시간 낭비라고 결론지었다. 그 때부터 그녀는 연구한 것을 큰 공책에 적어 표를 만들고, 기록하고 분석하여 책꽂이에 공책을 꽂아 두었다. 그녀는 소수의 도서관만 구입하는 워싱턴의 카네기 재단의 연간 보고서에 그녀의 연구의 짧은 설명을 출판을 위해 제출했다. “전 그렇게 할 만한 억제와 자신감을 갖고 있는 다른 과학자를 알지 못해요”라고 당시 캘리포니아 대학 샌프란시스코 캠퍼스에 있던 그녀의 말년에 친구가 된 분자 생물학자 브루스 알버츠가 말했다. 그녀는 콜드 스프링 하버에서 강의를 하는 것도 그만 두었다. 그 당시 20년이 앞섰던 맥클린턱은 연구실에 “국내 유배”에 들어갔고 과학계가 그녀를 따라잡기를 기다렸다.

맥클린턱은 생각과 판단을 많이 즐겨서 무시당하는 아픔은 금방 잊어버렸다. “전 그들이 이해를 하지 못한다는 것을 알았을 때 놀랐지만 그것을 심각하게 받아들이지 않았어요. 하지만 그것은 절 고민하게 하지 않았어요. 전제가 맞았다는 것을 알고 있었어요. 사람들은 당신의 자아(돌아오는 것을 바라는 자아)가 많은 경우에 방해가 된다는 생각을 하지요. 하지만 당신은 돌아오는 것에 대해 관심이 없어요. 당신은 그것을 연구하는 것에서 엄청난 쾌감을 느끼죠. 돌아오는 것은 당신이 원하는 것이 아니에요.”

묵살당하는 것은 맥클린턱에게 생물학의 다른 분야를 연구하고 공부할 수 있는 더 많은 시간을 주었다. 그녀는 분자생물학을 따라 잡는 몇 안 되는 비분자 생물학자중의 하나였다. “그녀의 나이와 생물학의 매우 세부적인 한 분야를 연구함에도 불구하고 그녀는 모든 것의 위에 있어요”라고 알버츠는 맥클린턱이 살아있을 때 말했다. 그녀는 전기부터 별난 생물학 주제에 관한 전공 논문까지 다양한 비소설 분야를 섭렵했다. 그녀가 이해할 수 없는 어떤 것에 대해서도 열린 마음을 갖고 있던 그녀는 자연의 색다른 모습을 자연의 기초적인 현상의 창문이라고 보았다. 그녀는 대벌레 · 동물 의태 · 식물의 쓴 맛 · 산파개구리 · 초감각적 감지와 티벳 불교신자들이 신체 온도를 제어하는 방법에 대해서 읽었다. 그녀는 다른 분야에 관한 20개의 생물학 논문집을 정기적으로 보았다. 어느 해 그녀는 한 달을 곤충 진화에 대한 책을 읽는데 보내기도 했다.

자연의 어떤 곳에서도 운반 가능한 요소가 있다는 것을 찾은 맥클린턱은 자신 만족감과 친구들에게 가르쳐 주기 위해 사진을 찍었다. 앤 왕비의 들판을 지나갈 때마다 그녀는 차를 멈추어서 들판을 걸어 지나갔다. 앤 왕비의 들판의 각각의 꽃은 한 개의 세포로부터 받은 자손인 작은 두상화 무리로 구성되어 있었다. 원래 꽃무리의 바깥쪽의 흰 두상화가 먼저 피고 가운데의 두상화는 분홍색, 초록색이나 보라색 색소를 마지막으로 나타낸다. 하지만 자세히 살펴본 맥클린턱은 색이 있는 두상화가 중앙에만 밀집되지 않은 꽃무리를 찾아냈다. 활성제 유전자가 색소 유전자를 너무 빨리 켠 것(turn on)이다. "그것은 맞는 양식이 틀린 장소에 틀린 시간에 있던 것이었어요"라고 그녀는 인식했다. 표정이 밝아진 그녀는 이렇게 주장했다. "당신은 쾌감이 어디서 오는지 알겠죠. 그 쾌감은 굉장해요… 저는 봄 · 여름 · 가을을 즐길 수 있도록 해주는 것 때문에 그것들을 사랑해요."

전설에 의하면 맥클린턱이 여자이고 과학자들이 그녀가 "돌았고" "미쳤다고" 생각했기 때문에 그녀는 무시당했다. 하지만 그렇지 않다. 많은 유전학자들은 그녀가 미쳤다고 생각하지 않았다. 맥클린턱은 오랫동안 유명하고 매우 존경받았다고 위트킨은 강조했다. "많은 유전학자들은 그녀가 미쳤다고 생각하지 않았어요. 그저 그녀의 실험을 이해하고 염색체의 유전자가 안정성을 추구한다는 우세한 생각과 전이 인자에 관한 그녀의 결론을 일치시키는 것이 매우 어려운 것뿐이었죠." 1951년에 맥클린턱의 연구에 대해 질문을 받은 위대한 유전학자 알프레드 스터트반트는 대답했다. "전 그녀의 말을 한 마디도 이해하지 못했지만 그녀가 그렇게 말한다면 그것은 틀림없이 맞을 거예요!"

옥수수와 초파리 유전학자들은 그녀의 생각을 재빨리 그들의 대학원 수업에 투입하고 후속 실험을 실행했다. 그녀의 연구는 1950년대와 1960년대의 권위적인 책인 제임스 피터스의 『유전학의 고전적인 논문』(1959)과 던의 영향력 있는 『유전학의 짧은 역사』 (1965)에 포함되었다. 노벨상 수상자 겸 생물학자 데이비드 볼티모어는 이렇게 말했다. "저는 60년대의 학생으로 성장했던 것을 기억합니다. 우리가 읽으려고 노력했던 것 중의 하나는 바바라 맥클린턱의 1950년대 콜드 스프링 하버 회의에서 발표한 논문이었어요. 하지만 많은 학생들이 포기했죠." 그녀의 결과는 복잡하고 다른 생물의 분자 생물학과 상관없을 수도 있었다.

그럼에도 불구하고 과학계가 오랜 기간 동안 전이 인자를 무시했다는 것은 사실이다. "전이 인자는 새로운 생각이 어떻게 과학계로부터 냉담하게 취급당하는지의 예입니다"라고 훨씬 젊은 유전학자인 제임스 샤피로가 선언했다. "그녀가 무엇이 일어났다고 말하면 그녀는 몇 백 개의 사례를 본 것입니다. 사람들이 그녀의 논문을 읽지 않는 이유 중의 하나는 기록이 너무 두껍기 때문입니다. 그래서 우선 그들은 그녀가 미쳤다고 생각합니다. 그 다음에 그들은 그것이 옥수수에만 해당하는 것이라고 말합니다. 그 다음에 그들은 그것이 모든 곳에 있지만 중요하지 않다고 합니다. 그 다음에 결국 그들은 늦게나마 그것의 중요성에 눈을 뜹니다."

맥클린턱은 1960년대와 70년대에 마커스 로즈와 헬렌 크루스에게 다른 곳에 일이 있는지 알아볼 만큼 낙담한다. 1950년대 후반 두 해 동안의 겨울에 그녀는 연구를 완전히 멈추고 중남미 세포학자들이 학술원을 위해 옥수수 품종을 구분하는 것을 훈련시켰다. 현대 씨앗의 채용은 고유의 종을 파괴하고 있었다. 특별한 염색체의 지리적 분포를 공부하던 맥클린턱은 그것들이 오래된 이동과 항로를 나타내는 것을 알아냈다. 옥수수 씨앗은 껍질에 너무 꽉 닫혀 있어서 사람 없이는 이동할 수가 없다. 그녀의 생각은 오늘날 옥수수 식물의 염색체를 토대로 한 중요한 연구로 이어졌다. 남미 방문 때 고맙게도 맥클린턱은 스페인어를 통달했고 스페인어 텔레비전 채널을 보면서 실력을 유지했다.

1960년대, 아마 퇴직을 생각했을 수 있을 때에 그녀는 코넬 대학, 학술원과 국립과학재단으로부터 상을 받았다. 그 상도 전이 인자 연구 때문에 그녀에게 준 것이 아니었다. 그럼에도 불구하고 그녀에게 배우기 위해 문 앞에 외부인들이 줄을 섰다. 많은 이들이 그녀의 친구로 남았다. 언제나처럼 좋아하는 활동을 위해 시간을 아끼려고 그녀는 가족과 관심을 끄는 친한 친구들에게 집중했다. 그녀는 자신을 무료하게 하는 명분은 무시했다.

친구들과 있을 때 그녀는 따뜻하고 매력 있고 그녀를 운둔자로 표현한 언론과는 거리가 멀었다. 사실 그녀는 옥수수를 공부하듯이 조심스럽고 정확하고 열성적으로 인간에 대해 공부했다. 그녀는 자신이 말하고 있는 사람의 연령과 지적인 수준으로 자신을 본능적으로 바꾸었다고 구엔터 알브레-뷸러가 발견했다. 맥클린턱이 죽기 전에 그는 이렇게 말했다. "그녀는 자신의 시대보다 훨씬 앞서있고 그것으로 당신이 놀라지 않게 해요. 전 그것이 여성이 다른 이들보다 똑똑하지 않은 것이 중요했던 때여서 지녔던 방어 기제로 봅니다… 그녀는 명확하게 하는 것을 즐겨요. 그녀는 열정적인 선생님이에요."

제임스 샤피로와 다른 이들이 세균에서 전이 인자를 발견했을 때 분자생물학은 1960년대 후반에 드디어 맥클린턱을 따라 잡았다. 갑자기 분자생물학자들은 사람을 포함한 다양한 생물체에서 움직이는 유전적 요소를 찾기 시작했다. 전이 인자는 오늘날의 유전 공학에 많이 사용되고 있다. 그것은 많은 돌연변이를 일으키며 진화 · 선천적 결손증 · 항생 물질에 대한 내성과

암의 발생에도 중요한 역할을 한다. 염색체의 유전자와 유전자 조각의 움직임은 어떻게 세포가 다른 바이러스와 박테리아의 위협에 맞서는 항체를 생성하는지, 인간 방어에 맞서서 세균이 면역질을 갖고 응수하는지와 어떻게 특정한 암 세포가 발달되는지 설명하는 데 도움이 된다. 이러한 유전학 요소는 재조합된 DNA 기술로 복제되어 새로운 숙주에 넣고 싶은 유전자를 이동하는데 이용된다. 오늘날 과학자들은 화학물과 X선 대신 전이 인자늘 가시고 돌연변이를 만든다. 발견이 늘어나는 것을 보면서 맥클린턱은 친구에게 이렇게 적었다. "이런 뜻밖의 일들… 이 발견되어 요즘 너무 재미있어. 발견이 주는 자극을 즐기고 있어."

같은 시대의 과학자들은 유전 과정을 컴퓨터와 같은 유기적인 정보처리 시스템으로 생각했다. "우리는 이제 동적인 저장 시스템으로 헌신적인 생화학적 복합체에 의한 지속적인 감독과 수정과 변화가 가능한 것으로 생각한다" 「지네티카(*Genetica*)」에 제출한 글에서 샤피로는 이렇게 설명했다. "우리는 이제 통합된 시스템이 생물체의 필요에 따라서 정돈되어 껐다 켜지는 것을 생각할 수 있다."

1970년대 후반에 맥클린턱의 명예가 이번에는 전이 인자의 공로로 쌓였다. 1980년부터 1980년까지 그녀는 8개의 주요 상을 받았다. 그 중 3개는 한 동안 받았다. 알버트 라스커 기초 의학 연구상, 이스라엘의 울프 재단으로부터 십만달러, 의학 울프상과 맥아더 재단 펠로십으로부터 평생 동안 매년 면세된 6만 달러를 받았다. 맥클린턱이 말하기를 그녀는 뒤 늦게 돈을 벌었다.

그녀의 반응은 어땠을까? "오히려 마음이 상했다. 전 무언가를 쌓아놓는 것을 좋아하는 사람이 아니에요"라고 그녀는 기자 회견에서 의자에 불쌍하게 꿈틀거리며 설명했다. "저는 널리 알려지는 것도 좋아하지 않아요… 그것은 한 번에 너무 많은 것이에요." 전기 작가 에블리 폭스 켈러는 맥클린턱이 대화를 끝내기 전에 인터뷰를 했다. 켈러는 맥클린턱을 뛰어난 은둔자이면서 "남들과 다른 점에 대한 열정이 있는" 신비주의자로 표현하며 생물 전체적으로 해당되는 것에는 흥미를 느끼지 않는다고 하였다. 『생물체에 대한 감정』이 1983년에 출판되자 맥클린턱은 짧게 선언했다. "전 그 책이 저와 연관되는 것을 원하지 않습니다. 저는 명성을 좋아하지 않아요." 그녀는 그 책을 읽지 않았다. 그녀는 동료를 위해 서명을 해주는 것조차 거부했다.

맥클린턱의 친구들은 책에 다양한 방법으로 반응했다. 하지만 그들은 모두 맥클린턱이 은둔자나 신비주의자가 아니라는 것을 강조했다. 그리고 그들은 그녀가 옥수수를 근본적인 생물학적 현상을 아는 수단으로 여기는 데 관심이 있었으며 연구 그 자체와 옥수수 자체에 관심이 있는 것이 아니라고 언쟁했다. 맥클린턱은 신비주의자가 자신이 조금 아는 것에 대해서 믿는 것이라면 자신은 신비주의자가 아니라고 말했다. 그녀는 자신이 이해하지 못하는 현상을 간단히 처리해 버리지 않았지만 그것을 믿지도 않는다고 했다. "당신은 정말 알 수 없어요"라고 그녀가 단호하게 선언했다.

1983년 10월 10일 이른 아침 맥클린턱은 아파트의 라디오를 들으면서 자신이 노벨 생리 · 의학상을 받았다는 것을 알았다. 노벨 위원회는 그녀의 연구를 "우리 시대의 유전자에 대한 가장 위대한 두 발견중의 하나"라고 말했다. 다른 하나는 DNA구조였다. 상은 많은 점에서 주목을 받을 만 했다. 노벨 위원회가 연구원에게 상을 주기 위해 이렇게 오랜 시간이 걸린 적이 딱 한 번 있었다. 그녀는 누구와도 상을 함께 받지 않았다. 과거 몇 십년 동안 몇번의 경우를 제외하고 거의 모든 생리 · 의학상은 둘이나 세 명이 공동으로 수상했다. 그녀는 과학분야 노벨상을 받은 7번째 여성이었다. 그리고 의학이나 동물 생물학이 주로 받았던 상은 고등 식물의 연구로 수상한 적이 없었다. 맥클린턱은 그녀의 연구가 식물학외의 분야에도 연관성이 있다는 것을 명확히 했을 때 상을 받을 수 있었다.

소식에 압도당한 맥클린턱은 연구소 주위 숲속을 걸으며 검은 호두를 주우며 자신의 생각도 가다듬었다. “전 제가 무언가를 해낼 것이라는 것을 알았어요”라고 그녀가 설명했다. “전 제 자신을 흥분시켜야 했어요. 전 그것 모두의 의미를 생각해야했죠. 어떻게 반응해야 할지. 전 제가 무슨 방법을 택할지 알아야 했어요”

다음에 그녀는 연구실의 관리실장에게 말했다. “제가 해야하는 것을 하겠어요.” 그녀는 보도 관계자에게 하는 발표에 “오랜 시간동안 옥수수 식물에게 특정 문제를 풀어보라고 하고 그것의 반응을 보는 것에 너무 많은 행복을 느낀 사람에게 상을 주는 것이” 얼마나 불공평한지 언급했다. 그녀는 기자회견을 열어 무명천으로 만든 바지와 셔츠를 입고 조심스럽게 의자에 앉아 예의바르게 작은 목소리로 이야기했다. 83세인 그녀는 갈색 머리가 회색으로 변하고 있었고 피부는 주름이 생겼으며 눈은 여전히 빛났다.

“전 이 상이 무엇을 불러올지 몰라요.”

“엄청난 상금이지요.” 기자가 대답했다.

“아, 그렇군요”라고 그녀는 작게 말했다. 기자들은 웃었다. 그리고 특징적인 객관성 대하여 그녀는 자신의 생각이 어떻게 돌아가는지 말했다. “아니오, 전 몰라요. 그래서 저는 한쪽으로 가서 이것에 대해 생각해 봐야겠어요”

워싱턴의 카네기재단에 감사를 표하며 그녀는 말했다. “전 제가 하고 싶어하는 것을 하게 해주는 더 좋은 재단이 있다고 생각하지 않아요. 지금 제가 다른 곳에 있었다면 저는 제가 하는 일을 아무도 인정하지 않았기 때문에 해고되었을 거에요. 하지만 카네기재단은 한 번도 제가 이것을 하면 안 된다고 하지 않았어요. 그들은 제가 발표하고 있지 않을 때 한 번도 발표해야 한다고 말하지 않았어요.”

인정받기 위해 너무 오래 기다려서 고통스러웠냐는 질문에 그녀는 힘들게 설명했다. “아니오, 아니오, 아니오. 당신은 좋은 시간을 보내고 있어요. 당신은 대중적인 인정이 필요하지 않아요. 전 정말 심각하게 하는 말이에요.

당신은 그것이 필요하지 않아요. 당신은 동료들의 존경이 필요하죠… 당신이 맞다는 것을 당신이 안다면 상관하지 않아요. 당신은 아플 수 없어요. 언젠가는 그것이 좋은 결과로 끝날 것이라는 것을 알지만 조금 기다려야 해요. 하지만 누군가 그런 증거가 던져졌을 때 저와 같은 결론을 짓지 않을 수가 없지요"

더불어 그녀는 다시 언급했다.

> 당신이 생각한 것을 실험으로 옮긴다는 것은 정말 기쁜 일이에요. 그 실험을 실행하고 진행되는 것을 보는 것 말이죠. 그것은 참으로 즐거운 것이에요. 그것보다 더 좋을 수 없죠… 전 제가 하고 있는 일에 너무 몰두하고 있었고 그것은 너무나 깊은 만족을 주었기에 멈추는 것에 대해서 생각하지 않았어요…. 저는 너무 좋은 시간을 보냈고 더 나은 시간을 보낼 수 있었다는 상상을 할 수 없어요… 저는 매우, 매우 만족스럽고 흥미있는 삶을 살았어요.

바바라 맥클린턱이 노벨상을 받았다는 선언은 그 전의 어떤 상보다 과학계에 충격을 주었다. 맥클린턱이 스톡홀름에서 칼 구스타프 왕에게 상을 받았을 때 본래 조용하고 의례적인 청중의 박수가 너무 커서 시상식장이 크게 울렸다. 남성들의 편견과 과학적 거부에 맞서는 그녀 혼자만의 우수, 조용한 사려 깊음과 인내는 그들의 상상력을 사로잡았다. 후에 카네기 재단 이사와 맥클린턱은 짤막한 말을 하며 헤어졌다. "우리 여성들은 뭉쳐야 해요."

노벨상에 따르는 경쟁, 명예, 아부하는 사람들과 유명한 사람의 이름을 친구처럼 언급하는 이들은 맥클린턱에게 부담이 되었다. "당신은 그것을 참아야 해요"라고 그녀는 간결하게 말했다. "나에게 이것이 늦게 일어난 것은 참 다행이야"라고 그녀는 친구에게 말했다. 그렇지 않았다면 그것은 그녀의 일을 방해했을 것이다. 전체적으로 그녀는 "사람에게 그것은 매우 힘든 것이야. 그것은 쉽거나 편하지 않았어"라고 말했다.

노벨상을 받았음에도 그녀는 연구를 계속했다. 80대에 그녀는 운동을 조깅에서 에어로빅으로 바꾸었다. 그녀는 매일 초콜릿을 먹고 매년 두 번씩 현재 옥수수 연구의 대부분이 이루어지고 있는 남미로 여행을 갔으며 매일 12시간씩 일했다. 그녀의 독서량은 어느 때보다 다양했다. 그녀의 작업대는 조심스럽게 자로 빨간색, 파란색과 초록색 잉크로 줄 쳐진 읽을거리가 쌓여있었다. 그녀는 철저히 읽었고 여러 단계에 걸쳐 정돈해서 읽었다. 연필 표시가 여백을 메꾸었다. 'imp'는 각각의 중요한(important) 요점 옆에 표시되었고 'exp'는 가능한 실험(experiment) 옆에 표시되었다. 그녀는 많은 시간을 분자 생물학자들이 자신의 연구를 이해하는 것을 돕는 데 할애했다.

맥클린턱 안의 사나움은 온건해졌고 성급함이 폭발하는 경우가 줄어들었다. 거의 90세가 되었을 때 그녀는 매일 8시간이나 9시간으로 일하는 시간을 줄였다. 그녀는 작은 건강 문제에 신경을 썼다. "전 아흔이 다 되었어요"라고 전화한 사람에게 말했다. "그리고 제 가족을 보면 아흔이 끝이에요. 저는 그것을 느끼고 있어요."

그녀는 삶의 기쁨을 무료하게 하거나 괴롭히는 어떤 것도 열정적으로 피했다. 그녀는 이의를 제기했다. "전 자유롭고 싶어요."

1992년 9월 2일, 바바라 맥클린턱은 숨을 거두었다. 90세의 나이에 그녀는 자유로워졌다.

7

수학적 물리학자

마리아 괴페르트 마이어

1906.6.28~1972.2.20

노벨 물리학상_1963

마리아 괴페르트 마이어

Maria Goeppert Mayer

"절대 그냥 여자는 되지 말아라"라고 아버지는 강력하게 얘기했다.

마리아는 그 말을 바로 이해했다. "그냥 여자"인 사람은 아이들에게만 관심이 있는 전업주부를 얘기하는 말이었다. "그것을 아버지는 좋아하지 않았어요"라고 그녀는 후에 설명했다.

그녀는 아버지를 따라 과학자가 되어 괴페르트 가족의 7대 대학 교수가 되겠다고 맹세했다. 그 때문에 마리아 괴페르트 마이어는 특별한 노벨상 기록을 한데 모으는 것에 자원하여 연구를 한 경력이 있었다. 그녀는 급료를 받지 않는 자원자로서 30년 동안 세 곳의 미국 대학의 세 개의 분야에서 일한 적이 있다. 그녀는 대학원생을 가르치고 지도하고 대학 위원회에서 일했으며 논문을 발표했지만 노벨상을 받은 연구를 한 지 10년이 지나서야 대학에서 임금을 받았다.

마리아 거트루드 케이드 괴페르트는 프리드리히와 마리아 볼프 괴페르트의 외동딸로 태어났다. 당시에는 독일령이었지만 현재 폴란드인 실레지아 북부에서 1906년 6월 28일에 태어났다. 4살이었을 때, 그녀의 가족은 중앙 독일에 있는 괴팅겐의 작은 대학 동네로 이사를 했다. 괴팅겐은 마리를 작은 공주처럼 대해 주었고 동네와 대학은 그녀의 삶에 깊은 영향을 주었다.

아버지 프리드리히 괴페르트는 대학의 소아과 교수였다. 그는 또한 소아과 병원을 관리했고, 직장 여성의 아이들을 위한 탁아소를 설립했다. 독일 대학 교수로서 그는 굉장한 명성이 있는 자리에 있었다. 독일 교수들은 재정적으로는 성공한 미국 의사 · 변호사 · 직장인과 같은 급이었고 사회적으로는 높은 공무원과 같은 위치였다. 괴팅겐의 사회생활은 교수들의 부인이 준비하는 파티위주로 돌아갔고 그의 아이들은 괴팅겐의 사교계 명사였다.

괴팅겐의 선두적인 주최자가 되기 위한 경쟁은 치열했지만 괴페르트 부인의 파티는 융숭한 손님 접대의 기준을 세웠다. 그녀는 손님 대접을 할 때 집의 모든 방을 열어두었다. 댄스용 밴드가 자정에 연주를 끝마치면 그녀는 새벽 4시까지 피아노를 치며 노래를 불렀다.

괴페르트 부인이 딸에게 재미와 양육 기준을 세웠지만 마리아는 아버지를 더 좋아했다. "그래도 아버지는 과학자였으니까요"라고 그녀는 설명했다. 그녀는 아버지를 온순한 곰이라고 불렀는데 왜냐하면 그가 어린이들을 애지중지했고, 아이들이 그를 피리부는 사나이(Pied Piper)처럼 따라 다녔기 때문이다. 그는 딸을 데리고 과학 산책을 다녔다. 화석을 찾아다니고 숲속 식물을 관찰했다. 3살 반이었을 때 그녀는 반달에 대해서 물었고 그는 정확한 설명을 해주었다. 7살일 때 그는 일식을 볼 수 있도록 마이어에게 어두운 렌즈를 만들어 주었다.

소아과 의사로서 괴페르트 교수는 어린이들이 용기 있고 자신감이 있는 것을 좋아했다. 그는 그의 어린이 환자들을 수술 다음 날 침대에서 일어나게 하는 것으로 유명했다. 그 당시 다른 의사들은 몇 주나 몇 달 동안 침대에서 쉬는 것을 권유했다. 그는 어머니가 아이들의 천적이라고 생각했다. 여성은 탐구정신과 대담함을 억제시킨다고 생각했다.

외동딸인 마리아는 마르고 투명한 피부로 보일만큼 창백해서 "야외활동"을 하는 소녀로 보이지 않았다. 자주 심한 두통을 앓았지만 그녀의 아버지는 말해주었다. "우리는 그것을 고치기 위해 모든 것을 다 해보았어. 너는 병자로 살아가거나 아니면 그것을 무시하고 최선을 다해 살 수 있어."

1914년 마리아의 8번째 생일에 오스트리아의 대공 페르디난드가 암살당했다. 곧 세계1차 대전이 발발했다. 전쟁이 끝날 무렵 끝없이 치솟는 인플레이션이 지속되자 괴페르트 가족은 병원에 있는 어린이들에게 줄 음식을 마련하느라 순무 수프와 돼지 귀를 먹었다. 퀘이커 단체가 학교에서 마리아에게 따뜻한 점심을 주었고 「뉴욕 타임스」 기자가 "아이들을 먹이느라 교수가 영양실조에 걸렸다"고 쓰자 미국에서 많은 음식을 보내왔다. 하지만 마리아가 10대 후반에 접어들었을 때 상황은 정상대로 돌아왔고 마리아는 전쟁 뒤에 그녀가 태어난 실레시아 북부지방이 폴란드로 바뀐 것에 대한 비통함을 자주 표현했다.

그녀는 후에 이렇게 설명했다. "나이가 들면서 제가 대학에서 공부하게 될 것이라는 걸 부모님과 저는 의심할 여지가 없었죠… 아주 작은 어린아이일 때부터 저는 제가 결혼하지 않고 생계를 유지하도록 교육받을 것을 기대하고 있다는 것을 알았죠." 하지만 대학의 어려운 입학시험을 통과하기 위한 충분한 교육을 받는 것은 불가능해 보였다.

1924년까지도 괴팅겐은 매년 소년들을 대학에 가도록 준비시키는 두 개의 큰 학교가 있었지만 시는 소녀들을 위한 비슷한 시설을 만들지 않았다. 몇 년 동안 마이어는 여성 참정권론자들이 세운 작은 사립학교에 다녔다. 그 학교가 제1차 세계대전 이후 인플레이션으로 없어지자 그녀는 1년 일찍 대학 시험을 보기로 결정했다. 그녀의 모든 선생님들은 충격을 받았다.

"넌 그것을 할 수 없을 거야"라고 선생님들이 그녀를 혼냈다.

"전 해 낼 거에요"라고 그녀는 단호하게 대답했다.

"넌 그것을 할 수 없을거야, 넌 너무 어려. 넌 실패할거야."

"알겠어요. 그래도 모험을 해 보죠"라고 그녀는 강하게 말했다.

그녀와 여성 참정권론자 학교의 다른 4명의 소녀들은 시험을 보고 통과했다. 마이어는 시간이 지난 뒤에 이렇게 분개했다. "상상해 봐요. 몇 백 명이 넘는 남성에 맞선 5명의 소녀들!" 마이어가 1924년에 괴팅겐의 대학에 수학을 공부하기 위해 입학했을 때 10명의 독일 대학 학생 중 여성은 한 명도 채 되지 않았다. 당시 미국에서는 세 명의 학생 중 약 한 명이 여성이었다.

마이어는 괴팅겐이 수학과 물리로 명성을 떨칠 때 학교를 다녔고 그녀는 그곳의 선두적인 수학자들 중 많은 사람들과 개인적인 친구가 되었다. 에미 뇌더의 지도교수 데이비드 힐버트 교수는 카를 프리드리히 가우스 이후에 가장 위대한 수학자, 그리고 유클리드 후에 가장 위대한 기하학자로 여겨졌다. 힐버트의 유명한 정원은 괴페르트 가족과 마당의 뜰을 마주하고 있었다. 힐버트는 언제나 숙녀 친구를 그가 개최하는 매주 토요일 아침 강의에 참석하도록 초대했다. 어느 토요일에 숙녀가 하나도 없자 그는 마리아를 대신 초대했다.

"오지 않겠어요?"하고 힐버트가 그녀에게 물었다. 학교에서 면제를 받은 그녀는 원자 물리학을 처음으로 접하게 되었다. 후에 힐버트가 악성 빈혈로 죽어갈 때 마리아는 독일에 첫 간장 추출물이 오기를 걱정스럽게 기다렸다. 비타민 B_{12}를 매일 복용함으로써 힐버트는 몇 년 동안이나 생명을 연장했다.

괴팅겐의 선구적인 물리학자인 막스 보른과 제임스 프랑크는 일생동안 마리아의 찬양자가 되었다. 보른은 그녀를 딸처럼 여겼다. 그들 덕분에 1920년대 중반부터 1930년대 중반에 양자 역학을 발전시킨 대다수의 물리학자들이 괴팅겐을 찾았다. 그녀는 많은 이들과 친구가 되었고 그 결과로 새로운 물리학의 첫 실천자 중의 하나가 되었다.

양자 역학은 아마도 20세기의 가장 위대한 지적 성취로 원자, 핵과 구성원의 행동을 설명하는 것이다. 모든 물질을 이해하는 열쇠인 양자 역학은 물리학 · 화학 · 천문학과 생물학을 융합했다. 그것은 코펜하겐에 있는 닐스 보어의 지휘 아래 괴팅겐에 있는 마리아의 선생 막스 보른과 베르너 하이젠베르크 · 오스트리아의 에르빈 슈뢰딩거와 볼프강 파울리와 영국의 폴 디랙과 같은 소수의 유럽인들이 개발했다.

"마리아는 사랑스럽고 활기찬 소녀였고 그녀가 내 수업에 나타났을 때 나는 아주 놀랐어요"라고 막스 보른이 적었다. "그녀는 저의 모든 수업을 굉장히 열심히 또 세심하게 들으면서도 괴팅겐 사교계에 활기있고 재치있는 구성원으로 파티 · 웃기 · 춤추기와 농담하기를 좋아했어요. 우리는 좋은 친구가 되었죠." 마리아가 그의 세미나에 참석하기 전에 보른은 그녀에게 그와 학생들이 괴팅겐 주위의 언덕을 걸어 가까운 마을 주막에서 하는 저녁식사에 함께 하겠냐고 물었다. 결국 그녀가 보른이 가장 좋아하는 학생이라는 것은 알게 되었고, 여학생들에게 아직 익숙하지 않은 괴팅겐의 작은 소문의 출처는 마리아와 그녀의 기혼 교수 사이에는 물리학만 있는 것이 아니라고 결론지었다.

마리아 괴페르트는 수학을 공부하게 될 것이라 생각하고 대학에 입학했지만 양자 역학 입문은 그녀를 물리학자로 만들었다. "그것은 아름다웠어요. 전 그 안의 수학을 좋아했어요. 수학은 퍼즐을 맞추는 것 같았어요… 물리학도 퍼즐을 맞추는 것이었지만 그 퍼즐은 자연이 만든 것이지 사람이 만든 것이 아니었어요… 물리학은 도전이었죠." 더불어 그녀는 이렇게 관찰했다. "양자 역학은 새롭고 흥분되었어요."

"그 때 괴팅겐의 분위기는 다른 곳과는 매우 달랐어요"라고 마리아는 생각했다. 보른과 프랑크는 참석자들이 연설자를 중단시키고 무자비하게 비판하는 공동 세미나를 열었다. 보른과 하이젠베르크는 양자 역학을 개발하고 있었고 하이젠베르크의 수업을 듣는 한 친구가 마리에게 보고했다. "몹시 흥분돼. 하이젠베르크는 그가 어젯밤 무슨 생각을 했는지 우리에게 말해줘."

보른의 양자 역학 학생들은 때로 그녀를 압도했지만 마리아 괴페르트는 무섭지 않았다. 보른은 그의 고등 이론 세미나가 "어느 곳에서도 볼 수 없는 젊은 인재들이 모인 가장 훌륭한 모임"이라고 믿었다. 세미나에 참석한 사람들 가운데는 폴 디랙, 미국의 로버트 오펜하이머, 이탈리아의 엔리코 페르미와 헝가리의 유진 위그너와 존 폰 노이만이 있었다. 하버드의 신동인 오펜하이머는 보른을 너무 많이 방해하여 결국 마리아 괴페르트가 그에게 조용히 하라는 학생 탄원서를 작성했다.

마리아 괴페르트의 친한 친구들은 동료 학생들인 빅터 바이스코프와 막스 델브뤼크로 각각 베를린의 리제 마이트너의 조수와 콜드 스프링 하버의 바바라 맥클린턱의 동료가 되었다. 마리아는 하루에 점심을 두 번 먹었는데 한 번은 집에서 어머니와 먹고 한번은 시내에서 친구들과 먹으며 양자 역학에 대해 얘기를 나누었다. 현대 물리학의 위대한 남성 중의 하나인 바이스코프는 이렇게 설명했다. "우리는 막스 보른의 학생이었어요. 우리는 아주 흡사한 문제를 연구했고 함께 일했으며 좀 더 개인적으로 말한다면 전 그녀와 사랑에 빠졌어요." 반면에 델브뤼크는 첫 시도에 그의 마지막 시험을 망쳤고 분야를 바꾸어서 결국 선두적인 분자 생물학자가 되었다. 과학계의 유명인사가 된 다른 친구들은 라이너스 폴링 · 리오 질라드와 아서 홀리 콤프턴이 있다.

1927년에 괴페르트 교수가 죽자 그의 부인은 괴팅겐의 유서 깊은 전통에 따라서 하숙생을 받았다. 대학은 학생들에게 묵을 곳을 제공하지 않았다. 괴팅겐에 프랑크와 함께 양자 역학을 공부하러 온 잘생긴 캘리포이나 출신 조셉 메이어가 괴페르트 부인의 문에 노크하고 방이 있냐고 물었다. "제가 문의하자 하녀는 예쁘고 작은 금발머리 여자를 데리고 나왔지요. 그녀의 매력이 명백함에도 불구하고 그녀는 저의 독일어를 무시하고 흠잡을 데 없는 캠브리지식 영어로 얘기를 하여서 저를 약 오르게 했죠"라고 조가 말했다. "저는 곧 마리아가 아름다움과 언어적 성취를 한 것뿐만 아니라 막스 보른의 학생이라는 것을 알아냈어요."

조는 홀딱 반했다. 그녀는 "지독한 바람둥이였지만 제가 만난 어떤 여자보다도 사랑스럽고 똑똑했어요." 사실 둘 모두와 친분이 있는 화학자는 그녀가 조보다 똑똑하다고 결론지었고 그가 그것을 알았다고 말했다. 그녀는 스키, 수영과 테니스 치는 것을 좋아했고 거의 매일 춤추기를 원했다. 조에 따르면 "그녀는 그것을 모두 잘하지는 못했지만 그녀와 함께 있는 것만으로 기뻤어요."

작고 호리호리하며 금발과 파란 눈을 가진 마리아 괴페르트는 "괴팅겐의 미인"이라고 불렸다. 남성 과학자들은 그녀를 지성과 여성스러움이 적절하게 조화되었다고 생각했다. "그녀는 정말 여성스러웠어요."라고 그녀의 딸 매리앤 웬첼이 후에 말했다. "그곳의 많은 과학자들은 그녀만큼 똑똑한 여성을 만난 적이 없었죠."

"전 정말 아름답지 않았어요"하고 마리아 괴페르트가 항변했다. "괴팅겐은 고전적인 유럽식 대학 마을로 교수들의 딸들이 상위 계층에 있으면서 굉장히 응석받이가 되지만 인기도 많은 곳이었어요."

하지만 바이스코프와 조 메이어만 그녀에게 홀린 젊은 남성들이 아니었다. "그 집에 묵는 모든 사람들이 그녀에게 관심이 있었고 그 남자들 중에 반이 그녀에게 고백했어요"라고 미국에서 그녀의 학생이 된 로버트 삭스가 말했다. 시간이 지난 뒤 괴페르트집에서 하숙했던 노벨상 수상자인 미국인 로버트 멀리컨은 이런 생각을 했다. "내가 마리아 괴페르트와 결혼했다면 어땠을까?" 그리고 다른 미국인 학생은 고백했다. "우리 모두 그녀와 사랑에 빠져있었어요. 제가 그녀에게 말을 했다는 건 아니지만요. 전 그녀가 아름다운 영어를 구사하는지도 몰랐어요." 마리아의 딸이 설명했다. "남자들은 그녀와 항상 사랑에 빠졌어요. 그것은 그녀에게 중요하지 않았어요. 그녀가 남자를 손가락으로 굴복시키는 것은 너무 신기했어요" 그 기술은 앞으로도 요긴하게 쓰여진다.

햇볕에 탄 조 메이어는 재즈 시대의 캘리포니아 출생으로 캘리포니아 공과대학을 졸업하고 캘리포니아 주립 대학 · 버클리 캠퍼스에서 박사학위를 받았다. 그는 활동적이었고 거의 모든 것에 관하여 열정과 품위를 가지고 언쟁할 수 있었다. 광란의 1920년대와 주류 양조 판매 금지 시대에 태어난 사람인 그는 괴팅겐에 도착하자마자 위스키와 진을 저장했다. 자전거를 가지고 있어서 페르미가 백만장자처럼 여겨지고 있던 마을에서 조는 현금으로 지붕을 열 수 있는 컨버터블자동차를 샀다. 소문에 마리아가 그녀를 따라다니는 남자 중에 조를 선택한 이유는 그가 차가 있었기 때문이라고 했다. 하지만 조는 다른 장점이 있었다. 그녀의 아버지처럼 그는 마리아가 교수가 되길 원했다.

마리아와 조가 약혼했을 때 그녀는 물리를 그만 둘 생각을 했지만 조는 그녀가 계속하기를 권유했다. 화학 교수로서 그는 여러 여학생 제자가 있었지만 그녀는 하나도 없었다. 대부분의 결혼생활 동안 둘 중에 더 유명했던 조는 마리아가 평생 동안 물리학을 공부하도록 밀고, 자극하고, 부추기고 지원했다.

그 해 가을 그녀가 논문을 미루고 있을 때 그는 그녀를 데리고 알버트 아인슈타인의 가장 친한 친구 중의 하나인 물리학자 파울 에렌페스트를 만나기 위해 네덜란드까지 운전해 갔다. 에렌페스트와 그의 부유한 러시안 아내는 볼셰비키 혁명이 일어나기 바로 전에 아름다운 집을 지었는데 벽을 꾸밀 돈은 없었다. 그래서 에렌페스트는 그의 손목시계를 걸어놓았고 방문객들에게 손님방 벽에 서명을 부탁했다.

그들의 방문기간 동안 마리아는 즐겁게 그녀의 논문에 대해서 말하다가 갑자기 에렌페스트가 끼어들어 말하기를 멈추었다. "당신은 이제 충분히 말했어요. 이제 논문을 써요." 그녀를 손님방에 가둔 그는 개요 없이는 다시 나타나지 말라고 그녀에게 말했다.

"그 방은 놀라운 곳이었어요. 한 쪽 벽은 내가 본 것 중에 가장 장대한 추리 소설 모음이 있었고 다른 벽은 유명한 과학자들의 서명이 쓰여있었어요" 라고 마리아가 회상했다. "아인슈타인의 서명은 제 침대 위에 있었어요. 전 한 시간 안에 제 문제를 풀었고 그것이 제 대학원 논문의 기초가 되었어요." 그리고 그녀는 벽에 서명을 하고 그곳을 떠났다.

조는 마리아에게 논문을 다 쓰라고 고집했다. 크리스마스 다음날은 가정부가 쉬는 날이었고 그래서 마리아는 사슴 허리 고기와 장식으로 공들인 저녁을 만들기로 결정했다. 요리를 할 줄 아는 조는 곧 마리아가 요리를 할 줄 모른다는 것을 알게 되었다. 그녀가 정신이 혼란스러워 질 때까지 기다린 조는 그녀와 거래를 했다. "당신이 과학을 해나가면 난 언제나 당신을 위해 가정부를 고용할 것이에요. 당신이 과학을 하지 않는다면, 당신은 요리하는 방법을 스스로 알아서 배워야 해요. 난 가정부를 둘 여건이 되지 않을 테니까요."

마리아와 조는 1930년 1월 18일에 결혼했다. 3월에 그녀는 논문을 끝내고 마지막 시험을 통과했다. 그녀의 논문 심사 위원회에는 3명의 노벨상 수상자가 있었다. 그녀는 원자의 핵을 맴도는 하나의 전자가 핵과 가까운 전자 궤도로 뛰어들 때 하나가 아닌 두 개의 광자나 빛의 양자 단위를 방사하는 확률을 계산했다. 후에 마리아와 노벨상을 공동 수상한 유진 위그너는 그녀의 논문을 "명쾌함과 명확성을 보이는 논문의 대표작"이라고 불렀다. 그녀의 해결책은 1960년대에 레이저로 확인되었고 그것은 아직도 광학, 원자물리학과 분자물리학의 논문에 인용되고 있다. 그녀는 보른이 파스큐얼 조던과 함께 쓴 양자 역학 책에도 8쪽 분량을 기여했다.

조와 마리아가 괴팅겐을 떠났을 때 밥 삭스는 그녀가 "내가 아는 어떤 사람보다도 최상급 조언자"를 많이 가지고 있었다고 말했다. "그녀는 모든 사람과 함께 있었어요. 데이비드 힐버트 · 제임스 프랑크 · 막스 보른과 카를 헤르츠펠드, 거의 모든 사람들이 그녀에게 열광했어요. 그녀는 엄청난 지지

기반을 가졌어요. 모두가 그녀를 도와주고 있었어요." 그녀는 그들이 모두 필요했다. 1930년 4월의 만우절에 그녀는 미국에 도착했다.

마이어 부부는 조가 조교수직을 받은 존스 홉킨스 대학이 있는 메릴랜드 주의 볼티모어로 곧바로 갔다. 마리아는 평생 동안 볼티모어를 사랑했고 그곳에서 보냈던 10년이 가장 행복했던 시간이라고 자주 말했다. 그들은 볼티모어를 떠날 때쯤에야 씁쓸함을 맛보았다.

하지만 처음에 그녀는 향수병을 앓았다. 미국은 거칠고 활기 있는 곳으로 보였다. 금주령이 내렸던 시기에 그녀가 식당에서 와인을 시키자 와인은 커피포트에 담겨져 나왔다. 독일 무기 제작자로부터 큰 나무 상자가 도착하자 그녀는 최악의 상황을 생각했다. "어머나, 이제 그가 무기를 사는 건가? 그이가 깡패인가?" 하지만 그의 답변에 안심했다. "아, 다행이다. 내 면도기 날이 도착했구나."

그녀는 어머니에게 편지를 보내고 전보를 치는 것과 결혼 후에 4번의 여름을 유럽인들과 보냄으로써 미국 삶에 점차 적응해 나갔다. 미시간 대학은 1930년대 초반에 앤 아버에서 미국인 물리학자들에게 양자 역학을 가르치는 여름 학교를 개최했다. 그녀의 오래된 친구들 페르미와 에렌페스트는 서로의 강의에 맨 앞줄에 앉아서 즐겁게 상대방의 불완전한 영어를 고쳐주었다. 많은 방문자들이 독어를 사용해서 마리아는 미국인들에게 미안할 정도였다. 그 다음 3년 여름 동안 그녀는 막스 보른과 일하기 위해 괴팅겐으로 돌아갔다.

괴팅겐에서 마리아는 황금 같은 젊은 시절을 보내며 그녀가 아이처럼, 그녀의 어머니처럼 공들인 사회생활과 그녀의 아버지와 같은 직업 등의 모든 것을 가질 수 있을 것이라고 생각했다. 조도 이에 동의했다. 그는 고용된 도우미가 있는 일하는 어머니는 매일 2시간 정도만 집안일을 하면 될 것이라고 계산했다. 볼티모어에서 이 방정식의 사회적 부분은 재미가 있었다. 메이어부부는 체사피크 만에서 배를 타고, 메릴랜드의 언덕을 오르고, 오래된 세탁기로 100리터의 와인 통을 채울 만큼 많은 포도를 뭉갰다. 한 교직원 부인은 조금 심술궂게 말했다. "파티가 있을 때마다 남자들은 마리아 주위에 모이는 것으로 보였어요." 그리고 순진한 젊은 과학자가 그녀의 우아한 생활방식을 넉넉지 않은 임금으로 어떻게 감당할 수 있냐고 묻자 마리아는 간단하게 그에게 충고했다. "당신의 수입을 뛰어넘어 살아요!"

딸 매리 앤이 1933년에 태어나고 1938년에 아들 피터가 태어났을 때 그녀의 삶은 복잡해졌다. 전업주부였던 어머니에게 외동딸로 키워진 마리아는 고백했다. "저는 제가 집에 더 있어야 했다는 생각을 했고 제가 잘못하고 있다고 느꼈어요. 저에게 매리앤과 피터는 소중했지만 전 그들이 무언가를 받지 못했다는 것을 영원히 느낄 것이에요… 아이들을 돌보는 것과 전문적인 일을 조합하는 것은 쉽지 않아요… 감정적인 긴장은 과학과 어머니가 필요한 아이들을 위한 상충되는 헌신에 기인하는 것이에요. 저는 이 경험을 충분히 했어요." 조는 계속 그녀가 과학을 하기 원했고 그녀는 과학을 포기하면 불행해질 것이라는 것을 알고 있었다. 그녀는 아이들이 아플 때도 집에 있는 것을 싫어했다.

그 중에서도 제일 큰 문제는 전문적인 분야에 관련된 것이었다. 마이어는 세계에서 제일가는 여성 물리학자가 아니라 세계에서 제일가는 물리학자 중의 하나가 되고 싶었다. 괴팅겐은 그녀가 혼자서 일류가 될 수 있다는 것을 증명했다. 하지만 그녀에게 일류과학자가 되는 것은 "집에서 과학하는 것을 뜻하지는 않았다"고 그녀의 친구이자 동료인 제이콥 비겔레이센이 말했다. "연구실에 가서 과학을 하는 것은 중요했는데 그 이유는 연구실은 그녀의 교수로서의 위치를 암시하는 것이었다."

마리아는 그녀가 독일에서 대학 경력을 가질 수 없다는 것을 알게 되었다. 에미 뇌더, 리제 마이트너와 그녀의 친구 헤르타 스포너 중 어느 누구도 독일에서 정규직 교수가 되지 못했다. 하지만 그녀는 미국은 다를 수 있을 것이라 생각했다. 1920년대 미국 박사학위의 15퍼센트를 여성이 받았다. 존스 홉킨스 대학도 유명한 남녀 공학 의과 대학이 있었지만 대학 위원회는 여학생을 정규 학부생으로 뽑는 것을 단호하게 반대했다. 존스 홉킨스는 여성에게 인기가 많은 분야인 심리학과 교육학에는 두 여성을 교수로 임명했다. 그 중의 한 명은 학과장이 되었다.

메이어 부부는 대공황에 대해 생각하지 않았다. "아무도, 특히 대학은, 교수의 아내에게 유급직을 주지 않을 겁니다"라고 메이어는 곧 알게 되었다. 홉킨스는 다른 미국 대학과 같이 엄격한 반연고주의 규칙으로 대학 직원들의 친척(일반적으로 아내)의 고용을 금했다. 이러한 규칙은 대공황 때 대중이 두 명 이상이 급료를 받는 가족을 반대할 때 생겨난 것이라고 알려져 있다. 하지만 실행은 대공황전인 1920년대에 시작되었고 그 후에 1970년까지 계속 되었다. 반연고주의는 마리아 메이어를 몇 십 년 동안 가둬두었다.

존스 홉킨스는 마리아를 "예의바른 연구원" "자원한 조수" "동료"와 "연구 동료"등의 수많은 이름으로 치장했다. 대학은 메이어를 통상적인 "연구 동료"로 생각하지는 않았다. 그녀는 대학의 카탈로그에 20명이나 30명 정도의 남성 연구 동료들과 절대 함께 오르지 않았다. 메이어가 주요 층에 있는 빈 연구실을 사용할 수 있는지 묻자 다락방으로 보내졌다.

"그래서 저는 몇 년 동안이나 물리를 하는 재미에 급여를 받지 않고 일했어요."라고 마리아 메이어가 설명했다. 그녀가 자신을 부양해야 될 때를 대비해서 최신의 실력을 유지했다. 절대로 무엇을 요구하지 않았고 저는 절대 불평하지 않았어요." 그녀는 조도 불평하지 못하게 했다. 그녀는 그녀가 착한 것을 알았지만 화를 내는 것은 좋아하지 않았다. 그녀는 물리를 하는 것에 재미를 느꼈고 좋은 남편과 두 아이, 멋진 집과 친구들이 있었다. "제가 싸워야 한다면 그랬겠지만 저는 배우고, 가르치고, 일하고 싶은 것 뿐이었어요… 저는 조금도 불편을 느끼지 못했어요."

이상하게도 홉킨스는 여성 물리학자를 원하지 않은 만큼이나 양자 역학 전문가를 원하지 않는 것으로 보였다. 미국 이론 물리학은 1930년대 유럽보다 훨씬 뒤쳐져 있었다. 그곳의 물리학자들은 공학과 19세기 고정 역학에 치우쳐 있었다. 그들은 이론, 특히 원자 입자와 파장에 관한 새로운 양자 이론에 관심이 없었다.

운 좋게도 홉킨스는 하나의 중요한 부분은 괴팅겐과 비슷했다. 화학자·물리학자·수학자들간의 협동은 유별나게 잘 되었고 마리아는 다른 분야를 엮어서 연구 프로그램을 계획할 수 있었다. 그녀는 홉킨스에서 보낸 9년동안 10개의 논문과 한 권의 교과서를 출판했고 조는 그것을 자랑스럽게 "꽤 많은 과학적 성과"라고 불렀다.

그녀는 조와 유대교에서 개종한 부모 밑에서 자란 독실한 가톨릭인이자 친절한 오스트리아인 카를 헤르쯔펠드와 함께 연구를 했다. 홉킨스의 물리학은 실험적인 것이 배타적으로 강했지만 헤르쯔펠드는 뛰어난 이론학자였다. 막스 보른은 그에게 마리아를 돌보아 달라고 부탁했고 그는 승낙했다. 헤르쯔펠드가 화학적 물리학에 관심이 있었고 조가 화학자였기 때문에 마리아는 유기 화합물의 구조 같은 화학 문제에 양자 역학을 응용하기 시작했다.

양자 역학은 화학에 깊은 영향을 끼치기 시작했고 이용할 수 있는 문제의 폭은 넓고, 깊고, 보기에 끝이 없었다. 대학원생 알프레드 스클라와 함께 쓴 그녀의 논문 중의 하나는 양자 화학에 획기적인 기초가 되었다. 헤르쯔펠드는 그녀가 주는 도움을 위해 매년 200달러를 주어 독일로부터 통신을 계속했고 마리아와 조는 44년 동안 여러 판을 찍어 팔린 분자적 시스템에 관한 인기 있는 화학 교과서 『통계적 역학』을 썼다.

아돌프 히틀러가 독일에서 권력을 잡자 마리아의 오랜 친구 제임스 프랑크는 홉킨스로 도피했고 그녀는 그를 위해 부유한 동네인 롤랜드 파크에 집을 찾아 주었다. 프랭크의 존재는 볼티모어가 괴팅겐처럼 느껴지게 했고 그는 홉킨스를 원자 물리학의 세계적인 센터로 만들었다. 해변가 광고 게시판에는 "오직 비유대인"을 큰 글씨로 표현했고 롤랜드 파크는 유대인에게 집을 파는 것에 관해서만 엄격한 부동산 계약 조항을 내세웠다. 볼티모어의 속물들에게 장난을 치는 것을 기쁘게 생각한 마리아는 프랑크의 부동산 계약에 유대인에게 집을 파는 것을 금지하는 조항이 있었는데도 대리 서명을 했다.

그 때 홉킨스는 마리아를 꽤 자비롭게 대우하고 있었다. 그녀는 물리학부에 쾌적한 연구실이 있었고 학생들을 가르쳤으며 그녀의 학생 밥 삭스의 박사학위논문을 지도하고 있었다. 하지만 그녀는 아직도 정해진 업무나 급여를 갖지 못했다. 헤르쯔펠드는 학장에게 마리아의 이름을 최소한 부서의 설명문에라도 넣어달라고 요청했다. 학장이 너무 화를 내서 그는 그의 이름을 빼고 모든 사람의 이름을 뺐다고 마리아가 회상했다.

화가 난 헤르쯔펠드는 홉킨스의 총장에게 편지를 보냈다. "괴페르트 마이어 박사는 선생과 연구원으로서 정규직 조교수의 일의 적어도 3분의 1을 합니다… 여성들이 흔히들 그렇듯 그녀는 논문을 출판하지는 않지만 결과를 내는 데는 중심적 역할을 합니다. 종종 제가 연구에 진정이 없을 때 그녀는 해결책을 알려주었습니다. 그녀의 두뇌는 창의적이지는 아닐지 몰라도 매우 명철하며 통찰력 있습니다… 알맞은 급료는 1천달러 일 것 입니다." 하지만 아무 일도 일어나지 않았다.

많은 학생들이 "조와 마리아"를 낭만적으로 볼 때에도 많은 이들은 그녀의 기술적이고 간결한 강의 스타일과 수학적 기량에 압도당했다. 괴팅겐의 자신감 있고 활발한 그녀는 낯선 사람 앞에서는 "매우 수줍어했다. 그녀는 잘 아는 사람들 주위에 있을 때만 제일 빛났다"라고 삭스가 말했다. 강의하는 것이 편하지 않았던 그녀는 말을 빨리 했으며 모호한 맥락이 없고 명료한 문장들을 사용했다. 신경을 안정시키기 위해 그녀는 줄담배를 피웠다. 그럼에도 존 휠러와 삭스 같은 우등생들은 감명을 받았다. 사실 그녀는 홉킨스에서 휠러가 가장 좋아하는 교수 중 하나였다.

삭스는 논문 주제를 물어봤을 때 그녀가 견고하게 선언했던 것을 회상했다. "지금 이론적 물리학을 시작하는 어떤 젊은 남자(그리고 그녀는 '남자'라고 했다)도 흥분되는 새로운 것들이 일어나고 있는 핵 물리학을 꼭 연구해야 해." 1930년대 초에 경이롭게 이어지는 성과로 중성자 · 양전자 · 중수소와 인공 방사능이 발견되었고 입자 가속기가 발명되었다. 휠러는 "북극으로 여행을 가고 등산을 한 남자를 알았다. 그는 사하라 사막을 트레일러로 지나가기도 했다. 하지만 그는 이제 물리학을 했다. 왜냐하면 그것에 흥분을 느끼고 있었기 때문이다."

마이어는 아직 핵리학이 익숙하지 않다고 삭스에게 말했다. "그렇기 때문에 우리는 워싱턴에 가서 에드워드 텔러를 만날거야. 그는 네가 무엇을 해야 하는지 우리에게 말해줄 거야." 그녀는 괴팅겐 친구 텔러와 물리학에 대해서 얘기하는 것을 좋아했다. 그는 그녀에게 오랜 기간 동안 많은 편지에 개인적인 속내와 물리학과 관련된 내용을 적어 보냈다. 조지 워싱턴 대학으로 옮긴 텔러는 수소 폭탄과 스타 워즈(미국의 우주 방위 전략)의 논쟁을 일으키는 아버지가 되었다. 마이어와 삭스는 거의 15년 후, 전자각 모형의 발견을 하기 전에 그녀의 처음이자 유일한 그 분야의 진출인 핵 물리학 논문을 함께 출판했다. 마이어와 함께 일하는 과정에서 삭스는 "그녀가 조용하지만 추진력이 있는 사람이라는 것을 알았다. 그녀는 매우 수줍음이 많았다. 때로 엄청난 열정을 가지고 너무 빨리 귓속말을 했다. 그녀가 그 문제의 해결방법을 정말 원한다는 것이 명확했다… 마리아는 언행은 겸손했지만 경쟁심이 매우 강했다."

삭스는 그의 조언자의 또 다른 면을 발견했다. "그녀는 초기부터 독일에서 무엇이 일어나는지에 대한 함축적 의미에 그렇게 민감하지 않았다… 보른이 독일을 떠나기 전에 그녀는 내가 그와 괴팅겐에서 일하기를 원했다." 삭스는 유대인이었고 "난 그 때 독일에 가는 것에 대한 생각을 별로 하고 있지 않았다."

고향의 문화를 자랑스럽게 생각하는 마리아와 다른 많은 독일 · 미국인들에게 전쟁 전의 시간들은 힘든 때였다. 그들처럼 마이어의 사고방식은 천천히 착실하지 않게 바뀌었다. “그녀는 프로이센들에게 매우 강하게 치우쳐 있었다”고 삭스가 강조했다. “그녀는 정치적으로 전통을 자랑스러워했다. 그녀와 조는 독일식으로 무언가를 하는 것에 대해 강한 믿음이 있었다. 나지 정부의 초기 시절, 그녀는 당시 독일 의회장 헤르만 괴링이 구세주이고 그가 시기를 기다리며 히틀러가 ‘더러운 것’을 치우도록 내버려 두는 것이라고 강하게 믿는 사람이었다. 그녀는 일반적인 상류 독일인처럼 괴링을 믿을 수 있다고 생각했다. 난 그녀가 말하는 것을 들었으나 아주 다른 생각을 갖고 있었다.” 결과는 삭스가 맞았다. 괴링은 히틀러의 가장 헌신적인 지지자중의 하나였고 나치 경찰과 군대의 제1의 기획자였다.

시간이 지날수록 마이어는 나치가 독일을 점령하는 것에 대해 점점 우울해졌다. 학생으로서 와이스코프는 그녀가 학생 단체에 나치의 영향을 비난하는 것을 들었다. 1930년대 초 괴팅겐을 여름에 방문하며 그녀는 그곳의 지적 생활이 쇠퇴하는 것에 낙담했다. 정부 보초들이 그녀에게 “히틀러 만세”라고 말하면 그녀는 간단히 “안녕”으로 답했다.

1933년, 그녀는 미국 시민권자가 되었고 헤르쯔펠드는 독일 난민들을 돕기 위해 급료의 일부분을 기부하겠다고 맹세한 미국에 있는 독일 교수들이 세운 기금 관리 조직의 임시 총무였다. 그녀는 여러 망명자에게 그녀의 집을 제공했고 이민자가 될 사람들을 지지하는 선서 진술서에 서명했다. 그럼에도 불구하고 이상한 느낌이 잘 떨쳐지지 않았고 1940년에 삭스는 파리가 무너진 후 그녀를 봤을 때 독일의 빠른 승리에 긍지와 동시에 침략으로 인한 좌절에 괴로워하고 있었다.

1938년, 마리아는 피터를 임신했고 홉킨스는 조를 해고했다. 마리아가 애기하기를 홉킨스 총장 아이제이아 보먼은 대학의 가장 훌륭한 교수들을 해고하고 그들을 3분의 1값인 하위 교수들로 대신하면 대학의 재정적 문제를 해결할 수 있을 것이라고 결정했다. 그 때 홉킨스를 포함한 많은 대학은 7년 동안 고용된 상위 교수원에게 종신 재직권을 주지 않았다. 조는 상위임에도 불구하고 집안청소를 하는 과정에서 내침을 당했다. 「볼티모어 선페이퍼」도 조와 같은 젊은 사람들이 해고되는 것을 슬퍼했다. "제 생각엔 대학 본부가 공산주의자 · 유대인 · 가톨릭 · 여성과 외국인에 적대감을 가지고 있었습니다"라고 삭스가 말했다. 환경을 "깨끗이 하고" 재정을 균형 맞추는 과정에서 홉킨스는 거의 12명의 세계의 선두적인 학자들과 조와 마리아를 잃었다.

메이어 부부에 의하면 화학부장이었던 도날드 앤드루스는 조의 눈부시게 성공적인 응결 이론에 질투심을 느꼈다. 짧은 15분짜리 인터뷰에서 앤드루스는 조에게 넉넉히 많은 대학원생을 유치하지 못했기 때문에 그의 계약이 다시 체결될 수 없다고 했다. 그 후로부터 마리아는 앤드루스와 홉킨스 본부를 증오했다. "1939년에 조가 존스 홉킨스 교수원으로부터 해고당한 이유가 부분적으로 제가 있었고 귀찮았기 때문일 것이에요"라고 그녀가 단언했다. "전 그 후부터 매우 조심스러웠어요."

"그녀의 표현을 따르자면 그녀는 '숙녀'가 되어야겠다고 느꼈다고 한다"고 마이어의 딸 매리 앤이 설명했다. "그녀는 무던해야 했고 누가 어떤 일을 하면 그녀는 그들이 먼저 출판하게 하고 그 다음에 그녀의 추가사항을 출판했다. 비밀스럽고 신경에 거슬리는 여자라는 소리를 듣지 않으려면 그녀는 올바르게 행동해야 한다는 것을 항상 의식하고 있었어요."

반면에 "그녀는 절대 특별히 차별받았다고 느끼지 않았어요."라고 그녀의 딸이 기록했다. 어떻게 보면 마리아가 맞았다. 그녀가 유일하게 관심을 둔 일류 과학자들로 이루어진 작고 엘리트인 모임은 그녀를 아꼈다. 앤드루스와 같은 문외한이 주로 그렇지 않은 이들이었다.

홉킨스에서 조의 경험은 조보다 마리아에게 더 나쁜 영향을 끼쳤다. 조는 홉킨스에서 받은 급료의 두 배를 받고 컬럼비아 대학에 가게 된다. 1934년에 중양자와 중수의 발견으로 노벨 화학상을 받은 해롤드 유리가 컬럼비아 대학의 화학부를 맡고 있었고 조의 조언자가 되었다. 그 때부터 유리가 가는 곳에 메이어 부부도 함께 갔다. 반면에 컬럼비아에서 보낸 마리아의 시간들은 동료들이 그녀를 자격을 제대로 갖춘 전문적인 물리학자가 되게 했지만 그녀의 삶 가운데 가장 힘든 때 중 하나였다.

"그녀는 수줍었지만 매우 진취적이었다. 그녀는 경쟁심이 매우 강했다. 그녀는 홀로 명성을 얻고자 했다. 세계의 이론 물리학의 대가들과 경쟁하기를 원했다는 것은 의심의 여지가 없다"고 컬럼비아에서 그녀와 협력한 비게레이센이 말했다. "마리아는 세계의 일류 과학자 중 하나로 인정받고 싶어했다." 그래서 그녀는 컬럼비아 물리학부에 일자리를 구했다.

물리학부장이었던 조지 페크램은 그녀를 한 마디로 거절했다. 그는 그녀에게 연구실을 주었지만 그녀를 환영하지는 않는다는 것을 명확히 했다. 그 때부터 마리아 는 페그램을 증오했다. 전쟁 후 그녀는 그로부터 허락을 받아야 되는 것이라면 컬럼비아에서 전시 연구를 출판하는 것조차 거절했다. "내 눈에 흙이 들어가기 전에는 안 돼"라고 그녀는 흥분했다. "내가 페그램 학장에게 무언가를 묻기 전에 이 논문은 지옥에서 썩을거야." 결국 그녀는 컬럼비아를 언급하지 않고 그것을 출판했다. 시간이 지난 뒤 그녀가 병중일 때 전기 작가 조앤 대쉬는 마리아가 엄청난 자기 제어 능력을 가지게 되어서 절대 화도 내지 않았다고 결론지었다. 하지만 매리앤은 어머니가 그러한 모습을 보인 이유가 그녀가 인터뷰하는 것이 "매우 불편하다"고 느꼈기 때문이라고 했다.

컬럼비아의 화학 교직원은 그녀에게 『통계 기술』의 첫 장에 쓸 명예직 이름을 주는 것조차도 거부했다. 과학계에서 마리아는 조의 편집 조수였지 공동 작가가 아니었다. 하지만 화학부장인 유리는 마리아의 능력을 매우 아꼈고 그녀에게 작은 교육직을 주었다. 그에게 고맙게도 그녀는 화학 건물에 연구실을 갖게 되었고 가장 중요한 직위를 받았다. 하지만 미움은 남았다. 화학부의 누군가가 부서의 매주 세미나에 참석하는 유일한 두 여성인 마리아와 다른 과학자의 아내에게 강의에 참석해도 되지만 저녁 만찬에는 참석하지 말라고 했다.

"자연스럽게 저는 세미나에 참석하지 않았고 조가 불평하지 않도록 약속을 받아냈어요"라고 마리아가 말했다. "나중에 그들이 여성 강의자를 불렀고 저를 초대했지만 저는 에드워드 텔러와 함께 오페라를 보러 갔지요."

1939년에서 40년으로 바뀌는 겨울에 폴란드가 침공당한 다음 메이어 가족은 컬럼비아에서 20분 거리인 뉴저지주 레오니아의 판잣집으로 이사했다. 그곳에서 그들은 과거와 미래 노벨상 수상자 동네를 만들었는데 페르미, 유리와 몇 년 후에는 윌러드 리비스가 주위에 살았다.

아이들은 레오니아에서 보낸 시절을 좋았다고 기억했다. 저녁에 어머니는 프랑스 이야기와 키플리의『정글북』을 독일어 버전으로 번역하며 읽어주었다. 그녀는 하도 자주 노래를 불러서 피터는 "엄마는 슈베르트가 쓴 모든 노래를 분명히 알고 있을 거야"라고 생각했다. 마리아보다 더 말이 많은 조는 아이들의 과학 문제를 일반적으로 설명했고 아이들을 바닷가 산책과 캠핑 여행에 데리고 갔다. 마리아는 과학부터 개인적인 연락망까지 모든 것에 표와 정교한 기록 시스템으로 가정을 꾸려나갔다. 책은 저자의 이름에 맞추어 알파벳순으로 정리되었다. "당신이 하고 있을 일이 무엇인지 알면 삶은 훨씬 간단해져요"라고 그녀가 설명했다.

그곳에서 그녀는 "나의 가족처럼 가까운" 여성들과 평생 여러 친구들을 만들었지만 레오니아에 정을 붙이지는 못했다. "저는 제가 하는 일 때문에 남자 주위에 있는 것에 더 익숙하고 과학, 가족과 대화모임을 다 할 시간이 없었어요. 솔직하게 전 여성들이 많이 모인 자리는 따분해진다고 생각했어요." 가족이 레오니아를 떠날 때 한 여성은 마리아의 물리학이 자선연구로 충분하지 않은 것처럼 마리아가 자선 운동을 충분히 하지 않았다고 지역 신문에 불평했다.

1940년대 초가 되자 페르미 가족과 메이어 가족은 미국 파시즘 신봉자들이 미국을 통제할까봐 두려워했다. 나치를 찬성하는 독일-미국인 연합이 뉴서시에서 활동했고 마리아와 소는 레오니아 수위의 독일-미국인 모임에 가는 것을 중지했다. 그 모임이 나치를 찬성했기 때문이다. 프로이센 방식에 대한 그녀의 감탄에도 불구하고 "제 어머니는 나치를 반대할 수 있을 만큼 적대심을 느꼈다"고 매리앤이 회상했다.

다양한 부문에서 세계2차 대전은 물리학자들의 전쟁이었다. 물리학자들은 독일 공중 공격으로부터 영국을 보호한 레이다와 전쟁을 끝낸 원자 폭탄을 모두 개발했다. 물리학자들이 워낙에 없어서 마리아도 급료를 받는 일을 갖게 되었다.

그녀의 첫 기회는 가을에 미국 물리학회에서 그녀에게 "Dear Sir"이라고 적고 그녀를 "동료"라고 부르는 편지를 보냈을 때였다. 진주만 습격 후 그녀는 "꽤 좋은 곳이지만 확실히 과학적이지 않은 여학교"라고 설명한 세라 로렌스 대학으로부터 첫 일자리 제의를 받았다. 세라 로렌스 면접 시험관이 그녀에게 여성이 난방로 연통을 관리할 줄 아는 것만큼 이 분야와 제휴된 과학이 중요하냐고 물었을 때 메이어는 말을 잃었다. "저는 학생들이 영어를 배우는 유일한 이유가 요리책을 읽기 위한 것이냐고 물었죠"라고 그녀가 꼬집어 말했다. "그것은 옳은 말이었어요. 세라 로렌스는 내가 전통적이고 재미없는지 알아보려는 것이었죠." 그녀는 일을 하기로 했고 세라 로렌스에 말했다. "당신들은 남자에게 이 일을 맡겨야 해요."

대학에서 마이어는 처음으로 매년 2천 8백 달러를 받는 파트타임직으로 일을 하게 되었는데 일하기 시작한지 12 년째의 일이었다. 마이어는 가르치는 것을 즐겼지만 두 개의 직업과 가족이 균형을 이루는 것은 때로는 몹시 바쁜 일이었다. 어느 날 그녀는 레오니아 기차역에서 컬럼비아에 갈 수 있도록 조를 내려주고 옷을 갈아입으러 집에 가는 것을 잊었다. 그녀는 목욕 가운을 입고 세라 로렌스까지 약 32킬로미터를 운전해 갔다.

진주만 공습 후 컬럼비아대학에서 메이어는 24시간 동안 공지된 페르미의 수업을 대신 가르쳤고 유리는 그녀가 비밀 정보사용 허가를 받기 전에 극비 원자 폭탄 연구 문제를 냈다. 그녀는 새로운 분야인 원자 물리학을 공부하고 있었다. 그 때 "마리아는 독일인들이 폭탄을 먼저 갖게 될까봐 무척 두려워했다"고 비게레이센이 회상했다. "그녀는 미국이 폭탄을 먼저 생산하는 것을 보기 위해 할 수 있는 모든 것을 해야 했다."

유리와 컬럼비아는 원자 폭탄을 위한 우라늄을 농축하기 위해 초극비 방법의 개발을 담당하고 있었다. 그들은 쉽게 핵 분열하는 우라늄 U-235를 더 일반적이지만 핵분열을 쉽게 못하는 우라늄 U-238로부터 분리해야했다. 컬럼비아대학은 줄여서 SAM이라고 불린 대체 혼합물 재료(Substitute Alloy Materials)를 연방 정부를 위해 관리했고 정부는 마리아에게 급료를 주었다. 그녀는 토요일에 일할 수 없다거나 아이들이 아프다고 유리에게 말했을 때 그는 그녀를 "부차적인 문제"인 광화학 반응을 통하여 동위 원소를 분리하는 확률을 조사하도록 일을 주었다. "이것은 순수 물리학이었지만 동위 원소를 분리하는 것에 도움이 되지 않았다"라고 마리아 메이어가 말했다. 결국 그녀는 대부분 화학자로 이루어진 15명 정도의 사람들의 비공식적인 과학 지도자가 되었다.

전쟁동안 그녀는 가책을 느꼈다. 폭탄 때문이 아니라 아이들을 챙겨주지 못한 것 때문이었다. 조는 무기 연구를 위해 일주일에 6일 동안 집을 비웠는데 독일인 도우미는 아이들을 신체적으로 학대했고 비싼 영국인 보모는 정신적으로 학대하는 사람이었다. 매리앤은 성장한 후 집에서 아이들과 함께 있겠다고 결심했다.

하지만 SAM은 그녀의 전문적인 성장을 위해 좋았다. "갑자기 저는 중요하게 받아들여졌고 좋은 과학자로 여겨졌다… 그것은 내가 조에게 의지하지 않고 과학자로서 나의 두 발로 혼자 설 수 있는 시작이었다." 그녀는 전문적인 문제 해결사라는 평판을 갖게 되었다. "그녀는 문제에 대해 해결책을 제시했다"라고 비게레이센이 경탄했다. 그녀가 담낭 수술 후 일하러 돌아온 날 비게레이센에게 무엇을 연구하고 있는지 물었다. 대답을 들은 그녀는 그것이 흥미롭다며 그녀가 도울 수 있는지 물었다. 그녀의 3번째 문장이 문제의 해결책을 말했고 동위원소 화학에 혁명을 일으켰다.

전쟁은 그녀의 건강에 해를 끼쳤다. 그녀는 폐렴을 앓았고 담낭 수술을 하고 갑상선종을 앓았다. 하지만 그녀의 줄담배와 폭음을 멈출 수 있는 것은 아무 것도 없었다. 그녀는 계속적으로 담배를 한 번에 서 너 개피를 폈다. 그녀와 역시 줄담배를 피는 조는 세미나에 참여하며 담배 구름에 둘러싸여 있었다. 그녀는 지독한 냄새와 니코틴이 없는 칼 헨리 담배를 좋아했고 다 피기도 전에 조에게 더 달라고 옆구리를 찔렀다. 비게레이센이 배급된 발렌타인 스카치위스키 병을 코트 아래 숨겨 그녀의 병실 안에 몰래 가져가자 그녀는 그를 "구세주"라고 불렀다. 힘든 전쟁기간 동안 우라늄-235 스펙트럼에서 비게레이센은 유리, 텔러와 마라아에게 나중에 매우 인기가 많아진 이른 아침 칵테일 휴식을 갖게 했다. 부모님이 흡연이 건강에 나쁘다는 것을 알고 끊으려고 했는데 어머니가 술에 관하여 절대 같은 결론을 내지 못했다고 매리 앤은 말했다.

조가 오키나와 침공을 위해 남태평양에 갔을 때 메이어는 로스 알라모스에서 텔러의 수소 폭탄을 제조하는데 한 달을 보냈다. 그녀는 열핵 폭발에서 기대할 수 있는 매우 높은 온도와 압력에서 우라늄 혼합물의 행동을 조사했다. 그녀의 비밀 정보 사용 허가 인터뷰에서 관리원은 심각하게 설교했다. "당신이 항상 생각해야 하는 것이 한 가지 있어요. 로스 알라모스에서 하는 연구가 시카고, 컬럼비아 · 한포드 · 오크 리지 등과 관련이 있다는 것을 누구에게도 말하면 안돼요. 이것은 극비 정보니까요." 장치끼리 관련이 있다는 것을 메이어가 처음으로 들은 때였다. 원자 폭탄 연구를 조에게도 말할 수 없었기 때문에 그녀는 그의 서투름에 특히 짜증이 났다. "어떤 친구들은 제가 조에게 너무 의지한다고 하지만 전 언제나 그에게 모든 것을 말했었어요"라고 마리아가 후에 말했다. "그로부터 4년 동안 세계2차 대전 시기에 했던 원자 폭탄 연구의 대한 엄청난 비밀을 말하지 않는 것은 수 년 동안 겪었던 차별보다 더 힘든 것이었어요"

전쟁 뒤, 마이어는 컬럼비아에서 한 특별한 프로젝트가 폭탄에 기여하지 않아서 기뻤다고 말했다. "우리는 실패했어요. 우리는 아무것도 찾지 못했고 우리가 운이 좋다고 생각했어요. 왜냐하면 우리는 폭탄의 개발에 기여하지 않았고 오늘날까지도 폭탄 개발에 타는 듯한 양심의 가책과 책임을 느끼지 않아도 되기 때문이죠." 폭탄 연구는 그 당시 그녀를 성가시게 하지 않았다. 유리하고 한 사적인 대화, 그녀의 물리학적인 지식, 페리미와 유리의 연구로부터 그녀는 핵분열 폭탄연구를 하는 것이 무슨 뜻인지 알았다고 비게레이센이 강조했다.

일본이 항복했을 때 레오니아 모임은 다 함께 전쟁 후 과학적 흥분의 중심이었던 시카고로 이사했다. 그녀의 오래된 괴팅겐과 볼티모어 친구인 제임스 프랑크는 벌써 그곳에 있었다. 그리고 시카고 대학이 핵을 연구하기 위한 이 분야 제휴 연구소를 세웠을 때 페르미 · 유리 · 텔러 · 리비와 메이어 부부가 참여했다. 미래 노벨상 수상자가 되는 리정다오와 양전닝을 비롯한 훌륭한 대학원생들이 페르미와 공부하기 위해 시카고로 몰려들었다.

오래된 자선 연구의 새로운 변형으로 마리아는 "자원 조교수"가 되었고 급료를 받지 못했다. 후에 그녀는 "자원 교수"가 되었는데 아직도 급료를 받지 못했다. 대공황이 끝났지만 연고주의 법칙이 계속 적용됐다. 이번에 마이어는 상관하지 않았다. 시카고는 "있어야 할 곳"이었고 마이어는 "지배력을 장악하고 있는" 집단의 중요한 구성원이었다. 시카고는 그녀가 귀찮은 존재로 생각되지 않은 첫 장소였고 열린 팔로 반겨준 곳이라고 그녀는 말했다. 시카고는 괴팅겐이 재개한 곳이었다.

조는 핵 연구 협회(Institute for Nuclear Studies · 이제 페르미 연구소)에서 열린 시카고의 유명한 매주 모임을 맡았다. 그는 화학자였지만 물리학자들은 그를 너무 존경해서 그들은 그를 미국 물리학회 회장으로 뽑았다. 그의 유일한 세미나 규칙은 "다른 사람이 말하고 있을 때 방해하지 말라"였다. 모임에 참석하는 것은 "천사들의 대화를 듣는 것과 같다"고 참석자가 말했다.

마리아는 조의 물리 · 화학 강의처럼 자유분방한 물리학이론 세미나를 열었다. 그녀는 위원회에서 봉사하고 연구진 고용을 돕고 대학원생을 지도하고 시카고의 어렵기로 유명한 물리학 대학원 졸업시험의 특성을 정하는 것을 도왔다. "우리는 오직 미래의 하이젠베르크에게만 관심있어요"라고 그녀가 당당하게 선언했다. 첫해, 4명의 미래 노벨상 수상자와 13명의 미래 미국 과학 학회원들이 시험을 보았다. 그 중 한 명이 낙제점을 받았다.

"시카고에서 제가 가장 좋아했던 선생님 중 한 분은 마리아 였어요"라고 프린스턴 대학 물리학 교수가 된 샘 트레이만이 말했다. "마이어 교수는 기초가 튼튼한 수업을 가르쳤습니다. 웃음 거리가 될 만한 것이 조금이라도 보이면 경멸했습니다. 하지만 그녀는 중독된 흡연자였고 그 당시 수업시간에 교수가 담배를 피는 것은 괜찮다고 여겨졌습니다. 그녀는 자주 그리했습니다. 담배에 불을 붙여 한 손에 잡고 다른 손에 분필을 들고 강의를 했습니다. 그녀는 한 손에 쥔 것을 들여 마시고 다른 손으로 칠판에 적었습니다. 그것들은 그녀의 손에서 자주 자리를 바꾸었고 보기에 규칙적이지 않았습니다. 자주 위기에 처해지려는 어떤 물리학 발전에 흥분하여 그녀는 담배로 쓰거나 분필을 피울 뻔 했습니다."

어느 날 아침 유리는 그녀에게 계산을 부탁했다. 그것은 그녀와 비게레이센이 개발한 이론에 바탕 된 것이었다. 유리는 오후 4시에 할 연설에 맞추어 답을 원했다. "저는 이것을 그가 마리아 메이어와 저에게 우리의 방법이 우리가 말하는 것만큼 유력한 것인지 보려는 도전이라고 추측했어요"라고 비게레이센이 회상했다. 일을 분담하며 그들은 유리에게 답을 오후 2시에 주었다. 4시가 되자 방심하고 있던 유리는 누가 계산을 해주었는지 벌써 잊어버렸다. 강연 도중 그는 더 많은 정보를 원하면 조 메이어의 수업을 들으라고 추천했다. 마리아는 너무 화가 나서 방 뒤에서 크게 들으라는 듯이 혼잣말로 "내 수업은 뭐가 문제지?"라고 말했다. 그녀는 심지어 조와도 경쟁하고 있었다.

그 동안 그녀의 이전 홉킨스 제자 밥 삭스는 시카고 외곽에 아르곤 국립연구소의 이론 부분의 대표가 되었다. 후에 그는 연구소 전체의 지도자가 되었다. 삭스는 마리아에게 물었다. "돈 벌고 싶으세요?"

"그거 좋겠어"라고 그녀가 인정했다.

"당신이 아르곤에서 상급 물리학자로 있을 수 있는 반일 근무 임용을 준비해보는 것이 어떨까요?"

"하지만 난 핵 물리학(당시 아르곤의 주요 연구였다)에 대해서 아무것도 몰라."

"배우면 되요"라고 삭스가 제안했다.

그리하여 학생이 고용자가 되었고 마이어는 제 3의 분야에 들어갔으며 연방 정부는 그녀가 노벨상 수상 연구를 하는 동안 재정적으로 지원했다. 하지만 이번은 그녀의 선택이었다. 그녀는 아르곤에서 전 시간 일할 수 있었지만 시카고의 흥분을 놓치고 싶지 않았다.

그녀는 불평하지 않았다. "전 제가 원했던 모든 것을 갖고 있었어요. 제일 큰 연구실, 교수 직책과 아르곤 국립 연구소가 저에게 좋은 고문 급료를 주었죠"라고 그녀가 말했다. "우리 교수진 친구들의 대다수가 저를 위해 싸우고 있었어요." 그녀의 기본적인 원칙은 "친구에게는 서두르지 않아야 한다"

였다. 정치가처럼 그녀는 그녀가 대중의 생각에 많이 앞서가면 안 된다는 것을 인식했다.

마이어는 대학 밖의 시카고 생활도 좋아했다. 그녀와 조는 시카고의 남부 쪽에 있는 켄우드지역, 4923 그린우드 에비뉴에 있는 오래된 3층짜리 벽돌 대저택을 샀다. 시카고의 부자들이 이 지역을 떠났을 때 교수진 가족들이 이사를 왔다. 그 집은 높은 천장, 벽난로 6개와 커다란 정원이 있었다. 3층 유리 베란다에서 마리아는 심비듐 난초를 키웠고 매리 앤이 결혼했을 때 마리아는 20종의 식물과 2천 송이 꽃들이 활짝 피어나게 했다.

제임스 프랑크는 가까이 살고 있었고 시카고에서 사회적인 삶은 괴팅겐의 예전 시절과 같다고 느껴졌다. 100명 이상의 상급 과학자들을 위한 메이어 부부의 섣달 그믐날 파티에는 약 3.6미터짜리 괴팅겐 금속 조각과 초로 꾸며진 크리스마스 트리리가 전시되었다. 모든 방에 난초가 있고 술이 넘쳐나는 그곳에 아래층에는 뷔페 저녁이 있고 서가에서는 노래를 하고 3층에 당구방에서는 춤을 추고 있었다. 메이어 부부의 사교적인 행사의 절정은 1951년 시카고 대학에서 열렸던 국제 회의였다. 마리아는 4일 밤 동안 연속으로 실험실 비커를 잔으로 이용하여 칵테일파티를 열었다. 파티에서 마리아는 활기 있고 즐거웠으며 과학자들 무리의 중심이었다.

전쟁 후 잠시 동안 그녀는 국제 정치에서도 활동했다. 마리아, 유리와 그녀는 1950년대 초기 텔러의 수소 폭탄의 개발을 열정적으로 지지했다. 전쟁 후 연설에서 그녀는 핵에너지를 국제적으로 통제하지 말고 미국이 도시를 긴 줄로 건설함으로써 소련의 핵 공격으로부터의 취약함을 줄여야 한다고 말했다. 반면에 그녀는 핵 에너지를 시민이 관리하는 것을 지지했고 펜타곤이 관리하는 것을 워싱턴에서 로비를 하며 반대하는 과학자들과 함께 했다. 후에 그녀와 유리는 수소 폭탄에 대한 그들의 생각을 바꾸었다. 1960년대에 그녀는 베트남 전쟁을 반대했고 강경론자인 조와 온건 평화주의자인 그녀의 아들 피터사이의 고된 논쟁을 중재했다.

시카고는 마리아 마이어가 가장 위대한 과학적 성공을 거둔 곳이었다. 전시 연구는 같은 원소의 전자가 다른 수의 중성자를 가지고 있는 동위 원소에 대해 많은 양의 정보를 생성했다. 어떤 동위원소가 다른 것보다 더 많이 있는지가 과학자들 사이에 활발하게 토론되는 쟁점이었다. 불안정한 핵은 더 안정적인 원소로 방사성 붕괴를 한다. 핵은 안전한 형태로 될 때까지 한 원소에서 다른 원소로 점점 바뀐다. 안정된 형태가 되면 더 이상 바뀌지 않아서 핵의 숫자가 축적된다. 동위원소가 더 안정될수록 세계에 동위 원소가 더 많아지는 것이다. 하지만 왜? 텔러는 그들이 답을 찾았다고 시사했다. 텔러는 곧 관심이 사라졌지만 마리아 메이어는 이상한 단서들에 의해서 깊게 빠져들었다.

–예를 들어 왜 126개의 중성자를 가진 동위원소가 127개나 128개의 중성자를 가진 동위원소보다 중성자를 더 강하게 잡고 있을까?

–소수의 원소들은 현대 이론으로 설명되는 것보다 훨씬 많다. 그것은 50개나 82개의 중성자를 가진 핵으로 이루어져 있다. 마리아는 "과다한 안정성이 그 원소들의 생성 과정에 역할을 맡았을 것이다"라고 생각했다. 하지만 어떻게?

그렇게 수수께끼를 풀어나가다가 그녀는 "마법 숫자"라고 부르는 2 · 8 · 20 · 28 · 50 · 82 · 126을 찾아냈다. 이 숫자만큼의 양성자나 중성자를 가진 핵은 유별나게 안정되었다.

그녀는 핵 전자각 이론을 지지해줄 자료를 모으기 시작했다. 1930년대에 비슷한 이론이 거론되었는데 1940년대 닐스 보어의 원자의 액체 방울 모델이 문제를 해결해서 무시되었다. 하지만 전쟁 후 핵 물리학 분야에서 제3자로 여겨졌던 마리아 메이어는 보어의 모델을 고집하지 않았고 문제를 새롭게 생각하고 있었다.

전자각 안에 핵 전자 궤도 안에 있는 입자들은 "아무 것도 없는 중심에 섬세한 껍질로 이루어진 양파"와 비슷하다고 그녀는 제안했다. 그 설명 다음에 그녀의 오래된 친구 볼프강 파울리는 그녀를 "양파의 마돈나"라고 불렀다. 그녀는 에너지 레벨 · 회전 · 각운동량 · 포텐셜 우물 · 결합 에너지 · 방사성 붕괴 에너지 · 동위원소의 존재도 등의 난해한 숫자를 살펴보았다. 중요한 사실이 빠졌다면 그녀는 아르곤 실험학자들에게 정보를 개발해 달라고 부탁했다. 그저 문제 해결사가 아닌 그녀는 자연의 기본적인 작용에 더 깊이 파고 들었다. "양성자가 어떻게 서로 잡고 있는지, 또한 서로 어떻게 영향을 끼치고 또한 핵에 존재하는 전하 없는(no electric charge) 양성자와 상호작용하는가는 핵 물리학의 위대한 신비"임을 그녀는 깨달았다.

그녀는 증거를 1948년에 한 논문에 모아서 적었고 그 뜻에 대한 어떤 이론적 설명도 하지 않았다. 그녀가 "그전에 이루어졌던 핵에 대한 통계보다 나은 것을 해냈다"고 핵 물리학자들의 최고참인 한스 베데가 말했다. "전자각은 의심할 여지없이 성립되었지만 이론이 없었다."

페르미는 흡연자를 연구실에 들이는 것을 좋아하지 않았기 때문에 그녀와 어느 날 페르미는 그녀의 연구실에서 만나서 그 문제에 대해 곰곰이 생각하고 있었다. 페르미는 장거리 전화를 받기 위해 떠나면서 한 문제를 던지고 갔다. "말이 난 김에, 회전 궤도 결합이 일어난 증거는 없나?"

"그가 말했을 때 모든 것이 들어맞았어요. 10분 안에 저는 알아냈죠"라고 마리아가 회상했다. 그녀는 거의 물리적 반응을 경험했는데 조각들이 맞춰지는 굉장한 과정이었다. 그녀는 그가 돌아올 때쯤 몇 천개의 세부사항을 정리하여 그 문제를 풀어냈다.

그녀는 흥분되고 의기양양하게 집에 날아가듯이 돌아갔다. "전 밤에 계산을 끝냈어요. 페르미는 다음 주에 그의 수업시간에 그것을 가르쳤어요."

"마치 조각 그림 맞추기 같았어요"라고 그 순간을 기억하던 마리아가 후에 말했다. "(마법 숫자뿐만 아니라) 많은 조각들이 있었는데 그것들이 하나의 그림으로 합쳐지는 것을 보았죠. 딱 한 조각만 더 있으면 모든 것이 들어맞을 것이라고 느꼈어요. 그 조각이 찾아졌고 모든 것이 정돈되었어요… 저만큼 자료를 가지고 오래 산 사람이라면 바로 답할 수 있을게요. '네, 당연하죠, 그리고 그것이 모든 것을 설명할 거에요.'… 10분 후에 마법 숫자는 설명되었어요." 노벨상을 받는 것도 연구를 하는 것만큼 기분을 돋우지 못했다.

그녀의 해결책은 완전히 예기치 않은 것이었다. 회전 궤도 결합은 전에는 중요한 것처럼 보이지 않았다. 예를 들어 그것은 원자의 전자에 전혀 영향을 미치지 못했다. 하지만 마리아 메이어는 핵 안에서 그것이 중대한 영향을 미친다는 것을 찾아냈다.

매리앤에게 이론을 설명하기 위해 그녀는 커플들이 원을 이루어 왈츠를 추는 사진을 보여주었고 핵 안에 전자각처럼 각각의 원이 다른 원에 둘러 쌓인 것을 보여주었다. 커플들이 방을 돌수록 그들도 팽이처럼 시계방향이나 반시계방향으로 돌았다. 마리아는 빠른 왈츠를 춰본 사람은 한 방향으로 도는 것이 다른 방향으로 도는 것보다 쉽다는 것을 안다고 의기양양하게 얘기했다. 그리하여 쉬운 방향으로 도는 커플들은 더 어려운 방향으로 도는 커플들보다 조금 적은 에너지를 필요로 한다. 그 조금 다른 에너지는 마법 숫자를 설명하기에 충분했다.

마리아는 대학원 논문을 쓰는 것을 미룬 것처럼 논문을 쓰는 것을 미루었다. 다른 두 물리학자가 이론을 개발해냈고 그녀는 그들의 논문이 출판될 때까지 기다리기로 했다. 조는 그녀가 너무 정정당당하게 행동하는 것에 화를 냈다. 그녀는 1949년 12월에 드디어 논문을 제출했다. 그때 벌써 3명의 독일인 한스 옌젠, 한스 쥐스와 오토 학셀이 같은 이론을 설명하는 논문을 제출했다. 세계2차 대전 동안 주류 물리학에서 제외된 그들은 보어의 액체 방울 모델을 연구하며 시간을 보내지 않았다. 그들은 마리아 메이어와 같은 시각에 같은 생각을 했음이 틀림없다.

그녀가 그들의 논문을 읽었을 때 그녀는 "우선… 5분 정도 당황했다." 다음에 그녀는 그들의 연구가 그녀의 이론을 정당화시킨다는 것을 깨달았다. 함께 하면 더 많은 사람들을 빨리 설득할 수 있었다. 바이스코프가 이렇게 말했다. "옌젠도 해냈다는 것을 들으니 이제 나도 믿어요." 그리고 옌젠은 그녀에게 적었다. "당신은 페르미를 설득했고 전 하이젠베르크를 설득했어요. 우리가 더 원하는 게 뭐지요?"

몇 십 년의 핵물리학과 반대하는 이론치고 핵 전자각 모델은 놀랍게도 빨리 받아들여졌다. 그 모델은 너무 성공적이어서 오늘날 물리학자들은 그것 없이 핵 행동을 공부하는 것을 상상하기 힘들다. "핵 전자각 모델은 핵 구조의 중심적인 개념입니다… 전자각 모델은 핵 구조에 대한 모든 논문 어딘가에 거론됩니다"라고 피츠버그 대학의 핵 이론학자 엘리자베스 유리 바랑거가 언급했다.

메이어가 옌젠과 이론의 우선권을 경쟁하려고 하지 않는다는 것이 그의 마음을 사로잡았다. 그는 마리아 괴페르트에게 매혹된 남성들의 긴 줄 뒤쪽에 섰다. 그는 전자각 모델을 "당신의 모델"이라고 불렀고 그녀도 그것을 "당신의 모델"이라 불렀다. 그녀는 옌젠이 "친애하는 신사적인 남성이다. 우리는 사물을 같은 방법으로 본다. 우리의 시력까지 같다"고 말했다. 옌젠은 그녀가 "믿을 수 없을 만큼 겸손하다"고 생각했다.

그들은 함께 전자각 모델에 대한 책을 썼다. 실질적으로는 마리아가 거의 다 썼다. 편지에서 옌젠은 그녀에게 책의 80퍼센트, 중요한 부분의 95퍼센트이상을 그녀가 썼다고 고백했고 그가 공동저자로 쓰이지 않아야 한다고 말했다. 그는 "전 당신이 너무 많은 단원들을 써서 무척 수치스럽다"고 호소했다. 그는 그가 "기생충"같이 느껴진다고 말했다. 메이어가 그의 이름을 책에서 빼지는 않았지만 그녀의 이름을 먼저 쓰긴 했다. 책은 그들의 명성을 전자각 모델 이론의 주요 창설자로 표기했고 옌젠의 본래 협력자인 학셀과

쥐스를 가렸다.

책을 쓰는 기간 동안 옌젠의 편지에는 물리학과 "귀여운 마리아" "항상 당신의 작은 한스" "당신의 한결같은" "진심으로 당신의 개구쟁이, 응석받이" 등의 애정 어린 말이 섞여 있었다. 그는 털어놓았다. "이건 연애편지는 아니지만 물리학은 훨씬 덜 복잡하죠." 그리고 책이 드디어 다 쓰였을 때 그는 "오직 연애편지"만 쓸 수 있어서 기뻤다.

하지만 책이 완성되었을 때 그의 홀림은 차분해졌다. 편지를 보내며 몇 달이 지났다. 그는 마리아가 같은 때에 유럽에 있으리라는 것을 모르고 미국으로 여행을 계획했고 편지를 시작한 지 몇 개월 후에 끝마쳤다. 하지만 그는 글 쓰는 것을 그녀에게 의존했다. 시간이 지난 뒤 옌젠이 마리아가 발작을 일으켰던 것을 알았을 때 그는 그녀에게 빠른 쾌유를 바란다고 썼다. 그리고 그녀가 독일 저널에 기사 하나를 쓸 수 있냐고 물었다. "최대로 두 페이지이지만 길수록 좋아요." 그는 명문집에 한 단원을 기여하기로 동의했고 그녀에게 함께 쓰자고 요청했다.

마리아는 1956년에 미국 과학 학회에 선출되었는데 같은 해에 그녀는 갑자기 왼쪽 귀를 들을 수 없게 되었다. 그 때 페르미는 암으로 사망하여 최고의 대학원생들은 그와 연구하기 위해 시카고로 오는 것을 멈추었다. 텔러와 리비는 떠났다. 유리는 곧 라 졸라에 새로 생긴 캘리포니아 대학 캠퍼스로 옮겼고 항상 그래왔듯이 메이어 부부를 초청했다.

캘리포니아 대학에서는 마리아에게 정교수직과 급료를 제안했다. 하룻밤 사이에 시카고 대학의 관리자들도 그들 또한 정교수직을 줄 수 있다고 제안했다. 그녀는 시카고의 제안에 조금 즐거워했지만 캘리포니아 대학의 제안에는 몹시 기뻐했다. 1960년에 메이어 가족은 이사를 갔다. 53세의 나이, 그녀의 혁명적인 발견이 있은 지 10년 후 그녀는 마침내 정규적이고 급료를 받는 대학 직업을 갖게 되었다. 그녀는 아버지의 꿈을 이루어 낸 것이다. 그녀는 자신의 집안의 7대 교수가 되었고 그녀의 아들이 8대가 되었다. 하지만 그것은 너무 늦었다.

캘리포니아에 이사 온 뒤 그녀의 책을 풀다가 그녀는 지독한 뇌졸중의 발작을 앓았다. 왼쪽 팔이 마비되었고 언어능력도 저하되었다. 다시 일하려고 노력했지만 그녀의 건강은 회복되지 않았다. 조는 그녀와 그들의 친구들에게 그녀가 신경 끝에 영향을 미치는 희귀한 바이러스 병을 앓고 있다고 말했다. 심한 병은 그 때 가 오늘날보다 덜 알려졌다. 마리아는 그녀가 "작은 발작"을 앓았었다고 생각했다. 하지만 그녀는 계속 담배를 피웠고 매리앤과 동생은 아픔을 견디기 위해 그녀가 술을 더 마신다고 생각했다. 매리앤은 확실히 마리아가 건강 문제로 술을 더 마시게 되었다고 말했다.

1963년 11월 5일 새벽 4시에 스웨덴 뉴스 기자가 그들의 집에 전화를 했다. 조가 대답하고 그녀에게 전화를 넘겨준 뒤 샴페인을 가지러 뛰어갔다. 마리아와 옌젠이 노벨상의 반을 받고 프린스턴 대학으로 옮긴 오래된 괴팅겐 친구 유진 위그너가 다른 반을 받았다. 지역 신문은 "라 졸라의 어머니가 노벨상을 받다"라고 주요 제목에 썼다. 메이어 가족은 동틀 녘 베이컨, 계란과 샴페인으로 축하했다.

스톡홀름에 갔을 때 메이어는 스웨덴 궁전을 전문적인 호스티스같이 편안하고 세밀히 조사했다. 그녀는 그곳을 높게 평가했다. "너무 따뜻하고 활기차고, 모든 벽난로에 큰 불이 있고 굉장한 동양의 융단과 꽃병에는 흰 라일락이 있어요." 그녀는 전 세계에서 노벨 과학상을 수상하고 존재하는 유일한 여성이었다. 그녀와 마리 퀴리는 물리학에서 노벨상을 받은 유일한 여성들이었다. 왕 앞에 꽃으로 꾸며진 상단에 앉아서 그녀는 앞에 서 있는 모든 사람들에 대해서 생각했으며, 그녀가 아이로서 또 과거 친구로서 들었던 이름들을 기억했다. 그녀와 눈이 마주친 조는 뺨에 눈물이 흐르는 것을 느꼈다. 조가 없었다면 그녀가 스톡홀름에 오지 못했을 것이라고 그녀가 말했다.

사진 속에 그녀는 작고 연약하여 구스타브 6세 아돌프를 향해 조심스럽게 계단을 오르는 것이 보인다. 그녀의 팔은 금메달이나 무거운 상장을 들기에 너무 약해서 스웨덴 도우미가 그녀를 위해 들어주기 위해 주위를 맴돌고 있다. 시상식이 끝난 뒤 그녀는 왕의 팔에 의지하여 저녁을 먹으러 갔다. 가는 길에 응접실에서 구경꾼들이 무릎을 꿇었다. "그것은 동화였어요"라고 그녀가 말했다.

마리아의 말년은 건강 때문에 한계를 가졌다. 그녀는 아버지의 꿈을 이루었고 노벨상은 그녀를 슈퍼우먼의 상징으로 만들었다. 훌륭한 전문인이 행복한 결혼을 갖고 성공한 아이들을 키운 것이다. 그녀는 계속 일하려고 노력했다. 그녀가 말했다.

> 과학을 사랑하면, 정말 하고 싶은 것을 계속하세요. 노벨상은 당신을 감동시키지만 그것은 아무것도 바꾸지 않아요.

건강이 악화될수록 그녀는 심장 박동 조절 장치를 구입했고 출판을 덜 했다. 1972년 2월 20일 그녀는 폐색전으로 목숨을 거두었다.

조는 그녀의 기록들을 캘리포니아 대학 샌디에고 캠퍼스에 주었다. 그것은 개인적인 편지와 과학적인 기록, 보육원에서 받은 딸의 성과기록표와 회의 참석을 위한 여행 계획, 독어 시를 손으로 직접 옮겨 적은 공책과 파티 메뉴 등 한 여성의 삶에 융합된 것이다.

8

신경학상 태생학자

리타 레비-몬탈치니

1909.4.22~

노벨 생리 · 의학상_1986

리타 레비-몬탈치니

Rita Levi-Montalcini

경찰의 눈을 피한 작은 침실안의 연구실에서 리타 레비-몬탈치니는 바느질용 바늘을 갈아서 작은 외과용 메스와 압설기를 만들었다. 그녀는 현미경이 필요한 수술에 필요한 기구와 안과 의사로부터 받은 작은 가위와 시계 제조공의 핀셋을 가지고 있었다. 파시스트의 긴급 수배 명단에 새로 오른 그녀의 형제는 인공 부화기를 만들었다. 그녀의 어머니는 문을 지키며 대담하게 선언을 했다. "그녀는 수술중이라 방해할 수 없습니다."

이탈리아의 파시스트 정부가 유대인이 세계2차 대전동안 의사로서 개업하거나 과학을 연구하지 못하도록 한 후 레비-몬탈치니는 비밀 연구실을 집에 만들었다. 간단한 현미경과, 달걀과 불타는 의욕으로 무장된 그녀는 태아 병아리에 신경계가 생성되는 것을 연구했다. 밤에 폭탄 공격으로 지하 은신처로 대피할 때면 그녀는 현미경과 슬라이드를 가지고 잠을 잤다. 반유대주의가 악화되면서 그녀는 연구실을 시골로 옮겼다. 자전거를 타고 언덕을 오르던 그녀는 농부들에게 "우리 아이들을 위한" 달걀을 달라고 부탁했다. 우연히 그녀는 물었다. “닭장에 수탉이 있나요? 수정된 알이 훨씬 자양분이 많아서요.”

레비-몬탈치니의 작은 집에 있는 연구실은 세계의 광기에 맞선 그녀의 방어방식이었다. 독일인들이 유럽에 진군할 때 그녀는 신경 세포의 성장을 관찰하는 것으로써 위안을 받았다. 그녀의 금지된 이 연구는 미숙한 세포의 성장에 영향을 주는 분자인 성장 인자 발견의 기초가 되었다. 오늘날 과학자들은 세포가 서로 의사 소통하게 하는 여러 성장 인자를 구별해냈다. 레비-몬탈치니의 신경 성장 인자(NGF)는 알츠하이머병과 같이 중추 신경계의 특정한 퇴행성병에 중요한 역할을 맡고 있을 수도 있다. 다른 성장 인자는 화상을 입은 환자의 이식한 피부가 회복되는 것을 돕고 실험동물의 손상된 신경을 치료하는 것을 돕는다. 언젠가는 암 종양 발달을 설명할 수 있을지도 모른다.

그녀의 자택에서 이루어진 실험에 대해서 레비-몬탈치니는 간단하게 말한다. “제가 그렇게 원시적인 실험 기구를 가지고 성공한 것은 정말 기적입니다… 그것은 반복할 수 없어요.”

레비-몬탈치니는 전쟁 중에도 모험과 도전에 대한 열정을 절대 잃어버리지 않았다. 그녀는 새로운 분야를 배우고 미지의 것에 도전하며 힘든 고생을 하고 과학적 도전을 뛰어넘는 것을 좋아했다. 그녀는 롤러코스터와 같은 삶을 살았는데 행복과 절망, 엄청난 관용과 격렬한 경쟁, 우아한 삶과 힘든 일을 수없이 겪었다. 얄궂게도 그녀는 지식인으로서 살아남기 위한 위압적인 아버지와 빅토리아풍의 교육으로부터 존재한다고 했다.

1909년 4월 22일, 리타 레비는 북 이탈리아의 부유한 공업 도시인 투린(토리노)의 지적이고 수준 높은 유대인 가족에서 태어났다. 그녀의 조상들은 로마 제국 당시 이탈리아로 온 유대인들이었다. 19세기 이탈리아가 통일될 때 레비가문 사람들은 투린이 지성의 중심이 되는 것을 도왔다. 또한 1920

년대와 1930년대에는 그 도시가 반파시스트 요새가 되는 것을 도왔다. 제2차 세계대전 이후 유명해진 레비들은 까를로 레비, 프리모 레비와 나탈리아 긴즈부르그가 있다. 어른이 되어서 리타 레비는 투린의 다른 레비들로부터 그녀를 구분시키기 위해 어머니의 결혼 전의 성인 몬탈치니를 아버지의 성에 더했다.

그녀의 가족은 지역 천주교도들과 어울렸지만 종교적이지는 않았다. 그녀가 공원에서 놀고 있을 때 어린 천주교도 소녀들이 그녀들의 부모님이 시킨대로 물었다. "이름이 뭐니? 아버지의 직업은 무엇이니? 종교는 뭐니?" 어쩔줄 모르던 그녀는 아버지에게 어떻게 답해야 하는지 물었다. 아담 레비는 3살짜리에게 이 말을 따라하게 했다. "Sono una libera pensatrice? 나는 자유사상가야." 그리고 그는 덧붙였다. "너는 21살이 되면 유대인이 될지 천주교도가 될지 정하면 돼." 리타는 경험에서 잘 배웠는데 그 이유는 가정교사가 리타가 천국으로 갈 수 있도록 천주교로 개종시키려고 했기 때문이다. 리타는 물었다. "그리고 어머니 아버지, 그들도 우리와 함께 갈 수 있죠?"

"불행히도 아니야."라고 가정교사가 한숨을 쉬었다. "1년에 한번 물을 마시는 비둘기가 바다를 마르게 하면 그들이 우리와 함께 할 수 있는 유일한 방법이야."

"만약 그렇게 된다면 전 부모님과 함께 하겠어요."라고 리타가 단호하게 대답했다.

리타의 아버지는 아이들이 종교적 권위에 문제를 제기하기 원했지만 집에서는 순종할 것을 요구했다. 그는 남부 이탈리아에 얼음 공장을 갖고 있던 기술자였다. 그는 권위주의적인 가장이었다. 그의 날카로운 눈매와 거만한 목소리는 그의 힘과 권위를 강조했다. 그가 화를 내면 너무 무서워서 그의 누이들이 아담의 애칭을 "무시무시한 다미노"라는 별명으로 바꾸었다. 어렸을 때 리타는 그녀 아버지의 콧구멍을 자세히 관찰했다. 그것이 커지면 그는 무서운 성격으로 바뀌기 직전이란 뜻이었다.

과격한 행동에도 불구하고 리타는 그녀의 행복을 위한 아버지의 사랑과 걱정을 알았기에 문제를 제기하지 않았다. 그는 그녀의 평소 생활의 세부사항을 관리했지만 그녀는 그의 명령을 따르지 않는 것을 한 번도 꿈꿔 보지 않았다. 리타와 그녀의 이란성 쌍둥이인 파올라가 멋진 리본으로 장식한 밀짚모자를 만들었을 때 그는 그것을 좋아하지 않았다. 아름다운 모자는 금방 없어졌고 다시는 볼 수 없었다. 리타의 형제 지노는 조각가가 되고 싶었지만 그의 아버지는 그를 보고 기술자가 되라고 명령했다. 그는 따랐고 결국 유명한 건축가가 되었지만 그는 언제나 조각가가 되고 싶다고 소원했다.

소심하고 순종적인 작은 리타는 그녀의 아버지, 어둠속의 괴물, 긴 복도, 학살, 그리고 태엽으로 움직이는 장난감등 많은 것들에 두려움을 가지고 살았다.

리타의 어린 시절을 보호하던 수호천사들은 모두 여성이었다. 이모 안나, 가정교사 지오반나, 아름다운 어머니 아델과 쌍둥이 파올라였다. 재능 있는 화가인 아델 레비는 조용하고 순종적인 아내였다. 리타가 부모님과 오페라를 보러 갔을 때 그녀의 아버지는 주조소 소유자가 나오는 부분을 좋아했는데 그 소유자는 그를 좋아하지 않는 젊은 아내를 부셔버리겠다고 협박했다. 무리가 찬성을 보낼 때 리타는 조용히 젊은 아내에게 동정심을 느꼈다. "그것은 화가 난 것이 아니였어요"라고 리타-몬탈치니가 설명했다. "그것은 타고난 것이었죠. 화는 어디에도 없었어요. 전 그저 그 상황이 일어나는 건 불가능하다고 생각 했죠… 어렸을 때부터 저는 모든 가족 결정에서 아버지와 어머니의 역할이 다른 것을 정말 싫어했어요. 전 어머니를 사랑했지만 이러한 차이점에 반항했고 그러한 차이가 미래의 가정주부인 저에게도 있을까봐 두려웠죠." 2학년 때 그녀는 손가락이 "어머니에게 키스를 보내기 위해 있는 것"이라고 말했지만 아버지에게 키스하기를 거부했다. 파올라가 누구와도 말하는 것을 거부함으로써 방패막을 쳤을 때 리타는 파올라에게 매달렸다.

쌍둥이가 4학년을 마쳤을 때 리타는 학교 교육을 계속 받고 싶어 했다. 그녀의 소원을 무시한 채 아담 레비는 딸들이 교양학교에 가서 완벽한 아내와 어머니가 되는 것을 배워야 한다고 명령했다. 그녀의 이모들은 문학과 수학으로 박사 학위를 받았는데 그는 그녀들의 불행한 결혼을 교육 탓으로 돌렸다.

레비-몬탈치니가 교양학교에서 보낸 시간은 혼돈과 절망으로 가득 찼다. 그녀는 대학 입학을 위해 필요한 과목을 배우지 못했다. 수학 · 정밀과학 · 그리스어나 라틴어를 배우지 못했다. 수업들은 생각이 필요 없는 것이었고 학급 동료들은 오직 결혼과 모성에만 관심이 있었다. "전 애들이나 아기들에 특별한 관심이 없었고 아내나 어머니로서 제 역할을 전혀 받아들이지 않았어요"라고 그녀는 회상했다. 그녀의 사랑스러운 유모 지오바나가 위암으로 죽자 리타는 의사가 되기로 결정했다. 의과 대학에 갈 수 있는 희망이 없던 그녀는 탈출구가 없는 막다른 골목에서 갇힌 듯 소외된 느낌이었다. 그 시절 기혼 여성의 위치는 너무 낮아서 그녀는 절대 결혼하지 않겠다고 결심했다. 스무 살이 된 후에 아버지에게 진실을 말할 용기가 생겼다. 그녀는 결혼을 하고 싶지 않았고 그 대신 의사가 되고 싶었다.

어머니가 리타의 편을 들었을 때 아담 레비는 딸이 대학 입학시험을 준비할 수 있도록 마지못해 과외선생님을 고용하는 것만 동의했다. "이것이 네가 정말 원하는 것이면 난 네 길을 가로 막지 않겠다. 너의 선택에 대해 내가 매우 의심이 가지만"이라고 그녀에게 말해 주었다. 리타의 계획을 허락한 얼마 후 아담 레비는 중증의 심장 마비로 죽었다. 수년 간 그가 겪었던 어려움에 대한 기억은 희미해졌고 그녀는 아버지에 대한 기억만을 숭배했다. 1988년에 자서전을 썼을 때 그녀의 사랑스러운 어머니는 이름 없는 그림자처럼 되었고 아버지는 유년시절을 지배했던 것처럼 책에 서술되어 있었다.

그녀의 친척 유제니아를 설득한 레비-몬탈치니는 수학과 과학 선생님외에 라틴어와 그리스어를 위한 다른 과외 선생님을 고용했다. 겨우 8개월 동안 공부하고 그녀들은 시험을 보았다. 과외 선생님이 전화를 해 기쁘게 소식을 전했다. "리타 양, 당신은 통과했어요!" 레비-몬탈치니는 명단에 올랐다. 그녀는 1930년에 투린 의과 대학에 입학했고 그녀가 어떤 남자 못지않게 지적이라는 것을 그녀 자신과 그녀의 아버지에게 입증하리라고 굳게 결심했다.

의과 대학에서는 300명의 남학생이 7명의 여학생의 신체적 매력을 분석하는데 지나치게 많은 시간을 보냈다. 유별나게 어색한 젊은 여학생이 복도를 지날 때, 남자들은 그들의 목소리를 높여 "변장한 그레타 가르보"에 대해서 큰 소리로 말했다. 그러한 환경에서 레비-몬탈치니는 그녀가 소화할 수 있는 만큼 우아하고 중성적인 옷을 입었다. 한 친구가 관찰하기를 그녀는 오징어처럼 행동했고 언제라도 옆에 다가오는 젊은 남성에게는 먹물을 뿜어댈 준비가 되어 있었다. 그녀는 그들과 싸우지 않았다. "전 나쁜 대우 받는 것을 원하지 않았어요. 그것은 오리의 뒤에 물이 튀는 것과 비슷했어요."라고 레비-몬탈치니가 선언했다. "전 저의 모든 시간을 연구에 투자하고 싶었어요. 전 구애받는 것에 수용적이지 않았어요. 전 수녀처럼 옷을 입었죠. 전 여성적인 느낌을 주는 모든 것을 증오했어요. 여자들은 그것을 위해 너무 시간을 낭비했어요. 전 다른 학생들과 어떤 감성적 교제를 원하지 않았고 지적인 교제만을 원했어요. 전 여성으로서 어떤 교제도 원하지 않았어요." 오랜 동안 지속된 지적인 궁핍 후에 그녀는 드디어 원하던 대로 공부에만 몰입할 수 있었다. 그녀는 젊은 남성들의 접근을 거부했고 전쟁 시 그녀의 약혼자였던 구이도에게 "우리가 오직 문화와 음악적 얘기만 한다는 조건"아래에 그와 함께 발렌티노 공원에서 산책을 하겠다고 말했다.

얄궂게도 레비-몬탈치니는 아버지의 지배에서 탈출한 지 얼마 되지 않아 또 다른 열광적이고 독재적인 남자인 주세페 레비 교수의 영향을 받게 되었다. 레비-몬탈치니의 아버지처럼 그 교수는 노여움으로 유명했다. 그의 짜증은 짧긴 했지만 그 주위에 있는 사람들을 기진맥진하게 했다. 아담 레비처럼 그는 그의 가족의 삶의 아주 사소한 사항까지도 관리했다. 그는 자녀들이 산에서 일반 신발을 신는 것이나 기차에서 모르는 사람과 얘기하는 것처럼 그가 싫어하는 행동을 하면 "바보 같은"이라고 소리를 질렀다. 그의 상대적으로 약한 대꾸는 "이런 말해서 미안하지만 당신은 완전 바보야"였다. 그의 아들들은 그의 노여움을 물려받았지만 다행이도 억제하려고 노력했다. 한번은 저녁식사 도중 아들 중의 한명이 너무 화가 나서 버터칼을 들고 손등에서 살을 긁어내었다. 1950년도에 출판된 그녀의 여동생이 그녀의 유년시절에 대한 설명은 레비-몬탈치니의 성장기를 생각나게 한다.

레비는 평범한 선생님은 아니었다. 그의 학생인 레비-몬탈치니, 샐버도어 루리아와 레나토 둘베코는 미국으로 이민을 갔고 생리학부분에서 노벨상을 받았다. 레비의 자연을 이해하려는 절실한 열정은 전염성이 있었다. 그가 화내는 것이 레비-몬탈치니를 두려움으로 떨게 했지만 그는 그녀의 아버지와 달랐다. 그는 학생들이 그들의 지성을 이용하는 것을 좋아했다. 자발성으로 학생의 좋은 연구가 그의 열의를 충만하게 하여 그를 흥분하게 만든다. 레비의 자발성덕분에 그는 언제나 파시즘에 반대하는 생각을 큰소리로 열정적으로 말했다. 그의 용기는 전설적이었고 학생들은 그 때문에 그를 좋아했다. 레비의 과학을 향한 열정도 못지않았고 게으름에 대한 그의 경멸과 인생의 고난에 대처하는 그의 유별난 방법은 레비-몬탈치니가 과학자로서 성장하는데 중요한 배경이 되어 주었다.

그 무엇보다도 레비는 훌륭한 조직학자로 조직 구조의 미시적인 연구에 숙련되어 있었다. 그는 레비-몬탈치니를 태아 병아리의 신경 단위를 크롬은으로 염색하여 제일 작은 부분까지 신경 세포에서 나타나게 하는 새로운 기술의 전문가로 만들었다. 레비-몬탈치니는 논문에서 여러 종류의 조직 안에 씨실 같은 지탱 섬유인 콜라겐 그물 모양의 섬유를 공부했다. 그녀는 연구를 계속하고 싶은지 의사가 되고 싶은지 잘 몰랐다.

1936년에 의과 대학을 마친 후 레비-몬탈치니는 레비와 2년 동안 신경학과 정신의학 전공으로 일했다. 그녀는 아직도 연구와 임상 실습 가운데 하나를 고르지 못하고 있었다. 그 때 베니토 무솔리니가 그 녀을 위해 결정을 해 주었다. 1938년 6월, 일 두체(파시스트 당수 무솔리니의 칭호)는 인종의 방어를 위한 설명을 냈다. 국무총리는 유대인과 유대인이 아닌 사람들 간에 결혼을 금지했고 유대인들이 학구적이거나 전문적인 직업을 갖거나, 주립 학교에서 공부하거나 가르치거나, 국가의 회사나 단체에서 일하는 것을 금지했다.

레비-몬탈치니가 하려는 것이 무엇이든지 그것은 금지되었거나 위험했다. 그녀는 가난한 사람들에게 비밀리에 의사 노릇을 했지만 과격한 법은 그녀가 처방전을 써주는 것을 허락하지 않았다. 그녀는 대학 도서관을 이용할 수 없었기 때문에 혼자서 공부할 수도 없었다. 1939년 3월이 되었을 때 그녀는 친구들을 위험에 빠뜨리거나 거절당할까봐 대학을 방문할 수도 없었다. 그녀는 독일이 벨기에를 침략하기 전에 브뤼셀에 있는 연구소에서 일했다. 그녀는 망연자실했다. 그녀의 대안은 지적인 정체나 미국으로 이민 가는 것이었는데 가족이 그것을 거부한 것이었다.

의과대학에서 알게 된 오래된 친구가 그에게 진행 중인 연구에 대해서 물었다. 그녀가 대답하지 못하자, 그는 그녀를 엄하게 나무랐다. “사람은 처음 만난 어려움 때문에 열정을 잃어버리지 않는다. 작은 연구실을 만들어 거기서 너의 비밀스런 연구를 계속하렴.”

그 생각을 레비-몬탈치니는 미처 하지 못했었지만 곧바로 그녀의 흥미를 끌었다. 그녀는 로빈슨 크루소가 밀림을 탐험하러 가는 것처럼 느껴졌다. 하지만 그녀의 밀림은 1조 개의 세포로 이루어진 인간 신경계와 모든 방면으로 교차하는 그물처럼 뻗어 나오는 섬유 신경으로 구성되어 있었다. 그녀는 연구실을 만들기로 계획하면서 크롬 은으로 신경 조직을 염색하기 위해서는 큰 실험실이 필요하지 않다는 것을 깨달았다. 수정란은 값싸고 쉽게 구할 수 있었기 때문에 병아리 태아는 집에서 하는 연구도 적합했다. 또한 병아리 태아의 신경계는 인간의 뇌에 있는 것보다 훨씬 간단했다.

그녀의 형제는 인공 부화기를 만들어 주었고 그녀는 쌍안 현미경을 샀다. 그 때 주세페 레비도 대학을 떠나도록 강요받았고 그도 프로젝트에 참여했다. 레비-몬탈치니는 레비를 그녀의 "첫 번째 유일한 조수"라고 불렀다. 하지만 레비가 제자를 온순하게 돕는 것을 상상하기는 어렵다. 후에 레비-몬탈치니는 그녀의 연구에 그의 영향을 경시했다. 1988년에 그녀는 인터뷰에서 이렇게 말했다. "전 그와 좋은 사이로 지냈지만 항상 반대되는 입장이었어요. 그는 과학적으로나 윤리적으로 나 뛰어난 사람이였어요… 전 남자로서 그를 좋아했지만 그의 생각에는 그다지 관심을 많이 두지 않았어요."하지만 전쟁 중에 그들은 동료였다. 이탈리아 언론이 나치 표어를 대대적으로 보도했고 그녀 형제의 이름은 저항 범죄 때문에 긴급지명 수배자 포스터에 올랐다. 그들은 신경계를 발달시키는 문제에만 파고들었다.

그녀는 1940년의 여름날에 그녀의 "성경과 영감"을 찾았다. 이탈리아의 여객 열차는 군대를 운송하느라 바빠서 시민들은 가축 운반차를 탔다. 열린 화물 열차의 바닥에 앉아 그녀는 열린 쪽에 다리를 걸터앉아 여름 건초의 냄새를 즐겼다. 이렇게 정신 팔린 그녀는 미주리주 세인트루이스에 저명한 발생학자 빅터 햄버거가 쓴 과학 논문을 멍하게 읽고 있었다.

햄버거는 발달 신경 생물학의 창시자로 "우리 시대의 위대한 생물학자" 중의 하나라고 「생물학의 역사의 저널」의 편집원인 존 에드살이 칭했다. 햄버거는 또한 신경계 발달의 실험적 연구로 병아리 태아 사용의 선구자였다. 1927년에 학생신분으로서 그는 신경계의 발달을 명확하게 하는 여러 해의 연구를 위한 연구 계획을 짰다. 그는 발달이 근육과 감각 기관 같은 조직에서 나온 신호에 영향을 받는다고 추측했다. 신호가 무엇일지 그는 전혀 몰랐지만 병아리 태아 척추에 관한 그의 연구는 신호가 신경계의 기초 단위인 뉴런의 분할과 분화에 영향을 줄 수 있다고 제안했다. 햄버거의 논문을 읽으면서 레비-몬탈치니는 그의 실험을 그녀의 침실에서 재현해 볼 수 있겠다고 판단했다.

유리 부화기에 팔을 넣어 그녀는 배율이 낮은 해부용 망원경을 사용하여 3일 된 병아리 태아로 실험을 했다. 매우 작은 외과용 메스를 사용하여 그녀는 각각의 태아로부터 작은 다리가 나온 부분(limb-bud)을 잘라냈다. 그리고 다음 17일 동안 그녀는 매일 태아들을 사용했다. 바늘크기의 압설기와 안과 의사의 가위를 사용하여 그녀는 각각의 태아를 알로부터 떼어냈고 그것을 해부했다. 그리고 소름끼치게도 형제는 알의 남은 부분을 저녁식사로 먹기 위해 뒤섞었다.

태아를 해부한 다음 레비-몬탈치니는 척추를 얇은 부분으로 자르고 그것을 염색하여 현미경으로 볼 수 있게 했다. 태아의 척추 안에 뭉쳐있는 것들은 그녀가 공부하고 싶었던 특정한 뉴런들이었다. 뉴런은 구근 모양의 세포체와 그것으로부터 뻗어 나오는 얇은 섬유로 이루어져 있다. 뉴런은 병아리부터 사람까지 모든 척추 동물에게 공통적으로 있었다. 뉴런의 한 종류인 운동 뉴런은 그것의 세포체가 척추에 있고 섬유는 태아의 다리까지 뻗어져 있다. 이 뉴런이 활성화되면 그것은 근육이 수축하고 다리가 움직이게 된다. 이 뉴런이 레비-몬탈치니가 집중하는 것이었다. 다리가 잘려져도 척추의 모터 뉴런은 없어지지 않는다. 햄버거는 뉴런이 증식을 실패했다고 생각했다. 레비-몬탈치니와 레비는 뉴런이 증식하고 크기 시작한 다음 죽는다고 생각했다. 레비-몬탈치니의 작은 침실 연구실에서 그녀와 레비는 신경 세포의 죽음을 정상적인 발달의 한 부분으로 현대적 개념의 기초가 되게 했다.

레비-몬탈치니의 위험하고 힘든 연구 환경은 그녀를 낙담시키는 것이 아니라 오히려 더 자극했다. 그리고 파시스트의 유대인 박해는 그녀의 혈통의 자긍심을 증폭시켰다. 이탈리아 저널들이 그녀와 레비의 이름이 유대인이기 때문에 거부한 것은 불행히 아니라 행운으로 나타났다. 결국 논문은 미국에서도 읽히는 벨기에와 스위스의 출판물에 인쇄되었다.

"오랜 시간이 지난 뒤, 전 독일군이 유럽으로 전진하며 가는 곳마다 파괴와 죽음을 일삼고, 서양 문화의 생존을 협박할 때 우리가 이렇게 작은 신경태생학적 문제를 해결하는 것에 우리를 어떻게 열정적으로 헌신했는지 자주 제 자신에게 물었어요. 답은 완전한 의식은 사람을 자멸로 이끌 수 있는 상황속에서 그것을 무시하려는 사람의 필사적이고 무의식적인 소망에 있습니다"라고 그녀는 결론지었다. 그녀의 동기가 무엇이었던지 그녀는 그녀 삶의 열정인 중추 신경계를 찾았다.

연합군의 이탈리아 공업 도시에 대한 폭격이 거세지자 레비-몬탈치니와 그녀의 가족은 안전을 위해 시골로 갔다. 그녀의 연구실은 침실에서 집의 식당 구석으로 자리를 옮겼다. 며칠마다 있는 정전과 달걀 부족에 불구하고 그녀는 이탈리아 사람들이 무솔리니를 끌어내리고 독일군이 이탈리아에 들어올 때까지 계속 일했다. 그 시점에 독일군은 유대인들을 모아 몰살 캠프로 보내기 시작했다. 급하게 레비-몬탈치니는 연구실을 닫고 가족 모두 남쪽 플로렌스로 도망갔다. 리타와 파올라는 가족의 호적 증명서를 위조했지만 그들은 잠재적으로 위험한 실수를 했다. 증명서는 1년 안에 발급된 것이었지만 연속적이 아니면 한 번에 번호가 매겨져 있었다. 레비-몬탈치니는 계속 그들이 발견될 것이라 걱정했고 주세페 레비가 하숙집에 와서 여주인에게 "주세페 레비 교수?아, 아니야, 난 자꾸 까먹는단 말이야. 주세페 로비사토 교수"라고 소개를 한 후 더 걱정했다. 여주인은 벌써 레비-몬탈치니 가족이 유대인이라고 짐작했지만 당국에 신고하지 않았다.

전쟁이 끝나고 아픈 난민들을 돌본 짧은 기간이 지나 레비-몬탈치니는 투린에 돌아가 레비의 조수가 되었다. 그녀는 긴 고생 후 우울했고 연구를 더 이상 즐기지 않았다. 1년 후 햄버거가 그녀에게 편지를 보내왔다. 그는 벨기에와 스위스 출판물에서 그녀의 논문을 읽었고 몇 개월동안 그녀가 세인트 루이스의 워싱턴 대학을 방문하기를 원했다. 특히, 그는 그의 이론이 맞는지 그녀의 이론이 맞는지 알고 싶었다.

다시 기운을 차린 레비-몬탈치니는 구이도와 했던 약혼을 깨고 그녀의 여행을 준비했다. 그녀는 절대 결혼하지 않겠다고 굳게 결심했다. 자신의 삶을 바꾸어 다른 사람의 필요를 충족해줄 자신이 없었다. 그녀는 어머니의 결혼 경험을 반복하고 싶지 않았다. 38세에 그녀는 삶의 연구에 집중할 준비가 되어 있었다. 그녀는 "과학적 연구에서 사람의 지성 · 철저함 · 정밀함으로 일을 해내는 능력의 정도는 개인적인 성공과 실천에 있어 중요한 것이 아니다. 더 중요한 것은… 완전한 헌신과 어려움을 과소평가하는 것으로 이것은 비판적이고 예리한 사람이 피해야 할 문제에 더 부딪치게 만든다."라고 결론지었다. 그녀는 미국에서 제안하는 모든 기회를 이용하기로 계획했다. 그녀는 1946년에 세계의 작은 신경생물학자 모임에 들어갈 목적으로 배를 탔다.

파시스트 이탈리아의 사악한 환경과 달리 워싱턴 대학은 뱀이 없는 에덴동산같이 느껴졌다. 그곳은 1904년 세계 박람회가 열린 땅에 있었으며 강사들은 그곳의 잔디밭에서 수업을 했다. 투린에서 학생들은 도서관에 한 번에 몇 분씩만 있을 수 있었다. 세인트루이스에서 학생들은 도서관 책상위에 스타킹을 신은 발을 올려놓고, 껌을 씹으며, 책을 베고 잤다. 유일하게 거슬리는 것은 젊은 여성이 있었는데 그녀들은 강의시간에 남자친구의 양말을 떴다.

햄버거와 한 시간만 얘기하고도 레비-몬탈치니는 자신에게 맞는 곳에 왔다는 것을 확신했다. 햄버거는 다정했고 주세페 레비와 아버지와는 달리 온순하고 조용히 말했다. 경쟁이라는 생각은 그에게 맞지 않았고 그는 다른 사람의 감정을 절대 상하게 하지 않았다. 레비-몬탈치니는 그와 일하는 것이 몹시 유쾌할 것 같아 함께 일하기로 결정했다.

"개념적으로 우리가 완전히 다른 과학적 배경에서 왔다는 것이 신경 성장인자를 발견하는데 결정적이었을 것이에요."라고 햄버거가 설명했다. "난 실험적이고 분석적인 태생학을 했는데 리타는 그것에 대해 조금도 아는 것이 없었죠… 리타는 의과대학에서 온 신경학자였고 제가 전혀 모르는 신경계를 알았어요. 그리고 그는 가장 중요한 기술인 신경을 염색하는 은 염색법을 세인트루이스에 가져왔죠."

그들의 스타일도 달랐다. 햄버거는 분석적이고 역사 지향적이어서 문제가 어디서 일어났는지 또 어떻게 될지에 관심이 있었다. 햄버거는 그의 스승이며 독일인 노벨상 수상자인 한스 슈페만의 태생학에 기초를 두었다. "빅터의 모든 경력은 신경성장인자에 관련된 방향으로 가고 있었지만 그의 스타일은 조금씩 나가는 것이었어요. 그는 자제를 잘하고 신중했죠"라고 메릴랜드 대학의 로버트 프로빈이 말했다. "야구로 비유를 하자면 빅터는 매우 높은 타율을 가진 1 루 타자였죠. 리타는 크게 휘두를 가능성이 높았고 홈런을 칠 수도 있었죠."

방법이 다름에도 불구하고 레비-몬탈치니와 햄버거는 절친한 친구 겸 동료가 됐다. 햄버거의 아내는 신경 쇠약으로 요양소에 가서 다시는 집에 돌아오지 않았다. "리타는 이러한 개인적인 어려움에도 큰 도움이 되어 주었고 그 때가 한 1950년도쯤 이었어요."라고 햄버거가 회상했다. "그래서 우리는 개인적으로나 과학적으로나 매우 가까워졌죠."

하지만 서로에 대한 그들의 생각은 달랐을 수 있다. 햄버거는 그 앞에 전쟁으로 파괴된 유럽에서 온 심플하게 옷을 입은 피난자를 보았다. "그녀의 태도는 매우 겸손하고 기품 있었다. 그녀는 영어를 할 줄 몰랐고 첫 2년 동안 아주 많이 서툴렀다. 그녀는 급료의 반을 가족에게 (CARE · Cooperation for American Relief Everywhere-미국의 대외 원조 물자 발송 협회) 꾸러미를 보내는데 썼다." 레비-몬탈치니가 보기에 그녀는 논쟁을 해결하고 과학자로서 인정받기 위해 세인트 루이스에 온 것이었다. 그들의 우정에도 불구하고 경쟁에 대한 생각은 절대 사라지지 않았다.

워싱턴 대학에서 보낸 26년의 세월에 대해 레비-몬탈치니는 이렇게 말했다. "내 삶에서 가장 행복하고 생산적인 시간 이었다… 도착한 날 집에 온 것 같은 느낌이었다. 미국은 장점이 진정으로 보장되는 사회이다. 이탈리아에 대해 같은 얘기를 할 수는 없다." 세인트 루이스에서 처음으로 연구가 그녀의 삶이 될 수 있었다. 그녀는 이른 아침부터 한밤중까지 연구실에 있었다. 일요일에 그녀는 가끔씩 미시시피 유람선 관광, 오작스로 실험실 견학을 하고 이탈리아계 미국 친구들과 보내기도 했다. 그녀는 여름휴가를 이탈리아에서 가족과 함께 보냈다. 세인트 루이스는 일을 위기 위한 곳일 뿐이었다.

1947년 늦은 가을 오후에 레비-몬탈치니는 최근 슬라이드를 현미경으로 보면서 병아리 태아 뉴런의 매시간 성장을 재구성했다. 그녀는 몇 달 동안 그 문제를 밤낮으로 공부하고 있었고 신경 세포가 다리의 존재의 유무에 따라서 생기는 것을 세고 있었다.

갑자기 그날 오후 조각들이 그녀의 머릿속에서 다 들어맞았다. 세포는 특성을 가지게 되었다. 중추계의 한 부분에서 다른 부분으로 움직이는 세포는 전쟁터에 자리를 잡은 군대 같았다. 뒤에 있는 슬라이드에서 뉴런들은 죽기 시작했다. 세포안의 핵막이 구분 지을 수 없고 흐려지며 세포체가 오그라져 들었다. 그리고 죽은 세포를 먹는 아메바 같은 세포인 대식 세포무리가 전쟁터에 시체를 옮기는 팀처럼 나타났다. 몇 시간 안에 모든 신경 세포들의 증거는 없어졌다.

레비-몬탈치니는 놀랐다. 흥분하여 햄버거의 연구실로 달려간 그녀는 그를 실험실에 데리고 와서 슬라이드를 보여주었다. 그는 많은 숫자의 뉴런이 정상적인 성장과정에서 죽고 태아의 다리를 자르면 더 많은 세포가 죽게 된다는 직접적인 증거를 찾았다. 성장하는 뉴런의 삶은 다리에서 송환 신호나 호르몬에 의지한다. 그리고 그것이 없으면 세포는 죽는다. 햄버거가 떠나고 그녀는 바흐의 칸타타를 연구실에 있는 전축으로 틀어놓았다. 의기양양한 그녀는 세인트 루이스의 바람에서 이탈리아식 트뤼플(초콜릿 과자의 일종)

냄새가 나는 것 같았다.

이 같은 경험으로 레비-몬탈치니는 자신의 강점은 고도의 직관이라고 확신했다. "전 특이한 지능을 갖고 있는 것이 아니라 평균 지능을 갖고 있어요"라고 그녀는 주장했다. 하지만 직관이 "제 생각에 떠오르고 전 그것이 사실이라는 것을 알아요. 특히 저와 파올라에게. 직관이 일어나는 밤은 이성적일 수 없어요." 그녀의 직관이 무언가를 말해주면 그녀는 선언했다. "난 알아요. 난 그것이 맞다는 것을 확신해요."

1953년까지 레비-몬탈치니와 햄버거는 2편의 논문을 함께 출판했다. "모든 관찰과 실험은 레비-몬탈치니가 했어요"라고 햄버거가 말했다. "전 부서의 책임자였고 너무 바빠서 실험실 연구를 직접 하지는 않았어요. 하지만 우리는 매일 실험에 대해 얘기했죠. 우리는 실험에 대해 계속 대화를 나눴고 그녀는 슬라이드를 보여주며 그녀가 발견한 것을 내게 말해주었어요. 전 열정적으로 그녀를 북돋아 주었죠…. 그녀는 현미경으로 잘라낸 부분을 보는 것에 특별한 관찰력이 있어요… 그녀는 매우 영리한 여성이에요."

1950년 어느 눈보라치는 날에 햄버거는 레비-몬탈치니에게 그의 학생이 출판한 실험에 대해서 말해주었다. 시간제 대학원생인 엘머 뵈커는 고등학교 생물을 가르치며 가족을 부양하고 있었다. 그는 빠르게 성장하는 종양 조직이 성장하는 것처럼 신경계의 성장에도 같은 방법으로 영향을 미치는지 궁금해 했다. 그는 쥐의 종양을 병아리 태아에 이식했다. 그는 종양이 성장하는 다리의 신경체에 같은 영향을 미친다고 결론지었고 그의 결과를 출판했다.

레비-몬탈치니가 뵈커의 실험을 재현했을 때 그녀는 너무 놀라서 그녀가 환각에 빠진 것일 수도 있다고 생각했다. 신경 섬유 관속(管束)은 종양으로 왕성하게 퍼뜨려져 종양 세포를 에워싸고 혈액 공급을 막은 다음 태아의 성장하는 기관을 에워싸기 위해 움직였다. 섬유는 마치 무언가를 찾는 것처럼 보였다. 후에 그녀가 쓴 쥐 종양이 부에커의 것보다 더 강력할 수 있다고 생각했다.

어쨌든 그녀의 다음 단계는 대담한 시도였다. 그녀는 종양이 어떤 강력한 성장 인자를 내보내 신경 세포가 그렇게 놀랍게 크게 자라도록 한 것이라고 추측했다. 처음에 그녀는 신경 섬유가 종양에 닿았을 때 성장 인자를 흡수했을 것이라고 생각했다. 하지만 그녀는 태아의 몸체 밖에 있고 태아와 순환계를 통해 통신하는 막에 종양을 이식했다. 종양은 그래도 신경 섬유를 엄청나게 성장시켰다. 그래서 그녀는 증거가 있기도 전에 어떤 불가사의한 것이 종양으로부터 나와 신경 섬유가 그렇게 엄청나게 하는 것이라고 결론지었다.

행복감과 흥분으로 그녀는 필사적으로 실험의 속도를 높이고 더 효율적으로 일하고 답을 더 빨리 찾고자 했다. 계속 일하며 그녀는 그 분야의 한계를 부수고 새로운 분야를 배워 다른 분야의 전문가와 일했다고 현재 알버트 아인슈타인 의과 대학의 교수인 그녀의 학생 루스 호그 앤젤레티가 말했다. 곧 레비-몬탈치니는 생화학자들과 이 분야의 제휴와 협력을 이끌어냈다.

의과 대학 친구인 헤르타 메이어는 조직을 시험관 안에서 키우는 새로운 기술의 전문가가 되었다. 레비-몬탈치니가 그 과정을 시험관으로 연구할 수 있다면 그녀의 몇 시간이 걸릴 뿐이었다. 그래서 그녀는 메이어가 나치로부터 도피하여 이민 간 리오 데 자네이루에 가는 연구비를 받았다. 종양이 있는 두 마리의 쥐를 핸드백이나 주머니 속에 넣고 레비-몬탈치니는 브라질 세관을 통과했다.

브라질 축제의 이국적인 분위기 가운데 그녀는 사발에 신경 세포를 키우기 위해 고생했다. 그것은 "내 인생에서 가장 강도 높은 시기 중의 하나였고 기쁨과 절망의 순간이 생물학적 시계의 규칙성처럼 교체했다."라고 그녀는 회상했다. 절망하던 그녀는 마지막 시도를 했다. 그녀는 종양 조각을 뭉친 핏방울이 있는 신경 조직에 닿지 않게 두었다. 그녀는 관찰했다. 몇 시간 안에 작은 종양 조각이 태양의 광선처럼 무리지어 기적적으로 신경 섬유가 자라게 했다. 그 결과는 너무 극적이어서 그녀는 실험을 반복하는 것에 싫증을 느끼지 못했다. 종양은 신경 섬유가 모든 방향으로 나가게 하는 무언가를 뿜어내고 있었다. 그 영광스러운 무리는 레비 몬탈치니의 신경성장인자 또는 NGF(Nerve Growth Factor)의 존재의 특징적인 시험으로 남아있다. 레비-몬탈치니는 1953년에 흥분되어 세인트루이스에 돌아왔고 하루 빨리 인자를 가려내고 식별하기를 기대했다.

운 좋게도 햄버거는 그녀를 도울 젊은 생화학자를 찾아냈다. 그러나 고용하려고 찾은 첫 연구자는 일이 너무 어렵다며 단호하게 거절했다. 다행이도 워싱턴 대학의 박사 과정을 마친 젊은 스탠리 코헨이 하겠다고 했다. "전 하찮은 문제를 다루기보다는 중요한 문제를 다루다가 완전히 실패하는 게 나아"라고 코헨은 혼자 생각했다. 햄버거는 이제 생화학적 문제가 된 프로젝트에서 사임을 했다. 그리고 한 달이 아니라 레비-몬탈치니는 "삶에서 가장 강도 있고 생산적인 시간이었던" 다음 6년을 코헨과 함께 신경 세포 인자를 식별하기 위해 노력했다.

코헨은 클라리넷을 연주하고 파이프를 피우는 브룩클린에서 온 생화학자였다. 그는 스모키라고 불리는 꾀죄죄하지만 활발한 잡종 개와 연구실을 같이 썼다. 이민온 재단사와 전업 주부의 아들인 코헨은 브룩클린 대학이 무료 수업료 규정이 있었기 때문에 대학 교육을 받을 수 있었고 그의 성적은 합격할 만큼 훌륭했다. 박사학위 논문을 위해 그는 미시간 대학 캠퍼스에서 5천 마리의 지렁이를 파내 신진대사를 연구했다.

코헨은 확고하며 겸손했지만 레비-몬탈치니가 흥분하는 모습을 보는 걸 즐겼다. "그녀는 미친 사람처럼 일했어요. 성공을 위한 대단한 욕구가 있었어요"라고 그는 생각했다. 그는 생화학을 전공했고 그녀는 신경 태생학 전공이었다. 그들의 실력은 서로를 보완하였다. 코헨이 분석할 충분한 성장 인자를 얻기 위해 레비-몬탈치니는 지루한 쥐 종양을 키우는 일을 1년 내내

했다. 그녀는 숙달되어 동료에게 얘기하려고 얼굴을 돌려도 그녀의 손은 현미경 아래서 계속 해부를 했다. 결국 그녀와 코헨은 그들의 혼합물을 단백질과 핵산 용액으로부터 구분해 냈다. 하지만 어느 것이 더 활동적인 요소인가? 단백질, 아니면 핵산?

코헨은 당시 워싱턴 대학에서 일했고 후에 노벨상을 받은 효소 생화학자 아서 콘버그를 보러 갔다. 콘버그는 제안했다. 뱀독은 핵산을 부수고 단백질을 건드리지 않는 효소를 갖고 있었다. 그는 그것을 이용해보라고 하며 그 효소를 독으로부터 얻어내는 동료 오사무 하야이시를 추천했다.

레비-몬탈치니가 신경 세포에 뱀독을 시험해 보고 놀랐다. 독은 엄청난 무리를, 쥐 종양에 의해 나타났던 신경 섬유로 이루어진 무리보다 훨씬 큰 것을 생성했다. 상업적으로 구할 수 있는 독으로부터 인자를 구분한 코헨은 쥐 종양과 뱀독이 성장 인자의 유일한 두 자연적 공급자일 리가 없다고 생각했다. 쥐 종양과 뱀독은 비슷한 점이 너무 적었고 그는 영감을 받아 추측을 했다. 독을 생성하는 뱀 분비 기관은 포유류에서도 대응하는 것이 있다. 즉 타액선이다. 여러 동물을 시험해본 그는 수컷 쥐의 타액선에 신경 성장 인자가 놀랄만큼 많다는 것을 발견했다. 50 리터의 용액에 수컷 쥐 선의 한 방울은 대단한 양을 생성했다. 싸고 금방 쓸 수 있는 신경 성장 세포 공급으로 코헨은 그것을 추출해 낼 수 있었다.

코헨과 레비-몬탈치니 팀은 멋지게 성공했지만 1959년에 깨졌다. 레비-몬탈치니를 연구실로 부른 햄버거는 코헨이 가야 한다고 그녀에게 말했다. 대학의 동물학과 과장으로서 햄버거는 작년에 대학에서 레비-몬탈치니를 정교수로 승진하는 것을 성사시켰다. 하지만 동물학과에서 생화학자를 두는 것을 더 이상 정당화시킬 수 없었다. 오늘날 과학에서 이 분야는 제휴 분야이고 동물학부는 일상적으로 생화학자를 고용한다. 하지만 1959년에는 흔치 않았고 햄버거는 동물학 수업을 가르치지 않는 교수에게 급료를 줄 수 없다고 말했다.

내쉬빌의 밴더빌트 대학으로 옮긴 코헨은 세인트루이스에서 NGF 프로젝트의 한 부분으로 그가 발견한 표피 성장 인자(epidermal growth factor)라는 다른 물질을 가지고 계속 연구했다. EGF는 피부 · 각막 · 간과 다른 기관의 세포의 성장을 자극한다.

다시 한 번 레비-몬탈치니는 절망에 빠졌다. 코헨과 보낸 6년은 그녀에게는 가장 창조적인 기간이었고 그가 떠난 것을 장례식 종소리와 같이 느꼈다. 안정되지 못하고 만족하지 못한 그녀는 다음에 무엇을 해야 할지 몰랐다. 그녀는 많은 신경학자들이 NGF를 믿지 않는다는 것을 알았다. NGF와 EGF 모두 생물학 현상에서 새로운 것이었고 기존의 지식에 포함시키기 힘들었다. 잠깐 동안 그녀는 다른 연구 문제인 바퀴벌레의 신경계 연구를 했다. 그러나 그녀는 NGF를 포기하거나 버릴 수 없다는 것을 알았다.

어떤 동료들은 레비-몬탈치니가 과학계의 NGF에 대한 관심 부족을 과장했다고 주장했다. 그들은 그녀가 1968년에 미국 과학 협회에 선출되었다고 지적했다. 그럼에도 불구하고 그녀는 자신의 발견을 고집스럽고 완고하게 홍보했다.

신경계의 발달에 NGF의 중요성을 나타내기 위해 레비-몬탈치니는 코헨과 대학원생 바바라 부커의 도움으로 명쾌한 증명을 해냈다. 신경 성장 인자가 새로 태어난 쥐에 삽입됐을 때 쥐들은 엄청난 수의 뉴런을 생성했다. 그리고 그녀는 쥐들의 신경 성장 인자의 항체를 삽입해 그들의 성장하는 신경이 실제로 없어지는 것을 보였다.

젊은 이탈리안 생화학자 피에로 앤젤레티와 공동으로 한 NGF에 반대되는 항체에 관한 연구는 고전적이고 자주 거론되는 관찰 논문이 되었다. 그리고 1972년에 레비-몬탈치니의 박사 학위를 마친 연구원 루스 호그 앤젤레티와 젊은 워싱턴 대학 생화학자 랠프 브래드쇼우는 NGF 핵산의 정확한 순서를 알아냈다. 그렇게 NGF는 실제로 존재하고 중요한 것이었다.

증거로 무장된 레비-몬탈치니는 멈출 수 없었다. 조심스럽게 준비된 그녀의 강연은 50분을 훨씬 넘는 것으로 유명했다. 강연에 깊게 빠져든 저명한 신경과학자는 투사기에서 그녀의 슬라이드를 꺼내어 그녀를 멈추게 하려고 했다. 레비-몬탈치니는 아무 일도 없었다는 듯이 빈 칸을 채워나갔다.

프랑스의 과학 회의에 간 그녀는 탑승할 비행기를 예약하지 않은 것을 알았다. 모든 자리가 꽉 찼다. 비행기를 타고 있던 한 동료는 파일럿이 공항 터미널로 불려가는 것을 보았다. 그리고 갑자기 그 과학자는 비행기 쪽으로 활주로를 지나오는 두 사람을 보았다. 레비-몬탈치니와 그녀의 짐을 들고 있는 파일럿이었다. 레비-몬탈치니는 부조종사의 자리에 당당하게 앉았고 비행기는 이륙했다. 그녀의 동료는 그녀가 비행기를 타기 위해 매력을 이용했는지 성질을 이용했는지 아니면 둘 다 이용했는지 끝내 알아내지 못했다.

그녀는 NGF를 알리기 위해 완전히 다른 방법을 찾았다. 고풍스런 우아함은 품위 있고 세련된 여성스러움에 졌다. 이 변화에 그녀는 만족했고 이는 좋은 판매 술이었다. 그녀의 둥근 뒷머리를 정리하고 우아한 옷은 그녀의 교양 학교 기준과 바쁜 시간표를 만족시켰다. 패션모델처럼 호리호리하고 등이 곧은 그녀는 기본적인 깃이 높은 민소매 드레스에 맞는 재킷까지 디자인했다. 그녀는 이탈리아에서 그 옷을 실크와 모직으로 만들게 했다. 그녀는 그것을 여름과 겨울에 10센티미터 굽의 신발을 신고 어머니의 진주 목걸이와 훌륭한 금팔찌와 골동품 브로치와 함께 입었다. 매일 아침 일하러 온 그녀는 쥐를 해부하기 위해 실크위에 실험복을 입었다. 그녀의 크고 인기 있는 강의를 하기 전에 그녀는 연구실에 들러 양쪽 귀에 향수를 약간 뿌렸다. 하루가 끝날 때쯤 그녀는 아직도 흐트러짐이 없었다. 전해지는 얘기에 따르면 비행사가 그녀가 하버드 대학에 강연하기 위해 가는 길에 그녀의 짐을 잃어버렸다. 구겨진 옷차림대신 그녀의 단 한 벌 뿐인 깨끗한 드레스인 야회복을 입고 강연했다.

그녀는 재미를 즐겼고 우아한 저녁 파티로 유명해졌다. 손님들에게 그녀는 신선한 트뤼플과 기본적인 진수성찬을 색다른 변화를 주어 만들었다. 전채로 생 피스타치오와 마르사라 와인을 곁들인 닭 간 파이, 치즈 컬과 캐비아와 산패유로 채워진 벨기에산 꽃상추 잎이 나왔다. 주 식사로 치즈 슈크림과 야채가 곁들어진 소고기가 제공되었다. 그리고 디저트로 샐러드와 얼린 자발리오네(노른자위 · 설탕 · 포도주 등으로 만든 커스터드와 비슷한 음식)가 나왔다. 레비-몬탈치니는 언제나 인상적인 접대를 했다. 이탈리아에서 그녀는 전임 요리사가 있고 친구들은 그녀가 식사를 준비할 수 있다는 것을 믿을 수가 없었다. 그녀가 강조하기를 요리는 단지 취미였을 뿐이라고.

언제나처럼 그녀는 품위 있고 활기 있게 열정적으로 살았다. 그녀의 세인트 루이스 비서는 실험실 직원들이 연구를 보고하기 위해 올 때 오후 에스프레소를 쟁반에 매일 내어왔다. 그녀가 박사 과정을 마친 연구원 로버트 프로빈에게 교정하라고 준 논문은 화려하고 포괄적인 문장들로 가득했다. 프로빈이 과장된 것을 빼자 그녀는 슬프게 불평했다. "당신은 나의 아름다운 글을 삶은 시금치로 바꾸어 놓았어요." 정색을 한 그녀의 유머는 귀족적으로 삼가 하여 표현한 느낌이었다. 그녀는 두 스트리커(벌거벗고 대중 앞을 달리는 사람)가 지나갈 때 프로빈과 복잡한 것에 대해 얘기하고 있었다. 그들은 벌거벗은 채 자전거 타는 사람과 그의 핸들에 걸쳐 앉은 벗은 여자였다. 레비-몬탈치니는 프로빈을 향해 여왕 같이 돌아보았고 그녀는 무표정한 얼굴로 강렬한 이탈리안 억양으로 말했다. "밥, 저들이 여기서 자주 그러나요?" 한 친구는 그녀를 "La Regina" 불렀는데 그것은 이탈리어로 "여왕"이라는 뜻이다.

그녀는 도움이 필요한 사람들을 위해 산을 넘는다. 그녀는 기술자의 가족에게 새로운 냉장고를 주고 가난한 젊은이를 위해 일을 구해주었다. 그녀는 전제적인 이탈리안 교수의 딸과 그녀의 약혼자를 미국으로 데리고 와 결혼할 수 있게 해주었다. 그녀는 강의 시간에 학부생들에게 다정하게 격려를 아끼지 않았다. 비서들은 몇 십 년이 넘도록 그녀의 친구가 되어 그녀가 우편물과 불어 수업 등을 도와주었던 것을 기억했다.

반면에 그녀의 동료들과 경쟁자들를 상대할 때 그녀는 아버지와 주세페 레비를 닮은 성격으로 변하였다. "그녀는 지능에 중요성을 두었고 어리석음을 용납하지 않았다"라고 코헨이 말했다. "누군가 그녀가 생각하기에 어리석은 말을 하면 그녀는 그것이 어리석다고 직접 말해주었다." 레비-몬탈치니는 상대가 저명한 교수든지 길거리를 치우는 사람이든지 생각나는 것을 말한다고 한 친구가 말했다.

"그녀는 자신을 포함한 많은 사람들과 자주 싸웠어요"라고 캘리포니아 대학 어바인 캠퍼스의 생화학과 과장이 된 랠프 브래드쇼우가 인정했다. "리타는 NGF에 관해 소유욕이 매우 강했어요. 그녀는 그것을 개인적인 토지로 여겼죠. 그것은 그녀의 아이가 되었어요… NGF와 관련된 사람 중에 그녀와 사이가 좋지 않았던 사람은 거의 없어요."

레비-몬탈치니의 격한 감정에 대해 얘기하는 한 동료는 프로빈에게 그가 "레비-몬탈치니의 롤러 코스터"를 어떻게 좋아하냐고 물었다. 프로빈은 대답했다. "전체적으로 그것은 좋은 기구야. 하지만 때로는 마리아 칼라스와 마리 퀴리와 일하는 듯 한 느낌이 들었어."

"그녀의 성질은 오래가지 않아요. 그녀는 원한을 품지 않아요."라고 그녀의 예전 비서이자 오래된 친구인 마르타 푸에르만이 말했다. "그녀에게는 두 가지가 중요해요. 일과 쌍둥이. 거의 그 순서로요…. 그녀의 연구는 옳게 진행되어야 해요. 그녀는 일에 완전히 빠져있어요. 그것은 그녀의 삶이에요."

"이제 그녀는 큰 분야의 창시자로서 그녀의 위치를 인정해요. 하지만 (처음에) 그녀가 당신의 논문이나 검토를 허락을 받으려면 석면 정장(asbestor suit)을 입어야 했어요"라고 루스 호그 앤젤레티가 설명했다.

레비-몬탈치니는 그녀의 가족, 특히 파올라를 그리워했다. 1961년에 미국 과학 협회 보조금을 받게 된 그녀는 로마에서 작은 연구 그룹을 시작했다. 곧 그녀는 로마에서 1년의 6개월을 보내고 세인트 루이스에서 6개월을 보냈다. 이탈리아 대학 자리는 우수성이 아닌 선임 순위에 의해 주어졌고 레비-몬탈치니는 그녀가 세인트 루이스에 가서 미국 시민권자가 되었을 때 자리를 잃었다. 그녀가 여행하는 동안 그녀와 자리를 바꿔준 이탈리안 생화학자 피에로 앤젤레티는 레비-몬탈치니가 지휘할 독립적인 연구소를 위한 재정을 이탈리아 정부로부터 받는 것을 도왔다. 연구소는 그녀가 집으로 돌아오는 원동력이 되었다. 그녀와 앤젤레티는 연구소를 함께 운영하기로 계획했다. 그러나 마지막 순간에 그는 돈을 더 벌 수 있는 제약 회사로 가기 위해 나왔다. 그들의 우정은 충격을 받았다.

이탈리아의 관료 정치 때문에 연구소를 운영하는 것은 쉽지 않았다. 그녀의 연구원들은 때로 급료 없이 몇 개월을 일했는데 정부의 뜻하지 않은 문제 때문이었다. 하지만 그들은 충성심과 헌신으로 그곳에 남았다. 1979년 레비-몬탈치니가 전 시간 담당자에서 은퇴했을 때 세포 생물학 연구소는 이탈리아에서 가장 큰 생물학 연구소 중에 하나였다. 그녀는 아직도 그곳에서 방문 과학자로 일한다.

성장 인자는 드디어 1980년대에 인정받았다. 신경 성장 인자는 신체의 표적과 그것에 신경이 통하게 하는 신경 세포의 규제 고리를 공급하는 분자의 명확한 첫 예였다. 그리고 암을 일으키는 많은 종양 유전자가 성장 인자 유전자의 대응물이나 그것이 영향을 미치는 유전자라는 것이 발견되었다. 종양 유전자 연결은 성장 인자를 새로운 인기 있는 연구 분야로 만들었다.

이제 신경성장인자가 뉴런 선임 세포(neuronal precursor cell)의 초기 태아적 단계에서 죽는 것을 막는다는 것이 명확해졌다. 신경성장인자가 없으면 이런 많은 종류의 세포가 죽을 것이다. NGF가 있으면 그것들은 살아남는다. NGF는 특정한 종류의 세포가 중추계에 있던지 말초 신경계에 있던지 영향을 준다. 그것은 또한 신체의 면역계와 신경계를 연결시키는 것으로 보인다. 과학자들은 또한 다른 신경 세포를 위한 다른 향신경성 성장 인자를 많이 구분해냈다.

시간이 지나고 NGF의 중요성이 더 확실해지자 레비-몬탈치니의 모난 성격이 부드러워지고 그녀의 롤러 코스터는 진정되었다. "1981년과 1982년쯤에 그녀는 거의 모든 사람들과 화해 했어요"라고 브래드쇼우가 이야기했다.

1986년, 레비-몬탈치니와 코헨은 노벨 생리의학상의 2십 9만 달러를 나누어 가졌다. 그런 배려는 오랜 기간의 고생과 의심을 겪은 후여서 더 만족스러운 것이었다. 하지만 상은 씁쓸하면서 달콤한 과일을 낳았다. 어떤 과학자들은 노벨 위원회가 레비-몬탈치니와 코헨에 더불어 햄버거도 영예를 주었어야 한다고 느꼈다. 동료들과 10년 정도 평화로웠던 레비-몬탈치니는 다시 논쟁에 휩쓸렸다.

"많은 신경 과학자들은 빅터 햄버거가 상을 받지 못한 것에 의아해 하고 있다"라고 1987년 『신경과학의 추세』에 데일 퍼브스와 조슈아 새인스가 적었다. 누구도 레비-몬탈치니가 신경성장인자를 발견하고 그녀가 상을 받을 만하고 노벨상이 인생의 성취가 아닌 발견에 주어지는 것이라고 반론하지 않았다. 하지만 많은 사람들이 퍼브스와 동의하며 햄버거가 연구 모델이자 패러다임을 설정했고 그것이 NGF의 발견을 낳은 것이라 생각했다. "햄버거는 1920년대, 30년대와 40년대에 사전 준비를 했다… 그의 수상 제외는 이제 50년이 넘은 연구의 길을 무색하게 한다."

불평에 반응한 노벨 위원회의 한 회원은 레비-몬탈치니에게 그들이 햄버거를 제외한 것이 실수인지 물었다. "아니요"라고 그녀는 대답했다. "그는 보스턴에 있었고 전 리오에 있었어요."

논쟁은 계속되었고 레비-몬탈치니는 노벨 위원회가 햄버거를 제외한 결정을 옹호해야겠다고 느꼈다. 「옴니」잡지와의 인터뷰에서 그녀는 선언했다. "전 빅터 햄버거와도 좋은 관계를 유지했어요. 그는 과의 훌륭한 과장이었죠. 그는 저에게 매우 친절했어요. 노벨상이 제게 왔고 그에게 가지 않았는데도 불구하고 불평하지 않았어요. 하지만 전 이것이 옳다고 생각해요. 빅터는 언제나 훌륭한 일을 해온 사람으로 매우 학구적인 사람이에요. 하지만 그는 NGF를 발견하지 않았어요."

1988년, 그녀의 자서전 『불완전을 찬양하며(*In Praise of Imperfection*)』가 출판되었다. 알프레드 슬로안 재단이 과학자가 아닌 사람들을 위한 유명한 과학자들에 의해 쓰여 진 자서전 시리즈를 재정적으로 돕고 있었다. 1992년에 레비-몬탈치니는 시리즈의 유일한 여성이었다. 퍼브스가 「사이언스」에 논평을 썼을 때 그는 레비-몬탈치니가 과학이 성취되는 것을 표면적으로 동화같이 표현했다고 불평했다. 더불어 퍼브스는 그녀가 경력에 빅터 햄버거와 주세페 레비의 기여를 무시했다고 불평했다. 이 책은 레비-몬탈치니가 이탈리아로 돌아간 것을 도와준 피에로 앤젤레티 덕분으로 돌리지 않는다.

하지만 햄버거는 1989년에 나라의 가장 높은 과학상인 미국 과학 메달을 받았다. 그는 노벨 위원회가 아닌 「옴니」와 자서전에 있는 그의 오래된 친구의 말이 그에게 상처를 주었다고 말했다. 그들은 "약하게 말하자면 매우 상극인 관계"를 갖고 있다고 말했다. "표면적으로 우리는 잘 어울리지요. 전 그녀가 저에게 한 것을 매우 증오합니다. 그녀는 제 과학에 대해 크게 존경하지 않았어요." 이번에는 1991년 10월에 세인트 루인스를 방문했을 때 91세의 나이든 햄버거가 그녀와 저녁식사를 하기 위해 시간을 내지 않아 상처받았다.

이탈리아에서 노벨상은 레비-몬탈치니를 국가의 영웅으로 만들었다. 90세인 그녀는 모델같은 아름다운 몸가짐을 갖고 있고 4인치 힐을 신고 갈대같이 마른 옷을 입고 일한다. 그녀는 유명세를 이탈리아의 과학과 과학자를 위한 일을 홍보하는데 쓰고 있다. 지역 유머에 따르면 교주는 리타 레비-몬탈치니와 함께 나타나면 바로 승인된다. 그녀가 교황 과학 협회의 첫 여성으로 들어가게 됐을 때 교황은 그녀가 반지를 키스하도록 손을 내밀었다. 레비-몬탈치니는 대신 그의 손과 악수를 했다. 이탈리아계 미국인 정치가가 로마를 방문하면 그녀는 연회 상단에 앉아야 한다. 국회가 새로운 세금 계획을 제안하면 그녀는 그것이 과학에 줄 영향을 설명하는 시정 연설을 해야만 한다. 낙태가 거론되는 곳에 텔레비전 일원들은 리타 레비-몬탈치니에게 여성 과학자를 대표해 달라고 부탁한다.

그동안 신경 성장 인자의 중요성은 계속 증가했다. 레비-몬탈치니의 발견은 생물학의 중심적인 수수께끼중 하나에 중요한 단서가 되었다. 삶이 하나의 태아적 세포로 시작하여 신기하게 크고 분화하며 결국 여러 종류의 세포로 이루어져 서로 조화를 이루는 관계로 복잡한 생물체를 생성하는지가 수수께끼였다. 신경 성장 인자는 세포와 기관에 영향을 미치는 것으로 알려진 몇 백 개의 신호 중의 처음으로 알려진 것이었다.

1952년 레비-몬탈치니가 NGF를 발견했을 때 그녀는 그것의 의학과 관련된 모든 잠재적인 응용법을 상상할 수 없었을 것이다. 성장 인자는 벌써 화상 치료와 화학 요법과 방사선 요법의 부작용을 줄이고 있다. 신경 성장 인자는 이제 알츠하이머나 파킨슨과 같은 병의 신경계의 쇠퇴를 느리게 하는 것을 도울 수도 있는 뉴트로핀(neutrophin)이라는 인자의 가족에 속하는 것으로 알려져 있다. 언젠가 신경 성장 인자가 당뇨병 환자의 말초 신경계 손상을 고치고 화학 요법을 쓰는 환자들의 손상을 막는데 도움이 될 수 있을 수 있을 것이다. 그 동안 생명 과학 업체들은 척추 손상을 앓는 환자들에게 모터 뉴런의 성장을 자극할 수 있는 성장 인자를 찾고 있다. 뼈 성장 인자는 태아의 형태 없는 조직의 형성을 뼈대로 규제할 수 있고 부러진 뼈를 고칠 수 있다. 1991년, 워싱턴 대학의 연구원들은 성장 인자를 이용하여 실험 쥐

안에서 약한 근육을 단단하고 형태가 잘 잡힌 뼈로 바뀌게 했다.

그 중에서도 성장 인자는 우리의 신경계에 대한 생각을 바꾸는데 도움을 주었다. 오늘날 과학자들은 신경계를 우리의 몸을 관리하고 단속하는 기관이 아니라 몸에 의해서 관리되는 기관으로 본다. 오늘날 몸이 신경계에 끼치는 영향은 신경 세포가 몸에 끼치는 영향만큼 중요하게 여겨지고 있다.

시력이 저하되면서 레비-몬탈치니는 힘을 신경계의 퇴행성 병에 집중한다. 그녀는 이탈리아 다발성 경화증 협회의 회장이 되었는데 NGF가 다발성 경화증의 염증을 악화시키면서 인자의 면역 혈청이 염증을 줄어들게 하기 때문이다.

로마에서 레비-몬탈치니와 사랑하는 자매 파올라는 파올라의 미술 스튜디오가 있는 2인용 아파트에 함께 살았다. 그녀들이 따로 있을 때 레비-몬탈치니는 집에 하루에 몇 번씩 전화를 했다. 하지만 2000년에 파올라가 세상을 떠났고 유명인과 연구 과학자의 삶을 섞는 것은 쉽지 않다. 그녀는 알파 로메오 로터스를 위한 운전기사가 있고 연구소와 연락할 자동차 전화기가 있다. 그녀는 두 명의 비서가 있는데 한 명은 영어로 다른 사람은 이탈리아어 담당으로 그들은 계속 바쁘다. 그녀는 가는 곳마다 이탈리아의 과학과 여성 과학자들을 장려한다. 그녀가 나이에게 양보한 유일한 것은 실크 재킷 아래에 두꺼운 스웨터를 숨기는 것이다.

은퇴에 대해서 그녀는 선언한다. "당신이 일하는 것을 멈추는 순간, 당신은 죽어요…. 저에게 그것은 어떤 것보다도 불행일 것이에요… 전 인류를 위해 일하지 않아요. 전 저를 위해 일해요." 그녀는 단테를 인용한다.

싹트는 생각의 씨를 받아요.
당신은 짐승으로 살기 위해 태어난 것이 아니에요.

자바글리오네 커피 아이스크림, 리타 레비-몬탈치니의 요리법

1. 10개의 달갈노른자를 4/5 테이블스푼의 설탕을 넣어 걸쭉해지고 연한 색이 될 때까지 세게 휘젓는다. 천천히 더한다. 3 작은 커피 잔(demitasse cup)의 블랙 커피 3 작은 커피 잔의 럼, 브랜디나 커피 술과 같은 리큐어

2. 이중 냄비나 큰 냄비의 밑에 적은 양의 물이 부글부글 끓게 한다. 달걀 섞은 것을 이중 냄비 위에 붓거나 냄비 위에 금속 사발에 넣는다. 물이 너무 끓지 않게 한다.

3. 섞은 것이 걸죽해 질 때까지 휘젓는 기구로 젓는다. (섞은 것이 흐르거나 응고하거나 덩어리가 생기면 그것을 균질이 되게 하기 위해 식품 전동 조리 기구에 넣어라. 그것이 아직도 너무 묽으면, 6개의 달걀노른자와 적은 양의 설탕과 리큐어를 휘저어 넣어 다시 가열한다.)

4. 섞은 것을 사발에 붓는다. 커피 파우더 4~5 티스푼을 넣고 섞으며 식게 한다.

5. 설탕을 약간 넣어 새로 거품을 일게 한 크림을 약 454그램을 넣는다.

6. 강한 알코올(브랜디, 럼, 커피나 나무딸기 리큐어)를 1/2 와인 잔을 넣는다.

7. 섞은 것을 도너츠모양 틀에 넣고 덮은 다음 밤 동안 얼린다.

8. 아이스크림을 접시에 놓고 위에 커피와 설탕 섞은 것을 살짝 뿌린다. 이것은 표면에 반투명한 형태를 준다. 아이스크림을 다시 냉동실에 넣는다.

9. 아이스크림을 냉동실에서 꺼내고 대접하기 1시간 전에 냉장고에 넣는다. 빈 중간과 테두리 주위에는 설탕에 절인 과일, 설탕에 절인 달고 굵은 밤, 키위, 설탕에 절인 오렌지, 망고나 다른 과일 조각을 놓고 리큐어를 뿌린다.

레비-몬탈치니에 의하면 아이스크림은 냉동실에서 몇 달(몇 년)동안 보관할 수 있다.

9

물리화학자

도로시 크로푸트 호지킨

1910. 5. 12~1994. 7. 29

노벨 화학상_1964

도로시 크로푸트 호지킨

Dorothy Crowfoot Hodgkin

B_{12}

1914년 부모가 중동으로 돌아가자, 어린 도로시 크로푸트 호지킨과 여동생들은 보모와 함께 영국에 남겨졌다. 제1차 세계대전으로 인해 도로시의 어머니는 그 뒤 4년 동안 그녀의 자녀들을 딱 한 번밖에 볼 수 없었다.

호지킨은 이런 경험이 자신을 절망하게 하는 대신 자립적인 사람이 되게 했다고 생각했다. 어린 시절에 형성된 독립심과 상냥하고 동정어린 마음, 도전을 향한 열정은 성인이 된 그녀를 심한 질병과 정치적 논란도 이겨낼 수 있게 해주었다.

도로시 호지킨은 불가능에 도전하는 것을 좋아했다. 그녀는 과학의 미개척 분야의 정점에 서 있는 삶을 즐겼다. 그녀는 하나의 발견에서 그친 것이 아니라 의학적으로 중요한 물질의 원자 구조를 연속적으로 발견했다. 그것은 이전 것보다 더 크고 복잡한 것이었다. 그녀는 제2차 세계대전 동안 X선 결정학을 이용하여 페니실린의 구조를 밝혀냈고, 이후 악성 빈혈을 치료하는 비타민 B_{12}의 구조를 알아냈으며 당뇨병 환자에게 생명줄과 같은 인슐린의 구조를 알아냈다.

호지킨은 많은 사람들이 불가능하다고 생각하는 프로젝트를 선택했다. 단호한 결정과 반짝이는 상상력으로 그녀는 당시 다른 과학자들이 생각했던 결정학의 기술적 한계를 뛰어넘어 새로운 방법을 강구했다. 그녀는 마법처럼 느껴졌던 결정학을 없어서는 안 되는 과학적 도구로 구체화시켰다.

그녀는 생물학적 기능을 설명하기 위해 분자적 구조를 사용하게 하는 현대 과학의 독특한 특징 중의 하나를 수립했다. 또한 그녀는 전 영국 수상 마가렛 대처의 절친한 친구로서 동 · 서간 관계를 개선하기 위해 평생 동안 일했다. 그녀는 "영국에서 가장 똑똑한 여인"이자 "친절한 천재"라고 불렸다.

도로시 크로푸트는 당시 영국의 식민지였던 이집트의 카이로에서 1910년 5월 12일에 태어났다. 아버지 존 윈터 크로푸트는 이집트 학교와 고대 기념관 관리자였다. 어머니 몰리 후드 크로푸트는 프랑스 교양학교를 다녔고 대학에서 정규교육을 받지는 않았지만 식물학과 전통 뜨개질을 혼자 익힌 전문가였다.

유년 시절, 호지킨의 가족이 영국에서 휴가를 보내던 중 제1차 세계대전이 일어났다. 이집트로 터키가 쳐들어올까봐 걱정하던 그녀의 아버지는 케이티라는 보모와 함께 4살짜리 호지킨과 두 명의 여동생을 어머니에게 보냈다. 대영제국의 전통대로 호지킨의 어머니는 영국에 자녀들을 두고 남편을 돌보기 위해 식민지로 돌아왔다. 제1차 세계대전 동안 독일의 잠수함 작전으로 인해 그녀의 어머니는 영국으로 돌아오기 힘들었다. 호지킨이 4살 때부터 8살이 될 때까지 어머니는 집에 딱 한 번밖에 오지 못했다. 호지킨은 그런 상황을 이해했다. "그것은 정말 위험한 일이었어요"라고 뒷날 그녀는 말했다.

전쟁이 끝나자 영국에 돌아온 어머니는 해맑은 웃음을 지닌 온순한 8살짜리 호지킨을 발견했다. 도로시는 평생 동안 겸손하고 조용했다. 그녀는 다른 사람들의 대화에 끼어들지 않았지만 사람들이 논쟁할 때면 조용하게 논쟁의 핵심을 짚어내곤 했다. 크로푸트 가족은 영국의 가장 동쪽에 있는 셀드스톤에 아이들을 맡겨두었다. 아이들은 그곳에서 사는 동안 부모는 이집트에서 매년 여름마다 고국으로 돌아왔다. 아버지는 3개월 머물렀고 어머니는 6개월을 머물고 다시 이집트로 돌아갔다.

어린 시절 호지킨의 교육 환경은 불완전했다. 그녀는 작은 사립학교에서 다른 곳으로 옮겼다. 10살 때 그녀는 교육을 개선하기 위해 가정교사에게 배웠다. 화학책은 황산구리와 알루미늄 결정을 만드는 실험으로 시작했다. 그것에 매료된 호지킨은 집에 와서도 실험을 반복했다.

화학은 19세기 영국 여성에게 전통적인 취미였다. 라틴어와 그리스어와 같은 고어는 남성의 전유물처럼 생각됐다. 여성이나 노동자 계급의 남성들은 화학과 같은 실질적인 과목을 공부했다. 숙녀들은 특별히 맞춰진 화학 세트를 가지고 있었다. 여성들은 화학 결정물을 만들고 실험을 해서 결과를 여성 화학 저널에 기고하거나 과학 강연에 참석했다.

결정은 원자가 규칙적이고 반복되는 구조로 이루어진 고체였다. 광석의 무게와 크기는 중요하지 않다. 다이아몬드도 결정이지만 철과 구리를 포함한 금속도 결정이 있다. 결정의 가장 큰 특징은 원자 구조가 규칙적이며 그 배열이 반복된다는 점이다. 결정의 구조는 3차원의 벽지 같았다.

11살 때 정부의 지원을 받는 고등학교에 갈 때 호지킨은 학기 동안 마을에 있는 가족의 집에 묵었다. 학교가 끝나면 그녀와 여동생들은 국제 연맹과 다른 평화 단체에서 자원 봉사를 했다. 제1차 세계대전에서 4명의 형제를 잃은 호지킨의 어머니는 전쟁을 강력하게 반대했다. 제네바의 연맹 모임에 참석할 때 어머니는 호지킨을 데리고 갔다. 호지킨은 어릴 때부터 노동당 회원이 됐다. 학교에서 모의 선거를 할 때 진보당과 보수당 후보를 찾는 것은 쉬웠지만 노동당에 관심 있는 학생은 거의 없었다. 어머니는 “네가 노동당 후보로 나가보지 그러니?”라고 제안했다. 그녀가 이겼을까. “전 6표밖에 못 받았어요." 뒷날 호지킨이 말했다.

세계 평화와 더불어 호지킨의 주요 관심은 화학이었다. 13살 때, 호지킨과 여동생 조앤은 수단에서 부모님과 6개월을 보냈다. 몰리는 친구인 지질화학자 A. F. 조세프를 보러 웰컴 연구소 카이로 분점에 아이들을 데리고 갔다. 그곳에서 지질학자들은 아이들에게 금을 가려내는 법을 가르쳐 주었다. 호지킨이 마당에서 냄비로 가려내는 것을 연습할 때 검은 물질이 반짝이는 것을 발견하고 그것이 이산화망간일 수도 있겠다고 생각했다.

"이 광석을 분석해서 뭔지 알아낼 수 있을까요?"하고 호지킨이 조세프에게 물었다. 그의 도움으로 그 광물이 철과 티타늄이 섞인 티탄철광이라는 것을 발견했다. 호기심 많은 호지킨에게 조세프는 선물로 여러 가지 광석으로 꽉 찬 샘플 상자를 선물했다. 그는 호지킨에게 분석화학에 대한 기본 서적을 사라고 조언했다. 영국에 돌아온 호지킨은 집에 작은 다락방 연구실을 만들었다. 1926년 호지킨의 16번째 생일에 몰리는 노벨상 수상자인 물리학자 윌리엄 헨리 브래그에 대한 어린이용 책을 사주었다. 그 책에는 결정의 원자 구조를 발견하기 위해 어떻게 X선을 결정에 비추었는지 설명하고 있다. 브래그와 그의 22살짜리 아들 윌리엄 로렌스는 물리학과 화학에 이어 생물학에 이르기까지 영향을 끼친 새로운 기술로 노벨상을 받았다. 호지킨은 평생 동안 연구 주제를 발견했다.

호지킨은 학교에서 문제가 있었다. 고등학교에 들어갔을 때 다른 학생들에게 뒤처져 있었고 특히 수학이 많이 부족했다. 수학은 곧 따라잡을 수 있었지만 여학생들은 그 학교에서 화학을 배울 수 없다는 것을 곧 알게 됐다. 운 좋게도 여성 강사였던 딜리 선생님은 호지킨과 친구에게 예외적으로 수업을 들을 수 있게 해주었다. 1928년 도로시는 고등학교를 졸업하고 옥스퍼드 대학교에 입학해서 화학을 배우길 원했다. 그러나 그녀는 옥스퍼드 대학 입학에 반드시 필요한 라틴어와 과학을 배우지 않았다. 다행히 그녀는 어머니로부터 식물학을 배울 수 있었다. 어머니의 자매인 도로시 후드 이모는 옥스퍼드 대학의 등록비를 지원하겠다고 나섰다.

도로시가 옥스퍼드 입학시험을 통과한 뒤 그녀는 부모님들과 예루살렘에서 6개월 동안 쉬었다. 아버지는 그곳의 영국 고고학 학교의 관리자가 되었다. 크로푸트 가족이 동방 교회를 발굴할 때 도로시는 그곳의 모자이크 바닥의 양식을 기록했다. 그녀는 너무 멋지고 유익한 시간을 보내서 화학에서 고고학으로 전공을 바꿀 생각까지 했다. 그녀는 "무언가를 찾고, 그 안에서 의미를 발견해 낸다"는 점이 같다는 이유로 두 과목을 모두 좋아했다.

호지킨이 부모님과 휴가를 보내는 동안 옥스퍼드 대학의 여학생들은 남녀공학 문제로 심각한 싸움을 하고 있었다. 1927년, 옥스퍼드 대학은 5명의 남학생 당 1명의 여학생이 있었다. 남학생들의 불만도 컸다. 케임브리지 대학은 8~9명의 남학생 당 1명의 여학생이 있어 더 남성적인 곳이라고 평가됐기 때문이다. 옥스퍼드의 "사나이다움"이 위태로워졌다. 결국 옥스퍼드 대학은 여학생을 800명 미만으로 뽑는다는 규칙을 통과시킴으로써 대학을 특권층의 아들들과 극히 소수의 딸들을 위한 조직으로 만들고자 했다. 옥스퍼드 대학이 진정한 공학이 된 것은 1970년대에 이르러서였다.

옥스퍼드에서 호지킨은 많은 활동에 제약을 받았다. 남학생은 일요일에 여학생 대학의 다과회에 참석할 수 없었고, 여학생은 동반자와 학장의 사전 허락 없이 남학생의 방에서 점심을 먹거나 차를 마실 수도 없었다. 여자 의대생들은 별도의 방에서 시체를 해부했으며, 여학생들은 옥스퍼드의 토론 클럽에 참여할 수 없었다. 대학 오페라 모임에도 여학생은 극히 적은 수만 참여할 수 있었다.

그러나 도로시는 가족 안에서 매우 책임감 있는 어른이었다. 겨울방학 동안 처음으로 여동생을 맡았을 때 동생 중 한 명이 심하게 아팠다. 호지킨은 그 아이를 밤낮으로 정성을 다해 돌보았다. 공부와 아이 사이에서 중요한 것이 무엇인지 선택은 명확한 것이었기 때문이다.

화학과 고고학 사이에서의 선택도 명확해졌다. 그녀는 한 여름에 하이델베르크의 독일 연구소를 방문했다. 옥스퍼드 교수는 그녀가 휴가 기간 동안 그의 실험실에서 연구할 수 있도록 열쇠를 빌려주었다. 그는 무기화학에 대해서 많이 알게 되었다. 그러나 아직 "풀리지 않은 문제"가 있었다. 화학자들은 물리 세계를 설명하기 위해 나름대로 체계를 정립했지만 호지킨은 그것이 정확한 것인지 궁금했다. "만약 실험에서 제안된 것처럼 정말 분자를 볼 수 있다면 더 좋지 않을까?"라고 생각했다.

분자를 '보기' 원했던 호지킨은 새로운 분야인 X선 결정학을 전공하기로 결정했다. 독일 물리학자 막스 폰 라우에는 1914년에 X선이 결정체의 원자에 의해서 흩어질 수 있다는 사실을 발견하여 노벨상을 받았다. 브래그는 이듬해에 결정체가 X선을 건판에 흩어져 결정의 원자의 구조대로 반점을 나타낸다는 것으로 노벨상을 받았다.

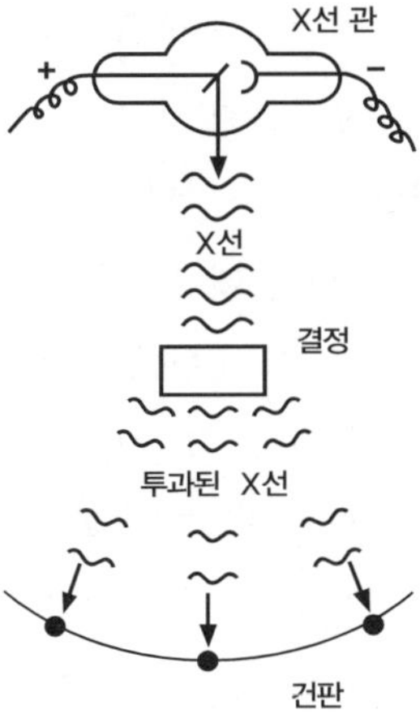

X선 결정학

X선은 결정체의 원자 사이를 지나면서 흩어져 건판을 감광한다.

원리로 보면 결정학은 간단하다. 브래그 팀은 X선 파장을 결정체에 비추어 파장이 나타나고 건판에 감광하는 것을 연구했다.

가시광선이 일정하게 떨어진 원자구조를 가진 결정체를 지나면 각기 다른 파장으로 나누어진다. 시디(CD · Compact Disk)가 무지개 색으로 빛나는 것은 이 때문이다. X선은 가시광선보다 파장이 4천배 정도 짧다. 그래서 X선은 결정의 원자 사이를 통과할 때 원자를 에워싸고 있는 전자에 의해서 흩어지고 휘어서 건판을 감광하는 것이다. 반점의 위치와 명암을 분석하여 브래그 팀은 결정체 내부 원자들의 위치와 크기를 유추할 수 있었다.

호지킨은 실제로 결정학이 브래그의 책이 제안한 것보다 어렵다는 것을 알게 됐다. 그것은 그림자만 보고서 구름사다리를 분석하는 것과 비슷했다. 그녀는 같은 결정체를 다양한 각도에서 사진을 찍었다. 그녀는 건판에 감광된 수천 개가 넘는 반점의 강도를 일일이 눈으로 측정했다. 강렬한 반점은 결정에서 X선이 많은 양의 전자와 부딪친 곳을 나타냈다. 원자의 중심은 전자의 중앙에서 찾아졌다. 그녀는 길고 지루한 수학 계산을 했다.

1932년에 대학을 졸업한 호지킨은 뛰어난 실력에도 불구하고 일을 찾을 수 없었다. 그때 그녀를 구해 준 것은 어릴 적에 이집트에서 만난 A.F. 조세프였다. 기차에서 저명한 화학 교수를 만난 조세프는 호지킨의 진로에 대한 조언을 구했다. 교수는 케임브리지 대학의 존 데스몬드 버널과 일할 것을 추천했다. 버널은 생물학적 결정, 특히 세포의 화학 구성원 중 제일 다양하고 중요한 단백질을 연구하고 있었다. 그는 단백질의 분자 구조를 해석해냄으로써 그것의 특성과 다른 화합물과의 반응과 간단한 혼합물의 생성을 이해하고자 했다. 호지킨은 케임브리지 대학에서 주는 75파운드의 연구비와 헌신적인 이모로부터 200파운드를 지원받아 버널과 함께 1년 동안 일할 자금을 마련했다.

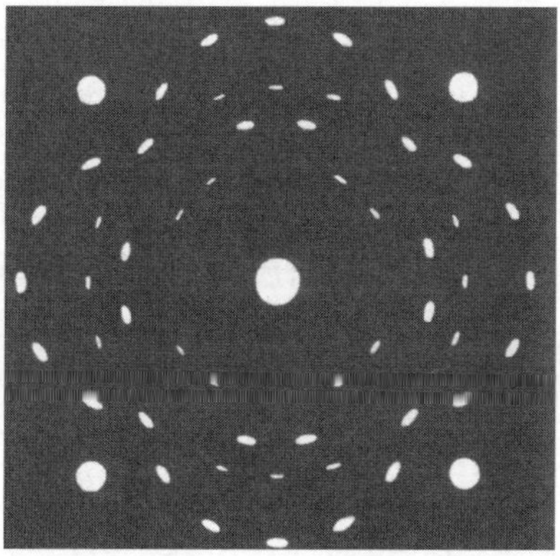

회절 사진
도로시 호지킨은 사진에 나타난 반점의 강도를 연구하여 결정체 내부 원자의 위치를 계산했다.

버널은 삶을 즐겼다. 그는 과학 · 여성 · 정치 · 예술에 이르기까지 다양한 주제에 대해 박식했기 때문에 친구들은 그를 '현자'라고 불렀다. 전기 작가 모리스 골드스미스는 버널이 한 여자와 결혼했지만, 다른 둘과 살림을 차렸으며 주변에 여자들이 셀 수 없이 많았다고 전했다. 버널은 아일랜드에서 가톨릭 집안에서 자라났지만 자본주의보다 마르크스주의가 더 인간적이고 논리적이라고 생각해 1930년에 공산주의자가 됐다. 그는 좌파 예술가에 관심이 많았다. 폴 로브슨이 그의 아파트에서 노래를 불렀고 피카소가 그의 집 벽에 그림을 그렸다. 한 친구가 말했듯이 버널은 "매우 창백하고 안색은 매우 붉었다." 버널은 자신의 전기를 여러 색깔의 종이로 출판할 것을 주문했다. "검은색과 흰색은 과학을 위한 것이죠. 빨간색은 정치, 파란색은 예술, 보라색이나 노란색은 그의 개인적인 삶이예요"라고 호지킨은 말했다.

버널은 상상력이 풍부한 과학자이자 양성평등의 신념을 가진 사람이었다. 버널과 브래그 모두 여성 과학자를 고용했다. 버널은 실험실에서 일상생활을 했다. 점심시간에는 누군가 새로 구운 빵과 과일과 치즈를 사러 가게에 가고, 다른 사람은 실험실의 가스풍로에 커피를 끓였다. 버널은 바이칼 호수 밑의 무기성 박테리아부터 생명의 기원, 프랑스 마을의 로마네스크식 건축, 레오나르도 다 빈치의 군사 발명품, 시와 그림에 이르기까지 어떤 주제에 대한 것이든 얘기했다. 호지킨은 점심시간에 그가 하는 이야기들을 듣고 있으면 마법에 걸린 나라에 방문하는 것 같다고 생각했다.

버널의 연구실에는 전류가 흘렀다. 정전기 때문에 호지킨의 머리카락이 바짝 서기도 했다. 안전을 무시한 채 전기선이 천장에서 내려오기도 했다. "아무 일도 없었던 것이 기적이다"라고 호지킨이 회상했다. 사실 여러 번 사고가 있었다. 한 물리학자가 어떤 기구에 부딪혔을 때 엄청난 방사능을 받았다. 버널과 다른 동료는 X선 관을 만들다가 거의 죽을 뻔 했는데, 실과 왁스로 오래된 변압기에 연결하다 버널이 접지선을 들고 있을 때 그의 동료가 그것을 가위로 자르다 전기 쇼크로 두 사람 모두 방구석으로 내동댕이쳐졌다.

버널의 조수로서 호지킨은 상냥하고 명석했으며, 과학 문제를 이해하고 풀겠다는 굳은 각오로 무장되어 있었다. 그녀의 친구이자 노벨상 수상자인 막스 퍼루츠는 그녀를 '친절한 천재'라고 생각했다.

호지킨은 연구할 소재가 충분했다. 버널의 책상은 언제나 친구들과 동료들이 연구하라고 보낸 결정체로 가득했기 때문이다. 그 결과로 호지킨은 비타민 B1, 비타민D, 성 호르몬과 단백질 결정의 초기 연구를 해냈다. 그녀는 "버널 책상을 청소"하는 것으로 유명해졌다.

1934년 겨울, 불행한 일과 희망적인 일이 호지킨에게 동시에 일어났다. 호지킨은 손 관절에 염증이 생겨 통증이 심해지자 런던의 전문가를 찾아갔다. 극도로 위험한 류머티즘성 관절염이라는 진단이 나왔다. 당시엔 면역계가 자기 조직을 공격하는 것으로 알려진 그 병을 치료할 효과적인 방법이 없었다. 호지킨은 그녀가 겪은 고통에 대해서는 전혀 언급하지 않았지만 그녀의 손과 발은 점점 불구가 되었다. 그럼에도 그녀는 글씨체조차 바뀌지 않았고, 민첩하고 정교하게 일을 처리했다. 그녀는 “손으로 생각하는 것”을 좋아했다.

호지킨이 류머티즘성 관절염이라는 것을 알았던 날, 버널은 단백질 결정의 X선 사진을 처음으로 촬영했다. 한 친구가 소화를 돕는 효소인 큰 펩신 결정을 가져다주었고, X선 사진에 나타난 반점의 규칙성은 단백질이 결정화 될 수 있고 언젠가 단백질 결정체의 원자 구조를 볼 수 있으리라는 것을 확실히 증명했다. 버널은 너무 신나서 그날 밤 잠을 잘 수가 없었다. 케임브리지 거리를 걸으며 그는 X선 결정학자들이 복잡한 단백질의 구조와 기능을 설명하는 미래를 꿈꿨다. 호지킨에게 아픔으로 시작한 이 날은 비전을 발견하는 것으로 끝났다. 언젠가 그녀는 생물학적으로도 의학적으로도 매우 중요한 분자를 볼 수 있게 될 것이라고 생각했다.

버널과 함께 보낸 시간이 반년 정도 지났을 때 호지킨은 소머빌 대학에서 화학을 가르칠 것을 제안 받았다. 소머빌 대학은 그녀가 졸업한 옥스퍼드 대학의 여자대학이었다. 그녀가 버널의 연구실을 떠나고 싶어 하지 않자, 소머빌은 더 나은 제안을 해왔다. 한 해 더 버널과 보내고 그 다음해에 소머빌에서 박사 연구를 끝낸 후 가르치면 된다는 제안이었다. 일자리가 드물고 돈이 필요했기 때문에 호지킨은 1934년 케임브리지를 떠나기로 마지못해 결정했다.

호지킨이 옥스퍼드에서 보낸 초기시절은 무척 외로웠다. 그녀는 여자라는 이유로 옥스퍼드의 과학자로서 활동에 제약을 받았다. “전쟁 전 옥스퍼드는 남성적인 곳이었고 과학 교직원은 더 그랬다”고 그녀의 첫 학생 중의 한 명인 데니스 파커 라일리가 말했다. 그녀가 가장 힘들어 했던 문제는 옥스퍼드의 화학자간 연대 모임인 화학 클럽에서 여성회원을 받지 않았고 모임에 참석하는 것조차 허락하지 않는 것이었다. 여성은 일반 강연에는 참석할 수 있었지만 매주 열리는 작은 규모의 연구모임에는 참가할 수 없었다. 클럽은 호지킨에게 한 번도 강연을 초대하지 않았다.

운 좋게도 옥스퍼드의 화학공학과 학생들에게 비슷한 단체가 있었고 그

단체의 학생들이 그녀에게 강연을 요청했다. 그 강연에는 화학 교수들도 와 있었고 청중은 매우 주의 깊게 그녀의 강연을 경청했다. 라일리는 그들의 반응에 인상을 받아서 호지킨에게 연구 지도자가 되어달라고 부탁했다. 이 일은 옥스퍼드 일대를 놀라게 했다. "일류 남성 대학의 구성원인 제가 여자 대학의 연구원 직위의 젊은 여성과 함께 외설에 가까운 주제를 가지고 대학 직위 4년째인 연구를 하려고 결정 했죠"라고 라일리가 말했다. 남성 교직원은 그들의 대학과 옥스퍼드에서 이중으로 자리를 맡고 있었다. 호지킨은 오직 서머빌 대학의 자리와 급료를 받았다. 그래도 호지킨은 매우 기뻐했다. 그녀는 라일리에게 결정학에 대한 책과 결정이 담긴 시험관을 주며 시작하자고 말했다. 그녀는 그에게 수영을 할 줄 아냐고 물어보지도 않은 채 수심이 깊은 쪽으로 이끌어 뛰어들게 했다고 라일리는 말했다.

과학적 교류에서뿐만 아니라 호지킨은 케임브리지의 연구실 시설이 그리웠다. 호지킨의 연구실은 옥스퍼드 대학 박물관 지하에 고대 건축 기조, 공룡 화석, 말린 딱정벌레와 고고학적 전시물과 함께 있었다. 그녀의 시설은 "엽기적이고" "원시적이고" "18세기 조각"같은 것들로 가득했다. 그녀의 지하방에 있는 고딕 무늬의 창문은 너무 높아서 아무도 내다 볼 수가 없었다. 창문 바로 밑에는 계단으로만 오를 수 있는 흔들거리는 진열실이 있었다. 호지킨은 그곳에서 창문의 빛을 받아 은 편광 현미경을 사용했다. 그녀는 소중한 결정체 하나를 연구하기 위해 사다리를 타고 관절염이 있는 한 손으로 결정을 잡고 다른 손으로 사다리를 잡았다. 전설에 의하면 그녀는 한 번도 결정을 놓치지 않았다고 한다.

옆방은 전기선이 천장에 널려 있는 1930년대 과학 소설 스릴러와 같은 X선 방이었다. 안전 위험을 무시한 호지킨과 그녀의 학생들은 X선 방의 중앙에 있는 큰 종이 깔린 책상에서 자료를 분석했다. 유일한 안전 안내는 "위험 — 6만 볼트"라는 경고문뿐이었다. 늦게까지 일하는 학생에게 총검을 휘두르던 열정적인 국방 시민군은 전기선을 만지고 거의 감전사할 뻔 했다.

그녀의 실험 기구는 아예 없거나 오래된 것뿐이었다. 영국의 경제는 세계1차 대전으로부터 복구되지 않았고 호지킨의 부서는 매년 50파운드 밖에 예산이 없었다. 연구실은 결정을 저장하는 냉장고도 없었다. 호지킨의 학생이 싼 냉장고를 샀을 때 이사회는 그를 심하게 꾸짖었다.

호지킨은 휴일이면 버널의 실험실을 방문하며 동료들 사이에서 연구를 위한 교류를 하며 지냈다. 그녀는 현대 기계가 필요했다. 하지만 옥스퍼드에서 그 누구도 연구비를 신청하는 방법을 몰랐다. 그녀는 선임 교수에게 장비를 위한 600파운드를 영국 화학회사에서 지원받을 수 있을지 부탁했다. 호지킨은 직설적이고, 현실적이었다. 그녀는 언제나 개론이 아닌 사실에 대해서 얘기했다. 또한 옥스퍼드 남성 교수들 사이에서 그녀는 "외로운 여자"라는 것이 그녀에게 큰 무기가 될 수 있다는 사실을 호지킨은 알고 있었다. 이렇게 만만찮게 준비된 응모자를 상대한 교수는 호지킨에게 새 카메라와 X선관을 위한 돈을 지원해 주는데 동의했다.

그녀는 자리를 잡고 앉아 한 종류의 생물학적 화합물에 자세히 들여다보고 싶었다. 그녀는 스테롤(스테로이드 핵을 가진 유기 알코올), 특히 콜레스테롤을 선택했다. 많은 과학자들이 지방 알코올결정에 맞는 공식을 제안했고 한 명은 그 연구로 노벨상까지 받았지만 그들의 공식은 모두 틀린 것으로 밝혀졌다. 버널의 중요한 관찰로 한 런던 화학자는 콜레스테롤에 맞는 올바른 화학 공식을 유출할 수 있었다. 하지만 그는 어떻게 탄소 · 수소 · 산소 원자가 3차원으로 분자 안에 구조를 이루는지 설명할 수 없었다. 호지킨은 이것을 밝혀내기로 결심했다. 그녀는 다른 사람들이 불가능하다고 생각한 생화학적 문제를 선택했고 계속해서 한계에 도전했다. 구조를 알아내는 것은 지금까지 해온 유기 분자 X선 조사 가운데 가장 복잡한 것이다. 하지만 호지킨은 그녀의 학생 해리 칼리슬과 함께 3차원 구조를 알아내는데 성공한다. 처음으로 X선은 합성 화학자와 유기 화학자들이 해석하지 못했던 분자의 구조를 발견했다. 호지킨은 이 성공을 거두고 실험실에서 기뻐 뛰어 돌아다니며 행복해했다.

호지킨은 1930년대 초기에 개발된 새로운 기술들을 사용하고 있었다. 그녀가 정리한 기술 목록은 탁월했다. 라이너스 폴링은 원자가 결정을 어떻게 만드는지에 대한 일반적인 법칙을 발견했다. 원자의 크기와 전하량은 분자의 배열에 따라 결정된다. 전하는 분자의 작은 부분까지 중화되어야 하고 원자는 서로 잘 맞아야 한다.

물리학자 A.L. 패터슨은 복잡한 수학 계산 끝에 건판의 반점과 결정 속 원자의 배열과 관계가 있음을 보여 주었다. 아주 간단한 결정에도 호지킨은 수천 개가 넘는 계산을 해야 했다. 계산은 산이 많은 나라의 지형도처럼 보이는 전자 밀도 지도를 만들었다. 결정의 전자가 밀집된 부분은 산처럼 보였고, 원자를 발견할만한 곳은 산의 꼭대기처럼 보였다. 호지킨은 전자 밀도 지도를 해석하는 것에 전설이 되었고 지도의 꼭대기와 곡선, 결정 안의 전자와 빈 공간의 관계를 볼 줄 알았다.

수학적 계산은 계산기로도 오랜 시간이 걸렸다. 1936년, C.A. 비버스와 H. 립슨은 호지킨에게 편지를 보내 8천 400장의 계산용지가 담긴 나무 상자 2개를 5파운드에 팔겠다고 제안했다. 비버스와 립슨의 종이는 계산을 빠르게 했고 호지킨은 아주 만족하여 그들의 편지를 기념품으로 간직했다.

초기 결정학자들은 비버스와 립슨의 계산용지를 사랑했다. 각각의 종이는 폭이 1.2센티미터, 길이가 18센티미터였다. 8천 400장에는 모두 다른 높이와 도수에 따른 코사인(cosine)과 사인(sine) 수가 있었다. 계산용지는 순서대로 상자 안에 정리되어 있었고 순서대로 보관하지 않으면 찾는 것이 거의 불가능했다. 비버스와 립슨의 계산용지는 계산을 만 배는 쉽게 만들었다. 모든 X선 각에 맞는 사인과 코사인을 찾아보는 시간을 줄였고 다른 인수에 의해 곱하는 시간을 줄일 수 있었으며 모든 계산을 간단한 덧셈으로 줄일 수 있었다. 비버스와 립슨 조각은 원시적이지만 똑똑한 계산 시스템이었던 것이다.

폴링의 법칙과 브래그와 패터슨의 지도와 비버스와 립슨의 계산용지가 있었지만 여전히 부족했다. 사진 필름에 반점이 충분하지 못했다. 그녀는 다른 결정을 만들어 두 개를 비교했다. 새로운 결정은 처음 것과 같았지만 수은과 같이 무거운 원자를 포함하고 있었다. 연관이 있는 두 개의 결정을 비교해가면서 그녀는 모든 원자의 위치를 찾게 했다. 그녀는 매우 복잡한 결정 구조를 해결할 준비가 되었다.

그 동안 호지킨이 버널과 같이 X선 사진에 놀랄만한 통찰력이 있다는 얘기가 돌았고, 곧이어 그녀의 책상도 결정으로 넘쳐나게 됐다. 한 옥스포드 교수는 새로 준비된 인슐린 결정으로 그녀의 구미를 자극했다. “인슐린은 그 때 구체적으로 공부하기에는 너무 큰 분자였지만 전 그 결정을 거부할 수 없었고 그것을 측정하고 생각하는 것을 멈출 수 없었어요”라고 호지킨이 인정했다. 몇 년 후, 옥스포드의 번화가를 거닐다 그녀는 페니실린에 관한 개척자적 업적을 남긴 언스트 체인을 만났다. 그는 신이 나 있었다. 페니실린이 연쇄상구균(사람에게 성홍열과 류머트열을 일으키는 중요한 유발원)에 감염된 4마리의 쥐를 낫게 한 것이다. “언젠가 당신에게 결정을 보내겠소”라고 그는 흥분하며 호지킨에게 약속했다. 그녀는 인슐린과 페니실린에 대한 꿈을 꾸기 시작했다.

27살에 호지킨은 사랑에 빠졌다. 그녀의 남편이 된 토마스 L. 호지킨은 역사가 · 과학자 등을 배출한 학구적인 가문에서 태어났다. 그는 굉장한 이야기꾼이었으며 자유분방했다. 그는 좋은 음식과 와인을 사랑하는 미식가였고 저녁에 초대한 손님들을 내내 웃게 하는 훌륭한 요리사였다. 그는 가슴이 따뜻하고 상냥한 사람이었다. 1936년에 팔레스타인에 있던 토마스는 영국 식민지 법에 대항하는 아랍 반란에 크게 공감하여 일을 포기하고 영국에 돌아와 공산당에 들어갔다. 그곳에서 그는 「런던 타임스」가 일컫는 "암흑과 부진"에 빠졌고 도로시에 의해서 겨우 구해졌다.

1937년 12월 호지킨 부부는 결혼을 했고 2년 후 토마스는 친구 봉사 협회(Friends Service Council)에서 스토크-온-트렌트의 실직자를 위한 교육 편성을 맡았다. 토마스의 조상들은 퀘이커였다. 그와 도로시는 언제나 약한 사람들의 편이었다. 토마스는 그 일을 사랑했고 거의 10년 동안 영국의 북쪽에서 가르치는 일을 하고 주말에는 옥스퍼드에서 도로시와 함께 보냈다.

"그들은 정말 서로를 아꼈어요. 토마스는 그녀를 항상 즐겁게 했죠."라고 막스 퍼루츠는 말했다. 토마스는 언젠가 도로시의 학생인 바바라 로저스 로우에게 "어떤 결혼에서든 누군가 다른 한 사람보다 결혼에 더 헌신하기 마련"이라고 말해주었다. 마치 자기 자신에 대해서 말하는 것 같았다. 그는 약해 보이는 도로시를 확실하게 보호했다. 한번은 그가 여행을 떠날 때 결정학자 키스 프라우트에게 부탁했다. "당신이 나의 사랑스러운 도로시를 돌보아 주겠어요?" 프라우트는 훗날 말했다. "그녀는 돌봄 필요가 전혀 없는 사람이었어요."

"그것은 놀랄만한 결혼이었죠. 토머스는 결혼 초에 그녀가 둘 중에 더 창의적이고 그녀에게 더 많은 기회가 올 것이라고 판단했기 때문이에요"라고 『로잘린드 프랭클린과 DNA』의 저자가 말했다. 도로시와 토마스는 세 자녀를 두었다. 1938년에 태어난 루크, 1941년에 태어난 엘리자베스와 1946년에 태어난 토비였다. 2차 세계대전 이후 토마스가 옥스퍼드 대학에서 가르치기 시작한 뒤로 토마스는 아이들을 치과에 데리고 가고 동물원에도 데려갔으며 도로시가 마음 놓고 실험실로 돌아갈 수 있도록 저녁에는 집에 있었다. "거기엔 대단한 아름다움이 있었고 순교는 없었어요"라고 세이어가 지적했다.

토머스는 영국 정치에 관심이 있었고 논쟁하는 것을 좋아했다. 반면에 도로시는 세계 평화 운동에 관심이 있었고 언쟁을 즐기지 않았다. 도로시에게 정치는 성격과 사람을 말했지 논쟁과 경향을 뜻하지 않았다. "도로시는 언제나 개인적인 수준에 있었어요"라고 그녀의 제자이자 오랜 친구인 런던 버크벡 대학의 토머스 블런델은 말했다. 그녀는 다른 곳에서 온 사람에게도 그랬듯이 소련의 사람들과도 교감했다. 수년 간 버널과 토마스가 공산당에 들락날락하자 도로시는 때때로 그곳에 들어갈 생각을 했다. "하지만 그 당에 들어가는 것은 심각한 헌신으로 여겨졌어요. 한 친구는 저에게 준비할 수 있도록 긴 도서 목록을 주었지만 전 그것을 끝내지 못했어요"라고 그녀가 인정했다.

두 가지 일과 세 아이를 돌보는 것은 "적당히 쉬웠다"고 도로시는 말했다. 그녀의 관절염은 특히 임신기간 동안에 극적으로 좋아졌고 그녀의 손은 조금씩 펴지고 고통도 줄어들었다. 후에 류머티즘성 관절염이 붓는 것을 줄인 것은 콜티슨 호르몬인 것으로 나타났다. 그녀는 인명사전 「Who's Who」에 그녀의 취미를 "고고학, 산보하기, 아이들"이라고 적었다. 그녀는 계산을 하는 데 깊게 집중하고 있다가도 언제든지 아이들과 대화를 했다. 한번은 바이올린 수업을 듣기 시작한 루크가 첫 수업에 엄마가 함께 참여하기를 원하자 도로시는 록펠러 재단 이사의 매혹적인 연구비 미팅을 마무리해버렸다.

"우리는 집에서 많은 도움을 받았어요"라고 호지킨이 설명했다. "전쟁 동안 나이 많은 피난자들인 이디스와 앨리스가 왔고 그들은 함께 있으면서 우리를 도왔어요. 토머스의 어머니는 놀라울 정도로 도움이 되었어요. 어머니는 일주일에 하루정도는 남편이 학장으로 있던 퀸스 대학에 아이들을 데리고 갔어요. 전쟁 당시 아이들은 매우 어렸지만 전 과학 연구를 해야 하는 것에 죄책감을 느끼지 않았어요. 당연한 것으로 생각됐어요." 그녀는 매일 아이들과 점심을 먹기 위해 집으로 걸어갔고 5시까지 돌아와 저녁을 먹었다. 그녀는 야근을 별로 하지 않았다.

1940년이 되자 영국은 전쟁을 했고 호지킨은 콜레스테롤 연구를 끝내가고 있었다. 그녀는 체인의 연구실에 들려 그녀가 그의 페니실린 결정을 볼 수 있는지 물었다. 작은 단백질인 페니실린은 "초보자에게 딱 맞는 크기"로 보였다고 그녀가 우스갯소리로 말했다. 그녀는 페니실린의 분자 구조에 대한 지식이 관련 혼합물의 대량생산을 쉽게 할 것이라고 생각했다. 페니실린이 있기 전에는 장미 가시에 긁히거나 조그만 종기 때문에 죽음에 이를 수도 있었다. 수백만 명의 전쟁 사고가 예상되기에 박테리아 감염을 막을 수 있는 약은 중요한 무기가 되었다. 영국과 미국 관리자들은 페니실린을 높은 보안 비밀로 취급했고 그 분야에 있는 사람만 연구 보고서를 받을 수 있었다. 미국에서 만들어진 첫 페니실린 결정 몇 개가 호지킨에게 배달됐다.

처음에 페니실린은 희망이 없어 보였다. 그것은 스테롤보다 훨씬 분석하기 힘들었고 절망적이었다. 누구에도 알려지지 않은 페니실린 결정은 여러 형태로 나타나고 미국인과 영국인은 4가지 다른 형태를 연구하고 있었다. 게다가 상황이 조금만 바뀌어도 페니실린 결정에 분자가 이루어진 방식을 바꿀 수 있었다. 호지킨의 프로젝트를 도와 줄 사람은 대학원생 바바라 로저스 로우밖에 없었다. 로우는 사진 필름을 연구하며 분자가 차례로 배열된 것을 보았고 서로 떼어내기 힘들다는 것을 알았다.

가장 큰 문제는 누구도 페니실린을 이루는 화학 그룹을 모른다는 것이었다. 호지킨과 로우는 아무 것도 없는 상태에서 시작하는 것과 같았다. 그리고 화학자들이 그나마 알고 있던 것도 틀린 것으로 나타났다. 호지킨은 분자의 부분이 베타-락탐(beta-lactam) 고리로 이루어진 것을 발견했는데, 한 저명한 화학자는 그녀가 완전히 틀렸다고 확신했다. 다른 화학자는 약속했다. "페니실린이 베타-락탐 구조를 갖고 있는 것으로 나타나면 전 화학을 그만 두고 버섯을 키우겠어요." 하지만 호지킨이 맞았다. 모든 페니실린은 5면의 티아졸리딘 고리가 붙은 베타-락탐 고리로 이루어졌다. 누구도 이렇게 별난 모양으로 구성된 것은 본 적이 없었다. 하지만 누구도 버섯 농사꾼이 되지 않았다. 그 신사는 화학을 계속했고 결국 노벨상을 탔다.

호지킨의 연구실 환경은 아직도 원시적이었다. 록펠러 재단 이사는 그녀의 연구실처럼 빈약한 연구실을 두 곳밖에 몰랐다. 한 곳은 두 책상이 쌓여있는 곳이었고 다른 한 박물관에는 난방이 없었고 바닥은 차갑고 축축했다. 기계 예산은 아직도 빈약했다. 그녀의 온도계를 연결하는 선이 끊어지자 로우는 학과장에게 5센티미터만 더 달라고 부탁했다. 그는 회계 장부를 보면서 소리 질렀다. “내가 당신에게 3달 전에 줬잖아요! 그걸로 뭘 한 거예요?” 방대한 자료 수집과 수학 계산은 끝이 없어 보였다. 로우가 그녀의 전기 계산기에 숫자를 넣었을 때 그것은 끝없이 “웅웅웅, 쿵쿵”하는 소리를 냈다. “전 제 삶의 많은 시간을 비버스-립슨 계산용지와 함께 앉아있었던 것 같아요.”

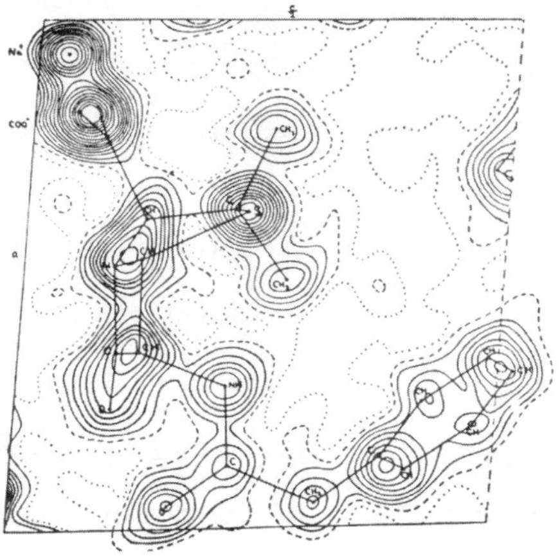

페니실린 분자의 전자 밀도 지도

이 지도는 산지 지역의 지형도와 비슷한데 꼭대기는 전자가 밀집된 것을 보여준다. 도로시 호지킨은 이 지도를 X선 회절 사진의 몇 백 개의 반점을 분석하여 얻었다.

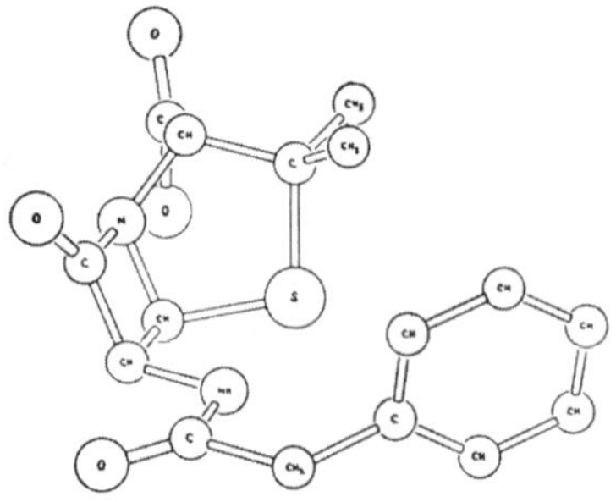

페니실린

도로시 호지킨이 그림 7 같은 전자 지도를 이용하여 얻어낸 페니실린 분자의 원자 배열. 5면의 티아졸리딘 고리는 왼쪽에 있고 4면의 베타-락탐 고리에 붙어있다.

환경은 점차 좋아졌다. 전쟁 연구에 들어가면서 버널는 호지킨에게 그가 사용하던 기구를 주었다. 록펠러 재단은 그녀에게 처음으로 상당한 연구비를 주었다. 그리고 더 중요한 것은 전쟁 중간 무렵, 그녀는 세계의 첫 컴퓨터 중 하나의 도움을 받았다. 초기 IBM 아날로그 컴퓨터는 초대형 계산기와 같았다. 그것은 낮 동안에는 선박 기록을 하고 밤에는 페니실린 원자 기록을 했다. 로우는 첫 3차원 컴퓨터 프로그램을 만드는 것을 도왔고 자료를 카드에 뚫었는데 영국 북쪽에서 온 카드는 조심스럽게 무시했다. 그것은 너무 축축해서 기계가 씹어버렸기 때문이다. 그녀의 공식은 키펀처를 헷갈리게 하여서 페니실린 전자를 선박으로 둔갑시키기 시작했다.

"우리가 3차원으로 첫 모델을 정확하게 만들고 친구들을 불러서 페니실린이 무엇인지 보여줄 수 있는 날이 좋은 날이었어요"라고 호지킨이 적었다. 때는 1946년, 그녀가 페니실린으로 열심히 일하기 시작한지 4년이 지난 때였다. 전쟁이 끝나자 몇 천 명의 군인이 페니실린으로 치료를 받았다. 전쟁 뒤, 약 제조자들은 호지킨의 모델을 이용하여 대량의 합성페니실린을 만들었다. 그들은 박테리아와 함께 두 개의 기본적인 고리를 만들고 다른 측쇄를 더해 특정 박테리아 감염을 공격했다.

페니실린은 호지킨이 결정학의 거장으로 만들었다. 노벨상 위원회는 후에 그것을 "새로운 결정학의 시대를 여는 훌륭한 시작"이라고 불렀다. 하지만 재정적으로 그녀는 여전히 무일푼이었다. 그녀와 토마스는 매년 약 450파운드 정도를 벌었지만 충분하지 못했다. "저의 많은 남성 동료들이 비슷한 대학 자리와 급료가 있다는 것을 알았고 저도 가질 수 있다는 것을 생각했어요"라고 호지킨이 회상했다.

그녀는 1957년까지 미국 대학의 교수와 같은 자리인 대학 강사가 되지 못했고 그녀의 연구실은 1958년까지 현대적 시설을 갖추지 못했다. 그리고 1960년, 그녀가 교수직을 수여 받은 곳은 옥스퍼드가 아닌 왕립 협회의 울프슨 연구 교수직으로부터였다. 다른 영예도 옥스퍼드 밖에서 먼저 왔다. 1947년, 고작 37세의 나이에 그녀는 영국에서 제일 일류 과학 단체인 런던 왕립 협회의 회원이 되었다. 그녀는 협회의 287년의 역사에 겨우 3번째로 선출된 여성이었다. '때로는 여자인 것이 값을 하는 군' 이라고 호지킨은 혼자 생각했다. 전후 초기 영국은 사회에 여성을 선출하기를 원할 만큼 진보적이었다.

제2차 세계대전 이후 호지킨의 삶은 더욱 복잡해졌다. 토마스는 아프리카 역사에 관심이 있었고 장기여행을 떠났다. 토마스는 영국에서 아프리카 역사의 연구를 활성화시키기 위해 노력했고 아프리카가 서양과 접촉하기 이전에는 역사가 없었다는 왜곡된 의식을 바로잡기 위해 애썼다. 아프리카 민족주의자 은크루마의 지지자였던 토마스는 가나 대학에서 긴 시간을 보냈다.

토머스의 여행만이 호지킨을 복잡하게 한 것은 아니었다. 1950년대 중반, 그들은 옥스퍼드에 우드스탁 94에 있는 큰 집을 빌려서 도로시의 여동생 조앤과 그녀의 5명의 아이들과 함께 생활했다. 도로시의 두 어린 아이들과 6명의 사촌들은 크고 명랑한 가정을 만들었다. 호지킨 가족의 혼란스러운 집은 거의 매일 제3세계 지도자나 과학자가 아니면 아이들의 학교 친구 등의 하룻밤 손님이 묵었다. 손님들은 거의 완전한 무질서라는 인상을 받았다. 누가 그들과 함께 있냐는 질문을 받으면 "확실히는 모르지만 아마도 그럴거예요"라고 토마스는 기쁘게 대답했다. 앞문에는 호텔이나 바에 걸려있는 것과 같은 녹색 게시판이 방문객의 편지를 위해 걸려 있었다. 라이너스 폴링이 저녁 식사를 하기 위해 왔을 때 도로시는 게시판에 "전 히드로 공항으로 토마스를 맞으러 가요"라고 알리고 방문객들에게 오븐에서 음식을 꺼내먹으라고 했다. 호지킨이 인슐린 구조를 해결한 뒤 칼스버그 맥주 트럭이 그녀의 실험실에 크리스마스 때마다 들려 덴마크식 라거 맥주 상자 6개를 배달하고 갔다. 호지킨은 그것이 왜 나타났는지 몰랐다고 말했지만 그녀는 칼스버그 재단이 인슐린 회사를 소유할 수도 있겠다고 생각했다. 어쨌든 그녀는 매년마다 큰 크리스마스 파티를 열었고 학생들을 초대했다.

그녀의 연구실은 제2차 세계대전 이후 더 커지고 바빠졌다. 그곳은 헛간과 같은 도서관이었는데, 1860년 생물학자 토머스 헉슬리와 주교 새뮤얼 윌버포스가의 유명한 진화 논쟁을 한 곳이기도 했다. 그녀의 연구 모임은 다국적이었고 여러 전문 분야에 걸친 많은 여성들이 모여들었다. 그녀는 평소 화학에 관심이 없던 여성들을 끌어들였다. 미래 국무총리인 마가렛 대처도 호지킨의 학생이었다. 우파 댓처와 좌파 토마스는 자주 저녁 식사 중에 정치를 가지고 논쟁했다. "개인적으로 전 그녀를 좋아했어요"라고 연구실에서 정치를 배제했던 도로시는 말했다.

호지킨은 단호하지만 유순한 부모처럼 실험실을 운영했다. 거리를 두는 관리자가 되지 않기 위해 약 10명의 연구원으로 연구 모임을 제한했다. "그녀는 우리 세대에 흔하지 않았던 감각으로 우리를 대했다"고 결정학자 데이비드 세이어가 말했다. 제자였던 톰 블런델은 회상했다. "우리는 언제나 그녀의 가족의 구성원이라고 느꼈어요." 그녀의 등 뒤에서 친구들은 그녀를

"어미 고양이"라고 불렀다. 그녀의 학생들은 "도로시의 고양이"로 불렸다. 퍼루츠는 그녀에게서 어머니의 따뜻함이 풍겨왔다고 생각했다.

록펠러 재단 조사관은 더욱 그렇게 생각했다. 본부에 소식을 보낸 그는 연구실이 "어떤 것이라도 앞서서 깊이 있게 생각하는 친절한 여성에 의해 잘 통솔되고 있다. 그녀는 작은 연구실의 일을 매우 겸손하게 수행한다. 그녀는 무엇이든 확실하지 않으면 절대 요청하지 않기 때문에 그녀가 요청을 한다면 그것은 정말 필요할 때이다." 이것은 학계에서 화려한 평가였다.

호지킨의 연구실도 그녀의 집처럼 형식적이지 않았다. 그녀는 절름거리는 발에 발목까지 오는 슬리퍼를 신고 일하면서 찬송가를 흥얼거렸다. 오후에 그녀는 언제나 차를 마시기 위해 나타났다. 연구실 구성원은 매 주마다 차례로 간식을 가지고 왔고 생일이 있거나 아기가 태어나거나 축하할 일이 있는 사람이 있으면 큰 아이스케이크를 가져 왔다.

호지킨은 학생들의 어머니 노릇을 하는 것을 좋아했다. "그녀의 연구실에 들어갈 때 당신은 절대 작게 느껴지지 않을 거예요. 당신은 그녀가 특별하지 않다고 느껴지게 되죠. 그녀는 매우 특별한데도 말이죠."라고 1991년 영국 대학에서 유일한 여성 화학 교수가 된 더햄 대학의 쥬디스 하워드가 회상했다. 제니 픽워스 글루스커가 미국 산업에 일을 위해 추천서를 부탁했을 때 도로시는 필라델피아에 있는 폭스 체이스 암 연구소에 더 좋은 연구원 자리를 알아봐 주었고 글루스커는 아직도 거기서 일하고 있다. 프린스턴 대학은 아직 여학생들을 금지했지만 도로시는 그곳의 화학과에 젊은 여성이 그들의 결정 자료를 전산화시킬 수 있다는 것을 지적하며 박사학위를 마친 여성을 고용하도록 유도했다. 뒷날 호지킨은 그것을 기억하며 환하게 웃었다.

호지킨의 열정은 그녀의 모임에만 제한되어 있는 것이 아니었다. "많은 과학자들이 자신의 결과에는 열중하지만 그녀처럼 다른 사람들의 결과에 대해 흥분하는 사람은 흔치 않았다"라고 퍼루츠가 강조했다. 호지킨은 어느 날 그의 헤모글로빈 연구를 칭찬하기 위해 왔고 "그녀는 친절한 말투로 내가 가야 할 다음 차례를 말해주며 3차원으로 구조를 풀어내라고 했고 제가 읽어보지도 않았고 읽을 생각도 못한 논문을 추천했어요."

호지킨의 페니실린 연구 덕분에 제약 산업의 연구원들을 알게 됐다. 1948년 어느 날, 그락소 제약 회사의 레스터 스미스 박사는 호지킨에게 그가 만든 빨간 결정을 주었다. 그것은 비타민 B_{12}의 작고 바늘 같은 프리즘이었고 악성 빈혈을 치료하는 인자로 알려져 있었다. 적혈구를 만드는 비타민 B_{12}를 충분히 얻지 못하는 사람들은 악성 빈혈로 죽었다. 하지만 비타민 B_{12}의 구조는 너무 복잡하여 화학자들은 겨우 반밖에 이해하지 못했다. 그들은 생명을 살리는 비타민을 대량으로 제조하기 위해서는 완전한 구조를 알아야 했다.

호지킨은 분자의 크기가 중간 정도로 수소가 아닌 원자가 약 백 개 정도라는 것을 빼고 아는 것이 없었다. 그녀는 4년 동안 페니실린의 16~17개 원자를 연구했다. 비타민 B_{12}처럼 복잡한 구조는 X선 분석으로 해결된 적이 없었다. 그날 밤, 그녀는 스미스가 준 결정으로 아름다운 사진을 두 장 찍었다. 많은 결정학자들은 그 사진을 보고 B_{12}의 분자적 구조가 현재 있는 기술로 해석될 수 없다고 확신했다. 그러나 호지킨은 다르게 생각했다. 그녀는 B_{12}가 풀릴 수 있다고 생각하고 연구를 착수했다.

6년 동안 호지킨과 그녀의 그룹은 비타민 B_{12}에 대한 자료를 모았다. 그들은 더 많고 큰 결정을 만들어냈고 2천 500장의 X선 사진을 찍었다. 언제인가 한 동료가 너무 상심하여 용기에 물, 에테르와 아세톤까지 엄청난 양의 용매를 넣어버리고 넌더리나서 북미 대륙으로 자전거 여행을 떠났다. 그가 돌아왔을 때 타르처럼 검은 덩어리가 생겨있었다. 바닥에는 비타민 B_{12}변형의 작은 돌 같은 결정이 있었다. 그러나 누구도 그의 '실험'을 재현해보지 못했다. 덩어리를 잘라낸 호지킨은 1 밀리미터도 안 되는 작은 결정을 발견했다. "그분이 손가락으로 보인 마술은 대단했어요"라고 그녀의 제자 존 로버슨이 신기해했다.

호지킨은 그락소 회사와 협력하고 있었고 프린스턴 대학의 존 화이트는 글락소의 미국 경쟁기업 머크 앤 컴퍼니와 일하고 있었다. "우리는 형식적으로 라이벌이어야 했어요"라고 호지킨은 인정했다. "하지만 시간이 지나고 절망의 수렁에 빠졌을 때, 우리는 한패가 되었죠. 우리는 각자가 연관된 회사로부터 완전히 믿을 수 없다고 생각했고 결국 함께 출판하게 되었죠."

비타민 B_{12}가 하나의 코발트 원자와 청산염 그룹(cyanide group)으로 되어있는 것을 안 그녀는 청산염 그룹을 셀레늄이 있는 그룹으로 바꾸었고 두 결정의 다른 점을 공부했다. 이미 호지킨은 원자의 위치에 지형도를 해석하는 데 전문가가 되었다. 장난기 어린 웃음을 지닌 그녀는 거짓 힌트를 찾아내는 것을 사랑했다. 학생들이 찍은 새로운 결정의 사진을 우연히 본 그녀는 결정을 식별했고 학생들은 남은 일이 뭔지 생각하며 머리를 긁적였다. 그녀는 유기 화학에서 완벽하게 새로운 특징으로 X선 결정학이 유기화학에 준 주요 기여 중에 하나로 여겨지는 코린 고리를 발견했다.

동료들은 그녀의 초자연적인 "여성의 직감"에 부탁하기 시작했다. 때로 그녀의 자신감은 거의 비논리적이거나 난처하게 보이기까지 했다. 하지만 그녀의 직감은 "그녀가 지닌 화학과 물리의 광범위한 지식과 그녀의 오랜 경험과 세심한 기억력의 결과물"이었음을 로버슨은 깨달았다. 그녀는 직감을 믿는 법을 배웠는데 왜냐하면 거의 항상 맞았기 때문이다. 의심 가는 계산을 본 그녀는 걱정했다. "제 직감으로는 그것이 틀린 것 같아요."

그녀는 비타민 B_{12}로 무엇을 해도 계속 같은 문제를 만났다.B_{12}는 염색체와 관련이 많은 포르피린(porphyrin — 포르핀에 각종 곁사슬이 들어간 화합물을 통틀어 이르는 말. 혈색소 · 시토크롬 · 엽록소 등의 색소 성분을 이룬다) 분자같이 보였다. 호지킨이 그녀의 새로운 결정을 잘라내는 것을 완성했을 때 그녀는 제니 글루스커에게 그것을 해석하라고 주었다. 그녀는 문제에 대한 생각을 글루스커에게 말해주지 않았다. 많은 화학자들은 아직도 X선 결정학을 요술이라고 생각했다. "화학적 공식화에서 어떤 구조에 관한 세부사항일지라도 결정학 방법의 신뢰도에 대한 의심을 일으켰을 것이에요"라고 화이트가 설명했다. 예를 들어 조사 초기에 그녀가 1951년에 스톡홀름 회의에서 B_{12}에 대한 중간보고를 했을 때 청중들은 노골적으로 의심을 나타냈다. 결정학에 대한 그들의 태도를 알고 있는 그녀는 모든 세부사항에 대해 확신이 들 때까지 어떤 것도 출판하기를 거부했다. 무엇보다도 그녀는 글루스커의 조사에 영향을 주고 싶지 않았다. 그 해말, 글루스커는 비타민 B_{12}와 포르피린이 작은 세부사항을 빼고 완전히 닮았다는 것을 발견했다.

그들은 드디어 필요한 모든 자료를 수집했다. 이제 문제는 그것을 분석하는 것이었다. 비버스 · 립슨 계산용지와 계산기는 그 일을 하기에 역부족이었다. 1953년 여름을 옥스퍼드에서 방문 교수로 와있던 미국인 케네스 트루블러드가 호지킨을 보러왔다. 캘리포니아 대학의 로스앤젤레스 캠퍼스에서 온 그와 3명의 대학원생은 결정학 계산을 위한 가장 빠른 전자 컴퓨터중 하나를 프로그래밍했다. 정말 운이 좋게도 SWAC(National Bureau of Standards Western Automatic Computer · 미국 표준국 서양 자동 컴퓨터)가 UCLA의 캠퍼스에 있었고 트루블러드가 무료로 이용할 수 있었다. 그는 아무렇지 않게 도와줬다.

결국, 호지킨은 자연의 복잡함과 6년간의 자료를 다룰 수 있을 만큼 섬세한 컴퓨터가 생긴 것이다. 그녀와 트루블러드는 편지와 전보를 통해 함께 일했다. 호지킨은 그에게 자료를 우편으로 보냈고, 그는 컴퓨터에 입력한 다음 완벽한 결과를 다시 붙였다. 그들이 전보를 보낼 때 돈을 절약하기 위해 암호로 보냈다. 호지킨은 빠른 진척 상황에 매우 기뻐했다. 잘못된 계산으로 원자의 크기가 10배나 커지자 그녀는 전보를 보냈다. "괜찮아요. 모든 것을 항공 우편으로 보내요." 트루블러드는 그녀가 일하면서 당황하는 것을 보지 못했다. 그녀는 언제나 온화하면서도 단호했다. 결정학자들은 곧 초기 컴퓨터의 열정적인 사용자들이 되었다. 트루블러드의 도움 덕분에 호지킨은 1956년에 비타민 B_{12}의 완성된 구조식을 발표했다. 연구를 시작한지 8년이 지난 때였다. 그것의 화학식은 C63H88N14O14PCO였다.

"페니실린의 구조가 1940년대를 위한 것이었다면 비타민 B_{12} 의 구조는 50년대를 위한 것이었어요. 천연 산물 과학 분야에서 X선 분석의 가장 중요한 성취였어요"라고 취리히의 유기화학연구소의 잭 듀니츠가 말했다. "조금도 모자람이 없이 대단했어요. 신나는 일이었지요"라고 W.L.브래그가 응원했다.

도로시는 그녀의 결혼 전 이름인 "크로푸트"로 페니실린 연구를 발표했고 비타민 B_{12}는 "호지킨"으로 발표했다. 오랜 시간이 지나도록 일부 과학자들은 페니실린의 크로푸트가 B_{12}의 호지킨인과 동일인인 것을 몰랐다.

호지킨의 삶은 빛나는 성취에 이어 다른 것으로 계속 진행되었으나 그녀의 가족과 직업, 정치적 소신은 늘 한결 같았다. 그러나 냉전의 긴장이 확대되면서 그녀의 과학적 동기부여와 정치적 신념이 부딪히기 시작했다. 호지킨은 오랫동안 결정학계의 분열된 모습에 대해 걱정하고 있었다. 그녀의 친구이자 저명한 결정학자 캐슬린 론스달 부인은 결정학자들이 뻐꾸기처럼 다른 둥지에 의존한다고 말했다. 실제로 그들은 화학자 · 생화학자 · 물리학자 · 지질학자 · 공학자 · 수학자들과 함께 일했다.

"전쟁이 끝났을 때 우리 결정학자들이 가장 먼저 해야 하는 것은 함께 만나서 정보를 나눌 수 있도록 하는 결정학자들의 국제적 모임을 가지는 것이었어요. 그것은 해로울 것이 전혀 없어 보였어요"라고 호지킨이 설명했다. 그래서 그녀는 국제 결정학 연합을 만드는 것을 도왔다.

처음부터 연합은 국적에 상관없이 이 분야에 모든 사람을 포함하려고 했다. 독일인들은 전쟁이 끝나자마자 초대되었고 나라가 갈리자 동독 사람들도 인정받았다. 연합은 모든 구성원이 참석할 수 없는 나라에서는 절대 만나지 않겠다고 약속했다. 미국 국무부와 영국 외무부는 기겁했다. 미국은 동유럽인들과 소련인들이 입국하는 것을 거절했다. 처음으로 호지킨의 과학적 관심과 인간적 관심이 불일치했다. 그리고 냉전이 악화될수록, 문제는 더 많아졌다.

“다음 일어난 일은 제가 1953년에 파사데나로 초청받았다”고 시간이 지나고 난 뒤 호지킨은 설명했다. 그녀는 B12 연구를 마치고 라이너스 폴링은 그가 모델을 만들어서 발견한 단백질 아미노산의 나선형 구조를 토의하기 위한 회의를 계획했었다. 호지킨은 매우 가고 싶었으며 미국 국무부에 비자를 신청했다. 비자 신청에는 그녀가 참가한 모든 단체의 이름을 물었다. 생각 없이 그녀는 여러 공산주의자를 포함한 작은 모임인 “평화를 위한 과학(Science for Peace)”을 적었다. 그녀가 미국에 여러 번 방문한 적이 있었지만 국무부는 그녀에게 비자를 주는 것을 거부했다. 그 이유는 비공식적으로 그것이 평화를 위한 과학 때문이라고 했다. 비자가 없으면 그녀는 미국에 들어갈 수 없었다. 폴링의 1953년 회의는 분자 생물학의 발전에 중요한 모임이었기에 호지킨은 매우 실망했다.

호지킨의 친구들은 그녀가 제외된 이유가 토머스와 버널이 공산당 회원이기 때문이라고 생각했다. 하지만 얄궂게도 토머스는 미국에 비자를 받고 가는데 아무 문제가 없었다. 버널은 그녀에게 첫 모스크바 여행에 동행해 왕립협회와 과학적 관계를 재고시키는 방법을 의논하자고 제안했다. 호지킨과 미국이 과학적 정보를 공유할 기회를 제거했고 호지킨을 소련에 보내려는 의도가 깔린 것이었다. 호지킨은 러시아를 매우 좋아했다. 평소대로 그녀는 사람들을 호의와 즐거움으로 대했다. “사람들도 너무 착하고 반가워했다”고 그녀가 보고했다.

그 뒤 호지킨이 미국에서 과학적 회의에 참가하려 했을 때 그녀는 미국 검찰 총장으로부터 입국금지를 당했다. “그래서 폴링은 두 번째로 초청을 계획했고 제 미국 친구들은 검찰 총장에게 제 방문을 지지한다고 썼어요. 제가 생각하기에 좀 거짓스런 모임으로 미국의 X선 회절을 기념하는 40주년을 축하하는 것이었어요. 제가 주 연설자였고 우리가 얼마 전 해결 한 B12에 대해서 강연했죠. 우리는 서로를 볼 수 있는 것만으로도 너무 기뻤죠. 그것은 너무 즐거운 일이었어요." 1990년, 소련이 붕괴할 때 호지킨은 80세였고 휠체어를 타고 있었다. 드디어 국무부는 포기하고 그녀의 여권을 "정해져 있지 않은 재입국"으로 허락했다.

논란거리가 된다는 것을 아는 도로시는 학생들과 절대 정치를 논의하지 않았다. 많은 학생들이 미국에서 공부하거나 일을 할 계획이 있었고 좌파들과 그들을 엮는 것은 좋지 않을 수 있기 때문이었다. 록펠러 재단도 로잘린드 프랭클린과 같은 연구비 신청자가 미국 정부에 의해서 비자를 거절당할 만한지 확인했다.

도로시는 1964년 가을 가나 대학에서 토마스를 만나고 있을 때 그녀가 그 해 노벨 화학상을 받았다는 것을 알게 되었다. 그녀는 누구와도 상을 나누어 받지 않았다. 54세의 나이에 그녀는 노벨 과학상을 받은 5번째 여성이었고 영국 여성으로는 처음이었다. 「데일리 매일(*Daily Mail*)」의 큰 표제에는 그녀의 성취를 "영국 아내에게 노벨상을"이라고 대서특필했다.

그녀와 토머스는 아프리카 연구를 위한 협회에서 그날 밤 의식적인 궁정과 사냥꾼 춤을 추며 축하했다. 호지킨 가족은 "전 세계에 퍼져있었다"고 노벨 위원회가 정중하게 표현했다. 루크는 알제 대학에서 수학을 가르치고 있었고 엘리자베스는 잠비아에 여학교에서 가르치고 있었고 토비는 인디아에서 식물 유전학에 헌신하고 있었다. 도로시의 동생 다이앤은 북극에서 소식을 듣고 "극에서 극으로" 전보를 보냈다. 캐나다인 지리학자인 그녀의 남편은 남극에 있었다. 그 전 해, 토머스의 친척 알랜 호지킨은 노벨생리의학상을 탔다. 뉴스는 호지킨의 아이들에게는 양가에 노벨상 수상자가 있다고 말했다.

많은 과학자들은 노벨상을 타면 연구를 그만둔다. 하지만 호지킨은 그녀의 경력에서 가장 복잡한 구조를 연구하고 있었다. 인슐린의 777개 원자이다. 30년 동안 인슐린에 애착을 갖고 있던 그녀는 기술이 발달에 따라 그것을 해석하려고 했다가 그만두는 노력을 반복했다. 하지만 그녀는 뒤에 관찰해냈다. “제 삶에서 구조를 풀기 위해 노력한 시간보다는 그렇지 않은 시간이 많았던 것 같아요.” 그리고 프레드 생어가 인슐린 분자의 아미노산의 순서를 알아냈을 때 그녀는 흥분의 도가니에 빠졌다. 그녀는 간절히 인슐린의 3차원 구조를 발견하고 싶었다.

인슐린은 작은 단백질로 오늘날의 컴퓨터로 쉽게 알아낼 수 있지만 당시 프로젝트는 너무 큰 것이었다. 구조는 “너무 복잡하고 불규칙”한 것이라고 그녀는 관찰했다. 1969년의 늦은 밤, 그녀의 팀은 6쪽으로 나누어진 분자를 살펴보고 있었다. 분자는 대충 삼각형 모양으로 중간에 있는 두 개의 아연 원자를 3 쌍의 분자가 둘러싸고 있었다. 소식을 들은 페루츠는 케임브리지에 알리는 글을 붙였다. “도로시 호지킨으로부터 온 늦은 밤 소식: 인슐린이 해독됐다.” 그녀는 7만개의 X선 반점을 분석했다. 1969 「네이처」에 인슐린에 관한 기사에는 그녀의 팀원의 이름이 알파벳 순서대로 기록되어 있었다. 호지킨의 이름은 끝에서 세 번째였다. 그녀는 인슐린에 관한 첫 주요 강연도 하지 않았다. 그것은 당시 그녀에게 박사 학위를 마친 젊은 연구원 톰 블런델이 했다. 강연에서 블런델이 호지킨은 자신이 태어나기 전부터 인슐린 연구를 하고 있었다는 사실을 지적했다.

결정학 덕분에 많은 유기 화학자들은 이제 정체성 문제 때문에 고생하고 있었다. 1930년대 호지킨의 발견 초기에는 화학자들은 결정학자에게 거만하게 물었다. “물론, 당신은 우리가 벌써 알고 있는 것을 말해주는 것뿐이죠.” 1960년대 초가 되자, X선 결정학은 때로 유기 분자의 3차원 모양을 발견하는 유일한 방법이었다. 도로시 크로푸트 호지킨에 의해서 개발된 X선 분석은 화학적 분해보다 더 빠르고 더 정확했다. 유기 화학의 전통적인 임무 중 하나인 자연적 물질의 분자적 구성을 해명하는 것이 진부해졌고 선구자들은 “유기 화학의 위기”에 대해서 불평을 했다. 그러나 후에, 그들은 호지킨의 연구가 구조적 측정을 위한 허드렛일로부터 그들을 놓아주고 그들이 신나게 연구할 수 있도록 도왔다는 사실을 알게 됐다.

호지킨은 노벨상을 받은 이듬해인 1965년에 버킹햄 궁전으로부터 편지를 받았다. 그녀는 신나는 일이 아니라 편지를 여는 것을 두려워했다. "전 그들이 저를 데임(Dame : 기사에 상당하는 작위를 받은 여인의 존칭) 도로시라고 부를 것이 두려워 열 수가 없었어요"라고 그녀가 고백했다. 봉투를 연 뒤 그녀는 엘리자베스 여왕이 그녀에게 메리트 훈위(Order of Merit)라는 공로 훈장을 수여하여 명예를 주면서 부담스러운 존칭을 붙이지 않게 한 것을 알고 안도했다. 메리트 훈위를 받은 유일한 다른 여성은 1907년의 플로렌스 나이팅게일이었다. 호지킨은 엘리자베스 여왕으로부터 초대받은 청중 앞에서 훈장을 받았다. 메리트 훈위 축하연에는 미술가 헨리 무어가 그녀 옆에 앉았고 그녀의 혹 투성이고 비비꼬인 손가락에 감동을 받아 그 손가락을 그려도 되는지 물었다. 그의 그림은 왕립 협회에 그녀의 공식적인 초상화 옆에 걸려있다. 두 작품 중에 그녀는 친구들에게 그녀의 손 그림이 더 좋다고 말했다.

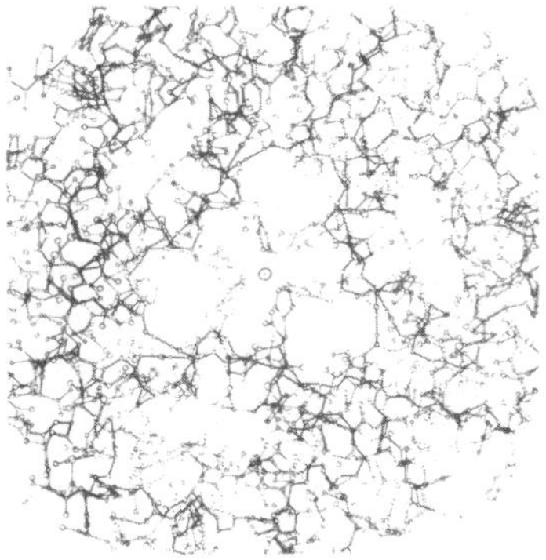

인슐린

6개 인슐린 분자 덩어리의 원자적 구조. 도로시 호지킨은 이 구조를 X선 회절 사진에 있는 약 만개의 반점을 분석해 얻었다.

1860년대와 70년대 호지킨은 계속해서 평화 단체에서 일했다. 그녀는 베트남전쟁 반대 운동을 펼쳤고 하노이와 중국을 방문했다. 그녀는 하노이에서 돌아와 옥스퍼드 학생 단체에게 강연을 했다. 학생들은 그녀가 북 베트남을 방문한 것에 대해 논쟁할 것을 준비해왔다. 하지만 호지킨은 정치에 대해서 전혀 얘기하지 않았다. 대신, 그녀는 그녀가 만났던 사람들과 전쟁 시 그녀의 딸이 1년 동안 북 베트남에서 지낼 때와 자신이 방문했을 때 만난 친구들에 대해 얘기했다. 퍼루츠와 같은 어떤 사람들은 호지킨이 공산주의 국가에서 "악의적으로 일어나는 것에 대해 그녀가 눈을 감아버린다"라고 생각했다. 하지만 옥스퍼드 학생들과 얘기하는 호지킨을 보면서 블런델은 "도로시에게 정치는 다른 사람들처럼 도그마나 정치적 신념이 아닌 개인적인 성향으로 보였다"라고 말했다. 호지킨은 연구실과 집에서도 그런 것처럼 정치도 개인적인 측면에서 그랬다.

물리학자 루돌프 페이엘스는 1975년 호지킨에게 세계 평화와 무장 해제 운동을 하는 단체인 퍼그워시 회의(Pugwash Conferences)의 회장이 되어 달라고 부탁했다. 호지킨은 부담스러워했다. 페이엘스는 그녀에게 "그것은 부담이 아니에요. 그냥 매년 회의에 참석하고 연설을 해주면 되요. 당신이 원한다면 연설은 빼도 좋아요"라고 했다. 그 뒤 그는 자신이 한 말에 죄책감을 느꼈는데 왜냐하면 호지킨이 모든 모임에 왔고 정말 열심히 일했기 때문이다. 그녀가 브리스톨 대학 명예 총장이 되었을 때도 같은 현상이 일어났다. 형식적인 대표로 있는 것이 아니라 그녀는 대학을 자주 방문했고 행정상 오류를 해결하는 것까지 도왔다.

호지킨은 1981년에 「원자 과학자의 알림(Bulletin of the Atomic Scientists)」에 그녀의 평화에 대한 철학을 설명했다.

> 어떻게 무기를 없애고 평화로운 세계를 만드느냐 하는 것이 우리의 첫 목표입니다. 지난 20년 동안 일어났던 전쟁은 세계의 가장 가난한 나라에

서 일어났지만 그들을 더 깊은 가난에 빠지게 함으로써 그들에게 필요한 것과 무기의 값은 더욱 치솟고 있습니다. 무기에 쓰는 백만 달러 중에서 조금이라도 세계의 가난을 없애는 데 쓴다면 분쟁의 많은 이유가 없어질 것입니다.

캄보디아와 우간다에서 있었던 대량 학살을 기억하며 그녀는 이렇게 고백했다. "내 마음을 괴롭히는 것은 우리 모두가 그 일을 알고 있었으나 모든 사람들이 눈살을 찌푸리는 무력 개입만이 억압받은 이들을 구할 수 있었다는 사실이다."

개인적인 외교 스타일을 유지하던 호지킨은 1980년대 후반에 옛 제자인 마가렛 대처에게 국무총리가 소련에 가보지도 않고 그렇게 강력하게 반대해서는 안 된다고 제안했다. 대처는 호지킨을 주말 별장에 초대해 몇 시간 동안 이야기를 들었다. 그 뒤 대처는 소련을 방문했고 소련 대통령 미하일 고르바초프와 가까운 관계를 형성했다. 그리고 그녀는 자주 방영된 이 여행 덕분에 1987년 재선거에서 이길 수 있었다.

"대처는 거의 매년 그분을 점심에 초대했습니다. 그분은 고르바초프와 모임을 가지고 온 다음날 여왕과 점심을 먹었고, 1주일 뒤에는 마가렛 대처와 점심 식사를 하고 있었습니다. 소련과 중국에 있었을 때 모든 사람들이 그분과 얘기를 나눴는데, 그 이유는 노벨상 수상자였기 때문입니다. 그분은 편협하지 않은 것으로 알려졌어요. 그녀는 사람들의 말을 믿었어요"라고 케네스 트루블러드가 설명했다. 「런던 타임스」는 그녀가 "전해진 것처럼 그녀는 영국의 가장 똑똑한 여성일 수도 있고 아닐 수도 있다고" 보고했다.

그 때쯤, 호지킨은 그녀의 삶의 낭만적인 인생이 끝났다고 느꼈다. 토마스는 1970년에 은퇴했고 1982년에 기종으로 세상을 떠났다. 일반적으로 소문에는 그의 죽음은 아프리카의 외래의 폐 곰팡이 때문이라고 했으나 도로시는 "담배를 너무 많이 피워서 그래요"라고 꾸밈없이 대답했다. 현대 컴퓨터는 X선 분석을 사소한 일로 만들었다. 결정 물질의 분자적 구조를 알아내는 것은 훨씬 쉬워져서 매년마다 수 천 개가 분석되고 있다.

1977년에 도로시는 옥스퍼드의 북쪽에 있는 코츠울즈에 있는 금빛 벽돌 집에서 은퇴했다. 원래 3개의 집이 나란히 있는 그곳은 길옆에 위치하여 꽃이 핀 가파른 언덕이 뒤에 있다. 마을이 분지 앞에 있었다. 관절염과 부서진 골반으로 휠체어를 탄 호지킨은 과학과 평화 회의에 계속 여행을 다녔다. "전 9명의 손자들과 3명의 증손자를 볼 만큼 운이 좋아요"라고 말하는 그의 얼굴에서는 빛이 난다. 하지만 그녀는 매우 연약해 보였다. 한 친구가 그녀를 택시에 태우자 운전사는 그녀를 태우고 기차역까지 가는 것을 걱정하며 "저분이 괜찮을까요?"라고 물었다. "당연하죠. 겨우 모스크바까지 갈 뿐인 걸요"하고 친구가 대답했다.

* * *

1994년 7월 29일, 도로시 크로푸트 호지킨은 84세에 숨을 거두었다.

10

실험적 핵 물리학자

우젠슝

1912.5.31~1997.12.16

우젠슝

Chien-Shiung Wu

오성홍기를 휘날리며, 우젠슝은 수백 명의 학생시위대와 함께 정부 관료와 기자들의 눈을 피해 난징의 뒷골목을 행진했다. 주석궁을 돌아들어간 그들은 안마당을 점거했다.

세월이 흘렀다. 제 2차 세계대전 직전까지 중국은 애국시위를 금지했다 · 심지어 노래와 구호조차도. 일본이 무력으로 북쪽을 점령하겠다고 협박했기에 중국 정부는 어떤 문제도 일으키고 싶지 않았다. 자정이 다가오고 눈이 내리기 시작하자, 마침내 주석은 주석궁에서 나와 우젠슝에게 다가왔다.

장제스 총사령관은 우와 다른 학생 지도자들의 강력한 항일(抗日) 요구를 받았다. 지하 학생 운동은 중국민족주의의 소리였고, 우의 모임은 이미 난징에서 일본물품불매운동을 효과적으로 이끌어냈다. 장제스는 그들의 요구를 정중하게 들었고, 그렇게 하기로 약속했다.

우는 고교시절부터 지하 학생 운동의 지도자로 활동했지만, 그녀는 태어날 때부터 "용감한 영웅 — 건웅(健雄)"이었다. 그녀는 물리학 논문들에서 "C. S. Wu"로 서명했기 때문에, 그녀를 "용감한 영웅"으로 아는 사람은 아무도 없었다. 하지만 그것은 중국어로 그녀의 이름이 뜻하는 것이고, 그녀의 아버지는 그녀가 이름처럼 되기를 기대했다. 여성에 대한 동등한 권리의 열렬한 주창자였던 우의 아버지는 중국에서 가장 좋은 교육을 딸이 받을 수 있게 했고, 딸에게 조언해주었다. "장애물은 무시해라." 아버지는 딸에게 말했다. "그냥 얼굴을 숙이고 계속 앞으로 나가거라."

아버지 덕분에 우의 어린 시절은 아주 행복했다. 그녀는 1912년 양쯔 강 입구에 있는 중국의 상업과 산업의 중심지 상하이에서 48킬로미터 떨어진 작은 마을 류허에서 태어났다. 그녀의 아버지 우 종이는 만주 왕조가 몰락한 1911년, 중국신해혁명에 참여하기 위해 공대를 그만 두었다. 그는 서양민주주의와 여성해방에 관한 책들을 폭넓게 읽었고, 혁명이 끝난 후 류허로 돌아와 여성을 위한 학교를 그 지역에 최초로 세웠다. 그는 "난 모든 여자아이들이 갈 수 있는 학교가 있으면 좋겠구나"라고 딸에게 말했다. "고통을 겪은 모든 사람들이 그 고통을 날려버릴 수 있는 곳이 있었으면 좋겠어."

우와 그녀의 아버지는 친구 같은 사이였다. 우의 아버지는 우와 두 형제들이 질문을 던지고, 문제를 해결하는 것을 도와주었다. 우의 가족들은 신문 · 잡지 · 그리고 책으로 가득한 집에서 검소하게 살았다. 저녁에는 가족들이 다함께 책을 읽었다. 아버지는 학교 교장이었고, 어머니 판 푸후아는 가정방문을 통해 남편을 도왔다. 그녀는 부모들에게 딸을 교육시키고, 전족(纏足 · 여성의 발을 인위적으로 묶어놓아 빨육을 억제시키는 중국 특유의 풍습)을 그만 둘 것을 권했다.

우는 9살에 아버지가 있던 학교를 졸업했다. 그 당시엔 초등학교에서 4년을 공부한 후 고등학교로 진학했다. 우의 졸업은 가정상황을 악화시켰다. 우는 계속 공부를 하고 싶었지만, 기숙사 학교여야만 가능했다. 그녀의 아버지는 가족 중 여자가장인 증조모와 상의했다. 증조모는 학교를 다닌 적은 없지만, 읽고 쓸 줄 알았고 손에는 늘 책이 들려 있었다. 그녀는 증손자 딸이 멀더라도 제일 좋은 학교에 가야 한다고 결정했다. 좋은 여학교는 상해에서 내

륙으로 80킬로미터 쯤 떨어진, 난징으로 가는 길목인 쑤저우(Suzhou)에 있었다. 아버지의 친구 중 한 명이 그곳에서 가르쳤고 그는 우를 보살펴 주겠다고 약속했다.

쑤저우 여학교는 확실한 서구교육과정을 택하고 있었다. 우가 교직원이었던 컬럼비아 대학을 포함한 미국 일류 대학의 교수들이 그곳에서 자주 강연을 했다. 우는 12살이었던 1922년부터 17살이 되던 1930년, 졸업할 때까지 계속해서 쑤저우에서 지냈다.

그곳의 고등학교는 교과중심의 일반학교와 교사를 양성하기 위한 사범학교, 두 분야로 나누어져 있었다. 교사 양성 프로그램은 무료였고 졸업생들에게 일자리가 보장되었기 때문에 우는 그곳에 다녔다. 어느 날, 식사 중에 친구들의 대화를 듣고 있던 그녀는 교과중심학교의 친구들이 교사 양성 프로그램에 있는 그녀보다 과학과 외국어를 훨씬 많이 배운다는 것을 알게 되었다.

다행스럽게도, 모든 학생들은 효율적인 해결책을 찾아 낼 수 있었다. 친구들은 매일 밤 과제를 끝낸 후, 우에게 저녁시간 동안 과학책을 빌려주었다. 늦게까지 공부한 그녀는 수학, 물리학과 화학을 혼자서 터득했다. 우는 "스스로 학습"하는 습관을 키웠다. 점차 그녀는 자신이 물리학에 가장 흥미를 가고 있다는 것을 깨닫게 되었다.

고교시절, 친구들은 우에게 학교에 중국 지하 학생 운동 본부를 지휘하도록 했다. 얼마 동안 그들은 우의 성적이 매우 우수하기 때문에 정치적 활동을 이유로 학교에서 그녀를 퇴학시킬 수 없을 것이라고 생각했다. 게다가 혁명적이었던 그녀의 아버지도 그녀를 지지할 것이라고 믿었다. 그리하여 우는 다들 집에 가고 없는 여름방학 이전에 평화적 시위와 회담 등에서 두각을 나타내기 시작했다.

우는 1930년에 가장 우수한 성적으로 쑤저우를 졸업했다. 그 해 여름, 그녀는 난징에 있는 중국의 엘리트 학교인 국립 중앙 대학 합격통지서를 받았다. 무엇을 공부하고 싶으냐는 부모님의 물음에 그녀는 "물리학"이라고 대답했다. 하지만 그녀는 수학과 과학을 제대로 이해하지 못하기 때문에 아마도 교육학을 공부해야 할 것이라고 덧붙였다.

그녀의 아버지는 동의하지 않았다. "준비할 수 있는 시간은 충분히 있다"고 말했다. 그날 밤, 집으로 돌아온 아버지는 운전사에게 차에 있는 짐을 가지고 오라고 했다. 짐에는 고급 수학, 화학과 물리학 책 3권이 있었다. 우는 매우 기뻐했다. 여름 내내 공부를 하고 그녀는 난징에 수학과 학생으로 등록했다. 자신감이 생긴 그녀는 물리학으로 전공을 바꾸었다. 훗날 우는 "아버지의 격려가 없었다면, 중국 어딘가의 초등학교 선생님이 되어있었을 것"이라고 말했다.

난징에서의 지하 학생 운동에도 불구하고 그녀는 우등생이었다. 각기 다른 학부의 교수들이 모여 있을 때면 그들은 서로 자신의 우등생에 대한 자랑을 했다. 후에, 그들은 모두가 한 사람에 대해서 자랑하고 있었다는 것을 알았다. 그 사람은 바로 우젠슝이었다.

1934년 졸업 후, 그녀는 지역 학교에서 1년 동안 가르치고, 상해의 국립 과학 대학에서 X선결정학 연구를 하며 1년을 보냈다. 강사는 미시간 주립 대학에서 박사학위를 받은 중국 여성 물리학자였다. 중국에 물리학과 대학원 과정이 없었기에 그녀는 우에게 미국으로 가서 더 공부를 하라고 권유했다. 조카를 무척 아끼는 우의 삼촌은 여행비를 내는데 도움을 주겠다고 했다. 그는 세계1차 대전 동안 체험학습과정를 위해 프랑스에 갔었고, 중국의 첫 장거리 버스 회사를 운영하는 부자가 되었다.

1936년, 우는 미시간 대학에서 될 수 있는 한 빨리 박사학위를 받고 가족이 있는 중국에 돌아와 그녀의 조국을 현대화시키는 일을 하겠다고 다짐하며 상해를 떠났다. 그러나 그녀는 두 번 다시 가족들을 만나지 못했다.

우는 샌프란시스코에 도착하자마자 모든 계획을 수정했다. 가족 · 친구들을 통해 그녀는 캘리포니아 주립 대학 버클리 캠퍼스의 물리학과 학생인 한 젊은 중국인을 소개받았다. 그의 이름은 '위한 취아-리우', 미국명 '루크 위안' 이다. 그는 만주 왕조말기에 도광황제를 도운 유명한 장군인 '위안 스카이' 의 손자였다. 위안 스카이는 쑨원을 누르고 중국 공화국의 첫 대통령이 되었지만, 첫 황제가 되지는 못했다. 중국의 민주주의를 원했던 위안의 아버지는 그 시도를 반대했다. 순종적인 아들은 아버지를 반대하면 안됐기에 그는 장군에게 이러한 시를 적어 보냈다.

비와 바람은 언제나 산 정상에 있습니다.
당신은 이미 충분히 높습니다.
더 이상 오르지 마세요.

그 후, 아버지를 거스른 죄로 유배 생활을 했고, 글을 쓰고 서예작품을 팔아서 겨우 먹고 살 수 있었다. 위안에게는 어머니와 친척들만 남아 있었다. 물리학을 공부하기 위해 버클리에 도착했을 때, 그의 주머니에는 고작 24달러가 들어 있었다.

교수들은 후에 우가 루크 위안과 있기 위해 캘리포니아에 남은 것이 아니냐고 놀렸다. 하지만 그녀는 3가지 다른 이유가 있었다. 우선, 그녀는 여학생들이 미시간 주립 대학의 학생회관을 쓰면 안 된다는 것을 정확히 들었다. 그녀는 중국의 공학 대학을 다녔고 과학자이기 보다는 우선 여자라고 생각했다. 그녀는 2급 대우를 받는 것으로 만족하고 싶지 않았다. 둘째, 미시간에는 600명이 넘는 중국인 학생이 있었고 그녀는 미국에서 모든 시간을 다른 중국인들과만 보내고 싶지 않았다.

셋째로 가장 중요한 이유는 버클리의 물리학이 당시 가장 명성이 높았기 때문이다. 어니스트 로렌스가 원자를 분쇄하기 위해 사이클로트론을 만들고 있었고 곧 연구로 노벨상을 받게 된다. 원자 폭탄을 만드는 맨하탄 프로젝트를 지휘했던 로버트 오펜하이머는 원자와 아원자의 행동에 대한 새로운 유럽식 양자 이론을 가르치고 있었다. 그들은 다른 저명한 과학자들을 버클리에 오게 했다. 물리학의 가장 우수한 두뇌들과 경쟁한다는 것에도 우는 당황하지 않았다. "전 제 아버지와 비교할 수 있는 남자를 한 명도 보지 못했어요." 그래서, 그녀는 버클리에 남았다.

외국인과 미국인 대학원생을 위한 기숙사인 버클리의 인터내셔널 하우스에서의 그녀의 소개는 엉망이었다. 아침식사를 위해 식당을 들어선 그녀는 쌀밥을 기대했다. 하지만 거기에는 이상하고 알아볼 수 없는 음식이 길게 늘어서 있었기에 사태를 파악한 그녀는 그대로 자리를 떴다. 그 날 오후, 그녀는 제대로 먹을 수 있는 음식을 찾아 캠퍼스를 헤맸다. 동네 빵집에서 그녀는 롤빵, 차를 찾고 후에 노벨 물리학상을 수상하는 윌리스 램브와 결혼하게 되는 얼수라 셰퍼와 친구가 되었다.

얼수라 셰퍼 또한 전 날 밤 인터내셔널 하우스에 도착한 것이다. 독일인인 그녀도 중국식인 모든 것을 사랑했고 버클리의 학생 식당에 기겁했다. 미국에 도착한 지 며칠 되지 않아 우는 미래의 남편과 평생 친구를 찾았다. 그녀는 음식 문제에도 적절한 해결책을 찾았다. 친구를 통해 그녀는 친절한 중국인 요리 조달자를 찾았고, 학생들이 남은 연회 음식을 한 끼 당 25 센트에 사 먹을 수 있게 해주었다. 우, 램브와 위안은 자주 거기서 먹었다. 두 여성은 또한 서로의 문화를 가르쳐 주었다. 램브는 우를 데리고 바그너의 「파르지발」이라는 오페라를 보러 갔다. 우는 오페라가 몹시 재미있었다. 그리고 우는 램브에게 샌프란시스코의 차이나타운에 있는 중국 영화관을 소개시켜 주었다. 우는 중국에 대해 읽을 수 있는 책을 추천했고,『문학으로서 성경(*The Bible as Literature*)』이라는 책을 빌렸다.

우는 버클리의 가장 아름다운 여성이 되었다. 그녀는 남성들이 부르는 "뇌쇄자 – 눈부시고 가냘픈 여자로 어떤 사람의 마음도 녹일 웃음을 가진 사람"이었다. 램브는 우가 "당신의 무릎에 햇빛처럼 비쳐주는 웃음"을 가지고 있다고 생각했다. 버클리의 남성들은 "우(Wu)"와 "우우우(woo)"를 운을 맞추어 불렀고, 후에 높은 깃과 슬릿 스커트 같은 그녀의 이국적인 중국식 옷들에 대해 추억했다. 그녀는 옷 치수에 맞추어서 중국이나 대만에서 여러 옷감으로 옷을 주문했다. 나중에도 그녀는 서양 옷을 즐겨 입지 않았다.

그녀의 인기에도 불구하고 많은 학생들은 그녀를 "미스 우"라고 불렀다. "치엔-시웅"은 제대로 발음하기 힘들었기 때문에 우는 기품 있고 격식을 차리는 사람이었다. 모든 사람이 재미를 느꼈던 것은 그녀가 램브의 약혼자를 결혼한 후에도 "미스터 램브"라고 불렀던 것이다. 오직 로버트 오펜하이머와 그녀의 친한 친구들만 그녀를 "제제"라는 중국어로 언니, 누나라는 애정어린 호칭으로 불렀다.

램브는 곧 그녀의 매력적인 겉모습과 수수한 행동 뒤에 얕잡을 수 없이 이성적이고 곧은 성품이 있다는 것을 알게 되었다. 우는 무엇보다도 거짓말을 하지 않았다. 그녀는 의례적인 거짓말을 하는 것을 배우지 않았다. 그녀는 평소 생각을 웃음 뒤에 숨겼고, 그녀의 손 뒤에 숨겨진 웃음은 전통적인 중국의 방식이었다. 램브도 그녀의 치아를 보지 못했다.

가끔 램브의 행동이 탐탁지 않게 여겨지면 우는 솔직하게 타일렀다. 램브는 우의 비판을 그녀가 친구의 행복을 생각해주는 진실한 마음으로 받아들였다. "그녀는 제게 진정한 지옥을 보여준 유일한 사람이었어요."라고 램브가 회상했다. "전 그녀로부터 엄한 질책을 받았어요. 다른 사람 누구도 그런 말을 할 용기가 없었고, 전 며칠 동안 제 꼬리를 다리 사이에 감추고 다녔죠. 하지만 전 언제나 '내가 너에게 다른 누구도 말해주지 않는 것을 말해주겠어' 라는 따뜻한 마음에서 나오는 것임을 알았어요. 그건 유익했죠." 우의 열변은 둘 사이의 우정을 더욱 깊게 했다. 나이가 들어서도 램브는 우를 "완전히 확실히 믿을 수 있는 친구"로 여겼다. "무슨 일이 생기면 그녀는 거기에 있었다. 그녀는 매우 조용했지만 인간적이고 따뜻했다."

1930년대, 우가 버클리에 있을 때 가장 흥미 있는 물리학 분야는 핵물리학이었다. 어니스트 로렌스의 조수 중 하나는 에밀리오 세그레로 1959년에 노벨상을 함께 받은 사람이었다. 세그레는 핵을 공부하고 있었고, 우는 그의 모임에 합류했다. 하지만 세그레는 학생들 사이에서 신경질적이고 까다로운 사람이라는 평판이 있었다. 우가 실험실에 뚜껑이 열린 수은 병을 두었을 때 그는 그녀에게 거친 쪽지를 남겼다. "증기는 독성입니다. 당신은 손주가 보고 싶지 않나요?"

그의 무뚝뚝함에도 불구하고 세그레는 우를 자신의 딸처럼 대우했다. "우의 의지력과 일에 대한 헌신은 마리 퀴리를 상기시키지만, 그녀는 광범위하면서 우아하고 재미있다"고 그가 말했다. 그는 여러 차례 그녀에게 실험실에서 너무 오래 일하지 말라고 그녀에게 말했다. "우 양, 물리학을 읽는데 시간을 더 보내야 해요. 이런 것들은 멀리서 바라보고 큰 사진을 봐야 해요." 오랜 시간 뒤, 그녀는 그의 충고를 물리학자가 된 빈센트에게 전했다.

버클리에서 보낸 첫 해 말, 물리학부는 연구비 지원에 우와 위안을 추천했다. 하지만 대학 이사회는 아시아인들을 차별했고, 어떤 중국인 물리학자도 연구비지원을 받은 적이 없었다. 그래서 물리학과 학과장은 그들에게 시험을 채점하면 200달러를 주기로 결정했다. 집세도 무료였지만 위안은 생활비가 늘 부족했다. 노벨상을 받은 물리학자 로버트 밀리칸이 캘리포니아 공과 대학에서 그에게 600달러짜리 연구비지원제도에 대해서 전보를 치자 위안은 바로 남부 캘리포니아로 옮겼다. 그로부터 우와 위안은 45여 년 동안 함께 있기 위해 통근하게 된다.

1937년 7월 인터내셔널 하우스에서 아침식사를 하기 위해 내려온 우는 큰 신문 보도를 보고 놀랐다. "일본이 중국을 침략하다." 미국에서 오도 가도 못하게 된 그녀는 가족과 그들에 대한 어떤 소식도 들을 수 없고, 그들의 재정적 도움도 끊겼고 전쟁이 끝날 때까지 집에 돌아갈 가능성도 없게 되었다. 그녀는 비서가 와서 물리학과 학과장이 바로 오라는 소식을 들을 때까지도 뉴스의 충격에 빠져 있었다. 그는 그녀에게 확신을 가지고 말했다. "봅시 유감이에요. 하지만 당신은 걱정하지 않아도 되요. 우리가 당신을 지켜줄 거예요."

그녀가 방으로 돌아와서 침대 위에 놓인 꽃다발 두 개를 보았다. 인터내셔널 하우스에 함께 사는 두 명의 젊은 일본 여학생들이 동정을 표하기 위해 보낸 것이었다.

12월이 되자, 일본군이 상해, 쑤저우와 난징을 점령했다. 난징에서 일본군은 광폭했으며 약 4만 2천 명의 사상자를 냈다. 일본 군인들은 대량 학살의 사진을 기념으로 찍었고, 그들이 버리고 간 필름을 중국인 상점 점원들이 인화하여 신문사에 복사본을 몰래 주었다. 이런 잔학한 행위의 사진들이 샌프란시스코를 포함한 세계 곳곳에 보도되었다.

우는 36년 동안 중국에 돌아올 수 없었다. 그 중 8년은 중국이 일본과 싸우고 있는 기간이었고, 처음엔 일본 하나였지만 후에는 미국 · 영국 · 러시아와 한편이 되어서 싸웠다. 1945년에 일본군이 항복할 때까지 우는 부모님이나 형제로부터 어떤 소식도 듣지 못했다.

우는 전쟁을 잊기 위해 더 열심히 일했다. 그녀는 아버지의 충고를 받아들였다. "그냥 얼굴을 숙이고 계속 앞으로 나가거라." 그녀는 이렇게 설명했다. "전 언제나 물리학이나 또 다른 일에도 완전한 헌신이 있어야 한다고 느꼈어요. 그건 그저 일이 아니에요. 사는 방법이죠." 마리 퀴리는 그녀의 우상이 되었다. 그녀 또한 조국을 떠났고 열정과 결단력으로 물리학자가 되었다. 대학 관리자들이 우가 실험실에서 늦은 밤까지 일하고 집에 혼자서 걸어가는 것을 걱정하자 늦게까지 일하던 다른 대학원생인 로버트 윌슨이 그의 아주 오래된 고장 난 차로 그녀를 기숙사로 데려다 주게 되었다. 매일 아침 3~4시에 윌슨은 연구실에 들러 그녀에게 말했다. "우 양, 이제 당신이 집에 갈 시간이에요." 윌슨은 후에 일리노이주의 바타비아에 있는 페르미 국립 가속 장치 연구소에서 지도했다.

실패하면 갈 곳이 없었기에 성공해야 된다는 그녀의 압박감은 엄청났다. "시험을 칠 때, 그녀는 언제나 위기가 있었어요."고 윌슨은 기억했다. "너무 가냘픈 그녀가 쓰러질까봐 걱정되었죠. 그녀가 시험을 통과하면 중국식 식당에서 승리의 축하연이 있었어요."

그녀는 영어를 완선히 자연스럽게 하지는 못했다. "그의(He' s)"와 "그녀의(She' s)"는 혼동되었고 관사와 동사가 흥분되는 순간에는 사라지는 경향이 있었다. 그녀의 발음은 종종 부정확했다. 그 결과로 그녀는 강연을 말로 표현하기 전에 쓰게 되는, 습관을 평생 갖게 되었다. 한번은 그녀가 한 연설에 너무 집중한 나머지 방정식을 중국식으로 오른쪽에서 왼쪽으로 쓴 적도 있었다.

그녀는 열심히 일할수록 오히려 더욱 기뻤다. 그녀는 물리학의 세계를 지배하려는 대신 이렇게 생각했다. "당신은 일하기 위해 와서 당신만의 길을 찾게 되지요. 처음에 당신은 매우 열심히 해야 해요. 문을 밀고 주제 안으로 들어가는 것은 매우 힘든 일이지요. 하지만 한번 이해하기 시작하면 그것은 매우 흥미로워집니다."

그녀는 두 부분으로 나누어진 논문을 연구하기 시작했다. 우선, 그녀는 입자가 물질을 통과할 때 분출하는 전자기 에너지를 연구했다. 1939년, 독일 화학자 오토 한과 프리츠 스트래스맨은 리제 마이트너가 설명한 핵분열 과정의 원자핵을 분열시켰다. 우는 그 현상을 공부하기 시작했다. 논문의 반을 위해 그녀는 우라늄 핵이 분열될 때 나오는 방사능 불활성 기체에 집중했다.

1940년 우가 박사학위를 받았을 때 그녀는 버클리에서 2년 동안 연구 조수로 남았다. 그녀는 곧 지역의 분열 전문가로 알려졌다. 훌륭한 덴마크인 물리학자 닐스 보어는 그녀가 과정을 설명하는 토론회에서 강연을 해보라고 제안했다. 오펜하이머는 그녀를 "권위자"라고 불렀다. 1941년이 되자 그녀는 대학 밖에서도 널리 알려졌다. 지역 신문 기자는 그녀가 "연기자나 화가, 혹은 서양 문명을 찾는 부잣집 딸처럼 보였다"고 전했다. 그녀는 1941년에 미국을 돌며 강연을 했다.

1942년, 과학자들이 워싱턴 주의 핸포드에서 자립적인 핵분열 작용을 시작하려고 노력했을 때 연쇄 반응은 몇 시간 동안 시작되다가 이상하게도 끝났다. 엔리코 페르미는 분열에서 생성되는 물질 중 하나가 반응의 힘을 없애는 것이라고 추측하고 "우에게 물어봐"라는 말을 들었다. 그녀가 박사 학위 논문을 위해 공부하고 있던 가스 중 하나인 크세논이 문제를 일으키는 것이었다.

그녀의 유명세에도 불구하고 버클리의 물리학부는 그녀를 고용하는 것을 거부했다. 당시 미국의 최상위 20개 연구 대학 중 한 곳도 여성 물리학 교수가 없었다. 중국인에 대한 차별은 특히 심했는데 1942년이 되자 중국은 5년 동안 일본과 싸우고 있었고 이는 그 어떤 나라보다 오래된 기간이었다. 세그레는 버클리에서 우를 영구적으로 고용하지 않은 것을 절대 용납할 수 없었다. "스타를 가질 수 있는 기회 였어요" 그가 그녀에게 말했다.

하지만 1942년에 우는 옮길 준비가 되어 있었다. 버클리의 대다수 물리학자들이 전쟁 연구를 위해 떠났다. 오펜하이머는 뉴멕시코 주의 로스 알라모스에서 개발되는 원자 폭탄 프로젝트를 벌써 관리하고 있었다. 우는 분열에 관해 인정받는 권위자였지만 그 그룹에 참여해달라는 요청을 받지 못했다. 대신, 그녀와 위안은 위안의 논문을 지도한 로버트 밀리칸의 정원에서 결혼했다. 그리고 젊은 부부는 동부로 이사를 갔다.

위안은 뉴저지 주의 프린스턴에 있는 RCA 연구소에서 레이더 장치를 설계하는 일이 있었고 우는 매사추세츠 주의 노스햄턴에 있는 스미스 대학에서 가르치는 일을 갖게 되었다. 그들은 주말에 뉴욕시에서 만났다. 우가 스미스에 간 이유는 전쟁 전에 그 여자 대학의 학장이 버클리를 방문하여 우에게 "당신이 학위를 받고 돌아가기 전에 미국에서 일을 하고 싶다면, 저에게 연락해요"라고 제안했었기 때문이다. 우는 조교수고 가르치는 것을 즐겼지만 스미스는 당시 다른 여자 대학과 같이 교직원들이 가르치지 않고 연구를 하게 할 만큼 재정적 재원이 없었다. 우는 무엇보다 연구에 관심이 있었다.

보스톤에 있는 한 회의에서, 우는 버클리의 어니스트 로렌스를 만나게 되었다. 그 때, 미국은 전쟁에 참여한지 1년이 되었고 물리학자들이 매우 부족한 상태였다. 과학적으로 말하자면 세계2차 대전은 물리학자들의 전쟁이었다. 레이더의 개발로 영국이 독일 공군을 저지할 수 있었고 원자 폭탄으로 일본군과의 전쟁을 끝낼 수 있었다. 물리학자들이 두 가지 기술을 다 개발했기 때문에 수요가 많았다.

"당신은 실험하는 것이 행복하지 않나요?"라고 로렌스가 물었다.

"저는 그 길에서 좀 벗어난 것처럼 느껴져요."라고 그녀가 인정했다.

로렌스는 즉시 전쟁 때문에 자리를 비운 교수들을 일시적으로 대신해줄 물리학자들을 필사적으로 찾고 있는 여러 대학을 추천했다. 인재 부족 때문에 2년 전에는 오직 여자대학에서만 일을 구할 수 있던 우가 8개의 대학에서 제안을 받았다. 그 중에는 당시 여학생을 뽑지 않았던 프린스턴, 콜럼비아와 매사추세츠 공과 대학이 있었다. 그녀는 프린스턴을 골랐다. 몇 년 만에 처음으로, 그녀는 위안과 함께 있을 수 있었다.

31세의 나이에 우는 프린스턴의 첫 여성 강사가 되었다. 그의 학생들은 대부분은 프린스턴에 공학 훈련을 받기 위해 보내진 해군 생도들이었다. "그들은 학생들이었어요"라고 그녀가 말했다. "하지만 그들은 물리학을 무서워했고 먼저 그 두려움을 떨쳐내야 했어요."

몇 개월 뒤, 우는 뉴욕시에 있는 콜럼비아 대학의 전쟁 연구국 인터뷰 요청을 받았다. 하루 종일 두 물리학자가 그녀에게 물리학에 대해서 물었지만 실험실의 비밀 프로젝트에 대해서는 아무것도 누설하지 않았다. 하지만 그들은 인터뷰를 그들의 연구실에서 진행했다.

그 날이 끝나고 그들은 물었다. “자, 우 양, 당신은 우리가 여기서 무엇을 하는지 조금이라도 알고 있나요?”

“죄송해요.” 그녀가 말했다. “하지만 당신이 하는 일을 내가 모르게 하고 싶었다면 당신은 칠판부터 닦았어야 했어요.”

그들은 웃음을 터뜨리며 제안했다. “당신이 이미 무슨 일인지 알고 있으니, 내일 아침부터 시작할 수 있나요?”

1944년 3월, 스미스와 프린스턴에서 2년을 가르치고, 우는 연구로 돌아왔다. 콜럼비아에서 개조된 내쉬 자동차 창고에서 그녀는 원자 폭탄 프로젝트를 위한 민감한 방사능 측정기를 개발하는 것을 도왔다.

1945년 일본의 패배 후, 우는 드디어 중국에 있는 가족으로부터 소식을 들었다. 그들은 다 잘 있었고 그녀의 아버지는 중국 교전권 중 가장 유명한 공훈 중 하나를 지휘했다. 그는 버마와 중국 사이에 히말라야 산맥을 통과하는 1천 킬로미터가 되는 한 차로인 고속도로인 버마 로드의 수작업 건설을 감독한 것이다. 몇 년 동안, 버마 로드는 연합군 물품을 중국군에게 전달하는 유일한 길이었다.

비슷하게 좋은 소식이 콜럼비아로부터 들려왔다. 우는 전쟁 후 대학에 남아달라는 요청을 받은 맨하탄 프로젝트 물리학자들 중 몇 안 되는 사람 중 하나였다. 콜럼비아는 미국의 가장 훌륭한 물리학부 중 하나였고 그녀는 그곳의 가장 큰 연방 연구 보조금의 상급 조사원이 되었다. 1947년에 아들 빈센트 웨이첸 위안이 태어났고 우는 그를 돌봐줄 착실한 여성을 고용했다. 우, 위안과 빈센트는 실험실에서 집으로 빨리 다닐 수 있도록 그녀의 실험실에서 두 블록 떨어진 콜럼비아 아파트로 이사를 갔다. 후에 그녀는 과학계에 종사하는 여성이 성공하기 위한 세 가지 필요 조건은 “좋은 남편” “집에서 가까운 직장”과 “좋은 탁아 시설”이라고 말했다.

위안은 콜럼비아에서 두 시간 정도 걸리는 롱 아일랜드에 있는 브룩헤이븐 국립 연구소에서 가속기 설계의 저명한 권위자가 되었다. 매주 월요일 아침, 그는 브룩헤이븐으로 기차를 타고 통근했고 금요일에 가족과 주말을 보내기 위해 집으로 돌아왔다.

우와 위안이 미국 삶에 적응해갈 때 그들은 중국의 집으로 돌아갈 기회가 생겼다. 국립 중앙 대학이 우와 위안에게 교수직을 제안하며 그들이 귀국하기 전에 1년 더 미국에서 지내며 연구실 기구를 모아오라고 제의했다. 하지만 장제스와 중국 공산주의자들이 내란으로 싸우고 있었다. 공산주의자들이 중국에서 권력을 굳히자 우의 아버지는 그녀에게 돌아오지 말라고 조언했다. 중국 과학자들이 전쟁 후 공산주의 국가에 가는 것을 막기 위해 미국 국무부는 재입국 비자를 일상적으로 거부했기 때문에 귀국하면 돌아올 수 없었다. 여하튼 우와 위안은 빈센트를 공산주의 국가에서 키우기를 원치 않았다. 그래서 긴 귀화 과정을 시작했고 1954년에 미국 시민권자가 되었다.

1949년 중국 공산주의자들의 승리 후, 미국과 중국 사이에 모든 공식적인 대화가 끊겼다. 우는 홍콩이나 사이공을 통해서 1년에 서너 번씩 편지를 받았지만 정치를 다룰 수는 없었고 집을 방문하는 것은 더욱 더 불가능했다. 1973년, 우가 드디어 중국에 갈 수 있었을 때 그녀의 부모님과 형제들 이미 모두 사망했다. 큰 오빠는 문화 대혁명 때 죽임을 당했고 작은 오빠는 감옥에 갇힌 뒤 자살을 할 때까지 계속 심문을 당했다. 여러 친구들도 자살을 했고 위안의 자매는 고생을 엄청 많이 했다.

그 때부터 그녀는 중국식 옷을 입고 중국식 음식을 좋아하고 중국식 이름을 썼다. 그녀는 여기저기를 다니면서 뉴욕에서 가장 요리를 잘하는 중국 요리사들을 기록했고, 금요일 점심은 콜럼비아 중국인 물리학자들의 미식가 전통이 되었다. 한번은 그녀가 미국식 이름을 거절했던 것이 문제를 일으켰다. 미국 이민국은 그녀가 여성인지 모르고 같은 이름을 가진 필라델피아의 금융 사기꾼과 헷갈렸다. 콜럼비아 이사회가 이 문제를 해결했을 때, 우의 이민 자료는 엄청나게 불어나있었다.

콜럼비아에서 자리를 잡은 그녀는 이제 자신의 분야를 찾아야만 한다고 생각했다. 연구원이 하는 중요한 결정 중 하나는 중요한 연구 주제를 고르는 것이다. "당신이 적합한 주제를 고르게 된다면 당신은 기본적 구조에 대한 우리의 인식을 바꾸는 중대한 결과를 얻을 수 있어요."라고 노벨상을 수상한 이론학자 첸 닌 양이 말했다. "그러나 당신이 적합한 주제를 선택하지 못한다면, 당신은 열심히 일을 할지는 모르겠지만 흥미로운 결과 밖에 얻지 못할 거예요."다행이도 우는 중요한 문제를 고르는 초인적인 능력이 있었다.

생각 끝에, 우는 결정했다. "베타 붕괴는 많은 문제가 있어요. 문제를 해결하면 당신은 페르미의 이론과 증거가 일치하는지 보려고 하죠." 그래서 우선 그녀는 베타 붕괴를 이해하려고 노력했다. 그 과정은 큰 원자의 핵이 굉장히 빠른 전자와 중성미자를 분출하고 그 과정에서 다른 원소로 변하는 것이다. 일반적으로 원자는 각 원자의 주위를 둘러싸고 핵 안에는 존재하지 않는다. 하지만 베타 붕괴에서는 핵 안의 중성자가 부서지고 양자, 전자와 중성미자를 형성한다. 핵에서 엄청난 속도로 뿜어 나오는 원자와 중성 인자는 핵으로부터 여분의 에너지를 없애고 양성자는 새롭고 더 안정적인 핵 안에 머무른다.

페르미 이론이 특정한 속도에 나오는 원자의 수를 명백하게 예상했기 때문에 실험학자들은 헷갈렸다. 페르미에 의하면 많은 원자들이 핵으로부터 매우 높은 속도로 터져 나올 것이다. 그러나 모든 실험이 엄청난 수의 느린 전자를 생성했다.

조심스러운 실험의 연속 덕분에 우는 예전의 연구원들이 일정하지 않은 굵기의 방사능 물질을 사용한 것을 발견했다. 두꺼운 부분을 통과하는 전자들은 더 많은 원자를 날리고 더 많은 에너지를 잃었다. 그것들이 열린 공간에 나타나면 더 적은 원자를 포함하는 얇은 부분의 전자들보다 느린 속도로 가고 있었다. 우는 일정하게 얇은 방사능 물질을 사용하여 페르미가 예측한 것과 같은 원자 속도를 갖게 되었다.

"그녀의 베타 붕괴 연구는 그 정확성 때문에 중요했다"고 캘리포니아 공과 대학의 노벨상 수상자 윌리암 파울러가 말했다. "우리 실험실은 같은 분야를 연구하고 있었다. 그녀는 우리가 한 것보다 더 잘했다… 그녀는 명성을 떨쳤다. 그녀의 실험을 반복하려고 했던 사람들과 그녀와 경쟁하는 사람들은 그녀가 언제나 옳았다는 것을 알게 되었다. 그녀는 아무리 어렵더라도 늘 중요하고 의미 있는 실험을 골랐다. 그것은 매우 어려운 것이었다."

"그녀는 믿을 수 있는 연구를 하는 사람으로 알려졌다"라고 당시 그녀의 대학원 학생이었던 레온 리도프스키가 말했다. "제가 그녀에게 배운 것 중에 하나는 만약 다른 사람의 것과 일치하지 않는 결과를 얻었을 때는 반드시 그들이 틀리다는 것을 보여주고 어떤 것이 맞는지를 보여줄 수 있어야 한다는 것이었어요. 그렇지 않으면, 그 누구의 자료를 믿어야 할지 아무도 모르게 됩니다. 그녀는 일이 정확하게 되어야 한다는 집념이 매우 강했어요. 실험이 끝나면 그것이 맞는 것인지 반드시 확인을 하고 데이터를 취할 수 있었고, 정확하지 않은 결과가 나오면 그것은 믿을 수 없는 것이기 때문에 취할 가치가 없었죠."

많은 과학자들은 우의 베타 붕괴 연구가 노벨상을 받을 만큼 훌륭했다고 믿었다. 하지만 그것은 상의 기준에 맞지 않았다. 물리학상은 발견이나 발명에 주는 것이었다. "그녀는 물리학의 큰 혼란을 훌륭하게 해결했지만 그것은 발견이 아니였어요"라고 현재 러트거 대학의 교수이자 학장인 노에미 콜러가 설명했다.

1946년부터 1952년까지, 우는 베타 붕괴에 "완전히 빠져있었다." 그녀는 리제 마이트너가 그녀의 분야에서 한 연구를 존경하기 시작했다. 한 실험이 다른 실험으로 이어지자 우에 대한 평소의 객관적인 기사들이 매우 직관전인 단어인 "만족" "기쁘다" "효과적인" "유쾌한"과 "부유"와 같은 것으로 빛나기 시작했다.

그녀는 학생들처럼 사신에게도 고되게 일을 시켰다. 리도프스키는 우가 그가 본 가장 아름다운 여성 중 하나라고 생각했다. "그녀는 더없이 훌륭했어요. 그뿐만 아니라, 그녀는 매우 강한 성격을 가졌어요." 리도프스키는 선언했다. "그녀는 몹시 성실해요."

에밀리오 세그레는 "그녀는 노예 감독자에요…. 그녀는 중국 문학에서 자주 나오는 호전적인 여성의 모습인 황후나 어머니 같았어요"라고 말했다. 그녀가 끝내야 할 특별한 논문이나 보고서가 있으면 그녀는 일찍 잠에 들고 새벽 4시에 일어나 일을 계속 했다. 그녀는 자주 아들에게 발명가 토머스 에디슨은 "1퍼센트의 영감과 99퍼센트의 노력"으로 천재로 알려졌다고 상기시켜 주었다. 그리고 그녀는 아버지의 충고인 "그냥 얼굴을 숙이고 계속 앞으로 나가거라"를 상기했다.

"그것은 매우 신나는 일이였어요"라고 콜러가 기억했다. "하지만 그녀는 거칠었어요. 그리고 매우 요구가 지나쳤죠. 학생들이 맞게 할 때까지 강요했어요. 모든 것은 마지막 소수점까지 설명되어야 했어요. 절대 만족하지 못했죠. 그녀는 사람들이 밤늦게까지, 아침 일찍부터, 토요일 내내, 일요일 내내 일하기를 원했다." 학생들은 우가 유대인 학생이 안식일을 지키고 1주일에 6일 밖에 일하지 않는 것에 실망했다고 전했다.

"그녀는 최선의 결과, 최고의 측정, 명확한 이해와 최고의 설명을 원했다. 그녀는 우리가 무엇을 하는지 우리에게 이해시키고 싶어 했다"고 그녀의 학생 중 한 명이 상기했다. "그녀는 특정한 시간에만 칭찬을 했는데 완벽한 다른 사람이 있을 때만 그렇게 했어요."

늦은 토요일 밤에 출장 갔다가 집에 돌아오는 길에 우는 택시 기사에게 그녀의 실험실에 들러달라고 부탁했다. 모든 창문이 어두웠다. 일요일 이른 아침에 그녀는 콜러에게 흥분하여 전화했다. "기구들이 홀로 있어. 누구도 일하고 있지 않아. 기구들이 홀로 있어." 콜러는 그때 그녀가 그녀만큼 학생들이 일에 대해서 흥미를 느껴야 한다고 생각한다는 것을 알게 됐다.

매우 경쟁심이 강한 우는 학생들에게 출판을 할 때까지 방문객에게 그들의 자료를 절대 보여주지 말라고 했는데 그것이 도난당할 수 있었기 때문이다. 방문객들이 엿볼라치면 그녀는 특유의 중국어-영어가 뒤얽힌 형태로 바꾸었다. 그녀는 매력적이고 부드러운 목소리로 말했으나 질문에는 답하지 않았다. "난 필요할 때면 여성스럽고 그렇지 않으면 전혀 여성스럽지 않아."라고 그녀가 친구에게 고백했다. 콜러는 이렇게 상기했다. "어쩌면 그녀는 적군 지역에 있다고 느꼈을 수도 있어요. 우리는 그녀가 훌륭한 교수라고 생각했어요. 우리는 그녀가 낮은 위치에 있는 것을 인식하지 못했고 그녀가 어떻게 싸웠는지 몰랐어요."

그 무엇도 그녀를 실험실에서 멀리하게 할 수 없었다. 그녀는 닥치는 대로 일하는 것을 좋아했고 학생들이 그들의 기구를 제대로 조절하지 못했다고 생각했을 때 "고치는 것' 을 망설이지 않았다. 그들의 실험이 더 방해받는 것을 원치 않는 학생들은 그녀에게 빈센트와 함께 가라고 어린이 영화의 특별한 시사회 티켓 두 장을 주었다. 영화가 시작할 때 학생들은 일하려고 자리를 잡았고 앞으로 그들에게 평화로운 몇 시간이 있다고 자신했다. 우는 행복한 웃음을 지으며 들어왔다. "난 아이를 보모와 함께 보냈지요"라고 그녀가 설명했다.

1940년대와 1950년대에 우의 학생들은 빈센트가 어머니로부터 충분한 관심을 받지 못한다고 생각했다. "우 선생님은 밤늦게까지 일했어요."라고 그녀의 학생이 말했다. "우 선생님의 아들은 전화를 해서 배고프다고 말했죠. 그는 전화를 하고 또 했어요. 다음 날 그녀는 아들이 얼마나 대단한지 말했어요. 너무 배고파서 스파게티 캔을 열어 먹었다는 것이었죠."

그는 1학년부터 4학년까지 롱 아일랜드에 있는 기숙사 학교에 다녔다. 학교는 아버지가 일하는 롱혜이븐 주위에 있었고 둘은 주말에 집으로 돌아왔다. 기숙사 학교에 대해서 빈센트는 후에 말했다. "학교를 싫어하지는 않았어요. 전 학교 생활 내내 그곳에 계속 있고 싶지 않다고 생각했어요. 캠프에 있는 것과 비슷했거든요."

5학년 때, 그는 맨하탄에 있는 대학 준비 학교로 바꾸었고 다음에는 매우 경쟁률이 높은 브론스 과학 고등학교에 다녔다. 8학년 때, 그는 아버지가 유럽에서 안식년을 보낼 때 프랑스 기숙학교에서 불어를 배웠다. 빈센트는 부모님처럼 물리학자가 되었지만 두 분 다 그에게 과학을 하라고 강요하지 않은 것에 진심으로 감사했다. "그들은 저를 지켜보면서 이것 해라, 저것 해라 말하지 않으려고 매우 신경 쓰셨어요"라고 빈센트가 강조했다.

우는 "테리와 해적"들이라는 만화에 나오는 "용 숙녀"이라는 별명을 얻었다. 용 숙녀는 매력적이지만 위험한 중국 미인으로 장제스 장군의 거만한 아내를 기초로 만든 인물이었다. 그러나 그 별명은 우와 그녀의 학생들보다 외부에서 더 많이 사용했다고 리온 리도프스키와 다른 이들이 말했다. 그녀는 콜럼비아의 남성 교수들보다 더 공격적이거나 요구 사항이 많지 않았다고 당시 콜럼비아의 핵 물리학 학장이었던 윌리엄 헤이븐스가 강조했다. 콜러는 이렇게 상기했다. "우리는 절대 그녀를 용 숙녀라고 부르지 않았습니다. 적어도 그런 확신을 가지고 말이죠. 그녀는 1940년대와 1950년대 콜럼비아 교수 중에 가장 인간적이었어요."

우의 학생들은 그녀를 강하고 지배하는 어머니상으로 여겼다. 현재 캘리포니아 주립 대학의 산타바바라 캠퍼스에서 마이크로제조공정 전문가인 에블린 후는 우의 "모성, 걱정하는 마음,…과 상처받기 쉬움"을 느낄 수 있었다. 하지만 학생들을 가족처럼 대하는 것에는 장단점이 있었다. 걱정하는 부모처럼 우는 그녀의 학생들을 모호하지 않게 벌을 주었고 그들을 잘못되게 하는 것이 무엇인지 정확히 말해주었다.

그녀는 특히 중국인 학생들을 더 강하게 몰아붙였는데 아시아인에 대한 차별 속에서 평균인 중국인이 살아남을 수 없다고 믿었기 때문이다. "전 그녀가 가혹했던 이유가 성공을 하려면 무엇이 필요한 것인지 알았기 때문이라고 생각해요."라고 우의 대학원 친구로 바너드 대학의 역사학 교수가 된 아술라 램브가 설명했다.

"그녀는 노예 감독자 같았어요."라고 그녀가 주장했다. "그녀는 퉁명스럽고 험했고 어떤 것이 그녀를 짜증나게 하거나 학생들이 기준보다 낮은 수준을 보인다고 느끼면 그녀는 그에게 지옥을 보여주었어요. 왜냐하면 그녀는 그가 성공할 수 없을까봐 걱정되었기 때문이에요. 하지만 어쩌면 그녀의 학생들은 그것을 용납하지 않았는지도 몰라요. 그들은 말만 듣고 그녀의 마음을 받아들이지 않았죠. 퉁명스러운 그녀의 태도는 개인적이고 걱정하는 다른 방식일 뿐이에요. 그녀가 공손함을 버리고 어떤 사람에게 솔직히 무언가를 말한다는 것은 열정과 걱정의 표현이지 공격이 아니에요."

우의 베타 붕괴 연구의 성공에도 불구하고 1952년까지 콜럼비아의 교수진이 되지 못했다. 정규 연구원이지만 교육 의무가 없었던 그녀를 학부 관리자들이 얕보는 것을 윌리엄 헤이븐스가 알게 되었다. 당시 콜럼비아에 다른 정규 교수는 수업이 있었다. 그래서 헤이븐스는 우가 시간제로 수업을 하도록 정했고 1952년이 되어서야 우는 여러 단계를 한 번에 승진했다. 종신권이 있는 조교수가 되자 그녀의 영구적인 일자리와 급료는 확실하게 되었다. 그녀는 무척 황홀했다.

"베타 붕괴를 위한 특별한 자리가 언제나 내 가슴에 있을 것이다"라고 우가 선언했다. 그럼에도 불구하고 그녀는 1952년부터 1956년까지 탐구할 새로운 분야를 찾았다. 1956년에 어느 이른 봄날, 콜럼비아에 젊은 중국계 미국인 물리학자인 리정다오가 그녀의 연구실에 조언을 얻으러 왔다. 그의 질문은 그녀가 늘 지니고 있었던 정열을 삽시간에 끄집어냈다. 리와 뉴저지 주의 프린스턴에 고등 연구를 위한 연구소의 양전닝은 K중간자(K-meson)라는 새로 개발된 입자가 만든 알 수 없는 퍼즐을 함께 연구하고 있었다.

1950년에 만들어진 새롭고 큰 원자를 부수는 가속기 덕분에 물리학자들은 새로운 아원자를 많이 개발하고 있었다. 나중에 페르미는 불평했다. "제가 이 입자들의 이름을 기억할 수 있다면 전 식물학자가 되었을 거 에요." 뮤온(mu-meson)이 발견되었을 때 물리학자 I.I.래비는 날카롭게 지적했다. "누가 그것을 시켰죠?" 양자, 중성자와 전자가 모든 평범한 물질을 설명할 때 거의 200개의 다른 아원자가 발견되었다. 대다수가 큰 가속기를 1초에 조금만 살아남는 인공적인 특이한 것이었다. 그것은 K중간자를 포함했다.

K중간자에 대한 수수께끼는 그것이 방사능적으로 붕괴할 때 가끔씩 그것이 두 개의 입자나 때로는 3개를 생성한다는 사실에서 생겨났다. 당시 물리학자들은 그것이 사실 두 개의 다른 입자라고 추측했다. 리와 양은 모든 K중간자가 같은 무게와 성질이 있다는 것을 배웠고 그들은 K중간자가 다른 두 가지 방법으로 붕괴하는 한 입자가 될 수도 있다고 추측했고 그 추측이 옳았다.

리와 양이 맞았다면 원자 안에 있는 입자들은 때로 물리학의 기본적인 법칙을 거스르게 되는 것이다. 반전성과 대칭의 법칙에 따르면 분자, 원자와 핵은 대치적으로 행동해야 한다. 자연은 관찰자가 그것을 직접적으로 보든지 거울을 통해서 보든지 상관하지 않는다는 것이다. 거울 세계에서 실행되는 실험은 우리 세계에서 실행되는 실험과 같아야 했다. 제1차 세계대전 동안 에미 뇌더의 수학적 발견의 결과로 반전성과 대칭의 법칙은 벌써 분자, 원자와 핵에 대해서 많이 설명됐다. 그러면 핵 안이라고 다르겠는가.

하지만 리와 양은 핵 안에 입자들이 때로 한 쪽 방향이나 다른 방향을 택할 수 있다고 추측했다. 간단히 말하면 입자들이 오른손잡이나 왼손잡이일 수 있다는 것이다. 입자들은 때때로 오랫동안 믿어왔던 반전성의 법칙을 위배했다.

물리학자들은 실험적 증거와 수학에 의해서 지도를 받는다. 두 개가 일치하지 않으면 간단한 수학적 이론을 믿는 것이 이해할 수 없는 많은 실험을 믿는 것보다 쉽다. 그래서 많은 물리학자들은 핵 안에 있는 모든 입자들의 상호 작용이 대칭이라고 믿고 싶었다. 그들은 핵이 붕괴하고 원자를 분출할 때 거의 같은 수의 원자가 핵의 한 쪽과 다른 쪽에서 나올 것이라고 추측했다. 리와 양은 반대로 추측했다. 원자가 한 쪽보다 다른 쪽을 선호할 수 있다. 핵 안에 자연은 이해할 수 없는 어떤 묘한 이유로 항상 대칭으로 행동하지 않을 수 있다.

우의 연구실에 앉은 리는 그녀에게 핵 안에 언제나 반전성이 있는지 누군가가 실험적으로 증명했는지 물었다. 우는 그에게 문헌을 확인하라고 말해주었다. 그 문헌은 몇 백 명의 물리학자들이 40년 동안 정리한 도표와 작은 표로 표시한 천 쪽짜리 책이었다. 리와 양은 애써 책을 읽어나갔다. 책을 다 읽었을 때, 그들은 누구도 원자 핵 안에 입자들이 반전성 법을 항상 지킨다고 증명하지 못한 것을 알게 되었다. 그들은 실험적 증거의 부족함을 지적하며 여러 실험이 그 문제를 해결할 수 있을 것이라는 보고서를 썼다.

"1956년 여름에 저는 그것이 대칭이 아닐 것이라고 믿는 사람은 리와 양을 포함하여 아무도 없었다"고 양은 후에 설명했다. "우리가 논문을 쓴 이유는 그것이 실험되어야 한다고 생각했기 때문입니다" 너무 어려웠기 때문에 그 누구도 실험을 하지 않았다. "누구도 그것이 일어날 것이라고 믿지 않았고 그것이 너무 어려웠기에 누구도 시도하지 않았다. 하지만 우는 좌우 대칭이 너무 기초적이고 기본적이기 때문에 시험해봐야 한다는 생각이 있었다. 그 실험이 그것이 대칭적이라는 것을 보여도 그것은 매우 중요한 실험이었을 것이다"라고 양이 단언했다.

핵 안에서 반전성이 위배할 확률은 백만분의 일이었다. 그럼에도 불구하고 우는 자신에게 말했다. "그것은 베타 붕괴 물리학자에게 중요한 시험을 해 볼 황금 기회인데 제가 어떻게 안 할 수 있겠어요." 모든 사람에게 자연의 기초적인 법칙을 증명하거나 논박할 기회가 주어지지 않는다. 그리고 그녀는 전에 누구도 시도하지 않았던 매우 어려운 기술을 시도할 생각을 했다.

그 해 봄, 우와 위안은 중국을 떠난 지 20년이 되는 기념으로 고급스러운 원양 정기선인 퀸엘리자베스 승선권을 예약했다. 그들은 유럽으로 항해하여 제네바에서 물리학 회의에 참석하고 강연 투어를 위해 극동으로 갈 계획이었다. 갑자기 우는 다른 사람이 그 중요성을 깨닫고 먼저 실험하기 전에 그녀가 당장 해야 한다고 생각했다. 위안은 그들의 낭만적인 여행을 혼자 가기로 동의했고 우는 일을 계속 했다.

그녀의 실험은 너무 복잡해서 결국 그것은 설계를 하고 실험을 시험해 보는데 만 몇 개월이 걸렸다. 모든 물질의 형태처럼 원자핵은 계속적으로 모든 방향으로 움직이며 열을 낸다. 그녀는 전자가 어떤 방향으로 분출되는지를 보기 위해서 열에너지를 가능한 없애야 했다. 그녀는 방사능 코발트의 핵을 차갑게 만들어 그것이 움직이는 것을 거의 멈추게 할 예정이었다. 그리고 지구의 자력보다 몇 만 배 더 강한 자석으로 천천히 움직이는 핵이 작은 자석처럼 알아서 움직여 자장 안에서 평행하게 한 방향으로 나열되게 할 것이었다. 온도와 자장이 방사능에 영향을 미치지 않기 때문에 코발트 핵은 장난감 병정처럼 줄을 섰고, 분해되고 분출하는 전자들 사이에서 가만히 있었다. 운이 좋으면 핵은 약 15분 동안 가만히 서 있을 것이고, 우가 리와 양이 제안한 것처럼 대부분의 원자가 한 쪽 방향으로 가는지 알 수 있는 충분한 시간이었다. 오늘날에도 그 실험은 힘든 것이니만큼 1950년대의 기술로는 더 어려운 것이었다.

민첩한 우는 리와 양이 그들의 보고서를 끝내기도 전에 협력자를 모았다. 워싱턴 D.C.에 표준국으로 오늘날 국립 표준과 기술 연구소로 불리는 곳은 미국에서 물질을 거의 절대 영도로 식힐 수 있는 몇 안 되는 연구소 중에 하나였다. 절대 영도에는 모든 움직임이 멈추지만 실제로 지구에 누구도 그렇게 낮은 온도 상태를 만든 적이 없었다. 낮은 온도 상황에서 방사능 핵을 개발하는 데 개척자적 업적을 남긴 어니스트 앰블러는 옥스포드 대학에서 표준국으로 몇 년 적을 옮겼다. 그와 그곳에 있는 여러 다른 물리학자들인 레이몬드 헤이워드, R. P. 허드슨과 D.D. 홉스는 우와 함께 일하겠다고 동의했다.

계획에 따르면, 이 층짜리 냉장 시스템은 방사능 코발트 핵을 식히는 것이었다. 첫 층에는 헬륨 가스가 액체 형태로 식히면 핵의 온도를 절대 영도보다 몇 도 높게 낮추는 것이었다. 그리고 세륨 마그네슘 질산염 결정(CMN · cerium magnesium nitrate crystal)으로 만든 작은 상자는 코발트 핵을 몇 천분의 일도보다 조금 높게 절대 영도로 코발트 핵을 식히는 것이었다.

기구의 대부분이 손수 만든 것이었다. 결정학자들은 우에게 10개의 CMN 결정을 2.5센티미터의 지름으로 키우는 것은 전문가들에게 몇 달이나 걸릴 것이라고 설명했다. 하지만 그녀는 시간도 돈도 없었다. 대신 그녀의 팀은 먼지 낀 도서관 서랍 위에 50년 된 두꺼운 독어 화학책을 참고했다. 안에는 CMN 결정을 만드는 방법이 있었다. 우의 대학원생 마리온 비아바티는 저녁요리를 하면서 부엌 레인지에 비커에 첫 결정을 만들었다. 우가 완성된 결정을 워싱턴 표준국에 보냈을 때 그녀는 말했다. "저는 이 세상에서 가장 행복하고, 자부심을 가진 사람입니다." 치과 의사의 드릴은 결정에 구멍을 내기 위해 사용되었고, 그 이유는 압력이 안쪽으로 가했고 결정을 깨뜨리지 않았기 때문이다. 듀코 접합제는 결정을 작은 상자에 함께 붙였지만 듀코는 액체 헬륨의 온도 때문에 녹아서 비누가 대신 쓰였다. 종려나무 올리브는 괜찮았고, 상아는 더 좋았지만 나일론 끈이 제일 좋았다.

대학 교직원은 때때로 국립 실험실 직원을 9시부터 5시까지 일하는 게으른 직장인으로 여겼다. 하지만 표준국 팀은 밤낮으로 일했다. 누구도 베타선으로 그런 실험을 하지 않았고 많은 기술을 다시 설계해야 했다. 홉스는 기구 옆 바닥의 침낭 안에서 잤다. CMN 냉장 시스템이 들어올 때마다 그는 늦은 시간일지라도 팀원들을 실험실로 불러들였다.

그럼에도 불구하고 우는 워싱턴 팀이 열심히 일하지 않는다고 걱정했다. 그녀는 언제나 차분히 말하고 공손했지만, 강인했다고 앰블러는 회상했다. 그녀는 워싱턴 팀을 2주마다 한번 씩 방문할 수 있었고, 단 1분도 낭비하지 않았다. 한 때, 표준국 팀은 우가 콜럼비아에 있을 때 기구의 한 부분을 다시 설계했다. 그녀가 돌아오자 헤이와드가 그녀에게 설명했다. "괜찮아요, 미스 우." 우는 한숨을 쉬었다. "괜찮지 않아." 한 팀원의 기술에 만족하기 못한 그녀는 다른 팀원에게 안타까운 듯 한숨 쉬었다. "그는 조심스럽지 못해요." 자립을 확신하기 위해 표준국의 팀원 여러 명은 점심시간 브릿지 게임을 계속했다. 우는 점심시간이 15분을 초과하는 것을 상상할 수 없었다. 그녀의 등 뒤에서 워싱턴 팀은 그녀를 "용 숙녀"라고 불렀다. 헤이워드는 우가 "경쟁심이 몹시 강하다"고 생각했다. "어쩌면 깊은 불안감 때문일 수도 있다. 그것은 마치 그녀가 신임을 받지 못할까봐 두려워 하는 것 같았다."

우와 표준국 팀이 결과를 확인하고 다시 확인하자 실험에 대한 얘기가 나왔다. 결과는 틀림없다. 핵의 한 쪽에서 다른 쪽보다 더 많은 전자가 나왔다. 핵 안의 입자는 언제나 대칭적으로 행동하지 않았다. 반전성의 법칙은 신성하다고 생각된 적이 있었고 때로 위배되었다. 결정적으로 1957년 1월 9일 오전 2시에, 모든 사람이 만족했다. 허드슨은 책상 서랍을 열고 건배를 하기 위해 프랑스 샴페인과 작은 종이컵을 꺼냈다. 다음 날 아침, 실험실 연구원들은 쓰레기통에서 샴페인 병을 발견하고선 실험이 성공했다는 것을 알았다.

우는 분주했던 그 때를 기억한다. "모든 것이 잘 되었어요. 많은 사람이 주시하고 있었기에 압박감이 들었죠. 비교를 위해 이론을 공부했고 그것은 아주 좋은 경험이었어요."라고 말하며 그녀는 만족스런 한숨을 쉬었다. "그 때는 기쁨과 환희의 순간이었어요. 그런 기적은 인생에서 쉽게 맛보지 못하는 것이지요"

곧 경쟁상대인 물리학자들이 핵 안에 다른 입자들이 반전성의 법칙을 위반한다는 것을 보이는 실험을 하기 시작했다. 뉴스가 나오자 우와 팀원들은 누군가 가로채는 것을 막기 위해 빨리 해야만 했다. 어느 날 오후, 그들은 아홉 달의 연구를 설명하는 보고서를 썼다. 그들이 연구를 끝낼 때 쯤 앰블러는 날카로운 질문을 했다. 저자가 어떻게 나열되어야 할까? 알파벳순으로 나열되면, 앰블러가 처음이고 우가 마지막이 되는 것이었다. 우는 한숨을 쉬며 그건 적절한 방법이 아니라는 표현을 했다. 영국 신사같이 앰블러는 물었다. "당신이 처음이고 싶나요, 미스 우?"

그 날 아침, 콜럼비아에서 소식을 알리는 기자 회견을 열었다. 앰블러는 참석하기 위해 워싱턴에서 올라왔지만 표준국 직원들은 그들의 역할이 경시되었다고 생각했다. "그것은 우가 한 것이 아니었다. 하지만 이 분야의 다른 많은 사람들이 우리는 무능한 사람이고 그녀가 엄청난 물리학자라고 여겼다"라고 앰블러가 말했다. 워싱턴에 돌아갔을 때 그는 관료들 또한 그에게 화났다는 것을 알게 되었다. 그는 우를 실험실에서 방문 연구원으로 하기 위해 문서를 작성하지 않은 것이었다.

그 실험은 물리학계를 놀라게 했다. 로버트 오펜하이머는 너무 놀라서 물리학자 친구에게 "문을 통과했다"라는 전보를 보냈다. 울프갱 폴리는 우의 오래된 친구로 중성미자를 발견했고 그는 "매우 큰 돈"을 그녀의 실험이 실패할 것이라는데 건 것이다. 그녀의 결과를 알게 되었을 때 그는 장난쳤다. "우리가 내기를 확실하게 하지 않아서 기뻤어요. 저의 명성을 좀 잃을 수는 있지만 돈을 잃을 수는 없지요." 전설적인 물리학자인 리챠드 파인만은 남미에서 돌아와 예고 없이 그녀의 실험실에 찾아와 질문을 했다.

"우의 실험은 새로운 발견을 많이 생성하는 물건을 새롭게 보는 방법을 지적했다"라고 파울러가 말했다. 그것은 전자기와 약한 힘을 포함하는 하나의 통합된 이론에게 다가가는 크고 중요한 단계였다. 후자는 방사능의 여러 형태에 책임이 있는 것이었다.

놀랍게도 우와 반전성 실험은 세계의 상상력을 사로잡았다. 「뉴욕 포스트」가 이렇게 썼다. "이 작고 수수한 여성이 자연의 법칙을 파괴하는 것을 도왔다. 자연의 법칙은 그들의 정의에 따라서 일정하고, 연속적이고 변함없고 파괴할 수 없는 것이어야 했다." 리, 양과 우는 「뉴욕타임스」와 「타임」지와 「뉴스위크」지의 1면에 실렸다. 우는 전 세계에서 축하받고, 예우 받고 인용되었다. 그녀는 "법칙을 설립한 것이 아니라 그것을 뒤엎은 것"으로 상을 받은 것은 처음일 것이라고 농담 삼아 말했다.

10개월 후, 리와 양은 1957년에 노벨 물리학상을 받았다. 우는 자신이 함께 상을 받지 못한 것에 매우 서운해 했고, 다른 많은 물리학자들은 그녀가 상을 공동으로 받았어야 한다고 믿었다. 우가 베타 붕괴로 그 문제를 해결한 것보다 뮤온을 생성하는 가속기를 가진 사람이라면 더 쉽게 문제를 해결했을 수 있었지만 처음에 누구도 실험을 시도하려고 하지 않았다. 하지만 리와 양이 이론을 창조한 것이다. 표준국 팀은 온도를 식히는 기술을 지원했고 시카고 대학의 다른 실험학자는 리와 양의 논문을 읽고 실험을 하기 시작했다. 우의 우선권은 마지막 순간에 그녀의 결과에 대한 소식이 누설된 후 다른 물리학자들이 경쟁에 참여하면서 더욱 흐려졌다.

노벨상 위원회는 이전에도 비슷한 결정을 내린 적이 있었다. 1914년, 막스 폰 라우에가 대화에서 출판하지 않은 X선 회절의 원리를 제안했다. 두 대학 동료가 그 기술을 적용하는 어려운 실험을 했고 그들의 결과를 출판했다. 하지만 생각을 해낸 본 라우에가 상을 받았고, 그것을 현실로 이루어낸 실험학자들은 상을 받지 못했다.

우가 노벨상을 받지 못했지만 그녀는 받을 수 있는 다른 모든 상을 다 받았고 처음으로 많은 성과를 낸 사람이 되었다. 이스라엘의 첫 울프상, 연구단체 상(Research Corporation Award)를 받은 첫 여성, 국립 과학원에서

5년에 한 번씩 주는 영예인 콤스탁 상(Comstock Award)을 받은 첫 여성, 미국 물리학회의 첫 여성 회장 등 그녀는 컬럼비아에서 정교수가 됐다. 그녀는 국립 학술원의 7번째 여성이 되었고, 예일과 하버드를 포함한 12개가 넘는 대학에서 명예 학위를 받았다. 그녀는 프린스턴 대학에서 과학 명예 학위를 받은 최초의 여성이었다. 그녀는 제랄드 포드 대통령으로부터 미국의 최고 과학상인 국립 과학 메달을 받았다.

우는 능숙해지면서 조금은 여유가 생겼지만 그 무엇도 물리학에 대한 그녀의 열정을 늦추지 못했다. 그녀의 오랜 친구 폴리는 우와 함께 이스라엘 학회에 가는 내내 베타 붕괴에 대해서 얘기했다. 그 독일인은 놀라서 자매에게 이렇게 적었다. “우 양은 내가 젊었을 때 그랬던 것처럼 물리학에 흠뻑 빠져있다. 그녀가 보름달 빛을 본 적은 있는지 모르겠다.”

다른 유명한 실험에서 우는 베타 붕괴에 대한 그녀의 지식을 통해서 다른 물리학 법칙을 무너뜨리는 것이 아니라 확인했다. 캘리포니아 공과 대학의 리챠드 파인만과 무레이 젤-맨은 베타 붕괴에서 벡터 전류의 보존이라는 새로운 자연 법칙을 가정했다. 그들의 이론에 따르면 베타 붕괴에 관련된 힘은 추측된 전자기 힘(electromagnetic force)과 더 비슷하다는 것이었다. 버클리, 러시아와 제네바에서 진행된 실험 모두 그들의 가설을 확인하는데 실패했다. 1959년에 매사추세츠 공과 대학에서 있었던 물리학 모임에서 젤-맨은 우에게 그의 이론을 확인해 달라고 부탁했다. “양과 리가 그들의 연구를 하는데 얼마나 걸렸나요?”라고 그가 물었다. 우는 너무 바쁘다고 말했다. 드디어 1963년 12월, 그녀는 그 법칙을 확인하는 실험을 했다. 그녀는 오늘날 기본적인 힘의 통합된 이론에 다가가는 중요한 단계에 기여한 것이다.

우는 오랜 기간 동안 베타 붕괴를 집중적으로 연구한 뒤 다른 분야로 연구를 넓혀 나갔다. 그녀는 겸상 적혈구 빈혈증을 연구했고, 십억 분의 일초만 사는 새로운 원자들을 발견했다. 그녀는 오하이오주의 클리브랜드의 암영갱지하를 반마일 내려가서 10^{18}의 반감기가 있는 엄청 느린 방사능의 셀레늄

82를 찾아냈다.

1981년에 은퇴한 우는 많은 곳을 여행하고, 강연하고, 가르치고, 중국과 대만에서 과학자들을 지도하고 미국 여성들에게 과학자가 되라고 북돋아 주었다. 그녀는 자신의 이름을 딴 소행성이 있는 최초의 현존하는 과학자였다. 그녀는 행성간의 우주여행이 가능해지면 "우젠슝 행성"을 방문하라고 친구에게 권하는 것을 즐겼다. 예전 제자들과도 지속적인 관계를 유지했다. 비행기에서 한 과학자 옆에 탄 그녀는 그가 리도프스키가 쓴 화학 논문을 읽는 것을 보았다. "그것이 리온 리도프스키인가요?"라고 그에게 그녀가 물었다. "아니요, 이건 그의 아들 스티븐 리도프스키에요"가 대답이었다. 리온 리도프스키의 자녀들이 태어날 때부터 알았던 우는 후에 리온에게 자랑하며 말했다. "있잖아, 내가 할머니가 된 것처럼 느꼈어." 우는 10년의 협력을 냉정하게 끝내고 대화를 하지 않던 리와 양과도 각각 친하게 지냈다. 보기 드문 합동 출현에 그들은 그녀의 퇴직 파티에 와서 방의 반대쪽에 앉았다.

우는 미국이 경제적 경쟁력을 유지하기 위해서는 교육과 연구에 더 많이 투자해야 하는 이유를 얘기했다. 그리고 학생시절 혁명론자였던 그녀로서는 1989년 중국 정부가 천안문 광장에서 학생들을 탄압한 것에 경악했다. 장제스가 오래 전 그랬던 것처럼 정부는 학생들과 직접 만나서 대화하는 것으로 상황을 진정시킬 수 있었다고 그녀는 비판했다.

그녀는 과학계 내 여성의 위상에 대해 계속 관심을 가졌다. 한 회의에서 그녀는 단호하게 지적했다. "남성은 과학과 기술 분야에서 언제나 지배자였어요. 우리가 살고 있는 환경을 보세요." 다른 회의에서 그녀는 솔직하게 표현했다. "여성적인 관점으로 보는 것도 교육과 사회 과학의 어떤 분야에서는 이득이 될 수도 있지만, 객관성을 따지는 물리학적, 수학적 과학에서는 아니에요. 저는 작은 원자와 핵이나 수학적 기호나 DNA 분자가 남성이나 여성에 대한 선호가 있는지 의심스럽군요." 그래서 그녀는 물었다. 왜 과학계의 여성에 대한 문제는 풀리지 않는 것일까? "저는 솔직히 열린 생각을 하는 사람이 여성이 정말로 과학과 기술에 지적인 능력이 전혀 없다는 잘못된 생각을 믿는지 의심을 합니다. 그리고 저는 사회적, 경제적 요인은 여성이 과학이나 기술 분야에 참여하지 못하게 만드는 실질적인 방해물이라고 생각하지 않아요."

1911년의 혁명적 여권주의자였던 그녀의 아버지처럼, 그녀는 자신의 문제에 이렇게 대답했다. "어떤 반전을 막는 주요 방해물은 언제나 의심할 여지없이 전통이었고 지금도 그러합니다."

*　　　　*　　　　*

우젠슝은 1997년 2월 16일에 뉴욕에서 숨을 거두었다.

11

생화학자

거트루드 B. 엘리온

1918.1.23~1999.2.21

노벨 생리 · 의학상_1988

거트루드 B. 엘리온

Gertrude Belle Elion

거트루드 B. 엘리온의 어수선하고 작은 연구실에 조심스럽게 보존돼 있는 서류에는 아래의 사랑 이야기들로 가득 채워져 있다.

엘리온 양에게

오늘 아침 신문을 보고, 많은 눈물을 흘리며 당신의 영예로운, 노벨상에 대해 읽었어요. 제 딸 티파니는 1987년 9월에 헤르페스 뇌염을 앓았어요. 신경과 의사는 그녀에게 유일한 희망은 아시클로비어(acyclovir)라는 약이라고 했지요. 전 새로운 약을 개발하기 위해 걸리는, 아주 긴 시간동안 일할 수 있도록 당신에게 결심·끈기·사랑과 인내력을 축복 해주신 하나님에게 여러 번 감사를 드렸어요. 티파니는 올해 고등학교 졸업반이고, 아주 열심히 잘 하고 있어요. 당신의 기대 이상으로 주님께서 은혜 주시기를 기도합니다.

티파니의 엄마

*　　*　　*

엘리온 양에게

저는 당신의 연구 결과로 발견하게 된, 이무란(Imuran)의 혜택을 직접적으로 받아, 감사하는 사람들 중에 한 사람입니다. 저는 약 7년 전, 제 형제로부터 신장 이식을 받았고, 현재가 제 삶의 정말 최고입니다.

진실로, 섀린

*　　*　　*

엘리온 양에게

당신의 노벨상 수상 기사를 읽으면서, 떨리고 놀라는 마음이 저를 압도했습니다. 저는 2년 전에 급성 림프구 백혈병을 진단받은 작은 사내아이가 있어요. 그 때부터, 그 아이는 매일 밤 두 정의 6-메르캅토퓨린(mercaptopurine)을 먹는데 우리 가족들은 6-MP라고 불러요. 제 아들과 저는 오랫동안 이렇게 놀라운 선물을 누가 했는지 궁금해 하고 있었어요. 우리는 이제 알아요. 그리고 제게 너무나 소중한 한 사람과 또 다른 사람들의 생명을 구하는 일에 기여한 것에 이루 말할 수 없는 감사를, 간단하지만, 진심어린 감사를 담아 보냅니다.

랍비 P.

*　　*　　*

엘리온 박사에게

감사합니다! 당신의 열정과 포기하지 않는 헌신은, 제 아들이 15살 때 걸린 세망 세포 육종(reticulum cell sarcoma)을 치료하는 것과 관련이 있어요. 그 아이는 수술을 위한 검사 결과 말기 진단을 받아서, 위와 쓸개 안팎에 큰 종양과 복강에 여러 개의 작은 종양이 나타났어요. 그는 수술을 할 수가 없었죠. 6-메로캅토퓨린과 강한 방사능을 통한 프레드니손(prednisone) 치료를 받았어요. 그의 종양은 수술로는 절대로 없애지 못했어요. 하지만 17년이 지난 오늘, 그는 행복한 결혼 생활을 하고 화학자가 되었습니다. 저는 언제나 신에게 모든 분야에 종사하는 많은 연구자들을 지도하고 감명을 달라고 기도했습니다. 이제 저는 드디어 제가 누구를 위해 기도를 하고 있었는지 알게 됐어요.

진실하게, 짐의 어머니

*　　*　　*

엘리온 박사에게

심한 대상 포진을 앓은 후, 조비락스(Zovirax-아시클로비어의 상표명)로 제 시력이 회복됐어요. 당신이 어떤 이유로라도 진가를 인정받지 못한다고 느낀다면, 이 편지를 꺼내서 다시 읽어주세요.

진실하게, A.M.

*　　*　　*

친구들이 트루디(Trudy)라고도 부르는, 거트루드 B. 엘리온은 이 편지들과 다른 것들을 곁에 두고 보관했는데, 이것들이 너무나 많은 기쁨을 그녀에게 주었기 때문이다. 트루디 엘리온에게 생화학은 추상적인 과학이 아니었다. 늘 사람들은 질병을 치료하고자 하는 그녀의 탐구를 격려했다. 개인적으로 힘들었던 시절과 그녀가 개발한 약을 먹는 환자들로 인해 그녀는 도전을 새롭게 할 수 있었다. 약을 개발한다는 것은 트루디 엘리온에게 그저 단순한 일이 아니라, 그녀의 사명이자 삶 그 자체였다.

엘리온은 생약 연구에 있어서 독보적인 존재였다. 그녀는 그 분야의 몇 안 되는 학자들 중에 한 명이자, 박사학위가 없는 몇 안 되는 노벨상 수상자중 한 명이었다. 그녀는 화학 연구 관련 일을 하기 전까지 학생을 가르치기도 하고, 비서 수업을 듣기도 하고, 급료를 받지 않으면서 중요하지도 않은 실험실 일을 하며 시간을 보냈다. 제 2차 세계대전으로 나라에 남성 화학자의 수가 부족해졌을 때가 되어서야 그녀가 기회를 잡을 수 있었다. 그 후 몇 년 동안, 그녀는 주요 제약 회사에서 실력은 갖춘 유일한 여성이었다.

그녀의 연구는 약 개발과 의학에 혁명을 일으켰다. 엘리온은 장기 이식을 가능하게 했다. 언제나 치명적인 병이었던 소아 백혈병으로 고생하던 아이들은, 그녀의 약으로 80퍼센트가 회복할 수 있게 되었다. 그녀는 화학 요법을 받는 환자들에게 위험할 수 있는 통풍과 헤르페스의 치료법을 개발했다. 또한 그녀는 바이러스를 공격하는 약을 최초로 개발했다. 그녀의 연구는 AZT의 기반이 되어서, 수 년동안 식품 의약국(Food and Drug Administration)에서 승인된, 에이즈 환자들을 위한 유일한 약을 개발했다.

이러한 약을 개발한 것보다 더 중요한 사실은 엘리온이 약을 개발하는 방법을 바꾸는 데 기여했다는 것이다. 그녀와 협력자인, 조지 히칭스는 전통적인 시행착오 방식을 따르지 않고, 일반 세포와 비정상적인 세포가 어떻게 번식하는지, 그 미묘한 차이점을 공부했다. 그리고 그들은 비정상적인 세포의 생명주기(life cycle)를 방해하면서, 건강한 세포에게 해가 되지 않는 약을 개발했다.

엘리온은 1918년 1월 23일에 뉴욕 시로 이주한 가족에서 태어났다. 700

년 전통이 있는 유럽의 유대인회 기록에 따르면 아버지 로버트 엘리온은 유대교 랍비의 계통의 자손이었다. 로버트는 12살의 나이에 리투아니아에서 미국으로 왔고, 밤에는 약국에서 일하며 공부한 결과, 1914년에 뉴욕대의 치과 대학을 졸업할 수 있었다. 그는 치과 의원을 운영하면서 증권과 부동산에 투자를 하고 브롱크스(Bronx)에 여러 채의 집을 지었다. 그는 음악을 사랑해서, 트루디를 10살 때부터 메트로폴리탄 오페라 공연에 데리고 가는 것을 좋아했다. 그는 또한 여행을 좋아해서 지도, 기차와 버스 시간표 등을 이용하여 가상의 여행 계획을 짜는 것을 즐겼다. 그는 현명하고 지적인 사람으로 알려져서, 다른 이민자들은 문제가 생기면 그에게 조언을 부탁했다.

엘리온의 어머니 베르타 코헨은 14살의 나이에, 지금은 폴란드인, 러시아의 한 지방에서 홀로 이주해 왔다. 로버트 엘리온처럼 그녀도 학구적인 가족에서 태어났고 할아버지는 제사장이었다. 가정의 첫째 아이가 미국으로 가서 자리를 잡고 나중에 동생들이 뒤따라가는 것은 러시안 유대인들의 전통이었다. 그래서 베르타가 미국에 도착했을 때 그녀는 언니들과 지냈다. 그녀는 영어를 배우기 위해 야간 학교를 다니고, 의류관련 업무를 하다가 19살에 결혼을 했다. 그녀는 풍부한 상식을 가지고 있었고 친절하면서도 자기를 내세우지 않았다. 그녀는 트루디에게 어떤 직업이라도 가져서 돈을 많이 벌어 원하는 만큼 쓸 수 있도록 하라고 권유했다. 당시 대부분의 아내들처럼 그녀는 남편에게 모든 지출내역을 설명해야 했다. "돈을 조금 더 받는 것은 새로운 연구비 신청서를 써내는 것과 같았어요"라고 엘리온이 회상했다. "설명을 해야 했고 그것을 위해 빌다시피 부탁해야 했어요. 그냥 나가서 물건을 살 수는 없었어요."

트루디가 3살이었을 때, 러시아에서 그녀의 할아버지가 왔다. 그는 시계 제조인이었는데 그는 시력이 안 좋았다. 그는 작은 빨강머리 손녀를 공원에 데리고 가 이야기를 해주는 시간을 가졌다. 성경에 관해 해박한 학자인 그는 여러 언어를 구사해서 그와 트루디는 함께 이디시어(Yiddish)로 대화를 했다. 그들의 친밀한 관계는 그가 죽기 전까지 13년 동안 지속됐다.

엘리온이 6살이었을 때, 그녀의 남동생 허버트가 태어났고 가족은 뛰어놀 수 있는 큰 공원이 있는, 훤히 트인 교외지역인 브롱크스로 이사를 했다. 허버트는 성가신 아이었다. 엘리온이 남자친구들을 집에 데리고 오면 그는 주위를 돌아다니며 불 끄는 것을 좋아했다. 하지만 허버트는 숙제를 하다가 막히면 트루디에게 도움을 요청했다. "그녀는 타고난 선생님이에요"라고 허버트가 말했다. "그녀는 문제의 핵심을 찌르는 놀라운 방법을 알고 있었어요." 그들의 어린 시절은 사랑과 온화한 경쟁으로 오랫동안 지속되었다. 트루디가 노벨상을 받을 때까지 가족은 생명공학과 관계 공학 회사를 운영하던 허버트가 더 똑똑하다고 여겼다. 그런데 그들의 입장이 완전히 바뀌었다.

트루디는 지식에 대해 만족할 줄 모르는 목마름이 있는, 소극적인 책벌레였다. "그것이 역사든, 언어든, 과학든 상관없었어요. 저는 스폰지와 같았죠." 그녀는 루이스 파스퇴르와 마리 퀴리 같이 "무언가를 발견하는 사람"을 우상으로 삼았고, 폴 드 크루이프의 『미생물 사냥꾼(*Microbe Hunters*)』과 같은 인기 과학 책을 탐독했다. "그 책들은 너무 재미있었어요"라고 엘리온은 회고했다. "마치 소설을 읽는 것과 같았죠. 그것은 그들이 문제를 해결해 나가는 추리소설이었고, 그들은 사람이 되었어요. 그들은 단순히 이름이 아니었죠." 그녀의 영웅들은 발견자였지만, 성별은 상관없었다.

1929년, 트루디가 11살이었을 때, 친척들은 그녀의 아버지에게 증권을 팔라고 극도로 흥분하여 권유했다. 하지만 그는 팔지 않았다. 사업가라기보다는 랍비인 그는 파는 것이 다른 투자자들에게 해가 될 것이라고 생각했다. 1929년 10월에 증권 시장 폭락 후, 그의 여생을 그의 채권자들에게 돈을 갚으면서 보냈다.

그녀 아버지의 파산은 트루디의 인생을 급진적으로 바꾸었다. 15살 때 고등학교를 졸업한 그녀는 대학에 가고 싶었다. "이민 온 유대인들 사이에 성공할 수 있는 유일한 방법은 교육이었다"고 그녀는 상기했다. 그들은 모든 자녀들이 교육받기를 원했고, 더욱이 그것은 유대인 전통이었다. 가장 존경하는 사람은 가장 많은 교육을 받은 사람이었다. 그리고 특히 제가 장녀이고 학교를 사랑하고 공부를 잘했기 때문에 제가 교육을 계속 받아야 한다는 것은 당연했다. 아무도 대학을 가지 않는 것을 상상하지도 못 했다. 대학 가는 것은 명확한 것이었다."

문제는 돈이었다. 운이 좋게도 뉴욕 시립 대학은 무료였다. 들어가기 위한 경쟁은 치열했지만 그녀의 성적은 매우 높았고 헌터 대학으로부터 입학 허가를 받았다. 헌터대학에 수업료를 내야했다면 그녀나 로잘린 얠로(14장)도 대학을 다닐 수 없었을 것이다.

엘리온의 아버지는 그녀가 치의학이나 의학을 공부하기를 희망했는데 그녀의 영어, 불어와 역사 선생님들은 그녀가 과목을 전공하기 원했다. 엘리온이 무엇을 공부하는지 상관하지 않았던 유일한 선생님은 그녀의 화학 강사였다.

그녀가 병원에서 위암으로 천천히 고통스럽게 죽어가는, 사랑하는 할아버지를 방문하고서 직업을 결정했다. "그 때가 인생의 전환점이 었습니다"라고 그녀는 고백했다. "마치 신호가 거기 있던 것 같습니다. '이 병이 바로 당신이 연구해야 할 것입니다.' 저는 그 이외의 것에 대해 더 이상 고민하지 않았습니다. 그것은 그렇게 갑작스러웠습니다." 그녀는 그 확실한 목적을 잃어버리지 않았다. 그녀는 동물을 해부해야 하는 생물학 대신 화학을 전공으로 택했다.

대공황이었던 1937년, 엘리온은 헌터에서 수석으로 졸업을 했다. 그녀는 화학 연구를 하기 위해 박사학위가 있어야 한다는 것을 알고 미국 전역에 있는 15곳의 대학원에 재정 보조를 신청했다. 하지만 어떤 곳도 그녀에게 연구원 자격이나 대학원 장학금, 또는 조교직을 주려고 하지 않았다. 그 후에 그녀는 이유를 알게 되었다. 바로 성차별이었다. "연구원 자리가 많지 않았지만 조금은 있었고, 전 전국에 어디든지 갈 마음이 있었어요." 그녀는 일을 찾을 수도 없었다. 그녀의 영예나 파이베타카파(Phi Beta Kappa) 회원이라는 것, 그녀의 예쁘고 웃는 얼굴도 도와주지 못했다. "그것은 조금도 달라지게 하지 않았다."라고 엘리온은 알게되었다. "일이 많이 있지 않았지만, 그나마 있는 일도 여성을 위한 것이 아니었다"

회상을 하며, 엘리온은 그녀 스스로 순진함에 놀랐다. "전 저에게 문이 닫혀 있다는 것을 노크하기 전까지는 몰랐어요"라고 그녀가 설명했다. "저는 여학교에 갔어요. 그곳 반에 75명의 화학 전공자들이 있었어요. 그런데 거의 모든 이들이 그것을 가르치려고 공부한다는 것을 알게 되었죠. 화학과 물리를 하는 여성? 그것이 이상한 것은 아니었죠. 하지만 제가 실험실에서 여성을 원하지 않는다는 것을 알았을 때 그것은 충격이었어요. 전 전혀 예상하지 못했었죠. 매우 안 좋은 시기였 대공황이었고 누구도 일을 구하지 못했어요. 하지만 그 당시에 저는 저에게 벌어진 그런 상황이 누구도 일을 구하지 못했다는 것으로만 알았죠."

그녀의 시각은 놀랄 만한 취업 인터뷰를 통해 열렸다. 그녀는 일을 가질 것이라고 확신했지만 그것은 이 말을 듣기 전이었다. "당신은 적임자에요. 하지만 우리는 전에 한 번도 실험실에 여자가 있었던 적이 없었고, 오히려 마음을 산란하게할 것이라고 생각해요."

"저는 거의 산산 조각 났어요"라고 엘리온이 상기했다. "제가 여성이라는 것이 단점이라는 것을 처음 알게 되었어요. 지금까지 제가 화를 내지 않았다는 것이 놀라워요. 저는 매우 낙담했어요. 하지만 어떻게 제가 이렇게 말하겠어요. '아니오, 저는 산란케 하는 영향을 주지 않을 것이에요?' 제가 남성이 어떤지 어떻게 알겠어요?" 웃으며 그녀는 흑백 사진을 가리켰다. "저는 못생기지 않았어요. 전 좀 귀여웠죠." 낙심하면서, 엘리온은 비서 학교에 등록했다.

그 즈음에, 엘리온은 그녀가 꿈꿔오던 남자를 만났다. 레오나드는 시립 대학에서 통계학을 전공한 명석한 사람으로 유학을 갈 수 있는 연구원 자격을 받았다. 그가 다시 돌아왔을 때, 그와 트루디는 결혼하기로 했다. 그 후, 그는 병으로 심각하게 고생하였다. 급성 박테리아의 심내막염으로 심장 판과 내층에 연쇄상 구균 감염이 있다는 진단이었다. 오늘날 페니실린으로 감염을 즉시 치유할 수 있지만, 레오나드는 몇 년 간 고생하다가 죽었다. "그녀는 상심했고 완전히 회복하지 못했어요"라고 그녀의 남동생이 말했다.

"저는 오랫동안 결혼에 대해서 다시 생각하지 않았어요"라고 엘리온이 말했다. "하지만 그것은 제 의도가 아니었고 아무도 그것에 대해서 말하지 않았어요. 사실 제 가족은 제가 결혼하길 희망하고 있었어요. 하지만 저를 괴롭히지는 않았어요. 좀 특이한 경우였죠. 이모, 고모, 삼촌과 친척들 모두 저에게 사람을 찾아주고 싶어했어요. 하지만 부모님은 저를 혼자 두었어요."

시간이 흐르면서 허버트는 깨달았다. "어느 누구도 레오나드와 같을 수 없었어요. 과거에 저에게 그렇게 큰 존재였던 것처럼, 그가 살아있는 것처럼 느껴졌고, 그래서 기억을 소중히 지니게 되었어요." 엘리온은 그 이후 청혼하는 사나이들에게 바로 결혼을 할 시간이 없다고 말했다.

7년 동안 엘리온은 임시 직장을 다니고 경험을 쌓아가면서 화학을 연구하기 위해 조금씩 전진해 나아갔다. 비서학교를 6주 다닌 뒤, 그녀는 간호학과 학생들에게 생화학을 3달 동안 가르쳤다. 파티에서 화학자를 만난 그녀는 배우기 위해 돈을 받지 않고 실험실에서 일하겠다고 자원했다. 회사 회장은 엘리온과 그녀의 은인이 유대인이라는 것을 모른 채, 매일 아침마다 새로운 반유대적인 농담을 했다. 하지만 그녀가 1년 반 후 실험실을 떠났을 때, 매주 20달러이라는 많은 돈을 받고 있었다. 그녀는 집에 거주하며 대학원 1년치 학비를 충당할 만한 450달러를 모았다.

엘리온은 뉴욕대 대학원 화학 수업을 듣는 유일한 여성이었는데, 누구도 상관하지 않았다. 그녀는 의사의 접수원으로 반나절을 일하여 차비와 점심값을 벌었다. 그녀는 교직 수업도 들어서 뉴욕 고등학교의 대리 선생님이 되었다. 밤과 주말에 뉴욕대에서 박사 학위 연구를 했다. 대학은 주말에는 난방을 껐기 때문에 실험실은 그녀가 실험하는데 필요한 중탕냄비보다 훨씬 추웠다. 그녀는 겨울 코트를 입고 번센 버너로 방을 따뜻하게 하면서 연구했다.

1942년, 미국은 전쟁 중이었고 산업계 실험실 연구에 필요한 남성 화학자의 수는 줄어들고 있었다. 전쟁이 오래될수록, 여성 과학자들이 일을 구하기는 더 나아졌다. 엘리온이 드디어 첫 실험실 직업을 구했을 때, 그녀는 바로 대리 선생직을 그만 두었다. 그녀는 A&P 식품점의 음식 제품으로 실험을 하면서, 바닐라 콩의 신선도와 과일의 곰팡이, 그리고 피클의 산성도를 확인했는데, 이는 암 연구와는 거리가 멀었다. 처음에 그녀는 기계를 사용하는 방법에 대해 많이 배웠다. 그리고 일이 반복됨에 따라, 그녀는 상사에게 빠른 브롱크스 억양으로 말했다. “저는 당신이 저에게 가르쳐주는 것을 배웠고 제가 더 이상 할 것이 없어요. 전 이제 옮기고 싶어요.” 끈기있게 그녀는 계속 전진했다. 그녀는 파라구트 제독의 좌우명을 본인의 좌우명으로 삼았다. “수뢰는 버려! 제일 빠른 스피드로!”

1944년엔 연구 실험실도 여자를 고용했다. 그녀는 원하던 일을 뉴저지 주에 존슨 & 존슨 연구실에서 할 수 있었다. 6개월 뒤, 연구실이 문 닫았고 그녀는 봉합선의 장력을 시험하는 새로운 자리를 제안 받았다. 하지만, 그녀는 공송하면서도 단호하게 거절했다. “그것은 제가 하고 싶어 하는 일이 아닙니다. 감사합니다.”

그녀가 꿈에 그리던 일을 찾아준 분은 그녀의 아버지였다. “부로스 웰컴 회사(Burroughs Wellcome Company)는 어떠니?”라고 아버지가 어느 날 저녁 물었다. 그 회사는 아버지의 치과 의료원에 엠피린(empirin)이라는 진통제 샘플을 보내왔다. “내가 찾아봤어. 그곳은 여기서 멀지 않아. 그곳은 고작 13킬로미터 정도이고 웨스트췌스터 지역(Westchester County)의 경계에 있어."

제가 전화해 볼께요."라고 트루디가 대답했다. "하지만 그들에게 연구 실험실이 있는 것 같지는 않아요."

하지만 그녀가 전화했을 때 대답은 이것이었다. "네, 우리는 연구 실험실이 있어요."

"사원을 뽑고 있나요?"

"네, 그래요"라는 짧은 답이 나왔다.

"아, 제가 인터뷰하러 가도 될까요?"

"네, 물론 와도 되요."

"토요일에 가도 되나요?" "네"라는 목소리가 들렸다. "전쟁 때문에 토요일에도 열어요."

그래서 엘리온은 그녀의 제일 아끼는 정장을 입고 타는 듯이 붉은 머리에 작고 귀여운 모자를 쓰고, 지금은 스미스클라인글랙소(SmithKlineGlaxo)에 속하는 부로스 웰컴에 갔다. 정말 운이 좋아서 조지 히칭스가 토요일에 일하고 있었다. 그는 유기 화학자로서 격주로 일했다. 그녀가 유기 화학자로서 일하러 왔다면 부로스 웰컴에서 오랫동안 일할 수 없었을 것이다. "그는 오직 혼합물을 만드는데 관심이 있었고 제 관심을 끌었던 것은 혼합물이 작용하는 것이었어요"라고 그녀가 말했다.

히칭스는 이미 엘비라 팔코라는 한 젊은 여성을 고용했고 그녀는 히칭스에게 엘리온을 고용하지 말라고 조언했다. 엘리온이 이렇게 회상한다. "그녀는 저를 쳐다보더니 말했어요. '그녀는 화학자가 아니에요. 그녀는 손을 더럽히려고 하지 않을거에요.' 전 너무 우아해요."

히칭스는 의견이 달랐다. 엘리온은 "재능"이 있었고 최고의 대학 성적이 있었다. "그녀는 매주 50불을 원했어요. 저는 그녀가 받을 만 하다고 생각했어요"라고 히칭스가 말했다. 엘리온은 26살이었고 부로스 웰컴에서 그녀가 배울 것이 있을 때까지 머무를 계획이었다. 그녀는 회사를 떠나지 않았고 유기 화학에 숙달된 다음에 생화학 · 약학 · 면역학과 바이러스학으로 옮겼다. "새로운 한 분야를 끝낸 다음 다른 분야로 옮겼어요. 화합물이 그곳으로 저를 이끌었고 그것은 멋졌어요."

부로스 웰컴은 흔치 않은 회사로 자선 신탁으로 운영되는 영국 회사였다. 1986년까지 회사의 25퍼센트가 주식으로 팔렸고 부로스 웰컴은 연구 실험실과 의학과 관련된 시설인 의학 박물관과 도서관을 지원하는 웰컴 트러스트(Wellcome Trust)를 지원하기 위해 운영되었다. 두 명의 미국 약학자인 실라스 부러스와 헨리 웰컴이 1880년에 영국에서 회사를 창립했다. 웰컴은 회사가 심각한 불치병을 치료하는 약을 개발하기를 원했다. 그는 과학자들에게 약속했다. "당신에게 아이디어가 있으면 전 그것을 개발할 자유를 주겠어요."

회사의 미국 연구실은 뉴욕 주 교외 터카호에 있는 고무 공장에 위치하고 있었다. "우리의 상황은 최고가 아니었어요"라고 히칭스가 자세하게 표현했다. 엘리온, 팔코와 피터 러셀이라는 젊은 영국 화학자는 냉방기나 통풍기가 없는 큰 방을 함께 썼다. 지하에 유아식 식물이 1년 내내 유아 식물을 마르게 했고 실험실 바닥은 여름엔 섭씨 60도가 넘었다. 발을 보호하기 위해 엘리온은 두꺼운 고무로 된 간호사 신발을 신었다.

실험실에서의 삶은 "매우, 매우 재미있었다"고 팔코가 기억했다. 러셀은 추잡한 농담의 전문가였다. 엘리온은 소극적이고 제대로 교육받은 숙녀로 언제나 얼굴을 붉혔다. 팔코와 러셀은 세척병 싸움을 즐겼다. 두 개의 목이 있는 플라스크의 한쪽 목을 불으면 다른 쪽 목에서 물이 나오게 했다. 엘리온은 더 심각했다. 그녀와 팔코는 친구이자 경쟁자가 되었고 히칭스는 때로 몹시 바빠졌다.

실험실은 곧 엘리온의 사회적 삶의 중심이 되었다. 25년 동안, 그녀와 팔코는 메트로폴리탄 오페라의 회원이 되어 함께 공연을 보러 갔다. 엘리온이 돈을 조금 모으면 그녀는 그것을 여행에 썼다. “새로운 차나 가구가 아니에요. 여행이에요.” 그리고 때로는 부로스 웰컴 동료들과 함께 갔다. 엘리온은 또한 히칭스의 아내와 아이들과도 친한 친구가 되었고 그들은 함께 휴가를 보냈다. 몇 십 년이 지난 지금도, 그녀는 히칭스의 자녀와 가족을 방문한다.

히칭스가 비범한 남자임을 엘리온은 곧 발견했다. 워싱턴 주립 대학의 졸업생으로 그는 하버드 대학에서 박사 학위를 받고 37세의 나이에 회사를 다니기 전까지는 가르쳤었다. 대학원 연구는 그를 핵산 생화학자로 만들었다. 운 좋게도, 부로스 웰컴의 미국 보조자는 히칭스가 원하는 것을 하도록 허락했다.

히칭스와 엘리온이 1940년대에 일하기 시작했을 때는 핵산에 대해서 알려진 것이 별로 없었다. 뉴욕 시에 록펠러 연구소의 생화학자 오스왈드 애버리는 DNA가 유전적 정보의 운반자라는 것을 발견했다. 제임스 왓슨과 프랜시스 크릭은 10년 후에나 DNA의 나선형 구조를 발견하게 된다.

히칭스가 엘리온에게 설명한 것처럼, 그는 새로운 약을 개발하는데 전통적인 시행착오 방법을 좋아하지 않았다. 그는 세포 성장에 대한 지식에 기초를 둔 논리적이면서도 과학적인 방법을 원했다. 모든 세포는 번식하기 위해 핵산이 필요하지만 박테리아, 종양과 원생동물문의 세포는 특히 빠른 성장을 지속하기 위해 많은 양의 핵산이 필요로 한다. 이 세포들은 생활 주기(life cycle)에 작은 방해라도 있으면 심각하게 상처를 입을 것이라고 그는 가설을 세웠다.

히칭스는 연구원들에게 핵산을 나누어 주었고 엘리온에게 푸린을 맡겼다. 푸린 염기인 아데닌과 구아닌은 DNA와 RNA(ribonucleic acid)의 기초 요소이다. 여러 순서로 정열된 그것들은 세포에 유전적 자료를 보낸다.

엘리온은 시작부터 흥미를 가졌다. 연관된 효소의 생합성에 대해서 알려진 것이 거의 없었기 때문에 그녀는 새 분야를 탐험하는 것과 같았다. 그녀와 히칭스가 미생물학적 증거가 뜻하는 것을 풀어나가려고 할수록 연속된 실험은 마치 수수께끼처럼 보였다. 긍정적인 성격의 엘리온은 긴 시간을 기쁘게 일했지만, 백 가지 이상의 변형을 발견하기 전까지 진심으로 만족하지 못했다. 팔코는 엘리온이 한 문제에 오랫동안 집중하는 것을 보고 놀라워하며 "남자와 같다"고 생각했다.

히칭스는 엘리온이 직감에 따라 혼합물을 만들고 다른 사람은 그것이 어떻게 작용하는지 알아내라고 할 수 있었다. 하지만 연구팀이 작아서 구성원 모두 여러 일을 해야 했다. 엘리온은 화학물이 어떻게 작용하는지 알아내자마자, 깊이 있게 파고들었다. 그것이야말로 그녀가 하고 싶어 하는 것이었다.

엘리온은 그 발견을 2년 안에 출판하기로 했다. 처음부터 히칭스는 논문을 쓰게 했고 그녀의 이름을 먼저 쓰게 했다. "그가 그렇게 배려해 준 것은 대단한 일이었죠"라고 그녀가 말했다. "저는 그가 허락해 준 것에 매우 감사해요. 그는 논문을 수정하고, 저를 도와주었어요." 많은 제약 회사들과 달리 부로스 웰컴은 과학자들이 특허를 받으면 연구논문을 출판하라고 권유했다. 결국 엘리온은 225편이 넘는 논문을 출판했다.

하지만 엘리온이 히칭스에게 논문의 초안을 보여주면 그는 절대 그것을 칭찬하지 않았다. "잘 썼나요?"라고 그녀가 물었다. "네" 그가 대답했다. "정말 괜찮아요?" 그녀가 계속 물었다. "네, 당신이 알고 있듯이. 그건 알잖아요." 그가 대답했다. 50년 뒤, 그녀는 그가 파란 정장을 입은 그녀를 칭찬했을 때, 그것이 그가 처음으로 한 칭찬이라고 했다.

칭찬을 하기보다 히칭스는 그녀를 승진시켜 주었고, 20번 째 논문이 출판된 다음에 일류 미국 생물 화학자 협회에 그녀를 입회시킬 준비를 했다. "그가 저에 대해 잘한다고 생각하는 것은 알았지만 그걸 한 번도 말한 적이 없어요." 그녀는 말했다.

그녀의 아이디어는 예감에 의해, 또한 혼란스럽게 하는 것들의 의미를 찾으려고 할 때 떠올랐다. 그녀는 계속 스스로에게 질문했다. "이게 무슨 뜻이지?" "이게 왜 일어났지?" 그녀는 과학이 추론 · 직관 · 시행착오 · 처음부터 다시 시작하는 것과 많은 질문을 하는 것이 연속적으로 이뤄지는 과정이라고 결론지었다. 그녀는 부모님의 시골 별장에서 여름에 주말을 보낼 때도 일을 했다.

"네 상사가 네가 주말에 얼마나 일하는지 아니?" 어머니가 물었다.

"저는 그를 위해 일하는 게 아니에요. 저를 위해 하는 거지요"라고 엘리온이 말했다. 어느 날, 그녀가 일을 별장에 가지고 오지 않자 어머니는 걱정했다. "뭐가 문제니? 네가 나에게 말해주고 싶지 않다는 거 안다. 너 아프구나." 그녀의 어머니는 마침내 무엇이 딸을 자극하는 것인지 알게 되었다.

엘리온이 처음으로 과학 회의에서 보고할 때, 청중의 한 남성이 그녀의 결론에 이의를 제기했다. 그녀는 이에 반박을 했다. "너 저 남자가 누군지 알아?"라며 충격 받은 그녀의 친구들이 소곤거렸다. 그는 록펠러 연구소의 유명한 권위자였다. 이후에 그는 엘리온에게 "제가 점심을 사도될까요?"하고 물었다. 식사를 하며 그들은 그 연구에 대해 토론했다. 그녀의 10분 강연에서 모든 증명을 할 시간이 없었다. "제가 맞았어요. 그것은 제 연구였죠. 전 증명 자료를 갖고 있어요… 논문을 제출할 때 소극적으로 보였지만 실은 소극적이지 않아요. 전 제가 잘 알지 못하는 것에 대해서 얘기하지 않아요." 그녀가 강조했다.

그때부터, 엘리온은 과학 모임에 자주 나갔다. 그녀가 대학 연구원들에게 실험 결과를 설명하면 그들은 최신 자료를 그녀와 나누었고 푸린 연구의 개척자 중의 한 사람이었다. 회사의 일부 사람들은 엘리온이 고위 관리에게 아첨한다고 생각했다. 하지만 학구적 연구를 하는 그녀의 친구들은 그녀의 업적에 큰 기여를 했다. 그들은 중요한 시간에 도움을 주었다. 그들이 없었다면 그녀는 노벨상을 받을 수 없었을 것이다.

2년 동안, 엘리온은 매일 밤 연구가 끝나고 지하철로 오가며 브룩클린 과학 기술 전문학교에서 박사학위를 받으려고 노력했다. 갑자기 그녀는 중대한 결정을 해야 했다. 학장은 그녀를 연구실로 불러 그녀가 박사학위를 받기 위해서는 시간제로 일하는 것을 계속할 수 없다고 했다. "당신은 일을 그만 두고 전력을 다 해야 해요"라고 그가 그녀에게 알려 주었다.

"아, 안돼요. 전 일을 그만 둘 수 없어요"라고 그녀가 반박했다.

"음, 그렇다면 당신은 그다지 절실하지 않군요"라고 그가 말했다. 숭고한 사명감을 가지고서, 그녀는 박사학위를 받겠다는 꿈을 버렸다. 그녀가 조지 워싱턴 대학과 브라운 대학에서 명예 학위를 받았을 때 그녀는 결국 그것이 "어쩌면" 올바른 결정이었다고 생각했다.

그녀가 한 개도 아닌 두 개의 효과적인 암 치료법을 개발했기 때문에 1950년을 최고의 해라고 생각했다. 첫째는 백혈병 세포의 형성을 방해하는 푸린 혼합물이었다.

뉴욕에 있는 슬론-케터링 기념 병원(Sloan-Kettering Memorial Hospital)은 동물에게 시험해본 디아미노푸린(diaminopurine)이 상당히 효과적이자, 중증의 백혈병 환자 두 명에게 시도해 보았다. 한 명은 23살이고 이름이 J.B.인 여성이었다. 2년 동안, J.B.는 너무 완벽하게 안정이 되자 의사들은 진단이 잘못된 것이라고 결정했다. 그녀는 결혼하고, 아이를 낳았으나 백혈병이 재발하며 죽었다. 오늘날이었으면 J.B.는 오랜 기간 동안 더 많은 치료를 받고 아마도 완치가 되었을 것이다. 하지만 2년의 소강상태 동안 그녀는 어떤 치료도 받지 않았다. 엘리온은 J.B.를 위해 계속 울었다.

그 약 때문에 엘리온과 히칭스는 감정적인 기복이 심하게 됐다. "우리는 회복을 봐서 기뻤지만, 거의 모든 사람들이 재발했어요"라고 히칭스가 설명했다. 그래서 그들은 암 화학 요법에 관심을 갖게 되었다. 하지만 엘리온의 화합물은 너무 유독하고 심한 구토 증세를 유발했다. 그래서 그녀는 화합물들이 어떻게 작용하는지 알면 비슷한 다른 화합물을 만들 수 있을 것이라고 생각해서 생화학을 배우기 시작했다. 결국 그녀는 100개가 넘는 푸린 화합물을 만들어서 실험해 보았다.

엘리온이 J.B.의 죽음의 충격에서 조금 헤어 나오고 있을 때 푸린 분자에 산소 원자 대신 황 원자로 대체했다. 새로운 화합물은 6-메르캅토푸린으로 6-MP다. 동물 시험에서 6-MP로 치료된 쥐 종양은 크는 데 실패했다. 더 중요한 것은 치료된 쥐가 치료되지 않은 종양을 가진 쥐들보다 2배는 더 살았다는 것이다.

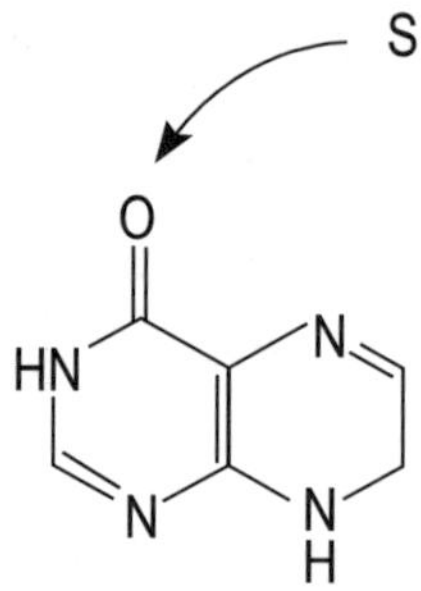

6-MP
거트루드 엘리온은 그녀의 첫 반백혈병 약인, 6-MP를 푸린 분자에 산소 원자 대신 황 분자를 넣어 만들었다.

1950년, 악성 백혈병을 앓는 아이들의 반이 3 · 4개월 안에 죽었다. 삼분의 일도 안 되는 아이들만이 겨우 1년을 넘겼다. 하지만 실험으로 6-MP 치료를 받은 아이들은 일시적인 경감을 경험했다. 특별 기고가인 월터 윈첼은 조지 히칭스가 가능성 있는 백혈병 치료법을 발견했다는 좋은 소식을 알렸다. 며칠 안돼서, 식품 의약국은 푸린에톨(purinethol)이라는 상품명으로 치료제의 상업적인 판매를 허락했다. 탈리도마이드(thalidomide)와 관련된 비극적 사건 전에는 정부의 약 허가제가 간단했기 때문에 6-MP는 식품 의약국이 지지하는 자료가 있기 전에 방출한 첫 새로운 혼합물로 남아있다. 후에, 엘리온과 히칭스는 자료를 출판하고 과학 모임에서 그것에 대해 보고했다.

6-MP 하나만으로는 백혈병을 치료하지 못했다. 그것으로 치료받은 아이들은 결국 재발하여 죽었다. 그들을 방문한 엘리온은 무척 괴롭고, 포기하고 싶은 느낌을 받았다. 아이들이 그녀의 약으로 살고 죽는 것을 보고, 부모님들의 편지와 의사들의 보고를 받은 엘리온은 그녀의 할아버지가 돌아가셨을 때와 같이 마음의 상처 받았다. 이전처럼 약을 제조하는 것은 개인적인 일이 되었고 그녀의 정신뿐만 아니라 마음까지 차지해 버렸다. 그녀는 히칭스에게 사람의 몸 안에서 6-MP의 신진대사를 공부하고 싶다고 말했고 그것의 영향이 더 지속되도록 하는 방법을 알아내고 싶었다. 그녀는 그 누구도 몰랐지만 6년 동안 6-MP의 모든 세부사항을 이해하기 위해 보냈다.

"6-메르캅토푸린의 실망은 그것이 충분히 좋지 못했다는 것이에요"라고 엘리온이 선언했다. "조합을 사용해서 암을 치료하는 방법을 배우기 전까지 우리는 누구도 한 가지 약으로 치료하지 못했어요. 어떻게 보면 건강해 보이는 아이들이 재발하는 것은 흥분되고 정말 실망스러운 일이었어요. 그래서 이 계속적인 싸움을 할 수 있었어요. 어떻게 하면 그것을 이길 수 있을까? 어떻게 그것을 피할 수 있지? 왜 그들은 재발하는 것일까? 우리가 그것을 어떻게 더 좋게 할 수 있지? 그리고 제 삶의 18년 동안, 저는 6-메르캅토푸린을 더 낫게 하려고 노력했어요. 저는 그것이 잘 될 거라고 굳게 믿었죠."

1950년, 엘리온은 6-MP의 가까운 친척인 티오구아닌(thioguanine)을 만들었다. 의학자들이 6-MP나 티오구아닌을 다른 약과 섞는 것을 배우자 그들은 드디어 유아 백혈병을 효과적으로 치료할 수 있었다. 오늘날, 백혈병을 앓는 아이들은 6-MP와 함께 12개 넘는 약 중에 하나를 처방받고 대부분의 증상이 완화된다. 그리고 6-MP와 다른 약으로 몇 년 동안 지속적인 치료를 하면 약 80퍼센트의 아이들이 낫는다 ? 암 치료자들이 전에 감히 사용할 수 없었던 단어다. 오늘날 티오구아닌의 주요 사용은 유아 백혈병을 위한 것이 아니다. 그것은 대신 어른들의 악성 골수 백혈병을 치료하는데 쓰인다.

혁명적인 6-MP약을 개발했을 때 엘리온은 고작 32살 이었다. 그녀는 백혈병 치료의 완전히 새로운 연구 분야를 열었다. 그녀는 혼합물의 작은 화학적 변화가 해로운 세포를 늘릴 수 있다는 것을 보여주었다. 그녀는 또한 박사학위가 없다는 것에 대해 더 이상 걱정하지 않았다. 하지만 더 중요한 것은 그녀가 사람들을 치료하기 시작했다는 것이다. 아이들이 나아지는 것을 보며 엘리온은 생각했다. "당신의 연구가 사람들의 삶에 기여했다는 것을 아는 것보다 더 큰 기쁨이 있을까? 우리는 사람들로부터 언제나 편지를 받는다. 백혈병을 앓는 아이들로부터.

"이것은 마치 당신이 의사인 것 같고 당신은 그들을 위한 일을 직접적으로 하고 있다"고 그녀가 상세히 말했다. "중재인은 의사지만 영광은 정말 당신 것 인데 당신이 그들에게 기구를 주었다는 것을 알기 때문이다. 그리고 노벨상을 받았을 때, 모두가 물었다. '노벨상을 받은 기분이 어때요?' 나는 말했다. '좋지만 그게 다가 아니에요.' 나는 상을 과소평가하는 것이 아니다. 상은 나에게 많은 것을 해주었지만 수상하지 못했어도 그렇게 많이 다르지 않았을 것이다." 그녀에게 진짜 상은 환자들을 치료하는 것이었다.

사회생활에서 아직도 소극적이었던 그녀는 과학을 할 때 비로소 집에 돌아온 느낌이었다. 현재 부로스 웰컴의 분자 유전학 지휘자인 제임스 부찰은 결론지었다. "그녀는 과학과 약을 만드는 세계에 살고 그것이 위대한 도전이고 매혹이며 그녀의 삶의 굉장히 중요한 부분이라고 생각합니다. 그것은 그녀에게 도전이고 기쁨이에요."

암 치료제를 성공적으로 개발했음에도 불구하고 엘리온은 사랑하는 사람들을 병으로부터 보호할 수 없었다. 1950년대, 그녀의 어머니는 경부암에 걸렸다. 오늘날 경부암은 100퍼센트 나을 수 있지만 베르타 엘리온이 중앙유럽에서 받았던 교육에 따르면 병의 초기에 의사에게 상담하는 것을 너무 부끄럽다고 느끼게 했다. 엘리온은 도움을 줄 수가 없었다. 1956년 베르타 엘리온의 죽음은 그녀 딸의 삶에 가장 고통스러운 경험 중에 하나였다. 할아버지와 약혼자의 죽음처럼 어머니의 병은 엘리온을 실험실에서 진정으로 사람들의 삶에 영향을 주는 곳으로 돌아오게 했다.

엘리온은 어떤 수단을 써도 상관없는 방법을 개발했다. 혼합물을 발견하면 그녀는 그것을 다른 것을 찾기 위한 도구로 사용했다. 혼합물이 핵산이 생성되는 단계에서 바뀌면 그것을 사용하여 그 단계를 탐구하고 관련된 것을 공부했다. "이와 같은 지레 방법은 어떤 정보를 얻을 때마다 그것을 도구로 사용하여 다른 정보를 더 얻어내는 것으로 그녀의 전략 중 중요한 요소였다"고 제임스 버챨이 말했다. "당신은 손닿는 모든 것을 사용합니다."

엘리온은 히칭스의 방법을 논리적인 결론으로 더 발전시켜 혼합물이 그녀를 이끌어 가는 곳까지 이용했다. 그 과정에서 그녀는 굉장한 약을 발견했고 각각의 것이 핵산 생활주기의 다른 부분을 공격하는 것이었다.

1958년, 다른 연구자들도 엘리온의 뒤를 따랐다. 보스톤에서 로버트 슈와츠는 6-MP를 토끼에 시험하여 그것이 그들의 면역 반응에 어떠한 영향이 있는지 보았다. 6-MP를 먹고 외부 항원으로 도전 받은 토끼들은 외부 물질에 어떠한 항체도 생성할 수 없었다. 이 발견은 장기 이식에 중요한 관련이 있었다. 장기 이식은 오랫동안 수술은 가능했다. 방해물은 신체의 면역 반응으로 며칠 안에 어떠한 이식도 거부했고 동물을 죽였다. 젊은 영국 의사인 로이 캘느는 개를 가지고 이식 실험을 하고 있었다. 그가 6-MP에 대해서 읽은 그도 약 치료를 해보기로 결정했다. 신장을 이식 받은 개에게 매일 6-MP를 투여하자 그 동물은 장장 44일 동안 살았다.

캘느는 보스톤의 펠로쉽에 가는 길에 부로스 웰컴에 들러 히칭스와 엘리온에게 6-MP의 친척들을 시험해봐도 되는지 물었다. 그들은 그에게 후에 아자티오프린(azathioprine)으로 알려지고 이무란(Imuran)이라는 이름으로 팔린 57-322를 포함한 여러 시험관을 주었다. 이무란은 엘리온이 만든 6-MP의 매우 섬세한 형태였다. 시험은 그것이 면역체 억제제가 될 만큼 영향력 있는 것으로 나타났다.

그의 방문 후 몇 달 뒤, 캘느는 히칭스에게 짧은 쪽지를 보냈다. 57-322는 "시시하지 않다."는 것을 알았다. 히칭스와 엘리온은 보스톤에 있는 연구원들과 일하기 위해 부리나케 달려갔다. 이야기의 영웅은 롤리팝이라는 이름을 가진 콜리였다. 캘느는 롤리팝에게 신장을 이식하고 그것에게 이무란을 주었다. 롤리팝은 230일을 살고 알 수 없는 이유로 죽기 전에 강아지도 낳았다. 1961년, 이 소식은 멀리 퍼져서 조세프 무레이 의사가 두 명의 아무 연관도 없는 사람 사이에 신장을 이식했다. 무레이의 3번째 환자가 살아남았고 무레이는 1990년에 노벨상을 받았다.

엘리온의 약은 신장 이식을 가능하게 만들었다. 처음으로 환자들은 장기를 이식 받고 신체가 그것을 거부하지 않게 되었다. 첫 심장 이식 환자는 1967년에 이무란을 먹었다. 그것은 아직도 신장 이식을 막기 위해 이용되고 있다. 1962년부터 실행된 십만 번의 신장 이식 중에 대부분이 엘리온의 약을 사용했다. 그것은 또한 자기 면역성 낭창 · 빈혈 · 간염과 심한 류머티즘성 관절염 치료에 이용된다.

때로 엘리온이 강연을 하면 나중에 낯선 사람이 그녀에게 찾아와 그나 그녀의 신장 이식을 가능하게 해주어서 고맙다고 했다. 엘리온은 상당히 조심스레 말했다. "신장 이식으로 25년 동안 산 사람을 보게 되면, 그것이 당신의 상이에요."

백혈병을 위한 6-MP와 신장 이식을 위한 이무란 중에 좋아하는 약을 고르라고 물으면 엘리온은 고를 수 없었다. 그녀는 두 개 모두 에서 황홀감을 느꼈다. "당신의 아이들 가운데서 더 좋아하는 사람을 고르라고 하는 것은 어려운 일이에요. 각각의 약은 아름다웠고 할 만한 가치가 있었어요. 그것은 계속 보답 받는 것이었어요."

1960년대 초까지 엘리온은 6-MP의 영향이 더 오래가게 하려고 노력하고 있었다. 그녀는 크산틴 산화 효소(xanthine oxidase)가 신체에서 6-MP를 다른 화합물로 짧은 시간 안에 화학 변화를 일으킨다는 것을 알았다. 그러면 6-MP가 신체에서 더 오래 지속되었다. 부로스 웰컴 화학자들은 변화를 일으키는 화합물을 만들었다. 하지만 시험은 그것이 6-MP를 신체에서 파괴되는 것으로부터 보호하지만 6-MP가 나쁜 부작용을 낳는 것을 막지는 못했다. 하지만 엘리온은 그것이 신체의 요산 생성을 줄인다는 것을 알고 즐거워했다. 혼합물은 알로퓨리놀(allopurinol)이라고 불렸다.

신체에 너무 많은 요산은 심하게 아플 뿐만 아니라, 위험할 수 있다. 요산이 신체에 쌓이는 것은 너무 많이 생성되기 때문이거나 신장이 충분히 분비하지 않기 때문이다. 어떤 상황이던지 요산은 관절에서 가루 같은 결정으로 침전하며 격렬한 고통을 주는 통풍을 일으킨다. 또한 침전물은 신장을 막고 손상시키는 비뇨석을 생성할 수 있다. 방사선과 화학 요법 환자들은 그들의 암에 걸린 조직이 빠르게 파괴되면 요산을 축적시키는 것 같은 문제가 발생한다. 알로퓨리놀전에 만 명이 넘는 통풍 환자들이 매년 미국에서만 신장 방해로 죽었다.

통풍으로 불구가 된 야경꾼이 1963년에 임상실험으로 첫 알로퓨리놀을 받았다. 그의 통증은 3일 안에 없어졌고 그는 일상으로 돌아갔다.

10년 후, 알로퓨리놀이 남미에서 큰 문제인 리슈만편모충증(leishmaniasis)의 효과적인 치료법이라는 것이 발견되었다. 엘리온은 회사에게 관련된 이득에 상관없이 그 문제를 연구해야 한다고 강하게 강조했다. 알로퓨리놀은 병을 일으키는 원생동물문의 푸린 염기 생성을 방해함으로써 그것을 죽인다. 알로퓨리놀은 또 다른 남미 문제인 샤가스병(Chagas' disease-브라질 수면병)에도 효과가 있는데 그 병은 어린 시절 벌레 물린 데가 자기 면역 질환을 일으키고 30세가 되면 죽음을 불러온다. "그녀는 정말 사회적 양심이 있었어요"라고 현재 부로스 웰컴의 연구 부회장인 토머스 크레니트스키가 지적했다. "50년 안에, 트루디 엘리온은 마더 테레사보다 인간을 위해 더 많은 것을 해낼 것이다."

1960년대 중반, 엘리온은 상사 히칭스와 따로 그녀만의 정체성을 가지고 개발을 했다. 크레니트스키가 그녀에 대해서 1960년대에 처음으로 들었을 때 그의 예일 교수는 말했다. "아, 조지랑 오래 일한 그 엘리온." 하지만 그때 엘리온은 40대 후반과 50대 초반이었고 그녀는 자신의 이름으로 잘 알려져 있었다. 크레니트스키는 그녀와 1960년대 중반, 국립 과학 모임에 참석했고 저명한 과학자가 그녀에게 거짓 없는 존경으로 인사하는 것을 보았다. 그가 돌아섰을 때 그녀는 크레니트스키에게 귓속말을 했다. "5년 전, 저 남자가 저를 상대하지 않았어요." 갑자기 크레니트스키는 엘리온이 중요하지 않은 사람이라도 상대한다는 것을 알게 되었다. "그녀는 언제나 그녀였어요. 그녀는 언제나 트루디에요. 그 남자는 평범한 사람은 아니었지만 그녀에게는 상대방이 학생이던, 유리 제품 씻는 사람이던 회사의 회장이던 같았어요. 그녀는 평등주의자이고 그대로 살아요. 그녀가 엘리트주의자가 아니란 것은 확실해요."

엘리온은 그녀 혼자서 명예를 모으고 있었다. 미국 화학 학회는 그녀에게 1968년에 가르반 메달(Garvan Medal)을 주었다. 2천불 상은 대단한 것이었지만 1980년까지 그것은 미국 화학 학회가 여성에게 준 유일한 상이었다. 여성은 다른 학회상을 받기 위해 남성과 경쟁할 수 없었다. 결점에도 불구하고 가르반 메달은 엘리온이 처음으로 인정받는 증표였다. 그녀는 무척 기뻤다. 학회에게 그녀는 "완전히 여성스러운" 반응을 했다고 말했다. 그녀는 울음을 터뜨렸다.

곧 조지 워싱턴 대학의 교수 조지 맨델이 전화를 했다. 그는 푸린 화학을 연구했고 그녀의 100편의 논문 중 여럿을 알고 있었다. "보세요. 당신이 하고 있는 연구는 박사학위자가 한 것보다 훨씬 뛰어났어요"라고 맨델이 그녀에게 말했다. "하지만 우리는 당신을 솔직한 사람으로 만들어야 해요. 우리는 당신에게 박사학위를 주고당신을 법적으로 '박사' 라고 부를 수 있게 할 것이에요." 조지 워싱턴 대학의 연단에 서서 오랫동안 갈망한 박사학위를 든 채 엘리온은 이것만을 생각했다. "어머니가 이곳에 있었으면 좋겠다." 베르타 엘리온은 간절하게 그녀의 딸이 직업을 가지기 원했었다.

히칭스가 1967년에 연구의 부회장이 되기 위해 활동적인 연구에서 은퇴를 하자 엘리온은 혼자였다. 그녀는 실험 치료 부서의 부장이 되었고 처음으로 그녀가 히칭스 없이 무엇을 할 수 있는지 보여줄 수 있었다. 그들이 함께 논문을 쓴 23년 동안 부로스 웰컴의 내부자들도 그들의 각각의 기여를 구분할 수 없었다. 그럼에도 불구하고 엘리온은 그녀와 히칭스가 몇 년 동안 다른 점이 있었다고 말했다. 그녀는 그들을 팀으로 여겼지만 히칭스도 그랬는지 의심했다. 그는 언제나 상사였다. 그는 그들의 연구에 '나'를 사용했고 엘리온은 '우리'를 사용했다.

"그는 매우 오만했을 수도 있다"고 엘리온이 지적했다. "그는 그가 모두 시작했다고 이해했다… 하지만 그는 언제나 제안을 들으려고 했다. 저는 1953년에 대사를 공부하고 싶다고 말했다. 누구도 약의 대사를 공부하고 있지 않았지만 그는 그것을 하게 두었다."

결론은 "55세에 저는 그 동안 충실한 부하직원이었다고 느꼈어요."라고 엘리온이 지적했다. "그리고 저는 제가 혼자서 할 수 있는 것을 보여줄 기회가 있었어요."

언제나처럼 그것은 영향력 있는 약을 발견한다는 뜻이었다. "그녀는 이 분야에서 성공이 무엇인지 명확하게 알고 있다"라고 부찰이 강조했다. "성취는 현재 의학적으로 중요한 증상을 치료할 새로운 약을 개발하는 것이었다. 그리고 그 곳엔 다른 결과는 없었다. 그녀는 과학을 추상적으로가 아니라 병을 치료하는데 유용한 혼합물을 개발하기 위해 연구했다. 그녀는 문제를 결정할 중요한 실험이나 실험의 연속을 찾으려고 노력했다."

1968년, 엘리온은 실패했던 실험을 재도전하여 그것을 가장 큰 성공 중 하나로 바꾸었다. 그녀는 이렇게 이야기했다. "우리는 1948년처럼 예전에 우리의 흥미를 돋운 항바이러스 물질의 길로 돌아가기로 결정했다." 과학자들은 어떤 약도 바이러스에 반항하는 것으로 개발되지 못할 것이라고 확신했다. 그들은 바이러스의 DNA에 손상을 줄 만큼 유독한 혼합물은 건강한 세포의 DNA도 피해를 줄 것이라고 생각했다. 결과적으로 누구도 항바이러스의 특징을 집중적으로 연구하지 않았던 것이다. 1948년에 J.B.를 치료했던 디아미노푸린인 엘리온의 첫 푸린 혼합물이 항바이러스성의 특성을 보였다. 하지만 그것은 매우 유독하여 엘리온은 그것을 곁에 두고 20년을 백혈병, 신장 이식과 통풍을 치료하는 약에 중점을 두었다.

하지만 엘리온의 특징은 실수에서 배우는 것이었다. 그래서 1948년 혼합물과 비슷한 것이 항바이러스성 활동이 보였다는 것을 듣고 그녀는 오래된 친구를 찾아보기로 결정했다. 그녀는 정상적인 세포 분열에 영향을 주지 않고 바이러스 세포의 증폭을 막는 혼합물을 원했다. 항바이러스성 활동을 시험해 보기 위해 영국에 관계된 혼합물의 샘플을 보냈을 때 그녀는 흥분된 전보를 받았다. "이것은 우리가 본 것 중 가장 훌륭해요. 그것은 헤르페스 심플렉스 바이러스(herpes simplex virus)와 헤르페스 조스터 바이러스(herpes zoster virus)에 활발하게 작용해요."

헤르페스 바이러스는 대상포진을 일으키는 헤르페스 조스터와 입과 생식기에 염증을 일으키는 헤르페스 심플렉스를 포함한다. 헤르페스 염증은 백혈병, 암과 장기와 골수이식을 한 환자들에게 위험할 수 있다. 면역체가 병이나 화학 요법으로 억압되면 바이러스는 내부 장기나 피부의 다른 부분으로 퍼질 수 있다. 헤르페스를 공격하는 약은 감기를 치료하는 것보다 더 많은 작용을 할 수 있다.

4년 동안, 엘리온의 팀은 헤르페스에 영향이 있는 관련된 화학물을 공부했다. 부로스 웰컴의 유기 화학부의 부장인 하워다 셰퍼는 푸린 측쇄에 붙어 있는 당 분자를 떼어내려고 했다. "정말 당 전체가 거기에 필요한 것일까 아니면 당의 부분을 이용하여 효소를 꾀할 수 있을까?"라고 그가 물었다. 셰퍼는 푸린에 다른 측쇄를 붙인다는 생각을 했고 바이러스 효소가 혼란에 빠질 것을 기대했다. 셰퍼와 그의 조수 리리아 뷰샴이 혼합물을 더 생성하고 변형하자 그것은 지금까지 봤던 것 보다 백 배 더 강했다.

엘리온팀은 일하기 시작했고 그것의 대사를 이해하려고 노력했다. 왜 그리고 어떻게 그것이 작용하고 왜 그것이 그렇게 무독성이고 선택적인지 연구했다. 아클로비어는 엘리온이 봐왔던 다른 혼합물과도 다른 것으로 나타났다. 그것은 헤르페스 바이러스가 번식할 때 필요한 혼합물과 비슷해서 바이러스가 속을 수 있었다. 바이러스는 정상적인 세포에 침투하여 세포의 번식을 돕는 효소를 만들기 시작한다. 이 효소는 아클로비어를 활성화시키고 바이러스에게 독성으로 바뀐다. 짧게 말하면 아클로비어는 바이러스가 자살을 하게 한다.

1974년부터 1977년까지 4년 동안 75퍼센트가 넘는 연구원이 아클로비어를 비밀로 했다. "우리는 누구에게도 아무 말도 하지 않았어요." 엘리온이 강조했다. "당신이 하고 있는 일에 보람을 느끼는 것이 훌륭한 것이죠."

암 모임에서 동료들이 물었다. "당신은 무엇을 연구하고 있나요?"

"아, 알잖아요. 푸린이요." 그녀가 아무렇지 않은 듯 대답했다.

"아, 하던 일을 계속하는 군요." 그들이 대답했다.

하지만 엘리온은 알았다. "우리는 그것을 다른 회사로부터 보호해야 했어요. 그것이 알려지는 순간에 모든 사람들이 마차에 올라탈 테니까요. 그리고 그들은 그랬어요!"

아클로비어는 1978년 과학 회의에서 공중에 드러났다. 13장의 포스터가 홀을 가득 채웠고 아클로비어의 생성 · 활동 · 효소학 · 대사 · 독물학 등을 설명했다. 대상포진을 치료하는 것뿐만 아니라 아클로비어는 엡스타인바 바이러스(Epstein-Barr virus), 동물에 위광견병(pseudo-rabies)과 어린이들에게 치명적인 뇌 감염인 헤르페스 뇌염을 상대하는데 영향력 있었다.

"잠깐, 기다려 봐요."하고 사람들이 엘리온에게 물었다.

"당신들은 이것을 계속 연구하고 있었나요? 우리는 당신이 바이러스학을 연구하는지 몰랐어요."

"음, 내가 당신들이 알기를 원했다면 말해줬을 것예요." 엘리온이 열성적으로 대답했다.

엘리온은 아클로비어를 "결정적인 보석"이라고 불렀다. "그것은 항바이러스 연구 최고의 발견이었다. 그런 것이 가능하다는 것은 그 때 아무도 상상하지 못했다." 누구도 특정한 바이러스에 그렇게 많은 효소가 특별하게 있다는 것을 알지 못했다. "그 뒤, 모든 사람들은 그 분야에서 연구를 했다. 그것은 중요한 화합물이었을 뿐만 아니라 중요한 사건이다"라고 엘리온은 깨달았다. 하나의 바이러스에 그것의 맞는 특정한 효소가 있다면 다른 것도 그럴 수 있다.

아클로비어가 팔리기까지는 7년이 걸렸지만 그것은 무지개 끝에 돈항아리였다. 조비락스(Zovirax)라고 판매된 그것은 부로스 웰컴의 가장 많이 팔리는 제품으로 1991년 세계판매가 8억 3백8십 만 달러였다.

아클로비어가 발견되기 전, 부로스 웰컴은 1970년에 뉴욕 교외에서 노스 캐롤라이나 주의 패드몬트 지역의 연구 삼각형 공원(Research Triangle Park)으로 옮겼다. 시골 노스 캐롤라이나로 옮기는 것은 도시에서 태어나고 자란 뉴요커에는 쉬운 것이 아니었다. 하지만 엘리온은 견뎌냈다. 그녀는 2층짜리 콘도를 여행 기념품 · 가족 사진 · 사진 · 작은 조각상 · 예술품 · 음악과 식물로 채웠다. 그녀는 남동생의 자녀들과 전화와 비행기로 가족 관계를 유지했다. 그녀는 메트로폴리탄 오페라 신청을 계속 했고 가능할 때마다 뉴욕에 가서 오페라를 보았다. 사실 그녀는 삼각형 안의 모든 고전 음악 콘서트, 제임스 본드 영화와 대학의 농구 게임에 참석했다. 그녀는 이웃 중에 친한 친구를 찾았는데 그녀의 이름은 코라 히마디로 그녀들은 함께 세계 각 곳을 여행했다. 엘리온은 운동선수는 아니지만 사진을 위해 무엇이던지 했고 산을 오르락내리락 하기도 했다. 엘리온은 유럽, 아시아, 아프리카나 남미에서 가보지 않은 나라가 거의 없다. 그리고 그녀가 의식하기 전에 그녀는 헌신적인 노스 캐롤라이나의 주민(Tarheel)이었다.

1983년 엘리온은 은퇴했고 회사의 고문이 되었다. 1년 안에 그녀의 옛 연구실은 그녀의 방법을 이용하여 아지도타이미딘(azidothymidine) 또는 AZT를 생성했는데 그것은 1991년 후반까지 미국에서 에이즈 바이러스 치료에 허락된 유일한 약이었다. 엘리온은 AZT의 개발에 공헌했다고 여겨졌지만 그녀는 자신이 직접적인 역할을 하지 않았다고 했다. "제가 했다고 말할 수 있는 유일한 것은 방법론을 사람들에게 훈련시켰다는 것이에요… 일은 다 그들이 했어요"라고 그녀는 강조했다.

1988년 10월 17일, 아침 6시 반, 엘리온이 세수하는 중 기자로부터 전화를 받았다. "축하합니다! 당신은 노벨상을 받았어요!" 그녀는 다른 수상자들이 누구인지 듣기 전까지 그가 농담을 하고 있다고 생각했다. 다른 수상자는 조지 히칭스와 런던 대학의 제임스 블랙 경이었다. 블랙은 최초로 베타 수용체를 막는 임상적으로 유용한 약을 개발했다. 셋은 3십 9만 달러를 나누어 가졌다.

그것은 31년 만에 약 연구에 주어진 첫 노벨상이었고 암 치료를 위한 몇 개 안 되는 것 중에 하나였다. 엘리온은 노벨 위원회가 거의 명예를 주지 않는 제약 회사의 직원으로 연구원에 포함되어 있을 뿐만 아니라 박사학위도 없었다. 하지만 상은 특정한 약을 위한 것이 아니라 정상적인 세포와 병이 생기게 하는 암 세포 · 원생동물원 · 박테리아와 바이러스의 핵산 대사의 다른 점을 보인 것이었다. 노벨 위원회는 관찰했다. "천연 산물의 화학적 변형에 주로 약이 개발되었었지만 그들은 기초적인 생화학적 과정과 생리학적 과정의 이해를 통해 더 논리적인 방법을 소개했어요." 엘리온은 70세였고 83세의 히칭스는 가장 연로한 수상자 중에 한 명이였다.

엘리온은 히칭스가 수상하리라 예상했지만 자신이 받을 것은 하지 못했다. "그는 오래 전에 기대하고 있었지만 그가 그 때 받지 못했을 때 아예 받지 못할 것이라고 생각했어요"라고 그녀가 설명했다. 후에, 엘리온은 저명한 학구적인 과학자들이 그들을 한 쌍으로 추천한 것을 알게 되었다. 하지만 노벨 위원회 회원은 왜 엘리온이 포함되어야 하는지 궁금했다. "정말 그녀가 기여했나요?"하고 그가 물었다.

엘리온의 오래 된 대학 친구 중 한 명이 대답했다. "초기에 작성된 논문을 본 적 있나요? 그녀가 첫 저자에요." 과학적 인쇄물의 첫 번째 이름은 전통적으로 누가 정보에 주로 의무가 있는지 나타낸다. 드리고 교수는 히칭스의 은퇴 이후 행해진 엘리온의 항바이러스 연구를 지적했다. 그것이 결과에 결정적인 영향을 주었다. 그녀의 대학 친구들이 아니었다면, 그녀는 상을 받지 못했을 수도 있다.

노벨상이 발표된 날, 히칭스는 뉴욕에 있어서 그와 엘리온은 따로 기자 회견을 했다. 그들 사이에 지리적인 거리에도 불구하고 그들은 같은 점을 강조했다. 상은 케이크 위에 크림일 뿐이었다. 진정한 상은 그들의 약으로 환자들을 치료하는 것에서 왔다.

스톡홀름의 노벨 수상식에서 엘리온은 상단에 앉아서 오케스트라가 모차르트를 연주하는 것을 들었다. 마치 자신의 거실에 있는 것처럼 자연스럽게 웃던 그녀는 발로 살며시 박자를 맞추며 음악과 함께 양쪽으로 머리를 흔들었다. 그녀는 모든 것을 즐겼다. 그녀는 조카들과 그들의 배우자와 자녀들을 함께 데리고 왔는데 아이들 중에 4명은 5살 이하였다. 아이들이 정식 축하연에 가게 해달라고 주장하던 그녀는 놀란 직원에게 이렇게 말했다. "저는 아이들이 스웨덴까지 와서 저녁을 호텔방에 만 있게 하려고 한 것이 아니에요. 아이들을 부모님과 마주 볼 수 있는 다른 테이블에 앉히면 그러면 애들은 괜찮을 거에요." 그녀의 말은 사실이었다. 언론과 호텔 직원들은 그녀에게 매혹되었다.

상은 엘리온에게 많은 것을 해주었다. 노벨상은 그녀를 여성의 뚜렷한 역할 모델로 만들었다. 그것은 그녀에게 개인비서와 노벨 기념품과 명예로 꽉 찬 큰 연구실을 주었다. 그것은 나라에서 가장 높은 과학 명예인 국립 과학 메달을 1991년에 안겨 주었다. 그녀는 더 좋은 초대를 위해 전에 받는 초대를 거부하지 않는 가족 규칙을 어김으로써 남동생이 분개하게 했다. 그녀는 터프츠 대학의 강연을 조지 부시 대통령에게 상을 받기 위해 취소했다. 히칭스가 국립 과학 아카데미에 회원이 된 1975년으로부터 지난 훨씬 뒤에 엘리온도 회원이 되었다(비슷하게 일류인 왕립 협회도 그녀를 제외하고 히칭스만 승인했었다). 부로스 웰컴이 히칭스와 엘리온에게 자선활동을 하라고 각각 2십 5만 달러를 주자 엘리온은 자신의 몫을 출신 대학에 화학과 생화학 분야의 여성들을 위한 펠로쉽으로 기부했다.

상은 씁쓸하면서 달콤한 요소가 있었다. 그것은 히칭스와의 50년 우정을 긴장시켰다. 상에 엘리온이 포함된 것이 히칭스에게 충격이었고 그들의 경쟁 암류가 다시 드러나게 되었다. 몇 십 년 동안 둘 다의 친구였던 엘비라 팔코는 후에 비평했다. "그들은 다른 두 사람이 함께 일하는 것처럼 일을 잘했어요. 하지만 당신의 조수가 당신만큼 명예를 받게 되면 그것이 어려울 수도 있다는 느낌이 있어요."

노벨상 수상 후, 엘리온은 더 열심히 일했다. 부로스 웰컴에 조언해주는 것뿐만 아니라 그녀는 듀크 대학에서 의대생들에게 연구 방법을 가르쳤다. 그녀는 새로운 암과 에이즈 약을 승인하는 절차 검토를 위한 국립 위원회, 국립 암 자문 위원회(National Cancer Advisory Board), 세계 보건 기구(World Health Organization) 중 3개의 열대병, 필라리아병(filariasis), 사상충증

(river blindness)과 말라리아를 다루는 위원회, 국립 암 연구소(National Cancer Institute), 미국 암 학회(American Cancer Society)와 다발성 경화증 학회(Multiple Sclerosis Society)의 자문 위원회에서 일했다.

이 모든 것을 하면서도 친구들이 말하기를 트루디 엘리온은 아직도 트루디였다. 침착하고 꾸밈없는 그녀는 할아버지 · 어머니 · 약혼자 · J.B.,와 백혈병을 앓는 아이들에게 자신의 연구를 헌신한 것처럼 병을 치료하는 것에도 열중했다.

그녀가 가장 좋아하는 상 중 하나는 가장 단순 것이었다. 헤르페스 뇌염에 걸린 고등학생, 티파니에 대한 편지였다. 티파니의 어머니는 편지에서 엘리온에게 모두가 볼 수 있도록 가족 냉장고 앞에 붙일 서명한 사진을 부탁했다. 그리고 그녀는 티파니의 사진을 보내며 이렇게 적어 보냈다. "이 사진을 통해 제 아이가 얼마나 건강한 지 당신이 볼 수 있도록 요. 다시한번, 당신에게 감사를 표합니다."

* * *

거트루드 벨 엘리온은 1999년 2월 21일 자택에서 잠이 든 채 조용히 최후를 맞았다. 향년 81세였다.

12

물리 화학자

로잘린드 엘시 프랭클린

1920.7.25~1958.4.16

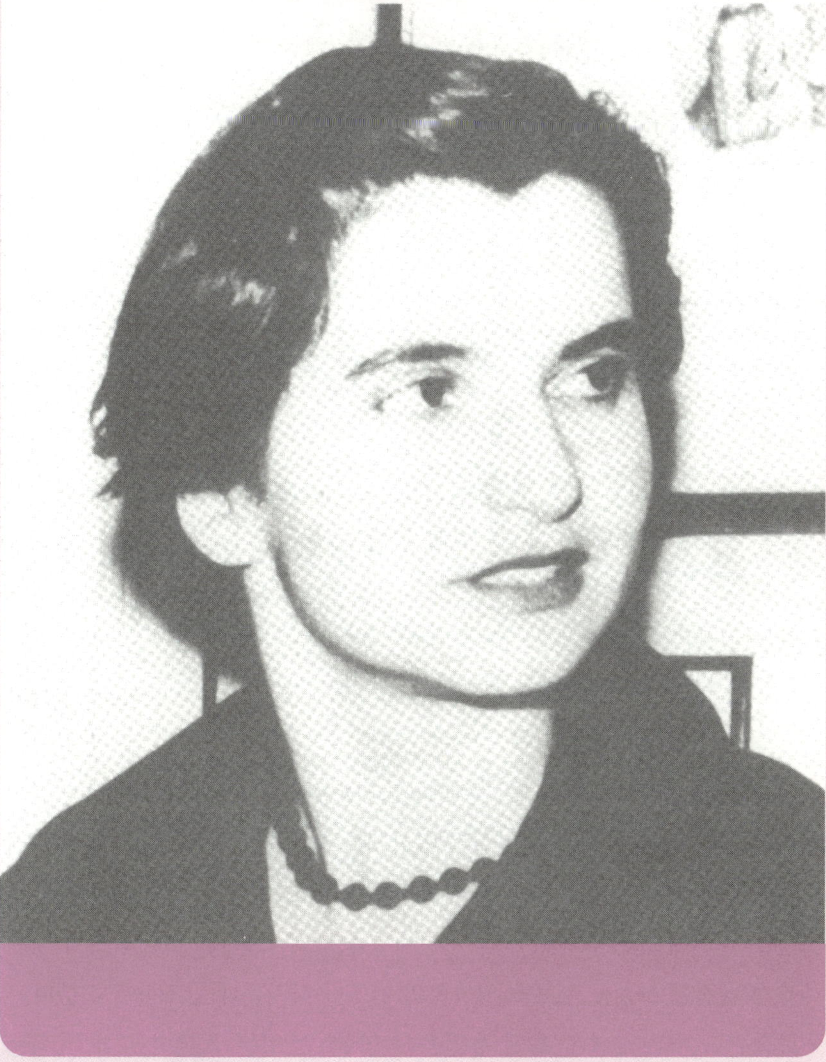

로잘린드 엘시 프랭클린

Rosalind Elsie Frankilin

로잘린드 엘시 프랭클린(Rosalind Elsie Franklin)은 실처럼 길게 이어진DNA를 잘라 다발로 만들었다. 조심스럽게 습도를 조절한 뒤 로잘린드는 작은 다발에 X선을 비추고 놀라운 생명의 끈을 사진으로 촬영했다.

로잘린드는 리더십을 갖춘 과학자로 유전학 분야를 선도한 실험주의자였다. 그녀는 세계와 사물이 무엇으로 구성되어 있으며, 또 어떻게 형성된 것인지 궁금해 했다. 로잘린드는 실험으로 증명할 수 있는 과학적 사실은 인정했지만, 과장된 학설이나 비현실적인 사색은 혐오했다. 그녀는 곧잘 이렇게 말했다. “사실은 사실입니다.” 로잘린드는 20대 초반에 석탄에 대한 새로운 사실을 발견해 실험의 전문가라는 명예를 얻었다. 그녀가 바이러스에 대해 새롭게 발견한 사실들은 구조 생물학의 기초를 다지는데 일조하기도 했다.

로잘린드는 1950년대 초에 유전을 설명할 수 있는 기본적 토대가 되는 DNA 구조에 대한 정보를 거의 혼자서 발견했다. 살아있는 세포라면 모두 가지고 있는 DNA는 한 세대의 정보를 다른 세대로 물려주는 역할을 담당하는 암호화된 청사진이다. 로잘린드가 발견한 새로운 사실을 가지고 제임스 왓슨과 프란시스 크릭은 노벨상을 받았다. 그들은 로잘린드의 자료를 몰래 사용했지만, 그 공을 그녀에게 돌리지 않았다.

DNA의 구조가 이해되면서 분자생물학 분야는 폭발적인 관심을 끌기 시작했다. 그것은 20세기 후반의 가장 중요한 과학적 발전을 이끌었다. 이런 놀라운 발견은 유전 공학을 활용해 DNA를 생물체에 주입해 언젠가는 원하는 인자를 생성하는 것이 가능하리라는 기대를 불러 일으켰다. 실제로 오늘날 DNA 재조합 기술은 인슐린이나 성장 호르몬을 생산하고, 혈우병 환자에게 필요한 혈액 응고 인자를 상업용으로 생산하기 시작했다.

로잘린드의 삶과 과학적 발견에 대한 사실이 새롭게 재조명 되면서 뒷날 그녀는 왓슨과 크릭의 그늘에서 벗어나 중심적 위치로 복원될 수 있었다.

로잘린드는 1920년 7월 25일 영국 런던에서 부유한 유대인 은행가의 5남매 가운데 둘째로 태어났다. 그녀의 조상은 1763년부터 영국에서 살았다. 할아버지와 할머니는 영국 상류사회의 문화를 누렸다. 그들은 런던의 부촌에 큰 집이 있었고 시골에도 저택이 있었다.

로잘린드의 아버지 엘리스 프랭클린과 어머니 뮤리엘 웨일리는 사회봉사와 자선을 중시하는 전통 가운데 자랐다. 은행가였던 그녀의 아버지는 노동자를 위한 대학에서 자원봉사의 일환으로 과학을 가르쳤고, 독일에서 나치를 피해 떠나는 유대인들의 탈출을 도왔다. 로잘린드의 이모들 중에서는 여권신장과 노동조합에 관심을 가진 사회주의자가 있었다. 삼촌 중 한 명은 1910년에 저명한 반페미니스트였던 윈스턴 처칠을 개 훈련용 채찍으로 공격하려다 6주 동안 구속되기도 했다. 유대인이라도 신약 성경에 손을 얹고 취임 선서를 해야만 공직에 선출될 수 있도록 법이 개정되기 전까지 국회의원에 세 번이나 당선된 친척도 있었다.

어린 시절 로잘린드는 단지 여자라는 이유만으로 자신이 차별을 받고 있다는 생각을 했다. 로잘린드는 정당한 평가를 받기 위해 고생했던 기억을 떠올렸다. 소꿉놀이를 싫어했기에 부모님은 그녀를 "현실적인데다 감상적이지 않은… 무미건조하고 상상력이 없는 아이"라고 생각했다. 로잘린드는 손으로 만드는 일을 좋아했다. 바느질 · 목공이 바로 그런 일이었다. 그녀의 어머니는 로잘린드가 만든 섬세하고 단정한 자수와 아름답게 조각한 장식장을 보며 칭찬을 아끼지 않았다. 하지만 그녀가 가진 분석적인 사고방식에 대해서는 큰 관심을 기울이지 않았다.

로잘린드는 사물이나 현상이 갖는 근본적인 의미를 밝히고 싶었다. 흥미로운 일을 발견하면 그렇게 되는 이유를 알고 싶었다. 여덟 살 때, 로잘린드는 곧잘 감기에 걸렸다. 로잘린드의 주치의는 바닷가에 있는 기숙학교에 들어가라고 권했다. 그녀의 부모님도 기꺼이 동의했다. 어머니는 로잘린드가 홀로 보내야 하는 시간에 자립심을 키울 수 있으리라 생각했다. 그래서 로잘린드의 향수병을 대수롭지 않게 생각했다. 하루는 어머니가 어떻게 적응하고 있는지 물었을 때 로잘린드는 짧게 대답했다. "살만해요." 사실 로잘린드는 기숙학교를 싫어했다.

로잘린드는 기숙학교에서 큰 교훈을 얻었다. 때로 병과 아픔을 홀로 견디는 것이 누군가에게 도움을 구하는 것보다 낫다는 생각이었다. 그래서 무릎관절을 바늘에 찔렸을 때도 엄청난 고통을 견디며 혼자서 몇 블록이나 떨어진 병원까지 걸어가기도 했다.

로잘린드는 런던에서 부유층 여학생들만을 위해 운영되는 세인트 폴 사립여학교를 다녔다. 그녀는 불어실력을 키우기 위해 파리의 기숙학교에서 지내기도 했다. 로잘린드는 프랑스식 여성복 제조법과 프랑스 요리, 그리고 여행에 푹 빠져 집으로 돌아왔다. 그 때부터, 그녀는 옷을 직접 만들어 입었는데 유행에 맞춰 옷단을 줄이거나 늘리기도 했다.

세인트 폴의 물리학과 화학 수업덕분에 로잘린드는 15세의 나이에 과학자가 되겠다고 결심했다. 열성적인 아마츄어 천문학자이기도 했던 그녀는 「런던 타임스(*London Times*)」의 점성술란을 보며 밤하늘의 별자리를 찾았다. 케임브리지대학에서 물리 · 화학을 배우기로 결심하고 로잘린드는 시험을 쳐서 대학에 합격했다. 하지만 그녀는 곧 어려움에 부딪히게 됐다.

여성의 대학교육을 완강하게 반대하던 아버지는 그녀의 대학 학비를 대주지 않았다, 아들이 과학자의 길을 걷거나 금융업에 종사하려 했다면 아버지는 좋아했을 터였다. 하지만 당시 여성은 대학에서 정식으로 자리를 잡기 어려웠고, 자원봉사 활동만이 가능했다. 여성들은 전문가가 될 수 없었다. 아버지가 로잘린드의 학비지원을 반대하자 평온했던 가정에 위기가 닥쳐왔다. 이 소식을 들은 로잘린드의 고모 앨리스 프랭클린이 조카의 학비를 대신 지원하겠다고 나섰다. 로잘린드의 어머니도 딸의 학비는 집에서 지원해야 한다고 주장했다. 딸과 아내, 그리고 여동생이 강력하게 항의를 하자 엘리스 프랭클린은 자신의 뜻을 접고 학비를 제공하겠다고 동의했다. 로잘린드는 어머니를 깊이 사랑했고, 바이러스 연구를 통해 아버지에게 명예를 선물했지만 마음속으로는 아버지를 용서하지는 못했다. 그녀가 자주 친구들에게 말했듯이 당시 여성들은 사회활동을 하기에는 너무 많은 제약이 있었다.

1938년 제2차 세계대전이 일어나기 1년 전에 로잘린드는 케임브리지 대학의 여성 대학인 뉴햄 대학에 입학했다. 여자에게 케임브리지 대학은 여성 기숙학교와 같았다. 뉴햄 대학에서 여학생은 방에 남학생을 들이기 전에 침대를 복도로 옮겨두어야 했다. 대다수의 미혼 여성 교직원들은 엄격하고 무섭게 보였다. 로잘린드는 그녀들처럼 살지는 않겠다고 결심했다. 그 때문인지 뒷날 그녀는 케임브리지의 여성 특별 연구원 자리를 거절하려고도 했다.

전쟁 중에 로잘린드의 아버지는 딸이 대학을 그만 두고 자원하여 국방 일을 하기를 원했다. 반면 로잘린드는 공부를 계속하겠다고 결심했다. 다행스럽게도 정부는 과학을 전공하는 학생들이 그들의 학업을 계속할 수 있도록 해주었다.

로잘린드는 전쟁 중 귀한 인연을 얻었다. 마리 퀴리와 이렌느 졸리오-퀴리, 그리고 저명한 프랑스 여성 물리학자인 아드리엔느 웨일과 우정을 쌓게 된 것이었다. 웨일은 영국으로 탈출한 뒤, 케임브리지에 왔고 로잘린드의 친구가 됐다. 그들은 1년 동안 함께 지냈다. 전쟁이 끝난 뒤 웨일은 파리에서 로잘린드에게 일과 숙소를 제공했다.

1941년에 케임브리지를 졸업한 뒤, 로잘린드는 뒷날 노벨상을 수상한 화학자 로널드 노리쉬와 연구를 하며 1년을 보냈다. 점점 그녀는 실험 과학자로서 명성을 쌓아갔다. 로잘린드는 석탄과 탄소의 물리적 구조를 연구하기 시작했다. 실험실에서 로잘린드는 석탄과 목탄을 어떻게 더 효율적으로 이용하는 방안에 대해 고민하고 있었다. 성공적인 실험을 통해 그녀는 석탄과 탄소가 가열될 때 구조적 변화가 생기는 것을 발견했다. 로잘린드는 가열된 탄소 분자가 평평한 층을 생성하여 미끄러지고 분리되는 것을 발견했다. 그녀는 직접 실험을 하면서 엄청난 양의 자료를 작성했다.

22살부터 26살 사이에 로잘린드는 석탄과 탄소에 관한 5편의 논문을 발표했는데, 그것은 오늘날에도 널리 인용되고 있다. 그녀의 연구는 강력한 탄소 섬유를 만드는 과학적 토대가 됐다. 로잘린드의 연구는 목탄 산업과 핵분열의 속도를 지연시키기 위해 흑연을 사용하는 원자력 발전에도 매우 중요한 것이었다.

로잘린드는 성공적인 연구 성과를 통해 1945년 케임브리지 대학에서 물리화학 박사가 됐다. 그녀는 26살의 나이에 산업 화학의 권위자가 됐다.

로잘린드는 곧 우주가 만들어진 재료인 물질을 이해하기 위해서 X선 결정학이라는 미개척 분야를 연구하기로 마음먹었다. 결정학은 물리학의 한 분야로 물질 안 원자의 위치를 밝히는 기술의 일종이다. 일반적으로 결정학자들은 X선을 정기적이고 반복적으로 실험 대상인 결정에 비춘다. X선은 결정에 투과되어 들어갈 때 대부분은 완전히 침투하지만 일부가 결정 안에서 반사되어 다른 방향에서 사진 필름이나 탐지기에 검출된다. 그러면 필름에 찍힌 반점의 강도와 각도를 연구하여 연구자는 원자의 위치를 파악할 수 있게 된다. 결정학은 영국에서 주로 성과를 냈으며 노벨상 수상자인 도로시 호지킨과 같이 많은 여성들이 이 분야에서 연구를 진행하고 있었다.

로잘린드는 전통적인 결정학 방법론으로 연구하지 않았다. 일반적으로 결정학은 하나의 결정을 실험 대상으로 채택하지만, 그녀는 X선 회절을 이용하여 탄소나 생물의 분자와 같이 복잡한 대상을 연구했다.

1945년에 전쟁이 끝났을 때, 로잘린드는 친구 웨일에게 물리화학에 관심이 있으며 탄소 분자 사이의 빈 공간에 대해 연구하는 사람을 위한 일자리가 있는지 물었다. 1947년부터 로잘린드는 파리에 있는 국립 화학 중앙 연구소에서 일하게 됐다.

27살에 파리에 도착한 뒤, 로잘린드는 인생에서 가장 행복한 3년을 보내게 된다. 놀랍도록 아름다운 그녀는 맑은 황갈색 피부와 검고 윤이 나는 머리와 반짝이는 눈을 가졌다. 그녀의 동료들은 젊었고 대부분이 전쟁 당시 프랑스 레지스탕스(제2차 세계대전 중 파시즘 정권에 대한 저항을 뜻한다. 좁은 뜻으로는 프랑스인민의 독일점령군과 비시정권에 대한 저항운동을 가리킨다) 운동을 한 공산주의자였다. 그들은 함께 작은 바에서 점심을 먹고, 서로를 저녁 식사에 초대하고, 주말엔 소풍을 즐겼다. 로잘린드는 동료들의 거리낌 없는 행동에 충격을 받았다. 케임브리지에서 온 여성은 남성과 여성이 같은 호텔 방을 쓰는 것에 익숙하지 않았다.

"로잘린드는 매우 재미있었고 전혀 과묵한 사람이 아니었어요. 나이에 비해서 매우 젊었어요. 약간 장난기도 있고 짓궂었지요. 저보다 나이가 많았지만 오히려 제가 이모처럼 느껴질 때가 많았어요"라고 전기 작가이자 친구인 앤 세이어는 말했다. 로잘린드는 축하연 같은 정식행사는 따분하게 생각했지만 친구들과의 저녁식사는 매우 좋아했다. 그녀는 친구들의 연애에 대해 이야기하기를 즐겼고, 벼룩시장이나 거리 축제를 보러가거나 백화점에서 쇼

핑하는 것을 좋아했다. "명랑함은 그녀의 장점이었다"고 결정학자 데이비드 세이어는 지적했다.

전쟁 뒤 로잘린드는 유럽 대륙을 자유롭게 여행했다. 그녀는 목적지까지 가는 가장 경제적인 길을 알아내기 위해 작은 것부터 꼼꼼하게 챙기며 여행 리스트를 짰다. 그녀는 산과 야외 생활, 매일 20마일을 이동하는 하이킹과 어떤 날씨에도 굴하지 않는 자전거 여행을 사랑했다.

로잘린드는 행복한 결혼생활을 할 수 있었지만 아이를 원하지 않는다고 루자티의 아내 데니스에게 털어놓았다. 로잘린드는 보모에게 아이를 맡기기에는 어린 아이들을 너무 사랑했고, 그녀의 과학에 대한 애정 또한 전업주부인 어머니가 되는 것을 허락하지 않았다. 로잘린드는 부모의 상류 생활양식을 좋아하지 않았다. 그녀는 사회주의자로서 검소하게 살았다.

로잘린드는 먼지가 가득한 19세기 프랑스 군 폭발물 연구소에서 일했다. 일을 할 때 로잘린드는 조용하고 엄숙하기까지 했다. 그녀는 과학 연구를 심각하게 생각했고 실험실에서 한가하게 잡담하는 시간 낭비를 싫어했다. 그녀는 과학적 논의를 즐겼는데, 특히 데이비드 세이어와 결정학에 관해 맹렬한 논쟁을 벌였다. 로잘린드가 생각하기에 열정적인 토론은 과학자가 되는 재미 중 하나였다. 그녀는 날카로운 비판으로 강연 진행자를 당혹케 하기도 했다. 그녀는 20대 후반까지 미혼이었다. 친구들은 그녀의 유일한 약점이 아직 결혼을 하지 않은 것이라고 생각했다.

1950년, 프랑스에서 생활한지 3년째 되던 해에 로잘린드는 본격적인 자신의 연구를 진행해야 한다고 생각했다. 영국에서 직업을 가지려면 이제 돌아가야 할 시간이었다. 그녀가 선택한 시기는 적절했다. 결정학자들은 이미 결정의 원자 위치를 확인하는 방법을 알고 있었다. 많은 연구자들이 서서히 생물과 같이 크고 복잡한 대상을 연구하는 실험에 착수하고 있었다. 물리학에서 새로운 기술을 빌린 생물학자와 생화학자들은 중요한 문제를 차례로 해결하고 있었다.

제2차 세계대전 동안 레이더를 발명한 물리학자 존 랜들은 물리학자 · 화학자 · 생물학자로 이루어진 학제적 연구팀을 형성하여 런던 대학 킹스 칼리지에서 살아있는 세포에 대한 연구를 진행했다. 그들은 DNA가 한 세대에서 다음 세대로 유전 정보를 전달한다는 사실을 알게 됐다. 또한 그것은 수많은 단백질 원자가 나선 계단이나 늘인 용수철 같은 형태라는 것도 알려졌다. 하지만 누구도 DNA의 구조를 이해하지 못했고, 그것이 인간의 유전을 설명할 것이라고 생각하지도 못했다.

킹스 칼리지에서 레이몬드 고슬링이라는 대학원생은 DNA 분자의 X선 사진을 찍고 있었다. 그의 사진은 지금까지 찍힌 것 중에 제일 좋았지만 랜들은 전문가가 그것을 분석해야 한다고 결정했다. 사람을 찾던 랜들은 로잘린드 프랭클린에 대해 전해 듣고 그녀를 연구원으로 고용했다. 랜들은 편지에서 그것을 전혀 새로운 주제이며 혼자서 연구해야한다는 것을 명확히 했다. "신중한 고려와 토론 끝에 우리는 특정한 생물학적 섬유의 구조를 당신이 연구하기를 바라고 있습니다… X선을 이용한 연구에는 대학원생인 고슬링과 헬러 부인이 일시적으로 도움을 줄 겁니다."

로잘린드는 1951년에 킹스 칼리지에 도착했다. 그때 모리스 윌킨스는 짧은 휴가를 가고 없었다. 윌킨스는 제2차 세계대전이 발발하기 전에는 랜들의 대학원생이었고 전쟁 중에는 원자 폭탄을 연구한 사람이었다. 랜들이 모임에 참석한 뒤 그동안의 연구 결과를 인계하고 연구원인 고슬링을 로잘린드에게 소개했다. 연구실에서 아무도 몇 달 동안 DNA 연구를 하지 않았기 때문에 로잘린드는 자신이 이 연구의 책임자라고 생각했다. 그러나 윌킨스가 돌아왔을 때 그녀는 자신이 연구팀의 실험 자료를 분석하기 위해 고용된 기술자에 지나지 않는다는 사실을 알게 됐다. 고슬링은 로잘린드의 능력을 재빨리 감지했다. 그녀는 사람들이 싫어하는 강한 성격의 소유자였다. 그녀는 고집과 지조가 있고 타협을 잘 하지 않았다. 또한 로잘린드는 과학 연구에 빠져있었지만 유머를 잃지 않았다. 로잘린드는 한 친구에게 이렇게 말한 적이 있다. "이 많은 일을 하면서 재미가 없으면 할 이유가 있겠어?" 한번은 복사가 구의 면을 어떻게 관통하는 지 이해하기 위한 노력의 일환으로 로잘린드와 고슬링이 오렌지 껍질을 벗기고 있었다. 성과없는 긴 연구에 짜증이 난 로잘린드는 오렌지 싸움을 일으켜 연구실에서 서로에게 오렌지를 던지는 상황이 일어나기도 했다.

로잘린드는 오렌지 대신에 생각을 나눌 연구 파트너가 필요했다. 프란시스 크릭은 뒷날 이렇게 말했다. "과학적 공동 연구에서 중요한 것은 함께 일하는 사람과 격식을 따지지 않을 정도로 평등하고 솔직해야 한다는 점입니다. 너무 어리거나 너무 나이 든 사람과 일하는 것은 큰 성과를 거두지 못할 우려가 있습니다. 왜냐하면 연구자 사이에 너무 예의를 따지다보면 과학적 협력이 지속되기 어렵기 때문입니다." 사실 고슬링은 로잘린드에게 적합한 상대가 되기에는 너무 젊고 경험이 없었다. 불행히도 그녀 주변에 만족할 만한 상대가 별로 없었다.

하지만 윌킨스는 뛰어난 후보였다. 그는 DNA에 관심이 있었고 그와 로잘린드는 처음부터 잘 맞았다. 하지만 윌킨스는 "사색을 즐기고 추론적이고 과감한 결단력이 없었다"고 역사학자 호레스 주드슨은 기록으로 남겼다. 윌킨스는 말하기 전에 늘 신중하게 생각하였다. 반면 로잘린드는 빠르게 판단하고, 단호하고 추진력이 있었다. "그녀는 너무 무서워요"라고 윌킨스가 동료 아론 클러그에게 말한 적이 있다. 윌킨스는 수줍어했고 로잘린드는 가벼운 농담을 하지 않았기 때문에 그들의 모임은 서로를 빤히 쳐다보는 것이 전부였다. 나중에 그들의 관계는 멀어졌다. 이에 대해 주드슨은 "과학의 역사에서 가장 중대한 사적인 싸움 중 하나"였다고 말했다.

점심시간에 로잘린드는 킹스 칼리지가 파리보다 형식을 따진다는 것을 발견했다. 그곳에는 많은 여성 과학자가 직원으로 일하고 있었지만 그들은 남성 과학자들과 함께 식사를 할 수 없었다. 여자들은 연구실 밖이나 학생 식당에서 식사를 했다. 일이 끝나면 남자들은 어울려 술집에 갔다. 여기에도 여자들은 초대받지 못했다. 그녀는 킹스 칼리지가 외국인과 유대인에게도 냉담하다는 결론을 내렸다.

킹스 칼리지에서 동료들과 편하게 연구 활동을 하지 못한 로잘린드는 자립적인 삶을 꾸려나갔다. 그녀는 저녁과 주말을 연극이나 영화를 보거나 노동당에서 자원 봉사를 했다. 세인트 폴 학교와 케임브리지에서 만난 친구와 가족을 만나기 위해 주말에 시골로 가는 여행을 계획하기도 했다. 안락한 집에서 그녀는 영국 친구들에게 좋은 와인과 같은 프랑스 진미를 소개하는 저녁 식사를 대접했다. 휴가 기간에 그녀는 코르시카에서 수영을 즐기고, 알프스나 유고슬라비아의 산으로 등산을 떠나거나 이스라엘과 유럽을 여행했다. 그녀는 가는 곳마다 사진을 찍었다.

연구실에서 로잘린드와 고슬링은 각각 따로 일했고 5편의 논문을 쓸 만한 DNA 자료를 모았다. 로잘린드는 작은 빨간색 일지를 보관했다. 우선, 그녀는 X선 카메라를 정교하게 조절했다. 그 다음 그녀는 DNA 샘플을 연구했다. 정제된 DNA는 오래된 손수건의 섬유처럼 엉켜있었다. 누구도 그렇게 복잡한 섬유질 물질의 분자적 구조를 해석하지 못했다. 이전의 연구자들은 두꺼운 DNA 섬유를 분석하기 위해 노력했다. 로잘린드는 석탄을 연구했던 경험이 있어서 결정으로 이루어진 물질을 다루는 방법을 잘 알고 있었다. 그래서 그녀는 DNA의 섬유를 나열하는 더 좋은 방법을 개발할 수 있었다.

그녀는 유리 막대기로 이전에 만든 것보다 얇은 섬유를 뽑아 그것을 평행하게 놓았다. X선을 비추기에 하나의 섬유는 너무 가늘었기 때문에 그녀는 섬세한 실을 덩어리로 뭉쳤다. 그리고 더 선명한 사진을 얻기 위해 렌즈를 섬유의 지름에 맞추었다. 또한 그녀는 눅눅한 환경에서 섬유가 어떻게 변하는지 알아보기로 했다. 그녀는 공기의 습도를 측정하여 그것을 섬유의 변화와 연관해서 생각했다. 결국 그녀는 명확한 사진을 얻기 위해 중요한 조건 가운데 하나가 습도관리라는 사실을 깨달았다. 결정의 원자 사이에 빈자리를 채우는 물 분자는 결정을 똑바로 안정되게 유지한다.

곧 그녀는 DNA 분자가 수분을 얼마나 흡수하느냐에 따라서 A와 B 두 형태로 존재한다는 것을 알게 됐다. 섬유를 둘러싼 공기가 75퍼센트의 상대습도에 도달하면 X선 사진은 고슬링이 찍었던 가장 좋은 사진과 비슷하게 나왔다. 그녀는 그것을 마른 A형태의 DNA라고 불렀다. 습도가 95퍼센트가 되면 분자는 25퍼센트 길어졌다. 이때 촬영된 X선 사진에는 십자가 모양이 나타났는데, 그것은 나선의 특징적 표시라는 것을 알 수 있었다. 십자가 형태는 젖은 DNA 분자가 나선의 구조를 가지고 있다는 것을 보여주었다. 로잘린드는 십자가 형태가 나타나는것을 젖은 B형태의 DNA라고 불렀다.

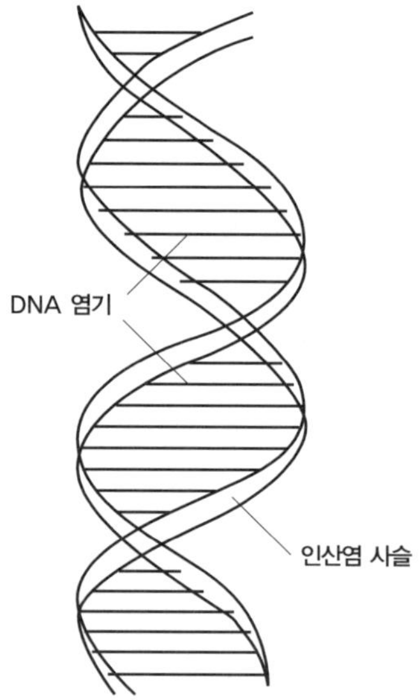

DNA

DNA 분자는 나선모양으로 당과 인산염 연쇄가 위 아래로 이어진 형태이다.

로잘린드는 공기의 습도를 변화시켜 DNA 분자를 한 쪽에서 다른 쪽으로 옮길 수 있었다. 킹스 대학에서 연구를 진행한지 1년 만에, 로잘린드는 DNA 연구를 진전시켰다. DNA가 두 가지 형태로 존재한다는 발견은 그녀에게 큰 이점이 되었다.

분자가 주변 공기에서 쉽게 물을 흡수하고 방출했기 때문에 로잘린드는 DNA에 있는 당-인산염의 위치를 추론할 수 있었다. 그녀는 직감으로 그것이 물과 가까운 분자 바깥에 위치해 있다고 결론 내렸다. 염기는 나선 안에서 계단처럼 위아래로 정렬되어 있다.

그녀는 DNA 분자 배열의 4가지 중요한 요점 가운데 첫 번째를 발견했다. 다른 3가지 수수께끼 조각도 해석되어야 했다. 그녀는 분자가 두 개의 인산염 성분이 함께 꼬인 나선의 형태라는 것을 알아야 했다. 또 두 가닥이 각기 다른 방향으로 이루어져, 하나는 위로 향하고 다른 하나는 아래로 향하고 있다는 사실과 각 염기 단은 두 개의 특정한 염기쌍으로 이뤄진다는 사실도 알아야 했다. DNA에 관한이 4가지 요점을 다 이해한다면 유전을 설명할 수 있게 된다. 하지만 당시 로잘린드뿐 아니라 누구도 그것을 알지는 못했다.

로잘린드가 자료를 만들기 시작하자 윌킨스는 그것을 해석하고 싶었다. 하지만 로잘린드는 "어떻게 당신이 나의 자료를 해석하려고 하죠"라고 잘라 말했다. 그녀는 랜들과 윌킨스의 태도에서 '예쁜 사진을 찍어줘서 고마워요. 이젠 우리가 그것을 분석할게요' 라고 생각하고 있다는 사실을 알게 됐다. 윌킨스는 그녀에게 십자가 모양의 B 사진이 나선형 구조를 의미한다고 말해주었지만 그녀는 속단하는 것에 반대했다. 그녀는 DNA 사진에 드러난 두 형태가 모두 나선이라는 가정을 하고 있었다. 그러나 그녀는 추측이 아닌 확실한 증거를 원하고 있었다. 1951년 가을, 로잘린드는 윌킨스와 크게 다퉜다. 그러나 그들은 서로 견해 차이를 인정하여 더 이상 다투지 않기로 합의했다.

1951년 11월, 로잘린드는 지금까지 수행한 연구의 결과를 킹스 칼리지에서 발표했다. 강의실 뒤에서 그녀를 유심히 바라보는 사람이 있었다. 그는 미국 중서부에서 온 젊은 유전학자 제임스 왓슨으로 케임브리지 대학에서 영국인 대학원생 프란시스 크릭과 DNA를 연구하고 있었다. 당시 로잘린드는 왓슨이나 크릭보다 DNA 구조에 대해서 훨씬 많은 것을 알고 있었다. 왓슨은 그녀의 강연에서 새로운 사실을 많이 배울 수 있었지만, 필기를 하지 않는 것을 무척 자랑스럽게 여겼다. 그런데 왓슨은 로잘린드의 외모와 태로를 분석하느라 자료를 틀리게 기억했다.

뒷날 왓슨은 자신의 저서에서 로잘린드의 성격과 과학적 능력을 조롱했다. 킹스 칼리지에서 로잘린드가 했던 강연을 미인대회처럼 평가했다. "그녀의 말에는 따뜻함이 전혀 없었다"고 불평했다. 로잘린드는 안경을 쓰지 않았지만 왓슨은 로잘린드에게 안경을 씌웠다. 그리고 이런 말을 남겼다. "잘 알지 못하는 분야에 대해 말하는 것을 자제하라는 얘기를 여성에게 듣는 것은 그다지 즐거운 기분은 아니었다."

로잘린드의 자료덕분에 왓슨과 크릭은 DNA 분자 모형을 만들어 친구들의 감탄을 자아냈다. 하지만 로잘린드는 그들의 실수를 알아내고 고쳐주었다. "가장 받아들이기 어려웠던 점은 그녀의 이의제기가 그저 심술이 아니었다는 사실이다. DNA 샘플의 물 함량에 대한 기억이 맞지 않았다는 사실이 부끄러웠다"고 왓슨은 인정했다. 로렌스 브랙 경은 그 분자 모형을 자신이 관련되었던 일 중에 "가장 큰 실패"라고 부르며 왓슨과 크릭이 DNA를 연구하는 것을 금지시켰다. 킹스 대학의 프로젝트에 끼어드는 것은 정정당당한 것이 아니었다. 특히 틀렸을 경우에는 더욱 그랬다. 하지만 다음에 그들이 로잘린드의 실험에 근거해 다시 모델을 만들었을 때, 그녀가 옳았다는 것을 알게 됐다.

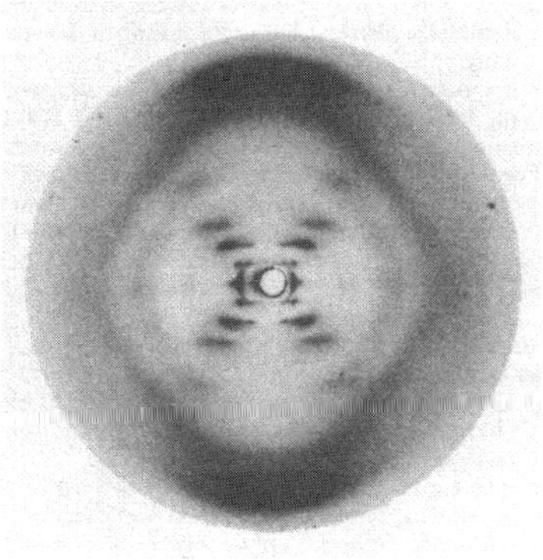

로잘린드 프랭클린이 촬영한 DNA X선 사진

1952년 봄이 되자 로잘린드는 DNA를 전임으로 연구하는 유일한 사람이었다. 그러나 18개월 동안 그녀는 문제를 해결하는 하나의 중요한 발견을 했을 뿐이었다. 그해 5월, 로잘린드는 X선 광선을 필요 이상으로 젖은 상태의 DNA 섬유에 쬐었다. 62시간 동안 노출하였을 때 그녀는 십자가 모양이 나온 명확한 DNA 사진을 얻었다. 이 사진은 지금도 많은 생물학 교과서에 실려 있다. 이 사진의 형태는 가장 아름다운 X선 사진 중에 하나로 여겨지고 있다. 하지만 로잘린드는 미처 그 사진의 의미를 깨닫지 못하고 그것을 서랍 안에 넣어두고 마른 상태의 A 사진 분석을 계속했다. 로잘린드는 그것에 더 많은 정보가 있고, 이를 통해 더 많은 사실을 밝혀낼 수 있을 것이라 생각했다.

1952년 초에 미국 국무부는 저명한 미국인 화학자 라이너스 폴링의 여권 발급을 거부했다. 그는 1952년 5월에 런던에서 단백질 회의에 강연해 달라는 초대를 받았지만 한 국회 참고인이 그를 공산주의자라고 고발한 일이 있었다. 폴링은 그것이 사실이 아니라고 부인했지만 전쟁 뒤 극단적인 반공사상이 팽배해 있던 때라 어쩔 수 없이 그는 회의에 참석할 기회를 잃었다. 미 정부로 인해 여행을 가지 못했기 때문에 로잘린드의 자료와 X선 사진을 볼 수 없었다는 사실을 그는 뒤늦게 깨닫게 됐다. 만일 그가 그 자료를 보았더라면 로잘린드와 폴링은 왓슨과 크릭보다 먼저 DNA 구조를 발견했을 것이다. 그랬다면 폴링은 두 개가 아닌 세 개의 노벨상을 받았을 것이다. 로잘린드는 협력자를 얻을 기회를 두 번째로 놓친 것이었다. 영국에서 그녀는 여전히 혼자서 방대한 자료를 분석하고 있었다. 역사학자 주드슨은 이렇게 평가했다. "당시 케임브리지 대학의 상황은 완전히 반대였다. 많은 협력자가 있었지만 그들은 자료가 전혀 없었다."

그 동안 킹스 대학에서 윌킨스와 로잘린드의 악화된 관계는 더욱 벌어지고 있었다. 그들은 서로 거의 말을 하지 않았다. 윌킨스는 할 수 있는 한 로잘린드의 자료를 복사하기 시작했지만 그녀의 DNA 샘플과 기술이 더 좋았다.

윌킨스는 왓슨과 크릭에게 정보를 제공하고 있었다. 크리과 왓슨은 DNA 구조에 대해서 그가 아는 것과 추측할 수 있는 것을 토대로 모형을 만들어보라고 권했지만 그는 그들의 제안을 거부했다. 킹스 대학의 다른 연구자들과 같이 로잘린드도 모형 만들기는 소용없다고 생각했다.

로잘린드는 친구 루자티의 충고를 받아들여 다른 결정학자들처럼 복잡한 수학 계산을 하기 시작했다. 그 무렵 그녀는 마른 A 형태 DNA가 나선형인지 의심을 하기 시작했다. 윌킨스 역시 그녀처럼 생각했고 그것을 보고서에 넣어 출판했다. 반면 로잘린드는 확실한 증거가 없어 발표를 미루고 있었다.

로잘린드는 확신할 수 없는 부분에 대해서 여름 내내 농담을 했다. 그녀와 고슬링은 마른 A형태 DNA의 죽음에 대한 선언을 칠판에 썼다. "우리는 유감스럽게도 1952년 7월 18일 금요일, DNA 나선의 죽음을 선언합니다." 물론 그것은 장난이었지만 의미가 있는 것이었다.

로잘린드는 1952년에서 53년으로 해가 바뀌는 겨울에 여전히 수학 계산에 몰두해 있었다. 그녀는 젖은 B형태처럼 A형태도 나선형인지 알고 싶었다. 이러한 문제제기는 합당한 것이었다. "1950년대 초반에 섬유질인 어떤 구조가 나선형 대칭이라는 생각은 매우 새로운 것이었습니다"라고 플로리다 주립 대학의 물리학 교수인 도널드 캐스퍼는 강조했다. 마른 A형태의 나선형 구조에 대한 그녀의 의심은 점점 강화되었다. 그 때문에 젖은 B형태에 쏟아야할 시간과 에너지를 A형태에 집중하고 있었다.

그녀가 크릭의 충고를 받아들였다면 그들은 불과 몇 달 안에 함께 구조를 풀었을지도 모른다. 한 때 로잘린드와 크릭은 차를 마시기 위해 만났다. 크릭은 그녀에게 즉석에서 충고를 했다. 하지만 크릭은 별나고 잘난척하는 이론학자라는 평판이 있었고 로잘린드 역시 그를 무시했다. 크릭은 인정했다. “우리는 서로 인정하기를 두려워했던 것 같아요. 저는 그녀에 대해 오만한 태도를 취한 것 같아요.” 로잘린드는 연구 파트너를 구할 기회를 또 잃었다.

1953년 DNA 연구의 세력 균형이 갑자기 크릭과 왓슨 쪽으로 넘어갔다. 로잘린드가 힘들게 생성한 자료가 두 번에 걸쳐 그녀도 모르게 케임브리지에 있는 왓슨과 크릭에게 넘어갔다. 그 덕분에 그들은 DNA에 대해서 더 많이 알게 됐다. 로잘린드가 모르는 사이에 경쟁은 더욱 빨라지고 있었다.

라이너스 폴링은 DNA에 대한 초안 논문을 써서 케임브리지에 있는 그의 아들에게 평가하도록 했다. 피터 폴링은 그것을 왓슨에게 넘겼다. 1953년 1월 30일, 왓슨이 로잘린드에게 보여주기 위해 논문을 가져왔다. 그녀는 논문에 DNA가 나선이라는 것을 증명할 결정적 증거는 하나도 없다고 냉정하게 지적했다. 로잘린드가 옳았다. 결정적 증거는 자신이 가지고 있었다. 하지만 그녀는 여전히 분석을 끝내지 못하고 있었다. 그녀는 논문을 보자마자 그것이 두 개의 다른 형태의 DNA를 발견하기 전에 찍힌 5년 된 DNA 사진에 근거한 자료라는 것을 알았다.

왓슨은 이 장면을 그의 베스트셀러 『이중 나선』에 극적인 장면으로 변형시켰다. 책에서 왓슨은 나선 이론에 대해 설명하면서 “그녀가 X선 사진을 해석하는데 무능력하다”고 암시했다 로잘린드가 그에게 다가오자 그는 “그녀가 노발대발하여 나를 때릴까봐 두려웠다”고 했다. 로잘린드를 아는 사람들은 그녀가 화가 났을 것이라고 믿었다. 하지만 그들은 왓슨이 기록한 내용은 현실과는 동떨어진 것으로 생각했다. 그때 왓슨은 25살로 키가 183센티미터가 넘었다. 반면 로잘린드의 키는 168센티미터 정도였다. 로잘린드가 왓슨을 신체적으로 공격하는 것은 우스갯소리에 불과하다는 사실이 드러난다.

로잘린드의 연구실에서 나온 왓슨은 복도에서 윌킨스를 만났다. 윌킨스는 옆방으로 가서 로잘린드가 찍은 훌륭한 B형태 X선 사진을 찾았다. 윌킨스는 로잘린드의 허락을 구하지 않고 그것을 왓슨에게 보여주었다. "이것을 봐요. 여기에 나선이 있는데, 저 이상한 여자는 그것을 보려고 하지 않아요"라고 윌킨스는 불평했다.

왓슨은 사진을 본 순간 입을 다물지 못했다. 그의 심장이 마구 뛰었다. 그와 크릭은 5년 된 DNA 사진으로 연구를 하고 있었기 때문에 DNA에 두 형태가 있다는 사실은 전혀 모르고 있었다. 선명한 사진은 나선의 기초적인 정보를 전달하고 있었다.

"이곳에서 생성된 자료가 없었다면 그들은 올바른 모형을 만들 수 없었을 겁니다. 우리가 비록 졌지만, 제가 생각하기에 그건 공평하지 못했어요." 윌킨스는 뒷날 불만을 토로했다. 하지만 1992년에 왓슨은 반박했다. "저는 죄의식을 느끼지 않아요. 그 사진은 오래 된 것이었어요. 그게 만약 2주 전의 사진이었다면 그가 나에게 보여주지 않았을 거라 생각해요."

경쟁이 치열해지자 로렌스 브랙 경은 케임브리지가 다시 DNA 연구를 할 수 있도록 허락했다. 미국인이었던 폴링이 DNA 연구를 하고 있었기 때문에 케임브리지는 영국을 위해서라도 싸움에서 이겨야 했다. 그 결과 왓슨과 크릭은 더 열심히 연구를 진행했다. 왓슨은 동료들과 함께 정보를 교환했고 그들은 함께 자료를 엮어 맞추었다.

왓슨은 노벨상을 받은 뒤 연구를 그만 두고 책을 쓰는 저자가 됐다. 왓슨은 DNA 구조를 밝힌 그의 업적을 설명하며 이렇게 말했다. "제 글을 빼고 제 연구의 전부는 다른 사람들이 저를 돕게 하는 것이었어요. 제가 답을 얻기 위해 누구와 함께해야 한다면, 저는 그렇게 할 겁니다… 과학 연구에서 가장 중요한 것은 답을 얻는 것이지 그것을 혼자 했다는 것을 보이는 것은 아닙니다… 사교적인 성격은 과학을 하는데 매우 도움이 되지요.”

로잘린드의 자료가 왓슨과 크릭에게 또 넘어간 것은 정부 보고서와 관련이 있었다. 로잘린드는 보고서에 1951년 11월 강연에서 그녀가 선보였던 자료를 정리했다. 그것은 왓슨이 살짝 기억하고 있었던 내용이기도 했다. 그녀의 보고서는 12월에 검토 위원회 회원들에게 배포됐다. 케임브리지에서 연구 프로그램을 관리하는 젊은 결정학자 맥스 페루츠는 2월 초에 왓슨과 크릭에게 보고서를 전달했다. 페루츠는 뒷날 사과하며 이렇게 말했다. “저는 예의상 자료를 왓슨과 크릭에게 보여주기 전에 랜들에게 허락을 받아야 했습니다. 하지만 1953년에 저는 경험이 없었고 또 무관심했습니다. 더구나 그 보고서는 기밀이 아니었기 때문에 자료 전달을 보류할 이유가 없다고 생각했지요.”

정부 기관의 보고서 덕분에 크릭과 왓슨은 드디어 로잘린드의 강연 자료를 정확하게 알게 됐다. 그들은 섬유의 물 함량과 나선의 안쪽에 인산염 당의 위치를 알 수 있었다. 하지만 더 중요한 것은 로잘린드의 보고서를 통해 크릭은 로잘린드와 왓슨도 모르는 사실을 알게 됐다. 로잘린드의 자료는 크릭이 박사학위 논문을 쓸 때 공부했던 말의 헤모글로빈 결정과 비슷했다. 그의 전통적인 결정학적 훈련과 말에 대한 연구 덕분에 크릭은 DNA 분자의 바깥 연쇄 중 하나가 위나 아래로 가야만 한다는 것을 알게 되었다. 그렇게 되면 분자는 뒤집어도 똑같아 보인다. 로잘린드는 그것을 모르고 A와 B형태를 오가며 그 점을 알아내려고 노력하고 있었다. 드디어 왓슨과 크릭은 로잘린드보다 더 많은 정보를 갖게 됐다.

로잘린드도 그 무렵 서랍 속에 넣어두었던 젖은 B형태의 사진을 꺼냈다. 2월 10일부터 그녀는 그것을 분석했고 수학적 계산을 시각화하기 위해 모형을 만들었다. A형태를 먼저 그리면서 그녀는 크릭이 알아낸 중요한 발견을 거의 다 알아냈다. DNA의 바깥 연쇄가 위 아래로 움직인다는 것이었다. 실험 일지에 그녀는 마른 A 형태를 8자로 그렸다. 한 연쇄는 위로 가고 다른 연쇄는 아래로 가는 것이었다. 이때까지도 그녀는 A형태를 나선이라고 생각한 것은 아니었지만 S형태는 사실 나선을 추측하는 것이라고 클러그는 지적했다.

그녀가 죽은 뒤 로잘린드가 매일 기록했던 일지를 보면서 클러그는 슬퍼했다. "아, 너무 안타까운 일이에요. 그녀는 드디어 A와 B에 맞는 관계를 연상했어요. 로잘린드는 두 개 가운데서 오가고 있었어요"

사실 DNA에 관한 가장 중요한 개념에 관해서 두 팀은 대등했다. 로잘린드나 왓슨이나 크릭도 염기쌍을 발견하지 못했다. 나선 구조를 발견한 것은 훌륭했지만 DNA가 생물학적으로 갖는 의미로 볼 때 중요한 것은 염기쌍이었다. 그것이 바로 후대에 유전적인 정보를 전달하는 것이기 때문이다.

크릭은 자신이 2월 27일에 염기쌍을 제안했다고 회상했다. 하지만 왓슨은 자신이 알아냈다고 선언한다. 생화학자 에르윈 샤가프가 발견한 증거를 이용하여 왓슨은 나선형 계단의 단이 염기쌍을 이룬다는 것을 알았다. 분자의 모델을 만드는 것은 그에게 각 단이 염기의 특정한 쌍으로 이루어진다는 것을 보였다. 아데닌은 티민과, 구아닌은 시토신과 쌍이 되었다.

DNA는 복사하기 위해 세로로 잘리고 각각의 연쇄는 하나의 염기를 갖게 되었다. 서로 보완하는 짝은 반대편 연쇄에 붙어있다. 결국 각 연쇄는 재결합한다. 이렇게 간단한 원리를 통해 유전정보는 수천 년 동안 변화 없이 전해질 수 있었다. 왓슨과 크릭은 의기양양하게 자신들의 모형을 동료들에게 보여주었다. 그들은 로잘린드의 자료에서 도움을 얻었지만 그 사실을 누구에게도 말하지 않았다.

2월에 B형태의 사진을 연구하던 로잘린드는 9개월 동안이나 가로막혀 있던 방해물을 뚫었다. 2월 23일, 드디어 그녀는 젖은 B형태의 DNA가 나선형이고 그 나선이 3개가 아닌 2개의 연쇄로 되어있다는 사실을 확실하게 알게 됐다. 나선의 바깥에 인산염 연쇄의 위치에 대한 그녀의 추론을 믿고 그녀는 이제 DNA의 중요한 4가지 요점 중에 2가지를 발견했다. 하지만 그녀는 아직 다른 두 요점을 인식하지 못했다. 그렇지만 3월 초에 로잘린드와 고슬링은 B형태의 사진에 대해서 그들이 아는 것을 정리하여 논문으로 발표했다.

로잘린드가 초안을 작성한 날짜는 1953년 3월 17일이었다. 다음 날, 「네이처」의 편집인이 전화를 했다. 왓슨과 크릭이 DNA 구조를 풀었다는 내용이었다. 그들은 3월 6일에 논문을 제출한 상태였다. 로잘린드는 급히 그녀의 초안을 왓슨과 크릭의 가설을 지지하기 위해 조금 수정했다. 로잘린드가 경쟁을 하고 있다는 사실을 알기도 전에 왓슨과 크릭이 이겼다.

「네이처」는 왓슨과 크릭의 기사를 신속히 인쇄했다. 기사는 천자도 되지 않고 불과 한 쪽에 불과했다. 그것은 증명이 아닌 가설이었다. 어떤 인용도 없었다. 크릭과 왓슨은 그것을 로잘린드와 함께 발표할 수도 있었다. 하지만 그들은 물리화학자 제리 도노휴에게 "계속적인 충고와 지적"에 감사한다고만 적었다. 논문의 마지막 부분에 모호한 글을 덧붙였다. "우리는 런던에 있는 킹스 대학 윌킨스 박사와 프랭클린 박사 외 다른 동료들의 실험 결과와 지식에 자극받기도 했습니다."

과연 로잘린드가 혼자서 DNA 구조를 설명할 수 있었을까? 그녀의 친구들과 지지자들은 줄곧 그것을 토론해왔다. 로잘린드는 여권주의자들의 수호신이 됐고 그들에게 답은 명확했다. "자료를 빼앗기지 않고, 수수께끼를 풀 충분한 시간을 가졌다면 그녀는 나선 문제를 해결할 수 있었을 것이다. 어쩌면 크릭과 왓슨보다 앞서 발견했을지도 모른다. 왓슨과 크릭은 명확한 DNA 사진이 필요했다. 하지만 그것은 그들이 결코 할 수 없는 일이었다"고 『과학의 여성: 기록을 바르게 고치기(*Women of Science: Righting the Record*)』에서G. 카스-시몬이 평가했다.

로잘린드의 동료 아론 클러그는 그녀가 혼자서 DNA 구조를 풀어낼만한 유일한 사람이었다고 평가한다. 클러그는 로잘린드가 발견에 이르기까지 불과 한 단계 반이 남았을 뿐이었고, 결국은 해냈을 것이라고 생각한다. 그녀가 말하는 반 단계는 연쇄가 각기 다른 방향을 향한다는 것이고, 한 단계는 염기쌍을 의미한다. 클러그의 말은 가볍게 무시할 내용이 아니다. 그는 4년 동안 로잘린드의 가장 가까운 협력자였다. 그는 1982년에 노벨 화학상을 수상했으며, 선두적인 분자생물학 센터인 케임브리지 분자생물학 의학연구협회 실험실의 지휘자이자 왕립 협회의 회장이었다. 또한 그는 어느 누구보다 로잘린드의 논문과 공책을 세밀하게 연구한 사람이었다. 그는 로잘린드의 연구에 대해 이렇게 평했다.

이 공책을 보면 그녀가 해결책에 얼마나 가까웠는지 알 수 있기 때문에 마음이 아파요. 크릭과 저는 로잘린드가 한 단계 반이 남았는지, 아니면 두 단계가 남았는지에 대해서 논쟁하기도 했어요. 그녀는 두 가지 사실을 알아야 했어요.

우선적으로 그녀는 연쇄가 서로 반대 방향으로 이어진다는 사실을 몰랐어요. 하지만 저는 그녀가 그것을 발견하기 일보직전이었다고 생각합니다. 다른 하나는 염기쌍의 위치였어요. 로잘린드는 그것이 안쪽에 있어야 한다는 것을 알았고, 염기가 호환될 수 있다는 것에 대해서는 얘기했어요. 물론 염기의 호환성과 염기쌍은 다른 개념이지만 그녀는 알아낼 수 있었을 거예요.

로잘린드의 공책을 살펴보면 그녀의 사고를 알 수 있어요. 더 이상 그녀는 직감이 필요하지 않았어요. 그녀에게는 사실을 알려주는 정보가 있었거든요. 그녀는 크릭과 폴링처럼 창의적이지 않았지만 대단한 실험주의자, 좋은 분석자였지요. 결국 그녀는 자신만의 방식으로 모든 것을 알아냈을 거라 생각해요.

왓슨은 DNA 경쟁에서 진 로잘린드의 실패에 대해 특이한 이유를 말한다. 로잘린드는 성공보다는 과정에 더 관심이 있었고 누군가의 도움 없이 자료를 해석하기 원했기 때문에 경쟁에서 졌다는 것이다. 실제로 로잘린드는 후원자나 그녀를 걱정해주는 사람이 없었다고 말하기도 했다.

로잘린드는 킹스 대학에 너무 환멸을 느껴 떠나기로 결정했다. 그녀는 존 데스몬드 버널에게 런던 대학의 대학원 야간 학교인 버크벡 대학에 있는 그의 그룹에 참여할 수 있는지 물었다. 랜들과 버널의 합의 하에 로잘린드는 떠날 수 있었다. 런던 대학에서 그녀는 큰 연구 모임을 지휘할 수 있었지만 핵산 연구를 할 수는 없었다. 오랫동안 과학자가 연구해 온 문제를 연구하지 못하도록 막는 것은 오늘날에는 이해하기 어렵다. 하지만 당시 영국 과학계는 연구 분야를 나누어 각각의 프로젝트를 특정 실험실에 맡기는 것이 일반적이었다. 랜들은 윌킨스가 로잘린드와 경쟁하지 않고서 DNA 연구를 계속할 수 있도록 해주었다. 그녀는 고슬링이 박사 학위 논문을 끝내는 것을 도울 수 없었다. 하지만 3월 중순에 버크벡으로 옮긴 로잘린드는 랜들을 무시하고 조용히 고슬링을 도와주었다.

버크벡 대학에서 일하는 동안 로잘린드는 허름한 연립 주택에서 살게 됐다. 120년 된 그곳은 건물의 한 쪽 면이 전쟁 중에 포탄에 맞아 부서져 수리가 필요했다. 그녀의 첫 연구실은 지붕 바로 아래여서 비가 오면 새는 곳을 막기 위해 냄비와 팬을 예술적 늘어놓아야 하는 곳이었다. 그녀는 우산을 펴서 책상 위에 조심히 올려놓고 밤새 연구 자료를 보호하기도 했다. 나중에 그녀는 아래층 연구실로 옮겼다.

어려움 속에서 로잘린드는 석탄과 DNA에 대한 연구를 마무리했다. 그녀는 DNA 정보가 가득한 논문 두 편을 발표했다. 로잘린드가 버크벡으로 옮기도록 함으로써 랜들은 그녀에게 좋은 일을 해준 것이었다. 그 뒤 5년 동안, 로잘린드는 바이러스에 대한 17편의 논문을 발표했다. 이로써 그녀는 나선형을 다루는 세계의 가장 훌륭한 실험주의자라는 명성을 얻게 됐다. 버널은 그녀를 "분자생물학의 주요 창시자" 가운데 한 명으로 여겼다.

로잘린드는 버크벡에서 연구팀을 지휘했다. 클러그 외에 그녀는 두 명의 대학원생이 더 있었다. 하이델베르크 막스플랑크 연구소의 교수인 케네스 홈스와 케임브리지 MRC 분자 생물학 연구소에 있는 존 핀치였다. 클러그는 로잘린드를 계단에서 만나 그녀의 연구에 대해 들은 뒤, 자신의 연구 주제를 바꾼 다음 팀에 합류한 사람이었다. 그는 로잘린드의 처음이자 유일한 협력자가 됐다. 비범한 이론학자로 알려진 그는 로잘린드와 토론하는 것을 즐겼다. 그들은 함께 "아름다운 X선 자료를 확보할 새롭고 정교한 기술"을 개발했다고 결정학자 도로시 호지킨이 상기했다.

"그분은 과학적으로 자신이 무엇을 하고 싶은지, 실험적으로 어떻게 해야 할지 알았어요." 로잘린드는 존재감과 권위가 느껴지는 위엄 있는 지도자였다고 핀치는 기억했다. "그녀는 매우 쾌활하고 재미있었어요. 하지만 실험실에서 그녀는 꽤 강했어요. 그녀는 누구에게라도 단도직입적으로 말했죠"라고 아론 클러그는 회상했다. 그녀는 지루한 모임을 좋아하지 않았다. 어느 날 저녁, 버크벡의 교원 휴게실에서 저녁을 먹으며 그녀는 다른 이들이 얘기를 할 때 가만히 앉아있었다. 그녀는 중요하지 않거나 흥미로운 일이 아니면 대화에 참여하지 않았다. 하지만 그녀는 좋은 지도자였다.

킹스 대학에서 DNA를 연구했던 로잘린드는 버크벡에서 RNA 연구를 시작했다. 그녀는 RNA와 단백질로 이루어진 바이러스를 연구하기로 결정했다. RNA의 구조를 이해함으로써 그녀는 생명이 없는 바이러스 입자가 어떻게 성장하여 다른 세포에서 번식할 수 있는지 설명하기를 원했다. 로잘린드가 버크벡에서 보낸 5년 동안, 그녀의 팀은 여러 RNA를 지닌 바이러스의 기본적인 분자 구조의 윤곽을 밝혀 구조 바이러스학의 기초를 세웠다. 당시 그녀의 팀은 X선 회절을 이용하여 바이러스의 분자적 구조를 연구하는 분야에서 세계를 선도하고 있었다.

다른 바이러스 연구자들처럼 그녀는 담배 모자이크 바이러스(TMV · Tobacco Mosaic Virus)에 집중했다. TMV는 유전학의 옥수수와 초파리와 같이 기본적인 과학 원리를 연구하기 위해 이용된 모델이었다. TMV는 안정되고 다루기 쉬웠다. 그녀는 두 가지 이유로 TMV 연구를 좋아했다. 우선, 그녀는 TMV의 구조 연구를 통해 소아마비 바이러스나 감기 바이러스를 이해하는데 도움을 줄 수 있을 것이라고 생각했다. 두 번째로 TMV의 구조는 DNA보다 기술적인 측면에서 도전해 볼만한 과제였다.

왓슨은 TMV가 나선모양이지만 DNA와는 다른 나선 형태라고 가설을 세웠다. 로잘린드는 그의 생각을 확인했다. 하지만 그녀가 나선을 관찰한 뒤 왓슨은 나선이 돌 때마다 생성하는 작은 단백질 단위의 수를 과소평가했다는 것을 발견했다. 그리고 한 줄로 된 긴 RNA를 발견했다. RNA는 바이러스의 유전적 정보를 갖고 있기 때문에 전염성의 근원이라고 볼 수 있다. 이로써 처음으로 단백질과 핵산의 구조적 관계와 그것이 어떻게 작동하는지 이해하는 일이 가능해졌다.

왓슨과 크릭은 로잘린드와 클러그를 가끔 만나 바이러스 구조 프로젝트에 대한 정보를 교환했다. 로잘린드는 쾌활하고 활기찼다. 그들 사이에 원한은 없는 것 같았다. 로잘린드는 크릭의 능력을 높이 평가했다. 그녀는 크릭과 그의 프랑스인 아내인 오딜과 가까운 친구가 됐다. 그들은 함께 한 여름에 스페인 남쪽으로 여행을 가기도 했다. 그녀는 왓슨에 대해서는 말을 아꼈고, 그를 '지겨운 미국인' 이라고 불렀다.

1956년에 로잘린드는 연구 성과를 런던 · 마드리드 · 뉴잉글랜드에서 회의를 통해 보고했다. 그리고 버클리 · 로스앤젤레스 · 파사데나 · 세인트루이스 · 뉴헤븐에 있는 연구실을 방문했다. 버클리에서 그녀는 노벨상 수상자 웬델 스탠리와 한 달 동안 일했다. 그곳에서 로잘린드는 실험실 연구원들과 소풍을 가는 교통편을 마련하는 데 문제가 있었다. 왓슨에 의해 변덕스럽고 학식을 뽐내는 여자라는 소문이 나 있었다. 그녀와 얽히는 것을 두려워한 연구실의 젊은이들은 로잘린드를 태워주지 않기 위해 빠져나갔다. 어쩔 수 없이 스탠리가 직접 그녀를 태워주었다. 소풍에서 학생들은 로잘린드가 활기차고 재미있는 사람이라는 것을 발견하고 그녀에 대한 선입견을 바꿀 수밖에 없었다.

그 해 여름, 그녀는 여러 번 엄청난 고통을 겪었다. 미국인 의사는 그녀에게 집에 돌아가면 꼭 전문가를 만나 보라고 권했다. 그녀의 병명은 난소암이었다. 로잘린드는 친구들이나 친척들에게 자신의 병에 대해서 알리지 않았다. 가족과 아주 가까운 연구원만이 그 사실을 았았다.

10개월 뒤 그녀의 상태는 상당히 호전되어 있었다. 그녀는 그동안 테니스와 등산과 같은 운동을 꾸준히 하면서, 연구 활동을 병행했다. 한 때, 그녀는 크릭 부부와 관계를 회복했다. 그들은 그녀의 수술이 무엇을 위한 것이고 얼마나 심각한지 몰랐다. 하지만 로잘린드는 친구들에게 알리지 않은 상태에서 오히려 더 편하게 지냈다. 크릭이 로잘린드와 그녀의 팀에게 케임브리지 분자 생물학 연구소 자리를 제안했다. 그녀는 학생 시절 케임브리지의 교직원을 싫어했지만 결국 크릭의 제안을 받아들였다.

캘리포니아 주립대학 버클리 캠퍼스의 프레드릭 셰퍼 연구소는 소아마비 바이러스를 결정화했다. 그것은 동물 바이러스에서 만들어진 첫 결정이었다. 셰퍼의 아내는 결정이 담긴 보온병을 로잘린드에게 분석을 의뢰하기 위해 가지고 가는 것에 동의했다. 영국의 세관원이 셰퍼 부인에게 보온병에 담긴 것이 무엇이냐고 물었다. 소아마비는 20세기 중반까지 오늘날 에이즈에 비견될 정도로 두려의 대상이었다. 특히 보온병 안의 작은 결정은 전염성이 매우 높았다. "이것은 소아마비 바이러스에요. 하지만 괜찮아요. 이것은 결정이에요." 그녀의 말이 신뢰성이 있었는지 세관원은 그녀를 통과시켰다.

로잘린드는 보온병을 받아들고 흔들면서 어머니에게 장난스럽게 말했다. "이 안에 뭐가 들어있는지 모를걸요? 이건 살아있는 소아마비랍니다." 그녀는 가족들이 함께 쓰는 냉장고를 열어 보온병을 넣어 두었다.

전염성이 높은 바이러스를 낡고 더러운 연구실에서 적절한 안전 기구도 없이 연구하는 것은 위험한 일이었다. 소크백신(1953년 미국의 소크 박사가 바이러스를 배양·살균하여 개발한 소아마비 예방 접종용 백신)을 이용할 수 있게 된지 3년밖에 안 되었고, 당시 많은 사람들이 백신을 맞을 수 없었다. 로잘린드는 자신이 죽어간다는 것을 알았다. 그녀의 연구를 지켜본 버널의 비서는 로잘린드를 현대의 마리 퀴리라고 생각했다. 로잘린드가 죽은 뒤 소아마비 연구는 그 위험성 때문에 중단되기도 했다.

TMV에 대한 로잘린드의 연구는 광범위한 관심을 끌었다. 위엄있는 런던 왕립 학회와 영국 왕립 협회가 전시를 위해 자료를 부탁했다. 1957년, 브뤼셀 세계박람회 위원회는 그녀에게 바이러스 분자의 두 모형을 만들어달라는 부탁을 했다. 그것은 굉장한 영예였다. 1950년대에 세계 박람회는 누구에게나 멋지고 흥분되는 일이었다. 그녀는 바이러스 모형을 만들 정도로 바이러스의 구조에 대해서 잘 아는 과학자였다. 생물학의 혁명은 이제 시작일 뿐이었다. 박람회 방문객들에게 그녀가 만든 모형은 살아있는 생물체를 이루는 분자를 생물학적으로 처음 보여주는 일이었다.

작은 플라스틱 회사는 TMV의 1미터 60센티미터 정도의 모형을 위해 흰색 신발 모양의 조각을 만들었다. 그것은 바이러스를 둘러싼 단백질 분자였다. 그런데 그것이 도착했을 때 로잘린드가 의도한 것보다 조금씩 컸다. 로잘린드·클러그· 핀치·홈스는 손으로 그것을 갈아내는데 하루를 보냈다. 그들이 바이러스의 모형을 완성했을 때, 한 줄의 RNA가 분자의 빈 공간에 감겨있는 목걸이처럼 보이기 위해 몇 개의 신발모양 조각을 뺐다. 과학자들이 모델에 너무 관심이 많았기 때문에 영국 왕립 협회는 브뤼셀에 바이러스 모형을 보내기 전에 먼저 그것을 전시했다.

죽음이 임박한 순간까지 로잘린드는 TMV 연구를 진행하며 자료를 정리했다. 부모님의 40번째 결혼기념일 파티를 준비한 다음날, 그녀는 마지막으로 병원에 갔다. 그녀의 침대 곁에는 카라카스에서 1년 동안 와달라는 베네수엘라 소재 연구소의 초대장이 있었다.

1958년 4월 16일, 그녀의 마지막 과학 논문이 파라데이 학회에서 발표되기 몇 분 전, 로잘린드 프랭클린은 숨을 거뒀다. 그녀는 불과 37세의 여성이었다. 로잘린드는 20세기의 가장 중요한 발견 중의 하나인 구조분자생물학의 기초를 세우는데 도움이 됐다. 그해 여름, 그녀가 만든 바이러스 모형은 브뤼셀 세계박람회에서 4천2백만 방문객에게 선보였다.

1958년 세계 박람회를 위해 만든 로잘린드 프랭클린의 TMV 바이러스 분자 모형이 런던 왕립 협회에 전시되어 있다.

*　　*　　*

1962년, 로잘린드가 사망한지 4년 뒤, 프랜시스 크릭 · 제임스 왓슨 · 모리스 윌킨스에게 노벨 의학상이 수여됐다. 세 명의 수상자 중 그 누구도 로잘린드가 그들의 성공에 기여했다는 말을 하지 않았다. 세 사람이 노벨상 시상식장에서 했던 강연에는 98개의 자료를 인용하지만 로잘린드의 자료는 하나도 없었다. 오직 윌킨스만이 그녀에게 감사를 표했을 뿐이었다.

로잘린드가 살아있었다면 노벨상을 받았을까? 오늘날 많은 과학자들은 그녀에게 그럴 자격이 있다고 생각한다. 하지만 노벨상은 살아있는 사람에게만 수여되며 한 분야의 상은 3명 이상에게 동시에 수여될 수 없었다. 과연 위원회는 로잘린드 프랭클린의 과학적 기여에 대해 알았을까? 그랬다면 위원회는 윌킨스 대신 그녀를 수상자로 선정했을까? 아니면 위원회가 의학상과 화학상으로 상을 나눠 4명의 공동 수상자를 선정했을까?

"노벨 위원회는 가끔 잘못된 시상을 했고, 실수도 있었지만 우리는 그녀의 연구에 대한 가치가 알려졌다는 사실을 의심할 수는 없다"고 역사학자 주드슨은 평가했다. 킹스 대학의 랜들을 포함한 모든 사람이 그녀의 연구를 알았다. 크릭도 당연히 알았다. 결정학자인 브랙도 그녀의 출판된 논문의 중요성을 이해했을 것이다. 킹스 대학에서 윌킨스가 노벨상을 나누어 받아야 한다고 주장한 사람이 그였다. 또한 노벨 위원회는 4명의 과학자의 논문을 보았을 때 그들은 로잘린드의 논문에 더 확실한 자료가 있었다는 사실을 알아냈을 것이다.

노벨상을 받은 6년 뒤, 왓슨은 DNA에 대한 가벼운 이야기인 『이중 나선』을 썼다. 그는 책에서 프란시스 크릭과 로렌스 브랙 등 주변의 과학자들에 대한 실수와 특징을 상세하게 소개했다. 초판은 엄청난 반향을 일으켰다. 책을 읽은 사람들이 자신들의 처우에 대해서 불평을 하자 왓슨은 좀 더 부드럽게 글을 고쳤다. 하지만 로잘린드 프랭클린에 대한 내용은 바뀌지 않았다. 그녀는 죽었기에 논쟁을 할 수 없었다.

왓슨의 책에서 로잘린드는 악한 계모인 '로지' 역할을 맡는다. 그녀는 왓슨의 주요 라이벌이자 이야기의 흐름을 풍부하게 하는 전형적인 늙은 하녀로 묘사된다. 왓슨은 그녀의 성격을 모욕하는 것뿐 아니라 그녀의 과학적 능력을 공격하기도 했다. 왓슨은 로잘린드가 DNA의 구조가 '반나선형'이라 주장하고 모형을 만드는 것에 반대했다고 비난했다. 왓슨은 재미있는 이야기를 버릴 수 없어서 그와 크릭이 재정 기관 보고서에 있는 그녀의 자료와 DNA X선 회절 사진을 어떻게 이용했는지에 대해서도 썼다.

로잘린드 친구들이 왓슨의 책에 불만을 표하자 왓슨은 후기를 썼다. 그것은 "그녀에 대한 나의 첫 인상, 과학적이고 개인적인 것 모두 다… 자주 틀렸다"는 것이었다. 하지만 그녀에 대한 책의 내용은 바꾸지 않았다. 과학을 위해 여성성을 버린 허구화된 여성은 책을 더 재미있고 흥미 있게 했기 때문이다.

어떤 과학자들은 과학 연구에 대한 이야기를 가볍게 잘 풀어냈다고 칭찬했다. 반면 어떤 이들은 매우 화를 냈다. "그는 로잘린드의 성격을 생각없이 빼앗아 버렸어요"라고 앤 세이어가 항의했다. 노벨상 수상자 앙드레 로프는 "로잘린드 프랭클린에 대한 그의 설명은 잔혹하다… 적어도 왓슨과 크릭의 모든 연구가 로잘린드 프랭클린의 X선 사진으로 시작되었고 그 결과 왓슨이 로잘린드의 결과를 이용했다는 사실이 잘 드러나도록 해야 했다." 로버트 신샤이머는 책이 "유치한 불안감에 의해 뒤틀리고 잔혹한 의식으로 가득하다"고 불평했다. "그것은 정말 나쁜 책이었어요"라고 노벨상 수상자 바바라 맥클린턱도 평가했다. 왓슨은 훌륭한 작가이지만 오만하고 유명한 반여권주의자라고 노벨상 수상자 리타 레비?몬탈치니가 지적했다. 데이빗 세이어는 왓슨의 책이 "결과를 위한 약탈"을 당연시함으로써 과학 연구의 도덕적 품격을 심각하게 저하시켰다고 평가했다. 로잘린드의 과학적 평판을 다시 세우기 위해 클러그는 그녀의 DNA 연구의 기여도를 설명하는 두 기사를 「네이처」 1968년과 1974년 판에 기고했다.

오늘날까지 논란은 계속 된다. 1989년에 라이너스 폴링의 전기를 쓴 앤서니 세라피니는 이렇게 적었다.

> 비윤리적 행동에는 너무나 많은 단계가 있어서 쉽게 선을 긋기 어렵다. 하지만 때로 명확한 잘못도 있다. 제임스 왓슨이 로잘린드 프랭클린과의

경쟁을 위해 그녀의 자료를 인용하지 않고 도용한 것과 같은 일이다… 왓슨과 크릭이 그녀의 자료를 훔치지 않았더라면 그들은 노벨상을 받지 못했을 것이다.

단기적으로 책은 왓슨을 잘나가는 우수한 젊은 과학자로 만들어주었으나 장기적으로는 시한폭탄이었다. 그가 로잘린드의 자료를 허락 없이 사용했음을 인정한 것은 자신뿐 아니라 크릭의 놀라운 성취까지도 실추시켰다. 그리고 로잘린드의 성격과 과학적 성취에 대한 소설화된 묘사로 인해 여권주의자와 여성 과학자들은 그녀를 순교한 성인으로 인식하게 됐다. 이 책에서 가장 주목할 사실은 로잘린드의 기여에 대한 사실을 드러낸 사람이 왓슨 자신이었다는 점이다. 그는 자신의 성공에 그림자를 드리웠고 그녀에 업적에 빛을 비추었다.

*　　*　　*

후기

1992년 1월, 영국 유산보호단체는 런던 켄싱턴에 있는 로잘린드의 아파트 앞에 표지판을 세웠다.

로잘린드 프랭클린
1920~1958
DNA를 포함한 분자 구조 연구의 개척자가
1951년부터 1958년까지 이곳에서 살았다.

13

의학 물리학자

로잘린 수스먼 앨로

1921.7.19~

노벨 생리 · 의학상_1977

로잘린 수스먼 앨로

Rosalyn Sussman Yalow

로잘린 수스먼 앨로의 오빠가 1학년 이었을 때, 선생님은 그의 손을 자로 때렸다. 그는 바로 눈물을 터뜨렸고 구토를 했다. 5년 뒤, 로잘린이 1학년이 되었을 때, 같은 선생님이 로잘린을 자로 때렸다. 로잘린이 되받아 쳤다. 교장 선생님의 방으로 끌려간 로잘린은 그녀가 오랫동안 오빠의 복수를 하기 위해 기다렸다고 설명했다.

그녀를 늘 자랑스러워하던 부모님은 앨로의 투쟁적인 정신을 북돋아 주었다. 그들은 공원에서 이겨서 좋아하는 사진을 설정하여 찍었다. 5살짜리 로잘린은 엄청나게 큰 어른 크기의 권투 장갑을 끼고 오빠한테 불쑥 나타난다. 그는 등을 구부리고 누워있고 그녀가 그를 맹렬한 싸움에서 때려눕힌 것으로 보였다. 이 사진은 시간이 흘러 구겨지고 흐릿해졌지만 앨로는 그녀의 책상에 놓고 있다. 사진을 피면서 그녀는 말한다. “그 태도가 제가 물리학을 하는 것을 가능하게 했어요.” 앨로는 섬세한 기술을 개발했다. 그것은 약 100킬로미터의 길이와 약 100킬로미터의 넓이와 약 9미터 깊이의 물에서 한 숟가락의 설탕을 푼 농도를 가지할 수 있는 것이다. 그녀와 과학 파트너 솔로먼 버슨의 모험덕분에 그들은 방사 면역 검정 방식(radioimmunoassay (RIA) procedure)을 개발했다. 그들의 결단력 덕분에 그들은 그것의 가치를 과학계에 설득할 수 있었다. 1977년, 버슨이 죽은 뒤, 얠로는 그들의 발견으로 노벨상을 받았다. 그녀는 노벨 과학상을 받은 최초의 미국 태생 여성이었다.

RIA는 내분비선과 호르몬에 관한 연구인 내분비학과 당뇨병과 같은 호르몬 장애의 치료에 혁명을 일으켰다. 처음으로 의사들은 호르몬의 작은 변화 때문에 일어나는 현상을 진단할 수 있었다. 얠로와 버슨 덕분에 유난히 작은 아이들이 성장 호르몬으로 치료될 수 있다. 신생아들은 비활성화 갑상선으로 일어나는 장애를 막기 위해 확인을 받는다. 저장 혈액을 통해 죽을병이 있는지 확인된다. 불임 부부는 성 호르몬이 부적당한지 확인 받는다. 태아는 척추피열과 같은 심각한 기형이 있는지 조사된다. 운동선수들은 약 남용을 조사받고 범죄 피해자는 중독이 있는지 확인되는 등의 일이 가능하다. 얠로와 버슨의 연구는 면역학, 동위 원소 연구, 수학과 물리학의 굉장한 조화로 내분비학이라는 새로운 과학을 시작하게 했다.

얠로의 과학적 기량은 자력으로 성공한 것이다. 그녀의 부모님은 고등학교 문턱에도 가보지 못했고 대학은 말할 것도 없다. 어머니는 어렸을 때 독일에서 미국으로 왔고 6학년을 마치고 학교를 그만두었다. 아버지는 동유럽 이민자들이 밀집해 있는 장소인 뉴욕시의 동남부 지역에서 태어났다. 그는 8학년을 마친 후에 학교를 그만두었고 사업을 시작하기 전에 전차 차장을 했다.

로잘린은 1921년 7월 19일, "현재 재해 지역의 한 부분인" 브롱크스 남쪽에서 태어났다. 일리노이 대학에서 보낸 3년 반을 빼고 그녀는 삶을 모두 뉴욕시에서 보냈다.

그녀의 아버지 사이몬 수스먼은 「뉴욕 타임스」를 읽고 그의 사업에 대한 재정적 기록을 아름다운 스펜서체로 각각 둥근 글자를 나란히 오른쪽으로 기울여 적었다. 그의 아내 클라라 지퍼 수스먼은 자녀들이 학교에서 가져온 모든 책을 읽었다. 로잘린은 유치원 가기 전에 읽는 것을 배웠다. 5살 이었을 때, 그녀와 오빠는 매주 지역 공립 도서관에 갔다. "저는 도서관에 가입하기 위한 규칙이 기억나요. 어떤 선언을 읽을 줄 알고 이름을 쓸 줄 알아야 했어요. 제 모든 친구들은 이것을 가능한 빨리 하려고 노력했어요. 5살이나 6살 무렵, 우리는 대다수가 도서관에 가입했어요."

"그녀는 너무 독립적이긴 했지만 착했어요"라고 그녀의 어머니가 회상했다. "저는 제가 생각하기에 괜찮다고 보이면 그녀가 하고 것들을 하게 두셨어요." 10살이 되자 로잘린은 여자 중학교를 가게 되었다. 로잘린이 맞는 전차 정류장에 내리는 것을 확인하기 위해 그녀의 어머니는 전차로 따라가 옆 칸에 앉았다. 로잘린은 어머니를 발견하자마자 전차에서 내려서 다음 것을 기다렸다. 그날 밤, 그녀는 어머니에게 말하였다. "저를 따라오지 마세요. 친구들이 제가 애기라고 생각할 거예요." 오빠가 아팠을 때, 로잘린은 집에서 만든 간호사의 작업복을 입고 그녀만 약을 줄 수 있다고 주장했다.

그녀의 아버지는 특히 남자아이들이 하는 어떤 것도 그녀에게 해보라고 권유했다. "저는 여자아이들이 남자아이들만큼 중요하지 않다는 느낌을 받아본 적이 없어요."라고 앨로가 인정했다. "저는 아버지와 매우 가까웠어요. 아버지는 저를 야구 경기에 데리고 갔죠. 전 당신에게 1934년의 양키팀에 대해서 다 말해줄 수 있어요."

8살이 되었을 때, 로잘린은 결혼을 하고 아이를 낳고 "중요한 과학자"가 되겠다고 결심했다. "전 무엇을 알아내는 것을 좋아해요. 제가 좋아하는 것은 논리에요. 그리고 그것은 과학의 모든 것을 나타내죠"라고 그녀가 설명했다. 그녀의 친구들도 과학자가 되고 싶었지만 로잘린은 가족도 함께 원했다. 그녀는 그들에게 말했다. "지금 결혼을 할 거라고 생각하면, 둘 다 할 수 있어."

중학교에서 앨로는 그녀의 과학 목표를 의학 연구로 좁혔다. 그녀는 속성된 수업을 들어 3학년 과정을 2년에 끝냈다. 학부모 상담에서 한 선생님은 수스먼 부인에게 털어놓았다. "있잖아요, 당신의 딸은 천재에요." 수스먼 부인은 생각했다. "천재? 난 천재를 원하지 않아. 평범한 아이를 원해" 그녀는 알베르트 아인슈타인을 생각하고 있었다. "저는 그 남자를 만난 적은 없지만 그가 좀 특이하다고 들었어요"라고 그녀가 말했다.

1937년 앨로가 15세의 나이로 고등학교를 졸업했을 때, 부모님은 초등학교 선생님이 되라고 조언하였다. "30년대에 그것이 똑똑한 유대인 여자들이 하던 것이었어요"라고 앨로가 설명했다. "남자들은 의사와 변호사가 되라고 권유받았죠." 그녀는 수업료를 낼 수 없었지만 그녀는 성적이 좋았기 때문에 매우 경쟁률이 높은 여성 대학인 헌터 대학에 합격할 수 있었다. 시립 대학의 수업료는 무료였다. 거트루드 엘리온도 공부했던 헌터 대학은 이제는 수업료를 받는다.

앨로는 그곳에서도 튀었다. 그녀는 점심 바로 뒤에 물리학 수업이 하나 있었는데 조는 학생들을 깨우기 위해 교수가 강연에서 두 개의 실수를 하겠다고 선언했다. 앨로는 3개를 찾았다.

전공을 고르는 것은 쉬웠다. "30년대 후반 제가 대학에 있을 때 물리학, 특히 핵물리학이 세계에서 가장 흥미 있는 분야였어요"라고 앨로가 설명했다. "적은 수의 사람이 그냥 앉아서 서로에게 얘기를 했어요. 그 중 한 사람이 훌륭한 생각을 해내고 연구실에 가고 며칠이나 몇 주 동안 연구를 한 다음에 노벨상을 받을 만한 발견을 했어요. 정말 멋진 시간이었어요."

1939년, 리제 마이트너, 오토 한과 프리츠 슈트라스만에 의하여 분열이 발견되었다. 전설적인 이탈리아계 미국인 물리학자 엔리코 페르미가 새로운 발견에 대하여 콜럼비아 대학에서 발표를 하였을 때 뉴욕에 있는 모든 물리학자가 참석하고 싶어 했고 앨로는 자리를 얻기 위해 필사적으로 노력했다. 그녀는 강연장의 윗줄 서까래에 매달려 페르미가 원자핵이 분열되며 에너지를 분출한다는 믿을 수 없는 소식을 설명하는 것을 들었다. 앨로는 핵분열이 원자 폭탄의 결과만 낳은 것이 아니라 방사성 동위 원소를 생성 하였고 그녀는 그것을 의학 연구에 이용했다고 설명했다.

핵물리학에 대한 앨로의 열정을 마무리 하는 것으로 에브 퀴리가 그녀의 어머니인 마리 퀴리에 대한 전기를 1938년에 출판하였다. "모든 여성 과학자가 그 책을 2만 번 읽었어요. 우리는 모두 마담 퀴리처럼 될 것이었어요." 이야기는 앨로에게 특별한 뜻이 있었다. "저에게, 책에서 가장 중요한 부분은 어떤 거절을 당해도 그녀는 성공했다는 것이었죠. 그것은 제 배경과 비슷했고 제가 공격적인 것도 비슷했죠." 5년 후, 앨로가 대학원에 있을 때, 할리우드 영화 「마담 퀴리」가 나오자 그녀는 퀴리 이야기에 다시 사로잡혔다.

앨로는 헌터의 노처녀 여성 교수들이 그녀를 차별하였다고 탓했는데 왜냐면 그녀는 과학과 결혼을 함께 이루고 싶었기 때문이다. "제 경력에 저는 여자가 아닌 남자로부터 도움을 받았어요. 헌터에서 물리학부에 있었던 두 여자 교수들은 제가 물리학을 하도록 아무것도 도와주지 못했어요"라고 앨로가 선언했다.

물리학부를 지휘하던 여자는 앨로가 과학을 심각하게 생각하지 않는다고 판단했는데 그 이유는 그녀가 립스틱을 바르고 연애를 했기 때문이었다. 그녀는 가끔씩 성미가 폭발하여 교직원 회의에서 사임했다. 후에, 그녀는 헌터의 총장이 어떻게 하기 전에 비서의 책상에서 사표를 되돌려 받았다. "다행히도 제가 4학년 때, 교직원 중 하나가 비서가 사표를 치우기 전에 총장에게 때에 맞추어 제출했어요"라고 앨로가 얘기했다. 물리학부 부장은 앨로를 대학원에 절대 추천해주지 않았을 것이었다.

앨로는 절망적이었지만 의학 대학에 가고 싶었다. 그녀는 합격이 쉽지 않으리라는 것을 알았다. 미국 의대는 유대인, 더군다나 여성은 뽑지 않았다. 1937년, 뉴욕 시립 대학의 의대 준비생들은 3퍼센트도 채 미국의 의대에 합격하지 못했다. 대학은 당시 두드러지게 유대인들이 많이 있었다.

합격했더라도 그녀는 수업료를 낼 수 없었다. 그녀는 두 번째 선택인 물리학을 시도했는데 물리학을 하면 교생이 가능했기 때문이다. 하지만 반유대주의는 대학원에 한참 유행하였다. 퍼듀 대학은 그녀의 지원서에 이렇게 반응했다. "그녀는 뉴욕에서 왔다. 그녀는 유대인이다. 그녀는 여자다. 당신이 그녀에게 후에 일을 줄 수 있다면, 우리는 그녀에게 교생직을 주겠어요." 대공황 때는 어떤 확신도 가능하지 않았기에 앨로는 합격할 가망이 없었다.

차별에 대해서 질문 받았을 때, 앨로는 대답했다. "개인적으로, 저는 차별 때문에 심하게 괴롭지 않았어요. 저는 차별이 존재한다는 것을 이해했고 그것은 당신이 하고 있는 것을 인정해야 하는 것일 뿐이에요…"

4학년 때, 그녀는 컬럼비아 의학 대학에서 시간제 비서 일을 하였고 속기를 배우는 대신 컬럼비아에서 몇 개의 과학 수업을 듣기로 합의를 봤다. 그래서 1941년 1월, 19세의 나이로 헌터 대학에서 물리학과 화학을 우수한 성적으로 졸업한 뒤 로잘린 앨로는 비서 학교에 입학하였다.

그녀에게는 운 좋게도, 제2차 세계대전은 시작되려 하였고 남학생들은 미국대학원에서 징병되었다. 남자들이 재향 군인으로 돌아오기 전까지 몇 년 동안 대학원은 문을 닫기보다 여학생을 받았다. 속기 수업을 하던 중, 앨로는 그녀가 지원한 가장 일류 대학인 일리노이 대학에서 물리학 교생직 제안을 받았다. "그것은 믿을 수 없는 성공이었어요"라고 그녀는 상기했다. 그녀는 속기 책을 찢어버리고 6월 9일까지 비서로 있다가 그 해 여름 뉴욕 대에서 정부의 후원으로 무료 물리학 수업을 들었다.

1941년 가을, 그녀는 샴페인-어바나로 가는 기차를 탔다. 아버지가 기차표을 내주고 싶어하셨지만 그녀는 반대했다. "제가 비용을 내고 제 가방을 직접 싸겠어요. 전 승강장에 부모님이 서서 배웅하는 것을 원치 않아요."

하지만 제2차 세계대전이 일어나지 않았으면 어떻게 됐을까? 앨로는 자신감 있게 대답했다. "저는 비서일 때 대학원 수업을 들었을 거예요. 그리고 누군가 저를 알아봤을 거예요. 저는 매우 훌륭한 비서랍니다."

일리노이 대학의 공대 학장이 앨로가 도착하자 축하해주었다. 그녀는 1917년, 제1차 세계대전의 기간 후 공대에서 인정된 첫 여성이었다. 보시다시피, 물리학을 포함하는 공대 프로그램은 세계 전쟁 바로 전과 후에만 여성을 뽑았다. 여자로서 그녀는 공학자들을 가르치기에 적합하다고 여겨지지 않았다. 그녀는 뒤쳐진 의대 준비생만 가르칠 수 있었다. 이렇게 미묘한 차별에도 불구하고 매 달 70달러의 급료와 무료 수업료는 그녀가 부자인 것처럼 느끼게 했다. 그녀는 더 이상 "고집 세고 결연한 아이가 아니라 고집 세고 결연한 대학원생"이었다.

앨로는 어떤 대학원 1년차보다 물리학 수업을 적게 들은 상태였다. 보완하기 위해 그녀는 학부 물리학 수업을 두개 청강하고 3개의 대학원 수업을 들으며 시간제로 가르쳤다. "거의 모든 1학년 교생들처럼 저는 전에 가르친 적이 없었어요. 하지만 그들과 달리, 저는 훌륭한 평판을 가진 젊은 강사의 수업을 관찰하여 어떻게 해야 하는지 배웠어요."

일리노이의 물리학 교수 중 오직 한 사람만 여자 교생을 받았다. 로버트 페이튼은 앨로의 탁월한 머리와 용기와 실행을 인정했다. 그녀가 너무 잘해서 물리학부는 다른 두 명의 여성에게도 교생직을 주었다. 그녀들은 남편이 박사학위를 받자마자 그만 두어 물리학부가 불평하게 했다. "봐요. 우리가 그녀들을 받아들여도 그녀들은 결국 끝내질 않아요."

1941년 12월 7일, 진주만 공격 후 물리학자들은 대학을 떠나 국방 연구를 했고 육군, 해군 학생들이 정부가 지원하는 훈련을 받기 위해 도착했다. 강사는 적은데 학생들은 많아져 드디어 물리학부는 앨로가 공학자들을 가르치게 했다.

그 때, 로잘린은 미래에 남편이 될 애론 앨로를 만났다. 그는 시라큐즈의 랍비의 아들로 핵물리학자가 되기 위해 노력하는 사람이었다. 그들은 모리스 골드헤이버의 지도 아래 박사 학위 연구를 하였는데 골드헤이버는 후에 브룩헤이븐 국립 연구소 관리자가 되었고 그곳은 우젠슝의 남편이 일한 곳이었다. 골드헤이버의 아내, 거트루드는 로잘린을 지도했다. 거트루드 골드헤이버는 저명한 물리학자로 같은 대학에 두 인척이 동시에 일하는 것을 금하는 일리노이의 빈연고주의 법 때문에 대학에서 자리가 없었다.

같은 법 때문에 로잘린과 아론이 둘 다 교생이고 사실상 교직원이어서 결혼하는 것을 막았다. 아론이 펠로쉽을 받았을 때 그는 더 이상 교직원으로 여겨지지 않았다 그들은 1943년 6월 6일에 결혼할 수 있었다.

얠로는 그녀의 일과 가족 때문에 살았다. 아론은 그녀가 전업주부가 될 수 없다고 인정했지만 집에서는 전혀 돕지 않았다. 로잘린이 여행을 갈 때 그녀는 그가 데워 먹을 수 있는 요리를 미리 해두었다. 그녀나 그녀의 부모님도 정결한 음식을 지키지 않았지만 그녀는 아론을 위해서 섬세하게 만들어서 저명한 랍비들이 그녀의 집에서 유월절을 보냈다. "절 믿어요. 그녀는 맞는 남자와 결혼했어요. 그는 그녀를 위해 많은 것을 했죠. 그가 그렇게 좋은 사람이 아니었으면, 그녀는 그만큼 해내지 못했을 거예요"라고 얠로의 어머니는 말했다.

누가 더 나은 물리학자냐는 질문을 받으면, 로잘린 얠로는 그녀의 공격성이 때로 아론보다 그녀를 더 낫게 했다고 대답했다. 일리노이의 학부장은 로잘린을 좋아하지 않아 아론에게 그의 포괄적인 시험 문제를 12개의 다른 방법으로 증명해 달라고 부탁했다. 아론은 그 요구에 따랐다. 학부장이 로잘린에게 같은 것을 부탁하려고 설득했을 때, 그녀는 딱 잘라 말했다. "골드헤이버와 당신이 저에게 이 방법을 가르쳐 주었으니 문제가 있으면 그들에게 물어봐야 할 거예요." 학부장은 바로 나가버렸고 돌아오지 않았다. "저는 제가 맞았다는 것을 알았고 그 사람 때문에 근심하고 싶지 않았어요."

로잘린은 1945년 1월에 핵물리학으로 박사학위를 받자마자 뉴욕 시로 돌아왔다. 그녀와 아론 모두 물리학 일이 필요해서 그들은 여러 대학이 있는 도시에서 살아야했다. 핵물리학에서 자리를 찾을 수 없던 그녀는 국제 전화 전보 협회의 연구실인 연방 전기 통신 연구소에서 첫 여성 공학자가 되었다. 그녀의 연구 그룹이 1년 뒤 없어지자 그녀는 헌터에 돌아와 가르쳤다. 아론은 1945년 9월에 그녀와 합류하여 결국 쿠퍼 유니온의 물리학 교수가 됐다.

하지만 헌터는 연구 시설이 없었고 로잘린은 핵 물리학에 관련된 일을 하지 못하고 있었다. 대안인 고에너지 물리학은 큰 기계와 큰 팀이 필요한 과학이었고 그녀는 작은 그룹과 일하는 것을 선호했다. 그래서 그녀는 다른 분야를 찾았다. 방사성 동위 원소는 의학에서 사용되기 시작하였고 아론은 의학물리학을 제의했다. 그를 통해서 그녀는 미국 의학물리학자의 최고참인 "대장" 지오아키노 파일라를 만났다. 얠로와 잠깐 대화한 후, 파일라는 전화를 들어 번호를 누르고 동료에게 말했다. "자네가 방사성 동위 원소 서비스를 시작하고 싶으면 난 자네가 꼭 고용해야 알 사람을 아네." 얠로는 아주 부드럽게 이렇게 말했다. "파일라 박사님이 말씀하셨습니다."

얠로가 브롱크스에 위치한 재향 군인 병원에서 1947년에 일을 보고했을 때 그녀는 잘 알려지지 않은 곳을 미국에서 첫 방위성 동위 원소 연구소 중 하나로 만들었다. 원자로는 전쟁 시 원자 폭탄을 만들기 위해 만들어져서 화학적 원소의 방사능 형태인 방위성 동위 원소를 생성하고 그것을 과학 연구에 쓸모 있게 하였다. 연방 정부의 재향 군인 프로그램을 위한 기관인 재향 군인 관리국은 방사능 동위 원소가 암 치료를 위한 라듐의 값싼 대안이라고 생각하였으나 얠로는 다르게 생각했다.

그녀는 1943년에 노벨상을 수상한 조지 헤베시의 책을 읽고 있었는데 그것은 방사능 동위 원소가 화학적, 생리학적 과정에서 추적자로 쓰일 수 있다고 보았다. 반감기가 짧은 방사성 동위 원소는 인체를 뚫고 지나가면서 탐지할 수 있는 입자를 방출한다. 헤베시의 책은 26세의 얠로에게 엄청난 영향을 끼쳤고 그녀는 그를 방사능을 발견한 앙리 베크렐, 마리와 피에르 퀴리와 이렌느와 프레데릭 졸리오-퀴리와 더불어 그녀의 경력에 과학적 선배라고 여겼다.

헌터에서 전임으로 가르치던 앨로는 병원을 위해 방사성 동위 원소 서비스를 개발하였고 그곳의 의학자들과 여러 연구 프로젝트를 시작하였다. 그녀의 공학 경험은 도움이 되었는데 상업상 수단이 아직 없었고 그녀는 기계를 만들거나 계획할 수 있었다. 2년 안에 그녀는 8편의 논문을 완성했다.

재향 군인 병원에서 일하는 것은 앨로를 과학적 주류에서 멀리 떨어뜨려 놓았다. 미국에서는 거의 모든 과학 연구가 대학에서 실행되었다. 그녀는 남자 의사와 군인들이 지배하는 병원의 여성 박사였다. "요점을 입증할 수 있는 유일한 방법은 그녀가 정확하고 확실하고 독단적인 것이었어요. 그렇지 않으면 누구도 그녀 말을 듣지 않았을 것이에요."라고 매사추세츠 공과 대학에서 그녀의 학생이었던 밀드레드 드레슬하우스가 지적했다. "때로 사람들은 그녀의 퉁명스러운 면을 보았어요. 하지만 과학계에서 눈길을 끌기 위해 그녀는 그래야만 했어요. 그녀는 모든 방면에서 제3자였어요. 그녀는 새로운 분야의 물리학을 연구하고 있었고 그녀는 의학에서 맞는 자격을 갖고 있지 않았어요. 그래서 그녀는 그들에게 그녀가 진짜라는 것을 알게 해줘야 했어요."

제3자의 위치는 앨로를 두렵게 하지 않았다. "전 일리노이 대학의 물리학부와 ITT 연구소에서 살아남았고 저는 제가 필요한 일을 잘해낼 것이란 자신감이 있었어요"라고 그녀는 지적했다. "저는 언제는 잘 정돈되어 있었어요. 저는 언제나 제가 원하는 것을 생각했고 그것을 위해 일할 준비가 되어 있었어요." 그녀가 재향군인 관리국에서 일하는 초기에 "차별의 낌새"가 있었고 그녀는 여자를 위한 숙박이 없으니 시외 회의에 참석하지 말라고 들었을 때 "악마처럼 몹시 화"가 났었다. 하지만 모든 중요한 문제들에는 지역 재향군인 관리국 권위자들이 그녀를 지지했다.

앨로는 "지금도 여성들이 같은 수준의 성공을 위해 일하는 남성들보다 더 노력을 많이 해야한다"고 믿었다. 반면에 그녀는 "차별의 문제가 차별 그 자체가 아니라 차별을 당하는 사람들이 자신을 2급이라고 생각하는 것이다"라고 확신했다. 그녀는 이렇게 생각했다. "차별하는 사람들에 문제가 있었지 내게는 문제가 없다."

1950년 1월, 그녀는 의학물리학과 운명을 같이하기로 하고 헌터 대학에서 사직했다. 그녀는 한 수업을 한 학기만 더 가르쳤는데 우수한 젊은 학생 한 명이 그녀와 더 많은 시간을 갖기 원한 것을 알게 되었기 때문이다. 밀드레드 스피와크 드레슬하우스는 앨로의 비호를 받은 첫 학생이었다. 앨로덕분에 드레슬하우스는 그녀의 전공을 초등 교육에서 물리학으로 바꾸었다. 그녀는 매사추세츠 공과 대학의 교수가 되었고 국립 공학 학회, 국립 과학 학회의 회원과 미국 물리학회의 회장이 되었다. 앨로는 "결단력 있고, 현실적이고 감명을 주는 선생님"이었다고 드레슬하우스가 말했다. 앨로는 어머니처럼 학생들을 돌보며 그들을 피수견인으로 만들었다. "그것은 그녀에게 자연스러웠어어요. 그것은 본능적인 것이죠. 그녀는 왜 그러는지 몰라요." 드레슬하우스는 완전히 다른 분야를 했지만 그녀가 가까이에서 강연을 하면 앨로는 아론과 그녀의 캔버스 쇼핑백을 들고 나타났다. "저는 그녀가 노벨상을 받기 1년 전, 래스커 상을 받기 전까지 그녀의 분야에서 잘 알려진 것을 알지 못했어요. 하지만 그녀는 제 경력에서 무슨 일이 일어나는지 차례대로 알고 있었어요. 그녀는 아이를 돌보는 부모같았어요"라고 드레슬하우스가 말했다.

의학물리학이 학제적 방법에 필요하다는 것을 인식한 앨로는 그녀의 강점을 보충할 협력자를 찾기 시작했다. 1950년 봄, 그녀는 솔로몬 버슨을 만났다. 재향군인 병원에서 내과의 젊은 레지던트인 버슨은 뛰어난 르네상스 남자였다. 실력 있는 바이올리니스트인 그는 눈 가리고 체스를 하고 예술과 철학을 사랑했다. 그는 기품 있는 작가 겸 연설자였고 재능 있는 의사겸 생물학자였다. 그의 성격은 열정적이고 매력 있고 호감이 갔다. 앨로처럼 그는 제3자였고 학구적 반유대주의를 겪었다. 러시아인 유대인의 아들인 그는 1938년에 뉴욕 시립 대학을 졸업하고 21개의 의대에서 거절당했다. 그는 3년 뒤 뉴욕 대 의대에 합격했다. 그들이 가능성 있는 협력에 관해 얘기하며 버슨은 앨로에게 여러 수학적 수수께끼를 주었다. 그녀는 그의 재치를 좋아했고 그와 일하기 시작했다.

2년 안에 그들은 너무나 훌륭한 동료애를 형성했고 그것은 22년 동안 지속되었다. "나와 함께 하면 내가 당신의 이름이 빛나게 해줄께요"라고 버슨이 그녀에게 말해주었다. 그는 생물학적 통찰 · 생의학 · 해부와 실험 의학을 공급했다. 앨로는 물리학 · 수학 · 화학 · 공학과 논리적 힘을 공급했다. 각자가 다른 사람의 분야를 공부했다. 앨로는 많은 선두적인 생리학자들보다 생리학을 더 많이 알았고 미국 생리학자 협회의 몇 안 되는 비생리학자가 되었다. 앨로는 버슨에게 수학과 물리학을 너무 잘 가르쳐주어서 예일대학 물리학 교수가 버슨의 고전 역학 필기를 보고 가르쳤고 버슨은 수학을 가르칠까 생각을 했다. 그들의 과학적 스타일은 서로를 보완하기도 했다. 버슨은 광범위하고 포괄적이었다. 앨로는 논리적이고, 빠르고 정확했다.

오래 된 커플처럼 앨로와 버슨은 서로 대화하는 손쉬운 방법을 개발했다. "그것은 등골이 오싹하는 텔레파시였어요. 그들은 서로에게 얘기를 하며 낭비 할 시간이 없었어요. 다른 사람이 무슨 생각을 하는지 알았어요. 한 명이 문장을 시작하고 다른 사람이 그것을 마쳤어요. 서로가 상대에 대해서 열광했어요. 서로가 상대에게 완벽한 믿음과 자신감이 있었어요"라고 그들의 실험실에 있었던 생리학자이고 후에 뉴욕 시에서 마운트 시나이 병원의 물리학과 핵의학 지휘자가 된 스탠리 골드스미스가 말했다.

"그들은 잡담이나 공손한 문장 구조를 쓸 시간이 없었다"고 골드스미스가 기억했다. 대신 그들은 물었다. "자료가 어디 있어? 이게 무슨 뜻이야? 이게 왜 일어났어? 어떻게 그 말을 할 수 있지?" 버슨의 사망 후에도 얠로가 그들의 시간낭비를 하지 않는 말투를 쓰자 그녀는 미경험자를 두렵게 했다. "과학 모임에서 그들은 강한 것으로 알려졌고 둘 중 한명이 일어나 말이 안되는 말을 했어요"라고 골드스미스가 계속했다. "하지만 그들은 서로에게 같이 대했어요. 그것은 적개심이 아니었어요. 그들은 작업을 하고 있다고 느꼈죠. 작업은 노벨상이 아니었어요. 작업은 현상을 이해하는 것이었죠."

초보자들은 자주 얠로와 버슨이 각각 다른 사람과 행복하게 결혼했는데도 불구하고 서로에게 결혼했다고 생각했다. 얠로는 "여성의" 일을 했다. 팀 관리자로서 그녀는 비행기 예약과 초안 타이핑을 계획했다. 그들은 함께 실험을 계획했지만 그녀가 보통 그것을 만들었다. 어느 날 아침에 위층으로 뛰어올라간 그녀는 친구에게 말했다. "응, 그래, 난 솔의 점심을 만드는 것을 까먹었어." 연구실 밖에서, 그들은 회의를 진행을 하든지 칵테일 파티에서 얘기를 하든지 떼놓을 수 없었다. 하지만 가끔 파티에서 버슨은 그녀에게 아내들과 있으라고 말했다. "그것은 당시 특징적인 현상이었어요"라고 얠로가 설명했다. "또 전 의학계에서 살고 있었고 저는 의학 학위가 없었어요."

버슨은 그의 상사들을 포함된 모두를 지배했지만 그와 얠로는 공을 같게 누렸다. 그들은 번갈아 논문의 첫 저자가 됐다. 그가 상을 받으면 그녀도 곧 받게될 것이라고 생각했다. 서로가 다른 사람을 동등하게 보았지만 버슨이 관심을 받았다. 그의 지식의 넓이와 깊이는 동료들을 매혹시켰다. 연구실 밖에서 그는 간판이었고 그들의 논문을 쓰고 대다수의 연설을 했다. 그와 얠로가 동료와 맥주를 마시면 버슨이 대부분의 시간동안 얘기를 했다.

얠로는 박사 과정을 마친 연구자들에게 전문적 어머니였고 솔이 아버지이고 다른 이들은 형제, 자매였다. 그들은 서로와 정보를 나누지만 밖에 경쟁자들을 유의해야 한다고 말했다. "우리는 보호받는 종(species)이었어요"라고 현재 이스라엘, 네제브에 벤-구리온 대학에 있는 세이무어 글릭이 말했다. “우리를 불공평하게 공격할 용기 있는 사람은 솔과 로스의 가장 공격적인 태도에 맞서야 했다” 팀은 돈이 많지 않았지만 버슨은 개인적으로 박사 학위를 마친 연구자들이 회의에 가는 여행비를 냈다. 더불어 그는 하버드 의학 대학 분비학자인 조하나 팔로타를 포함한 여성 과학자들을 파격적으로 지지했다. “그는 저와 다른 여성들에게 믿기지 않을 만큼 훌륭했어요”라고 팔로타가 강조했다.

버슨과 얠로는 1시간에 144킬로미터의 속도로, 매주 80시간을 일했다. “그들은 방에 들어와 논쟁하고 서로에게 생각을 전했어요. 그리고 그들은 연구실에서 얘기하던 것을 실험하고 이리저리 바삐 뛰어다녔어요”라고 그들과 함께 일했던 유진 스트라우스 박사가 상기했다.

“저는 아침형 인간이지요”라고 얠로가 지적했다. “제가 연구실에서 일하며 무언가를 약하게 끓이고 있으면 새벽 두 세 시에 일어났다. 새벽이 되면 모든 것이 잘 되고 저는 다음 날에 해야 할 실험을 알았어요. 보통 해야 할 실험이 많아요.” 얠로는 열, 독감을 앓고 여러 해 동안 빈혈을 앓으면서도 일했다. 그녀는 일하기 전에 학생들의 논문을 쓰고 오븐에 칠면조를 넣기 위해 집에 10분 안에 달려갔고 화학 분석을 하느라 2시까지 깨어 있은 뒤 다음 날 아침에 8시까지 연구를 위해 돌아갔다. 한 번 그들은 4시까지 일하였는데 버슨이 그녀의 베란다에서 잠을 자고 그들은 8시에 일로 돌아갔다.

얠로와 버슨은 인슐린 연구의 파생적 결과로 RIA를 우연히 발견했다. 인슐린이 당뇨병 환자의 인체에서 얼마나 오래 있는지 시험하기 위해 버슨과 얠로는 환자들에게 방사성을 띠는 인슐린을 투여했다. 그래서 그들은 자주 혈액 샘플을 얻었고 인슐린이 얼마나 빨리 각 환자의 인체에서 없어지는지 측정했다. 놀랍게도 추적할 수 있는 인슐린은 그 호르몬을 절대 받지 않은 당뇨병이 없는 사람들보다 당뇨병 환자 안에서 사라지는데 더 오래 걸렸다. 어른 당뇨병 환자가 다른 사람보다 인슐린을 오래 유지했을까? 그 영향이 호르몬 때문에 일어나는 것일까, 당뇨병 때문에 일어나는 것일까? 한 그룹은 그들이 당뇨병이 없는데도 인슐린을 받았다. 이들은 인슐린 충격 요법을 받은 정신 분열증 환자였다. 버슨과 앨로는 정신 분열증 환자가 비정상적으로 긴 시간동안 인슐린을 유지하면 그 영향은 그들의 인슐린 치료때문이라 여겼다. 그리고 정말로 정신 분열증 환자는 인슐린을 받지 않았던 비당뇨병 환자들보다 오래 추적할 수 있는 인슐린을 유지했다.

버슨과 앨로는 인슐린을 투여 받은 사람들이 인슐린 분자로 인해 항체를 만들어낸다고 결론지었다. 1950년에 인슐린은 돼지와 소의 췌장에서 얻어졌다. 동물 인슐린이 사람 인슐린과 거의 같지만 사람 면역체는 외부 인슐린과 싸우기 위해 항체를 만든다. 항체는 인슐린을 비활성화 시키고 인체가 호르몬을 처리하는 것을 더 어렵게 한다. 여러 당뇨병 환자들은 사실 그들이 살아남기 위해 필요한 인슐린에게 저항하기도 했다. 버슨과 앨로는 그들이 다른 당뇨병 환자들의 혈액 속 항체 농도보다 높다는 것을 발견했다. 오늘날 제조된 인슐린은 인간 인슐린과 정확히 같도록 유전공학적으로 만들어진다.

버슨과 앨로는 당뇨병의 가장 오래 믿어진 전통 중 하나를 뒤집었다. 인슐린 분자가 항체를 자극하기 위해 너무 적다는 것이었다. 일류 저널 「사이언스」는 그들의 논문을 대놓고 거절했고 "인슐린 항체"라는 단어들이 제목에서 지워질때까지 그것을 출판하는 것을 거절했다. 22년 후, 앨로는 아직도 「의료연구」에 화를 내고 있었다.

얄궂게도 버슨과 앨로는 인슐린으로 치료받은 사람들이 다른 사람들보다 호르몬을 느리게 처리한다는 것을 발견한 유일한 연구자가 아니었다. "인슐린이 한 그룹의 환자들보다 다른 그룹에서 더 느리게 없어진다는 것을 두 팀의 연구자들이 발견한 것은 운이었어요… 하지만 관찰을 올바르게 해석하는 것은 우연이 아니지요"라고 앨로가 강조했다. "그것은 창의성이랍니다… 저는 아직도 발견이 세계에서 가장 흥분되는 일이라고 생각해요."

버슨과 앨로는 그들의 남은 연구를 인슐린을 연구하며 보낼 수 있었다. 대신, 그들은 놀라운 인식을 하게 됐다. 그들의 기술이 호르몬에 맞는 항체를 측정했지만 반대로 그것은 호르몬을 측정할 수 있었다. 앨로는 이렇게 설명했다. "당신이 한 방법으로 보아 그것을 다른 방법으로 보았어요." 뒤에, 다른 연구자들은 같은 생각을 하고 있었지만 그것에 대해 아무것도 할 수 없었다고 고백했다. 버슨과 앨로는 해냈다. 그들은 지치지 않았다.

그들은 그 방법을 방사 면역 검정(RIA)이라고 불렀는데 왜냐하면 그것이 방사성을 띠어 추적 가능한 물질을 이용해 면역체가 생성하는 항체를 측정했기 때문이다. 원리에 의하면 그 시험은 간단했다. 우선, 앨로와 버슨은 환자의 자연적 호르몬을 시험관에 넣었다. 둘째, 그들은 그것의 항체를 더했다. 셋째, 그들은 호르몬의 방사성 형태를 소량 넣었다. 그리고 그들은 며칠이나 몇 시간을 기다렸다. 용액이 잠복하면 방사성 호르몬과 자연 호르몬은 항체 분자와 결합하는 특권을 위해 경쟁했다. 어떤 호르몬도 유리한 점이 없었다. 항체는 그것이 무엇과 결합하는지 상관하지 않았다. 방사성 형태가 항체와 얼마만큼 합체하는데 성공하는지를 측정하여 앨로와 버슨은 환자의 인체에 자연 호르몬이 얼마나 있었는지 말할 수 있었다.

예를 들어, 환자의 혈액이 많은 양의 자연 인슐린을 갖고 있었다면, 자연 인슐린은 거의 모든 항체와 결합하여 방사성 호르몬이 결합할 것을 조금 남겨주었다. 환자가 혈액에 적은 양의 자연 인슐린이 있으면 많은 양의 방사성 혈액이 항체에 결합할 수 있었다.

RIA는 오늘날 자동이고 컴퓨터화 되었지만 버슨과 앨로는 며칠 동안 2천 개나 2만 개의 시험관에 용액을 준비했다. 적어도 24시간동안 스케쥴을 비어 둔 뒤 그들은 밤낮 가리지 않고 계속 시험을 했다. 도와줄 기술자가 없었던 그들은 일을 직접 했다. 그리고 버슨이 담배를 피는 동안 그들은 빠르고 간결하고 혼종 언어를 이용하여 소통했다.

그들의 기술은 여러 놀랄 만한 장점이 있었다. 그것은 믿을 수 없을 만큼 민감하다. RIA는 십 억분의 일 그램을 발견할 수 있다. 어떤 방사능도 환자의 신체에 들어가지 않았다. 그리고 물질의 적은 양을 시험할 수 있었다. RIA가 있기 전, 당뇨병 환자는 각각의 혈액 시험을 위해 거의 한 컵이 되는 혈장을 빼내야 했다. RIA로는 십분의 일 평방 센티미터만 있으면 충분했다. 또 RIA는 거의 모든 호르몬과 여러 종류의 다른 생물학적으로 중요한 물질에 적용할 수 있었다. 마지막으로 여러 물질이 방사능을 측정할 기구가 있는 실험실에서 동시에 시험할 수 있다.

앨로와 버슨은 방사 면역 검정에 대한 그들의 생각을 1956년에 출판했다. 그들은 그 개념을 실용적 시험으로 발전시키는데 3년을 보냈고 그녀는 생물학적 문제에 물리학과 화학 지식을 적용했다. 하지만 그들은 몇 가지 변화를 당장 만들었다. 기술은 너무 새롭고, 복잡하고, 따라하기에 믿을 수가 없었다. 버슨이 일리노이 대학에서 연설을 할 때, 청중에 한 사람은 그가 노벨상을 수상할 것이라 생각했고 다른 29명은 그가 미쳤다고 생각했다.

하지만 앨로와 버슨은 내과 병원과 싸우는데 익숙했지만 포기하지 않았다. 대신, 그들은 RIA를 사용하도록 과학자들을 훈련시키기 시작했다. 다른 실험실은 1965년 전에 RIA를 쓰면서 오직 몇 편의 논문을 출판했지만 60년대 후반에 그 분야가 폭발했고 RIA는 놀랄 만한 성공이었다. 승리는 유산을 남겼다. 노력하면서 보낸 시간은 제3자라는 그들의 느낌을 더 강화했으며, 어떤 기정 사실도 인정하지 않고 모든 것을 질문하는 것의 가치를 증명했다.

첫 RIA 혁명은 당뇨병에서 일어났다. RIA를 사용함으로써 생리학자들은 당뇨병 환자를 두 그룹으로 나눌 수 있었다. 유년시절에 인슐린을 만드는 능력을 잃어버리는 사람들과 많은 인슐린을 생성하지만 어른이 되어 그것을 이용하는 능력을 잃어버리는 사람이었다. 오늘날 두 번째 종류의 당뇨병 환자들은 식단 · 운동 · 체중 감량과 때로 약이나 인슐린 주사로 치료받는다.

1960년대, 버슨과 앨로는 충만한 자신감으로 많은 양의 자료를 분석했다. "그들은 현대 내분비학과 모든 호르몬을 직접 다시 생각했다"라고 RIA

의 세계적 선두자인 존 포츠 주니어가 관찰했다. "그들은 한 생물학적 분야에서 다른 분야로 움직이는 담대함과 민첩성이 있었다. 그들은 중요한 실험과 새로운 분야의 세부사항에 대해서 많이 배웠다. 그리고 그들은 내분비 생리학과 호르몬이 어떻게 실제로 작용하는지 재평가했다. 그들은 호르몬에 맞는 자극제나 억압제를 관리하고 호르몬의 과다분비와 과소분비와 연관된 여러 종류의 병을 공부했다. 그것은 지적으로 생산적인 10년이었고 정말 열정적인 사람들을 필요로 했다. 그들은 격일밤으로 밤 새워 일했다. 그 후 다른 분야로 간 다음 전문가가 되어 그 분야를 그들의 기술에 맞추어 진행시켰다. 그들은 둘 다 매우 고집이 세서 발견한 것을 말하는 것을 두려워하지 않았다"

자신감과 조심스러운 실험으로 무장한 버슨과 앨로는 호르몬이 어떻게 신체에서 만들어지고 다루어지는 지 포괄적인 일반화를 말했다. "그들은 작은 분야에서 얻은 엄청난 양의 자료를 가지고 일반적인 그림을 추론했다. 한 신체의 호르몬을 측정하는 몇 천개의 혈액 샘플이 자료의 한 예였다. 그리고 그들은 신체 다른 곳에서 일어나는 것을 예측하여 그곳에서 본 것을 설명할 수 있었다"고 포츠가 설명했다.

RIA전에 인간 성장 호르몬에 대해 알려진 것은 적었다. 뼈 발달과 성장에 필요한 그것은 간이 성장 인자를 생성하도록 자극하기 위해 뇌하수체가 분비한다. 아이들에게 나타나는 소인증은 불충분한 성장 호르몬이나 다른 여러 요인으로 인해 일어날 수 있다. 혈장에 성장 호르몬이 조금이나 아예 없는 소인증에 걸린 아이는 적은 양의 인슐린에 작은 반응을 보인다. 인슐린이 다른 이유로 작은 아이들에게 주어지면, 그들은 더 많은 성장 호르몬을 분비한다. 이 방법으로 어떤 아이들이 성장 호르몬 치료로 도움을 받을 수 있는지 정하는 것이 가능했다. 반대로, RIA는 비정상적인 뼈 성장인 말단 비대증이 성장 호르몬이 과다 분비되어 생겨나는 것인지를 보여준다.

인슐린과 인간 성장 호르몬에서 앨로와 버슨은 부갑상선 호르몬, B형 간염 항원과 부신 피질 자극 호르몬을 포함한 다른 물질을 연구했다. 1970년, B형 간염 항원은 수혈의 두려움을 일으키는 귀찮은 문제였다. 오염된 혈액은 수술 몇 개월 후에 간 감염을 일으킨다. 앨로, 버슨과 그들의 동료 존 월쉬 덕분에 혈액 간염 바이러스는 북미 혈액 은행에서 거의 없어졌다.

RIA가 국민 건강 증진에 가장 크게 기여한 것은 비활동적인 갑상선을 가진 아기들의 정신 지체를 예방한 것이다. 갑상선 저하증은 아기가 3달 되기 전까지는 발견할 수 없다. 바늘과 몇 방울의 피를 거름종이에 놓아 아기들이 손상 되기 전에 시간맞춰 진단할 수 있었다. 매년 몇 달러로 아기들은 뇌 발달이 또래와 맞도록 치료받을 수 있었다. 앨로는 이렇게 표현했다. "이런 아이들과, 그들의 가족과 사회에 대단한 선물이지요!"

RIA는 인체 안 몇 백개의 호르몬 · 효소 · 비타민 · 바이러스와 약의 농도를 측정했다. RIA는 호르몬 과다와 부족으로 인한 현상을 진단했다. 그것은 소화성 궤양에 걸린 사람을 구별하여 궤양이 의학적으로나 수술로 치료될 수 있는지 확인했다. 버슨과 앨로는 부신 피질 자극 호르몬의 생합성에 대한 이론을 내었고 그것은 맞는 것으로 입증됐다. RIA는 고혈압을 공부하고 호르몬을 분지하는 암과 다른 내분비와 관련된 장애를 검출하는데 유용했다.

RIA는 내분비학을 의학 연구에 가장 인기 있는 분야 중 하나로 만들었다. RIA는 실험 의학에 엄청난 영향을 끼쳤고 갑상선 작용, 성장과 번식력을 포함한 인체의 주요 호르몬 시스템의 진단과 치료에 주요 진보를 일으켰다. 그것은 사실상 새로운 과학으로 신체의 주요 호르몬 시스템을 관리하기 위해 뇌가 사용하는 화학적 전달자를 공부하는 신경내분비학을 시작했다.

또한 RIA는 혈액 안에 약의 농도를 정확히 집어냈다. 마약 중독자안에 헤로인, 운동 선수의 스테로이드와 병든 자의 항생 물질이 약의 예이다. 대다수의 약이 효과적이기 위해 환자의 혈액 안에 특정한 농도를 유지해야만 한다. 충분한 약이 주어지지 않으면, 그것은 효과가 없고 반면에 독성을 띨 수도 있다. 방사성 쓰레기를 줄이기 위해 연구소들은 많은 RIA를 다른 종류의 시험으로 대체하였다.

퀴리 부부와 같이 앨로와 버슨은 그들의 발견을 특허내지 않기로 했다. 여러 상업적 연구소들이 RIA를 함으로써 많은 돈을 벌었다. 하지만 앨로는 간략하게 설명했다. "제가 살던 때 과학자들은 특허를 신청하지 않았어요. 사람을 위해 그런 것이지요. 불행하게도 이제 삶은 그렇지 않아요" 또 그녀는 궁금해 했다. "돈을 가지고 연구에 붓는 것 말고 무엇을 했겠어요? 저는 살면서 한 번도 연구 보조금을 받은 적이 없어요. 그것은 모두 재향군인 사무국의 돈이었어요… 제가 1년 연구를 위해 오백만 달러가 있었다면 그것으로 백 명의 과학자를 지도하는 것이 마땅했겠죠. 하지만 제가 매일 그들과 말하는 것은 불가능했을 거예요…"

야심적인 RIA 시절동안 앨로는 두 아이를 낳고 키웠다. 1952년에 벤자민이 태어났을 때 앨로는 31살이었다. 에라나는 2년 후 태어났다. 규칙에 의하면 모든 여성 직원은 임신 5개월 째 사직해야 했다. 그 규칙이 적용되었다. 앨로가 벤자민을 가졌을 때 임신한 수의사는 사직을 하도록 강요되었다. 반면에 앨로는 자신을 너무 가치 있게 만들었다. 벤자민이 태어났을 때, 그녀는 그가 역사상 유일한 약 3.7킬로그램 되는 "5개월 된" 아기라고 장난쳤다. 그녀는 출산을 위해 7일을 쉬었고 그녀가 일하며 양육하는 것을 옳지 않다고 보는 소아과 의사를 해고하고 벤자민을 10주 동안 돌보았다. 그리고 그녀는 아기를 낮에 자고 그녀가 돌아오는 밤에 놀도록 훈련시켰다. 1954년에 에라나의 출산 9일 후, 앨로는 워싱턴 DC에서 강연을 했다. 그 때 앨로 가족은 병원 옆 코너에 있는 아파트에서 1마일 정도 떨어진 리버데일에 있는 집으로 이사 갔는데 그녀가 에라나를 돌보기에 너무 먼 곳이었다. 앨로 가족은 우아한 교외로 이사할 수 있었지만 그녀는 아이들과 점심을 함께 먹기를 원했다.

"삶은 그 때 훨씬 쉬웠고 더 많은 가사 도움을 받았어요"라고 앨로가 강조했다. 그녀는 벤자민이 9살 때까지 입주 가정부가 있었고 거의 매일 오후 앨로의 어머니는 그냥 지나가다 들렀다. 수스먼 부인은 딸이 작은 아이들을 두고 전임으로 일하는 것을 옳다고 생각하지 않았지만 앨로는 절대 자신이 일하는 것이 맞는 것인지 의심하지 않았다. 5살짜리 벤자민이 문제를 대면했을 때 그녀는 그를 확신시켰다. "이제 넌 다 컸어. 네가 그것을 상대할 수 있는지 봐봐. 네가 할 수 있으면 해결하는 것을 배운 건 잘된 거야."

에라나가 초등학교에 들어갔을 때 앨로는 시간제 도우미로 바꾸었고 소풍에 자원할 시간을 냈다. 주말에 그녀는 아이들을 연구실에 데리고 가서 기구, 토끼, 쥐와 돼지쥐와 놀게 했다. 그녀는 주말과 방학 때 동물을 관리했다.

벤자민과 에라나는 브롱크스의 공립학교, 일류 브롱크스 과학 고등학교를 다니고 박사 학위를 받았다. 벤자민은 뉴욕 시립대의 컴퓨터 센터 관리자가 되었고 에라나는 탁아소를 설립하는 캘리포니아 회사의 관리자가 됐다.

1968년, 앨로는 충격적인 소식을 들었다. 그녀의 18년 된 전임 연구 파트너인 솔 버슨이 다른 일을 하고 싶어 한다는 것이었다. 그는 뉴욕 시립 대학 마운트 시나이 의대의 내과를 담당하는 교수가 될 수 있었다. 그들은 둘 다 장차 그녀가 "큰 것"이라고 부르는 노벨상을 받을 것이라고 확신했다. 그러면 재향 군인 사무국이 그들만의 연구소를 줄 것이라고 그녀가 주장했다. 하지만 버슨은 그의 아내 미리암에게 RIA이 발견이 이제 끝났고 그는 의학, 철학이나 수학을 가르치기를 원한다고 말했다. 그는 새로운 일을 할 준비가 된 것이다.

버슨은 그가 큰 병원 부서를 지도하고 짬을 내어 앨로와 연구를 계속할 수 있을 것이라고 예상했다. 매주 화요일과 목요일, 그는 마운트 시나이에서 하루 종일 일하고 밤에 재향 군인 병원에 앨로의 연구실로 와서 보상을 받지 않고 일했다. 그들의 책상에 옐로는 그로부터 맞은편에 앉아 실험 프로젝트에 대해 설명해주었다. 밤 10시에 그들은 연구 동료들과 만났고 그가 다음날 아침에 일을 하기 위해 마운트 시나이에 돌아가기 전까지 계속될 실험이나 분석을 시작했다. 속도는 무자비하였고 버슨도 속도를 늦추어야 했다. 결국 그는 일주일에 하룻밤만 연구실에 왔다.

1972년 3월, 버슨은 약한 발작을 했다. 비밀리 그는 마운트 시나이에 있는 젊은 생리학자 유진 스트라우스에게 얠로와 일해 달라고 요청했다. 한 달 뒤, 1972년 4월, 버슨은 일류 국립 과학 학회에 뽑혔고 뉴저지주 아틀랜틱 시에 과학 회의를 위해 갔다. 호텔 방에 혼자 있던 그는 갑작스런 심장마비로 죽었다. 그의 나이 54세였다. 그의 죽음은 내분비학계에 충격을 주었다.

얠로는 조하나 팔로타에게 말해주기 위해 보스톤에 전화를 했다. 당장 뉴욕으로 오라고 그녀가 말했다. "난 당신이 올 때까지 실험실에 있겠어요." 얠로의 세계가 무너졌지만 그녀는 팔로타를 자기 집에서 묵도록 데리고 갔다. "그녀는 우리가 슬퍼할 때 그룹을 하나로 뭉쳤어요"라고 팔로타가 고맙게 생각했다.

버슨의 죽음은 얠로에게 큰 충격이었다. 친구들은 그녀가 1년 넘게 힘들어 했다고 말한다. 22년 동안 그들은 함께 일하고, 생각과 일을 함께 나누고 그들만의 비밀 언어를 쓰고 많은 기술을 개발하고 인정받기 위해 싸웠다. 하지만 버슨이 죽자 의학계는 그녀의 시대가 끝났다고 예측했다. 그녀는 그 없이 노벨상을 받을 수 없을 것이라는 얘기도 들었다. RIA는 의심할 여지없이 상을 받을 만한 것이었다. 오랜 시간 동안, 내분비학회의 논문의 반이 RIA에 기초한 것이었다. 하지만 노벨상은 사후에 주어지지 않았고 그것은 살아남은 파트너에게 주어진 적이 없었다. 또, 오늘날은 더 적게 퍼져있지만 버슨이 팀의 창의적 두뇌였다는 느낌이 지배적이었다. 절망하는 얠로는 그녀가 박사 학위의 권위가 필요하다고 생각했다. 그녀는 마이애미 대학 의학 대학에 다니는 것을 고려했다가 그만 두었다.

결국, 얠로는 그녀가 혼자서 다시 증명해야 한다고 생가했다. 그래서 매주 80시간이 아니라 100시간씩 일했다. 그녀의 실험실을 "솔로몬 버슨 연구 실험소"라고 다시 이름 지어 그녀의 논문에 계속 그의 이름을 유지하게 했다. 또한 그녀는 버슨의 편집과 연설을 직접했다. 그녀는 젊은 유진 스트라우스를 연구 파트너로 삼았고 실험실은 1972년부터 1976년까지 60편의 기사를 출판했다. 그녀는 혼자서 12개의 의학상을 탔다. 그녀는 인슐린이 거의 같은 아미노산 배열로 만들어졌는데도 불구하고 인슐린에 맞서는 인간 항체가 돼지, 개와 고래 인슐린을 구별할 수 있다는 것을 보여 주었다. 그리고 그녀와 스트라우스는 소장에서 지방을 소화시키는 것을 돕는 유명한 호르몬인 콜레키스토키닌이 뇌에서 한 뉴론에서 다른 뉴론으로 정보를 전달하는 시냅스의 전달자라는 것을 보였다. 위장의 호르몬이 신경 전달자로 두 가지 역할을 하는 것을 발견한 것은 처음이었다. 그것은 아직도 신체가 한 화학물을 두 개의 완전히 다른 일을 시키는 절약하는 이용을 설명하는 고전적인 예이다.

노벨상 수상자는 10월 달에 선언되고 매번 가을, 얠로는 그들 중 하나이기를 희망했다. 혹시 몰라 그녀는 각 노벨상 선언 날마다 샴페인에 얼음을 넣고 옷을 차려입었다. 그녀가 탈락될 때마다, 아론 얠로는 말했다. "그녀의 반응은 내가 이기려면 어떻게 해야하지였어요"

버슨의 죽음에도 불구하고 그녀에게 상을 주어야 한다는 압박이 노벨 위원회에 계속 되고 있었다. 해마다, RIA 기술의 힘은 괄목할 만하게 커졌다. 1975년, 버슨보다 3년 뒤에 그녀는 일류 국립 과학 학회에 뽑혔다. 1976년, 그녀는 노벨상의 조짐이라고 불리는 만 불짜리 알버트 래스커 기초 의학 연구 상을 받은 최초의 여성이 되었다. 얠로는 집에서 구운 칠면조를 가져오고, 실험실 회의 때 감자 샐러드를 만들어 백 명을 위한 파티를 열었다.

1977년 10월 13일 새벽 3시, 아론과 로잘린은 일어났다. 잘 수가 없었던 로잘린은 6시 45분에 일을 하고 있었는데 전화벨이 울렸다. 오랜 기간의 소망 끝에 그녀는 노벨 생리 · 의학상을 수상한 것이다. 아론은 그녀에게 당장 집에 와 기자들이 오기 전에 옷을 바꿔 입으라고 하였다. 그녀는 8시에 다시 연구실에 왔다. 그녀의 기자 회견에서 아론은 너무 많은 질문에 답변하여 그녀가 끼어들었다. “아론, 아론, 내가 말하게 해줘요!”

얠로는 노벨 생리 · 의학상을 받은 최초의 여성이었고 노벨 과학상을 받은 사람 중 미국에서 교육받은 최초의 여성이었다. 바바라 매클린턱과 거트루드 엘리온은 후에 노벨상을 받았다. 브롱크스 재향 군인 병원의 제3자였던 그녀는 뉴욕 시립 대학의 11명 노벨 졸업생 중 한 명이다. 그녀는 연구 협력팀 중 처음으로 살아남았다. 노벨 위원회는 비밀 연락망을 통해 더 이상 예외는 없을 것이라고 전했다.

평소대로 가족과 과학을 조합한 그녀와 아론은 에라나의 결혼식을 위해 캘리포니아로 비행기를 탔다가 이틀 후, 스톡홀름에 갔다. 에라나와 그녀의 남편은 신혼여행을 스웨덴에서 보냈다. 얠로는 또 3명의 브롱크스 학생을 스톡홀름에 데려갔다. 한명은 중학교, 한명은 월튼 고등학교와 한명은 헌터 대학에서 왔는데 학교 신문에 글을 쓰기 위해서였다.

얠로는 서로를 진심으로 싫어하는 두 남자와 상금을 나누었다. 솔크 연구소의 로저 기유맹과 뉴올린즈의 재향 군인 병원의 앤드류 샬리가 내분비 기능을 관리하는 뇌의 시상 하부 부분에 관련된 발견을 하여 상을 받았다. 얠로의 양쪽에 선 기유맹과 샬리는 서로 쳐다보는 것을 부자연스럽게 피했다. 그렇게 솔직하고 명백한 원한이 노벨 무대 위에서 보인 적은 별로 없었다.

노벨 잔치는 전통으로 가득한데 하나는 스웨덴 학생이 긴 연회 탁자를 걸어와 얠로가 연설을 하도록 연단까지 모시는 것이었다. 학생은 헷갈렸다. 탁자의 다른 쪽으로 간 그는 아론 얠로 뒤로 조심스럽게 갔다. 탁자 건너편에 있던 로잘린은 어떻게 된 건지 알아챘다. 두 명의 얠로 박사가 있는 것을 안 학생은 수상자가 남자일 것이라고 생각한 것이다. 그녀의 긴 청색 가운에 길고 곧게 선 로잘린 얠로는 연단에 혼자 걸어갔다.

노벨상은 얠로에게 새롭고 즐길만한 경치를 열어주었다. “노벨상을 받기 누구도 저에 대해들은 적이 없었어요. 이제 전 대중에게 알려졌고, 전에 제가 하지 못했던 것을 할 수 있어요."라고 그녀가 유쾌하게 말했다. 그녀는 약 47개의 대학에서 명예 학위를 받았다.

노벨상 상금과 무엇을 할 계획이냐는 질문에 그녀는 대답했다. "이 세상에서 저는 제가 갖지 않은 것 중에서는 원할 것이 없어요… 저는 결혼을 위해서 아름다운 두 아이를 두었죠. 저는 완벽하고 행복한 연구소가 있어요. 전 힘이 있어요. 건강이 있어요. 해야 할 일이 있다면 전 절대 피곤하지 않아요."

취미는 뭐에요? 라는 질문을 받았다. "취미요?" 그녀가 대답했다. "제가 무엇을 하겠어요? 승마? 테니스? 테니스를 친 뒤, 당신은 다음 날 엄청난 변화가 있어서 테니스에 혁명을 일으킬 것이라고 정말 느끼나요?" 1988년, 그녀는 국가의 가장 높은 과학상인 국립 과학 메달을 받았다.

앨로는 재향 군인 병원 연구실에서 15년 동안 더 일했다. 몇 년 동안 그녀는 이쉬바 대학의 알버트 아인슈타인 의대, 몬테피오레 병원과 의학 센터와 마운트 시나이 의학 대학에서 교수직을 맡았다.

그녀는 전문적 프로젝트를 함께 하던 다른 분야의 많은 과학자들 사이에서 인기가 없었다. 그녀는 논리적이고, 솔직하고 그 어느 때보다도 직설적이고 그녀의 관점을 강하게 유지했지만 경쟁자의 연구에 대한 공격은 버슨과의 시절보다 더 개인적으로 보였다. 한 동료는 버슨이 논쟁할 때 그는 그의 관점을 표현했지만 앨로는 논쟁할 때 그녀가 답을 갖고 있다고 믿는다고 불평했다.

친구들은 그녀의 태도를 "사심 없고 과학적"이라고 불렀다. 비평가들은 그것을 "심하게 비난적"이고 "엄격한"것이라고 불렀다. 앨로가 대중적으로 다른 분야의 젊은 과학자가 강연에서 선보인 자료를 의심했을 때, 강연자는 그녀 위로 탱크가 지나간 것처럼 느꼈다. 앨로는 그녀의 후견인들을 보호했지만 경쟁자들의 연구비 지원서와 논문에 냉혹한 비평은 지독했다. 그녀 연구실의 저명한 대학원생 중 한 명과 버슨의 친한 여성 친구 중 하나는 평소 그녀의 친한 동료였지만 심한 공격을 받았다.

얠로는 1991년에 재향 군인 병원에서 은퇴했다. 그녀는 과학 행동주의자로 공공 봉사 직업을 택하여 그녀의 마음에 중요한 것들에 대해 강연했다. 그녀는 노벨상 수상자로서 유명세를 이용하여 더 질 좋은 육아와 더 많은 과학과 물리학 교육이 필요하다고 말했다. 무엇보다 그녀는 대중이 가진 작은 양의 방사능에 대한 부당한 두려움에 대하여 어려움 없이 말하였다. “사람들은 핵의학, 원자로와 핵폭탄을 헷갈리는 경향이 있어요… 원자력 발전소의 방사능은 석탄 발전소에서 나오는 방사능의 양보다 작아요”라고 그녀는 주장한다. 그녀는 덧붙였다. “핵전쟁은 외국 오일에 대한 우리의 의존성 때문에 위협이 된 것이었다. 우리가 자급자족할 수 있으면… 그것은 원자력으로 가능하고, 그러면 싸울 이유가 적어져요.”

미국 과학 교육을 개선할 필요성으로 그녀는 미국이 다른 나라에 비해서 나라당 노벨상 수상자가 적다고 지적했다. 해외에서 태어나고 교육받은 미국 수상자를 제외하면 미국은 더 뒤쳐졌다. “현재 미국에는 반지적, 반과학적이고 반기술적인 강력한 운동이 있다. 그러나 인류가 살아남고 지구에서 번영할 거라는 믿음을 가지려면 우리는 과학을 통해 지속적인 혁명에 의존해야 한다.” 그녀는 과학과 기술이 선진 국가 사람들의 수명을 1900년대에 45세부터 1992년 거의 75세로 올렸다는 것을 지적했다.

방방곡곡에서 한 연설에서 그녀는 남자와 여자의 차이를 강조했다. 오직 여자만 아이를 가진다. 슈퍼과학자, 슈퍼엄마와 슈퍼아내로서의 기록을 자랑스러워 하는 그녀는 말했다. “당신은 모두 가질 수 있어요!” 하지만 미국은 육아에 더 신경을 많이 써야한다고 얠로가 강조했다. “과학처럼 빨리 바뀌는 분야에서 몇 년 쉬었다가 전공 재훈련을 받지 않고 돌아오는 것은 어려워요… 제가 대학에 가면 묻죠. ‘당신은 육아 센터를 위해 한 것이 뭐가 있나요?” 조하나 팔로타가 첫 아이를 가졌을 때 얠로는 보스톤으로 날아가 그녀가 입주 가정부의 도움을 받고 그녀의 일을 조금씩이라도 계속하라고 강요했다.

앨로는 여성에게 동등한 대우와 동등한 기회를 줘야한다고 강하게 믿었다. 하지만 그녀는 여자에게만 주는 상과 여성을 위한 차별 철폐 조처에는 반대했다. 그녀는 1961년 연방 여성상과 1978년에 올 해의 여성상을 거절했다. 6천명이 소속된 내분비학자의 전문적인 단체인 내분비학회의 회장이 되었을 때, 그녀는 1978년 회장 연설을 여성 간부들을 향한 말로 시작했다.

로잘린 앨로는 후에 설명했다. "당신은 힘이 어디 있는지 알아요. 당신은 자신을 고립시킬 필요가 없어요. 당신은 보호받을 필요가 없어요. 그것이 제가 무언가에 공격적으로 접근하는 이유랍니다."

3장
새로운 세대의 여성 과학자들

B12

x∈R
a∈1

14

천문학자 겸 물리학자

조슬린 벨 버넬

1943. 7. 15~

조슬린 벨 버넬

Jocelyn Bell Burnell

"당신은 마가렛 공주보다 키가 큰 가요 작은 가요?"라고 기자가 물었다.

싱긋 웃어 보인 조셀린 벨은 "영국에선 키를 재는데 특별한 단위를 쓰는군"이라고 생각했다. 하지만 다음엔 몇 명의 남자 친구와 사귀어 봤냐는 별로 나을 것 없는 질문이 이어졌다. 사진기자들도 다를 바 없었다. 그들은 그에게 앉고, 서고, 뭔가를 읽는 포즈와 뛰는 포즈를 취하게 하고 소리를 질러댔다, "기뻐하는 표정으로! 자 지금 뭔가를 발견한 표정으로!" "아르키메데스 시대에는 상상도 못할 일이겠지"라고 조셀린은 생각했다.

스물네 살 대학원생인 조셀린 벨은 상상조차 할 수 없었던 고밀도의 새로운 종류이자, 타버린 별들인 펄서(pulsar)를 발견했다. 기자들은 우주공간에서 온 외계인과 십년 동안 발생했던 과학적인 사건 중에 가장 드라마틱한 이 발견에 젊고 매력적인 여자가 관련되어 있다는 사실을 발견하고는 그를 일면기사로 다루었다. 그가 여자라는 점이 기사에 흥미를 더해 주었기 때문이다.

그의 발견은 별의 진화와 소멸을 알려주는 중요한 실마리를 제공하고 천문학의 새로운 지표를 열었으며, 물리학자들이 초고밀도 물질, 초강도 자장(磁場), 일반상대론, 그리고 중력에 대해 연구할 수 있는 새 연구실을 제공해 주었다. 펄서를 발견해 언론과 인터뷰를 한 조셀린은 박사 학위를 끝내자마자, 이 경쟁력을 갖춘 세계적 수준의 연구를 그만두었다. 그는 결혼을 해서 이름을 버넬로 바꾸었고, 전자천문학에 등을 돌렸으며, 남편이 경력을 쌓아갈 때 그는 남편의 직업을 따라 이사 다니기에 바빴다. 아이들이 자라면서 그는 천문학 관련 아르바이트를 했고, 성인교육을 했으며, 그의 평생의 의무인 사회 정의와 종교적 믿음을 실현하기 위해 노력했다. 펄서의 발견으로 그의 논문 지도교수는 노벨상을 받았다.

수잔 조셀린 벨은 1943년 7월 15일 북아일랜드에 있는 벨패스트(Belfast)에서 태어났다. 넓고 외진 땅, "고독"이라 불리는 시골 저택에서 그녀와 남동생, 두 명의 여동생과 부모님인 G. 필립과 M. 앨리슨 벨은 함께 살았다. 아버지가 건축가여서 그는 메카노 건물 세트(플라스틱 조립완구 상표명)를 많이 가질 수 있었고, 그것으로 인형을 위한 정교한 집과 차를 만드는데 오랜 시간을 보낼 수 있었다. 여름에는 가족모두 항해를 나갔다. 일요일에는 퀘이커 교도 모임에 참석했고 주중에는 옆 마을에 있는 학교에 나갔다.

보모와 학교라는 두 가지 문제를 제외하곤 그녀는 멋진 유년시절을 보냈다. 주위에 친구가 별로 없었기에 벨가(家)의 아이들은 보모들의 보호아래 함께 놀며 시간을 보냈다. 보모들은 아기를 더 선호했다. 형제들 중 제일 나이가 많았던 조셀린은 보모들의 차별에 화가 났다. 조셀린은 여자로서 한 보모가 다른 보모들에게 벨 부인이 드디어 남자아이를 가졌다는 사실이 얼마나 좋은지에 대해 말하는 것을 엿듣고 짜증이 났다. 그녀의 부모님은 그런 생각을 하지 않았지만 조셀린은 아일랜드에서 여성과 여자아이들은 가치가 없다는 메시지를 깨달았다.

11살이 되었을 때, 조셀린은 고교 입학 자격시험을 망쳤다. 지금은 폐지된 이 영국 교육제도는 대학진학 준비를 위한 중등 교육과 직업학교로 학생들을 나누었다. "저는 세 가지 이유로 시험을 못 봤어요"라고 조셀린은 논리적이고 진지하게 설명했다. 첫 번째 이유는 그가 성장이 늦은 편이었다는 것이다. 두 번째 이유는 그가 너무 어린 나이에 시험을 봤기 때문인데, 당시 시험제도는 나이가 많은 학생들에게 더 유리한 점수를 주었고 이는 어린 학생들은 시험을 다시 볼 수 있는 기회가 주어졌기 때문이었다. 그리고 세 번째 이유는 그녀가 다니던 시골의 작은 학교가 "좋지 않았기" 때문이다.

조셀린의 실패로 가족은 격렬하게 논쟁했다. 그에겐 두 번째 기회가 필요했지만 한 아이를 기숙학교에 보내기 위해 다른 아이들을 수준 낮은 시골 학교에 두는 것은 공평하지 않았다. 네 명의 교육비는 감당하기 어려웠다.

다른 문제도 토론을 하게 만들었다. 퀘이커 교도로서 벨 가문은 북 아일랜드에 있는 개신교인과 가톨릭을 가누는 종교적 대립에 특히 민감하였다. 벨 가문은 개신교인 스코틀랜드에서 북 아일랜드로 200년 전에 이민 왔고 가톨릭 구역 가운데 자리 잡았다. 적절한 시점에 벨 가문은 퀘이커로 알려진 개신교 종파인 프렌드교회(Society of Friends)에 가입했다. 퀘이커들은 공학교육, 전반적인 교육, 노예제도 철폐와 여성의 권리의 개혁자로서 그들은 군국주의, 전쟁, 감옥, 정신병원의 잔혹함에 반대했다. 퀘이커들의 사회봉사 모임인 아메리카 프렌즈 봉사단(American Friends Service Committee)과 영국의 친우봉사대(Friends Service Council)는 1947년에 노벨상을 받았다.

프렌즈의 학교들은 과학과 사회 정의를 강조했고, 과학에 지나칠 정도로 관심을 두었다. 유명한 퀘이커교 과학자로 화학자 존 달톤, 유전학자 프랜시스 갈톤, 인류학자 E.B. 테일러, 방부제를 발견한 조세프 리스터와 천문학자 아서 에딩톤이 있다. 현재도 영국인 퀘이커교가 평범한 영국 시민보다 과학자들을 위한 엘리트 왕립 협회에 뽑힐 확률이 50배라고 추정한다. 버넬은 후에 “저를 잘 아는 사람들은 제가 퀘이커교 회원이라는 것이 많은 것을 설명해준다고 말하죠”라고 해명했다.

조셀린이 어린 시절을 보낸 1940년대와 1950년대에 일어난 아일랜드의 ‘종교분쟁(the troubles)’은 나중에 외부인들에게 알려진 것처럼 명백하게 알려지지 않았다. 그럼에도 불구하고 조셀린의 외교적인 표현에 의하면 그의 부모님은 북 아일랜드가 “그들이 원하는 것보다 더 내향적”이라 생각했다고 한다. 그리고 부모님은 아이들을 기숙학교로 유학 보내면 넓은 시야를 가질 수 있다고 믿었다.

무엇보다도 조셀린은 두 번째 기회가 필요했다. 그래서 1956년, 13살의 나이에 그녀는 벨패스트에서 아일랜드 해를 건너 영국 요크에 있는 퀘이커 여자 기숙학교인 마운트 스쿨에 보내졌다. 그녀의 남동생과 여동생들도 후에 학업을 위해 요크로 그녀를 따라왔다. 어른이 된 버넬은 과학적 경력의 시작을 시험을 망쳤던 때부터 기록한다. “저는 실패하는 것으로 시작했어요”라고 그녀는 말한다.

“기숙사학교를 다니는 것은 저에게 새로운 시작이었어요. 그것은 좋은 방법이었고 저는 잘 적응했어요”라고 조셀린이 상기했다. 그럼에도 불구하고, 그녀가 보낸 6년 동안 아예 문제가 없었던 것은 아니다. “종교분쟁(the troubles)이 제가 기숙학교에 있을 동안 다시 시작되었어요. 저는 영국 신문이 그것을 제대로 보도하지 않아서 알기가 힘들었죠. 공식적인 영국 언론 규칙 때문에 겨우 2줄짜리 단편 기사만 있었지만 저는 글 속의 숨은 뜻을 알아낼 수 있었죠.”

교사들은 물리학에 잘 훈련되지 않았고 학교의 물리학 연구실은 기구가 별로 없었다. 그는 물리학에 기초를 둔 과학인 천문학에 관심을 갖게 되었다. 아버지가 맺었던 건축계약 중에는 북 아일랜드의 18세기 아마주 천문대(Armagh Observatory)를 현대적으로 디자인하는 건이 있었다. 조셀린은 아버지와 함께 천문대를 방문하였고 그곳에서 그녀가 전문적인 천문학자가 되는 것이 어떻겠냐고 용기를 준 직원들을 만나게 되었다. 곧, 그녀는 아버지의 서가에 있는 모든 천문학 책을 읽었다. 하지만 물리학에 취약한 학교는 그녀가 기계를 만들고 물리학 실험을 하는데 도움이 되지 않았다. 공정한 것을 선호하는 그는 학교를 탓하지 않았다. "여학교에서 과학을 가르치는 것을 비난하는 것은 납득할 수 있죠, 하지만 여성이 마흔 살이 되어서도 부족함을 인식하고 바꾸지 못했다고 그것이 여성들의 약점이라고 할 수는 없지요."

1961년에 고등학교를 졸업하고 버넬은 스코틀랜드 글래스고 대학에 입학했다. 아일랜드에서 가까운 그곳은 영국에서 천문학 학위를 주는 몇 안 되는 곳 중 하나였다. 그녀는 입학하자 전공을 천문학으로 결정하는 것에 대한 마음을 바꾸었다. "저는 그렇게 하는 것이 배수의 진을 빨리 치는 것이라고 생각했죠"라고 설명했다. 영국 천문학자들은 보통 대학 교직원이고 제한된 교수직 때문에 그 분야는 매우 경쟁이 심하다. "그러려면 학문적으로 최고여야 해요"라고 그녀는 결론지었다. "그래서 저는 물리학 학위를 받아 고등 천문학 학위를 받고 또 다른 선택을 할 수 있게 가능성을 열어두었죠."

글래스고대의 물리학 수업에 대한 버넬의 학문적 관심을 자극하였다. 1학년이 끝날때쯤 그녀는 물리학 수업에 남은 유일한 여성이 되었다. 그녀는 곧 물리학에 여성이 "맞지 않는다"는 것을 인식했다. 학생들은 그녀를 괴이하게 여겨 "목성에서 온 조셀린"이라고 취급했다. 학생들이 그녀가 우등반에 있다는 것을 알고 심하게 놀렸다. 그녀는 물리학을 그만두고 4년 과정의 우등 학위 말고 3년 과정의 일반 학위를 받고 대학을 떠나라는 선의의 충고를 했던 기숙사의 여학생들의 말을 무시했다. 기혼 여성은 그렇게 많은 교육이 필요 없다고 그들은 말했다. 그녀가 수학 시험에서 최고 점수를 받았을 때 놀림은 수그러들었다. 결국 그녀는 1965년에 물리학 학위를 받고 우등생으로 졸업했다.

버넬은 우연히 캠브리지대 대학원에 진학하게 된다. 전해오는 이야기에 의하면 영국에서 가장 유명한 전파 천문학 센터인 조드렐 뱅크가 있는 맨체스터 대학에 보낸 버넬의 대학원 지원서는 담당교수의 책상 밑에 떨어졌다고 한다. 버넬이 펄서를 발견한 뒤, 담당교수는 지원서를 잃어버린 것을 알고 나서 크게 후회했다고 한다. 버넬은 지원했던 캠브리지대에 합격할 것이라고 기대하지 않았기에 호주의 대학에 지원하였고 긴 여행을 준비하고 있었다.

"그런데 전 캠브리지 대학에 합격했어요"라고 버넬이 말했다. "그 이상으로 예상외였던 결과는 펄서의 발견으로 너무나 많은 사람들이 캠브리지 천문학부에 진학하고 싶어 해서 학교는 입학 자격을 높여야 했다는 점이예요. 제가 지금 캠브리지대에 지원했다면 입학하지 못했겠죠" 옥스포드와 캠브리지 대학교 대항 요트 레이스에서 언제나 옥스포드 대학을 지지했던 조셀린 버넬은 재미있게도 캠브리지에서 천문학을 전공하는 학생이 된다.

19세기 중반부터 여성 천문학자들의 움직임이 일어났다. 미국인 마리아 미첼은 망원경으로 혜성을 발견하여 1847년 덴마크 왕의 메달을 받았다. 1880년대 하버드 대학은 여성들이 남성들보다 상세한 계산을 할 수 있다는 것을 발견하고 천문대에서의 지루한 계산과 사진 분석을 할 여성을 고용하기 시작했다.

하지만 여성 천문학자들은 명백하게 드러난 차별을 이겨내야 했다: 그들은 외딴곳에서 남자들과 밤늦게까지 일해야 했다. 수치스러운 스캔들을 피하기 위해 어떤 대학들은 여성들에겐 낮에 일할 수 있는 태양 연구를 맡겼다. 1960년대 중반, 버넬이 캠브리지대에 있을 때 미국인 여성 천문학자들은 캘리포니아에 있는 마운트윌슨과 팔로마 마운틴의 망원경을 사용할 수 없었다. 조드렐 뱅크에서 여성들은 밤에는 조를 짜서 관측하는 것이 필수였고 일이 끝나면 집에 운전하고 갈 수 없었다. 1960년대 이후에야 여성들에게도 세계의 주요 망원경을 볼 수 있는 권한이 허락되었다.

"제 시대에 여성 천문학자들은 조금 비정상적이라고 여겨졌어요. 하지만 '괴물' 은 너무 심한 말이에요."라고 버넬이 말했다. 그럼에도 불구하고 최근 있었던 천문학—특히 은하계 밖의 우주에서 있었던 가장 놀라운 발견들—에 여성 천문학자들이 많은 부분 기여하고 있다. 그 여성 천문학자들에는 E. 마가렛 버비지 · 베라 루빈 · 산드라 페버 · 네타 바콜 · 마가렛 겔러, 재클린 반 고텀과 특히 비아트리스 틴슬리 등이 있다.

미국 천문학자 중 7퍼센트 정도가 여성이지만, 1986년 그들의 뛰어난 과학적 우수성이 인정되어 아리조나주 투크선 밖에 있는 키트 피크 천문대(Kitt Peak Observatory)와 칠레에 세로 토로로 천문대(Cerro Tololo Observatory)와 같은 시설에서 관찰할 수 있는 시간의 3분의 1을 배정 받게 된다. 천문학이 물리학 수수께끼보다 더 많은 여성을 매혹하는 사실에 버넬은 "원래 여성들이 물리학에 입문하는데 방해꾼 역할을 해야 할 수학과 물리학을 잘 해내기 때문이죠"라고 말한다.

1965년 그녀가 캠브리지대에 도착했을 때, 전파 천문학자 앤소니 휴이시는 반짝이는 전파원을 연구할 전파망원경을 만들 준비를 하고 있었다.

어떤 천체는 지구로 방출하거나 반사한 가시광선으로 검출할 수 있다. 다른 천체는 전자기의 스펙트럼에서 짧은 파장을 가진 X선과 감마선부터 가시광선, 적외선과 긴 전파처럼 다양한 파장을 분출한다. 스펙트럼의 각 부분은 다른 의미를 지니고 있다. 그리고 각 부분은 특정한 파장을 받도록 만들어진 다른 기구로 연구되어야 한다. 버넬이 캠브리지에 왔을 때 전파에 대해 지식이 없었지만 나중엔 전자기 스펙트럼에 대한 거의 모든 부분을 공부하게 된다. 당시 그녀는 전파를 조사하려고 하였다.

전파는 사람 눈에 보이지 않기 때문에 천문학자들은 평범한 망원경을 사용하지 않는다. 원리적으로, 우리는 전파를 집에서 또는 자동차 라디오로 들을 수 있다. 하지만 우주에서 오는 전파는 너무 약해서 전파 천문학자들은 엄청나게 큰 안테나와 세련된 증폭기로 파장을 모으고 증폭하기 위해 큰 수화기를 만들어야 했다. 전파는 증폭되고 기록되고 정량할 수 있는 진동 전류를 생성할 수 있다. 천문학자 휴이시는 약 193 킬로미터 되는 전선을 사용할 계획을 세웠다. 전선이 길수록 더 많은 전자파를 수신하고 더 큰 전류를 생성하기 때문이다. 전류는 다음에 지선 전선으로 이어지고 그것은 증폭기로 전달된다.

우주의 전파원에서 온 신호는 보통 낮은 진동수에 강하다. 이에 맞추어 휴이시는 FM 라디오 밴드에 가까운 81.5 메가헤르츠에 작동하는 전파 망원경을 만들어 3.7미터짜리 전파를 측정하려고 계획하였다. 약 4천 9백평짜리 FM 라디오 안테나를 가진 사람이 있다면 휴이시가 듣기를 원했던 우주에 있는 준성에서 분출되는 파장을 들을 수 있었을 것이다. 그의 망원경은 매주 하늘의 큰 부분을 자세히 조사하고 하늘 도표에 반짝이는 전파원의 자리를 기입하였다.

대학원생을 막노동자로 부리는 오랜 인습 때문에 버넬은 캠브리지대 첫 2년간을 휴이시의 전파 망원경을 만드는데 보냈다. 가능한 많은 전파를 획득하기 위해 그의 망원경은 18평방미터가 넘는 공간에 길게 늘어뜨린 거대한 라디오 전선으로 약 57개의 테니스장을 합친 크기만 한 것이었다. 천 개의 약 2.7미터짜리 막대기로 약 192킬로미터의 전선, 2천 개의 구리 지선 전선과 선을 지지했다. 버넬과 다른 5명의 학생은 여름방학 동안 막대기를 박았고, 여러 열성적인 방문자들의 도움으로 망원경을 만들었다. 버넬은 작고 마른 체형이지만 9킬로그램짜리 망치를 다루는 전문적인 기술을 터득했다. 그녀는 전선을 설치하고 각 전선에 350개의 연결선을 붙이고, 200개의 변압기를 만드는 것을 지휘하였다. 비용을 줄이기 위해, 버넬은 겨울 내내 직접 전선을 자르고 구부리는 일을 했다.

버넬도 모르는 사이, 그녀는 단지 반짝이는 전파원을 조사하도록 휴이시의 전파 망원경을 만들었던 것이 아니었다. 그녀는 펄서를 발견하기에 적합한 기계를 만들고 있었던 것이다. 망원경은 넓은 각도의 지속적으로 하늘의 같은 부분을 조사했다. 그것은 십억 광년 멀리 있는 휴이시의 준성에 관한 자료와 우리 은하수에서 훨씬 가까운 전파원에서 분출하는 파장에 대한 정보를 수집했다. 그것은 재빨리 바뀌는 천문학적 전파원을 보도록 설비된 첫 전파 망원경이기도 했다.

1967년 7월 망원경이 작동되자, 버넬은 이제 힘쓰는 일이 아니라 머리 쓰는 일을 해야 했다. 24세의 버넬은 휴이시가 보는 가운데 망원경을 다루고 자료를 분석하는 일을 맡았다. 망원경은 4일마다 하늘 전체를 조사하고, 매일 약 30미터짜리 차트 종이를 3개짜리 펜 4세트의 양으로 채우는 자료를 뿜어냈다. 버넬은 손으로 자료를 분석했다. 망원경은 새것이었고 누구도 망원경 작동과 친숙하지 않았으며 분석은 전산화 되지 않았다. 컴퓨터가 특정한 종류의 자료를 보도록 프로그램 되었다면, 버넬은 펄서를 절대 발견하지 못했을 수도 있다.

몇 백 피트가 넘는 도표를 공부한 뒤, 버넬은 섬광의 전파원과 프랑스 텔레비전, 항공기 전동 장치와 자동차 점화 장치와 같은 방해물을 구분할 수 있었다. 라디오 신호를 자세히 표시한 그녀는 인공 전파원에서 나온 자료를 폐기했다. "전파 망원경은 매우 예민하다 — 망원경은 약한 우주의 전파 신호를 검출해야 하지만 이는 지역 라디오 간섭을 쉽게 발견할 수 있다는 뜻이기도 하다. 운 좋게도, 섬광과 다른 방해요소는 보통 도표에서 다르게 보여, 사람은 그것을 구별하는 법을 배운다"고 그녀가 후에 설명했다.

망원경이 작용을 잘했지만, 도표를 분석하는 것은 힘든 일이었다. 그 후 8, 9개월 동안 그녀는 매일 기록 장치가 뿜어대는 종이와 속도에 맞추려고 노력했다. 10월이 되자 그녀는 약 300미터 뒤쳐졌고, 11월에는 약 536미터 뒤쳐졌다. 6개월 동안, 그녀는 약 5.6킬로미터 되는 자료에 묻혔다. "안이한 방법으로 분석을 할 유혹이 들기도 했지요"라고 과학 저자 니콜라스 웨이드가 후에 「사이언스」잡지에 설명했다.

10월, 망원경을 작동한지 두 달도 안 되어 버넬은 새로운 것을 조금씩 발견하기 시작했다. 그것은 약 122미터짜리 도표의 겨우 12.7 밀리미터가 되는 것이었다. "제가 처음 주의했던 것은 기록 할 때 종종 제가 구분할 수 없는 신호가 있었다는 점이었어요. 그것은 반짝임이나 인공적인 방해물이 아니었어요. 전 하늘의 동일한 부분에서 제가 봤던 신기한 것을 기억하기 시작했어요. 그것은 별이 회전과 함께 매 23시 그리고 56분의 속도에 맞추는 것 같았어요." 그것은 항성시에 맞추는 것이었다. 지구가 24시간마다 태양을 회전했지만 그것은 별에 맞추어 23시간 56분마다 돌았다.

"발견의 중심은 그것을 인식한 순간에 있었어요"라고 웨이드는 설명했다. 그녀는 전의 도표에서 하루의 같은 시각에 본 적이 있었고 그것은 "지상시간이 아닌 항공시"였다. 짧게 말하면, 그것은 태양이 아닌 별과 함께 오르고 지는 원천에서 오는 것이었다.

"분류할 수 없는 것을 쉽게 잊어버리기에는 너무 방해가 된다"고 생각했다고 그것을 기억했다. 그것은 평소라면 번쩍임이 적거나 없어야 할 밤에 지나는 하늘의 한 부분에서 일어났다. 버넬은 그 쪽 하늘 부분에서 기록된 어떤 전파원도 발견할 수 없었다.

그녀는 휴이시에게 수수께끼에 대해서 말해주었고 그들은 그것을 관찰하기로 하였다. 불행하게도 그들은 고도의 빠른 도표 기록기를 설치할 때까지 기다려야 했다. 11월에 시작되었을 때, 버넬은 더 세부적으로 그 수수께끼를 보기를 희망했다. 한 달 동안, 그녀는 매일 밤 빠른 기록기를 확인하려고 밖에 나갔다. 하지만 신호가 완전히 없어졌다. 처음에 휴이시는 그것이 섬광성이었을 것이라 생각했다. "그것은 없어졌고 당신은 그것을 놓쳐버렸군"이라고 휴이시가 꾸짖었다. 그녀는 농담으로 "언제나 연구 학생의 잘못이군요"라고 답했다.

버넬이 캠브리지대 강연에 가기 싫어 빠진 날, 수수께끼가 다시 나타났다. 이틀 밤 후인 1967년 11월 28일, 그 수수께끼는 다시 나타났다. 버넬이 관찰할 동안 펜은 규칙적인 진동의 연속을 기록했다. 그것은 같은 간격으로 떨어져서 보였다. 신호가 멈추자마자 그녀는 도표 기록기에서 종이를 뜯어 조심스럽게 측정했다. 진동은 정말 균일한 간격이었다. 1과 3분의 1초 떨어져 있었다.

당장 휴이시에게 전화한 그녀는 3분의 1초마다 규칙적으로 나타나는 진동 연속을 방금 기록했다고 설명했다. "흠, 그러면 뭔지 알겠네. 그것은 인공적인 거야"라고 그가 말했다. 버넬은 휴이시의 반응에 의아했다. "제가 몰랐던 것은 (하지만 알아야 했던 것은) 별, 은하수나 어떤 알려진 우주 물체로부터 그렇게 빠른 변동을 얻기는 힘들다는 것이었어요."

신기하게 여긴 휴이시는 다음날 밤에도 망원경으로 가서 기록을 보았다. 주문을 받은 것처럼 신호는 1과 3분의 1초마다 나왔다. 운이 좋았다. 지금은 이 특정한 펄서가 변하기 쉽고 요구가 있는 즉시 선보이지 않는다는 것이 알려져 있다.

신호 사이에 빠른 3분의 1초 간격이 가장 큰 수수께끼였다. "그것을 알아내기가 정말 힘들었어요"라고 버넬이 고백했다. 당시 알려졌던 가장 빠르게 변하는 별은 매일 겨우 3번만 신호를 보냈다. 1과 3분의 1초마다 진동을 보내는 별은 거의 납득할 수 없었다. 하지만 신호는 인공일 수 없었는데 그것은 지상시간이 아닌 항공시를 지켰기 때문이다. 휴이시는 또한 달에서 튕겨 나오는 레이더 신호, 이상하게 회전하는 위성과 천문학자들을 조사한 결과 지구에서 늦은 밤에 일하는 과학자도 아니라는 것을 알았다.

휴이시의 다른 협력자들은 진동을 측정하고 그것은 1.3343011초마다 신호를 보낸다는 것을 발견했다. 그들은 대단하게도 100만분의 1초까지 정확히 나타냈다. 어떤 천문학적 물체도 그렇게 규칙적으로 신호를 보냈다. 그 출처는 200광년 떨어진, 우리 태양계에서 멀리 있지만 은하수 안에 있는 것으로 예상되었다.

규칙적인 것을 생각하여 버넬은 그 수수께끼를 영국 자동차 운전자들에게 행인이 지나가는 것을 알려주는 반짝이는 주황색 구의 이름을 따서 "베리샤 비컨(Belisha Beacon)"이라고 지어주었다. 다른 이들은 외계인(Little Green Men)의 앞 글자를 따서 LGM이라고 반 농담 삼아 불렀다.

"이는 크리스마스이브 날, 제가 발견한 것에 대해 얘기하러 토니의 연구실로 갔다가 이 자료를 어떻게 알려야 하는지에 대해 상의하는 상급 회의에 무심코 들어가게 됐어요. 저는 그들이 저를 빼고 토론하는 것을 알고 기분이 나빴죠"라고 버넬이 말했다. 하지만 모임은 "그냥 일어난 것"이었고 그녀가 도착하자 누구도 그녀에게 나가라고 말하지 않았다. 그래서 그녀는 계속 있었다.

토론은 LGM에 대한 것이었다. "우리는 그것이 정말 외계인일 것이라고 믿지 않았지만, 또 그렇지 않다는 증거가 없었고 다르게 설명할 방법도 없었어요. 그런 상황에서 설명할 올바른 방법이 무엇이었을까요?" 버넬은 생각했다. 전파 천문학자들은 그들이 우주 다른 문명에서 신호를 받은 아마도 지구 최초의 사람이라고 인식했다.

진동에 관하여 만족할 만한 지상 설명이 없던 휴이시가 설명했다. "이제 우리는 이것이 태양계 밖에서 생성한 것이라 설명할 수밖에 없고 진동의 짧은 지속은 방사체가 작은 행성보다 클 수 없다는 것을 의미하죠. 우리는 신호가 어쩌면 멀리 있는 별을 도는 행성에서 생성되었지만 인공적일 수 있다는 가능성을 대면해야 합니다." 다른 말로 표현하자면, 외계인이었다. 왜 인공적으로 보이는 신호가 별처럼 움직이는 것일까?

휴이시는 그가 사실을 알 때까지 신호를 비밀로 하고 싶었다. "저는 결과가 어떤 확신이 생길 때까지 침묵을 지켜야 한다고 믿었어요. 1967년 12월 그 몇 주는 제 인생에서 가장 흥분되는 시간이었지요."라고 휴이시는 상기했다.

운 좋게도, LGM 이론을 시험해볼 간단한 방법이 있었다. 신호가 우주 밖에 태양을 중심으로 회전하는 작은 행성에서 생성된 것이라면 신호가 도플러 효과의 증거를 보인다. 도플러 효과는 앰뷸런스 사이렌이 당신 쪽으로 가다가 당신에게 멀어질 때 일어나는 소리 의 영향이다. 앰뷸런스가 다가오면 소리 파장은 같이 뭉쳐서 높은 음조를 띤다. 앰뷸런스가 멀어지면 빠른 음조의 변화가 생기고 소리 파장은 앰뷸런스 뒤에 간격을 둔다. 같은 방법으로 태양을 도는 행성이 지구 쪽으로 오면 그것의 전파는 압축된다. 행성이 지구에서 멀어지면 파장은 다시 퍼진다.

하지만 휴이시의 팀은 LGM의 가능성을 배제하는 도플러 효과의 증거를 찾지 못했다. 거의 같은 시간에 버넬은 신호의 원천에 관한 문제를 다른 방법으로 풀었다. 그녀는 실마리를 찾은 것이다.

휴이시의 연구실에서 LGM 모임이 있고 난 뒤, 버넬은 "정말 짜증이 나서" 집에 돌아갔다. "새로운 기술로 난 박사학위를 받으려고 노력하고 있는데 어떤 웃기는 외계인이 내 진동수와 내 공중을 골라서 우리에게 신호를 보내려고 하고 있다니"하고 생각했다. 약 610미터의 미분석 도표로 뒤덮인 책상을 보자 정신이 들었다. 저녁 식사를 하고, 버넬은 도표를 공부하기 위해 실험실에 돌아왔다. 그날 밤 10시 실험실을 나가기 전에 그녀가 마지막으로 본 도표는 하늘에서 가장 강한 전파원 중 하나인 카시오페아 A로 항상 심하게 더럽혀져 있는 하늘의 한 부분이었다. 도표에 평소처럼 혼란스러운 뭉치 사이에 그녀는 수수께끼랑 비슷하게 생긴 것을 보았다. "하지만 이번엔 그것이 하늘의 다른 부분에서 온 것이었죠… 제가 밤새 연구실에 갇히기 전 몇 분 안에 저는 그 쪽 하늘의 전 기록을 확인했고 그것은 여러 번 그랬던 것이었어요"라고 버넬은 알아챘다.

연구실은 닫혀 있었고 버넬은 집이 있는 아일랜드로 돌아가 크리스마스를 보내고 그녀가 결혼한다는 소식을 선언하려고 했다. 그 쪽 하늘에서 나온 수수께끼는 새벽 1시에 나타났다. 그날 밤 늦게 버넬은 망원경으로 다시 나갔다. 추운 날씨에 그 기구는 잘 작동하지 않았고 그녀는 망원경 스위치를 껐다 켜고, 소리 지르고, 발로 차고, 뜨거운 공기를 불어서 작동시켰다. 중요한 5분 정도는 말을 잘 들었다. 동일한 간격의 진동의 연속이 나타났고 각각의 것은 1.2초 떨어져 있었다. 두 번째 신호는 첫 번째 것보다 더 빨랐다.

버넬은 도표를 다음날 아침 휴이시의 책상에 던져놓고 훨씬 기쁘게 휴일을 즐기러 떠났다. "같은 지구에 신호를 보내기 위해 같은 진동을 골라 동시에 보내는 외계인이 두 그룹이나 있다는 것은 가능하지 않아"라고 그녀는 혼자 생각했다.

크리스마스 동안 휴이시는 망원경이 작동하게 하였고 기록기는 종이로 가득 채웠고 펜에는 잉크를 채웠다. 그는 크리스마스 당일에도 확인하였다. 그는 분석되지 않은 도표를 버넬의 책상에 올려놨다.

그녀가 돌아온 첫 날, 그녀는 하늘의 다른 부분에 비슷한 것을 두 개 더 찾았다. "전 제가 충분한 휴일을 보내지 못했다고 생각했어요!"라고 그녀가 말했다. 4번째는 앞의 3개보다 더 빨랐다. 4분의 1초의 간격인 그것은 때로 너무 강해서 기록하는 펜이 멈추게 하였다. "펜이 종이를 달리며 1초에 4번 왕복하는 것을 보는 것은 훌륭한 경험이었고 별이 그렇게 행동할 수 있다는 것은 믿기 힘들었어요."

1월 중순, 휴이시는 발견을 선언하는 논문을 쓸 시간이 되었다고 결정했다. 그는 S.J.벨을 5명의 저자 중 두 번째로 기록하여 일류 영국 과학 저널인 「네이처」에 논문을 보냈다. 「네이처」는 2주 만에 논문을 출판함으로써 그것의 중요성을 말해줬다. 그것이 1968년 2월 6일에 나타나기 며칠 전, 휴이시는 캠브리지에서 발표하는 세미나를 가졌다. 캠브리지에 모든 천문학자가 참석하였고 이는 버넬이 발견한 것이 얼마나 중요한지를 처음으로 일깨우게 했다.

천문학자들이 우주에 LGM의 가능성을 생각하는 것을 언론이 알게 되자 야단법석이 일어났다. 그리고 기자들이 S.J. 벨이 여자라는 것을 알았을 때의 흥분은 소란으로 바뀌었다. 몇 주 동안, 버넬은 둑 위에 앉아 있고 서있고 가짜 도표에 앉아있고 서있는 사진을 찍었다. 어떤 영국 신문에 과학부 기자는 "펄서"라는 이름을 만들어 냈다. 버넬은 그것이 "오싹하는 이름"이라고 생각했지만 그것은 계속 쓰였다. 흥분 가운데서도 그녀는 박사 학위 논문을 쓰고 학위를 받으려고 노력하고 있었다. 논문은 200개의 섬광 전파원의 각 지름에 대해 자세히 설명했다. 그녀는 펄서를 부록에 넣었다.

"펄서가 발견된 첫 해와 이듬해의 흥분을 설명하기란 거의 불가능해요"라고 버넬의 친구이자 프린스턴 대학의 천문학 교수인 조세프 테일러가 말했다. 망원경을 이용하기 위해 몇 달 전부터 기다렸던 천문학자들은 당장 펄서 시험을 하려는 동료들에게 괴롭힘을 당했다. 창의적인 흥정이 오고 갔다. 망원경에서 보내는 밤은 마치 보통의 1주일과 같았다.

휴이시의 팀은 펄서가 백색 왜성인지 중성자성인지 몰랐지만 후자가 더 가능성 있어보였다. 중성자성은 상상할 수 없을 만큼 밀집되고 타버린 별로 겨우 10~15킬로미터 지름을 가지고 있다. 천문학자들은 1933년에 중성자성이 수학적으로 이론학적으로 가능하다고 이론을 세웠다. 하지만 펄서의 발견 전까지 그것의 존재에 대한 증거가 없었다. 초고도로 밀집된 별만이 펄서처럼 빨리 회전할 수 있었다. 지구처럼 크고 무거운 물체가 매 초마다 회전한다면 그것의 표면에 있는 모든 것이 우주에 날아가 버릴 것이다. 원심력이 땅을 당겨 부수고 은하수로 날려버릴 것이다. 지구의 중심핵은 분해될 것이다.

살아있는 별은 별 위의 모든 물질을 중심으로 당기는 중력과 별 안에서 충분한 열과 압력을 생성하여 무너지지 않게 하는 평형에서 존재한다. 작은 별은 핵 연료가 부족하여 타다 남은 백색 왜성이다. 더 큰 별이 핵연료가 부족하면 물질은 엄청난 격렬함으로 파괴된다. 파괴되는 물질은 중간에 고도로 밀집된 중성자성이나 큰 별의 경우에는 물질을 삼켜버리는 블랙홀을 만들 수도 있다. 이렇게 격렬한 변화 중에 어떤 물질은 탈출하여 초신성의 에너지를 분출한다. 멀리서 보면 초신성은 폭발처럼 보인다.

별이 죽고 중성자성이 되면서 그것은 백만 킬로미터의 지름에서 10~15 킬로미터 줄어들 수 있다. 그것의 표면 중력장은 지구 것보다 천억 배 더 크다. 엄청난 압력은 물질을 부수고 그것을 중성자의 걸쭉한 국(thick soup)으로 만든다. 별은 원자의 중간에 있는 핵처럼 밀집되고 보통 물질보다 백조 정도 더 밀집되어 있다. 질량은 줄어들고 밀집되어 몸 크기를 줄이고 밀도를 높이려고 팔을 몸으로 붙이는 스케이터처럼 더 빨리 회전한다. 회전하는 자장은 전계(electric field)를 생성하고 동시에 그것은 별의 북쪽과 남쪽 자극에서 나오는 강한 전파를 생성한다. 별은 회전하는 등대가 된다. 전파선이 지구 쪽으로 돌면 우리는 그것을 측정할 수 있다. 그것이 우리로부터 멀리 돌면 선이 사라진 것으로 보인다. 그래서 중성자성이 지구에 있는 관찰자에게 진동하는 것으로 보인다.

전파 천문학자들과 물리학자들은 과정을 공부하기 위해 속도를 냈다. 중성자성이 원자핵처럼 밀집되어 있으니 그것은 마치 10킬로미터의 지름을 가진 큰 핵 물질 연구소와 같았다. 각 중성자성은 지구에 있는 모든 원자에 존재하는 핵 물질보다 훨씬 많다. 밀집된 물질에 관심 있는 물리학자들은 매혹되었는데 밀도 차원에서 보면 중성자성은 고도로 밀집되어 블랙홀이 되기 전에 멈춘 것이었다. 일반 상대론, 중력과 강한 자장에 관심 있는 물리학자들은 중성자성을 이용하여 그들의 이론을 실험해 볼 수 있었다. 1980년대에 더 빠른 펄서가 발견되자 흥분은 다시 타올랐다. 우리 은하수에만 십만 개의 활동적 펄서가 존재하는 것으로 추정된다.

그러면 조셀린 버넬은 그녀로 인해 야기된 흥분이 일어날 때 과연 어디에 있었나. 그녀는 다른 대학, 다른 도시에서 조용히 다른 전공을 공부하고 있었다. 그녀가 발견한 분야에 다른 이들이 뛰어들 때 그녀는 그것을 버렸다.

누구도 그녀에게 계속 있으라고 설득하지 않았다. 1968년, 그녀는 결혼하였고 현재 유명해진 그녀의 이름인 버넬로 바꾸고—후회를 하긴 했지만—전파 천문학을 떠났다. 결혼하지 않았다면 그녀는 첫 사랑이었던 조드렐 뱅크에 가서 전파 천문학 연구를 계속했을 수도 있다. 하지만 그녀의 남편 마틴 버넬은 영국 남쪽에 지역 공무원이었고 조셀린은 그의 곁에 있고 싶었다. "이사는 어려운 것 중에 하나였어요. 제가 한 많은 이사와 천문학 안에서 분야를 과감하게 바꾼 것은 제가 지역 공무원인 남편과 함께였기 때문이에요."

버넬은 그녀가 무엇을 포기하는 것인지 그 중요성을 알지 못했다. 그리고 많은 과학자들이 그녀를 펄서의 발견자로 여긴다는 것을 인식하기 시작했다. "시간이 지나야 비로소 내가 시작한 것이 천문학과 물리학 전체적으로 영향을 주었다는 것을 보게 되었죠"라고 그녀는 인정했다.

버넬은 1974년 시골 서리에 있는 물라드 우주 과학 연구실에 가기 전에 사우스 햄턴 대학에서 5년 동안 가르치며 감마선 천문학을 했다. 그 때쯤, 그녀는 1살짜리 아들이 있고 아들과 오후를 보내기 위해 시간제로 일하고 있었다. 남는 시간에 그녀는 산책하고, 바느질과 뜨개질을 하며, 지역과 국가를 위해 퀘이커교에서 활동하는 자원봉사 일을 즐겼다.

"저는 일을 완전히 포기하고 아이를 볼 작정이었지만 곧 제가 지적 자극을 너무나 그리워한다는 것을 알았어요"라고 버넬이 말했다. "저는 보모를 두고 싶지 않았죠… 그리고 시간제 일을 하는 것을 논리적인 타협이라고 보았어요." 가사 일은 하거나 안 할 수 있다는 융통성이 있어 좋았다. 현실적으로 말하면 시간제 일이라도 하는 것이 보통의 부모보다는 더 나은 것 같았다.

천문학에서 보여준 그녀의 빠른 성공은 그녀가 남편과 함께 있기 위해 이사를 다녔기에 가능한 것이었다. "그렇게 이사를 다니지 않았다면, 제가 그 천문학 분야에 계속 살아남았을지 의문이 가요"라고 그녀는 말했다. 교수들과 연구원들은 그녀가 이사 간 지역에서 만날 수 있었고 일은 언제나 재미있었다. 그녀는 자주 더 많은 임무를 지녔다. 하지만 그녀는 "제 이력서는 그렇게 좋지 않아요"라고 말한다.

필라델피아의 프랭클린 협회는 버넬의 과학적 경력이 끝나지 않았다는 것을 보여주는 첫 단서였다. 수상자 후보를 자세히 조사하는 그 협회는 일류 1973년 알비드 미첼슨 메날을 휴이시와 버넬에게 수여었다. 협회는 수상자를 선정하는 과정을 설명하기를 거절했지만 한 이사는 "우리는 수상자의 동등한 노력을 인정한다"라고 알려주었다.

프랭클린 상을 수상함으로 버넬이 휴이시와 노벨상을 함께 받을 수 있다는 추측이 나왔다. 4명의 물리학자들은 그들의 대학원 논문으로 노벨상을 받았다. 마리 퀴리는 때로 다섯 번째로 여겨지지만 그녀의 방사능 연구는 오직 파리 대학 학위 — 보통의 박사 학위를 얻기보다 어렵다는 — 를 위해 한 것으로 볼 수 있다.

노벨상은 알프레드 노벨의 지도에 따라서 오직 물리학, 화학과 의학이나 생리학을 포함한 3개의 과학 분야에만 주어진다. 초기에 물리학을 관리한 스웨덴 실험학자 물리학자들은 물리학상에서 천체 물리학, 천문학과 지구물리학을 제외함으로써 상을 제한시켰다. 하지만 1974년 노벨 위원회는 천문학을 제외하는 규칙을 어기고 물리학상을 캠브리지 대학 천문학자 마틴 라일경과 앤소니 휴이시에게 주었다. 휴이시는 "펄서를 발견하는데 결정적인 역할"에 상을 받았다. 버넬은 실망했지만 겉으로는 절대 표현하지 않았다. 대신, 그녀는 펄서 발견이 그녀에게 "엄청난 즐거움과 부당한 유명"을 주었다고 외교적인 발언을 하였다. 다음해 봄인 1975년 3월, 프레드 호일경이 휴이시가 버넬에게 올바른 공을 주지 않아서 노벨상을 "빼앗았다고" 비난했을 때 논란은 조금 더 덧붙여진다. (호일은 유명한 영국 천문학자로 버넬이 어렸을 때 읽었던 많은 인기 있는 천문학 책의 저자이지만 영국 천문학에선 조금 귀찮은 사람이다) 그의 관점은 노벨이 No-Bell(벨이 아니다)라는 농담을 시작했다.

설명을 해달라고 질문 받은 버넬은 대답했다. "그것은 조금 터무니없었고 그는 부정확할 만큼 과장했어요… 천문학에서의 제 배경은 휴이시의 것만큼 좋지 않아요. 그리고 저는 모든 위험을 올바르게 인식하지 못 했어요… 저는 진동 속도가 얼마나 빠른지 누군가 지적해 주기 전까지 그것이 별이라고 계속 생각했어요."

며칠 후, 호일은 그의 관점이 "거칠게 표현되었다"고 적었다. 그는 중요한 단계가 버넬이 신호를 발견한 것이고 그 원천이 별과 함께 자리를 바꾼다는 발견이라고 말했다. "벨 양의 성취의 중요성을 잘못 이해하는 경향이 있는데 그것이 너무 간단하게 들리기 때문이다. 이는 엄청난 양의 기록을 찾고 또 찾는 것이다. 성과는 이전에 모든 경험이 불가능하다고 여기는 현상의 심각한 가능성을 자발적으로 생각해 보는 것에서 비롯된 것이다… 나는 노벨상에 대한 내 비난이 상 위원회 자체에 향한 것이지 휴이시 교수에 향한 것이 아니라고 덧붙인다. 위원회가 이 경우에 무슨 일이 있었는지 이해하려는 시도를 하지 않은 것이 명확히 보인다."

펄서에 관해 용인된 설명을 처음으로 제공한 코넬 대학 천문학자 토머스 골드는 호일의 요점을 반복하여 말하였다. 버넬이 펄서가 항공시를 지킨 것을 처음으로 인식한 사람이면 명예의 주요 부분을 받을 가치가 있었다. "그 인식은 신호가 태양계 밖에서 오는 것이라는 첫 확고한 암시이고 발견의 진정한 순간을 나타낸다." 사실 버넬과 같은 섬광을 본 적어도 다른 한 명의 천문학자가 있었으나 그것을 기계 고장으로 여겼다. "당신은 그가 이야기를 말해주려면 기름을 잘 쳐줘야 해요."라고 버넬이 웃었다. "저는 그것이 어떻게 일어났는지 이해할 수 있어요."

휴이시는 펄서를 발견하거나 설명하지 않았다고 유명해진 프린스턴 대학 천문학자 예레미야 오스트라이커가 말했다. 알프레드 노벨이 의도했던 것처럼 노벨상이 발견을 위해 주어지는 것이라면 상은 버넬을 포함했어야 한다. "그들이 노벨상을 받고 그녀가 받지 못한 것은 안됐어요. 그들은 그녀가 연구를 한 연구소를 위해 돈을 모으는 사람들이었을 뿐이죠."

문제는 "완전히 성장한 과학적 협력과 감독된 연구 도움, 상을 받을 만한 연구에 바꿀 수 없는 것과 바꿀 수 있는 과학적 기여"에는 절대적인 선이 있다고 노벨 과학상을 연구한 사회학자 해리엣 주커맨이 정의 내렸다. 휴이시는 버넬이 그의 망원경을 쓰고, 그의 지도를 받고, 그가 시작한 하늘 연구를 했다고 지적했다. 후에 그는 「사이언스」에 더 비공식적으로 말하였다. "조셀린은 명랑하고 착한 여자였지만 그녀는 그냥 일을 한 것이었어요. 그녀는 이 원천이 이 일을 하는 것을 관찰한 것이에요. 그녀가 발견하지 못했다면 그것은 부주의함 때문이지요" 버넬은 주장했다. "노벨상은 다년간의 연구에 주어지는 것이지 연구 학생의 관찰에 기반을 둔 것은 아닙니다. 제게 상이 주어졌다면 노벨상의 가치가 떨어졌을 거예요."

벨패스트에서 온 퀘이커로서 버넬은 영국 천문 학계처럼 작은 공동체에 있는 불일치의 위험을 알았고 그녀는 그것을 피하기 위해 열심히 노력했다. 그녀와 휴이시 모두 "관계에 관해서 매우 조심스러웠다. 우리의 관계에 집중된 관심은 긴장감을 일으켰어요. 저는 그것이 편한 것보다는 더 조심스러운데 우리는 감히 편안할 수 없어요."

어쨌든 상을 주는 여러 단체는 버넬은 알아보았다. 그녀는 1978년 플로리다 주에 마이애미에 있는 이론 연구 센터에서 J. 로버트 오펜하이머 기념상을 받았다. 그녀는 1987년에 미국 천문학 학회에서 선보인 비아트리스 틴슬리 상을 처음으로 받았다. 1989년에 왕립 천문학회는 그녀에게 허셜 메달을 주었다.

노벨상 소동 다음에 버넬은 물라드 연구소에 계속 있었다. 아직 시간제인 그녀는 매우 성공적인 영국 X선 위성의 자료를 분석하는 작은 팀을 지휘했다. 적외선이나 전파를 받는 대신 위성은 스펙트럼에 X선 부분의 에너지를 분출하는 천체에 집중했다.

“그것은 엄청나게 성공적인 위성이었어요. 우리는 발견을 계속하였죠. 우리가 한 발견을 마치면 다음 것이 기다리고 있었어요. 그건 너무 재미있었어요”라고 버넬이 상기했다.

물라드에서 보낸 6년째 해, 버넬은 오픈 대학에서 시간제로 일했다. 오픈 대학은 다시 한 번 기회를 주는 단체로 젊었을 때 고등 교육을 받지 못한 성인을 지도하는 곳이었다. “그것은 대규모로 이루어져요”라고 버넬이 말했다. “그리고 저는 저녁마다 공부하여 6년이나 8년 안에 학위를 받는 학생들에게 감명을 받고 정신을 차리죠.” 두 번째 기회가 없었다면 대학 교육을 받지 못했을 버넬에게 오픈 대학은 자연스러운 것이었다.

1969년에 설립된 그곳은 영국에서 제일 큰 대학으로 영국 대학생의 8퍼센트가 거기서 졸업을 한다. 유럽의 모든 어른들이 고등학교 성적에 상관없이 갈 수 있는 오픈 대학은 어떤 영국 대학보다도 여학생과 블루칼라 가족의 학생을 입학시킨다. 5명중에 4명은 대학을 들어갈 고등학교 자격이 없지만 반이 넘게 졸업을 한다. 그들은 특별히 인쇄된 프린트로 집에서 공부하고, 이른 아침과 늦은 저녁 텔레비전과 라디오 프로그램, 오디오와 비디오카세트, 집 실험 세트, 집 컴퓨터와 짧게 주거하는 집에서 공부하였다. 교사들은 특별한 도움을 서로 만나서 혹은 전화로 주었다.

“그것은 매우 보람 있는 일이에요”라고 버넬이 말했다. “그들은 너무 예리하고 매우 헌신적이에요. 그들은 많은 시간과 돈을 그것에 투자했어요. 우리는 주말에 강의를 하거나 인구가 적게 밀집된 스코틀랜드에서는 전화 회의 강의가 있어요. 전화로 벡터를 설명하는 것은 꽤 힘들어요! 저는 석유 굴착 장치, 등대 관리인이고 헤브리디스 제도에 있는 학생들도 있었어요. 그들은 거의 더 좋은 일을 하려고 가지려고 했어요. 다른 이들은 일이 없는 아줌마들이었어요.” 가정교사로 신청한 그녀는 결국 고문 겸 특별 강연자가 됐다.

1982년, 버넬은 남편을 따라가기 위해 마지막으로 일을 바꾸었다. 그녀는 스코틀랜드 에딘버그에 있는 왕립 천문대에서 시간제로 일하고, 오픈 대학에서 시간제로 가르치고, 에딘버그 음악 페스티벌 동안 합창 음악회 참석을 즐겼다.

에딘버그 천문대에서 그녀는 점차 관리직으로 올라갔고 스코틀랜드에서 하와이에 있는 큰 국제 망원경인 제임스 클러크 맥스웰 망원경을 관리했다. 다시 한 번 그 프로젝트는 그녀에게 새로운 분야였다. 그 망원경은 적외선과 전파의 크기 사이인 1밀리미터 이하의 전파 파장을 검출하도록 설계되었다. 1밀리미터 이하의 파장은 지구의 대기의 수증기를 흡수하였고 망원경은 해수면 4천 2백 미터 위에 공기가 맑고 건조한 곳에 만들어졌다. 버넬은 그녀가 관리를 즐긴다는 것을 발견했지만 그녀는 곧 "심각하게 일을 많이 맡았다." 1990년, 그녀는 새로운 적외선 위성 프로젝트를 관리하는 것으로 바꾸었다.

그녀의 변화는 캠브리지에서 전파 천문학과 사우스햄턴에서 지구 물리학과 감마선, 물라드에서 X선 천문학과 에딘버그에서 적외선과 1밀리미터 이하 천문학까지 다양했다. 덧붙여 그녀는 지면, 위성, 로켓과 풍선에 기초를 둔 천문학을 연구했다. 몇 안 되는 다른 영국 천문학자들이 그렇게 넓은 배경을 갖고 있다고 버넬이 말했다. 반면에 넓은 뒷배경은 지식의 깊이를 높게 여기는 연구 과학에서 앞서나가는 방법이 아니다. 그녀와 나이가 비슷한 천문학자들 중 펄서를 연구하는 이들은 이제 일류 대학의 교수였다.

수년 간 버넬은 여성 문제에 더 관심이 생겼다. 그녀가 에딘버그에 도착했을 때 그녀는 천문학 수업에 대학의 천문학부가 여성을 처음으로 받기 시작한 1892년과 같은 비율의 여성이 있다는 것을 발견하고 놀랐다. "뭐가 방해하는 거죠"라고 그녀가 물으며 이렇게 달갑지 않게 결론지었다. "여성은 결론에 큰 부분을 차지해요. 제 경험상 한 명이 물리학을 하는 것을 정말 즐기는지 묻는 것은 다른 여자에요. 태도는 크게 우리의 자매들, 친척과 이모에 의해서 좌우되는 것으로 보여요."

"저는 남성과 여성의 비슷한 점이 다른 점보다 훨씬 많다고 믿어요. 저는 여자가 어떤 분야에서 잘하고 남자가 다른 분야에서 잘한다는 주장에 동의하지 않아요. 어떤 사람이 특정한 분야에서 다른 이들보다 더 실력이 있다고 말하는 것이 더 정확한 것으로 보여요."

에딘버그에서 버넬은 시간제, 일시적인 일에 대해서 심각한 의심을 하기 시작했다. "왕립 천문대에서 제 여성 동료들을 보니 우리가 이상한 집안 계획을 짜거나 우리가 시간제로 일하며 운을 바라고 동료들에게 부탁하고 관리자들의 편의를 봐준 것 같아요. 두 가지 방법 모두 만족스럽지 않아요… 시간제 일의 문제는 집안일과 육아가 여성에게 맡겨진 것이라고 가정하고, 시간제와 낮은 자리의 일은 전통적으로 자주 함께 일어나요." 시간제 일을 한 몇 년 후, 그녀는 선언했다. "저는 시간제 일을 해야 할지 의혹이 생겨요."

그녀의 아들이 10살이 되었을 때, 그의 몸은 매우 아팠다. 당뇨병 환자로 진단 받은 그는 췌장이 작동하는 것을 멈추었고 남은 인생 동안 매일 인슐린 주사를 받아야 살 수 있다는 말을 들었다. 악의 없는 친구는 아이에게 명랑한 쾌유 카드에 이렇게 써서 보냈다. "네가 곧 나아서 새것처럼 좋아지길 바래!" 그는 바보가 아니었고 카드가 좋은 뜻이었지만 그는 이제 다시 "새것처럼" 좋아지지 않을 것이라는 걸 알았고 그렇게 말했다. 그는 어머니를 전체가 아닌, 낫지 않는 아픔, 없어지지 않는 문제와 끝나지 않는 어려움을 안고 사는 사람의 역할로 "평생 동안 가슴 아픈" 사람으로 생각했다.

현대 사회의 성공, 건강, 부와 성취에 대한 강조에 편하지 않았던 버넬은 "모든 것이 항상 대단하고 위대하고 다르게 생각할 수는 없는 얄팍한 긍정주의" 때문에 힘들었다. 그녀는 당뇨병을 앓는 아이, 빨리 낫지 않는 북 아일랜드, 어쩌면 과학적 관점에서 봤을 때 점점 불만족스러운 타협인 일과 결혼을 조합해야 하는 긴장에 반응하는 것이었다.

하지만 실패, 나이 드는 것, 병, 가난, 부정과 폭력 같은 문제는 "없어지지" 않았다. 아버지께서 수술 중 돌아가셨을 때 그녀에게 처음으로 잠깐 든 생각은 "그러면, 다시 살아나게 해!" 그리고 사실을 직시했다. 어떤 아픔은 절대 없어지지 않는다.

3년 반 동안 감정과 씨운 뒤 그녀는 1989년 애버닌에서 가진 Society of Friends 연 1회의 모임에서 그것을 모았다. 강연은 후에 런던의 퀘이커 홈 서비스에서 『평생 동안 고장 난(*Broken for Life*)』라는 제목의 책으로 출판됐다.

"아픔과 고생을 할 준비가 포함되는 것에서 하나 됨을 찾을 수 있나요?"라고 그녀가 물었다. 신이 사랑하고 걱정하는 세계를 돌보는 신이라면 왜 고통이 있을까? 그리고 왜 많은 것이 죄 없는 사람에게 일어나는 걸까?

그녀의 책에서 그녀는 오랫동안 늙지 않는 문제에 가능한 답을 제안한다. 친절한 신에 대한 생각을 버리고 싶지 않았지만 어쩌면 신이 세계를 운영하는 것이 아니다. "세계가 신에 의해서 운영되는 것이 아니면, 고통은 신이 일으킨 것으로 탓할 수 없다. 어쩌면 신은 우리가 의무감 있는 어른들로 자주성을 가지고 방해 없이 인생을 살아야 한다고 결정했나 보다… 신은 세계에 영향을 끼치겠지만 오직 사람들, 그들의 태도와 그들이 하는 일, 그들의 치료와 화해로 그렇게 하는 것이다."

물리학자로서 버넬은 그러한 사실이 위안이 된다고 생각했다. "그것은 현대 물리학자들이 모든 것에 중심이라고 생각하고 이 세계의 "기정사실"로 여기는 것 중 하나인 임의적임이나 불확실성과 잘 맞는다." 사실 그녀는 그 생각이 자유롭게 한다고 생각했다. "사람을 상과 벌, 정의와 부정, 원인과 결과의 한계에서 벗어나게 한다."

"때로 종교는 아픔에 쉬운 치료법으로 나타난다. 믿음을 가지면 신이 당신의 아픔을 치료할 거예요… 하지만 마주침의 모든 흔적을 없애는 치료는 꾸러미의 한 부분이 아니에요."라고 그녀는 결론지었다. 고통은 인생의 중요한 재료에요. "고통은 우리를 성장하게 하고 다른 이들에게 더 예민하게 하죠. 작은 일과 친절한 행동으로 우리는 공감을 하며 다른 이들을 안심하게 하고 돕죠… 하지만 고통은 신이 계획한 것이 아니고 우리가 의미 있는 끝이 있도록 노력하지 않으면 그렇게 되지 않을 것이에요."

『평생 동안 고장 난』의 필자명을 적는 줄 – "S. 조셀린 버넬"은 펄서를 발견한 조셀린 벨의 흔적을 보이지 않았다. 그녀의 인생의 그 부분은 연관이 없어보였다. 하지만 책을 쓰고 얼마 후, 버넬은 이혼했다. 그녀는 농담했다. "저는 제 결혼 전 이름을 좋지 않게 다루었어요. 저는 벨로서 펄서를 발견하고 결혼을 하였죠. 저는 책을 버넬의 이름으로 쓰고 이혼을 했어요."

그녀의 삶을 재건축하고 20년 만에 첫 정규직 일을 찾으며 그녀는 잠깐 동안 지금까지 시간제로 일한 것이 잘한 건지 생각했다. 그녀가 그것을 다시 할까? "저는 그 질문을 생각할 수가 없어요"라고 그녀는 대답했다.

1991년, 버넬은 새로운 일을 찾아 에딘버그를 떠났다. 그녀는 새로운 영국 도시인 밀턴 카인스로 이사했고 오픈 대학에 물리학 교수가 되었다. 그것은 20년이 넘는 시간 만에 갖는 첫 번째 영구적인 정규직이었다. 천문학보다는 물리학에 가까워 방향이 조금 바뀌었지만 그것뿐이었다. 다시 한 번, 그녀는 다른 이들이 두 번째 기회나 그들이 얻지 못했던 첫 번째 기회를 위해서 도왔다. 그 일은 그녀에게 두 번째 기회를 준다. 오픈 대학에서 시간제로 일한 것, 그리고 천문학에 대한 그녀의 넓은 지식은 장점으로 나타났다. 대학은 버넬에게 완전한 연구 경력을 요구하지 못했지만 그녀는 교육과 사회 활동 그리고 사람들을 위해 시간을 만들었다. 하지만 그들은 그녀에게 오픈 대학에서 교수직을 준비해주었다. 그리고 그녀는 영국에서 물리학 교수가 된 3 번째 여성이었다.

발생생물학자

15

크리스티안네 뉘슬라인-폴하르트

1942. 10. 20~

크리스티안네 뉘슬라인-폴하르트

Christiane Nusslein-Volhard

"정말 낙담하고 괴로웠던 때가 있었어요. 그때는 거의 매일 울었죠." 크리스티안네 뉘슬라인-폴하르트는 학생으로서 쉽게 다룰 수 없는 논문 주제 때문에 겪었던 어려움을 기억하며 떨리는 목소리로 말했다. 프로젝트를 바꾸고도 그녀는 계속되는 실패로 끔찍한 한 달을 경험했다. 폴하르트는 냉정을 되찾으며 암시를 걸듯이 말했다. "난 하겠어. 힘이 있다는 게 느껴져!"

"저에겐 알 수 없는 어떤 힘이 있었어요. 일이 썩 잘 되고 있지는 않았지만 저는 그것을 하고 싶다는 마음이 들었거든요. 그것이 가장 중요했어요"라고 그녀는 기억했다. 다시 연구를 하며 폴하르트의 얼굴은 기쁨으로 빛났다.

폴하르트의 동료들은 그녀를 강하고, 완고하고, 위압적인 사람이라 생각했지만 그녀는 단언했다. "저는 그런 사람이 아니랍니다."

가장 중요한 발생생물학자(發生生物學者) 중 한 명인 폴하르트는 위대한 신비를 풀어내든데 중요한 업적을 남겼다. 그녀는 어떻게 하나의 세포가 초파리나 물고기, 사람과 같은 복잡한 생물체가 되는 것인지 그 발생에 대한 비밀을 풀었다. 폴하르트가 1970년대에 초파리 애벌레의 유전에 대해 공부하기 시작했을 때, 그 누구도 애벌레의 유전자가 태아의 성장비밀을 알려줄 것이라고는 짐작조차 못했다. 초파리와 얼룩물고기(zebrafish)에 대한 연구를 통해 폴하르트는 인간 건강 문제의 유전학적 발단을 설명했다. 결손증으로 인해 임신 중 절반가량이 유산으로 끝나고, 28명의 갓난아기 중에 1명이 선천적 결손증이 있다. 이러한 사고는 대개 태아의 초기 성장을 조절하는 유전자의 결함에서 발생한다. 그것은 뉘슬라인-폴하르트와 그녀의 연구 파트너 에릭 위샤우스가 초파리에서 발견한 유전자였다.

폴하르트는 프랑크푸르트 교외에 있는 작센하우센의 예술가들 사이에서 자랐다. 그녀의 부모님인 롤프와 브리지트 하스 폴하르트는 1939년, 세계2차 대전 초기에 결혼했다. 크리스티안네는 그들의 5명의 자녀 중 둘째로 1942년 10월 20일에 태어났고 '야니'라는 별명으로 불렸다. 그녀는 건축가 겸 미술가인 아버지를 사랑스럽고, 카리스마 있는 남자로 기억한다. 전쟁 후 미군에게 잡힌 그는 미군 병사들의 사진을 찍거나 초상화를 그려 가족을 부양했다. 가계를 위해 야니의 어머니도 아동 도서를 그렸다.

저녁에 어머니가 피아노를 칠 동안 아이들도 악기를 연주했다. 야니는 플룻을 부르거나 노래를 불렀다. 때로 오페라의 아리아를 너무 신나게 불러서 이웃이 불평을 하기도 했다. 아버지가 유명한 그림의 복사본을 나무에 붙여 퍼즐을 만들면 야니가 즐겨하는 놀이기구가 됐다. 롤프의 자녀들 중에서 두 명은 건축가가 되었고, 다른 둘은 미술과 음악을 공부했다. 그들은 함께 실내악을 연주했다. "우리는 예술을 심각하게 생각했어요"라고 뉘슬라인-폴하르트가 말했다. "저는 미술과 음악을 즐기지 않는 사람들이 많다는 것에 놀랐어요. 도대체 그들이 어떻게 살아가는지 모르겠어요. 미국에 갈 때마다 제가 처음으로 가는 곳은 메트로폴리탄 미술 박물관이에요."

프랑크푸르트 집에서 자라면서 폴하르트는 마당과 가까운 숲에서 많은 시간을 보냈다. 자연에 사로잡힌 그녀는 달팽이를 잡거나, 식물 이름을 외웠다. 폴하르트라는 이름은 독일 학계에 널리 알려져 있었다. 폴하르트의 증조부는 유기화학자겸 과학 전기 작가였고, 할아버지는 유명한 의학 교수였다. 하지만 그녀는 "우리 가족 중 누구도 제가 과학에 관심을 가지는 것에 대해 신경 쓰지 않았어요. 지식적인 것보다는 예술에 더 관심이 있었지요" 라고 말했다. 12살이 되자 그녀는 생물학자가 되고 싶었다.

폴하르트는 여자들을 위한 엄격한 대학 예비 교육 기관인 프랑크푸르트의 쉴러 스쿨에 다녔다. 당시 독일 대학이 여성을 거의 고용하지 않았기 때문에 대학을 졸업하고 고등학교에서 가르치는 미혼 여자 선생들이 많았다. 폴하르트가 졸업반에 있을 때, 그녀의 생물학 선생은 유전학, 진화와 동물 행동에 대한 내용을 다뤘다. 폴하르트는 오스트리아 동물 행동학자 콘라드 로렌츠가 실행한 연구에 대해 공부하거나 요한 볼프강 괴테의 시를 암기했다. 전쟁의 끔직한 경험을 상기하기 위해 학교에서 반유대주의 · 학살 · 죄의식 · 저항 · 히틀러에 대해서 토론하기도 했다. 뉘렌버그 전범 재판에 대한 생생한 영상을 보면서 폴하르트는 두려움에 떨었다.

몇 년 뒤, 폴하르트가의 자녀들은 전쟁 중 가족이 당한 어려움에 대해 이야기를 들었다. 할아버지와 증조할아버지는 나치당원이 아니어서 직업을 잃었다. 이모 중 한 명은 비판을 하다가 재판을 받고 사형 당할 위기에 빠졌다. 세 명의 삼촌은 죽임을 당했다. 그녀의 아버지는 공군 파일럿이었다. 독일군의 보급품을 공급하기 위해 스탈린그라드와 유럽을 왕복했다. 폴하르트는 아버지 역시 유대인 대학살로 인해 큰 충격을 받았을 것이라 믿었다. 그녀의 가족은 나치가 아니었지만 적극적인 레지스탕스는 아니었다. 의사였던 할아버지는 개인적인 방법으로 유대인들을 도우려고 노력하긴 했지만 실질적으로 큰 도움이 되지는 못했다. "전 제 가족이 특별히 영웅적이었다고 생각하지는 않아요. 하지만 그들은 나름대로 열심히 노력했죠."

전쟁 뒤, 그녀의 어머니는 유대인 정치범 수용소에서 살아남은 사람들을 위해 프랑크푸르트에 묵을 곳을 찾아주고, 그들이 독일 전범 재판의 증인이 될 때 함께 법정에 가기도 했다. 그때 도움을 받은 유대인들의 초청으로 폴란드와 이스라엘에 있는 생존자들을 만나러 가기도 했다.

학교에서 폴하르트는 흥미를 느끼는 과목에 깊이 빠져들었다. 괴테의 시나 수학공식에 대해서 아버지와 논의할 때도 많았다. 하지만 그녀는 숙제를 거의 하지 않았고 평범한 성적으로 졸업 시험을 통과했다. 영어는 거의 낙제 점수였다. 선생님은 그녀가 과학에 흥미가 많고 재능이 있는 것에 대해 칭찬했지만, 나머지 과목에 흥미를 느끼지 못하는 것에 대해서 걱정했다.

1962년에 최종 시험을 보는 날 아버지가 심장 마비로 갑자기 숨졌다. 폴하르트는 몇 개월 뒤, 프랑크푸르트 대학에 입학했다. 그녀는 생물학자가 되는 것을 꿈꿨지만, 많은 장벽이 가로막고 있었다. 1996년까지 독일의 대학에서는 여전히 남학생 비율이 높았다. 박사학위를 받은 남녀의 비율은 3대 1로 커졌다. 또한, 독일은 승자가 모든 것을 독식하는 것이 과학계의 일반적인 풍토였다. 일류 연구자들은 부서나 연구소를 지휘했다. 다른 이들은 그들의 밑에서 일했다. 여성이어서 불리한 점도 있었다. 독일에서는 교수직의 5퍼센트를 여성이 차지하고 있을 뿐이다. 반면 미국에서 1995년에 4년제 고등 교육 단체의 종신 재직 교직원의 23퍼센트, 과학과 공학 교직원의 15퍼센트가 여성이었다.

폴하르트의 기대에도 불구하고 대학 생활은 그리 만족스럽지 않았다. 생물학 수업은 너무 기초적이었다. 동물학 교수가 수업 중에 불필요하게 개구리의 머리를 자르는 것을 보고서 그녀는 물리학과 화학으로 전공을 바꾸었다. 하지만 폴하르트에게 그 과목들은 너무 추상적이었다. 어느 날 폴하르트는 프랑크푸르트 대학 물리학과 학생이었던 볼커 뉘슬라인과 사랑에 빠졌다. 튀빙겐 대학은 독일에서 최초로 생화학 전공을 시작한 곳이었다. 그곳에서 폴하르트는 생물학을 공부하고 과학의 기본을 다져나갔다. 폴하르트는 사랑하는 사람을 남겨두고 푸랑크푸르트를 떠나 1964년 11월에 튀빙겐으로 이사를 갔다. 볼커 뉘슬라인은 그녀를 지지했다. "그렇게 해요. 물어볼 것도 없어요."

튀빙겐 대학은 1477년에 설립됐다. 천문학자 요한스 케플러와 철학자 조지 빌헬름 헤겔이 거기서 공부했다. 폴하르트는 22살에 학생으로 시작해서 자격을 제대로 갖춘 연구 과학자가 되기까지 10년을 튀빙겐에서 보냈다. 처음에 그녀는 지루한 수업을 무시하고 평범한 성적을 받았다. 마지막 해에 폴하르트는 바이러스 연구를 위한 막스플랑크 연구소에서 단백질 생합성과 DNA 복제를 발견했다. 수업은 겨우 이해했지만, 새로운 지식이 그녀를 흥분시켰다. 그곳에서 그녀는 석사·박사 학위 논문 지도와 1년의 박사 후 연구를 지도한 하인즈 샬러를 만났다.

폴하르느는 볼커 뉘슬라인과 결혼한 뒤 튀빙겐에서 분자생물학으로 전공을 바꾸었을 때, 부부는 마을의 가장 오래된 건물 중 하나로 이사를 했다. 그곳은 통풍이 잘 되는 16세기 집이었다. 폴하르트는 그곳을 사랑했다. 그녀는 직접 정원을 가꿨다. "정원은 인공적이에요. 하지만 그것을 무시할 수 없어요. 자연과 최대한 가까워 질 수 있는 곳이니까요. 폴하르트의 작은 집은 친구들의 즐겨 찾는 곳이 됐다. 볼커는 막스플랑크 연구소에서 프리드리히 본회퍼와 함께 박사 학위를 마친 연구원이 됐다. 폴하르트는 본회퍼의 가족을 존경했다. 그의 삼촌 세 분은 나치에 저항하다가 죽었다. 샬러의 아내 취카는 당시 생물학과 대학원생이었다. 폴하르트·샬러·본회퍼 세 부부는 아주 가까이 지냈고, 과학뿐 아니라 사회적인 교류도 활발하게 했다.

폴하르트가 기혼 여성으로서 과학 분야에서 직업을 갖겠다고 결심했을 때, 주위에는 많은 장해물이 있었다. 독일의 사회적 분위기에 따라 여성들은 사회적 활동을 적극적으로 하지 않았다. 서독의 상점은 업무 시간이 아니면 대부분 문을 닫았기 때문에 직업을 가진 주부가 가계를 꾸려나가려면 불편함이 있었다. 세탁과 가사일도 그녀의 몫이었다. 초등학교 학생들은 오전에 공부를 마치면 집으로 돌아가야 했다. 육아 센터를 이용하는 사람도 많지 않았고, 오히려 사람들은 눈살을 찌푸렸다. 다른 사람에게 아이를 맡기는 사람을 까마귀 엄마라고 불렀다. 독일 민속에 의하면 까마귀는 새끼를 잘 돌보지 않는다고 여겨졌기 때문이다. 20세기 초에 폴하르트의 할아버지가 결혼하려고 했을 때, 젊은 과학자들은 보통 미혼으로 산다는 얘기를 들었다. 아직도 많은 독일 여성들은 가족과 일을 동시에 하기 힘들다고 생각한다. 전쟁 뒤 독일에서 과학에 종사한 저명한 여성들의 예도 많이 거론됐다. 리제 마이트너와 헤르타 스포너는 나치를 피해 도망가야 했고, 마리아 괴페르트 메이어는 미국인과 결혼하여 미국에서 일했다.

어려움 속에서도 폴하르트는 샬러에게 자신의 연구 주제를 바꿔달라고 부탁했다. 그녀는 기쁘게 새로운 프로젝트에 빠져들었다. 폴하르트는 실험 훈련을 받고 새로운 용어를 배우며 학문의 매력에 심취했다. 1969년에서 1977년 사이에 그녀의 이름은 6편의 논문에 기재됐다. 한번은 볼하르트는 논문의 제1저자를 다른 사람에게 양보했는데, 그는 "젊은 남성이었고 부양할 가족이 있었기" 때문이다. 그녀는 그 결정을 성차별이라고 생각하지 않았다. "대학원생으로서 우리는 차별 받는 것에 대해서 말하지 않았지만 되돌아보면 여성으로서 어려움이 있었던 것 같아요." 하지만 당시에 그녀는 그런 것을 생각하지 않았다. 오히려 그것을 의식하지 않았던 것을 잘한 일이라고 생각했다. '내가 나쁘게 대우받고 있나?' '그들이 나를 심각하게 받아들이나?' 라는 자문으로 스스로를 위축시키지 않았기 때문이었다.

폴하르트가 박테리아의 유전자 전사(gene transcription)에 대한 논문을 마쳤을 때, 그녀는 이 분야에서 경험 있는 분자생물학자였다. 그녀는 더 세부적인 연구를 할 수도 있었지만 새롭고 더 광범위한 문제에 도전하고 싶었다. 독일에서 생물학을 전공하는 학생들이 장기간의 연구를 주제로 정하는 일은 극히 드물었다. 그런데 마침 튀빙겐의 막스플랑크 연구소는 연구의 방향을 바이러스에서 발달 생물학으로 바꾸고 있었다. 그녀는 그곳에서 세미나에 참석하고, 연구원들에게 질문을 하며 새로운 분야에 대한 탐구를 계속했다.

드디어 폴하르트는 생물학의 가장 큰 난제 중 하나인 발생에 대해 연구하기로 마음먹었다. 그것은 어떻게 세포 하나가 복잡한 생물체로 발달하는가에 대한 연구였다. 난자는 분열을 하면서 몇 백만 개의 세포를 가진 생물체가 된다. 모든 세포는 특별한 정보를 가지고 있어서 어떻게 신경 · 근육 · 혈액 · 뇌 등으로 분화하는지 또 어디에 위치해야 하는지 정해져 있다. 우선, 하나의 세포는 어떤 정보를 지니고 있을까? 볼하르트는 난자 안에 어떻게 형태를 만드는 요소가 있고, 그것이 어디에 위치하고 있으며, 그것의 분자적 성격이 무엇이고 과연 어떻게 작동하는지 모든 것이 궁금했다. 끊임없이 그녀는 자신에게 물었다. "어떻게 이렇게 복잡한 것이 그렇게 간단한 것에서 발달할 수 있지?"

수수께끼를 풀기 위해, 그녀는 인공적으로 난자의 정보 내용을 바꾸어야 했다. 당시 생물학자들은 생물체의 발달이 유전자 정보에 의해 좌우된다는 것은 이해하고 있었다. 전해진 정보가 조금만 바뀌어도 생물체의 성장에 큰 문제가 발생한다.

실험동물을 찾던 폴하르트는 특이한 초파리 변형에 대해서 알게 됐다. 하지만 초파리에 대해서 제대로 된 정보가 없는 상태였다. 애벌레를 볼 기구를 제대로 갖추고 있지 못한 것이 큰 이유였다. 20세기 동물 유전학은 초파리 연구에서 시작됐다. 유전학자들은 방사능으로 초파리의 유전자를 파괴시키거나 변형시켜서 어떤 결과가 나오는지를 실험했다. 이러한 실험은 엄청난 양의 초파리를 필요로 하는데, 암컷 초파리는 작은 병에 많은 수의 알을 낳기 때문에 실험 대상으로는 아주 좋았다. 알은 수정된 지 20시간 안에 유충이 된다. 이 유충의 표피를 관찰하는 것만으로도 폴하르트는 유전자 변형에 의해 생성되는 미묘한 변화를 알아낼 수 있다고 생각했다.

폴하르트는 유럽분자생물학기구(EMBO · European Molecular Biology Organization)이라는 국제적 연구 협회에서 장기간 지원금을 받았다. 그녀는 최신 유행하는 분자생물학에서 몰락한 발생학으로 전공을 전환했다. 독일에서 과학적 성공을 꿈꾸는 젊은 과학자들은 대부분 박사 후 연구를 위해 미국으로 유학을 갔다. 그런데 유전학자겸 생태학자 월터 게링은 스위스 바젤 옆에서 최우수 생물학 연구실을 시작했다. 1973년 과학 회의에서 게링을 만난 폴하르트는 용기를 내어 그의 연구실에서 일해도 되는지 물었다.

게링은 폴하르트를 매우 독창적인 여성이라고 생각했다. 폴하르트는 게링에게 남편과는 상관없이 바젤에서 유전학과 발생생물학을 할 계획이라고 확실하게 말했다. "그녀는 매우 단호했어요… 그녀는 무엇을 하고 싶은지 알았죠"라고 게링이 회고했다.

폴하르트는 스위스 경계를 넘어 독일권의 바젤로 이사를 했다. "저는 초파리로 연구하는 것을 가장 좋아했어요. 그것은 저를 매혹시켰고 제 꿈을 키워주었죠. 저는 처음에 발생학이나 초파리에 대해서 아는 것이 없었어요. 초파리가 자라고 변화하는 것을 보는 건 흥미로운 일이었지만, 저는 제가 무엇을 하고 있는지 전혀 몰랐어요." 그 시절을 회상하며 폴하르트가 말을 이었다. "초파리는 특별한 매력이 있는 것은 아니었지만 자세히 보면 너무 아름다워요. 점점 알게 될수록 빠져들게 되지요."

게링과 박사 학위 논문을 마친 에릭 위샤우스는 폴하르트에게 파리의 발생학을 가르쳤다. 위샤우스는 다른 사람의 생각에 휘둘리지 않았다. 그는 로마 가톨릭교도였고, 미국 앨러배머주에서 온 베트남전을 반대하는 화가이기도 했다. 발생생물학에 대해 창의적인 생각을 가진 그는 폴하르트가 보기에 매력적인 천재였다. 폴하르트보다 5살 연하였지만 그는 어떤 사람보다도 초파리 애벌레에 대해서 잘 알았다.

초파리의 여러 형질이 배아에서 어떻게 발달되는지 이해하기 위해 폴하르트는 꼬리가 두 개 생기는 돌연변이 애벌레를 연구하기 시작했다. 그녀는 돌연변이 애벌레의 원인이 된 유전자가 암컷의 난자에 있었다는 사실에 놀랐다. 수컷의 유전자에는 아무 문제가 없었다. 이를 통해 애벌레에서 볼 수 있는 기질 가운데 얼마는 수정 전 난자에 의해 정해진다는 것을 알 수 있었다.

폴하르트는 실험을 위해 충분한 돌연변이를 키우기 위해 노력했다. 작업은 지루하고 어려웠다. 그녀는 꼬리가 두 개 달린 돌연변이를 이해하지 못했다. 박사학위를 마친 연구자겸 우수한 유전학자인 캐나다인 쟈네트 홀든은 폴하르트에게 초파리 유전학을 가르쳤다. 어느 편안한 오후에 레스토랑에서 라인 강을 바라보며 커피를 마시던 홀든은 열정이 넘치는 그녀에게 감명을 받았다.

홀든의 도움을 받아 폴하르트는 결국 많은 수의 초파리(Drosophila) 배아를 빨리 구분하는 기술을 개발했다. 그녀의 방법은 오늘날 작은 연구소도 초파리를 연구할 수 있게 해주었다. 폴하르트는 암컷 초파리가 접시에 20개의 작은 원으로 알을 낳게 하는 방법을 마련했다. 폴하르트는 이 방법을 사용해 한번에 20개의 알 중에서 변형된 애벌레를 찾을 수 있었다. 이것은 매 주 몇 천 개의 알을 확인하는 시간을 단축시켰다. 몇 만개의 배아를 관찰한 결과 그녀는 순식간에 표피에 생긴 미묘한 차이를 구별할 수 있게 됐다. 어린 시절 퍼즐을 푸는데 도움이 되었던 날카로운 눈이 다시 그녀에게 도움을 주었다.

게링에게 박사 학위 지도를 받은 연구원들은 가까운 모임을 형성했다. 그들은 서로의 초파리에게 먹이를 주는 것을 돕거나 함께 스키를 타러 가기도 했다. 폴하르트는 대부분의 시간을 연구실에서 보냈지만 가끔 연구실 동료와 빵집에 가거나 게링의 비서가 주최하는 여자들을 위한 파티에 참석하기도 했다.

폴하르트는 독일 교육 환경 때문에 다른 이들보다 몇 년 연상이었다. 젊은 남성들이 연구실에서 떠들면, 그녀는 조용히 하라고 소리를 질렀다. 그녀는 게링 박사 후 연구원가운데 유일하게 이혼을 한 여성이었다. 뉘슬라인이라는 이름으로 알려진 그녀는 그 이름을 버릴 수 없다고 생각했다. 그녀는 두 성을 이어서 썼다. 다른 이들은 짧게 그녀를 야니 뉘슬라인이라고 불렀지만 그녀는 뉘슬라인-폴하르트라고 썼다.

폴하르트는 '과학자들' 에게 성별로 차이를 두는 것을 용납하지 않았다. "이런 면에서 저는 매우 제 자신에게 좀 엄한 편이랍니다. 저는 사람들에게 매우 객관적이려고 노력하죠." 게링의 연구실에서 그녀는 소외되는 것이 가장 신경쓰였다. 게링은 유전학과 발생학에서 분자생물학으로 연구방향을 바꾸고 있었다. 그녀는 반대했다. 그녀는 게링이 바꾸고자하는 연구 방향 때문에 바젤에 온 것이 아니었다. 하지만 연구실에서 누구도 그녀와 같은 연구를 하려고 하는 사람이 없었다. 결국 그녀는 연구를 논의할 사람이 없어졌다.

폴하르트는 분자생물학 대신 유전학으로 태생적 발달을 설명할 수 있다고 여전히 믿고 있었다. 분자생물학자들은 생화학과 분자의 구조를 이용하여 유전을 연구했다. 그들의 입장에서 애벌레와 초파리에 대한 폴하르트의 관심은 구식으로 보였다. 더구나 그녀는 초파리 유전학자 사이에서도 비정상적인 사람처럼 취급을 받았다. 전통적인 유전학자들은 유전자의 관계를 그것의 생화학적 반응이 아닌 염색체에서 얼마나 가까운지가 중요했다. 하지만 폴하르트는 염색체에서 유전자의 위치는 상관이 없다고 생각했다. 그녀는 유전자를 작용의 단위로 생각했다. 그래서 그녀는 유전자가 자손에게 미치는 영향을 연구함으로써 결과를 발견할 계획이었다. 폴하르트는 결국 혼자서 연구를 진행했다.

폴하르트는 그녀의 바젤에서 수행한 연구를 게링의 이름을 넣지 않고 혼자 발표했다. 그녀는 게링의 박사 후 연구원이었지만 이런 방식을 채택한 사람은 없었다. 그녀는 홀든에게 자신이 게링에게 말을 하지 않고 초파리에 대한 실험 기술을 설명한 짧은 논문을 저녁에 보냈다고 연락했다. 게링은 연구실 관리자로서 그가 지도하는 모든 박사 후 연구원의 논문에 표시 될 자격이 있었다. 폴하르트는 게링이 자신의 논문을 이해하지 못한다고 말했다. 하지만 그녀는 그가 혼자서 출판하도록 해줄 만큼 마음이 넓다고 말해주었다. 그 논문은 "제가 공부한 가장 어려운 돌연변이로 엄청난 인내 끝에 얻은 작은 상이었어요"라고 폴하르트는 그 시절을 기억했다.

폴하르트는 2년 뒤에 바젤을 떠났다. 새로운 일자리를 구하기는 힘들었다. 독일은 발생생물학이나 초파리 유전에 대한 관심이 적었다. 그녀의 연구는 새로운 것이었고, 그녀는 논문과 같은 성과도 많지 않았다. 해외로 떠나는 것도 걱정이 되었다. 낯선 사람과 협력하는 것은 부담스러운 일이었다. 20년 뒤에, 그녀는 게링의 실험실이 "아름답고 재미있고 자극적인 환경이었다… 나는 더 오래 머물렀어야 했다"고 인정했다.

그녀는 독일 남서쪽에 위치한 도시로 이사를 갔다. 곤충 발생학 전문가로서 처음으로 알의 화학적 요소를 설명한 클라우스 샌더는 프라이부르크 대학의 동물학 교수였다. 샌더는 그녀에게 일이나 급료를 줄 수 없었지만 연구를 위한 공간은 마련해 줄 수 있었다. 폴하르트는 독일연구학회의 지원을 받아 그곳에서 연구를 시작했다.

폴하르트는 어미 초파리의 유전자 손상에 의한 또 다른 돌연변이 초파리를 발견했다. 새로운 돌연변이와 바젤에서 연구했던 돌연변이의 결과를 취합하면, 세포가 머리나 꼬리, 등이나 배가 되는 것을 결정하는 두 개의 조화 시스템이 있다는 것을 알 수 있었다.

1978년, 폴하르트는 위스콘신 대학에서 열린 미국 발생생물학 학회에서 새로운 돌연변이에 대해서 강연을 해달라는 초청을 받아 미국으로 첫 여행을 떠났다. 미국 여행은 그녀의 마음에 들지 않았다. 미국의 커피는 너무 연했고, 무뚝뚝한 독일 과학자들의 솔직한 모습도 그리웠다. 미국인들은 독일 사람보다 훨씬 친절하고 공손하지만 그들의 진심을 느끼지 못했다.

뉴욕과 샌프란시스코에 있는 친구들을 만나러 잠깐 방문한 폴하르트는 여행의 어려움과 두려움에 대해 이야기했다. “저는 세계가 얼마나 다를 수 있는지에 놀랐어요. 저는 조용한 사람이에요. 여행하는 것이 두렵답니다.” 공식석상에서 말하는 것과 여행에 대해 여전히 불안했던 폴하르트는 때로 대학원생을 보내 대신 강연을 시키기도 했다.

폴하르트는 하이델베르크 옆에 세워진 새로운 유럽분자생물연구소(EMBL · European Molecular Biology Laboratory)에서 작은 연구 그룹을 지도하게 됐다. 다만 위샤우스가 그녀와 공동 지도자가 되어야 한다는 조건이 붙었다. 적당한 기금을 지원받고 가르치는 의무에서 해방되었기 때문에 그들은 바젤에서 여유 있게 저녁 식사를 하며 실험에 대해 충분한 대화를 나눌 수 있었다. 그곳에서 일하는 것은 좋은 기회였다. 36살이 된 폴하르트로서는 선택의 여지가 없었다.

하이델베르크 대학은 1386년에 설립되어 독일에서 가장 오래된 역사를 자랑하는 곳이었다. EMBO의 연구실은 마을을 내려다보는 곳에 자리 잡고 있었다. 폴하르트가 연구하는 건물은 매우 작았다. 일반적인 침실 크기 정도밖에 안 되는 곳에 파리 저장고, 몇 천개의 파리 병, 현미경, 파리들에게 줄 음식과 서류 등이 공간을 가득 채웠다. 폴하르트와 위샤우스, 숙련된 기술자인 힐데가드 클루딩이 그곳에서 연구를 진행했다.

그들은 힘들게 일을 시작했다. 폴하르트는 위샤우스에게 의지하고 있다는 인상을 받았다. 그는 파리에 대한 경험이 풍부했다. 위샤우스가 실험에 대해서 생각할 때 폴하르트는 바쁘게 현미경과 병과 파리에게 줄 음식을 준비했다. 위샤우스는 폴하르트에게 왜 실험을 하고 있지 않은지 물었다. 그녀가 연구소 관리 업무를 나누는 것에 대해 이야기 하자 그는 당장 돕겠다고 했다. 폴하르트는 “그때부터 우리는 같은 연구실에서 일하는 것을 충분히 즐길 수 있었어요"라고 말했다.

부족한 인력으로 인해 그들을 서로 협력했다. 당시 대부분의 발생생물학자는 우연히 발견된 각각의 유전자를 연구하고 있었다. "우리는 유전자가 다른 유전자와 어떻게 어울리는지 모르고서는 그것이 무엇을 하는지 알 수 없다는 사실을 깨달았어요. 서열에서 그것은 어느 정도의 위치에 있나? 그 시스템이 얼마나 복잡한 지 알아내는 것이 중요했지요"라고 폴하르트가 설명했다. 그녀는 우연히 발견되는 유전자를 연구하는 방법에서 벗어나 초기 발생에 영향을 주는 모든 유전자를 연구하기 위한 크고 체계적인 탐구를 시작했다.

그들은 사실상 성체 파리의 모든 유전자를 변형시켜 그것이 후손들에게 끼친 영향을 관찰하기로 결정했다. 그들은 우선 하나의 염색체에 있는 유전자를 변형시키고 충분한 자료를 얻었다. 하지만 그들의 목표는 그저 유전자를 분석하는 것이 아니었다. 그들의 목표는 애벌레가 어떻게 성장하는지 이해하는 것이었다. 그것은 모험적인 도박이었다. 누구도 이전에 비슷한 연구를 한 적이 없었다. 생각지도 않게 그들은 많은 유전자를 발견했다.

그들은 연구의 폭을 좁히기 위해 수정 뒤, 몇 시간 이내에 애벌레에게 비정상적인 형태의 표피나 살갗을 발달하게 하는 유전자를 찾아내기로 했다. 수정란은 초기에 세포가 증가하고 점차 애벌레의 머리 · 꼬리 · 앞과 뒤가 되도록 분화된다. 그들은 애벌레의 몸을 14개의 마디로 나누는 유전자에 집중했는데 그것이 성체의 머리 · 배 · 꼬리로 된 전체적 구조를 결정하기 때문이었다.

우선 그들은 성체 수컷 초파리에게 DNA를 손상시키는 화합물이 들어있는 설탕물을 주었다. 그리고 1년 동안 튀빙겐 대학의 교수가 된 게드 유르겐스와 힐데가드 클루딩의 도움을 받아 2만 7천 마리의 교배 잡종을 만들고 각각 3대를 설립했다. 1980년 여름, 그들은 총 1만 8천 마리의 돌연변이를

조사하고 700마리를 자세하게 분석했다

그 실험은 아주 정교하고 조화된 협동 작업을 필요로 거대한 프로젝트였다. 알에서 부화하여 살아있는 유충은 음식을 향해 기어갔다 죽은 애벌레는 중앙에 남았고 분석을 기다렸다. 표백제로 알의 겉막을 지웠다. 석유 한 방울은 표피를 투명하게 해 안에 있는 애벌레의 모습이 드러났다. 폴하르트와 위샤우스는 현미경의 양쪽에 앉아서 죽은 애벌레 표피를 계속 분석했다. 한 마리의 암컷 초파리는 매일 50개의 알을 낳는다.

한 사람이 5~6주 만에 만 마리의 초파리를 분석할 수 있었다. 실험을 준비하고, 돌연변이를 일으키고, 수정을 시키고, 그것의 후손을 모아 분석하는 일이 계속됐다.

그들은 몇 달 동안 애벌레를 분석했기 때문에 유충의 표피가 아름답게 보이지 않으면 그저 "더러운 것에 지나지 않는다"는 것을 인식하고 있었다. 위샤우스는 사춘기 때 억압되었던 예술가적 욕망을 진정시키려고 했는지 모르지만 연구에 대해 이렇게 설명했다. "나의 연구는 언제나 강한 시적 요소를 갖고 있었다." 폴하르트도 동의했다. "그것의 아름다움을 이전에는 알지 못했어요. 그것을 보는 일이 즐겁지 않으면 아마 오랫동안 볼 수는 없을 거예요."

매일 밤, 그들은 연구실에서 소형 승용차를 타고 내려왔다. 레스토랑에서 식사를 하며 얘기를 나눈 뒤, 그들은 다시 언덕을 올라가 EMBL 연구실에서 일을 계속했다. 토요일 오후에 그들은 동네 빵집에서 간식을 먹으며 휴식을 가졌다.

6명이 넘는 사람들이 작은 연구실을 꽉 채웠다. 3명의 기술자가 먼저 일하고 뒤에 과학자들이 교대를 했다. 새로운 발견의 흥분이 '초파리 공동체'에 퍼지자 사람들은 1~2주일 동안 도우러 왔다. 유르겐스가 도착했을 때, 그가 일할 작업 공간은 채 1미터도 되지 않았다. 한 문제에 집중하는 사람들의 열정은 프로젝트를 빨리 진행시켰다. 전날 밤 발견된 새로운 돌연변이를 보러 오는 것 때문에 사람들은 매일 아침 무척 신났다.

감정적이고, 무례하고, 고집 센 폴하르트는 EMBL의 소장에게 더 넓은 공간과 더 많은 기술자를 지원해 달라고 요구했다. 켄드루는 1962년에 노벨 화학상을 받은 과학자였지만 작은 초파리 실험을 위해 왜 그렇게 많은 지원이 필요한지 이해하지 못했다. 한 초파리 전문가는 위샤우스와 폴하르트 앞에서 "정말 괜찮은 파리 유전학자가 필요하지, 이 두 사람이 필요한 것은 아닙니다"라고 켄드루에게 말했다. EMBL에는 3명의 다른 여성 과학자가 있었지만 그는 계약이 끝나면 그들을 자르던지 남성과 팀을 이루게 하려고 했다. 켄드루는 폴하르트가 신경에 거슬렸기 때문에 위샤우스와 협상하는 쪽을 선호했다.

그에 따라 위샤우스는 외부와 협상을 하는 역할을, 폴하르트는 연구실을 관리하는 역할을 맡았다. 그녀는 언제나 앞서가기를 원했고 그러한 생각이 손짓과 표정에 나타났다. 조사해야할 수천 개의 병과 엄청난 양의 애벌레 때문에 자칫하면 실수를 할 위험이 있었다. 누군가 초파리에게 새로운 먹이를 주어 잘 먹지 않고 알을 낳지 않았을 때, 폴하르트는 격분했다. "당신 때문에 무슨 일이 일어났는지 봐요!" 하지만 폴하르트는 다른 이들에게 자신이 연구실에서 맡은 역할 때문에 힘들다고 고백했다.

팀의 연구 진행은 꾸준했다. 현미경을 보며 폴하르트와 위샤우스는 돌연변이를 분류해 반복되는 결점, 다른 기간, 같은 점과 다른 점을 찾아냈다. 엄청난 양의 실험 자료를 얻은 그들은 중요한 특징에 집중하고 세부사항은 일단 제쳐놓았다. "그 연구 시간은 일생 중 가장 흥분되고 지적인 자극을 많이 받은 시간일 거예요"라고 위샤우스가 말했다.

초파리를 연구하는 과학자들은 애벌레를 연구한 적이 없었다. 그 실험은 모든 사람들의 예측을 혼란스럽게 했다. "거의 매일 우리는 지금까지의 예측을 뒤엎는 새로운 표현형을 보기 원했어요." 폴하르트는 실험은 힘들지만

"매우 흥분되고, 재미있다"고 생각했다.

점차 자료가 명확해졌고 그들은 결론에 도달했다는 것을 알게 됐다. 한 종류의 돌연변이는 마디가 반만 발달했다. 하나 걸러 마디가 생략된 것이다. 그것은 예상하지 못한 새로운 것이었다. 그리고 그들은 다른 돌연변이도 특이하게 표현되는 것을 보았다.

폴하르트와 위샤우스는 곧 배아의 머리부터 꼬리까지의 형태를 만드는 유전자의 범위를 줄였다. 초파리가 가진 2만개의 유전자 중에 15개의 유전자를 알아냈다. 15개의 유전자는 다시 세 단계로 분류할 수 있다. 첫 번째 그룹은 배아의 머리에서 꼬리 부분을 형성하는 데 관여했다. 두 번째 그룹은 체절을 구성하는 데 관여했다. 마지막 그룹은 체절 내에 순환구조를 형성하는 데 관여했다. 놀랍게도 대다수의 유전자가 애벌레의 특별한 세포 종류나 조직이 아니라 특정한 부위에 영향을 주었다.

그들의 발견은 예상치 못한 것이어서 그것이 선보였을 때 한 과학자는 그것을 경멸하며 이렇게 불렀다. "초파리 배아를 죽이는 1,001가지 방법." 얼마 뒤, 미국에서 열린 회의에 그녀는 긴장 속에 연설을 시작했고 몇 분 동안 그녀의 목소리가 떨렸다.

그들의 연구는 1980년 10월 「네이처」표지를 장식했다. 그들의 모델은 금방 인정받았다. 어미에게 받은 유전자 생성물의 다른 농도는 유전자의 계층적인 단계를 드러내어 배아의 초기 조직, 조직이 단계별로 점차 나뉘는 것과 세포가 어디에 있고 어디로 가야 하는지 조절하는 것을 나타냈다.

초파리는 발생생물학의 가장 인기 있는 실험동물 중 하나가 됐다. 그녀의 도박은 성과를 거두었다. 유전학과 초파리와 배아는 이기는 조합이었다. 유전학과 순수한 관찰이 결국 승리를 거두었다.

3년 뒤, 폴하르트와 위샤우스는 그들의 독창적 연구를 초파리의 발생에 영향을 주는 120개의 유전자로 넓혔다. 이 논문은 1984년 「루 아카이브

(Roux Archive)」에 게재되어 거의 모든 초파리의 발달 연구의 기초가 됐다.

그들은 노벨상을 수상할 연구 성과를 냈지만 EMBL이 두 사람을 내보냈기 때문에 연구를 지속하지 못했다. 폴하르트는 그때를 돌아보며 말했다. "가끔 흥분되는 발견을 했을 때 우리 실험실 바깥의 사람들은 그것을 인정하려 하지 않아 참 이상하다고 생각했어요. 물론 우리도 다른 실험실 사람들이 무엇을 하고 있는지 관심을 가지지 못했어요. 그것은 우리의 연구에서 멀었고, 우리는 시간이 많지 않았거든요. 사실 우리는 좋은 실험 환경을 갖고 있는 편이었죠… 우리는 기회를 잘 이용했어요."

폴하르트는 튀빙겐에 지원했다. 그녀는 막스플랑크협회의 미셰 연구소에서 지도자 자리를 맡아달라는 제안을 받았다. 1981년에 그녀는 39살로 자리에 비해 나이가 많은 편이었다. 막스플랑크협회는 독일의 가장 큰 기초연구협회이다. 그것은 전문화된 단체의 집합으로 1911년에 과학의 발전을 위해 카이저-빌헬름 학회로 설립되었고, 제2차 세계대전 이후 저명한 물리학자의 이름이 붙여졌다. 미셰 연구소는 젊은 연구원들이 마음껏 능력을 보일 수 있는 보육 센터(incubation center)였다. 5년 동안, 그룹 지도자들은 가르치지 않아도 되고 관대한 예산, 자리와 기술적 도움이 주어졌다. 1981년, 막스플랑크협회는 폴하르트에게 기회를 주기로 결정했다.

그 해 5월, 튀빙겐으로 돌아가는 것은 집으로 가는 느낌이었다. 처음으로 그녀는 지도자가 됐다. 압박도 있었다. 잘하지 않으면 다시는 연구 지휘를 할 수 없을 것이라는 뜻이었다. 지도자로서 그녀는 자신에게 여러 성적을 주었다. "저는 변덕스러워요. 때로 우울하고 열정적이죠… 그 때문에 저와 함께 일하는 사람은 힘들기도 했어요…"

튀빙겐에서 보낸 몇 달은 힘들었다. 동네 은행은 그녀에게 신용카드를 발급해 주지 않았다. "당신은 얼마나 벌죠?"라고 행원이 폴하르트의 청바지와 셔츠를 미심쩍게 보며 물었다. "우리는 당신이 첫 월급을 받을 때까지 기다렸다가 신용 카드를 발급하는 게 좋겠어요." 폴하르트는 능력 있는 클루딩을 잃고, 한 기술자를 해고한 뒤 초파리를 돌볼 학부생들을 대신 구했다. 그들은 뜨거운 여름에 병에서 몇 천 마리의 초파리를 다른 병으로 옮기는 일을 10일에 한 번씩 해야 했다.

하이델베르크에서처럼 팀은 저녁을 먹으러 근처 레스토랑에 가거나 폴하르트 집에서 저녁을 먹었다. 토요일 오후에는 집에서 만드는 케이크를 먹거나 빵집에서 과일 타르트(파이의 일종)를 먹었다. 주말과 늦은 밤에도 연구는 계속 이어졌다.

어느 늦은 오후, 연구실에서 현미경을 들여다보던 폴하르트는 4개의 매혹적인 돌연변이를 찾아냈다. 다행히 프로젝트가 성공적으로 마무리 될 것 같았다. 그녀는 축하하는 뜻에서 실험실 사람들과 저녁을 먹으러 의기양양하게 나갔다.

초파리 어미가 몸을 조직할 정보를 알에 전달한다는 사실을 설명할 자료가 드디어 나타났다. 폴하르트 팀의 자료는 프린스턴에 있는 트루디 슈프바흐에 의해 보완됐다. 배아 발달에 중점을 둔 폴하르트는 다른 연구소의 연구원들을 돕고 연구를 위해 돌연변이를 기증했다. 1984년, 미셰 연구소에서 연구기간이 끝날 때가 다가오자 그녀는 기분이 좋지 않았다. 그녀는 생물체의 초기 발생을 연구하는 세계의 가장 훌륭한 생물학자 중 하나였다. 하지만 막스플랑크협회는 그녀에게 영구직을 줘야 할 지 결정하지 못하고 있었다. 노벨상을 수상하게 되는 연구를 한 4년 뒤, 그녀는 독일 대학에서 다른 주제에 집중하고 있는 연구소를 맡아달라는 적절하지 못한 제안을 받았다. 하지만 그녀는 막스플랑크 연구소를 원하고 있었다. 마침내 막스플랑크협회는 1985년 4월부터 튀빙겐에서 발생생물학 연구소장으로 그녀를 결정했다. 42세의 나이에 그녀는 드디어 영구직을 얻었다. 그녀는 막스플랑크협회의 74년 역사 가운데 소장이 된 3번째 여성이었다. 처음은 1920년대와 1930년대

리제 마이트너였다. 1998년까지도 막스플랑크협회의 234명의 연구소 지도자 중 5명이 여성이었고 겨우 두 명이 독일인이었다.

연구소를 튀빙겐의 거리로 옮긴 그녀는 연구실로 가는 계단을 유럽과 미국 박물관의 포스터로 꾸몄다. 그녀는 분자생물학을 도입했다. 오랫동안 그녀는 유전학이 배아를 설명하는 데 더 낫다고 언쟁했다. 그러나 하이델베르크 프로젝트를 마친 뒤, 세계의 여러 초파리 연구소가 돌연변이로 유전자를 분석하는 노력을 시작했다. 분자 생물학과 유전학의 조합은 초파리의 초기 발달에 관련된 많은 유전자가 인간을 포함한 척추동물에도 있다는 것을 발견했다.

하나의 유전자는 두 부분으로 나누어진다. 한 부분은 특정한 단백질을 만드는데 필요한 정보를 가지고 있고, 다른 부분은 유전자를 다른 시간과 다른 세포에서 껐다 킨다. 전원이 언제 어디서 작동하느냐에 따라서 그것은 여러 가지 다른 일을 할 수 있다. 초파리 배아를 발달시키는 유전자 부분이 식물 · 곤충 · 지렁이 · 쥐 · 닭 · 얼룩물고기 · 사람에게서 작동한다. 배아발달 유전자에 결함이 생기면 자연 유산, 척추피열과 구개 파열과 같은 선천적 병을 일으킨다. 같은 유전자의 부분이 초파리와 쥐의 눈 성장을 관리하지만 눈은 매우 다르다. 폴하르트가 프라이부르크에서 발견한 유전자는 포유류의 면역계를 발달시켰다. 애벌레의 체절을 구성하는데 관여하는 유전자 부분이 신경계와 다른 조직을 형성하기도 한다. 불완전한 유전자는 다양한 암종을 일으킬 수 있다.

폴하르트는 세계의 선두적인 발생생물학자로 다양한 상을 받았다. 그녀는 국립 과학 협회와 왕립 협회의 회원이 되었고 예일 · 프린스턴 · 하버드 대학에서 명예 학위를 받았다.

다른 분야에서 폴하르트의 관점은 아직도 진화하고 있었다. 전처럼 그녀의 학생들과 박사 후 연구원들은 여전히 가족 같이 지냈지만, 그들은 이제 가족이 있어 저녁 7시면 일을 마쳤다. 폴하르트와는 오직 일주일에 한 번만 식사를 같이 했다. 그녀는 연구원들의 아기를 그리 달갑게 보지 않지만 막스 플랑크 연구소에 육아센터를 설립했다.

그녀는 연구실의 젊은 여성들이 결혼을 하고 나면 뭘 할지 궁금해 했다. 폴하르트는 과학을 하는 여성이 직면하는 문제들에 대해서 용기를 내어 말했다. 그렇지만 그녀는 독일에서 여권주의를 조장하는 것은 외교적으로 지각없는 것이라 생각한다. 녹일 여권주의자들은 녹색당(Green environmentalist party)과 가깝게 연합되어있고 일반적으로 반과학적이라 여겨진다. 그녀는 발생학과 유전자 기술에서 자신의 성공을 칭찬하는 것과는 반대로 여권주의자들이 의외로 냉담했다고 느꼈다.

뉘슬라인-볼하르트는 52세에 과학 분야에서 노벨상을 받은 10번째 여성이었고 독일인으로서는 처음이었다. 신문 표제는 그녀를 "파리의 여왕"과 "초파리 귀부인"이라고 칭했다.

노벨상을 가지는 것은 어떤 사람에게는 짐일 수 있다. "더 유명해 질수록 더 많은 상을 받고 더 겸손해야 해요"라고 폴하르트가 말했다. 어떤 노벨상 수상자들은 연구를 줄이거나 그만 두는 것으로 적응하기도 한다. 하지만 폴하르트가 초파리로 노벨상을 받았을 때, 그녀는 십만 마리의 얼룩물고기를 키우는 것으로 연구에 대한 헌신을 두 배로 늘렸다. 어느 때보다 호기심이 많았던 그녀는 초파리에서 이룬 발견이 더 복잡한 생물체에도 적용되는지 알기를 원했다.

초파리의 눈 · 면역체 · 심장 · 순환계는 훨씬 간단하다. 그것은 폐와 간이 없었다. 포유동물의 외부 골격은 내부 장기 · 근육 · 소화관을 감춘다. 그래서 생물학자들은 오랫동안 값 싸고 작으면서도 번식이 빠르고 쉽게 다룰 수 있는 척추동물 실험 대상을 찾고 있었다.

폴하르트는 인기 있는 수족관 얼룩물고기가 적합하다고 생각했다. 오레곤 대학의 조지 스트라이싱어는 1981년 논문에서 파란색과 노란색 줄무늬가 있는 물고기를 제안했다.

그가 죽은 뒤 척 키멜, 데이비드 그린왈드, 주디스 아이젠과 다른 오레곤 대학의 사람들은 그 물고기를 발생 생물학에 사용할 수 있는 방법을 계속 연구했다. 얼룩물고기 배아는 투명하다. 그래서 쉽게 분석할 수 있다. 튀빙겐 애완동물 상점에서 작은 얼룩물고기를 산 그녀는 창문가에 물고기를 놓고 먹이로 병에 지렁이를 키웠다. 그녀는 막스플랑크협회에 반쪽짜리 연구비 계획안을 제출했다. 1992년에 그녀는 6천 개짜리 물고기 집을 열었다. 누구도 그렇게 대규모로 얼룩물고기를 키운 적은 없었다.

수컷 얼룩물고기를 유전자를 변형시키는 화합물에 노출시킨 뒤, 그녀의 연구 팀은 변형된 정자와 난자를 수정시켜 3대의 물고기를 키우고, 2백만 개가 넘는 배(胚)를 분석했다. 물고기 집이 열린 날부터 약 3년 뒤, 폴하르트의 제자로 보스턴 매사추세츠 일반 병원에 있던 울프갱 드리버는 논문을 발표했다. 37개의 기사가 「발달(Development)」 저널지의 단행본이 되어 뇌 · 심장 · 혈액 · 살갗 · 눈 · 귀 · 턱에 영향을 주는 천 개가 넘는 돌연변이에 대한 481쪽짜리 가이드가 되었다. 돌연변이는 물고기의 초기 성장의 거의 모든 모양에 결점을 일으켰다. 그것은 척추동물 배의 발달에 영향을 미치는 유전자를 최초로 체계적으로 분석한 것이었다.

그 작은 물고기는 분자적 수준에서 심장 혈관과 신경계의 발달을 이해하는데 특히 유용한 것으로 나타났다. 유전자가 어떻게 신경 · 혈액 · 심장과 다른 내부 장기에 영향을 주는지 이해하는 것은 사람의 병을 치료하기 위한 중요한 정보를 줄 수 있다. 물고기의 심장, 혈액 형성과 눈에 영향을 주는 돌연변이는 치명적인 병인 지중해 빈혈을 포함해 사람의 유전병에도 대응한다. 폴하르트의 선구적인 노력 덕분에, 2백 개가 넘는 연구 실험실이 이제 작은 파랑색과 노랑색 줄무늬의 물고기를 연구하고 있다.

평범한 수족관 물고기를 사람 발달 과정을 이해하는데 중요한 도구로 바꾼 것은 뉘슬라인-폴하르트의 대단한 업적이었다. 그녀의 연구는 역사적인 성취로 마젤란이 세계를 여행한 것과 같이 발견에 새로운 전망을 열었다.

「사이언스」의 기자는 이렇게 표현했다. "얼룩물고기로 시작한 발달 유전학 연구는 끝나려면 멀었다."

그녀를 심각하게 여기는 사람들을 잘 살피고 있는 뉘슬라인-볼하르트는 파리에서 물고기로 바꾼 그녀를 "과학에 터무니없는 것"이라고 말하는 몇 명의 과학자를 인용하는 것을 즐겼다.

"이런 지적은 뭐죠? 그들은 내가 바보인 줄 아나요? 내가 무엇을 하고 있는지 모른다고 생각하나요?"라고 그녀가 성냈다.

그녀는 다음과 같이 첫 얼룩물고기에 대한 논문을 마무리했다. "모든 돌연변이는 요청에 따라서 입수할 수 있습니다."

마치는 말

여성 과학자들이 아직도 가구 밑에 숨어서 급료 없이 일할까? 그렇지 않다. 지금은 확연히 드러난 차별은 없어졌다. 전 미국 물리학회 회장이었던 밀드레드 드레슬하우스는 이렇게 말했다. "우리는 지난 세대에 엄청난 발전을 했다. 로잘린 앨로가 과학 연구를 시작한 때부터 내가 과학을 시작한 시기 사이에, 이미 엄청난 변화가 있었다. 그리고 다시 현재에 이르기까지 또 다른 엄청난 발전이 있었다. 하지만 우리는 여전히 동등한 기회를 갖지 못하고 있다."

여성 과학자들은 아직도 남성 과학자들보다 빨리 승진을 하지 못하고 있다고 과학 발달을 위한 미국 협회의 마샤 마티아스가 동의했다. 그럼에도 불구하고, 여성은 다른 직업보다 과학 분야에서 더 좋은 환경을 가진다고 그녀는 강조했다. 그들의 실직률은 낮고, 급료는 더 많고 그들이 일하는 시간은 더 융통성 있다. 법대생과 의대생들과 달리 과학을 전공하는 대학원생들은 수업료를 내지 않는다. 그들은 공부를 하면서 돈을 받는다.

오늘날 여성, 소수 민족과 장애자들은 과학적 재능의 자원으로 인식되어 국가의 과학과 기술 인원의 부족함을 해결하는데 도움이 된다고 여겨지고 있다.

여성들은 과학을 앞 다투어 하려고 할까? 답은 반반이다. 과학 학위를 받은 여성의 수는 1960년대부터 1980년대 후반까지 꾸준히 올랐다. 그러다가 증가세가 둔화되고 있다. 왜 그럴까?

여성이 과학 을 하는 것에 대한 인식은 여전히 부족하다. 많은 교사들과 교과서는 아직도 여성의 과학적 성취를 경시한다. 마리 퀴리 정도만이 수업에서 거론되는 유일한 여성 과학자다. 학부모와 교사는 여학생이 남학생에 비해 선천적으로 공부할 능력이 떨어진다는 근거 없는 옛날 통계를 믿고 있다. 남녀 할 것 없이 프랑스처럼 대학진학을 준비하는 학생들이 수학과 물리학을 필수적으로 듣는 나라에서는 여성 과학자의 비율이 더 높다. 프랑스는 젊은 남성과 여성이 과학이 기초가 되는 직업을 선택할 수 있도록 문을 열어두고 있다. 절반이 넘는 대학 전공에서 미적분을 가르친다. 프랑스에서 박사 학위를 받는 물리학자의 35퍼센트가 여성인 반면 미국의 경우 고용된 여성 물리학자와 천문학자의 겨우 7퍼센트만 여성이다. 미국에서 공학 학사 학위의 14퍼센트 정도가 여성에게 주어진다. 1984년도보다 1990년도에 공학 학위를 받은 여성은 오히려 줄어들었다.

무엇이 가장 큰 문제일까? 하나는 여성이 아이를 키우는 우선적 의무를 지니고 있다는 사실이다. 마리 퀴리, 마리아 괴페르트 메이어와 조슬린 벨 버넬에게 과학적 직업과 아이들을 키우는 것을 조합하는 것은 어렵다. 과학은 빠르게 변화하기 때문에 아이를 키우기 위해 휴식을 갖는다면 다시 훈련을 받아야 따라잡을 수 있다.

현재 메릴랜드 대학 과학사 교수인 스티븐 브루쉬는 「아메리칸 사이언티스트」에 이렇게 정리했다. "여성이 조교수직을 받을 때면 아마 20대 후반이나 30대 초반일 것이다. 정교수가 되기 위해 일류 논문을 쓰려면 거기서 적어도 5년에서 6년이 필요하다. 아이를 가진 여성은 가족의 의무를 충당하면서 일주일에 60시간을 일하는 다른 동료 과학자들과 경쟁을 해야 한다. 그렇다고 아이를 갖는 것을 늦추면, 정교수가 될 때쯤에 아이를 갖기 힘들게 된다.

지금까지 누구도 자연이 여성 과학자에게 준 문제를 해결하지 못했다. 능력이 있는 여성이라면 아마 알아서 해결할 것이다. 그들의 지적인 선배들이 전에 해왔던 것과 같이.

책이 출판된 이후, 2004년에 미국 워싱턴주 시애틀에서 1947년 1월 29일에 태어난 린다 벅이 노벨 생리 · 의학상을 받았다. 그녀는 워싱턴 대학교에서 심리학과 미생물학을 전공한 뒤 1980년 텍사스 대학교 남서부 메디컬센터에서 면역학으로 박사학위를 받았다. 같은 해에 컬럼비아 대학교에서 박사 후 연구원으로 있었다.

그녀와 리처드 액셀은 1991년에 발표한 혁신적인 논문에 후각 수용체를 복제하여 그것이 G 단백질 연결 수용체의 가족이라는 것을 보였다. 쥐 DNA를 분석하여 그들은 포유류 동물 게놈에 후각 수용체를 위한 약 천 개의 다른 유전자가 있다는 것을 짐작할 수 있었다. 이 연구는 후각 메커니즘을 유전학적이고 분자적으로 분석하는 길을 열어 주었다.

현재 그녀는 프레드 허친슨 암연구소 기초과학연구기관의 종신회원이고, 시애틀에 있는 워싱턴 대학의 생리학과 생물 물리학의 교수이자 하워드 휴스 메디컬 센터의 감사원이다. 그녀는 2004년에 학술원에 임명됐다.

두뇌, 살아있는 **생각**

초판 1쇄 인쇄 2007년 11월 22일
초판 1쇄 발행 2007년 11월 27일

지 은 이 새런 버트시 맥그레인
옮 긴 이 윤세미
감 수 이현숙
펴 낸 이 김창영
편 집 손성실
디 자 인 최상준

펴 낸 곳 북스미아
등 록 제13-1345호(2002. 12. 7)
주 소 서울특별시 강남구 포이동 228 삼우빌딩 3층
전 화 02-574-1114(대표), 574-1711~2(편집)
팩 스 02-574-1793
이 메 일 humandom@korea.com

*잘못된 책은 바꿔 드립니다.
가격은 뒤표지에 명시되어 있습니다.
독자의 고견을 기다립니다. (02-761-8888)

한국어판© 따뜻한손, Humandom Corp. 2007. Printed in Seoul, Korea
ISBN 978-89-91274-23-5 03330